智能科学与技术丛书

Neural Networks and Deep Learning
A Textbook

神经网络与深度学习

[美] 查鲁·C. 阿加沃尔（Charu C. Aggarwal）◎ 著

石川 杨成 ◎ 译

机械工业出版社
CHINA MACHINE PRESS

图书在版编目（CIP）数据

神经网络与深度学习 /（美）查鲁·C. 阿加沃尔（Charu C. Aggarwal）著；石川，杨成译. -- 北京：机械工业出版社，2021.6（2024.7 重印）
（智能科学与技术丛书）
书名原文：Neural Networks and Deep Learning: A Textbook
ISBN 978-7-111-68685-9

I. ①神… II. ①查… ②石… ③杨… III. ①人工神经网络 – 研究 ②机器学习 – 研究
IV. ① TP183 ② TP181

中国版本图书馆 CIP 数据核字（2021）第 135449 号

北京市版权局著作权合同登记　图字：01-2019-0944 号。

First published in English under the title
Neural Networks and Deep Learning: A Textbook
by Charu C. Aggarwal

本书涵盖了经典和现代的深度学习模型。首先介绍神经网络基础，重点讨论了传统机器学习和神经网络之间的关系，并对支持向量机、线性 / 逻辑回归、奇异值分解、矩阵分解、推荐系统和特征工程方法 word2vec 进行了研究。然后介绍神经网络的基本原理，详细讨论了训练和正则化，还介绍了径向基函数网络和受限玻尔兹曼机。最后介绍神经网络的高级主题，讨论了循环神经网络和卷积神经网络，以及深度强化学习、神经图灵机、Kohonen 自组织映射和生成对抗网络等。

本书适合研究生、研究人员和实践者阅读。

出版发行：机械工业出版社（北京市西城区百万庄大街 22 号　邮政编码：100037）
责任编辑：王春华　孙榕舒　　责任校对：殷　虹
印　　刷：北京建宏印刷有限公司　　版　　次：2024 年 7 月第 1 版第 2 次印刷
开　　本：185mm × 260mm　1/16　　印　　张：25.5
书　　号：ISBN 978-7-111-68685-9　　定　　价：149.00 元

客服电话：（010）88361066　88379833　68326294

译 者 序

当机械工业出版社的编辑找我翻译深度学习书籍时，我本能地拒绝了，因为太耗费时间了。但当得知是要翻译 Charu C. Aggarwal 的 *Neural Networks and Deep Learning*：*A Textbook*，我立刻表示有兴趣。

Charu C. Aggarwal 博士是数据挖掘领域天才式的大牛。当我作为访问学者于 2010 年在伊利诺伊大学芝加哥分校的 Philip S. Yu 教授那里访问的时候，就听说过不少 Charu 博士的神奇传说：3 年从 MIT 博士毕业；在 IBM T. J. Watson 研究院的 Philip S. Yu 手下实习时，3 个月写了 3 篇论文；写论文一般只写摘要和引言，后面找人做一下实验就可以了。Charu 博士和 Philip S. Yu 教授有长期深入的合作，Yu 教授的不少学生也和 Charu 有合作。很遗憾我没能和 Charu 直接合作，但在 ASONAM2014 于北京国际会议中心举行时，Charu 博士做大会特邀报告，我有幸见到他，并进行了深入交流。虽然看起来像个腼腆纯粹的大男孩，但是 Charu 博士绝对是数据挖掘领域的顶尖学者。

Charu 博士是 IBM T. J. Watson 研究院的杰出研究员（Distinguished Research Staff Member，DRSM）。他在数据挖掘领域有深入研究，特别关注数据流、数据隐私、不确定数据和社交网络分析，并取得了杰出的成就：出版了 18 本著作，发表了 350 多篇会议和期刊论文，拥有 80 多项专利，H-index 高达 120。此外，他也获得了众多学术奖励，例如 IEEE Computer Society 的最高奖励 W. Wallace McDowell Award 和 ACM SIGKDD Innovation Award（2019）。

本书是神经网络和深度学习的百科全书，既涉猎了深度神经网络的所有重要方向，也深入介绍了各类模型的技术技巧和最新进展。具体而言，本书第 1～4 章讲解了神经网络的基本概念与原理、浅层神经网络的经典应用、深度神经网络的训练方法与技巧等；第 5～8 章介绍了四类广泛使用的神经网络架构，包括经典的径向基函数（RBF）网络、受限玻尔兹曼机（RBM）、循环神经网络（RNN）、卷积神经网络（CNN）；第 9 章和第 10 章介绍了深度学习的前沿方向与模型框架，如深度强化学习、注意力机制、生成对抗网络等。本书既是机器学习和深度学习的入门教材，也是学术研究和工程技术的重要参考资料。

自 2019 年 10 月起，我们便组织实验室的同学共同阅读学习该书的内容，并在每周的组会上进行讲解介绍。随后组织翻译工作，并于 2020 年上半年完成了翻译初稿。后经 2～3 轮的仔细校对、修改，最终于 2020 年年底完成了全书的翻译。有很多人对本书的翻译工作做出了贡献，他们是：庄远鑫、赵天宇、杨雨轩、吴文睿、贾天锐、江训强、王贞仪、王浩、刘佳玮、郝燕如、楚贯一、张舒阳、王晓磊、王春辰、许斯泳、刘念、刘佳玥。石川负责本书翻译的组织和审校工作，杨成具体负责本书的翻译和审校工作。在此，对所有为本书翻译工作做出了贡献的人员表示感谢！

前　言

Neural Networks and Deep Learning：A Textbook

任何能通过图灵测试的人工智能都知道不应该通过这个测试。

——Ian McDonald

神经网络是通过以类似人类神经元的方式处理学习模型中的计算单元来模拟人类神经系统以完成机器学习任务。神经网络的宏伟愿景是通过构建一些模拟人类神经系统计算架构的机器来创造人工智能，由于当今最快的计算机的计算能力也无法企及人脑计算能力，所以这显然不是一项简单的任务。神经网络在 20 世纪五六十年代计算机出现后不久得到了迅速发展，Rosenblatt 的感知机算法被视作神经网络的基石，这引起了人们对人工智能前景的早期关注和兴奋。然而在这种早期的兴奋过后，神经网络对数据的渴求和计算过于密集的特性成为其大展宏图的障碍，它度过了一段令人失望的时期。最终，在世纪之交，海量的可用数据以及不断增长的计算能力使得神经网络重振雄风，并在人们视线中以新的名称——深度学习出现。虽然人工智能匹敌人类智能的那一天离我们还很遥远，但在图像识别、自动驾驶和博弈等特定领域，人工智能已经比肩甚至超过了人类智能。我们也很难预测人工智能将来的上限是什么。例如，二十多年前，很少有计算机视觉专家会想到会有自动化系统能够比人类更准确地执行图像分类这种直观的任务。

理论上，神经网络能够通过足够的训练数据学习任何数学函数，现在已知一些变体（如循环神经网络）是图灵完备的。图灵完备是指在给定足够的训练数据的情况下，神经网络可以拟合任何学习算法。其不足之处在于，即使是对于简单的任务，往往也需要大量的训练数据，这导致相应的训练时间也增加了（如果我们首先假设有足够的训练数据）。例如，图像识别对人类来说是一项简单的任务，但即使在高性能系统中，其训练时间也可能长达几周。此外，还有与神经网络训练的稳定性相关的实际问题，这些问题甚至在如今都还没有解决。然而，考虑到计算机的计算速度会随着时间的推移而迅速提高，而且从根本上来说，更强大的计算范式（如量子计算）也即将出现，计算问题最终可能不会像想象的那样难以解决。

虽然神经网络的生物学类比是令人惊奇的，并且引发了与科幻小说的比较，但相比之下对神经网络的数学理解则更平凡。神经网络的抽象化可以被视为一种模块化的方法，使基于输入和输出之间依赖关系的计算图上的连续优化的学习算法成为可能。平心而论，这和控制理论中的传统工作没有太大区别——事实上，控制理论中的一些用于优化的方法与神经网络中最基本的算法惊人地相似（历史上也是如此）。然而，近年来大量的可用数据以及计算能力的提升，使得能够对这些计算图进行比以前有着更深的架构的实验。由此带来的成功改变了人们对深度学习潜力的广泛认识。

本书的章节结构如下：

1. *神经网络的基础知识*：第 1 章讨论神经网络设计的基础知识。许多传统的机器学习模型可以理解为神经网络学习的特殊情况。理解传统机器学习和神经网络之间的关系是理解后者的第一步。第 2 章用神经网络对各种机器学习模型进行了模拟，旨在让分析者了解神经网络是如何挑战传统机器学习算法的极限的。

2. *神经网络的基本原理*：第 3 章和第 4 章提供对训练挑战的更详细的叙述。第 5 章和第 6 章介绍径向基函数（RBF）网络和受限玻尔兹曼机。

3. *神经网络的进阶主题*：深度学习最近的很多成功是各种领域的特定架构的结果，例如循环神经网络和卷积神经网络。第 7 章和第 8 章分别讨论循环神经网络和卷积神经网络。第 9 章和第 10 章讨论一些进阶主题，如深度强化学习、神经图灵机和生成对抗网络。

我们所关注的内容中包含一些“被遗忘”的架构，如径向基函数网络和 Kohonen 自组织映射，因为它们在许多应用中具有潜力。本书是为研究生、研究人员和从业者写的。许多练习和解决方案手册都有助于课堂教学。在可能的情况下，本书突出以应用程序为中心的视角，以便让读者对该技术有所了解。

在本书中，向量或多维数据点都通过在字母上方加一条横线来表示，如$\overline{X}$或$\overline{y}$。向量点积用居中的点表示，比如$\overline{X}\cdot\overline{Y}$。矩阵用不带横线的斜体大写字母表示，比如 R。在本书中，对应整个训练数据集的 $n\times d$ 矩阵代表 n 个 d 维数据，该矩阵用 D 表示。因此，D 中的各个数据点是 d 维行向量。另外，每个分量代表一个数据点的向量通常是 n 维列向量，例如具有 n 个数据点作为类变量的 n 维列向量$\overline{y}$。观测值y_i与预测值$\hat{y}_i$的区别在于变量顶部的扬抑符。

Charu C. Aggarwal
美国纽约州约克敦海茨

致谢

我要感谢我的家人在我忙着写这本书的时候给予我的爱和支持。我还要感谢我的经理 Nagui Halim 在我写这本书期间给予的支持。

本书中的一些图片是由不同的个人和机构提供的。史密森学会免费提供了 Mark I 感知机的图像（参见图 1.5）。Saket Sathe 根据文献［233,580］提供的代码，为第 7 章的小型莎士比亚数据集提供了输出。Andrew Zisserman 提供了卷积可视化部分的图 8.12 和图 8.16。卷积网络中特征图的另一种可视化（参见图 8.15）由 Matthew Zeiler 提供。NVIDIA 提供了卷积神经网络中关于自动驾驶汽车的图 9.10，Sergey Levine 提供了关于自主学习机器人的图像（参见图 9.9）。Alec Radford 提供了图 10.8，Alex Krizhevsky 提供了包含 AlexNet 的图 8.9b。

本书也受益于我多年来与众多同事的几次合作和从中获得的众多反馈。我要感谢 Quoc Le、Saket Sathe、Karthik Subbian、Jiliang Tang 和 Suhang Wang 对本书各个部分的反馈。Shuai Zheng 提供了关于第 4 章中正则化自编码器部分的反馈。我收到了 Lei Cai 和 Hao Yuan 关于自编码器部分的反馈。Hongyang Gao、Shuiwang Ji 和 Zhengyang Wang 提供了关于第 8 章的反馈。Shuiwang Ji、Lei Cai、Zhengyang Wang 和 Hao Yuan 也审阅了第 3 章和第 7 章，并提出了几处修改建议。他们还提出了用图 8.6 和图 8.7 来阐明卷积/去卷积运算的想法。

感谢 Tarek F. Abdelzaher、Jinghui Chen、Jing Gao、Quanquan Gu、Manish Gupta、Jiawei Han、Alexander Hinneburg、Thomas Huang、Nan Li、Huan Liu、Ruoming Jin、Daniel Keim、Arijit Khan、Latifur Khan、Mohammad M. Masud、Jian Pei、Magda Procopiuc、Guojun Qi、Chandan Reddy、Saket Sathe、Jaideep Srivastava、Karthik Subbian、Yizhou Sun、Jiliang Tang、Min-Hsuan Tsai、Haixun Wang、Jianyong Wang、Min Wang、Suhang Wang、Joel Wolf、Xifeng Yan、Mohammed Zaki、ChengXiang Zhai 和 Peixiang Zhao，我也要感谢我的导师 James B. Orlin 在我早年做研究人员时的指导。

我要感谢 Lata Aggarwal 在这本书中用 PowerPoint 帮助我创建的一些图形。我的女儿 Sayani 在本书使用的几个 JPEG 图像中加入了特殊效果（例如，图像颜色、对比度和模糊），这很有帮助。

查鲁·C. 阿加沃尔（Charu C. Aggarwal）是位于美国纽约州约克敦海茨的IBM T. J. Watson研究中心的杰出研究员。他于1993年从坎普尔理工学院（IIT）获得计算机科学学士学位，于1996年从麻省理工学院获得博士学位。他长期耕耘在数据挖掘领域，发表了350多篇会议论文和期刊论文，拥有80多项专利，并编著和撰写了18本著作，其中包括数据挖掘、推荐系统和离群点分析领域的教材。由于其专利的商业价值，IBM三次授予他“创新大师”称号。另外，他在生物威胁探测方面的工作于2003年获得IBM企业奖，在隐私技术方面的工作于2008年获得IBM杰出创新奖，在数据流和高维数据方面的工作分别于2009年和2015年获得IBM杰出技术成就奖。他的基于冷凝方法进行隐私保护下的数据挖掘方法于2014年获得了EDBT会议颁发的久经考验奖。他还在2015年获得了IEEE ICDM研究贡献奖（为数据挖掘领域有影响力的研究贡献颁发的两个最高奖项之一）。

他曾担任2014年IEEE大数据会议的联席总主席，以及2015年ACM CIKM会议、2015年IEEE ICDM会议和2016年ACM KDD会议的联席程序主席。他从2004年至2008年担任*IEEE Transactions on Knowledge and Data Engineering*的副主编，目前是*IEEE Transactions on Big Data*和*Knowledge and Information Systems*的副主编、*Data Mining and Knowledge Discovery*的执行编辑，以及*ACM Transactions on Knowledge Discovery from Data*和*ACM SIGKDD Explorations*的主编。他同时还担任由Springer出版的“社交网络系列丛书”的顾问委员会成员。他曾担任SIAM数据挖掘工作组的副主任，也是SIAM行业委员会成员。他由于对知识发现和数据挖掘算法的贡献而当选了SIAM、ACM和IEEE的会士。

目 录

Neural Networks and Deep Learning: A Textbook

神经网络概论

不应该制造机器来伪造人类的思想。

——弗兰克·赫伯特

1.1 简介

人工神经网络（ANN）是一种流行的模拟生物体中学习机制的机器学习技术。人类神经系统中的细胞称为神经元。神经元之间通过轴突和树突相互连接，轴突和树突间通过突触连接，如图 1.1a 所示。突触常常会响应外界的刺激而使连接强度发生变化，生物体就是通过这种变化来学习的。

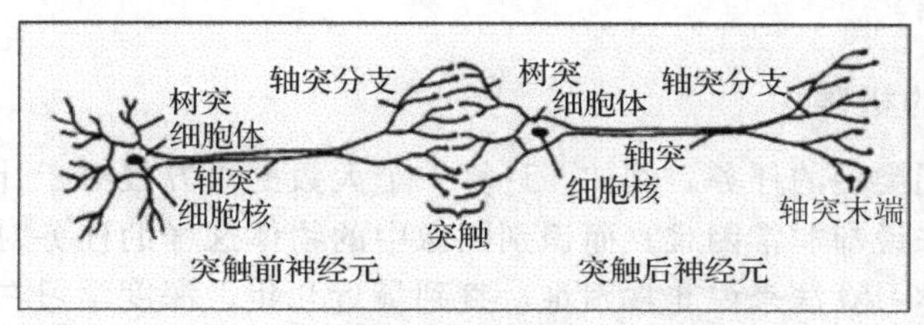

a）生物神经网络

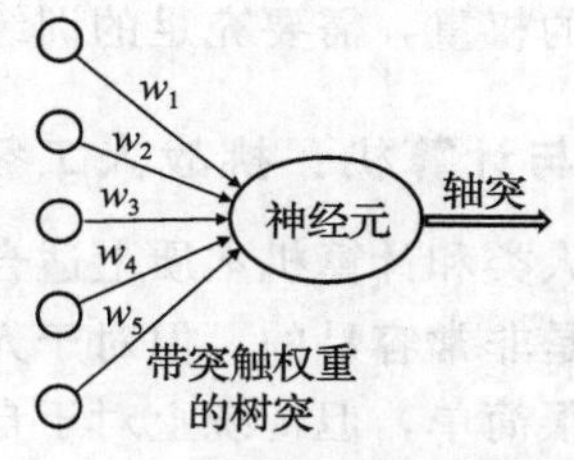

b）人工神经网络

图 1.1　神经元之间的突触连接（图 a 来自“The Brain: Understanding Neurobiology Through the Study of Addiction”[598] Copyright © 2000 by BSCS & Videodiscovery. 经许可使用）

人工神经网络模拟了这种生物机制，其中的计算单元称为神经元。在本书中，“神经网络”指的是人工神经网络而非生物神经网络。计算单元间通过权重相互连接，扮演着类似于生物体中突触连接强度的角色。神经元的每一个输入都包含一个权重，权重影响着神经元中的函数计算。人工神经网络的架构如图 1.1b 所示。人工神经网络将计算值从输入神经元传递到输出神经元。学习则是通过调整神经元中作为中间参数的权重来实现的。正如生物体的学习需要外部刺激一样，人工神经网络中也需要外部刺激，这种刺激来自包含需要学习的函数的输入-输出对的训练数据。例如，训练数据可能是图像的像素表示（输入），而输出则是它们的标签（例如胡萝卜、香蕉）。这些训练数据对都被馈入神经网络来对输出标签进行预测。根据训练数据中特定输入的预测输出（例如胡萝卜的概率）与训练数据中标签的匹配程度，反馈神经网络中权重的正确率。可以将神经网络在计算函数时所犯的错误看作生物体中的一种反馈，这种反馈会调整突触的强度。相似地，人工神经网络中的权重也会根据神经网络的预测误差进行调整。调整权重的目的是优化计算函数，以使以后的迭代预测更加准确。因此，应该在数学上以合理而谨慎的方式优化权重，以减少在该实例上的预测误差。通过大量的输入-输出对连续调整神经元之间的权重，神经网络中的计算函数会被不断优化得更加精确。因此，如果用许多不同的香蕉图像对神经网络进行训练，它最终将能够正确地识别出一个以前从未见过的香蕉图像。这种通过在输入-输出对上进行训练来精确计算函数的能力被称为模型泛化。机器学习模型的主要能力在于它们能够将所学知识从已知的训练数据泛化到从未见过的实例中。

虽然神经网络经常被批评为是对生物学上人脑工作方式的非常拙劣的模仿，但生物神经科学的原理在设计神经网络架构时通常确实是有帮助的。一种不同的观点是，神经网络是对机器学习中常用的经典模型的高级抽象。事实上，神经网络中最基本的计算单元也确实受到了如*最小二乘回归*和*逻辑回归*这些传统机器学习算法的启发。神经网络将许多这样的基本单元组合在一起，并共同学习不同单元的权重来最小化预测误差。从这个角度来看，可以将神经网络看作一个由基本单元组成的*计算图*，在这个计算图中，以特定的方式连接这些基本单元可以获得更强的能力。当以最基本的形式使用神经网络而不将多个单元连接在一起时，学习算法通常会退化为经典的机器学习模型（见第2章）。当将这些基本的计算单元组合在一起，并根据它们之间的依赖关系进行训练后，我们就可以看到神经模型真正超越经典方法的地方。通过组合多个单元，可以增强模型的能力从而学习到比基本机器学习模型中固有的函数更复杂的数据函数。这些单元的组合方式是神经网络架构能力的关键，需要数据分析师具有一定理解能力和洞察力。此外，为了在更大的计算图中学习更多的权重，需要充足的训练数据。

人类与计算机：挑战人工智能的极限

人类和计算机本质上适合不同类型的任务。例如，计算一个大数的立方根对于计算机来说是非常容易的，但对于人类来说却非常困难。而识别图像中的物体这样的任务对人类来说很简单，但传统上对于自动学习算法来说非常困难。直到最近几年，深度学习在某些这类任务的准确性上才超过了人类。事实上，大多数计算机视觉专家在十多年前都没有考虑过深度学习算法能够在图像识别（某些狭义任务）方面上超过人类的表现的情况[184]。

许多表现出优异性能的深度学习架构也并不是通过随意地连接计算单元创建的。深度神经网络的优越性能反映了生物神经网络也从深度上获得了很多能力这一事实。此外，我们还不完全了解生物神经网络的连接方式。在人们已经一定程度上理解的少数生物结构的基础上，沿着这些思路设计的人工神经网络已经取得了重大突破。一个经典例子就是将*卷积神经网络*用于图像识别。这种架构的灵感来源于 Hubel 和 Wiesel 在 1959 年进行的关于猫视觉皮层神经元组织的实验[212]，卷积神经网络的前身*神经认知机*[127]就是直接基于这些实验的结果的。

人类神经元的结构经过了数百万年的进化，生存的本能将感觉和直觉结合在一起，而这种结合是目前机器无法做到的。生物神经科学[232]是一个仍处于初级阶段的领域，我们对大脑真正的工作原理的了解依然有限。因此有理由相信，随着我们进一步了解人脑的工作原理，生物启发的卷积神经网络这样的成功案例也可能在其他环境中复制[176]。与传统的机器学习相比，神经网络的一个关键优势是能够通过对计算图的结构设计进行选择，提供表达数据语义的更高层次的抽象。第二个优势是，神经网络提供了一种根据训练数据的可用性或计算能力，在架构中添加或删除神经元来调整模型的复杂性的简单方法。神经网络成功的很大一部分原因是数据可用性和现代计算机的计算能力的提高已经突破了传统机器学习算法的局限。如图1.2所示，对于较小的数据集，传统机器学习的性能有时会更好。这是因为传统机器学习方法有更多的选择，模型更容易解释，并且能够在特定领域中自行找出可解释的特征。在数据有限的情况下，机器学习各种模型中最好的模型通常比单一类别的模型（如神经网络）表现得更好。这也是神经网络的潜力在早期没有被发现的原因之一。

数据收集技术的进步推动了“大数据”时代的到来。事实上，我们如今所做的一切，包括购买商品、使用电话或点击网站，几乎都会被记录并存储起来。此外，强大的图形处理器单元（GPU）的发展使得在如此大的数据集上进行处理的效率越来越高。这些进展很大程度上解释了为什么使用仅在 20 多年前的基础上进行轻微调整的深度学习算法现在能取得成功。此外，近些年对算法的调整也是在计算速度提高的基础上实现的，因为省下的运行时间可以用来实现有效的测试（以及随后的算法调整）。如果测试一个算法需要一个月的时间，那么在一个硬件平台上一年最多可以测试 12 个算法变体。这种情况限制了调整神经网络结构所需的大量实验的实施。随着数据、计算和实验这三大支柱相关技术的快速发展，人们对深度学习的前景越来越乐观。到 21 世纪末，预计计算机将有能力训练与人脑具有相同数量神经元的神经网络。尽管很难预测人工智能到那时能做到什么，但在计算机视觉上的经验已经让我们做好了迎接意想不到的事情的准备。

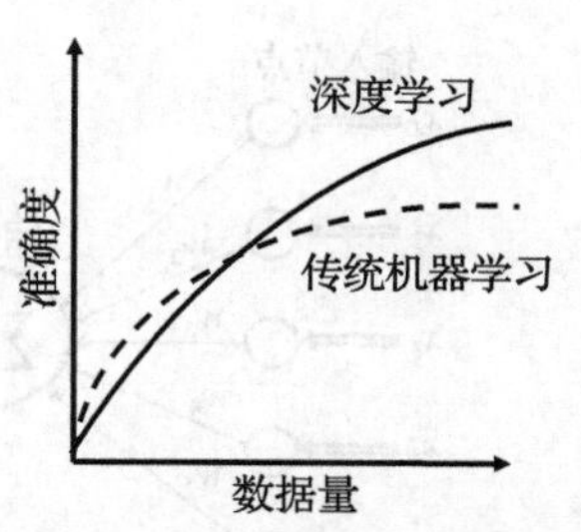

图 1.2 传统机器学习算法与大型神经网络的准确度比较示例。在数据/计算能力充足的情况下，深度学习比传统方法更有吸引力。近年来，数据可用性和计算能力的提高，导致了深度学习技术的“寒武纪爆炸”

章节组织

1.2 节介绍单层和多层网络，讨论不同类型的激活函数、输出节点和损失函数。1.3 节介绍反向传播算法。1.4 节讨论神经网络训练中的实际问题。1.5 节讨论关于神经网络如何通过选择特定的激活函数来获得能力的一些关键点。1.6 节讨论神经网络设计中常用的架构。1.7 节讨论深度学习中的高级主题。1.8 节讨论深度学习社区使用的一些值得注意的基准。1.9 节是总结。

1.2 神经网络的基本架构

在本节中，我们将介绍单层神经网络和多层神经网络。在单层神经网络中，输入通过线性函数的变体直接映射到输出。这种简单的神经网络实例也被称为感知机。在多层神经网络中，神经元是分层排列的，其中输入层和输出层被一组隐藏层隔开。这种分层架构的神经网络也被称为前馈网络。

1.2.1 单层计算网络：感知机

最简单的神经网络称为感知机。感知机中包含一个输入层和一个输出节点，其基本架构如图 1.3a 所示。假设每个训练实例的形式都是 $(\overline{X}, y)$，其中每个 $\overline{X}=[x_1,\cdots,x_d]$ 包含 d 个特征变量，而 $y\in\{-1,+1\}$ 则是二分类变量的观测值。假定我们已知训练数据的观测值，感知机的目的是通过这些数据进行训练，从而预测没有被观测的实例的分类。例如，在信用卡欺诈检测应用中，特征可以是一组信用卡交易的各种属性（例如，交易的金额和频率），分类变量可以是这组交易是否具有欺诈性。显然，在这种类型的应用中，一种情况是类别变量已经被观测到（历史情况），另一种情况是其类别尚未被观测到但是需要预测（当前情况）。

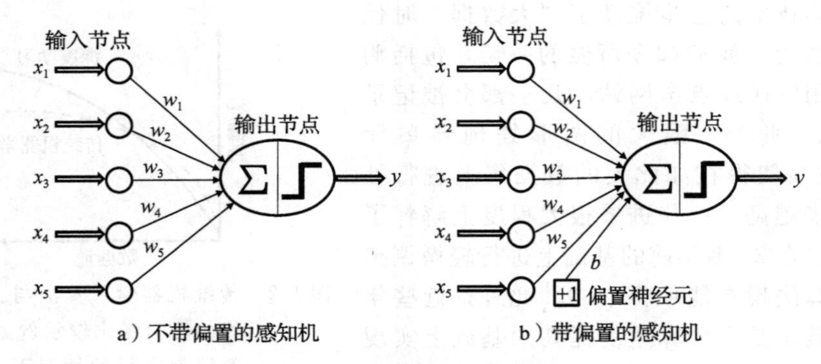

图 1.3　感知机的基本架构

输入层中包含 d 个节点，这些节点通过权重 $\overline{W}=[w_1,\cdots,w_d]$ 的边将含有 d 个特征的 $\overline{X}=[x_1,\cdots,x_d]$ 传输到一个输出节点。输入层本身不执行任何计算。线性函数 $\overline{W}\cdot\overline{X}=\sum_{i=1}^{d}w_ix_i$ 会在输出节点计算，随后根据此真实值的符号预测 $\overline{X}$ 的因变量。预测值 $\hat{y}$ 的计算过程如下：

$$\hat{y}=\operatorname{sign}\{\overline{W}\cdot\overline{X}\}=\operatorname{sign}\left\{\sum_{j=1}^{d}w_jx_j\right\} \tag{1.1}$$

符号函数只有 +1 值或 −1 值，适用于二分类。注意变量 y 顶部的扬抑符，表明它是预测值而不是观测值。因此预测的误差为 $E(\overline{X})=y-\hat{y}$，可知误差值的取值范围为集合 $\{-2,0,+2\}$。在误差值 $E(\overline{X})$ 不为零的情况下，神经网络中的权重需要在误差梯度的（负）方向上更新。之后可以看到，这个过程与机器学习中各种类型的线性模型中使用的过程相似。尽管感知机与传统的机器学习模型类似，但可以将其解释为一个计算单元，这会非常有用，因为这允许我们将多个单元组合在一起以创建比传统机器学习更强大的模型。

感知机的架构如图 1.3a 所示，单个输入层将特征传输到输出节点。输入与输出之间的边包含权重 $w_1,\cdots,w_d$，特征值在输出节点上与权重相乘然后相加。随后，应用符号函数将聚合到的值转换为类标签。该符号函数充当*激活函数*的角色。可以通过使用不同的激活函数来模拟机器学习中使用的不同类型的模型，如*带数值目标的最小二乘回归*、*支持向量机*和*逻辑回归分类*。大多数基本机器学习模型可以很容易地表示为简单的神经网络架构。将传统的机器学习技术建模为神经架构是一个不错的练习，可以帮助你理解深度学习是如何泛化传统机器学习的。第 2 章将详细探讨这一观点。值得注意的是，感知机包含两层，尽管输入层不执行任何计算而是只传输特征值。输入层不算在神经网络的层数中。由于感知机只包含一个*计算层*，所以它被认为是单层神经网络。

在许多情况下，预测过程中会有一个不变的部分，称为*偏置*。例如，考虑以下情况：特征变量的值是均匀分布的，但是对于 $\{-1,+1\}$ 的二分类预测的平均结果不是 0。这种二分类问题通常会在标签分布高度不平衡的情况下发生。在这种情况下，上述方法就不是很适用了。因此，我们需要在预测中加入一个附加的偏置变量 b：

$$\hat{y} = \text{sign}\{\overline{W} \cdot \overline{X} + b\} = \text{sign}\left\{\sum_{j=1}^{d} w_j x_j + b\right\} \tag{1.2}$$

使用*偏置神经元*可以将偏置合入权重。这是通过添加一个始终向输出节点发送值 1 的神经元来实现的。将偏置神经元连接到输出节点的边的权重提供偏置变量，如图 1.3b 所示。另一种适用于单层架构的方法是使用一种*特征工程技巧*，创建一个恒为 1 的附加特征。这个特征的系数提供了偏置，可以加到公式 1.1 中。在本书中，不会显式地使用偏置（为了架构表示的简单性），因为它们可以与偏置神经元结合在一起。训练算法的细节是相同的——像对待其他任何激活值恒为 1 的神经元一样对待偏置神经元。因此，公式 1.1 的预测假设中未显式地使用偏置。

在 Rosenblatt[405] 提出感知机算法的时候，它的优化是在实际硬件电路上以启发式方法执行的，没有以机器学习中的优化形式（这在今天很常见）表示出来。然而，即使没有给出形式化的优化公式，其目标依然是最小化预测误差。因此，感知机算法是以启发式设计的，以尽量减少误分类的数量并提供收敛性证明，在简化的设置中保证学习算法的正确性。对于包含特征-标签对的数据集 $\mathcal{D}$ 中的所有训练实例，我们仍然可以用最小二乘法给出感知机算法的（启发式激励）目标：

$$\text{Minimize}_{\overline{W}} L = \sum_{(\overline{X}, y) \in \mathcal{D}} (y - \hat{y})^2 = \sum_{(\overline{X}, y) \in \mathcal{D}} (y - \text{sign}\{\overline{W} \cdot \overline{X}\})^2$$

这种最小化目标函数也称为*损失函数*。我们之后可以看到，几乎所有的神经网络学习算法都是通过损失函数来定义的。在第 2 章中可以了解到，这个损失函数看起来很像最小二乘回归。但不同的是后者是为连续变化的目标变量而定义的，相应的损失函数是一个平滑连续的函数。另外，对于目标函数的最小二乘形式，其符号函数是不可微的，在特定点上有阶梯状的跳跃。此外，符号函数在定义域的很大一部分上取常数值，因此精确的梯度在可微的点上取零值。这样产生的阶梯状的损失不适合梯度下降。感知机算法对每个实例（隐式）使用此目标函数的梯度的平滑近似：

$$\nabla L_{\text{smooth}} = \sum_{(\overline{X}, y) \in \mathcal{D}} (y - \hat{y}) \overline{X} \tag{1.3}$$

注意上式的梯度并不是（启发式）目标函数阶梯状曲面的真正梯度，目标函数并不提供真正有用的梯度。因此，需要将阶梯平滑成由*感知机准则*定义的斜面。1.2.1.1 节将描述感知机准则的特性。值得注意的是，感知机准则等概念提出的时间比 Rosenblatt 的原始论文[405]发表的时间要晚，其目的是解释启发式梯度下降的步骤。现在我们会假设感知机算法使用梯度下降法优化一些未知的平滑函数。

尽管上述目标函数是针对整个训练数据定义的，但神经网络的训练算法是通过将每个输入数据实例 $\overline{X}$ 逐个（或小批量）馈入网络来生成预测值 $\hat{y}$ 的。然后根据误差值 $E(\overline{X}) = (y - \hat{y})$ 更新权重。具体地说，当数据点 $\overline{X}$ 被馈入网络时，权重向量 $\overline{W}$ 会以以下形式更新：

$$\overline{W} \Leftarrow \overline{W} + \alpha (y - \hat{y}) \overline{X} \tag{1.4}$$

参数 α 调节神经网络的学习率。感知机算法随机多次循环遍历所有训练实例，并迭代调整权值直至收敛。单个训练数据点可以循环多次。每一个这样的循环称为一个 epoch。还可以给出梯度下降根据误差 $E(\overline{X}) = (y - \hat{y})$ 更新的形式：

$$\overline{W} \Leftarrow \overline{W} + \alpha E(\overline{X}) \overline{X} \tag{1.5}$$

可以将基本的感知机算法看作一种随机梯度下降方法，它通过对随机选择的训练点执行梯度下降更新，隐式地最小化预测的平方误差。假设神经网络在训练过程中以随机顺序遍历各点并改变权值，以在该点上减小预测误差。从公式 1.5 中容易看出，当且仅当 $y \neq \hat{y}$，权值才进行非零更新，即当预测中出现误差时，权值才进行非零更新。在小批量随机梯度下降中，公式 1.5 的更新是在随机选择的训练点子集 S 上实现的：

$$\overline{W} \Leftarrow \overline{W} + \alpha \sum_{\overline{X} \in S} E(\overline{X}) \overline{X} \tag{1.6}$$

3.2.8 节将讨论使用小批量随机梯度下降的优点感知机的一个有趣的特性是，因为学习率只缩放权重，所以可以将学习率 α 设置为 1。

感知机中提出的模型是线性模型，其中 $\overline{W} \cdot \overline{X}=0$ 定义了一个线性超平面，$\overline{W}=(w_1 \cdots w_d)$ 是一个垂直于超平面的 d 维向量。此外，对于超平面两侧的 $\overline{X}$，一侧 $\overline{W} \cdot \overline{X}$ 的值为正，另一侧 $\overline{W} \cdot \overline{X}$ 的值为负。这种模型在数据线性可分时的表现特别好。线性可分数据和线性不可分数据的示例如图 1.4 所示。

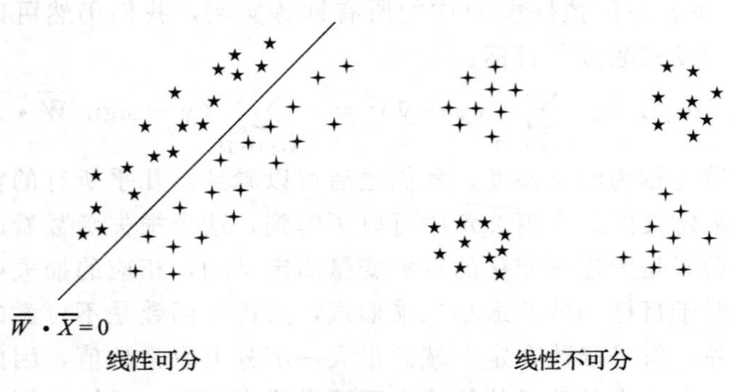

图 1.4　线性可分数据与线性不可分数据的示例

感知机算法在对如图 1.4 左侧所示的线性可分数据集进行分类时表现很好，而在对如图 1.4 右侧所示的数据集进行分类时性能往往很差。这展示了感知机固有的建模局限性，此时需要使用更复杂的神经架构。

最初的感知机算法是作为最小化分类误差的启发式算法而提出的，在某些特殊情况下，证明该算法收敛到合理解尤为重要。当训练数据线性可分时，感知机算法总能在训练数据上收敛到零误差[405]。然而，在数据线性不可分的情况下，感知机算法则不能保证收敛。下一节会讨论为什么感知机对于数据线性不可分时可能会得到一个非常差的解（与许多其他学习算法相比）。

1.2.1.1　感知机优化的目标函数

正如本章前面所讨论的，Rosenblatt 最初的感知机论文[405]中并没有正式提出损失函数这一概念。在那些年里，这些实现是通过实际的硬件电路来完成的。最初的 Mark I 感知机更倾向于是一台机器，而不是一个算法，并且它的完成过程中用到了定制的硬件（图 1.5）。它的目标是通过一个启发式更新过程（在硬件中）最小化分类误差的数量，即每当误差发生时在“正确”方向上改变权重。这种启发式更新与梯度下降法非常相似，但它不是作为梯度下降法导出的。梯度下降仅用于算法设置中的平滑损失函数，而以硬件为中心的方法被设计为具有二元输出的启发式方法。许多以二进制和电路为中心的原理都是从神经元的 McCulloch-Pitts 模型[321]继承来的。不太幸运的是，二进制信号不容易持续优化。

图 1.5 感知机算法最初是用硬件电路实现的。图中描绘的是 1958 年制造的 Mark I 感知机（图片来源：史密森学会）

我们能否找到一个其梯度就是感知机的更新的平滑损失函数？二分类问题中的分类误差数可以用训练数据点（$\overline{X_i}, y_i$）的 0/1 损失函数的形式表示：

$$L_i^{(0/1)} = \frac{1}{2}(y_i - \text{sign}\{\overline{W} \cdot \overline{X_i}\})^2 = 1 - y_i \cdot \text{sign}\{\overline{W} \cdot \overline{X_i}\} \tag{1.7}$$

通过将$y_i{}^2$和 sign $\{\overline{W} \cdot \overline{X_i}\}^2$ 设置为 1，可以得到上述目标函数右侧的简化，因为它们是通过对从 {1,+1} 中提取的值取平方来获得的。然而，这个目标函数并不可微，因为它有一个阶梯状的形状，特别是当它被添加到多个点上时。上面的 0/1 损失主要受$-y_i$sign $\{\overline{W} \cdot \overline{X_i}\}$这一项影响，其中符号函数导致了与不可微相关的大多数问题。由于神经网络是通过基于梯度的优化来定义的，因此我们需要定义一个平滑目标函数来负责感知机的更新。结果表明，感知机的更新隐式地优化了感知机准则[41]。该目标函数的定义方法是：去掉上述 0/1 损失中的符号函数，并将负值设置为 0，以便以统一而无损的方式处理所有正确的预测：

$$L_i = \max\{-y_i(\overline{W} \cdot \overline{X_i}), 0\} \tag{1.8}$$

我们鼓励读者使用微积分工具来验证是平滑目标函数的梯度导致感知机的更新，感知机更新的本质是$\overline{W} \Leftarrow \overline{W} - \alpha \nabla_W L_i$。用于对不可微函数进行梯度计算的修正损失函数也称为平滑替代损失函数。几乎所有具有离散输出（如类标签）的基于连续优化的学习方法（如神经网络）都使用某种平滑替代损失函数。

虽然前面提到的感知机准则是通过从感知机逆向更新实现的，但是这种损失函数的性质暴露了原始算法中更新的一些缺点。感知机准则中的一个有趣的现象是，为了获得最优损失值 0，可以不考虑训练数据集而将 $\overline{W}$ 直接设置为 0 向量。尽管如此，在线性可分的情况下，感知机更新会继续收敛到两类之间的清晰分隔。毕竟，两个类之间的分隔也提供了 0 损失值。然而，对于线性不可分的数据，其行为是相当随机的，并且所得的解有时甚至不是类的良好近似分隔。损失对权重向量大小的直接敏感性会冲淡类分离的目标，更新可能会显著地增加错误分类的数量，同时提高损失。这是一个说明替代损失函数有时可能无法完全实现其预期目标的例子。因此，该方法是不稳定的，其结果可能相差很大。

针对不可分的数据，研究者提出了学习算法的几种变体，一种自然的方法是根据错误分类的数量始终跟踪最佳解[128]。这种总是将最佳解保存在自己的“口袋”中的方法称为*口袋算法*。算法的另一个高性能变体在损失函数中加入了*边缘*的概念，这样创建了一个与*线性支持向量机*相同的算法。因此，线性支持向量机也被称为*最优稳定性感知机*。

1.2.1.2　与支持向量机的关系

感知机准则是用于支持向量机的*铰链损失*的移位变体（参见第2章）。铰链损失看起来更像公式1.7中的0-1损失，定义如下：

$$L_i^{\text{svm}} = \max\{1 - y_i(\overline{W} \cdot \overline{X_i}), 0\} \tag{1.9}$$

注意公式1.7的右侧，感知机不保持常数项1，而铰链损失在最大化函数内保持该常数。这个变化不会影响梯度的代数表达式，但确实会改变那些无损的、不会引起更新的点。感知机准则与铰链损失之间的关系如图1.6所示。当公式1.6的感知机更新以以下形式重写时，这种相似性变得尤为明显。

$$\overline{W} \Leftarrow \overline{W} + \alpha \sum_{(\overline{X}, y) \in S^+} y\overline{X} \tag{1.10}$$

这里，S^+定义为满足条件$y(\overline{W} \cdot \overline{X_i}) < 0$的所有错误分类训练点$\overline{X} \in S$的集合。这个更新与感知机的更新稍有不同，因为感知机使用误差$E(\overline{X})$作为更新，而在上面的更新中，$E(\overline{X})$被替换为y。关键是（整数）误差$E(\overline{X}) = (y - \text{sign}\{\overline{W} \cdot \overline{X}\}) \in \{-2, +2\}$的值对于$S^+$中的错误分类点永远不会为0。因此，对于*错误分类点*，我们有$E(\overline{X}) = 2y$，在学习率中引入因子2后，可以用y替换$E(\overline{X})$。此更新与原始支持向量机算法[448]使用的更新相同，但仅针对感知机中的错误分类点，而在支持向量机中也使用决策边界附近的边缘正确点进行更新。请注意，支持向量机使用条件$y(\overline{W} \cdot \overline{X}) < 1$而非条件$y(\overline{W} \cdot \overline{X}) < 0$来定义$S^+$，这是两种算法之间的关键区别之一。这一点表明，尽管感知机的起源不同，但它与一些知名的机器学习算法（如支持向量机）基本上没有太大区别。Freund和Schapire很好地阐述了边缘在提高感知机稳定性中的作用及其与支持向量机的关系[123]。结果表明，许多传统的机器学习模型可以被看作浅层神经架构（如感知机）的小差异变体。第2章将详细介绍经典机器学习模型与浅层神经网络的关系。

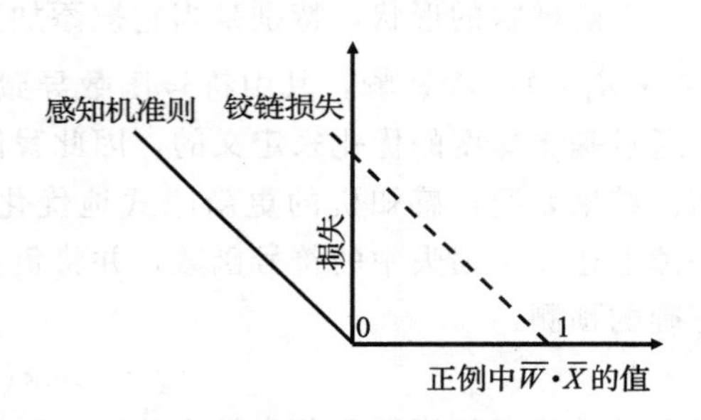

图1.6　感知机准则和铰链损失

1.2.1.3　激活函数与损失函数的选择

激活函数的选择是神经网络设计中的关键环节。在感知机中，符号激活函数的选择受到需要预测的二分类标签的影响。但也有可能出现需要预测不同的目标变量值的情况。例如，如果要预测的目标变量是实数值，那么使用恒等激活函数会比较好，并且得到的算法与最小二乘回归方法相同。如果要预测二分类的概率，那么使用sigmoid函数来激活输出节点会比较好，这样$\hat{y}$表示的就是观测值y为1的概率。假设y是从$\{-1, 1\}$中编码的，则用$|y/2 - 0.5 + \hat{y}|$的负对数作为损失。如果$\hat{y}$表示y为1的概率，则$|y/2 - 0.5 + \hat{y}|$

是预测正确的概率。检查 y 为 0 或 1 的两种情况，可以验证此推断。这个损失函数可以表示训练数据的负对数似然（见 2.2.3 节）。

当讨论到本章后面涉及的多层架构时，非线性激活函数的选择非常重要。不同类型的非线性函数（如符号函数、sigmoid 函数和双曲正切函数）适用于不同的层。一般使用符号 Φ 来表示激活函数：

$$\hat{y} = \Phi(\overline{W} \cdot \overline{X}) \tag{1.11}$$

因此，一个神经元实际上在一个节点内计算两个函数，这就是为什么我们把求和符号 Σ 和激活符号 Φ 合并到一个神经元内。图 1.7 中将神经元的计算分解成两个独立的步骤。在使用激活函数 $\Phi(\cdot)$ 之前计算的值将被称为*激活前值*，而在使用激活函数之后得到的值被称为*激活后值*。神经元的输出总是激活后值，而激活前变量通常用于不同类型的分析，例如本章后面讨论的*反向传播算法*的计算。神经元的激活前值和激活后值如图 1.7 所示。

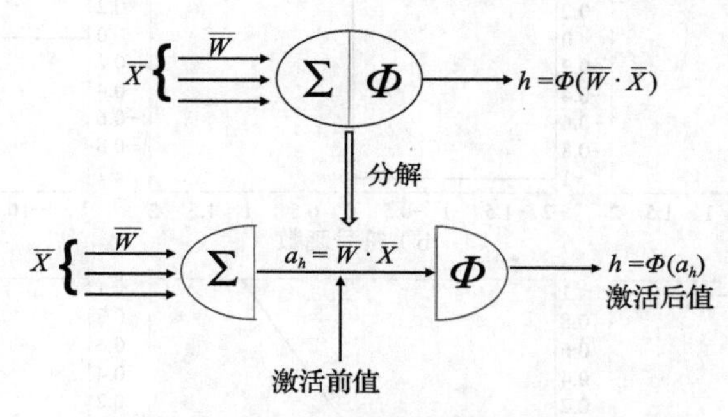

图 1.7　神经元中的激活前值和激活后值

最基础的激活函数 $\Phi(\cdot)$ 是恒等激活函数或线性激活函数：

$$\Phi(v) = v$$

当目标是实数值时，线性激活函数通常使用于输出节点。当需要设置平滑替代损失函数时，它甚至可以用于离散输出。

神经网络开发早期使用的经典激活函数有符号函数、sigmoid 函数和双曲正切（tanh）函数：

$$\Phi(v) = \mathrm{sign}(v)\text{（符号函数）}$$

$$\Phi(v) = \frac{1}{1+\mathrm{e}^{-v}}\text{（sigmoid 函数）}$$

$$\Phi(v) = \frac{\mathrm{e}^{2v}-1}{\mathrm{e}^{2v}+1}\text{（tanh 函数）}$$

虽然符号激活函数可以用于预测二分类输出，但其不可微性使得其无法用于在训练时创建损失函数。举例来说，当感知机使用符号函数进行预测时，训练中的感知机准则只需要线性激活函数。sigmoid 激活函数输出值的范围为（0,1），这有助于执行概率计算。此外，它也有助于创建概率输出和构造最大似然模型导出的损失函数。tanh 函数与 sigmoid 函数有着相似的形状，不同之处在于前者被水平缩放并垂直平移/缩放到了［1,1］。tanh 函数和 sigmoid 函数的关系如下（见 1.11 节的练习 3）：

$$\tanh(v) = 2 \cdot \mathrm{sigmoid}(2v) - 1$$

当计算的输出都是正值或都是负值时，tanh 函数比 sigmoid 函数更好用。此外，由于 tanh 函数拥有均匀分布性和较大的梯度（因为拉伸），所以更容易训练。sigmoid 函数和 tanh 函数都曾是将非线性引入神经网络的工具。然而，近年来一些分段线性激活函数变得越来越流行：

$$\Phi(v)=\max\{v,0\}\text{（线性整流单元[ReLU]）}$$

$$\Phi(v)=\max\{\min[v,1],-1\}\text{(hard tanh)}$$

在现代神经网络中，ReLU 和 hard tanh 激活函数在很大程度上取代了 sigmoid 和 soft tanh 激活函数，因为使用这些激活函数训练多层神经网络更为容易。

上述激活函数如图 1.8 所示。需要注意的是，这里显示的所有激活函数都是单调的。除了恒等激活函数之外，大多数[⊖]其他激活函数在其自变量绝对值较大处趋于饱和。

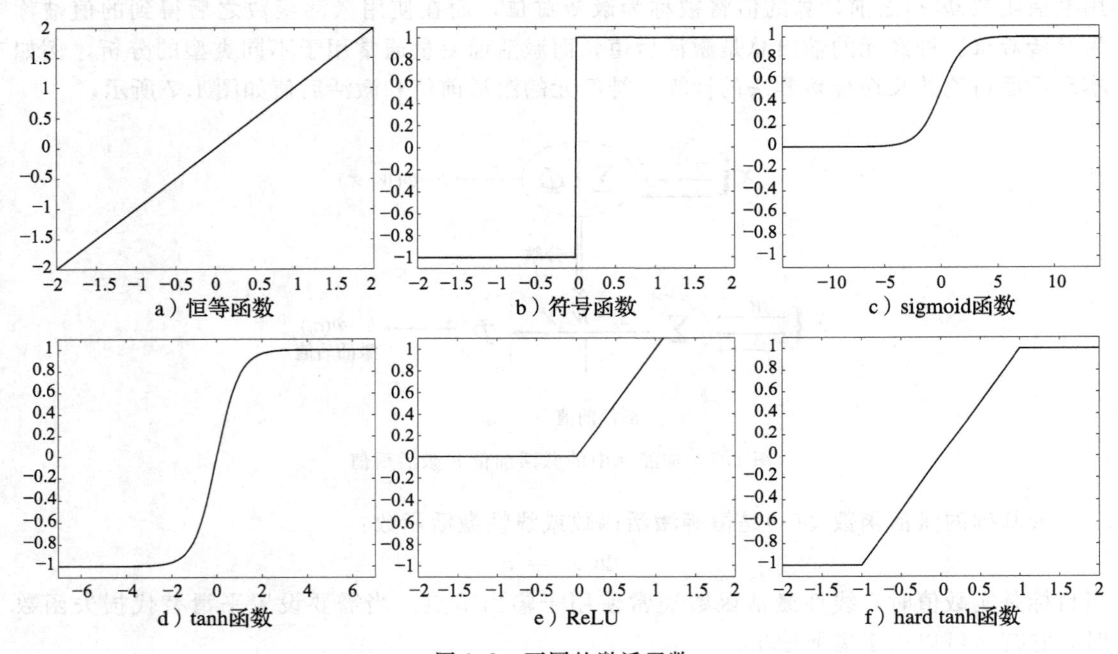

图 1.8　不同的激活函数

稍后可以看到，这种非线性激活函数在多层网络中也非常有用，它们有助于创建不同类型的函数更强大的复合。其中许多函数被称为*挤压函数*，因为它们将任意范围的输出映射到有界输出。非线性激活函数的使用对于提高网络的建模能力起着重要的作用。如果一个网络只使用线性激活函数，它就不会得到比单层线性网络更好的建模能力（参见 1.5 节）。

1.2.1.4　输出节点及其数量的选择

输出节点及其数量的选择也与激活函数息息相关，而激活函数的选择又取决于具体的应用。例如，如果要进行 k 路分类，可以使用 k 个输出值，在给定层中的节点处针对输出 $\overline{v}=[v_1,\cdots,v_k]$ 使用 softmax 激活函数。具体来说，第 i 个输出的激活函数定义如下：

$$\Phi(\overline{v})_i=\frac{\exp(v_i)}{\sum_{j=1}^{k}\exp(v_j)}\quad\forall_i\in\{1,\cdots,k\}\tag{1.12}$$

将这 k 个值看作 k 个节点的输出，输入是 $v_1\cdots v_k$。图 1.9 展示了带有三个输出的 softmax

⊖　ReLU 呈现不对称饱和。

激活函数的一个示例，图中也展示了值v_1、v_2 和v_3。这三个输出对应于三个类的概率，它们使用 softmax 函数将最终隐藏层的三个输出转换为概率。最终隐藏层通常在输入 softmax 层时使用线性（恒等）激活函数。此外，由于 softmax 层只将实值输出转换为概率，因此没有与之相关联的权重。使用带有单个线性激活隐藏层的 softmax 正好实现了这样一个模型，称为*多项逻辑回归*[6]。类似地，类似多类别支持向量机这样的许多变体可以很容易地用神经网络实现。使用多个输出节点的情况的另一个例子是*自编码器*，其中每个输入数据点由输出层完全重构。自编码器可用于实现矩阵分解方法，如*奇异值分解*。这个架构将在第 2 章详细讨论。模拟基本机器学习算法的最简单的神经网络具有指导意义，因为这种最简单的神经网络介于传统机器学习和深层网络之间，通过对这些架构进行研究，我们可以更好地了解传统机器学习和神经网络之间的关系，以及后者所提供的优势。

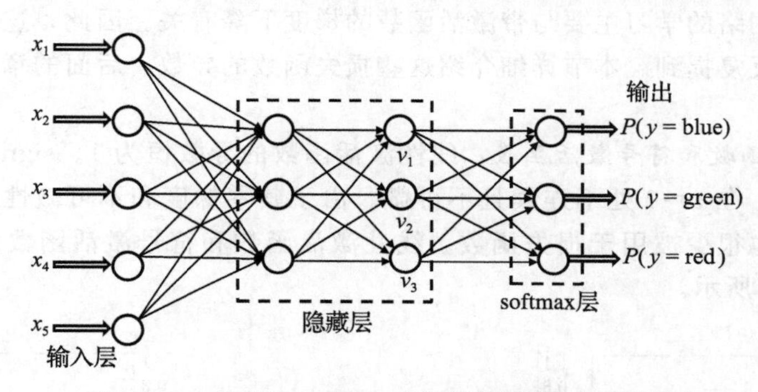

图 1.9　一个使用 softmax 层进行分类的多输出示例

1.2.1.5　损失函数的选择

损失函数的选择与具体应用的输出的关系非常密切。例如，对于目标为 y、预测值为 $\hat{y}$ 的单个训练实例，带有数值输出的最小二乘回归需要形如$(y-\hat{y})^2$ 的简单平方损失。对于 $y\in\{-1,+1\}$ 和实值预测 $\hat{y}$（具有恒等激活函数），也可以使用其他类型的损失，如铰链损失：

$$L=\max\{0,1-y\cdot\hat{y}\} \tag{1.13}$$

铰链损失可以用来实现一种学习方法，该方法也被称为*支持向量机*。

对于多路预测（如预测单词标识符或多个类中的一个），softmax 函数的输出非常好。然而，softmax 函数的输出是概率性的，因此它需要不同类型的损失函数。实际上，对于概率性预测，根据预测结果是二元的还是多元的，可以使用两种不同类型的损失函数：

1. **二元目标（逻辑回归）**：这里假设观测值 y 取自$\{-1,+1\}$，并且在使用恒等激活函数时，预测值 $\hat{y}$ 是一个任意数值。在这种情况下，带有观测值 y 和实值预测 $\hat{y}$（具有恒等激活函数）的单个实例的损失函数定义如下：

$$L=\log(1+\exp(-y\cdot\hat{y})) \tag{1.14}$$

这种类型的损失函数实现了一种基本的机器学习方法，称为*逻辑回归*。还可以使用 sigmoid 激活函数来输出 $\hat{y}\in(0,1)$，表示观测值 y 为 1 的概率。假设 y 编码自 $\{-1,1\}$，则 $|y/2-0.5+\hat{y}|$ 的负对数提供了损失。这是因为 $|y/2-0.5+\hat{y}|$ 表示预测正确的概率。这一观察结果表明，可以使用激活函数和损失函数的各种组合来达到相同的结果。

2. **分类目标**：在这种情况下，如果$\hat{y}_1\cdots\hat{y}_k$是 k 个类的概率（使用公式 1.9 的 softmax

激活函数），而第 r 类是基本真值类，则单个实例的损失函数定义如下：

$$L = -\log(\hat{y}_r) \tag{1.15}$$

这种损失函数实现了多项逻辑回归，该函数又称为*交叉熵损失*。注意当 k 的值设置为 2 时，多项逻辑回归与二项逻辑回归就是一样的了。

需要记住的是，输出节点的性质、激活函数和损失函数的选择均取决于具体的应用。此外，这些选择也相互依赖。尽管感知机通常被认为是单层网络的典型代表，但它也只是许多选择中的一种。在实践中，很少使用感知机准则作为损失函数。对于离散值输出，通常使用带交叉熵损失的 softmax 激活函数。对于实值输出，通常使用带平方损失的线性激活函数。一般来说，交叉熵损失比平方损失更容易优化。

1.2.1.6　激活函数的导数

大多数神经网络的学习主要与带激活函数的梯度下降有关。因此，这些激活函数的导数在本书中将被反复提到。本节详细介绍这些损失函数的导数，后面的章节将广泛引用这些结果。

1. *线性激活函数和符号激活函数*：线性激活函数的导数恒为 1。$\text{sign}(v)$ 的导数在除 $v=0$ 以外均为 0，在 $v=0$ 处不连续且不可微。由于其零梯度和不可微性，即使在预测测试时，符号函数也很少被用于损失函数。线性激活函数和符号激活函数的导数分别如图 1.10a 和图 1.10b 所示。

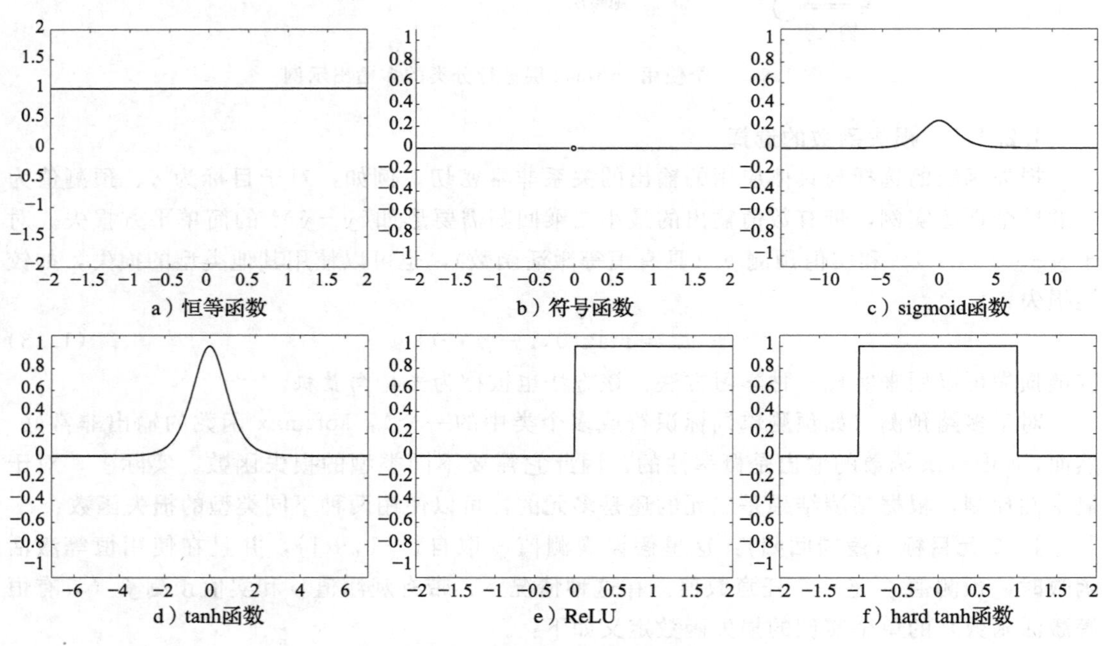

图 1.10　各种激活函数的导数

2. *sigmoid 激活函数*：当用 sigmoid 的输出而不是输入来表示时，sigmoid 激活函数的导数特别简单。设 o 为带自变量 v 的 sigmoid 函数的输出：

$$o = \frac{1}{1+\exp(-v)} \tag{1.16}$$

可以将激活函数的导数写为：

$$\frac{\partial o}{\partial \nu}=\frac{\exp(-\nu)}{(1+\exp(-\nu))^2} \tag{1.17}$$

这个 sigmoid 激活函数可以更方便地以输出的形式来表示：

$$\frac{\partial o}{\partial v}=o(1-o) \tag{1.18}$$

sigmoid 的导数通常用作输出（而不是输入）的函数。sigmoid 激活函数的导数如图 1.10c 所示。

3. tanh *激活函数*：和 sigmoid 激活函数的情况一样，tanh 激活函数通常用作输出 o（而不是输入 v）的函数：

$$o=\frac{\exp(2v)-1}{\exp(2v)+1} \tag{1.19}$$

可以按如下方式计算梯度：

$$\frac{\partial o}{\partial \nu}=\frac{4\cdot\exp(2v)}{(\exp(2\nu)+1)^2} \tag{1.20}$$

也可以根据输出 o 写出这个导数：

$$\frac{\partial o}{\partial \nu}=1-o^2 \tag{1.21}$$

tahn 激活函数的导数如图 1.10d 所示。

4. ReLU 与 hard tanh *激活函数*：当自变量为非负值时，ReLU 的偏导数为 1，其他为 0。hard tanh 激活函数在自变量取值范围为［−1,+1］时的偏导数为 1，其他为 0。ReLU 和 hard tanh 函数的导数分别如图 1.10e 和图 1.10f 所示。

1.2.2 多层神经网络

多层神经网络中包含多个计算层。感知机中包含一个输入层和一个输出层，其中输出层是唯一的计算执行层。输入层将数据传输到输出层，所有计算对用户都是完全可见的。多层神经网络包含多个计算层，额外的中间层（在输入层和输出层之间）称为*隐藏层*，因为用户看不到其中执行的计算过程。多层神经网络的具体架构称为前馈网络，因为在输入层和输出层之间的连续层中，数据一直向前馈送。前馈网络的默认架构假定一层中的所有节点都连接到下一层中的所有节点。因此，只要确定了层的数量和每层中节点的数量/类型，神经网络的架构就几乎完全确定了。唯一剩下的细节是在输出层优化的损失函数。虽然感知机算法使用感知机准则，但这并不是唯一的选择。通常使用具有交叉熵损失的 softmax 输出进行离散预测，使用具有平方损失的线性输出进行实值预测。

与单层网络的情况一样，偏置神经元可以同时用于隐藏层和输出层。图 1.11a 和图 1.11b 分别显示了带有或不带有偏置神经元的多层网络的示例。在每一种情况中，神经网络均包含三层。注意，输入层通常不被计算在内，因为它只传输数据而不执行计算。如果一个神经网络的每一层（共 k 层）中分别包含 $p_1\cdots p_k$ 个单元，那么这些输出的（列）向量表示 $\overline{h_1}\cdots\overline{h_k}$ 所具有的维数分别为 $p_1\cdots p_k$。因此，每一层中的单元数被称为该层的*维数*。

输入层和第一隐藏层之间的连接权重包含在大小为 $d\times p_1$ 的矩阵 W_1 中，而第 r 隐藏层和第 $r+1$ 隐藏层之间的权重由大小为 $p_r\times p_{r+1}$ 的矩阵 W_r 表示。如果输出层包含 o 个

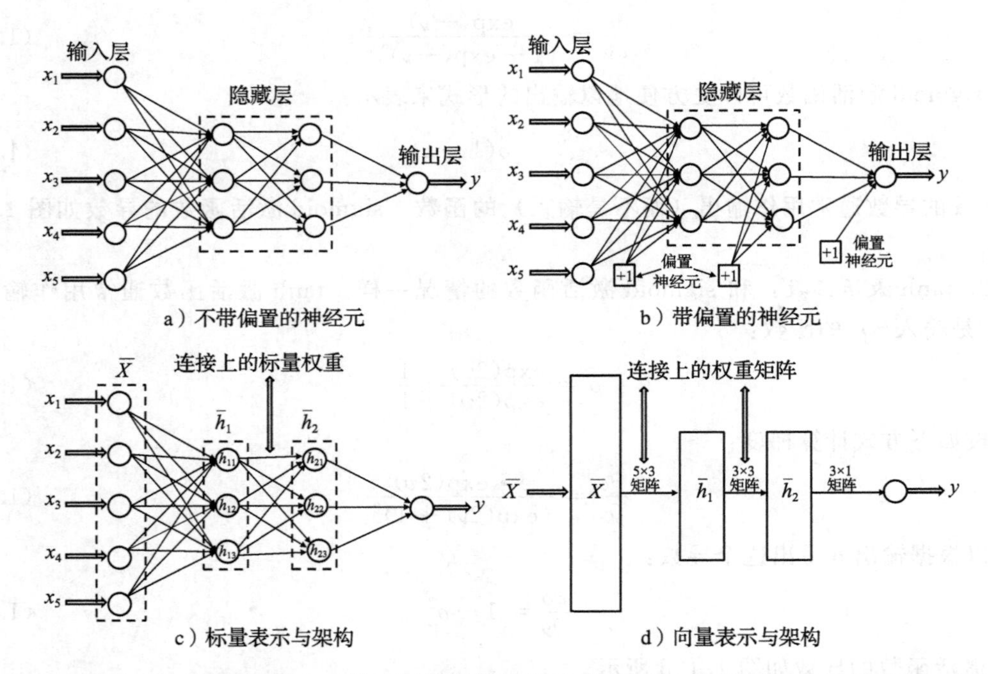

a）不带偏置的神经元

b）带偏置的神经元

c）标量表示与架构

d）向量表示与架构

图 1.11　具有两个隐藏层和一个输出层的前馈网络的基本架构。即使每个单元只包含一个标量变量，我们也通常将一个层中的所有单元表示为一个向量单元。向量单元通常表示为矩形，并且它们之间有连接矩阵

节点，则最终的矩阵 W_{k+1} 的大小为 $p_k \times o$。运算过程为使用以下递归方程将 d 维输入向量 $\overline{x}$ 转换为输出：

$$\overline{h}_1 = \Phi(W_1^{\mathrm{T}} \overline{x}) \qquad [\text{输入层到隐藏层}]$$

$$\overline{h_{p+1}} = \Phi(W_{p+1}^{\mathrm{T}} \overline{h}_p) \quad \forall p \in \{1 \cdots k-1\} \qquad [\text{隐藏层到隐藏层}]$$

$$\overline{o} = \Phi(W_{k+1}^{\mathrm{T}} \overline{h}_k) \qquad [\text{隐藏层到输出层}]$$

其中，像 sigmoid 这样的激活函数以元素方式应用于向量自变量。而一些如 softmax（通常用于输出层）这样的激活函数自然具有向量自变量。尽管神经网络的每一个单元都包含一个变量，但许多架构图将这些单元组合在一个层中，创建一个被表示为矩形而不是圆形的向量单元。例如，图 1.11c（带有标量单元）中的架构图被转换为图 1.11d 中基于向量的神经架构。注意向量单元之间的连接处现在是矩阵。此外，基于向量的神经架构中的一个隐含假设是，同一层中的所有单元使用相同的激活函数，以元素方式应用于该层。这种约束通常不是问题，因为大多数神经架构在整个计算管道中使用相同的激活函数，唯一会产生的偏差是由输出层的性质引起的。在本书中，单元中包含向量变量的神经架构将用矩形单元表示，而标量变量将用圆形单元表示。

注意上述递推方程和向量架构仅对层式前馈网络有效，并且不是总能够用于非常规的架构设计。存在各种类型的非常规设计架构，它们的输入可能包含在中间层中，或者拓扑可能允许非连续层之间连接。此外，在节点处计算的函数不一定总是线性函数和激活函数的组合形式。在节点上可以有各种类型的任意计算函数。

图 1.11 显示了一种非常经典的架构类型，但仍然可以在许多方面对其进行改变，例

如允许多个输出节点。这些选择通常根据应用目标（例如，分类或降维）来决定。降维的一个典型例子是自编码器，它不断从输入创造输出。因此输出和输入的数量是相等的，如图 1.12 所示。中间压缩的隐藏层输出每个实例的简化表示。由于这种压缩，因此在表示上存在一些损失，这通常与数据中的噪声相关。隐藏层的输出对应于数据的简化表示。事实上，这种模式的简单变体可以被证明在数学上等价于著名的降维方法，即奇异值分解。正如我们将在第 2 章中了解到的，增加网络的深度会产生更明显的降维效果。

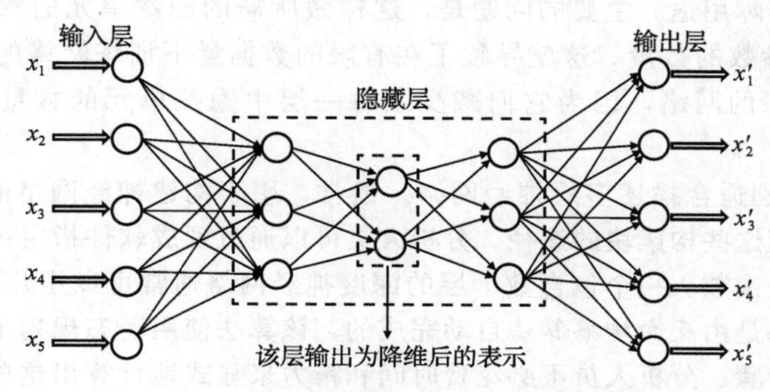

图 1.12 具有多个输出的自编码器示例

尽管全连接架构能够在许多设定中表现得很好，但通常通过修剪许多连接或者以有洞察力的方式共享权重实现的效果更好。通常，这些洞察是通过使用对数据的领域特定理解获得的。这种类型的权重剪枝和共享的一个典型例子是卷积神经网络架构（参见第 8 章），该架构经过精心设计，以符合图像数据的典型特性。这种方法通过结合领域特定知识（或偏置）将过拟合的风险降至最低。正如我们将在本书后面讨论的（参见第 4 章），过拟合是神经网络设计中的一个普遍问题，网络通常在训练数据上表现得非常好，但对未知测试数据的泛化性很差。当自由参数的数量（通常等于权重连接的数量）与训练数据的大小相比过大时，就会出现此问题。在这种情况下，大量的参数会记住训练数据的具体细节，但对于分类未知测试数据，则无法识别具有统计意义的模式。显然，增加神经网络中的节点数量会加剧过拟合。最近的许多工作都集中在神经网络的架构和每个节点内的计算上，来最小化过拟合情况。此外，神经网络的训练方式也会影响最终解的质量。近年来，为了提高学习到的解的质量，人们提出了许多聪明的方法，如预训练（参见第 4 章）。本书将详细探讨这些先进的训练方法。

1.2.3 多层网络即计算图

将神经网络视为一个由许多基本参数模型拼凑而成的计算图可以帮助我们进行理解。神经网络的功能比组成它的构建块的功能更强大，因为它通过联合学习这些模型的参数来创建这些模型的高度优化的复合函数。“感知机”一词常用来指代神经网络的基本单元，这其实有一些误导性，因为在不同的设定中，使用了这个基本单元的许多不同的变体。事实上，通常都是使用逻辑单元（带有 sigmoid 激活函数）和分段/全线性单元作为这些模型的构建块。

多层神经网络计算在每个节点计算的函数的复合。在神经网络中一个长度为 2 的路径上，后跟 $g(\cdot)$ 的函数 $f(\cdot)$ 可以被认为是一个复合函数 $f(g(\cdot))$。此外，如果$g_1(\cdot)$，

$g_2(\cdot),\cdots,g_k(\cdot)$ 是在第 m 层中计算的函数，第 $m+1$ 层上的节点计算函数 $f(\cdot)$，那么由第 m+1 层节点根据第 m 层的输入计算的复合函数就是 $f(g_1(\cdot),\cdots,g_k(\cdot))$。非线性激活函数的使用是提高多层网络效果的关键。如果所有层都使用一个恒等激活函数，则多层网络可以被简化为线性回归。文献［208］已经证明了具有带非线性单元（可以广泛选择像 sigmoid 单元那样的挤压函数）的单个隐藏层和单个（线性）输出层的网络可以计算几乎任何“合理的”函数。因此，神经网络通常也被称为*通用函数逼近器*，虽然这一理论主张并不容易转化到实际用途。主要的问题是，这样做所需的隐藏单元的数量相当庞大，增加了需要学习的参数的数量。这就导致了在有限的数据量下训练网络的实际问题。事实上，通常首选较深的网络，因为它们减少了每一层中隐藏单元的数量以及参数的总体数量。

“构建块”特别适合描述多层神经网络。通常，用于构建神经网络的现成软件⊖为分析人员提供了访问这些构建块的途径。分析人员可以通过现成软件指定每一层的单元数量和类型或定制损失函数。一个包含数十层的深度神经网络通常可以用几百行代码来描述。所有权重的学习都是由*反向传播算法*自动完成的，该算法使用动态规划来计算底层计算图的复杂参数更新步骤。分析人员不必花费时间和精力来显式地计算出这些步骤。对分析人员来说，这使得尝试不同类型架构的过程相对轻松。用许多现成的软件构建一个神经网络，通常可以比作一个孩子用合适的积木构建一个玩具。每块积木就像一个具有特定激活函数的单元（或单元层）。这种训练神经网络的容易性归功于反向传播算法，它使分析人员不必显式地计算出参数更新步骤——这实际上是一个极其复杂的优化问题。计算这些步骤通常是大多数机器学习算法中最困难的部分，而神经网络范式的一个重要贡献是将模块化思维引入机器学习。换言之，神经网络设计的模块化就是学习其参数的模块化，后一种模块化的具体名称就是“反向传播”。这使得神经网络设计更像是（有经验的）工程师的任务，而不是数学练习。

1.3 利用反向传播训练神经网络

在单层神经网络中，由于误差（或损失函数）可以作为权重的直接函数来计算，梯度计算较为容易，因此训练过程相对简单。在多层网络中，难点在于损失是前几层的权重的复杂的复合函数。复合函数的梯度是用反向传播算法计算的。反向传播算法利用了微分学中的链式法则，它根据从一个节点到输出的不同路径上的局部梯度积的总和来计算误差梯度。虽然这个求和过程有指数个数的成分（路径），但可以使用*动态规划*高效地计算它。反向传播算法是动态规划的一个直接应用，它包含两个主要阶段，分别称为前向阶段和反向阶段。前向阶段需要计算各个节点的输出值和局部导数，反向阶段需要计算从节点到输出的所有路径上这些局部值的乘积：

1. *前向阶段*：在这个阶段，训练实例的输入被馈入神经网络中。这将导致使用当前的权重集跨层进行前向级联计算。最后的预测输出可以与训练实例的输出进行比较，并计算损失函数相对于输出的导数。这个损失的导数现在需要在反向阶段根据所有层的权重来计算。

2. *反向阶段*：反向阶段的主要目标是通过使用微分学的链式法则来学习损失函数相

⊖ 例如 Torch[572]、Theano[573]和 TensorFlow[574]。

对于不同权重的梯度。这些梯度用于更新权重。由于这些梯度是从输出节点开始反向学习的，因此这个学习过程称为反向阶段。考虑一个隐藏单元序列 $h_1, h_2, \cdots, h_k$，输出是 o，根据输出计算损失函数 L。此外，假设从隐藏单元 h_r 到 h_{r+1} 的连接的权重为 $w_{(h_r, h_{r+1})}$。然后，在从 h_1 到 o 存在单个路径的情况下，可以使用链式法则导出关于这些边权重的损失函数的梯度：

$$\frac{\partial L}{\partial w_{(h_{r-1}, h_r)}} = \frac{\partial L}{\partial o} \cdot \left[\frac{\partial o}{\partial h_k} \prod_{i=r}^{k-1} \frac{\partial h_{i+1}}{\partial h_i} \right] \frac{\partial h_r}{\partial w_{(h_{r-1}, h_r)}} \quad \forall r \in 1 \cdots k \tag{1.22}$$

上述表达式假设网络中从 h_1 到 o 的路径只有一条，而实际上可能存在指数级数量的路径。链式法则有一种广义变体称为**多变量链式法则**，用于计算可能存在多条路径的计算图中的梯度。这是通过沿着从 h_1 到 o 的每条路径添加复合函数来实现的。图 1.13 显示了具有两条路径的计算图中的链式法则示例。因此，我们将上述表达式推广到从 h_r 到 o 存在一组路径 $\mathcal{P}$ 的情况：

$$\frac{\partial L}{\partial w_{(h_{r-1}, h_r)}} = \underbrace{\frac{\partial L}{\partial o} \cdot \left[\sum_{[h_r, h_{r+1}, \cdots, h_k, o] \in \mathcal{P}} \frac{\partial o}{\partial h_k} \prod_{i=r}^{k-1} \frac{\partial h_{i+1}}{\partial h_i} \right]}_{\text{反向传播计算}\Delta(h_r, o) = \frac{\partial L}{\partial h_r}} \frac{\partial h_r}{\partial w_{(h_{r-1}, h_r)}} \tag{1.23}$$

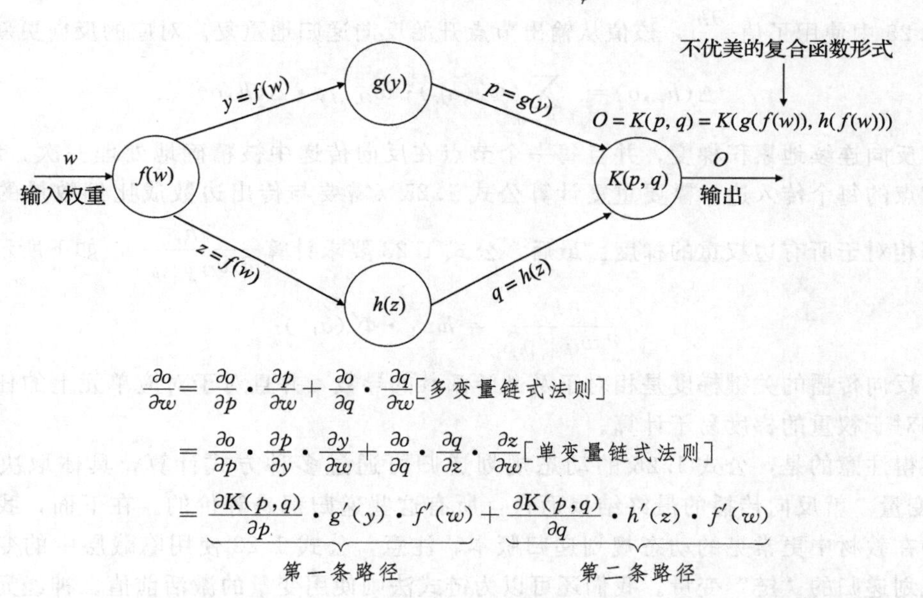

$$\begin{aligned}
\frac{\partial o}{\partial w} &= \frac{\partial o}{\partial p} \cdot \frac{\partial p}{\partial w} + \frac{\partial o}{\partial q} \cdot \frac{\partial q}{\partial w} \text{[多变量链式法则]} \\
&= \frac{\partial o}{\partial p} \cdot \frac{\partial p}{\partial y} \cdot \frac{\partial y}{\partial w} + \frac{\partial o}{\partial q} \cdot \frac{\partial q}{\partial z} \cdot \frac{\partial z}{\partial w} \text{[单变量链式法则]} \\
&= \underbrace{\frac{\partial K(p,q)}{\partial p} \cdot g'(y) \cdot f'(w)}_{\text{第一条路径}} + \underbrace{\frac{\partial K(p,q)}{\partial q} \cdot h'(z) \cdot f'(w)}_{\text{第二条路径}}
\end{aligned}$$

图 1.13 计算图中链式法则的说明：节点特定偏导数沿权重 w 到输出 o 的路径的乘积被聚合。所得值产生输出 o 相对于权重 w 的导数。在这个简化的例子中，输入和输出之间只存在两条路径

公式 1.23 右侧的 $\frac{\partial h_r}{\partial w_{(h_{r-1}, h_r)}}$ 的计算很简单，将在下面讨论（参见公式 1.27）。然而，上面的路径聚合项（由 $\Delta(h_r, o) = \frac{\partial L}{\partial h_r}$ 表示）是在呈指数级增长的路径数量（相对于路径长度）上聚合的，乍一看似乎很难处理。一个关键点是，神经网络的计算图没有回环，并且可以通过首先计算距离 o 最近的节点 h_k 的 $\Delta(h_k, o)$，然后根据后面层中的节点递归地计算前面层中的节点的这些值，来反向计算这种聚合。此外，每个输出节点的 $\Delta(o, o)$ 的

值初始化如下：

$$\Delta(o,o)=\frac{\partial L}{\partial o} \tag{1.24}$$

这种动态规划技术经常被用来有效地计算有向无环图中所有类型的路径中心函数，否则将需要指数级的运算。可使用多变量链式法则导出 $\Delta(h_r,o)$ 的递推：

$$\Delta(h_r,o)=\frac{\partial L}{\partial h_r}=\sum_{h:h_r\Rightarrow h}\frac{\partial L}{\partial h}\frac{\partial h}{\partial h_r}=\sum_{h:h_r\Rightarrow h}\frac{\partial h}{\partial h_r}\Delta(h,o) \tag{1.25}$$

由于每个 h 都位于比 h_r 后面的层中，因此在计算 $\Delta(h_r,o)$ 时已经计算了 $\Delta(h,o)$。然而，为了计算公式 1.25，我们仍然需要计算 $\frac{\partial h}{\partial h_r}$。假设这样一种情况：将 h_r 连接到 h 的边具有权重 $w_{(h_r,h)}$，并假设 a_h 为在应用激活函数 $\Phi(\cdot)$ 之前在隐藏单元 h 中计算的值。换言之，我们得到 $h=\Phi(a_h)$，其中 a_h 是其来自较前层单元关于 h 的输入的线性组合。然后，根据单变量链式法则，可以导出 $\frac{\partial h}{\partial h_r}$ 的以下表达式：

$$\frac{\partial h}{\partial h_r}=\frac{\partial h}{\partial a_h}\cdot\frac{\partial a_h}{\partial h_r}=\frac{\partial \Phi(a_h)}{\partial a_h}\cdot w_{(h_r,h)}=\Phi'(a_h)\cdot w_{(h_r,h)}$$

公式 1.25 中使用了值 $\frac{\partial h}{\partial h_r}$，该值从输出节点开始反向递归地重复。对应的反向更新如下：

$$\Delta(h_r,o)=\sum_{h:h_r\to h}\Phi'(a_h)\cdot w_{(h_r,h)}\cdot\Delta(h,o) \tag{1.26}$$

这样，反向连续地累积梯度，并且每一个节点在反向传递中被精确地处理一次。请注意，对于节点的每个传入边，需要重复计算公式 1.25（需要与传出边数成比例数量的运算），以计算相对于所有边权重的梯度。最后，公式 1.23 要求计算 $\frac{\partial h_r}{\partial w_{(h_{r-1},h_r)}}$，如下所示：

$$\frac{\partial h_r}{\partial w_{(h_{r-1},h_r)}}=h_{r-1}\cdot\Phi'(a_{h_r}) \tag{1.27}$$

这里，反向传播的关键梯度是相对于层激活函数的导数，并且对于对应单元上的任何入射边，相对于权重的梯度易于计算。

值得注意的是，公式 1.26 的动态规划递归可通过多种方式计算，具体取决于中间“链”变量。就反向传播的最终结果而言，所有这些递归都是等价的。在下面，我们给出了一种在教材中更常见的动态规划递归版本。注意，公式 1.23 使用隐藏层中的变量作为动态规划递归的“链”变量。我们还可以为链式法则使用变量的激活前值。神经元中的激活前变量是在应用线性变换作为中间变量后（但在应用激活变量之前）获得的。隐藏变量 $h=\Phi(a_h)$ 的激活前值为 a_h。图 1.7 显示了神经元内激活前值和激活后值之间的差异。因此，可以使用以下链式法则代替公式 1.23：

$$\frac{\partial L}{\partial w_{(h_{r-1},h_r)}}=\underbrace{\frac{\partial L}{\partial o}\cdot\Phi'(a_o)\cdot\left[\sum_{[h_r,h_{r+1},\cdots,h_k,o]\in\mathcal{P}}\frac{\partial a_o}{\partial a_{h_k}}\prod_{i=r}^{k-1}\frac{\partial a_{h_{i+1}}}{\partial a_{h_i}}\right]}_{\text{反向传播计算}\,\delta(h_r,o)=\frac{\partial L}{\partial a_{h_r}}}\underbrace{\frac{\partial a_{h_r}}{\partial w_{(h_{r-1},h_r)}}}_{h_{r-1}} \tag{1.28}$$

这里，我们引入 $\delta(h_r,o)=\frac{\partial L}{\partial a_{h_r}}$ 而不是 $\Delta(h_r,o)=\frac{\partial L}{\partial h_r}$ 来建立递归方程。$\delta(o,o)=\frac{\partial L}{\partial a_o}$ 的值初始化如下：

$$\delta(o,o)=\frac{\partial L}{\partial a_o}=\Phi'(a_o)\cdot\frac{\partial L}{\partial o} \tag{1.29}$$

然后，可以使用多变量链式法则来建立类似的递归：

$$\delta(h_r,o)=\frac{\partial L}{\partial a_{h_r}}=\sum_{h:h_r=h}\overbrace{\frac{\partial L}{\partial a_h}}^{\delta(h,o)}\underbrace{\frac{\partial a_h}{\partial a_{h_r}}}_{\Phi'(a_{h_r})w_{(h_r,h)}}=\Phi'(a_{h_r})\sum_{h:h_r\Rightarrow h}w_{(h_r,h)}\cdot\delta(h,o) \tag{1.30}$$

这种递归条件在讨论反向传播的教材中更为常见。然后，使用$\delta(h_r,o)$计算损失相对于权重的偏导数，如下所示：

$$\frac{\partial L}{\partial w_{(h_{r-1},h_r)}}=\delta(h_r,o)\cdot h_{r-1} \tag{1.31}$$

与单层网络一样，更新节点的过程通过重复训练数据来完成收敛。一个神经网络有时可能需要数千个epoch循环训练数据来学习不同节点的权重。第 3 章将详细介绍反向传播算法及相关问题。在本章中，我们只对这些问题进行简要讨论。

1.4 神经网络训练中的实际问题

尽管神经网络作为通用函数逼近器能有相当好的性能，但在实际训练神经网络时仍然存在着相当大的挑战。这些挑战主要是与训练相关的几个实际问题，其中最重要的一个问题是过拟合。

1.4.1 过拟合问题

过拟合问题是指将一个模型拟合至一个特定的训练数据集，但不能保证它能在测试数据中也有良好的预测性能，即使该模型对训练数据上的目标进行了完美的预测。也就是说，模型在训练数据和测试数据上的性能之间总是存在一定的差距，尤其是在模型复杂、数据集小的情况下。

为了理解这一点，假设在一个具有 5 个属性的数据集上构建一个简单的单层神经网络，我们使用恒等激活函数来学习一个实值目标变量。该架构与图 1.3 几乎相同，只是使用恒等激活函数来预测实值目标。因此，这个网络尝试学习以下函数：

$$\hat{y}=\sum_{i=1}^{5}w_i\cdot x_i \tag{1.32}$$

假设观察到的目标值是实数，并且总是第一个属性值的两倍，而其他属性与目标值完全无关。但是，我们只有 4 个训练实例，比特征数（自由参数）少一个。例如，训练实例如下：

x_1	x_2	x_3	x_4	x_5	y
1	1	0	0	0	2
2	0	1	0	0	4
3	0	0	1	0	6
4	0	0	0	1	8

在这种情况下，基于第一个特征和目标之间的已知关系，正确的参数向量是$\overline{W}=[2,0,0,0,0]$。训练数据也提供了零误差的解，尽管需要从给定的实例中学习关系，因为它不

是先验的。然而，问题是训练点的数量少于参数的数量，并且可以在零误差的情况下找到无穷多组解。例如，参数集[0,2,4,6,8] 也在训练数据上提供零误差。但是，如果我们在未知的测试数据上使用此解，则可能会得到非常差的性能，因为学习到的参数是有误的，并且不太可能很好地泛化到目标值是第一个属性两倍（而其他属性是随机的）的新点。这种类型的错误推断是缺乏训练数据造成的，其中随机的细微差别被编码到了模型中。因此，该解不能很好地泛化到未知的测试数据上。这种情况几乎与死记硬背的学习一样，对训练数据具有很高的预测性，但对未知的测试数据则没有预测性。增加训练实例的数量可以提高模型的泛化能力，而增加模型的复杂度会降低模型的泛化能力。同时，当有大量的训练数据可用时，一个过于简单的模型不太可能捕捉到特征和目标之间的复杂关系。一个好的经验法则是，训练数据点的总数应该至少是神经网络中参数数量的 2～3 倍，尽管数据实例的精确数量取决于具体使用的模型。一般来说，参数较多的模型被认为具有*更高的容量*，并且它们需要较大的数据量以获得对未知测试数据的泛化能力。在机器学习中，过拟合的概念通常被理解为*偏差*和*方差*之间的权衡。偏差-方差权衡概念的关键在于，当只有有限的训练数据时，由于这些模型的方差较高，因此用更强大（即偏置更少）的模型并不一定会有更好的效果。例如，如果将上面的训练数据更改为一组不同的 4 个点，我们可能会学习到一组完全不同的参数（根据这些点的随机细微差别）。与使用第一个训练数据集的模型相比，这个新模型可能在同一个测试实例上产生完全不同的预测结果。使用不同训练数据集训练的模型预测同一个测试实例时出现的这种变化是*模型方差*的一种表现，这也增加了模型的误差。毕竟，同一个测试实例的两种预测结果不可能同时是正确的。更复杂模型的缺点是在随机的细微差别中看到虚假的模式，尤其是在训练数据不充分的情况下。在决定模型的复杂度时，必须仔细地选择一个最优点。这些概念在第 4 章中有详细的描述。

众所周知，神经网络在理论上具有足够的能力来逼近任何函数[208]。然而，缺乏可用数据会导致性能低下，这也是神经网络最近才取得显著成绩的原因之一。更高的数据可用性揭示了神经网络相对于传统机器学习的优势（见图 1.2）。一般来说，即使有大量数据可用，神经网络也需要精心设计，以尽量减少过拟合的影响。本节将概述一些用于减小过拟合影响的设计方法。

1.4.1.1 正则化

由于参数数量较多会导致过拟合，所以一个自然的方法是限制模型使用较少的非零参数。在前面的例子中，如果我们约束向量 $\overline{W}$ 为只有一个非零分量，它将正确地得到解[2,0,0,0,0]。参数的绝对值较小也能减少过拟合。由于很难约束参数的值，因此采用了将惩罚项 $\lambda\|\overline{W}\|^p$ 加入损失函数的方法。p 的值通常设置为 2，这就是 Tikhonov 正则化。通常，每个参数的平方值（乘以正则化参数 $\lambda>0$）被加到目标函数中。这种变化的实际效果是从参数 w_i 的更新中减去与 λw_i 成比例的量。对于小批量 S 和更新步长 $\alpha>0$，公式 1.6 的正则化版本的示例如下：

$$\overline{W} \Leftarrow \overline{W}(1-\alpha\lambda)+\alpha\sum_{\overline{X}\in S}E(\overline{X})\overline{X} \tag{1.33}$$

这里，$E(\overline{X})$表示训练实例 $\overline{X}$ 的观测值和预测值之间的当前误差 $y-\hat{y}$。可以将这种惩罚项视为更新期间的一种权重衰减。当可用数据有限时，正则化尤其重要。正则化的一个简洁的生物学解释是，它对应于逐渐遗忘，因此“不太重要”（即噪声）的模式将被移除。一般来说，最好使用更复杂的正则化模型，而不是没有正则化的简单模型。

另外，公式 1.33 的一般形式被许多正则化机器学习模型（如最小二乘回归）所使用（参见第 2 章），其中 $E(\overline{X})$ 被该特定模型的误差函数所代替。有趣的是，权重衰减仅在单层感知机中使用较少[㊀]，因为它有时会导致过快的遗忘，少数最新被错误分类的训练点占据权重向量。主要问题是，感知机准则已经是一个退化损失函数，在 $\overline{W}=0$ 时取得最小值 0（与铰链损失或最小二乘不同）。这也是为什么单层感知机最初被定义为基于生物灵感的更新，而不是经过仔细考虑的损失函数。只有在线性可分的情况下，才能保证收敛到最优解。对于单层感知机，下面讨论的一些其他正则化技术更为常用。

1.4.1.2 网络架构和参数共享

构建神经网络最有效的方法是在考虑了底层数据域之后再构建神经网络的架构。例如，一个句子中连续的单词通常是相互关联的，图像中的相邻像素通常是相互关联的。这些类型的领域知识可以用于创建具有较少参数的文本和图像数据的专用架构。此外，许多参数还可能是共享的。例如，卷积神经网络使用相同的参数集来学习图像的局部区域的特征。在神经网络的前沿方面，*循环神经网络*和*卷积神经网络*都是这种现象的例子。

1.4.1.3 早停

另一种常见的正则化形式是*早停*，其中，梯度下降只经过几次迭代就结束了。一种确定停止点的方法是先保留一部分训练数据作为验证集，然后在验证集上测试模型的误差。当在验证集上的误差开始上升时，梯度下降法终止。早停实质上是将参数空间的大小缩小到参数初始值内的较小邻域。从这个角度来看，早停起到了正则化的作用，因为它有效地限制了参数空间。

1.4.1.4 利用深度替代宽度

如前所述，如果在隐藏层内使用大量隐藏单元，则两层神经网络可以用作通用函数逼近器[208]。结果表明，具有更多层（即深度更大）的网络往往每层需要更少的单元，因为连续层创建的复合函数使神经网络更强大。增加深度是一种正则化的形式，因为后面神经网络层中的特征被强制遵循前面神经网络层引入的特定结构类型。限制的增加会降低网络的容量，这在可用数据量受到限制时非常有用。1.5 节将对这种行为进行简要说明。每一层中的单元数量通常可以减少到即使层数更多，深度网络的参数总量也往往少得多的程度。这一观察结果导致对*深度学习*这一主题的研究激增。

尽管深度网络在过拟合方面的问题较少，但它们也有与训练的便利性有关的问题。尤其是，与网络不同层中的权重相关的损失导数往往具有截然不同的量级，这给选择正确的步长带来了挑战。这种不良行为的不同表现被称为*梯度消失*和*梯度爆炸*问题。此外，深度网络通常需要难以想象的时间才能收敛。后面将讨论这些问题和设计选择。

1.4.1.5 集成方法

为了提高模型的泛化能力，采用了装袋（bagging）等多种集成方法。这些方法不仅适用于神经网络，而且适用于任何类型的机器学习算法。然而，近年来，一些专门针对神经网络的集成方法也被提出，包括 dropout 和 dropconnect。这些方法可以与许多神经网络架构相结合，在许多实际环境中获得大约 2% 的额外准确度提升。然而，精确的提升取决于数据类型和底层训练的性质。例如，归一化隐藏层中的激活函数会降低 dropout 方法的效果，尽管可以从归一化本身获益。第 4 章将讨论集成方法。

㊀ 在单层模型和所有参数较多的多层模型中，权重衰减一般与其他损失函数一起使用。

1.4.2 梯度消失与梯度爆炸问题

虽然增加深度通常会减少网络的参数数量，但也会导致不同类型的实际问题。在层数较深的网络中，使用链式法则的反向传播在更新的稳定性方面有其缺点。具体来说，在某些类型的神经网络架构中，早期层中的更新可能会要么小到可以忽略（梯度消失），要么会变得越来越大（梯度爆炸）。这主要是由公式 1.23 中的链式乘积计算引起的，该计算可能会在路径长度上呈指数增长或衰减。考虑这样一种情况：我们有一个多层网络，每层有一个神经元。路径上的每个局部导数都可以表示为权重和激活函数的导数的乘积。整个反向传播的导数是这些值的乘积。如果每一个这样的值都是随机分布的，并且期望值小于 1，那么公式 1.23 中这些导数的乘积将随路径长度呈指数级快速下降。如果路径上的单个值的期望值大于 1，则通常会导致梯度爆炸。即使局部导数随机分布，期望值恰好为 1，整体导数也可能会不稳定，这取决于这些值的实际分布。也就是说，梯度消失和梯度爆炸问题对于深度网络来说是相当自然的，这使得它们的训练过程不稳定。

人们提出了许多解决办法。例如，使用 sigmoid 激活函数通常会导致梯度消失问题，因为它的导数在任意自变量值下都小于 0.25（参见练习 7），并且在饱和时非常小。ReLU 激活单元不太可能产生梯度消失问题，因为它的导数对于正自变量值总是 1。关于这个问题的更多讨论见第 3 章。除了使用 ReLU 外，大量的梯度下降技巧也被用于改善问题的收敛行为。特别是，在许多情况下，使用*自适应学习率*和*共轭梯度方法*可以有所帮助。此外，最近一种称为*批归一化*的技术有助于解决其中的一些问题。这些技术将在第 3 章中讨论。

1.4.3 收敛问题

对于非常深的网络，很难实现优化过程的高效快速收敛，因为深度会导致训练过程在使梯度平滑地通过网络方面阻力增加。该问题与梯度消失问题有一定的联系，但有其独特的特点。因此，文献中针对这些情况提出了一些“技巧”，包括使用*门控网络*和*残差网络*[184]。这些方法将分别在第 7 章和第 8 章中讨论。

1.4.4 局部最优和伪最优

神经网络的优化函数是高度非线性的，具有大量的局部最优解。当参数空间较大且存在许多局部最优解时，在选择一个好的初始化点上多花费一些精力会有所帮助。一种改进神经网络初始化的方法称为*预训练*。其基本思想是对原始网络的*浅层子网络*进行监督训练或无监督训练，以获得初始权重。这种类型的预训练是以*逐层贪婪的方式*进行的，其中一次训练一个网络层，以便学习该层的初始化点。这种类型的方法可以提供忽略了参数空间中完全不相关的部分的初始化点。此外，无监督预训练往往可以避免过拟合相关的问题。这里的基本思想是，损失函数中的一些极小值是伪最优值，因为它们只在使用训练数据时出现，而在使用测试数据时没有出现。使用无监督预训练往往会使初始化点更接近测试数据中“好”的最优值。这是一个与模型泛化相关的问题。4.7 节将讨论预训练的方法。

有趣的是，在神经网络中，伪最优的概念通常是从模型泛化的角度来考虑的。这是与传统优化不同的视角。在传统优化方法中，不关注训练数据和测试数据的损失函数的差异，而只关注训练数据的损失函数的形状。令人惊讶的是，在神经网络中，局部最优问题（从传统的角度来看）比人们通常从这样一个非线性函数中期望的问题要小。大多数情况下，非线性会在训练过程中造成问题（例如，无法收敛），而不是陷入局部极小值。

1.4.5 计算上的挑战

神经网络设计中的一个重大挑战是训练网络所需的运行时间。在文本和图像领域，需要几周时间来训练神经网络的情况并不少见。近年来，图形处理器单元（GPU）等硬件技术的进步在很大程度上起到了促进作用。GPU 是专门的硬件处理器，可以显著加快神经网络中常用的各种操作。从这个意义上说，一些算法框架（比如 Torch）特别方便，因为它们将 GPU 支持紧密集成到平台中。

尽管算法的进步对深度学习的崛起起到了一定的作用，但许多收益来自这样一个事实：同样的算法可以在现代硬件上做更多的事情。更快的硬件还支持算法开发，因为需要反复测试计算密集型算法，以了解哪些有效，哪些无效。例如，最近的一个神经模型 LSTM 自 1997 年首次提出[204]以来变化不大[150]。然而，这一模型的潜力直到最近才被认识到，因为现代机器的计算能力和与改进实验相关的算法调整有了进步。

绝大多数神经网络模型的一个方便的特性是，绝大部分的计算负荷在训练阶段前载，而预测阶段通常计算效率很高，因为它仅需要少量的操作（取决于层的数量）。这一点很重要，因为预测阶段通常比训练阶段对时间要求更高。例如，对图像进行实时分类（使用预先构建的模型）需要快速处理，尽管该模型的实际构建过程可能需要数周的时间来处理数百万张图像。可以设计一些方法来压缩经过训练的网络，以便能够在移动和空间受限的环境中部署它们。这些问题将在第 3 章讨论。

1.5 复合函数的能力之谜

尽管生物隐喻听起来像是一种能够直观证明神经网络强大计算能力的方法，但它并不能提供神经网络良好运行的完整设置。从最基本的层面来说，神经网络是一种将简单函数组合成复杂函数的计算图。深度学习的能力主要来自多个非线性函数的重复组合所具有的显著表达能力。尽管文献［208］表明大量挤压函数的单一组合能够近似任何函数，但这种方法需要大量的网络单元（如参数）。这会增加网络的容量，除非数据集非常大，否则会导致过拟合。综上所述，深度学习的能力很大程度上源于这样一个事实：*某些类型函数的重复组合增加了网络的表达能力，从而减少了所需学习的参数空间。*

然而，并不是所有的基函数都能够实现这一目标。事实上，神经网络中使用的非线性挤压函数并不是任意选择的，而是根据某些性质精心设计的。例如，考虑在每一层中都使用了恒等激活函数，这样就只有线性函数需要计算。在这种情况下，得到的神经网络的能力并不比单层线性网络强：

定理 1.5.1 *一个每层均只使用恒等激活函数的多层网络会退化为只做线性回归的单层网络。*

证明 考虑一个包含 k 个隐藏层的网络，那么网络中总共包含 $k+1$ 个计算层（包括输出层）。连续层之间对应的 $k+1$ 个权重矩阵分别用 $W_1 \cdots W_{k+1}$ 表示。假设 $\overline{x}$ 是与输入相对应的 d 维列向量，$\overline{h_1} \cdots \overline{h_k}$ 是与隐藏层相对应的列向量，$\overline{o}$ 是与输出相对应的 m 维列向量。我们可以得到以下多层网络递推关系：

$$\overline{h_1} = \Phi(W_1^{\mathrm{T}} \overline{x}) = W_1^{\mathrm{T}} \overline{x}$$

$$\overline{h_{p+1}} = \Phi(W_{p+1}^{\mathrm{T}}\ \overline{h_p}) = W_{p+1}^{\mathrm{T}}\ \overline{h_p} \quad \forall p \in \{1\cdots k-1\}$$

$$\overline{o} = \Phi(W_{k+1}^{\mathrm{T}}\ \overline{h_k}) = W_{k+1}^{\mathrm{T}}\ \overline{h_k}$$

在上述所有情况中，激活函数 $\Phi(\cdot)$ 为恒等激活函数。然后通过消除隐藏层变量，易得：

$$\begin{aligned}\overline{o} &= W_{k+1}^{\mathrm{T}} W_k^{\mathrm{T}} \cdots W_1^{\mathrm{T}} \overline{x} \\ &= \underbrace{(W_1 W_2 \cdots W_{k+1})^{\mathrm{T}}}_{W_{xo}^{\mathrm{T}}} \overline{x}\end{aligned}$$

注意到，可以用新的 $d \times m$ 矩阵 W_{xo} 替换矩阵 $W_1 W_2 \cdots W_{k+1}$，并学习 W_{xo} 的系数，而不是学习所有矩阵 $W_1, W_2, \cdots, W_{k+1}$ 的系数，同时并损失表达能力。即可得：

$$\overline{o} = W_{xo}^{\mathrm{T}} \overline{x}$$

然而，这种情况与具有多个输出的线性回归完全相同[6]。实际上，如果不学习 W_{xo} 转而学习冗余矩阵 $W_1 \cdots W_{k+1}$，就会增加要学习的参数数量，而并不会提高模型的能力。因此，具有恒等激活函数的多层神经网络在表达能力方面并不比单层网络好。■

上述结果适用于带有数值目标变量的回归建模。对于二元目标变量，也有类似的结果。考虑以下特殊情况：当所有层使用恒等激活函数，最终层使用带符号激活函数的单个输出进行预测时，多层神经网络退化为感知机。

引理 1.5.1　*假设有一个多层网络，其中所有隐藏层都使用恒等激活函数，单个输出节点使用感知机准则作为损失函数，最后使用符号激活函数进行预测。则该神经网络退化为单层感知机。*

这个结果的证明与上面讨论的结果几乎相同。事实上，只要隐藏层是线性的，有再多层也无济于事。

这一结果表明，只有当中间层的激活函数是非线性时，深度网络才大概率有意义。尤其是像 sigmoid 和 tanh 这样输出被限制在一个区间内的挤压函数（并且在接近零时梯度是最大的）。这些函数在参数绝对值较大的情况下会达到饱和，所以进一步增加参数的绝对值不会显著改变其值。这种类型的函数，其值在很大程度上不发生显著变化，其参数的绝对值由另一类函数（称为高斯核）共享，这些函数通常用于非参数密度估计：

$$\Phi(v) = \exp\left(-\frac{v^2}{2}\right) \tag{1.34}$$

唯一的区别在于高斯核在其参数值较大处饱和值为 0，而像 sigmoid 和 tanh 这样的函数饱和值是 +1 和 −1。根据密度估计的文献[451]，许多小高斯核的和可以用来逼近任何密度函数。密度函数有一种特殊的非负结构，在这种结构中，数据分布的极值总是饱和到零密度，底层核也表现出相同的行为。类似的原理（更一般地）适用于挤压函数，其中许多小的激活函数的线性组合可用于近似任意函数；然而，为了处理极值上的任意行为，挤压函数不会饱和到零。神经网络的通用逼近结果[208]假定单个隐藏层中的 sigmoid 单元（和/或大多数其他合理的挤压函数）的线性组合可以近似任何函数。注意，线性组合可以由单个输出节点来完成。因此，只要隐藏单元的数目足够大，两层网络就是有效的。然而，为了模拟任意函数中的弯曲，通常需要激活函数中的一些基本非线性特性。为了理解这一点，请注意，所有的一维函数都可以近似为缩放/平移阶跃函数之和，并且本章中讨论的大多数激活函数（例如，sigmoid）看起来非常像阶跃函数（见图 1.8）。这个基本思想是神经网络的通用逼近定理的本质。事实上，挤压函数能够近似任何函数的证明至少在概念上与直觉上相似。然而，想要达到高度逼近，所需的基函数的数目在这两种情况下都是非常大的，潜在地将以数据为中心的需求增加到了不可管理的水平。因此，浅层网络面临着长期存在的过拟合问题。通用逼近定理证明了能够很好地近似训练数据中隐含的函数，但不能保证函数能推广到未知的测试数据。

1.5.1 非线性激活函数的重要性

前一节中给出了关于只含有线性激活函数的神经网络无法通过增加其层数来提升能力的具体证明。如图 1.14 所示，考虑一个两类数据集，通过 x_1 和 x_2 进行二维表示。“★”类中有两个实例 A 和 C，分别用坐标（−1,1）和（1,1）表示。“+”类中还有一个实例 B，坐标为（0,1）。一个只有线性激活函数的神经网络永远无法对训练数据进行完美分类，因为这些点不是线性可分的。

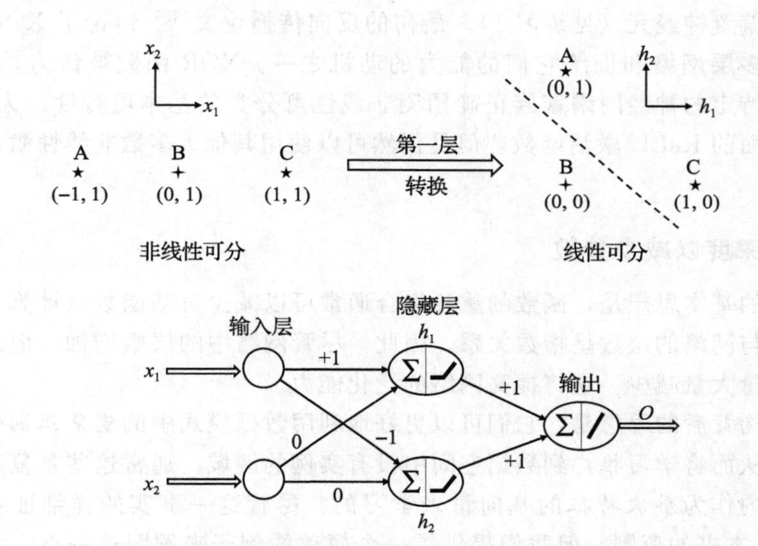

图 1.14 非线性激活函数将一个数据集线性分类的能力

另外，假设如下一种情况，在这种情况下，隐藏单元有 ReLU 激活函数，它们学习两个新特性 h_1 和 h_2，如下所示：

$$h_1 = \max\{x_1, 0\}$$

$$h_2 = \max\{-x_1, 0\}$$

注意到这些目标可以通过使用从输入层到隐藏层的合适权重并应用 ReLU 激活单元来实现。后者实现了将负阈值化为 0 的目标。我们在图 1.14 所示的神经网络中指出了其相应的权重。我们在同一张图中显示了 h_1 和 h_2 的数据图。二维隐藏层中三个点的坐标为 $\{(1,0),(0,1),(0,0)\}$。显然，根据新的隐藏表示方法，这两个类变得线性可分。从某种意义上说，第一层的任务是用线性分类法来解决问题的*表示学习*。因此，只要我们在神经网络中加入一个线性输出层，就能够很好地对这些训练实例进行分类。关键在于非线性 ReLU 函数的使用对于保证这种线性可分性是至关重要的。激活函数能够实现数据的非线性映射，使得嵌入点线性可分。实际上，如果从隐藏层到输出层的两个权重都设置为 1，并且使用线性激活函数，则输出 O 将定义如下：

$$O = h_1 + h_2 \tag{1.35}$$

这个简单的线性函数将这两个类分开，因为它总能对标记为“*”的两个点输出 1，对标记为“+”的点输出 0。因此，神经网络的大部分能力隐藏在激活函数的使用中。图 1.14 所示的权重需要以数据驱动的方式学习，但是有许多权重可以选择，以使隐藏表示线性可分。因此，如果进行实际训练，所学到的权重可能与图 1.14 所示的权重不同。然而，在感知机中，由于数据集在原始空间中不是线性可分的，因此无法选择权重来对该训练数据集进行完美分类。换言之，激活函数可以实现数据的非线性转换，这种转换在多层的情况下变得越来越强大。一组非线性激活函数对学习模型施加特定类型的结构，其能力随激活函数的数目（即神经网络的层数）而增加。

另一个经典的例子是异或（XOR）函数，其中两点 {(0,0),(1,1)} 属于一个类，另两点 {(1,0),(0,1)} 属于另一个类。尽管也可以使用 ReLU 激活来分离这两个类，但这种情况下需要偏置神经元（见练习 1）。最初的反向传播论文[409]讨论了 XOR 函数，因为该函数是设计多层网络和训练它们的能力的动机之一。XOR 函数被认为是一个试金石，用来确定一个特定的神经网络家族正确预测非线性可分类的基本可行性。为了简单起见，我们使用了上面的 ReLU 激活函数，但是仍然可以使用其他大多数非线性激活函数来实现相同的目标。

1.5.2　利用深度以减少参数

深度学习的基本思想是，函数的重复组合通常可以减少对基函数（计算单元）数量的需求，因为其与网络的层数呈指数关系。因此，尽管网络中的层数增加，但近似相同函数所需的参数数量大量减少。这将提高网络的泛化能力。

更深层架构背后的思想是，它们可以更好地利用数据模式中的*重复正则性*来减少计算单元的数量，从而将学习推广到数据空间中没有实例的区域。通常这些重复正则性是由神经网络在权重内作为*层次特征*的基向量来学习的。尽管这一事实的详细证明（参见文献[304]）超出了本书的范围，但我们提供了一个简单的例子来阐明这一点。考虑这样一种情况：一个一维函数由 1024 个相同大小和高度的阶跃函数重复定义。具有一个隐藏层和阶跃激活函数的浅层网络至少需要 1024 个单元才能对该函数进行建模。然而，多层网络将在第 1 层建模一个阶跃函数的模式，在第 2 层建模 2 个阶跃函数的模式，在第 3 层建模 4 个阶跃函数的模式，在第 r 层建模 2^r 个阶跃函数的模式。如图 1.15 所示。注意到，1 个阶跃函数的模式是最简单的特征，因为它重复了 1024 次，而 2 个阶跃函数的模式更复杂。因此，连续层中的特征（和学习到的函数）是层次相关的。在这种情况下，总共需要 10 层，并且每层都需要少量的常量节点来连接前一层的两个模式。

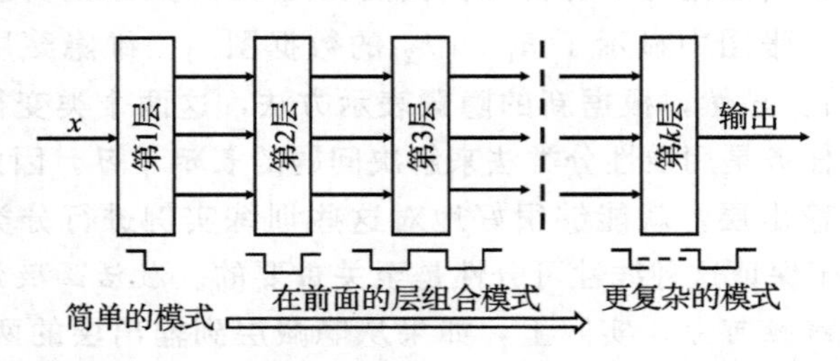

图 1.15　更深的网络通过组合前面的层学习到的函数可以学习更复杂的函数

另一种理解如下。考虑一个一维函数，它每隔一段时间取 1 和 −1 的值，这个值以固定的间隔切换 1024 次。用阶跃激活函数（只包含一个开关输入值）的线性组合来模拟此函数的唯一方法是使用 1024（或此数字的一个小常数因子）个阶跃函数。然而，具有 10 个隐藏层且每层仅 2 个单元的神经网络从源到输出便具有 $2^{10}=1024$ 条路径。只要学习到的函数在某种程度上是规则的，那么通常可以学习到每层的参数，以便这 1024 个路径能够捕获函数中的 1024 个二元开关的复杂度。前面的层学习更细节的模式，而后面的层学习更高级的模式。因此，所需的总节点数比单层网络中所需的节点数少一个数量级。这意味着学习所需的数据量也减少了一个数量级。原因是多层网络隐式地寻找重复的规则，并用较少的数据来学习它们，而不是试图显式地学习目标函数的每一个微小的细节。当将卷积神经网络与图像数据结合使用时，这种行为变得更直观：前面的层可以建模简单的特征（如线条），中间层可以建模基本形状，而后面的层可以建模复杂的形状（如脸）。另外，一个单一的层很难建模脸的每一个微小细节。这为更深层的模型提供了更好的泛化能力，同时也提供了用更少的数据学习的能力。

然而，增加网络的深度并非没有缺点。较深的网络往往难以训练，而且它们可能会表现出各种不稳定行为，如梯度消失和梯度爆炸问题。深度网络对参数的选择也非常不稳定。这些问题通常可以通过仔细设计节点内计算的函数以及使用预训练过程提高性能来解决。

1.5.3 非常规网络架构

前面概述了构造典型神经网络的操作和结构的最常用方法。然而，这一共同主题有许多变体。下面将讨论其中的一些变体。

1.5.3.1 模糊输入层、隐藏层和输出层间的区别

一般来说，神经网络领域中非常强调层式前馈网络在输入层、隐藏层和输出层之间的顺序排列。换言之，所有输入节点馈入第一隐藏层，一个隐藏层依次馈入下一个隐藏层，最终隐藏层馈入输出层。计算单元通常由应用于输入的线性组合的挤压函数来定义。隐藏层通常不接受输入，并且损失通常不根据隐藏层中的值计算。因此，很容易忘记神经网络可以定义为任何类型的参数化计算图，而上述限制对于反向传播算法的工作是不必要的。尽管不太常见，但一般来说可以在中间层中进行输入和损失计算。例如，文献［515］中提出了一种受随机森林[49]的概念启发的神经网络，能在网络的不同层中进行输入。这种网络的一个例子如图 1.16 所示。在这种情况下，输入层和隐藏层之间的区别显然已经被模糊了。

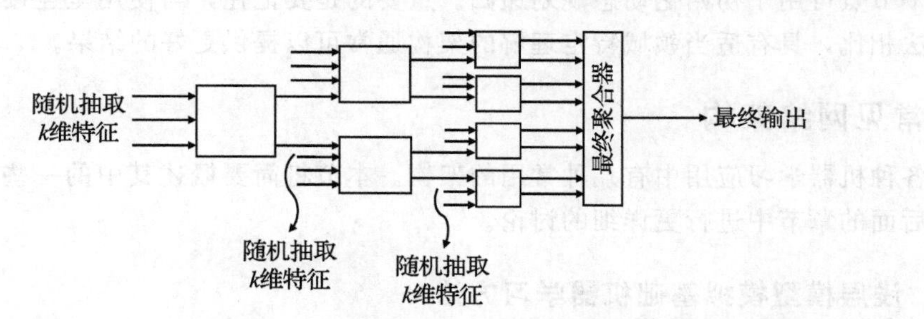

图 1.16 输入层到第一隐藏层的非常规网络架构示例。只要网络是非循环的（或能转换成非循环表示），就能用动态规划（反向传播）来学习计算图的权重

在基本前馈架构的其他变体中，既在输出节点也在隐藏节点计算损失函数。隐藏节点上的贡献通常以*惩罚项*的形式充当正则化器。例如，这些类型的方法通过对隐藏节点添加惩罚项来进行稀疏特征学习（参见第2章和第4章）。在这种情况下，隐藏层和输出层之间的区别被模糊了。

另一个新例子是使用*跳跃连接*[184]，其中允许来自特定层的输入连接到下一层之外的层。这种方法会产生真正深层的模型。例如，被称为ResNet[184]的152层架构在图像识别任务中达到了人类级别的性能。尽管这种架构没有模糊输入层、隐藏层和输出层之间的区别，但它不同于传统的前馈网络，后者只在连续层之间建立连接。这些网络具有特征工程的*迭代视图*[161]，其中后一层中的特征是前一层中特征的迭代结果。相比之下，传统的特征工程方法是*层次化的*，在层次化的特征工程中，后一层的特征是从前一层得到的特征的越来越抽象的表示。

1.5.3.2　非常规操作与和积网络

一些神经网络（如*长期短期记忆*和*卷积神经网络*）定义了各种类型的遗忘、卷积和池化操作，这些操作并非严格按照本章讨论的任何形式。事实上，这些架构现在在文本和图像领域被大量使用，所以不再被认为是不寻常的。

另一种独特的架构是*和积网络*（sum-product network）[383]。在这种情况下，节点可以是求和节点，也可以是乘积节点。求和节点类似于具有一组加权边的传统线性变换。但是，权重被限制为正值。乘积节点只需将其输入相乘，而不需要权重。值得注意的是，乘积有很多不同的计算方法。例如，如果输入是两个标量，那么可以简单地计算它们的乘积。如果输入是两个长度相等的向量，则可以计算它们按元素的乘积。一些深度学习库确实支持这些类型的乘积操作。交替使用求和层和乘积层以最大化表现力是很自然的。

和积网络具有很强的表现力，并且通常可以建立具有高度表现力的深度变化[30,93]。一个关键点是几乎任何数学函数都可以近似地写成其输入的多项式函数。因此，几乎所有的函数都可以使用和积架构来表示，尽管更深的架构允许使用更大的架构进行建模。与传统的神经网络中将非线性与激活函数相结合不同，乘积运算是和积网络非线性的关键。

训练中的问题

在已知的变换和激活函数之外的节点内使用不同类型的计算操作通常非常有用。此外，节点之间的连接方式不需要以按层方式构造，并且隐藏层中的节点可以包含在损失计算中。只要底层的计算图是非循环的，就很容易将反向传播算法推广到任何类型的架构和计算操作中。毕竟，动态规划算法（如反向传播）可以用于几乎任何类型的有向无环图，其中多个节点可用于初始化动态规划递归。重要的是要记住，与使用全连接的前向网络的黑盒方法相比，具有适当领域特定理解的架构通常可以提供更好的结果。

1.6　常见网络架构

在各种机器学习应用中有几种常用的架构。本节将简要概述其中的一些架构，这些架构将在后面的章节中进行更详细的讨论。

1.6.1　浅层模型模拟基础机器学习方法

大多数基本的机器学习模型，如线性回归、分类、支持向量机、逻辑回归、奇异值分解和矩阵分解，都可以用不超过一层或两层的浅层神经网络来模拟。探索这些基本的架构是有指导意义的，因为它间接地展示了神经网络的能力。我们所知道的机器学习的大部分都可以用相对简单的模型来模拟。此外，许多基本的神经网络模型（如 Widrow-Hoff 学习模型），都与传统的机器学习模型（如 Fisher 判别）直接相关，尽管它们是独立提出的。值得注意的是，更深层的架构通常是通过以创造性的方式堆叠这些简单的模型来创建的。第 2 章将讨论基本机器学习模型的神经结构，还将讨论其在文本挖掘、图和推荐系统中的一些应用。

1.6.2 径向基函数网络

径向基函数（RBF）网络代表了在神经网络历史长河中被遗弃的架构。它们在现代并不常用。尽管它们确实具有解决特定类型问题的巨大潜力，但有一个限制其能力的问题：这些网络并不深，它们通常只使用两层。第一层是以无监督方式构建的，而第二层是使用监督方法训练的。这些网络从根本上不同于前馈网络，它们从无监督层中的大量节点获得能力。使用 RBF 网络的基本原理与前馈网络的基本原理有很大的不同，因为前者通过扩展特征空间的大小而不是深度来获得能力。该方法基于 Cover 模式可分性定理[84]，该定理指出，当用非线性变换将模式分类问题投射到高维空间时，模式分类问题更可能是线性可分的。网络的第二层在每个节点中都包含一个原型，并且通过输入数据与原型的相似性来定义激活函数。然后将这些激活函数与下一层的已训练权重相结合，创建最终预测。这种方法与最邻近的分类方法非常相似，只是第二层的权重提供了额外的监督信息。换句话说，该方法是一种有监督的最近邻方法。

值得注意的是，支持向量机被认为是最近邻分类器的有监督变体，其中核函数与监督权重相结合，在最终预测中对相邻点进行加权[6]。RBF 网络可以用来模拟支持向量机等核方法。对于分类等特定类型的问题，可以使用这些架构，而不是简单的核支持向量机。这是因为这些模型比核支持向量机更通用，提供了更多的试验机会。此外，有时可以从监督层中增加的深度获得一些优势。RBF 网络的全部潜力在文献中还未被发掘，因为随着人们对常规前馈方法的日益关注，这种架构已经被遗忘了。第 5 章将讨论径向基函数网络。

1.6.3 受限玻尔兹曼机

受限玻尔兹曼机（RBM）使用能量最小化的概念来构建神经网络架构，以便以无监督方式对数据进行建模。这些方法对于创建数据的生成模型特别有用，并且它们与概率图模型[251]密切相关。RBM 的起源是可用于存储内容的 Hopfield 网络[207]。这些网络的随机变量被推广到玻尔兹曼机，在玻尔兹曼机中，隐藏层模拟了数据的生成方面。

RBM 通常用于无监督建模和降维，但也可以用于监督建模。然而，由于它们不适合于监督建模，因此监督训练通常在无监督阶段之前进行。这自然导致了预训练概念的产生，它被认为对监督学习非常有益。RBM 是最早用于深度学习的模型之一，尤其是在无监督的环境中。预训练方法最终被其他模型采用。因此，RBM 在促进一些深度模型训练方法方面也具有一定的历史意义。

RBM 的训练过程与前馈网络的训练过程有很大不同。特别是这些模型不能使用反向传播进行训练，它们需要蒙特卡洛抽样来训练。RBM 训练中常用的一种特殊算法是对比发散算法。第 6 章将讨论受限玻尔兹曼机。

1.6.4 循环神经网络

循环神经网络被设计用于序列数据，如文本句子、时间序列和其他离散序列（如生物序列）。这些情况下，输入的形式是$\overline{x}_1 \cdots \overline{x}_n$，其中$\overline{x}_t$是在时间戳$t$处接收到的$d$维点。例如，向量$\overline{x}_t$可能包含多变量时间序列（具有$d$个不同的序列）的第$t$个tick处的$d$个值。在文本设置中，向量$\overline{x}_t$将包含第$t$个时间戳处的独热编码单词。在独热编码中，我们具有一个长度与词典大小相等的向量，并且相关单词的分量值为1。所有其他分量都是0。

关于序列的一个重点是，连续的单词相互依赖。因此，只有在先前的输入已经被接收并转换成隐藏状态之后才接收特定的输入$\overline{x}_t$是有用的。在传统的前馈网络中，所有输入都会被馈入第一层，因此其无法实现这一目标。因此，循环神经网络允许输入$\overline{x}_t$直接与以前时间戳上的输入所产生的隐藏状态交互。循环神经网络的基本架构如图1.17a所示。关键点在于每个时间戳处都有一个输入$\overline{x}_t$，并且隐藏状态$\overline{h}_t$随着新数据点的到达而在每个时间戳处改变。每个时间戳也有一个输出$\overline{y}_t$。例如，在时间序列设置中，输出$\overline{y}_t$可以是$\overline{x}_{t+1}$的预测值。当被用于预测下一个单词的文本设置时，这种方法称为*语言建模*。在某些应用中，我们只在序列的末尾而非每个时间戳处输出$\overline{y}_t$。例如，如果一个人试图将一个句子的情感归类为“积极”或“消极”，那么输出将只出现在最后的时间戳上。

时间t处的隐藏状态由时间t处的输入向量和时间$t-1$处的隐藏向量的函数得出：

$$\overline{h}_t = f(h_{t-1}, \overline{x}_t) \tag{1.36}$$

独立的函数$\overline{y}_t = g(\overline{h}_t)$用于从隐藏状态中学习输出概率。注意，函数$f(\cdot)$和$g(\cdot)$在每个时间戳上都是相同的。隐含的假设是时间序列表现出一定程度的*平稳性*，其基本性质不随时间变化。尽管在实际情况下，此性质并不完全正确，但用于正则化中则是一个很好的假设。

此处的关键是自循环的存在（如图1.17a所示），这将导致神经网络的隐藏状态在每个$\overline{x}_t$的输入之后发生变化。实际上，我们只针对有限长度的序列，将循环展开为一个看起来更像前馈网络的“时间分层”网络是有意义的。该网络如图1.17b所示。注意，在这种情况下，每个时间戳处都有一个不同的隐藏状态节点，并且自循环已经展开为一个前馈网络。这种表示在数学上等同于图1.17a，但由于其与传统网络相似，因此更容易理解。注意到与传统的前馈网络不同，输入也发生在展开网络的中间层。在时间分层网络中，*连接的权重矩阵由多个连接共享*，以确保在每个时间戳使用相同的函数。这种共享是网络学习到的特定领域知识的关键。反向传播算法在更新权重时考虑了权重的共享和时间长度。这种特殊的反向传播算法称为*时间反向传播*（BPTT）。由于公式1.36的递归性质，循环网络具有*计算可变长度输入的函数的能力*。换言之，我们可以扩展公式1.36的递推式，以确定$\overline{h}_t$在t个输入方面的函数。例如，从$\overline{h}_0$开始，通常固定在某个常数向量上，我们有$\overline{h}_1 = f(\overline{h}_0, \overline{x}_1)$和$\overline{h}_2 = f(f(\overline{h}_0, \overline{x}_1), \overline{x}_2)$。注意到$\overline{h}_1$仅是$\overline{x}_1$的函数，而$\overline{h}_2$是$\overline{x}_1$和$\overline{x}_2$的函数。由于输出$\overline{y}_t$是$\overline{x}_t$的函数，所以这些属性也由$\overline{y}_t$继承。于是，我们有：

$$\overline{y}_t = F_t(\overline{x}_1, \overline{x}_2, \cdots, \overline{x}_t) \tag{1.37}$$

注意，函数$F_t(\cdot)$随t值的变化而变化。这种方法特别适合可变长度输入，如文本句子。第7章将详细介绍循环神经网络，并讨论循环神经网络在各个领域的应用。

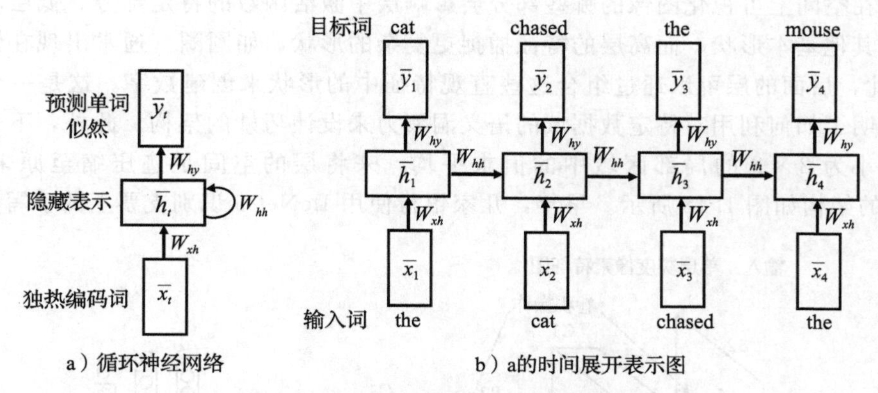

图 1.17 一个循环神经网络和它的时间分层表示

循环神经网络的一个有趣的理论性质是它是*图灵完备的*[444]。这意味着，*给定足够的数据和计算资源*，循环神经网络可以模拟任何算法。然而，在实际应用中，这种理论性质并不实用，因为循环网络在长序列方面有着重大的实际问题。较长序列所需的数据量和隐藏状态的数量增加得超出实际。此外，由于存在梯度消失和梯度爆炸问题，在确定参数的最佳选择方面也存在实际问题。因此，人们提出了循环神经网络架构的特殊变体，例如长期短期记忆。这些高级架构也将在第 7 章中讨论。此外，循环架构的一些高级变体（如神经图灵机）在某些应用中显示出了超出循环神经网络的进步。

1.6.5 卷积神经网络

卷积神经网络是一种受生物启发的网络，用于计算机视觉中的图像分类和目标检测。卷积神经网络的基本动机来自 Hubel 和 Wiesel 对猫视觉皮层工作机制的理解[212]，其中视觉区域的特定部分能够刺激特定的神经元。这个更广泛的原理被用来设计卷积神经网络的稀疏结构。基于这种生物启发的第一个基本架构是*神经认知机*（neocognitron），后来被推广到 LeNet-5 架构[279]。在卷积神经网络架构中，网络中的每一层都是三维的，具有与特征数目相对应的空间广度和深度。卷积神经网络中单层的深度概念与层数上的深度概念是不同的⊖。在输入层中，这些特征对应于诸如 RGB（即红色、绿色、蓝色）的颜色通道，而在隐藏通道中，这些特征表示隐藏特征，其映射图像中的各种形状。如果输入是灰度的（如 LeNet-5），那么输入层的深度为 1，但后面的层仍然是三维的。该架构包含两种类型的层，分别称为*卷积层*和*下采样层*。

对于卷积层，定义*卷积操作*，其中使用滤波器将激活函数从一层映射到下一层。卷积操作使用与当前层具有相同深度但具有较小空间范围的三维权重滤波器。滤波器中所有权重与一层中任意空间区域（与滤波器大小相同）之间的点积定义了下一层中隐藏状态的值（在应用像 ReLU 这样的激活函数之后）。在每个可能的位置进行该操作，来确定下一层的网络（其中激活函数保持其与上一层的空间关系）。

卷积神经网络中的连接是非常稀疏的，因为特定层中的任何激活函数都是前一层中只有一个小空间区域的函数。除了三层中的最后两层之外的所有层都保持其空间结构。因

⊖ 这是卷积神经网络中使用的术语一个过载。“深度”这个词的意思是从它使用的上下文中推断出来的。

此，可以在空间上可视化图像的哪些部分会影响层中激活函数的特定部分。低层的特征捕捉线条或其他基本形状，而高层的特征捕捉更复杂的形状，如圆圈（通常出现在许多数字中）。因此，后面的层可以通过组合这些直观特征中的形状来创建数字。这是一个典型的例子，说明了如何利用对特定数据域的语义洞察力来设计巧妙的架构。此外，下采样层简单地将大小为 2×2 的局部区域中的值求平均，来将层的空间足迹压缩至原来的 1/2。LeNet-5 的架构如图 1.18 所示。早年，几家银行使用 LeNet-5 识别支票上的手写数字。

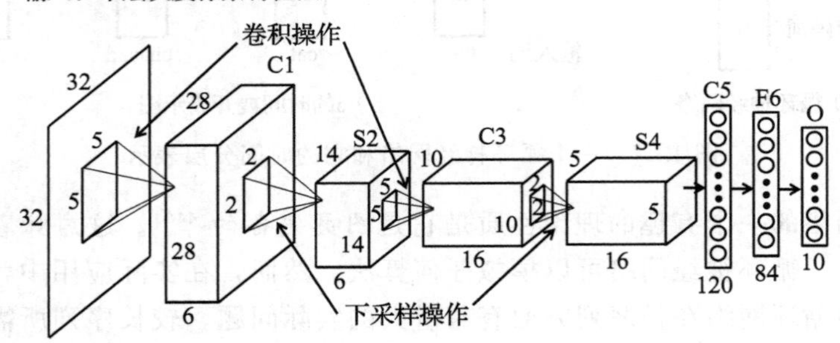

图 1.18　LeNet-5：最早的卷积神经网络之一

卷积神经网络在历史上是最成功的神经网络。它们广泛应用于图像识别、目标检测/定位，甚至文本处理。在图像分类问题上，这些网络的性能最近已经超过了人类[184]。卷积神经网络说明神经网络的架构应该根据数据域的领域知识来设计和选择。在卷积神经网络中，这种领域知识是通过观察猫视觉皮层的生物原理，并大量使用像素之间的空间关系获得的。这一事实也证明了解神经科学也可能有助于人工智能方法的发展。

来自像 ImageNet 这样的公共资源的预训练卷积神经网络通常以一种现成的方式用于其他应用程序和数据集。这是通过使用卷积网络中的大多数预训练权重实现的，除了最后的分类层之外，没有任何改变。最后的分类层的权重从现有数据集中学习。最后一层的训练是必要的，因为在特定的设置中，类标签可能与 ImageNet 的不同。尽管如此，前面的层中的权重仍然有用，因为它们可以学习图像中的各种形状，这些形状对于几乎任何类型的分类应用都是有用的。此外，倒数第二层的特征激活函数甚至可以用于无监督应用。例如，可以通过将每个图像输入卷积神经网络并抽取倒数第二层的激活函数来创建任意图像数据集的多维表示。随后，可以将任何类型的索引应用于该表示，用于检索与目标图像相似的图像。由于网络学习到的特征的语义特性，这种方法在图像检索中通常能提供相当好的结果。值得注意的是，使用预训练卷积网络非常流行，以至于训练很少从头开始。第 8 章将详细讨论卷积神经网络。

1.6.6　层次特征工程与预训练模型

许多具有前馈结构的深层架构都有多个层，在这些层中，前一层输入的连续变换使得数据的表示变得越来越复杂。特定输入的每个隐藏层的值都包含输入点的变换表示形式，随着层越来越接近输出节点，该表示形式关于我们要学习的目标值的信息量会越来越大。如 1.5.1 节所示，恰当的变换特征表示更适合输出层中的简单预测类型。这种复杂性是中间层非线性激活函数的结果。传统上，sigmoid 和 tanh 激活函数是隐藏层中最受欢迎的选择，但近年来 ReLU 激活函数由于其在避免梯度消失和梯度爆炸问题方面的更好特性而变得越来越受欢迎（参见 3.4.2 节）。对于分类，可以将最终层视为一个相对简单的预测层，在回归的情况下包含一个单一的线性神经元，在二元分类的情况下是一个 sigmoid/符号函数。更复杂的输出可能需要多个节点。查看隐藏层和最终预测层之间的分工的一种方法是，前面的层创建更适合当前任务的特征表示，最终层则利用该特征表示。这种分工如图 1.19 所示。一个关键点是，在隐藏层中学习到的特征通常（但并不总是）可推广到同一领域（例如，文本、图像等）中的其他数据集和问题设置。只需将预训练网络的输出节点替换为相应数据集和特定应用的输出层（例如，用线性回归层替代 sigmoid 分类层）就能利用该特性。随后，对于新的数据集和应用，只需要学习相应的输出层的权重，而其他层的权重是固定的。

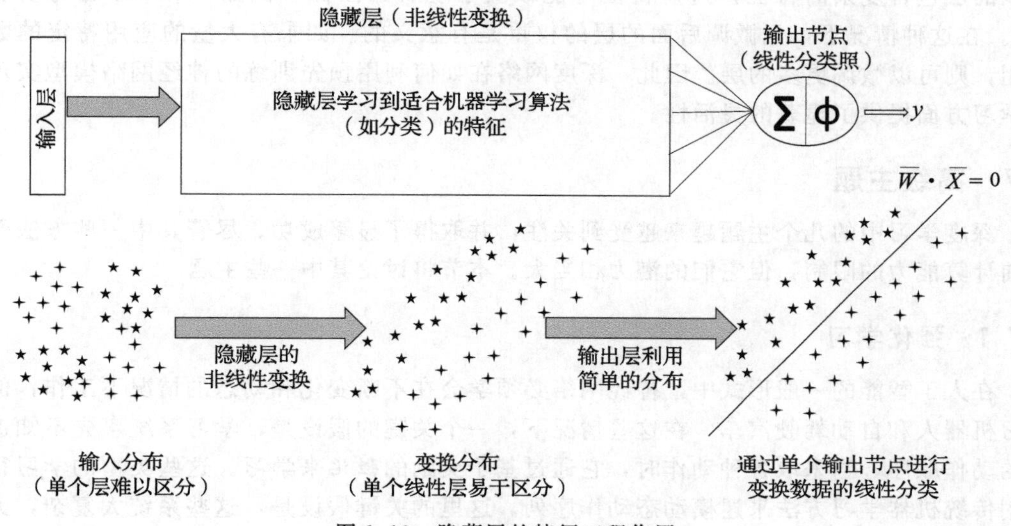

图 1.19 隐藏层的特征工程作用

每个隐藏层的输出是数据的变换特征表示，其中表示的维数由该层中的单元数确定。我们可以将此过程视为一种层次特征工程，其中前面的层中的特征表示数据的原始特征，而后面的层中的特征表示复杂特征，对类标签来说具有语义意义。由于通过变换能学习到特征的语义信息，因此用后面的层特征表示的数据通常表现得更好（例如，线性可分）。这类现象在某些领域（如图像数据的卷积神经网络）中更为明显。在卷积神经网络中，前面的层的特征从图像数据集中捕获细致而原始的形状（如线条或边缘），后面的层的特征捕捉更复杂的形状（如六边形、蜂窝等），这取决于作为训练数据的图像的类型。注意，这种语义上可解释的形状通常与图像领域中的类标签有更密切的关系。例如，几乎任何图像都包含线条或边缘，但特定类的图像更可能具有六边形或蜂巢。这种特性使得使用简单的模型（如线性分类器）更容易对后面的层的表示进行分类。这个过程如图 1.19 所示。前面的层中的特征反复用作构建块，以创建更复杂的特征。这种“组合”简单特征以创建更复杂特征的一般原理是神经网络取得成功的核心。事实证明，此特性在以仔细校准的方式利用预训练模型时也很有用。使用预训练模型的实践也被称为*迁移学习*。

神经网络中常用的一种特殊类型的迁移学习是，给定数据集中可用的数据和结构用于学习整个域的特征。这种设置的典型示例是文本或图像数据。在文本数据中，文本词的表示是使用标准化的基准数据集（如 Wikipedia[594]）和模型（如 word2vec）创建的。几乎所有的文本应用都可以使用它们，因为文本数据的性质不会随着应用程序的变化而发生很大的变化。类似的方法也经常用于图像数据，其中 ImageNet 数据集（参见 1.8.2 节）用于预训练卷积神经网络，并提供现成的特征。我们可以下载一个预训练卷积神经网络模型，并通过将图像输入预训练网络，将任何图像数据集转换为多维表示。此外，如果有额外的应用特定的数据可用，则可以根据可用数据的数量调整迁移学习的级别。这是通过用这些附加数据对预训练神经网络中的层的子集进行微调来实现的。如果有少量应用特定的数据可用，则可以将前面的层的权重作为其预训练值，并仅对神经网络的最后几层进行微调。前面的层通常包含基本特征，这些特征更容易推广到任意应用。例如，在卷积神经网络中，前面的层学习边缘等原始特征，这些特征在卡车或胡萝卜等各种图像中都很有用。后面的层包含复杂的特征，这些特征可能取决于现有的图像（例如，卡车车轮与胡萝卜顶）。在这种情况下，只微调后面的层的权重是有意义的。如果有大量的应用特定的数据可用，则可以微调更多的层。因此，深度网络在如何利用预先训练的神经网络模型实现迁移学习方面提供了显著的灵活性。

1.7　高级主题

深度学习中的几个主题越来越受到关注，并取得了显著成功。尽管其中一些方法受到当前计算能力的限制，但它们的潜力相当大。本节将讨论其中一些主题。

1.7.1　强化学习

在人工智能的一般形式中，神经网络必须学会在不断变化和动态的情况下工作，例如学习机器人和自动驾驶汽车。在这些情况下，一个关键的假设是，学习系统事先不知道适当的动作顺序，当采取各种动作时，它通过基于奖励的*强化*来学习。这些类型的学习很难使用传统机器学习方法来建模动态动作序列。这里的关键假设是，这些系统太复杂，无法显式地建模，但它们也足以进行评测，因此可以为学习器的每个动作分配*奖励值*。

想象一下这样一个场景：一个人希望训练一个学习系统在事先不知道规则的情况下从头开始玩电子游戏。电子游戏是强化学习方法的绝佳试验台，因为它们是生活“游戏”的缩影。在现实世界中，可能的*状态*（即在游戏中的唯一位置）的数量可能太大，以致无法列举，而移动的最佳选择严格取决于对从特定状态建模真正重要的知识。此外，由于要从不知道任何规则知识开始，所以学习系统将需要通过其动作收集数据，就像老鼠探索迷宫来学习其结构一样。因此，收集到的数据受到用户动作的极大影响，这为学习提供了一个特别具有挑战性的情况。强化学习方法的成功训练是*自主学习系统*的一个重要实现途径，而自主学习系统是人工智能的圣杯。虽然强化学习领域是独立于神经网络领域发展起来的，但这两个领域的强大互补性使它们结合在一起。深度学习方法可用于从高维感官输入（例如，电子游戏中的像素视频屏幕或机器人“视觉”中的像素屏幕）学习特征表示。此外，强化学习方法通常支持各种类型的神经网络算法，如注意机制。第 9 章将讨论强化学习方法。

1.7.2　分离数据存储和计算

神经网络的一个重要方面是数据存储和计算紧密结合。例如，可以将神经网络中的状态看作一种瞬态存储器，其行为与计算机中央处理单元中不断变化的寄存器非常相似。但是如果我们想建立一个神经网络，在那里人们可以控制从哪里读取数据，在哪里写入数据，那怎么办？这个目标是通过注意力和外部记忆的概念来实现的。注意机制可用于各种应用，如图像处理（专注于图像的小部分，以获得连续的见解）。这些技术也用于机器翻译。能够严格控制外部存储器读写访问的神经网络被称为神经图灵机[158]或记忆网络[528]。尽管这些方法是循环神经网络的高级变体，但在能够处理的问题类型方面，它们比先前的方法具有更显著的潜力。第 10 章将讨论这些方法。

1.7.3 生成对抗网络

生成对抗网络是一种数据生成模型，它可以通过两个参与者之间的对抗博弈来创建基础数据集的生成模型。这两个参与者分别对应一个生成器和一个判别器。生成器以高斯噪声为输入，产生一个输出，该输出与基础数据一样是一个生成的样本。判别器通常是一种像逻辑回归这样的概率分类器，其工作是将真实样本和生成的样本区分开来。生成器试图创建尽可能真实的样本，其目标是欺骗判别器，而判别器的目标是不管生成器如何欺骗它也能识别假样本。该问题可以理解为生成器和判别器之间的对抗博弈，正式优化模型是一个极大极小学习问题。该博弈的纳什均衡提供了最终的训练模型。通常，这个平衡点是判别器无法区分真假样本的临界点。

这样的方法可以使用一个基本的数据集来创建真实的假象样本，并且通常在图像领域中使用。例如，如果使用包含卧室图像的数据集来训练该方法，它将生成看起来逼真的卧室，而这些卧室实际上不是基础数据的一部分。因此，这种方法可以用于艺术或创造性的尝试。这些方法还可以根据特定类型的上下文进行调整，上下文可以是任何类型的对象，如标签、文本标题或缺少详细信息的图像。在这些情况下，将使用成对的相关训练对象，例如标题（上下文）和图像（基本对象）。类似地，可能有对应于物体草图和实际照片的训练对。因此，从各种动物的带标题图像数据集开始，通过使用上下文标题（如“有锋利爪子的蓝鸟”）可以创建不属于基础数据一部分的假象图像。同样，从绘制的钱包草图开始，这种方法可以创建一个真实的彩色钱包图像。第 10 章将讨论生成对抗网络。

1.8 两个基准

神经网络文献中使用的基准主要是来自计算机视觉领域的数据。尽管像 UCI repository[601]这样的传统机器学习数据集可以用于测试神经网络，但总的趋势是使用来自感知导向数据域的数据集，这些数据集可以很好地可视化。从文本和图像领域提取的数据集多种多样，其中两个数据集因其在深度学习论文中的普遍应用而脱颖而出。虽然两者都是从计算机视觉中提取的数据集，但其中一个非常简单，可以用于测试视觉领域以外的通用应用。接下来，我们将简要概述这两个数据集。

1.8.1 MNIST 手写数字数据库

MNIST 数据库是一个包含手写数字的大型数据库[281]。顾名思义，这个数据集是通过修改 NIST 提供的手写数字原始数据库而创建的。该数据集包含 60 000 个训练图像和 10 000 个测试图像。每幅图像都是一个从 0 到 9 的手写数字的扫描，不同图像之间的差异是由不同的人的笔迹不同造成的。这些人是美国人口普查局的雇员和美国高中生。NIST

的原始黑白图像在20像素×20像素的框中规格化，同时保持其纵横比，并通过计算像素的质心使其在28×28的图像中居中。图像被转换到28×28视野的中心位置。这些28×28像素值中的每一个都采用0到255之间的值，具体取决于它在灰度谱中的位置。与图像相关联的标签对应于十位数的值。MNIST数据库中的数字示例如图1.20所示。数据集的大小相当小，它只包含一个与数字对应的简单对象。因此，有人可能会说MNIST数据库是一个玩具数据集。然而，它的体积小、简单也是一个优势，因为它可以用作快速测试机器学习算法的实验室。此外，由于数字（大致）居中，数据集得以简化，这使得使用它测试计算机视觉以外的算法变得容易。计算机视觉算法需要特殊的假设，如平移不变性。这个数据集的简单性使得不再需要这些假设。Geoff Hinton[600]指出，神经网络研究人员使用MNIST数据库的方式与生物学家使用果蝇来获得早期和快速的结果（在对更复杂的生物体进行认真测试之前）的方式大致相同。

图1.20 MNIST数据库中的手写数字示例

虽然每幅图像的矩阵表示适合卷积神经网络，但也可以将其转换为28×28=784维的多维表示。这种转换会丢失图像中的一些空间信息，但这种信息丢失不会削弱（至少在MNIST数据集的情况下）其有效性，因为它相对简单。事实上，在784维上使用一个简单的支持向量机可以达到令人惊讶的错误率（约为0.56%）。多维表示上的简单的二层神经网络（不使用图像中的空间结构）一般比支持向量机在参数选择上做得差！没有特殊卷积架构的深度神经网络可以达到0.35%的错误率[72]。更深的神经网络和卷积神经网络（确实使用空间结构）可以通过使用5个卷积网络的集成将错误率降低到0.21%[402]。因此，即使在这个简单的数据集上，我们也可以看到相对于传统机器学习，神经网络的相对性能对自身使用的特定架构非常敏感。

最后，需要注意的是，MNIST数据的784维非空间表示用于测试计算机视觉领域之外的所有类型的神经网络算法。尽管784维（平整的）表示并不适合视觉任务，但对于测试非视觉导向（即通用）神经网络算法的总体效果仍然有用。例如，MNIST数据经常被用来测试一般的自编码器，而不仅仅是卷积自编码器。即使使用图像的非空间表示来用自编码器重建图像，人们仍然可以使用重建像素的原始空间位置来可视化结果，以获得算法对数据所做的操作的直观感觉。这种视觉探索通常给研究者一些在任意数据集（如从UCI机器学习库[601]获得的数据集）中不可用的见解。从这个意义上说，MNIST数据集往往比许多其他类型的数据集具有更广泛的可用性。

1.8.2 ImageNet数据库

ImageNet数据库[581]是一个庞大的数据库，其中有超过1400万张来自1000个不同类别的图像。它的类覆盖得非常详尽，涵盖了日常生活中会遇到的大多数类型的图像。这个数据库是根据名词的WordNet层次结构[329]组织的。WordNet数据库是一个使用synsets的概念来表示英语单词之间的关系的数据集。WordNet层次结构已经成功地用于自然语言领域的机器学习，因此围绕这些关系设计一个图像数据集是很自然的。

ImageNet 数据库以使用该数据集进行的年度 ImageNet 大规模视觉识别挑战赛（ILSVRC）[582]而闻名。这项竞赛在视觉社区有很高的贡献，并收到了计算机视觉领域大多数主要研究团体的参赛作品。该比赛的参赛算法产生了当今许多最先进的图像识别架构，包括在一些具体任务（如图像分类）上超越人类表现的方法[184]。由于这些数据集上的已知结果的广泛可用性，这是基准测试的主流替代方案。我们将在关于卷积神经网络的第 8 章中讨论提交给 ImageNet 竞赛的一些最新算法。

ImageNet 数据集的另一个重要意义是它足够大和多样，能够代表图像领域中的关键视觉概念。因此，研究人员经常在这个数据集上训练卷积神经网络。预训练神经网络可以用来从任意图像中提取特征。这种图像表示由神经网络倒数第二层的隐藏激活函数来定义。这种方法创建了新的图像数据集的多维表示，可以与传统的机器学习方法一起使用。可以将这种方法视为一种迁移学习，其中 ImageNet 数据集的视觉概念被转移到其他数据对象不可见的应用中。

1.9 总结

虽然可以将神经网络看作模拟生物体学习的过程，但对神经网络的更直接的理解是计算图。这样的计算图通过简单函数的递归组合学习更复杂的函数。由于这些计算图是参数化的，所以问题通常归结为为了优化损失函数而学习图的参数。最简单的神经网络类型通常是基本的机器学习模型，如最小二乘回归。神经网络的真正能力是通过使用更复杂的底层函数组合来释放的。这种网络的参数是通过一种称为反向传播的动态规划方法来学习的。学习神经网络模型面临着一些挑战，如过拟合和训练不稳定性。近年来，许多算法的改进已经缓解了这些问题。在特定领域（如文本和图像）设计深度学习方法需要精心构建的架构，包括循环神经网络和卷积神经网络。对于需要由系统来学习一系列决策的动态设置来说，像强化学习这样的方法是有效的。

1.10 参考资料说明

正确理解神经网络设计需要对机器学习算法，特别是基于梯度下降的线性模型有扎实的理解。关于机器学习方法的基本知识，建议读者参考文献[2,3,40,177]。在不同的背景下对神经网络的大量综述和概述可以在文献[27,28,198,277,345,431] 中找到。关于用于模式识别的神经网络的经典书籍可以在文献[41,182] 中找到，而关于深度学习的最新观点可以在文献 [147] 中找到。最近的一本文本挖掘书[6]也讨论了文本分析深度学习的最新进展。关于深度学习和计算神经科学之间关系的概述可以在文献[176,239] 中找到。

感知机算法由 Rosenblatt[405] 提出。为了解决稳定性问题，提出了口袋算法[128]、Maxover 算法[523]和其他基于边距的方法[123]。其他类似性质的早期算法包括 Widrow-Hoff[531]和 Winnow 算法[245]。Winnow 算法使用乘法更新而不是加法更新，在许多特征不相关时特别有用。反向传播的最初思想基于控制理论中提出的函数组成微分的思想[54,237]。自 20 世纪 60 年代以来，使用动态规划对通过有向无环图关联的变量进行基于梯度的优化一直是一种标准做法。然而，在当时还没有观察到使用这些方法进行神经网络训练的能力。1969 年，Minsky 和 Papert 出版了一本关于感知机的书[330]，这本书在很大程度上否定了能够正确训练多层神经网络的潜力。这本书表明，一个单一的感知机只有有限的表现力，但是没有人知道如何训练多层感知机。Minsky 是一位人工智能方面的专家，他书中的消极语调带来了神经网络领域的第一个冬天。动态规划方法对神经网络反向传播的适应性是由 Paul Werbos 在 1974 年的博士论文[524]中首次提出的。然而，Werbos 的工作无法克服当时已经根深蒂固的对神经网络的强烈反对。1986 年，Rumelhart 等人又提出了反向传播算法[408,409]。Rumelhart 等人的工作对于它的完美亮相意义重大，并且它至少能够解决 Minsky 和 Papert 早先提出的一些问题。从反向传播的角度来看，这是 Rumelhart 等人的论文被认为非常有影响的原因之一，尽管提出这种方法肯定不是第一次。关于反向传播算法历史的讨论可以在 Paul Werbos 的书[525]中找到。

此时，由于训练神经网络仍然存在问题，神经网络领域只得到了部分复兴。然而，一些研究人员继续在这一领域工作，并在 2000 年之前就已经建立了大多数已知的神经架构，如卷积神经网络、循环神经网络和 LSTM。由于数据和计算的限制，这些方法的准确度仍然很低。此外，由于梯度消失和梯度爆炸问题，反向传播在训练更深层的网络时效果较差。然而，到目前为止，已经有几个著名的研究者假设，现有的算法会随着数据、计算能力和算法实验的增加而产生较大的性能改进。大数据框架与 GPU 的耦合在 20 世纪 00 年代末被证明是神经网络研究的福音，随着由计算能力的提高带来的实验周期的缩短，类似预训练的技巧在 20 世纪 00 年代末开始出现[198]。在 2011 年之后，随着神经网络在图像分类深度学习竞赛中的巨大成功[255]，神经网络呈现了明显的复苏趋势。深度学习算法在这些竞赛中的持续成功为其今天的普及奠定了基础。值得注意的是，这些获奖架构与 20 多年前开发的架构之间的差异不大（但至关重要）。

Paul Werbos 是循环神经网络的先驱，他提出了时间反向传播的原始版本[526]。卷积神经网络的基础在文献［127］中是在*神经认知机*的背景下提出的。这个想法后来被推广到 LeNet-5，它是最初的卷积神经网络之一。文献［208］讨论了神经网络执行通用函数逼近的能力。文献［340］讨论了深度对减少参数数量的好处。

神经网络的理论表达能力在其发展初期就得到了认可。例如，早期的工作认识到可以使用具有单个隐藏层的神经网络来逼近任何函数[208]。另一个结果是某些神经结构（如循环网络）是图灵完备的[444]。后者意味着神经网络可以潜在地模拟任何算法。当然，与神经网络训练相关的实践问题很多，这就是为什么这些令人兴奋的理论结果并不总是转化为现实世界的性能。其中最重要的问题是浅层架构的数据饥饿性质，该问题随着深度的增加而得到缓解。可以将增加的深度看作一种正则化的形式，其中一种是使神经网络识别和学习数据点中的重复模式。然而，从优化的角度来看，深度的增加使得训练神经网络更加困难。关于其中一些问题的讨论可以在文献［41,140,147］中找到。文献［267］提供了一个实验评估，展示了更深层架构的优势。

1.10.1 视频讲座

深度学习在 YouTube 和 Coursera 等资源平台上有大量免费视频讲座。最权威的资源之一是 Coursera 上的 Geoff Hinton 课程[600]。Coursera 在深度学习方面有多种资源，并为该领域提供一组相关课程。在这本书的写作过程中，吴恩达的课程也被添加到其中。斯坦福大学的卷积神经网络课程在 YouTube 上免费提供[236]。Karpathy、Johnson 和 Fei-Fei[236]在斯坦福大学的课程是关于卷积神经网络的，但它也很好地涵盖了神经网络中更广泛的主题。课程的初始部分涉及原始神经网络和训练方法。

Nando de Freitas 在 YouTube 上的一个讲座中介绍了机器学习[89]和深度学习[90]中的

许多主题。另一个关于神经网络的有趣的课程可以从Sherbrooke大学的Hugo Larochelle那里获得[262]。Ali Ghodsi在滑铁卢大学开设的深度学习课程见文献[137]。Christopher Manning关于深层学习的自然语言处理方法的视频讲座可以在文献[312]中找到。David Silver的强化学习课程可在文献[619]中找到。

1.10.2 软件资源

许多软件框架支持深度学习，如Caffe[571]、Torch[572]、Theano[573]和TensorFlow[574]。Caffe提供了到Python和MATLAB的扩展。Caffe是在加州大学伯克利分校开发的，它是用C++编写的。它提供了一个高级接口，在这个接口中可以指定网络的架构，并且它可以用很少的代码编写和相对简单的脚本来构建神经网络。Caffee的主要缺点是可用的文档相对有限。Theano[35]是基于Python的，它提供像Keras[575]和Lasagne[576]这样的高级包作为接口。Theano是基于计算图的概念，并且围绕它提供的大多数功能都显式地使用这种抽象。TensorFlow[574]也是面向计算图的，是Google提出的框架。Torch[572]是用一种高级语言Lua编写的，使用起来相对友好。近年来，与其他框架相比，Torch取得了一些进展。对GPU的支持紧密集成在Torch中，这使得在GPU上部署基于Torch的应用相对容易。这些框架中有许多包含了来自计算机视觉和文本挖掘的预训练模型，这些模型可用于提取特征。从DeepLearning4j存储库[590]可以获得许多深入学习的现成工具。IBM有一个PowerAI平台，在IBM Power Systems[599]的基础上提供许多机器学习和深度学习框架。值得注意的是，在撰写本书时，这个平台还提供了一个免费版本供某些用途使用。

1.11 练习

1. 考虑异或函数的情况，其中两点$\{(0,0),(1,1)\}$属于一个类，而另两点$\{(1,0),(0,1)\}$属于另一个类。验证如何使用ReLU激活函数以类似于图1.14中的示例的方式分离这两个类。

2. 证明sigmoid和tanh激活函数的以下特性（在每种情况下用$\Phi(\cdot)$表示）：

(a) sigmoid激活函数：$\Phi(-v)=1-\Phi(v)$

(b) tanh激活函数：$\Phi(-v)=-\Phi(v)$

(c) hard tanh激活函数：$\Phi(-v)=-\Phi(v)$

3. 证明tanh函数是一个通过水平和垂直拉伸以及垂直平移进行了重新缩放的sigmoid函数：

$$\tanh(v)=2\text{sigmoid}(2v)-1$$

4. 考虑一个数据集，其中两点$\{(-1,-1),(1,1)\}$属于一个类，而另两点$\{(1,-1),(-1,1)\}$属于另一个类。从(0,0)的感知机参数值开始，计算$\alpha=1$的随机梯度下降更新。在执行随机梯度下降更新时，按任意顺序循环遍历训练点。

(a) 该算法是否在目标函数随时间变化非常小的情况上收敛？

(b) 解释(a)中的情况发生的原因。

5. 对于练习4中的数据集，其中两个特征用(x_1,x_2)表示，定义一个新的一维表示z，用以下公式表示：

$$z=x_1\cdot x_2$$

根据与 z 对应的一维表示，数据集是线性可分的吗？解释非线性变换在分类问题中的重要性。

6. 使用你自己选择的编程语言实现感知机。

7. 证明无论参数值是多少，sigmoid 激活函数的导数都不超过 0.25。使 sigmoid 激活函数达到最大值的参数值是多少？

8. 证明 tanh 激活函数的导数不大于 1，并且与参数值无关。tanh 激活的最大值是什么？

9. 考虑一个有两个输入（x_1 和 x_2）的网络。它有两个隐藏层，每个层包含两个单元。假设每一层中的权重设置如下：每一层中的顶部单元对其输入的和使用 sigmoid 激活函数，而每一层中的底部单元对其输入的和使用 tanh 激活函数，单个输出节点对其两个输入的和使用 ReLU 激活函数。把这个神经网络的输出写成 x_1 和 x_2 的闭式函数。这个练习应该让你了解神经网络计算函数的复杂性。

10. 计算上一个练习中计算出来的闭式函数对 x_1 的偏导数。用闭式表达式计算神经网络中梯度下降的导数（如在传统机器学习中）实用吗？

11. 考虑一个二维数据集，其中 $x_1>x_2$ 的所有点都属于正类，$x_1\leqslant x_2$ 的所有点都属于负类。因此，这两个类的真正分隔符是由 $x_1-x_2=0$ 定义的线性超平面（线）。现在创建一个训练数据集，在正象限的单位平方内随机生成20个点。根据第一个坐标 x_1 是否大于第二个坐标 x_2 标记每个点。

(a) 实现不带正则化的感知机算法，对其在20个点以上进行训练，并在单位平方内随机生成的1000个点上测试其准确度。使用与训练点相同的过程生成测试点。

(b) 在训练的实现中将感知机准则更改为铰链损失，并在上述相同的测试点上重复准确度计算。不使用正则化。

(c) 在哪种情况下你获得了更好的准确性，为什么？

(d) 在哪种情况下你认为相同的1000个测试实例的分类不会因为使用20个不同的训练点而发生重大变化？

基于浅层神经网络的机器学习

简单是复杂的最高境界。

——莱昂纳多·达·芬奇

2.1 简介

传统的机器学习通常使用优化和梯度下降方法来学习参数化模型。这些模型的例子包括线性回归、支持向量机、逻辑回归、降维和矩阵分解。神经网络也是用连续优化方法学习的参数化模型。本章将展示机器学习中各种各样以优化为中心的方法，可以用（包含一个或两个层的）非常简单的神经网络架构来表示。事实上，神经网络可以被看作这些简单模型的更强大版本，这种能力是通过将基本模型组合成一个综合的神经架构（即计算图）来实现的。在刚开始时展示这些相似点是有帮助的，这便于读者理解深度神经网络架构是由经常用于机器学习模型的基础单元构成的。此外，展示这种关系还可以了解传统机器学习不同于神经网络的具体方式，以及能在神经网络上有更好表现的情况。在许多情况下，这些简单的神经网络架构（对应于传统的机器学习方法）的微小变动展示了其他地方还没有研究过的有用的机器学习模型变体。在某种意义上，即使使用的是浅层模型，将计算图的不同元素组合在一起的方法也比传统机器学习中所研究到的要多得多。

在只有少量数据可用的情况下，复杂的或深层的神经架构往往效果不佳。此外，因为传统机器学习模型更易于解释，因此在精简的数据中更容易优化。另外，随着数据量的增加，由于神经网络在计算图中能够加入神经元来模拟更复杂的函数，因此这样的灵活性使得它们逐渐具有优势。图 2.1 说明了这一点。

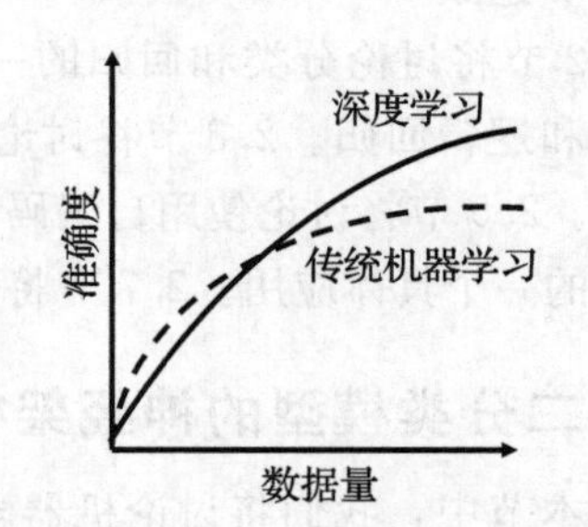

图 2.1　重温图 1.2：可用数据量的增加对准确度的影响

可以将深度学习模型看作简单模型（如逻辑回归或线性回归）的叠加。线性神经元与 sigmoid 激活函数的耦合产生了*逻辑回归*，这将在本章详细讨论。线性单元与 sigmoid 激活函数的耦合也被广泛用于[⊖]构建复杂的神经网络。因此，很自然地提出以下问题[312]：

深度学习仅仅是像逻辑回归或线性回归这种比较简单的模型的简单叠加吗？

虽然许多神经网络符合这种观点，但这种观点并不能完全捕捉深度学习模型中所涉及的复杂性和思维方式。例如，一些模型（如循环神经网络或卷积神经网络）以特定的方式执行这种叠加，并对输入数据有*领域特定的理解*。此外，为了使得解服从特定的特性，有时不同单元的参数是共享的。以巧妙的方式将基本单元组合在一起的能力是实践者在深度

⊖　近年来，与 ReLU 相比，sigmoid 单元已经不再受欢迎。

学习中所需要的关键架构技能。然而，学习机器学习中基本模型的特性也很重要，因为它们作为计算的基本单元在深度学习中反复使用。因此，本章将探讨这些基本模型。

值得注意的是，一些最早的神经网络（如感知机和 Widrow-Hoff 学习）与传统的机器学习模型（如支持向量机和 Fisher 判别器）之间存在着密切的关系。在某些情况下，由于这些模型是由不同的组织独立提出的，这些关系在几年内一直没有被注意到。例如，1989 年，Hinton[190] 在一个神经架构的背景下提出了 L_2 支持向量机的损失函数。当与正则化一起使用时，得到的神经网络的行为与 L_2 支持向量机相同。相比之下，Cortes 和 Vapnik 几年后在关于支持向量机的论文[82] 中提出了 L_1 损失函数。这些关系并不奇怪，因为定义浅层神经网络的最佳方法通常与已知的机器学习算法密切相关。因此，探索这些基本的神经网络模型对于培养神经网络与传统机器学习的综合观具有重要意义。

本章将主要讨论机器学习的两类模型：

1. *监督模型*：本章讨论的监督模型主要对应于线性模型及其变体。这些方法包括最小二乘回归、支持向量机和逻辑回归。我们还将研究这些模型的多类别变体。

2. *无监督模型*：本章讨论的无监督模型主要对应于降维和矩阵分解。像主成分分析这样的传统方法也可以表示为简单的神经网络架构。这些模型的微小变化可以削弱不同的特性，这将在后面讨论。神经网络框架还提供了一种理解截然不同的无监督方法（如线性降维、非线性降维和稀疏特征学习）之间关系的方法，从而为传统的机器学习算法提供了一个完整的视角。

本章假设读者基本熟悉经典的机器学习模型。不过，本章也将对每个模型进行简要概述。

章节组织

2.2 节将讨论分类和回归的一些基本模型，如最小二乘回归、二元 Fisher 判别、支持向量机和逻辑回归。2.3 节将讨论这些模型的多分类变体。2.4 节将讨论神经网络的特征选择方法。2.5 节将讨论使用自编码器进行矩阵分解。2.6 节将讨论 word2vec 方法作为简单神经结构的一个具体应用。2.7 节将介绍在图中创建节点嵌入的简单方法。2.8 节是总结。

2.2 二分类模型的神经架构

在本节中，我们将讨论机器学习模型的一些基本架构，如最小二乘回归和分类。正如我们将看到的，相应的神经架构来自机器学习中感知机模型的微小变化。主要的区别在于在最后一层选择使用的激活函数，以及在这些输出上使用的损失函数。这将是贯穿本章的一个主题，在这里我们将看到神经架构的微小变化可以导致不同于传统机器学习的模型。以神经架构的形式呈现传统的机器学习模型，也有助于我们了解各种机器学习模型之间的紧密性。

在本节中，我们将使用具有 d 个输入节点和单个输出节点的单层网络。从 d 个输入节点到输出节点的连接系数用 $\overline{W}=(w_1 \cdots w_d)$ 表示。此外，偏差将不会显式地显示，因为它可以建模为一个输入值恒为 1 的输入节点的系数。

2.2.1 复习感知机

设 $(\overline{X_i}, y_i)$ 为训练实例，其中使用以下关系从特征变量 $\overline{X_i}$ 预测观测值 y_i：

$$\hat{y}_i = \text{sign}(\overline{W} \cdot \overline{X_i}) \tag{2.1}$$

这里，$\overline{W}$ 是由感知机学习的 d 维系数向量。注意$\hat{y}_i$ 上方的扬抑符，表示它是一个预测值，而不是观测值。一般来说，训练的目的是确保预测值$\hat{y}_i$ 尽可能接近第i 个观测值 y_i。感知机的梯度下降步骤侧重于减少错误分类的次数，因此更新与第 1 章中公式 1.33 的观测值和预测值之间的差（$y_i - \hat{y}_i$）成正比：

$$\overline{W} \Leftarrow \overline{W}(1-\alpha\lambda)+\alpha(y_i-\hat{y}_i)\overline{X_i} \tag{2.2}$$

与观测值和预测值之差成比例的梯度下降更新自然是由例如$(y_i-\hat{y}_i)^2$ 的平方损失函数引起的。因此，一种可能是将预测值和观测值之间的平方损失视为损失函数。这个架构如图 2.2a 所示，输出是一个离散值。然而，问题是这个损失函数是离散的，因为它的值是 0 或 4。这样的损失函数是不可微的，因为它是阶跃的。

感知机是历史上在损失函数提出之前使用梯度下降方法的少数学习模型之一。感知机真正优化的可微目标函数是什么？这个问题的答案可以在 1.2.1.1 节中找到，其中更新只针对错误分类的训练实例（即 $y_i\hat{y}_i<0$）执行，并且可以使用指示器函数 $I(\cdot)\in\{0,1\}$实现，指示器函数在满足以下条件时取值为 1：

$$\overline{W} \Leftarrow \overline{W}(1-\alpha\lambda)+\alpha y_i \overline{X_i}[I(y_i\hat{y}_i<0)] \tag{2.3}$$

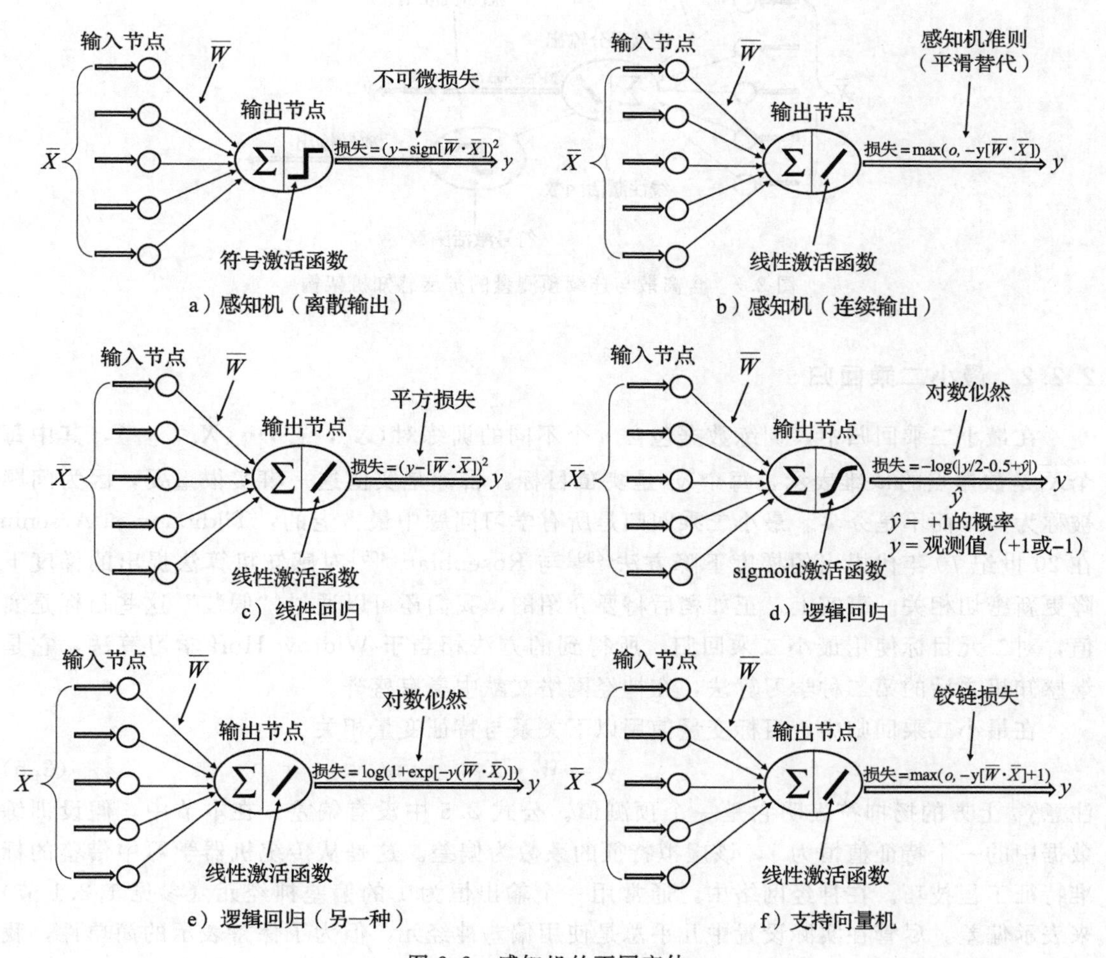

图 2.2　感知机的不同变体

从公式 2.2 重写到公式 2.3 基于错误分类点的 $y_i = (y_i - \hat{y}_i)/2$，并且常数因子 2 可以通过学习率合并。此更新与损失函数 L_i（特定于第 i 个训练实例）一致，如下所示：

$$L_i = \max\{0, -y_i(\overline{W} \cdot \overline{X_i})\} \tag{2.4}$$

这个损失函数被称为*感知机准则*，如图 2.2b 所示。注意，尽管图 2.2b 仍然使用符号激活函数来计算给定测试实例的离散预测，但它使用*线性*激活函数来计算连续的损失函数。在许多离散变量预测设置中，输出通常是预测得分（例如，类概率或 $\overline{W} \cdot \overline{X_i}$ 的值），然后将其转换为离散预测值。然而，最终的预测并不总是需要转换成一个离散值，人们可以简单地输出类的相关得分（通常用于计算损失函数）。符号激活函数在大多数神经网络实现中很少使用，因为大多数神经网络实现的类变量预测是连续的得分。实际上，我们可以为感知机创建一个扩展的架构（参见图 2.3），其中输出离散值和连续值。然而，由于离散部分与损失计算无关，而且大多数输出都是得分，因此很少使用这种扩展表示。因此，在本书的其余部分中，用于输出的激活函数都是基于得分输出（以及损失函数的计算方式），而不是基于如何将测试实例预测为离散值。

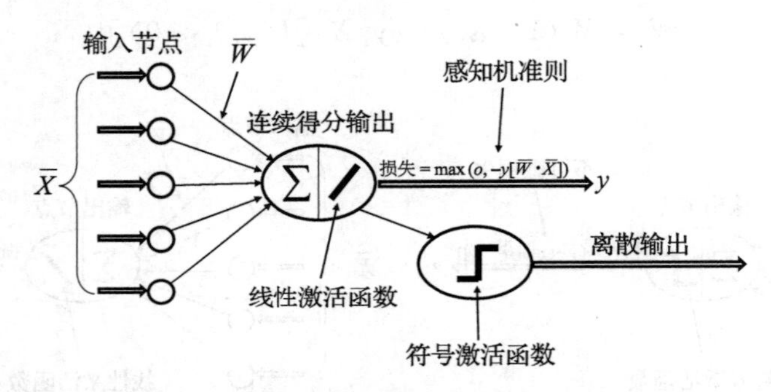

图 2.3　含离散与连续预测量的扩展感知机架构

2.2.2　最小二乘回归

在最小二乘回归中，训练数据包含 n 个不同的训练对 $(\overline{X_1}, y_1) \cdots (\overline{X_n}, y_n)$，其中每个 $\overline{X_i}$ 是数据点的 d 维表示，每个 y_i 是实值目标。目标是实值这一事实很重要，因为问题被称为*回归*而不是分类。最小二乘回归是所有学习问题中最古老的，Tikhonov 和 Arsenin 在 20 世纪 70 年代提出的梯度下降方法[499]与 Rosenblatt[405]对感知机算法提出的梯度下降更新密切相关。事实上，正如稍后将要介绍的，我们还可以通过“假装”这些目标是实值，对二元目标使用最小二乘回归。所得到的方法相当于 Widrow-Hoff 学习算法，它是继感知机之后的第二种学习算法，在神经网络文献中享有盛誉。

在最小二乘回归中，目标变量使用以下关系与特征变量相关：

$$\hat{y}_i = \overline{W} \cdot \overline{X_i} \tag{2.5}$$

注意 $\hat{y}_i$ 上方的扬抑符表明它是一个预测值。公式 2.5 中没有偏差。在本节中，假设训练数据中的一个特征值恒为 1，该虚拟特征的系数为偏差。这是从传统机器学习中借鉴的标准特征工程技巧。在神经网络中，通常用一个输出恒为 1 的偏差神经元（参见 1.2.1 节）来表示偏差。尽管在实际设置中几乎总是使用偏差神经元，但为了保持表示的简单性，我们在本书中避免显式地显示偏差神经元。

预测误差e_i由$e_i=y_i-\hat{y}_i$给出，这里，$\overline{W}=(w_1\cdots w_d)$是一个需要学习的$d$维系数向量，以便最小化训练数据的总平方误差，即$\sum_{i=1}^{n}e_i^2$。第$i$个训练实例的特定损失如下：

$$L_i=e_i^2=(y_i-\hat{y}_i)^2 \tag{2.6}$$

除了平方损失对应着恒等激活函数，这种损失可以用类似于感知机的架构来模拟。此架构如图 2.2c 所示，感知机架构如图 2.2a 所示。感知机和最小二乘回归的目标都是最小化预测误差。然而，由于在分类中的损失函数本质上是离散的，因此感知机算法使用期望目标的平滑近似。这将导致图 2.2b 所示的平滑感知机准则。正如我们将在下面看到的，最小二乘回归中的梯度下降更新与感知机中的梯度下降更新非常相似，主要区别在于回归中使用实值误差，而不是从$\{-2,+2\}$中提取的离散误差。

在感知机算法中，当训练对$(\overline{X_i},y_i)$呈现给神经网络时，通过计算e_i^2相对于$\overline{W}$的梯度来确定随机梯度下降步骤。这个梯度可以计算如下：

$$\frac{\partial e_i^2}{\partial \overline{W}}=-e_i\overline{X_i} \tag{2.7}$$

因此，使用上述梯度和步长α计算$\overline{W}$的梯度下降更新：

$$\overline{W}\Leftarrow\overline{W}+\alpha e_i\overline{X}$$

可以按如下方式重写上述更新：

$$\overline{W}\Leftarrow\overline{W}+\alpha(y_i-\hat{y}_i)\overline{X} \tag{2.8}$$

可以通过加入遗忘因子的方法来修改最小二乘回归的梯度下降更新。加入正则化等价于用与$\lambda\cdot\|\overline{W}\|^2$成比例的附加项惩罚最小二乘分类的损失函数，其中$\lambda>0$是正则化参数。通过正则化，可将更新写为如下形式：

$$\overline{W}\Leftarrow\overline{W}(1-\alpha\cdot\lambda)+\alpha(y_i-\hat{y}_i)\overline{X} \tag{2.9}$$

注意，上面的更新看起来与公式 2.2 的感知机更新相同。然而，由于在这两种情况下计算预测值$\hat{y}_i$的方式不尽相同，因此参数更新并不完全相同。在感知机的情况下，符号函数被应用于$\overline{W}\cdot\overline{X_i}$来计算二元值$\hat{y}_i$，因此误差$y_i-\hat{y}_i$只能从$\{-2,+2\}$中得出。在最小二乘回归中，预测$\hat{y}_i$是一个不使用符号函数的实值。

这个观察结果自然会引出以下问题：如果我们直接应用最小二乘回归来最小化实值预测$\hat{y}_i$与观测到的二元目标$y_i\in\{-1,+1\}$的平方距离，会怎么样？最小二乘回归在二元目标上的直接应用称为**最小二乘分类**。梯度下降更新与公式 2.9 所示的相同，其看起来与感知机的更新相同。然而，最小二乘分类方法并不能得到与感知机算法相同的结果，因为最小二乘分类中实值训练误差$y_i-\hat{y}_i$的计算与感知机中的整数误差$y_i-\hat{y}_i$不同。这种直接应用于二元目标的最小二乘回归称为 Widrow-Hoff 学习。

2.2.2.1 Widrow-Hoff 学习

Widrow-Hoff 学习规则是继感知机之后于 1960 年提出的。然而，该方法并不是一种全新的方法，因为它是最小二乘回归在二元目标中的直接应用。虽然符号函数被应用于未知测试实例的实值预测，以将其转换为二元预测，但训练实例的误差是直接使用实值预测计算的（与感知机不同）。因此，它也被称为**最小二乘分类**或**线性最小二乘方法**[6]。值得注意的是，1936 年提出的一种看似无关的方法，即 Fisher 判别法，在二元目标的特殊情况下也可简化为 Widrow-Hoff 学习。

Fisher 判别法被正式定义为一个方向 $\overline{W}$，将数据投影在这个方向上，可以使得类间方差与类内方差的比率最大化。通过选择标量 b 来定义超平面 $\overline{W}\cdot\overline{X}=b$，可以对两个类之间的区分进行建模。这个超平面可以用于分类。尽管 Fisher 判别法的定义与最小二乘回归/分类法似乎有很大不同，但一个显著的结果是，用于二元目标的 Fisher 判别法与用于二元目标的最小二乘回归（即最小二乘分类）相同。数据和目标都需要做均值中心化处理，这可以使偏差变量 b 设置为 0。文献 [3,6,40,41] 提供了这一结果的若干证明。

用 Widrow-Hoff 方法分类的神经架构如图 2.2c 所示。感知机和 Widrow-Hoff 中的梯度下降步骤都将由公式 2.8 给出，只是两者 $y_i-\hat{y}_i$ 的计算方法不同。对于感知机，这个值总是从 {−2,+2} 中提取的。在 Widrow-Hoff 的情况下，这些误差可以是任意的实数值，因为 $\hat{y}_i$ 被设置为 $\overline{W}\cdot\overline{X_i}$ 而不使用符号函数。这种差异很重要，因为感知机算法从不惩罚 $\overline{W}\cdot\overline{X_i}$ "太正确"（即大于 1）的正类点，然而，使用实值预测来计算误差会对这些点进行惩罚。对于过度表现的不当惩罚是 Widrow-Hoff 学习和 Fisher 判别法的致命问题[6]。

值得注意的是，最小二乘回归/分类、Widrow-Hoff 学习和 Fisher 判别法是在不同的时代和不同的研究群体中独立提出的。事实上，Fisher 判别法是这些方法中最古老的一种，可以追溯到 1936 年，它通常被看作一种寻找类敏感方向的方法，而不是一种分类器。但是，它也可以用作分类器，使用产生的方向 $\overline{W}$ 来创建线性预测。所有这些方法完全不同的起源和看似不同的动机使得它们的解的等价性更加明显。Widrow-Hoff 学习规则也称为 Adaline，是自适应线性神经元的简称，它也被称为 delta 规则。概括地说，公式 2.8 的学习规则在应用于 {−1,+1} 中的二元目标时，可等同地认为是最小二乘分类、最小均方算法（LMS）、Fisher[⊖] 判别分类器、Widrow-Hoff 学习规则、delta 规则或 Adaline。因此，最小二乘分类方法在文献中以不同的名称和动机被多次提出。

Widrow-Hoff 方法的损失函数可以通过稍微改写最小二乘回归实现，因为它有二元响应：

$$L_i=(y_i-\hat{y}_i)^2=\underbrace{y_i^2}_{1}(y_i-\hat{y}_i)^2$$

$$=(\underbrace{y_i^2}_{1}-\hat{y}_iy_i)^2=(1-\hat{y}_iy_i)^2$$

当目标变量 y_i 从 {−1,+1} 中提取时，这种编码类型是可以实现的，因为我们可以使用 $y_i^2=1$。将 Widrow-Hoff 目标函数转换成这种形式很有帮助，因为它可以更容易地与其他目标函数（如感知机和支持向量机）相关联。例如，支持向量机的损失函数是通过"修正"上述损失来获得的，这样过度表现就不会受到惩罚。我们可以通过将目标函数改为 $[\max(1-\hat{y}_iy_i),0]^2$ 来修正损失函数，这是 Hinton 的 L_2 损失支持向量机[190]。本章讨论的几乎所有二元分类模型都可以通过不同的方法改进损失函数，从而显示出与 Widrow-Hoff 损失函数密切相关，使得过度表现不会受到惩罚。

对于 Widrow-Hoff 学习，由于 y 值只能取 +1 和 −1，因此最小二乘回归的梯度下降更新（参见公式 2.9）可以稍作调整：

⊖ 为了得到与公式 2.8 中的 Fisher 方法完全相同的方向，必须将特征变量和二元目标都均值中心化。因此，每个二元目标都会是两个符号不同的实值之一。实值将包括属于另一类别实例的部分。或者，你可以使用一个偏置神经元来吸收恒定的偏移量。

$$\overline{W} \Leftarrow \overline{W}(1-\alpha \cdot \lambda)+\alpha(y_i-\hat{y}_i)\overline{X} \quad [\text{对于数值及二元响应}]$$
$$=\overline{W}(1-\alpha \cdot \lambda)+\alpha y_i(1-y_i\hat{y}_i)\overline{X} \quad [\text{仅对于二元响应，因为 } y_i^2=1]$$

更新的第二种形式有助于将其与感知机和支持向量机更新相关联，只需要将$(1-y_i\hat{y}_i)$替换为一个指示变量（是$y_i\hat{y}_i$的函数）。这一点将在之后的小节中讨论。

2.2.2.2　闭式解

利用以$\overline{X_1}\cdots\overline{X_n}$为行向量的$n\times d$训练数据矩阵$D$的*伪逆*，最小二乘回归与分类的特例是在闭式情况下是有解的（无须进行梯度下降）。因变量用n维列向量$\overline{y}=[y_1\cdots y_n]^{\mathrm{T}}$表示。矩阵$D$的伪逆定义如下：

$$D^{+}=(D^{\mathrm{T}}D)^{-1}D^{\mathrm{T}} \tag{2.10}$$

然后，行向量$\overline{W}$由以下关系定义：

$$\overline{W}^{\mathrm{T}}=D^{+}\ \overline{y} \tag{2.11}$$

如果包含正则化，则系数向量$\overline{W}$由以下公式给出：

$$\overline{W}^{\mathrm{T}}=(D^{\mathrm{T}}D+\lambda I)^{-1}D^{\mathrm{T}}\overline{y} \tag{2.12}$$

这里，$\lambda>0$是正则化参数。然而，像$D^{\mathrm{T}}D+\lambda I$这样的矩阵的求逆运算通常是使用数值方法来完成的，这种方法无论如何都需要梯度下降。几乎没有人会对$D^{\mathrm{T}}D$这种大型矩阵求逆。事实上，Widrow-Hoff更新提供了一种非常有效的方法，可以在不使用闭式解的情况下解决问题。

2.2.3　逻辑回归

逻辑回归是一种根据概率对实例进行分类的概率模型。由于分类是基于概率的，因此优化参数的自然方法是确保每个训练实例的观测类的预测概率尽可能大。这一目标是通过使用最大似然估计的概念学习模型的参数来实现的。训练数据的似然定义为每个训练实例的观测标签的概率乘积。显然，这个目标函数的值越大越好。利用这个值的负对数，得到一个最小化形式的损失函数。因此，输出节点使用负对数似然作为损失函数。这个损失函数代替了Widrow-Hoff方法中使用的平方误差。输出层可以用sigmoid激活函数表示，这在神经网络设计中很常见。

设$(\overline{X_1},y_1),(\overline{X_2},y_2),\cdots,(\overline{X_n},y_n)$是$n$个训练对，其中$\overline{X_i}$包含$d$维特征，$y_i\in\{-1,+1\}$是一个二元类变量。与感知机的情况一样，使用权重为$\overline{W}=(w_1\cdots w_d)$的单层架构。逻辑回归不使用$\overline{W}\cdot\overline{X_i}$上的硬式符号激活函数来预测$y_i$，而是将软式sigmoid函数应用于$\overline{W}\cdot\overline{X_i}$来估计$y_i$为1的概率：

$$\hat{y}_i=P(y_i=1)=\frac{1}{1+\exp(-\overline{W}\cdot\overline{X_i})} \tag{2.13}$$

对于一个测试实例，它可以被预测为预测概率大于0.5的类。注意，当$\overline{W}\cdot\overline{X_i}=0$时，$P(y_i=1)$为0.5，$X_i$位于分离超平面上。从超平面向任何方向移动$\overline{X_i}$都会导致不同的$\overline{W}\cdot\overline{X_i}$符号和相应的概率值移动。因此，$\overline{W}\cdot\overline{X_i}$的符号也产生了与选择概率大于0.5的类相同的预测。

我们现在将描述如何建立与似然估计相对应的损失函数。这种方法是很重要的，因为它在许多神经模型中被广泛使用。对于训练数据中的正样本，我们想要最大化$P(y_i=1)$，

而对于负样本，我们要最大化 $P(y_i=-1)$。对于满足 $y_i=1$ 的正样本，我们要最大化 $\hat{y}_i$，对于满足 $y_i=-1$ 的负样本，我们可以将这种不同情况的最大化写成一个统一表达式 $|y_i/2-0.5+\hat{y}_i|$ 的最大化的形式。在所有训练实例中，这些概率的乘积必须最大化，以使似然 $\mathcal{L}$ 最大化：

$$\mathcal{L}=\prod_{i=1}^{n}|y_i/2-0.5+\hat{y}_i| \tag{2.14}$$

因此，对于每个训练实例，将损失函数设置为 $L_i=-\log(|y_i/2-0.5+\hat{y}_i|)$，从而将乘积最大化转化为训练实例上的求和最小化。

$$\mathcal{LL}=-\log(\mathcal{L})=\sum_{i=1}^{n}\underbrace{-\log(|y_i/2-0.5+\hat{y}_i|)}_{L_i} \tag{2.15}$$

目标函数的加法形式对于神经网络中常见的随机梯度更新类型特别方便。总体架构和损失函数如图 2.2d 所示。对于每个训练实例，通过神经网络计算预测概率 $\hat{y}_i$，并使用损失函数来确定每个训练实例的梯度。

与公式 2.15 中的表示方法相同，用 L_i 表示第 i 个训练实例的损失。然后，L_i 相对于 $\overline{W}$ 中的权重的梯度可以计算如下：

$$\begin{aligned}\frac{\partial L_i}{\partial \overline{W}}&=-\frac{\operatorname{sign}(y_i/2-0.5+\hat{y}_i)}{|y_i/2-0.5+\hat{y}_i|}\cdot\frac{\partial \hat{y}_i}{\partial \overline{W}}\\&=-\frac{\operatorname{sign}(y_i/2-0.5+\hat{y}_i)}{|y_i/2-0.5+\hat{y}_i|}\cdot\frac{\overline{X_i}}{1+\exp(-\overline{W}\cdot\overline{X_i})}\cdot\frac{1}{1+\exp(\overline{W}\cdot\overline{X_i})}\\&=\begin{cases}-\dfrac{\overline{X_i}}{1+\exp(\overline{W}\cdot\overline{X_i})} & y_i=1\\[2ex]\dfrac{\overline{X_i}}{1+\exp(-\overline{W}\cdot\overline{X_i})} & y_i=-1\end{cases}\end{aligned}$$

注意，可以将上面的公式简洁地写为：

$$\frac{\partial L_i}{\partial \overline{W}}=-\frac{y_i\overline{X_i}}{1+\exp(y_i\overline{W}\cdot\overline{X_i})}=-[(\overline{X_i},y_i)\text{上错误的概率}](y_i\overline{X_i}) \tag{2.16}$$

因此，逻辑回归的梯度下降更新如下（包含正则化）：

$$\overline{W}\Leftarrow\overline{W}(1-\alpha\lambda)+\alpha\frac{y_i\overline{X_i}}{1+\exp[y_i(\overline{W}\cdot\overline{X_i})]} \tag{2.17}$$

正如感知机和 Widrow-Hoff 算法使用错误的幅度进行更新一样，逻辑回归方法使用错误的概率进行更新。这是损失函数的概率性质对于参数更新带来的自然延伸。

激活函数和损失函数的替代选择

通过在输出节点中选择不同的激活函数和损失函数来实现相同的模型是可能的，只要它们结合起来产生的结果相同。除了使用 sigmoid 激活函数来创建输出 $\hat{y}_i\in(0,1)$，还可以使用恒等激活函数来创建输出 $\hat{y}_i\in(-\infty,+\infty)$ 并对其应用以下损失函数：

$$L_i=\log(1+\exp(-y_i\cdot\hat{y}_i)) \tag{2.18}$$

图 2.2e 显示了逻辑回归的替代架构。对于测试实例的最终预测，符号函数可以应用于 $\hat{y}_i$，这相当于将其预测到其概率大于 0.5 的类。这个例子表明，使用不同损失函数和激

活函数组合的同一模型是可能的，只要这种组合倾向于产生同一种结果。

使用恒等激活函数来定义$\hat{y}_i$的一个理想特性是，它与诸如感知机和 Widrow-Hoff 学习等其他模型的损失函数的定义是一致的。此外，公式 2.18 的损失函数包含了其他模型里有的 y_i 与$\hat{y}_i$的乘积。这使得直接比较各种模型的损失函数成为可能，本章稍后将对此进行探讨。

2.2.4 支持向量机

支持向量机中的损失函数与逻辑回归中的损失函数密切相关。然而，与使用平滑损失函数（如公式 2.18 所示）不同的是，支持向量机使用的是*铰链损失*。

考虑由$(\overline{X_1},y_1),(\overline{X_2},y_2),\cdots,(\overline{X_n},y_n)$表示的 n 个实例组成的训练数据集。支持向量机的神经架构与最小二乘分类（Widrow-Hoff）的神经架构相同。主要区别在于损失函数的选择。在最小二乘分类的情况下，通过对 $\overline{W}\cdot\overline{X_i}$应用恒等激活函数得到训练点$\overline{X_i}$的预测$\hat{y}_i$。这里，$\overline{W}=(w_1,\cdots,w_d)$包含单层网络中 d 个不同输入的 d 个权重向量。因此，神经网络用于计算损失函数的输出为$\hat{y}_i=\overline{W}\cdot\overline{X_i}$，而通过对输出应用符号函数来预测测试实例。

支持向量机中第 i 个训练实例的损失函数 L_i 定义如下：

$$L_i=\max\{0,1-y_i\hat{y}_i\} \tag{2.19}$$

这种损失函数称为*铰链损失*，相应的神经架构如图 2.2f 所示。这个损失函数背后的总体思想是，正训练实例只会因小于 1 而受到惩罚，而负训练实例只会因大于−1 而受到惩罚。在这两种情况下，惩罚是线性的，并在上述阈值处突然变平。将该损失函数与 Widrow-Hoff 的损失函数$(1-y_i\hat{y}_i)^2$ 进行比较是有帮助的。正如我们稍后将看到的，这种差异是支持向量机相对于 Widrow-Hoff 损失函数的一个重要优势。

为了解释感知机、Widrow-Hoff、逻辑回归和支持向量机在损失函数上的差异，我们在图 2.4 中显示了在不同$\hat{y}_i=\overline{W}\cdot\overline{X_i}$值下单个正训练实例的损失。在感知机的情况下，仅显示平滑的替代损失函数（参见 1.2.1.1 节）。由于目标值为+1，因此在逻辑回归的情况下，损失函数随着$\overline{W}\cdot\overline{X_i}$的增大而减小。在支持向量机的情况下，铰链损失函数在这一点之后变平。换言之，只有错误分类的点或距离决策边界 $\overline{W}\cdot\overline{X}=0$ 太近的点才被惩罚。感知机准则在形状上与铰链损失相同，只是向左移动了一个单位。Widrow-Hoff 方法是唯一一个正训练点因为$\overline{W}\cdot\overline{X_i}$的正值太大而被惩罚的情况。换言之，Widrow-Hoff 方法以非常强的方式进行惩罚，以正确分类点。这是 Widrow-Hoff 目标函数的一个潜在问题，其中分离良好的点会导致训练中出现问题。

随机梯度下降法计算点损失函数 L_i 相对于 $\overline{W}$ 中元素的偏导数。梯度计算如下：

$$\frac{\partial L_i}{\partial\overline{W}}=\begin{cases}-y_i\overline{X_i} & y_i\hat{y}_i<1\\ 0 & \text{其他}\end{cases} \tag{2.20}$$

因此，随机梯度法采样一个点并检查 $y_i\hat{y}_i<1$ 是否成立。如果成立，则执行与 $y_i\overline{X_i}$成正比的更新：

$$\overline{W}\Leftarrow\overline{W}(1-\alpha\lambda)+\alpha y_i\overline{X_i}[I(y_i\hat{y}_i<1)] \tag{2.21}$$

这里，$I(\cdot)\in\{0,1\}$ 是一个指示函数，当其参数中的条件满足时，它的值为 1。这种方法是支持向量机原始更新的最简单版本[448]。读者还应确信，此更新与（正则化）感知机的

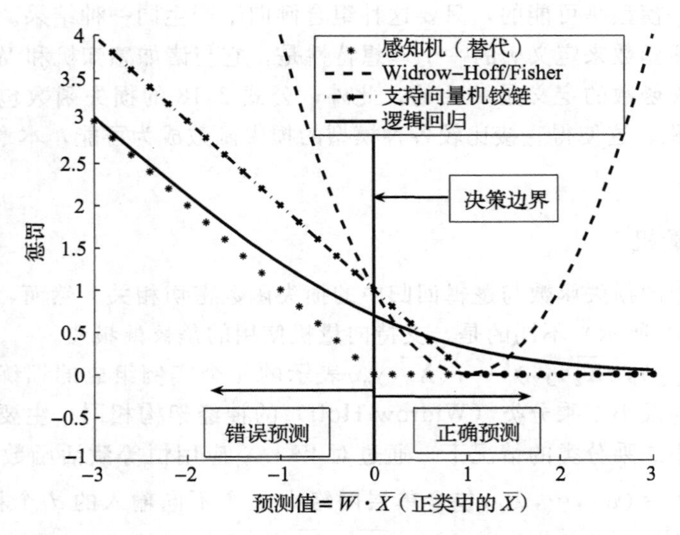

图 2.4 感知机不同变体的损失函数。关键观察：(i) 支持向量机损失从感知机（替代）损失向右偏移一个单位；(ii) 逻辑回归损失是支持向量机损失的平滑变体；(iii) Widrow-Hoff/Fisher 损失是唯一由于分类点"太正确"（即对于正类中的 $\overline{X}$，$\overline{W}\cdot\overline{X}$ 超过 1）而对其增加惩罚的损失。通过将 $\overline{W}\cdot\overline{X}>1$ 时的 Widrow-Hoff 损失设为 0，可以得到二次损失支持向量机[190]

更新等价（参见公式 2.3），但在感知机中进行此更新的条件是 $y_i\hat{y}_i<0$。因此，感知机只有在一个点被错误分类时才进行更新，而支持向量机也可能会对正确分类的点进行更新。这是因为图 2.4 所示的感知机准则的损失函数是支持向量机的铰链损失经偏移所得的。

为了强调不同方法所使用的损失函数的相似性和差异性，我们将损失函数列表如下：

模型	$(\overline{X_i},y_i)$ 的损失函数 L_i
感知机（平滑替代）	$\max\{0,-y_i\cdot(\overline{W}\cdot\overline{X_i})\}$
Widrow-Hoff/Fisher	$(y_i-\overline{W}\cdot\overline{X_i})^2=\{1-y_i\cdot(\overline{W}\cdot\overline{X_i})\}^2$
逻辑回归	$\log(1+\exp[-y_i(\overline{W}\cdot\overline{X_i})])$
支持向量机（铰链）	$\max\{0,1-y_i\cdot(\overline{W}\cdot\overline{X_i})\}$
支持向量机（Hinton 的 L_2 损失）[190]	$[\max\{0,1-y_i\cdot(\overline{W}\cdot\overline{X_i})\}]^2$

值得注意的是，本节中所有得到的更新通常对应于传统机器学习和神经网络中遇到的随机梯度下降更新。无论我们是否使用神经架构来表示这些算法的模型，更新都是一样的。这个练习的主要目的是证明早期的神经网络特例是机器学习文献中著名算法的实例。关键是，随着可用数据的增加，可以通过增加额外的节点和深度增加模型的容量，从而解释使用更大数据集的神经网络具有更好表现的原因（参见图 2.1）。

2.3 多分类模型的神经架构

本章目前讨论的所有模型都是为二分类而设计的。在本节中，我们将讨论如何通过稍微改变感知机的架构并允许多个输出节点来设计多分类模型。

2.3.1　多分类感知机

考虑设置 k 个不同的类。每个训练实例（$\overline{X_i}$，$c(i)$）包含一个 d 维特征向量$\overline{X_i}$和索引 $c(i)\in\{1\cdots k\}$ 对应其观测类。在这种情况下，我们希望找到 k 个不同线性分隔符$\overline{W_1}\cdots\overline{W_k}$使得对于每个 $r\neq c(i)$，$\overline{W_{c(i)}}\cdot\overline{X_i}$的值大于$\overline{W_r}\cdot\overline{X_i}$。这是因为人们总是用$\overline{W_r}\cdot\overline{X_i}$的最大值来预测类 r 的数据实例$\overline{X_i}$。因此，在多分类感知机的情况下，第 i 训练实例的损失函数定义如下：

$$L_i=\max_{r:r\neq c(i)}\max(\overline{W_r}\cdot\overline{X_i}-\overline{W_{c(i)}}\cdot\overline{X_i},0)\tag{2.22}$$

多分类感知机如图 2.5a 所示。在所有的神经网络模型中，可以使用梯度下降来确定更新。对于正确分类的实例，梯度始终为 0，因此没有更新。对于错误分类的实例，梯度如下：

$$\frac{\partial L_i}{\partial \overline{W_r}}=\begin{cases}-\overline{X_i} & r=c(i)\\ \overline{X_i} & r\neq c(i)\text{ 为分类最错误的预测}\\ 0 & \text{其他}\end{cases}\tag{2.23}$$

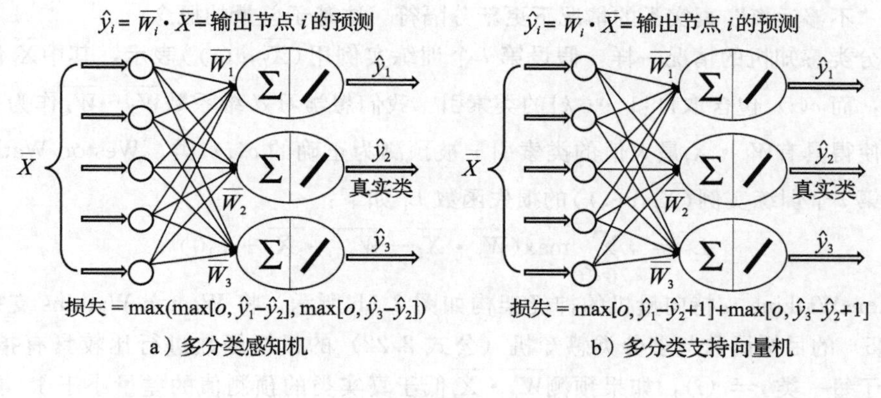

a）多分类感知机　　b）多分类支持向量机

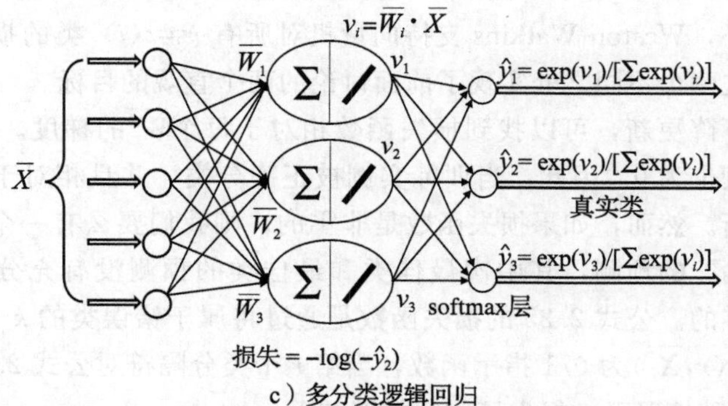

c）多分类逻辑回归

图 2.5　多分类模型：在每种情况下，假设类 2 是基本真值类

因此，随机梯度下降法应用如下。每个训练实例都被馈入网络。如果正确的类 $r=c(i)$接收到输出$\overline{W_r}\cdot\overline{X_i}$的最大值，则无须执行更新。否则，使用学习率 $\alpha>0$ 对每个参数$\overline{W_r}$进行以下更新：

$$\overline{W_r} \Leftarrow \overline{W_r} + \begin{cases} \alpha \overline{X_i} & r = c(i) \\ -\alpha \overline{X_i} & r \neq c(i) \text{ 为分类最错误的预测} \\ 0 & \text{其他} \end{cases} \tag{2.24}$$

对于每次更新，只有两个分隔符进行了更新。在 $k=2$ 的特殊情况下，这些梯度更新退化为到感知机的梯度更新，因为如果从$\overline{W_1}=\overline{W_2}=0$ 开始下降，则分隔符$\overline{W_1}$和$\overline{W_2}$有$\overline{W_1}=-\overline{W_2}$的关系。另一个非正则感知机特定的有趣的一点是，在不影响学习的情况下使用 $\alpha=1$ 的学习率是可能的，因为 α 的值仅在从$\overline{W_j}=0$ 开始时具有缩放权重的效果（参见练习 2)。然而，对于 α 值确实影响学习的其他线性模型来说，这种特性是不正确的。

2.3.2 Weston-Watkins 支持向量机

Weston-Watkins 支持向量机[529]与多分类感知机有两个不同：

1. 多分类感知机只更新预测最错误的类的线性分隔符和真实类的线性分隔符，而 Weston-Watkins 支持向量机更新任何比真实类得分更高的预测类的分隔符。在这两种情况下，观测类的分隔符的更新与错误类的分隔符更新总量相同（但方向相反)。

2. Weston-Watkins 支持向量机不仅在错误分类的情况下更新分隔符，而且在错误类得到的预测“不够远离”真实类的情况下更新分隔符。这基于差量的概念。

与多分类感知机的情况一样，假设第 i 个训练实例用$(\overline{X_i}, c(i))$表示，其中$\overline{X_i}$包含 d 维特征变量，而 $c(i)$ 包含取自$\{1,\cdots,k\}$的类索引。我们想学习 d 维系数$\overline{W_1}\cdots\overline{W_k}$作为 k 个线性分隔符，使得具有$\overline{W_r}\cdot\overline{X_i}$最大值的类索引 r 被预测为正确的 $c(i)$ 类。Weston-Watkins 支持向量机中第 i 个训练实例$(\overline{X_i}, c(i))$的损失函数 L_i 如下：

$$L_i = \sum_{r: r \neq c(i)} \max(\overline{W_r} \cdot \overline{X_i} - \overline{W_{c(i)}} \cdot \overline{X_i} + 1, 0) \tag{2.25}$$

Weston-Watkins 支持向量机的神经架构如图 2.5b 所示。将 Weston-Watkins 支持向量机（公式 2.25）的目标函数与多分类感知机（公式 2.22）的目标函数进行比较具有指导意义。首先，对于每一类 $r\neq c(i)$，如果预测$\overline{W_r}\cdot\overline{X_i}$低于真实类的预测值的差量小于 1，则对该类引入一个损失。此外，Weston-Watkins 支持向量机对所有 $r\neq c(i)$ 类的损失求和，而不是取损失中的最大值。这两个不同之处实现了前面讨论的两个直观的目标。

为了确定梯度下降更新，可以找到损失函数相对于每个$\overline{W_r}$的梯度。当损失函数 L_i 为 0 时，损失函数的梯度也为 0。因此，当训练实例被正确分类，并且相对于次最佳类有足够的差量时，不需要更新。然而，如果损失函数是非零的，则我们要么有一个错误的分类，要么有一个“几乎不正确”的预测，其中次最佳类和最佳类的预测没有充分分离。在这种情况下，损失梯度是非零的。公式 2.25 的损失函数是通过将属于错误类的 $k-1$ 个分隔符的贡献相加而创建的。设 $\delta(r, \overline{X_i})$为 0/1 指示函数，当第 r 个类分隔符对公式 2.25 中的损失函数起正作用时为 1。在这种情况下，损失函数的梯度如下：

$$\frac{\partial L_i}{\partial \overline{W_r}} = \begin{cases} -\overline{X_i}\left[\sum_{j \neq r} \delta(j, \overline{X_i})\right] & r = c(i) \\ \overline{X_i}[\delta(r, \overline{X_i})] & r \neq c(i) \end{cases} \tag{2.26}$$

这导致在学习率 α 下，第 r 个分隔符$\overline{W_r}$的随机梯度下降步骤如下：

$$\overline{W_r} \Leftarrow \overline{W_r}(1-\alpha\lambda)+\alpha\begin{cases}\overline{X_i}\left[\sum_{j\neq r}\delta(j,\overline{X_i})\right] & r=c(i)\\ -\overline{X_i}[\delta(r,\overline{X_i})] & r\neq c(i)\end{cases} \tag{2.27}$$

对于损失 L_i 为零的训练实例$\overline{X_i}$，上述更新可被简化为每个超平面$\overline{W_r}$的正则化更新：

$$\overline{W_r} \Leftarrow \overline{W_r}(1-\alpha\lambda) \tag{2.28}$$

正则化使用参数 $\lambda>0$。正则化被认为是支持向量机正常工作的必要条件。

2.3.3 多重逻辑回归（softmax 分类器）

可以将多重逻辑回归看作逻辑回归的多向推广，正如 Weston-Watkins 支持向量机是二元支持向量机的多向推广一样。多重逻辑回归使用负对数似然损失，因此是一个概率模型。与多分类感知机的情况一样，假设模型的输入是一个包含形如$(\overline{X_i},c(i))$对的训练数据集，其中 $c(i)\in 1\cdots k$ 是 d 维数据点$\overline{X_i}$的类索引。与前两种模型一样，$\overline{W_r}\cdot\overline{X_i}$取值最大的类 r 为数据点$\overline{X_i}$的标签。但是，在这种情况下，对于$\overline{W_r}\cdot\overline{X_i}$项有着一个基于数据点$\overline{X_i}$在标签 r 上后验概率 $P(r\mid\overline{X_i})$的概率解释。该估计可通过 softmax 激活函数自然地完成：

$$P(r\mid\overline{X_i})=\frac{\exp(\overline{W_r}\cdot\overline{X_i})}{\sum_{j=1}^{k}\exp(\overline{W_j}\cdot\overline{X_i})} \tag{2.29}$$

换言之，该模型根据概率来预测类别。第 i 个训练实例的损失函数 L_i 由交叉熵定义，交叉熵是真实类概率的负对数。softmax 分类器的神经架构如图 2.5c 所示。

交叉熵损失可以用输入特征或 softmax 激活前值$v_r=\overline{W_r}\cdot\overline{X_i}$表示如下：

$$L_i=-\log[P(c(i)\mid\overline{X_i})] \tag{2.30}$$

$$=-\overline{W_{c(i)}}\cdot\overline{X_i}+\log\left[\sum_{j=1}^{k}\exp(\overline{W_j}\cdot\overline{X_i})\right] \tag{2.31}$$

$$=-v_{c(i)}+\log\left[\sum_{j=1}^{k}\exp(v_j)\right] \tag{2.32}$$

因此，L_i 相对于v_r 的偏导可以计算如下：

$$\frac{\partial L_i}{\partial v_r}=\begin{cases}-\left(1-\dfrac{\exp(v_r)}{\sum_{j=1}^{k}\exp(v_j)}\right) & r=c(i)\\ \left(\dfrac{\exp(v_r)}{\sum_{j=1}^{k}\exp(v_j)}\right) & r\neq c(i)\end{cases} \tag{2.33}$$

$$=\begin{cases}-(1-P(r\mid\overline{X_i})) & r=c(i)\\ P(r\mid\overline{X_i}) & r\neq c(i)\end{cases} \tag{2.34}$$

第 i 个训练实例相对于第 r 个类的分隔符的损失梯度是根据其激活前值$v_j=\overline{W_j}\cdot\overline{X_i}$使用微分学的链式法则计算的：

$$\frac{\partial L_i}{\partial \overline{W}_r}=\sum_j\left(\frac{\partial L_i}{\partial v_j}\right)\left(\frac{\partial v_j}{\partial \overline{W}_r}\right)=\frac{\partial L_i}{\partial v_r}\underbrace{\frac{\partial v_r}{\partial \overline{W}_r}}_{\overline{X_i}} \tag{2.35}$$

在上述简化中，我们使用了对于 $j\neq r$，关于$\overline{W_r}$的v_j具有零梯度的事实。用公式 2.34 的结果代替公式 2.35 中$\frac{\partial L_i}{\partial v_r}$的值，以获得以下结果：

$$\frac{\partial L_i}{\partial \overline{W}_r}=\begin{cases}-\overline{X_i}(1-P(r\mid\overline{X_i})) & r=c(i)\\ \overline{X_i}P(r\mid\overline{X_i}) & r\neq c(i)\end{cases} \tag{2.36}$$

请注意，为了简洁和直观地理解梯度与不同类型错误的概率之间的关系，我们间接地使用概率（基于公式 2.29）来表示梯度。$[1-P(r\mid\overline{X_i})]$ 和 $P(r\mid\overline{X_i})$ 这两项都是对于标签为 $c(i)$ 的实例，其在第 r 类上的预测错误的概率。在包含与其他模型相似的正则化影响之后，第 r 类的分隔符更新如下：

$$\overline{W_r}\Leftarrow\overline{W_r}(1-\alpha\lambda)+\alpha\begin{cases}\overline{X_i}(1-P(r\mid\overline{X_i})) & r=c(i)\\ -\overline{X_i}P(r\mid\overline{X_i}) & r\neq c(i)\end{cases} \tag{2.37}$$

这里，α 是学习率，λ 是正则化参数。softmax 分类器为每个训练实例更新所有 k 个分隔符，这与多分类感知机和 Weston-Watkins 支持向量机不同，这两种方法只更新每个训练实例的一小部分分隔符（或不更新分隔符）。这是概率建模的结果，在概率建模中，正确性是以“软方式”定义的。

2.3.4 应用于多分类的分层 softmax

考虑一个分类问题，其中我们有大量的类。在这种情况下，学习变得太慢，因为每个训练实例都需要更新大量的分隔符。这种情况可能发生在文本挖掘之类的应用程序中，其中预测是目标词。预测目标词在神经语言模型中尤其常见，它试图在给定前一个词的情况下预测下一个词。在这种情况下，类数的基数通常大于10^5。分层 softmax 是通过对分类问题进行分层分解来提高学习效率的一种方法，其思想是将类按层次结构分组成一个二叉树结构，然后执行从根到叶的 $\log_2(k)$次二叉分类以进行 k 路分类。尽管分层分类在一定程度上会影响分类的准确性，但效率的提高是显著的。

如何获得类的层次结构？原始的方法是创建一个随机层次结构。但是，类的特定分组会影响性能。将相似的类分组有助于提高性能。可以使用领域中特定的观点来提高层次结构的质量。例如，如果预测是一个目标词，可以使用 WordNet 层次结构[329]来指导分组。可能需要进一步重组[344]，因为 WordNet 层次结构并不完全是二叉树。另一种选择是使用霍夫曼编码来创建二叉树[325,327]。请参考 2.9 节以获取更多提示。

2.4 反向传播可以用于特征选择和神经网络的可解释性

神经网络的一个常见问题是缺乏可解释性[97]。然而，事实证明，可以使用反向传播来确定对特定测试实例的分类贡献最大的特征。这使分析人员能够理解每个特征与分类的相关性。该方法还具有可用于特征选择的实用特性[406]。

考虑一个测试实例 $\overline{X}=(x_1,\cdots,x_d)$，神经网络的多标签输出得分为$o_1\cdots o_k$。此外，设 k

个输出中获胜类的输出为o_m，其中 $m\in\{1\cdots k\}$。我们的目标是识别与这个测试实例的分类最相关的特征。一般来说，对于每个属性 x_i，我们要确定输出o_m对 x_i 的灵敏度。这种灵敏度绝对幅度大的特征显然与该测试实例的分类有关。为了达到这个目标，我们想计算$\frac{\partial o_m}{\partial x_i}$的绝对幅度。偏导数绝对值最大的特征对获胜类的分类影响最大。这个导数的符号也告诉我们，从现在的值中略微增加 x_i 是增加还是减少了获胜类的得分。对于获胜类以外的类，导数也提供了一些对灵敏度的理解，但这一点不太重要，特别是当类的数量很大时。可以通过反向传播算法的直接应用来计算$\frac{\partial o_m}{\partial x_i}$的值，在该算法中，不在第一隐藏层停止反向传播，而是将该过程一直应用到输入层。

我们还可以通过聚合所有类和所有正确分类的训练实例上的梯度绝对值来使用此方法进行特征选择。对整个训练数据具有最大敏感性的特征是最相关的。严格地说，不需要在所有类上聚合此值，可以只使用正确分类的训练实例上的获胜类。然而，文献［406］中的原始工作将这个值聚合到了所有类与所有实例上。

在计算机视觉中，卷积神经网络也使用类似的方法来解释输入的不同部分的影响[466]。8.5.1 节将对其中一些方法进行讨论。在计算机视觉的情况下，这种显著性分析的视觉效果有时是惊人的。例如，对于狗的图像，分析将告诉我们哪些特征（即像素）导致图像被识别为狗。因此，我们可以创建一个黑白显著图像，其中对应于狗的部分在深色背景下用浅色强调（参见图 8.12）。

2.5 使用自编码器进行矩阵分解

自编码器代表了一种基础架构，可用于各种类型的无监督学习，包括矩阵分解、主成分分析和降维。自编码器的自然架构变体也可以用于对不完整数据进行矩阵分解，以创建推荐系统。此外，自然语言领域中一些新的特征工程方法（如 word2vec）也可以被看作自编码器的变体，这些变体对词-上下文矩阵进行了非线性矩阵分解。非线性是通过输出层中的激活函数实现的，而传统的矩阵分解通常不能非线性分解。因此，我们的目标之一是演示如何小幅度修改神经网络底层的构建块来实现一组给定方法的复杂变体。这对分析人员来说特别简单，他们只需对架构进行小改动，就可以测试不同类型的模型。在传统的机器学习中，由于人们不能从像反向传播这样的抽象过程中获益，因此构建这种变体需要付出更多的努力。首先，我们用浅层神经架构简单地模拟一个传统的矩阵分解方法。然后，我们讨论对这个基本架构添加层和（或）非线性激活函数以提供非线性降维方法的一般化方式。因此，本节的目标是展示两件事：

1. 诸如奇异值分解和主成分分析之类的经典降维方法是神经架构的特例。

2. 通过向基本架构添加不同类型的复杂模块，可以生成数据的复杂非线性嵌入。虽然在机器学习中也可以使用非线性嵌入，但神经架构通过对架构进行各种类型的更改（并允许反向传播处理底层学习算法中的更改），在控制嵌入特性方面提供了前所未有的灵活性。

我们还将讨论一些应用，如推荐系统和离群点检测。

2.5.1 自编码器的基本原则

自编码器的基本思想是输出层和输入层维度相同，旨在试图通过在神经网络中传递每个维度来精确地将其重构。自编码器将数据从输入复制到输出，因此有时被称为复制器神经网络。虽然通过简单地将数据从一个层转发到另一个层来重构数据似乎是一件小事，但是当中间的单元数量受到限制时，这就是不可能的了。换句话说，每个中间层的单元数通常比输入层（或输出层）的单元数少。这样设置的结果是这些中间层单元具有数据的简化表示，而最后一层不再能够准确地重构数据。因此，这种类型的重构具有固有的损失。这个神经网络的损失函数使用输入和输出之间差的平方和来使输出尽可能地与输入相似。图 2.6a 给出了自编码器的一般表示形式，展示了带有三个压缩层的结构。值得注意的是，最内层隐藏层的表示将与两个外层隐藏层的表示具有层次关系。因此，自编码器能够按层级对数据约简。

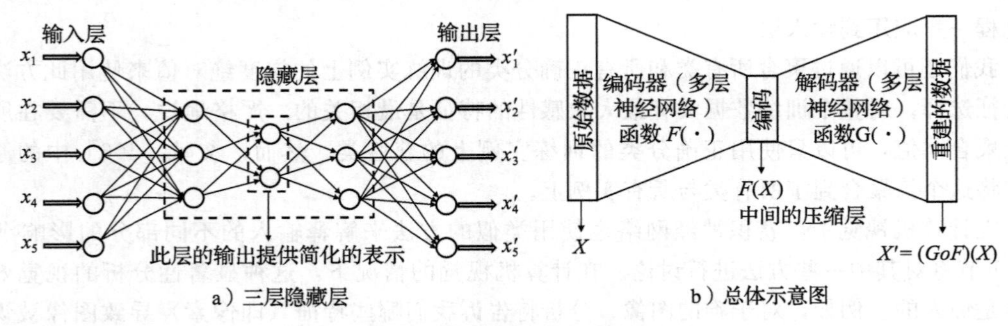

图 2.6　自编码器的基本原理

对于一个 M 层的自编码器来说，输入和输出之间的对称架构是很常见的（但不是必需的），其中第 k 层的单元数与第 $M-k+1$ 层的单元数相同。此外，M 的值通常是奇数，因此第 $(M+1)/2$ 层通常是压缩最多的层。在这里，我们将（非计算性的）输入层记作第一层，因此自编码器中的最小层数为 3，分别对应输入层、压缩层和输出层。稍后我们将看到，这种最简单的自编码器在传统的机器学习中用于奇异值分解。架构中的对称性通常延伸到这样一个事实：在许多架构中，从第 k 层传出的权重与进入第 $M-k$ 层的权重相关联。现在，为了简单起见，我们不做这个假设。此外，由于非线性激活函数的影响，对称性也不是绝对的。例如，如果在输出层使用非线性激活函数，则无法在（非计算性的）输入层中对称地反映这一事实。

数据的简化表示有时也称为*编码*，这一层的单元数就是简化的维数。中间的压缩层之前的神经架构的初始部分称为*编码器*（因为它创建一个简化的编码），后面的部分称为*解码器*（因为它从编码中重构）。自编码器的一般原理图如图 2.6b 所示。

2.5.1.1　单隐藏层的自编码器

接下来，我们将介绍用于矩阵分解的一种最简单的自编码器。这个自编码器只有一个具有 k 个单元的隐藏层，输入层和输出层均有 d 个单元，其中 k 远小于 d。为了便于讨论，假设我们有一个 $n\times d$ 矩阵 D，我们想把它分解成一个 $n\times k$ 矩阵 U 和一个 $d\times k$ 矩阵 V：

$$D\approx UV^{\mathrm{T}} \tag{2.38}$$

这里 k 是矩阵分解的秩。矩阵 U 包含数据的简化表示，矩阵 V 包含基向量。矩阵分解是监督学习中研究最广泛的问题之一，它被用于降维、聚类和推荐系统的预测建模。

在传统的机器学习中，矩阵分解的问题是通过最小化 $D-UV^{\mathrm{T}}$ 表示的*残差矩阵*的 Frobenius 范数来解决的。一个矩阵的 Frobenius 范数的平方是该矩阵中所有条目的平方和。因此，可以将优化问题的目标函数写成：

$$\text{Minimize } J = \| D - UV^{\mathrm{T}} \|_F^2$$

这里的$\| \cdot \|_F$表示的是 Frobenius 范数。为了优化上述误差，需要学习参数矩阵U和V。这个目标函数有无限个最优，其中一个有相互正交的基向量。这个特解被称为*截断奇异值分解*。尽管为这个优化问题导出梯度下降步骤[6]相对容易（完全不用担心神经网络），但是我们的目标是在神经架构中捕获这个优化问题。通过这个练习，我们可以看到奇异值分解是自编码器架构的一个特例，它为理解使用更复杂的自编码器所获得的好处奠定了基础。

奇异值分解的这种神经架构如图 2.7 所示，其中隐藏层包含k个单元。D的行是自编码器的输入，而隐藏层的激活函数是U的k维行。解码器中$k\times d$的权重矩阵为V^{T}。我们在第 1 章对多层神经网络的介绍中提到过，通过将前一层的值向量与连接后一层的权重矩阵相乘（通过线性激活函数），可以得到该网络特定层的值向量。由于隐藏层的激活函数为U，解码器权重包含矩阵V^{T}，因此重构的输出是UV^{T}的行。自编码器最小化输入和输出之间的平方和差，这相当于最小化$\| D-UV^{\mathrm{T}} \|^2$。这样，同样的问题可以作为奇异值分解来解决。

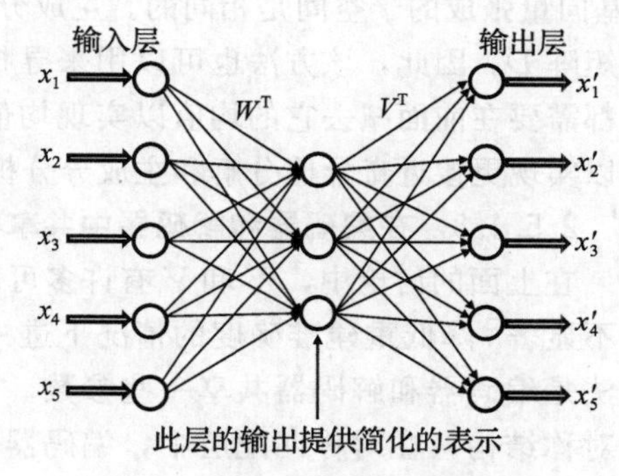

图 2.7　单层的基本自编码器

请注意，可以使用此方法提供未包含在原始矩阵D中的*样本外*实例的简化表示。只需将这些样本的行作为输入，而隐藏层的激活函数将提供简化的表示。去掉样本外实例能够有效地提高非线性降维方法，因为加入新实例对于传统的机器学习来说很困难。

编码器权重

如图 2.7 所示，编码器的权重包含在以W表示的$k\times d$矩阵中。这个矩阵与U和V有什么关系？注意，自编码器创建原始数据矩阵的重构表示$DW^{\mathrm{T}}V^{\mathrm{T}}$。因此，它试图优化最小化$\| DW^{\mathrm{T}}V^{\mathrm{T}} - D \|^2$的问题。当矩阵$W$是$V$的*伪逆*时，得到该问题的最优解，定义如下：

$$W = (V^{\mathrm{T}}V)^{-1}V^{\mathrm{T}} \tag{2.39}$$

这个结果至少很容易说明矩阵D的行跨越d维的全秩的非退化情况（参见练习 14）。当然，自编码器的训练算法找到的最终解可能会偏离这个条件，因为它可能不能精确地解决问题，或者矩阵D的秩可能更小。

根据伪逆的定义，有$WV=I$和$V^{\mathrm{T}}W^{\mathrm{T}}=I$，其中$I$是一个$k\times k$单位矩阵。用$W^{\mathrm{T}}$后乘公式 2.38 得到：

$$DW^{\mathrm{T}} \approx U \underbrace{(V^{\mathrm{T}}W^{\mathrm{T}})}_{I} = U \tag{2.40}$$

换句话说，矩阵D的每一行乘以$d\times k$矩阵W^{T}生成该实例的简化表示形式，这是U中相应的行。此外，再用U的这一行乘以V^{T}生成原始数据矩阵D的重构版本。

注意，W和V有许多替代最优，但是为了重构（也就是最小化损失函数），学习矩阵W总是（近似地）与V相关，作为它的伪逆；V的列总是张成㊀由奇异值分解优化问题定义的

㊀ 这一子空间由奇异值分解的 top-k 的奇异向量定义。然而，优化问题不会施加正交限制，因此V的列可能会使用一个不同的非正交基系统来代表该子空间。

特定 k 维子空间。

2.5.1.2　与奇异值分解的联系

单层自编码器架构与奇异值分解有着密切的联系。奇异值分解找到一个因子分解 UV^{T}，其中 V 的列向量是正交的。该神经网络的损失函数与奇异值分解的损失函数相同，通过训练神经网络得到的列正交的解 V 总是可能的最优解之一。然而，由于这个损失函数允许选择最优，所以有可能找到一个最优解，其中 V 的列不一定相互正交或缩放到单位范数。奇异值分解是由一个标准正交基系统定义的。然而，由 V 的 k 列张成的子空间与由奇异值分解的 top-k 基向量张成的子空间是相同的。主成分分析与奇异值分解相同，只是它适用于均值中心化的矩阵 D。因此，该方法也可以用来寻找由 top-k 的主成分张成的子空间。然而，D 的每一列都需要在前面减去它的均值以实现均值中心化。通过共享编码器和解码器中的一些权重，可以实现更接近奇异值分解和主成分分析的标准正交基系统。下一节将讨论这种方法。

2.5.1.3　在编码器和解码器中共享权重

在上面的讨论中，W 和 V 有许多可能的替代解，其中 W 是 V 的伪逆。因此，我们可以在不显著[⊖]降低重建准确度的情况下进一步减少参数占用。在自编码器构造中常用的一个方法是编码器和解码器共享一些参数。这也被称为*权重绑定*。特别是，自编码器具有固有的对称结构，在对称匹配层中，编码器和解码器的权重必须相同。在浅层网络中，编码器和解码器的权重通过如下关系共享：

$$W = V^{\mathrm{T}} \tag{2.41}$$

这个架构如图 2.8 所示，除了有权重绑定，它与图 2.7 的架构完全相同。也就是说，首先利用权重的 $d\times k$ 矩阵 V 将 d 维数据点 $\overline{X}$ 转换为 k 维表示。然后，利用权重的矩阵 V^{T} 将数据重构为原始表示。

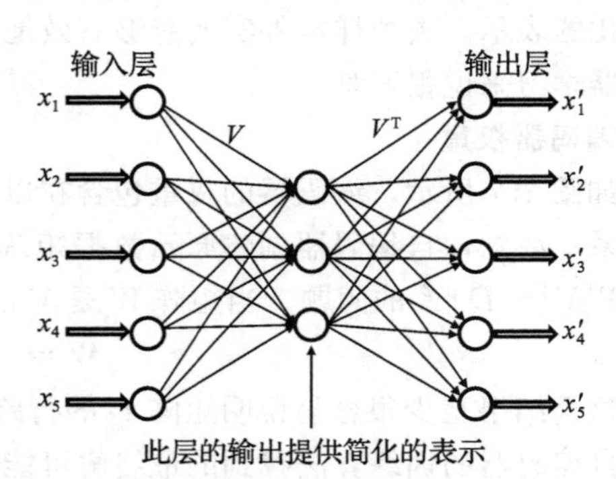

图 2.8　单层的基本自编码器；注意到有权重绑定（不同于图 2.7 所示的自编码器）

权重绑定意味着 V^{T} 是 V 的伪逆（参见练习 14）。换句话说，我们有 $V^{\mathrm{T}}V=I$，因此 V 的列向量是互相正交的。因此，通过权重绑定，现在可以*精确地*模拟奇异值分解，其中不同的基向量相互正交。

在这个具有单个隐藏层的架构的特殊示例中，仅对一对权重矩阵进行了权重绑定。一般来说，会有奇数个隐藏层和偶数个权重矩阵。以中间对称的方式匹配权重矩阵是一种常见的做法。在这种情况下，对称排列的隐藏层需要有相同数量的单元。尽管在编码器和解码器部分之间共享权重不是必需的，但它将参数的数量减少至原来的 1/2。从减少过拟合的角度来看，这是有益的。换句话说，这种方法可以更好地重构样本外数据。在编码器和解码器中绑定权重矩阵的另一个好处是，它可以自动将 V 的列规范化为类似的值。例如，如果我们不把编码器和解码器中的权重矩阵绑定在一起，那么 V 的不同列就可能有非常不同的范数。至少在线性激活函数的情况下，绑定权重矩阵会迫使 V 的所有

⊖ 在诸如此处讨论的单层情况的几种特殊情况中，即使是训练数据，重构准确度都是没有损失的。在其他情况中，只有训练数据上存在准确度损失，但自编码器由于参数占用减少带来的正则化影响，能更好地重构样本外数据。

列具有相似的范数。从提供更好的嵌入表示规范化的角度来看，这也很有用。当在计算层中使用非线性激活时，规范化和正交性特性不再适用。然而，即使在这些情况下，在更好地调节解的方面，权重绑定也有相当大的好处。

共享权重确实需要在训练期间对反向传播算法进行一些更改。然而，这些更改并不是很困难。我们所要做的就是通过假装权重没有被绑定来执行正常的反向传播，从而计算梯度。然后，在相同权重的不同副本之间添加梯度，以计算梯度下降步骤。以这种方式处理共享权重的逻辑将在 3.2.9 节中讨论。

2.5.1.4 其他矩阵分解方法

可以修改简单的三层自编码器来模拟其他类型的矩阵分解方法，如非负矩阵分解、概率潜在语义分析和逻辑矩阵分解方法。不同的逻辑矩阵分解方法将在 2.5.2 节、2.6.3 节和练习 8 中讨论。练习 9 和练习 10 将讨论非负矩阵分解和概率潜在语义分析的方法。研究这些不同变体之间的关系是很有意义的，因为它展示了如何更改简单的神经架构，从而得到具有极大不同特性的结果。

2.5.2 非线性激活函数

到目前为止，讨论都集中在使用神经架构模拟奇异值分解上。显然，这似乎没有太大用处，因为已经有了许多用于奇异值分解的现成工具。但是，自编码器的真正能力需要使用非线性激活函数和多层结构才能实现。例如，考虑矩阵 D 是一个二元矩阵。在这种情况下，可以使用如图 2.7 所示的相同神经架构，但在最后一层使用 sigmoid 函数来预测输出，并结合使用负对数损失函数。因此，对于二元矩阵 $B=[b_{ij}]$，该模型假定以下条件：

$$B \sim \text{sigmoid}(UV^{\mathrm{T}}) \tag{2.42}$$

这里是对矩阵的每一个元素都使用 sigmoid 函数。注意，在上面的表达式中使用～代替≈，这表明二元矩阵 B 是来自伯努利分布的随机抽取的实例，其参数包含在 sigmoid (UV^{T}) 中。可以证明所得的分解等效于*逻辑矩阵分解*。基本思想是UV^{T} 的第 (i,j) 个元素是伯努利分布的参数，并且从具有这些参数的伯努利分布中生成二元条目b_{ij}。因此，使用该生成模型的对数似然损失来学习 U 和 V。对数似然损失隐式地试图找到参数矩阵 U 和 V，以便使得通过这些参数产生矩阵 B 的概率最大化。

逻辑矩阵分解是最近才提出的[224]，作为用于二元数据的复杂矩阵分解方法，这对于具有*隐式反馈*等级的推荐系统很有用。隐式反馈是指用户的二元行为，例如购买或不购买特定物品。最近关于逻辑矩阵分解的工作[224]的解决方法似乎与奇异值分解完全不同，并且它不是基于神经网络方法的。但是，对于神经网络从业者而言，从奇异值分解模型到逻辑矩阵分解的变化相对较小，其中仅需要更改神经网络的最后一层。正是神经网络的这种模块化性质使它们对工程师如此具有吸引力，并鼓励各种类型的实验。实际上，流行的 word2vec 神经方法[325,327]或文本特征工程的一种变体是对数矩阵分解法。有趣的是，word2vec 在传统机器学习中比逻辑矩阵分解更早提出[224]，尽管这两种方法的等效性在原始工作中并未展示。等效性首先在文献［6］中提出，本章稍后将提供此结果的证明。实际上，对于自编码器的多层变体，在传统的机器学习中甚至不存在确切的对应物。所有这些似乎表明，在使用构造多层神经网络的模块化方法时，发现复杂的机器学习算法通常更为自然。请注意，只要对数损失经过适当修改以处理分数值，就可以使用这种方法来分解从［0,1］中得出的实值矩阵条目（请参阅练习 8）。逻辑矩阵分解是*核矩阵分解*的一种。

还可以在隐藏层而不是输出层中使用非线性激活函数。通过使用隐藏层中的非线性施加非负性，可以模拟非负矩阵分解（参见练习9和练习10）。此外，考虑具有单个隐藏层的自编码器，其中在该隐藏层中使用了sigmoid，而输出层是线性的。此外，输入层-隐藏层矩阵和隐藏层-输出层矩阵分别由W^T和V^T表示。在这种情况下，由于隐藏层中的非线性激活函数，矩阵W将不再是V的伪逆。

如果U是应用了非线性激活函数$\Phi(\cdot)$的隐藏层的输出，则我们有：

$$U=\Phi(DW^T) \tag{2.43}$$

如果输出层是线性的，则总体分解仍然具有以下形式：

$$D\approx UV^T \tag{2.44}$$

但是请注意，我们可以写成$U'=DW^T$，它是原始矩阵D的线性投影。然后，分解可以写成如下形式：

$$D\approx\Phi(U')V^T \tag{2.45}$$

这里U'是D的线性投影。这是非线性矩阵分解的另一种类型[521,558]。尽管与核方法中的典型方法相比，非线性的特定形式（例如sigmoid）可能看起来很简单，但实际上人们使用多个隐藏层来学习非线性降维的更复杂的形式。非线性也可以在隐藏层和输出层中组合。与主成分分析这样的方法相比，非线性降维方法可以将数据映射到更低维的空间（具有良好的重构特性）。图2.9a中显示了分布在非线性螺旋上的数据集示例。使用主成分分析不能将此数据集降低到较低的维数（而不会引起明显的重构错误）。但是，使用非线性降维方法可以将非线性螺旋展平为二维表示，如图2.9b所示。

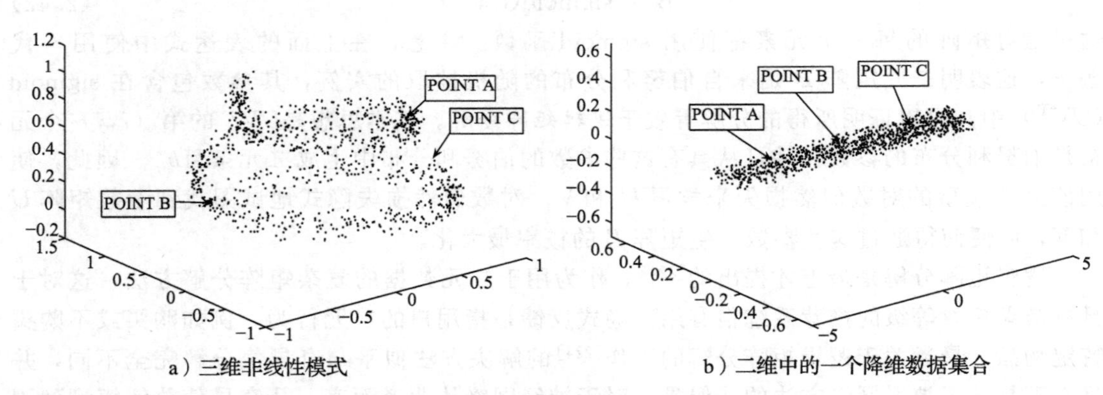

a）三维非线性模式　　b）二维中的一个降维数据集合

图2.9　非线性降维的结果（此图仅供参考）

非线性降维方法通常需要更深的网络，因为非线性单元的组合可能会导致更复杂的转换。深度的好处将在下一节中讨论。

2.5.3　深度自编码器

当使用更深层次的网络时，神经网络中的自编码器的真正能力得以展现。例如，图2.10展示了带有三个隐藏层的自编码器。为了进一步提高神经网络的表示能力，可以增加中间层的数量。值得注意的是，深度自编码器的某些层必须使用非线性激活函数来提高其表示能力。如引理1.5.1所示，当只使用线性激活函数时，多层网络并不会获得更好的效果。第1章的分类问题展示了这个问题，而它也广泛存在于任何类型的多层神经网络（包括自编码器）中。

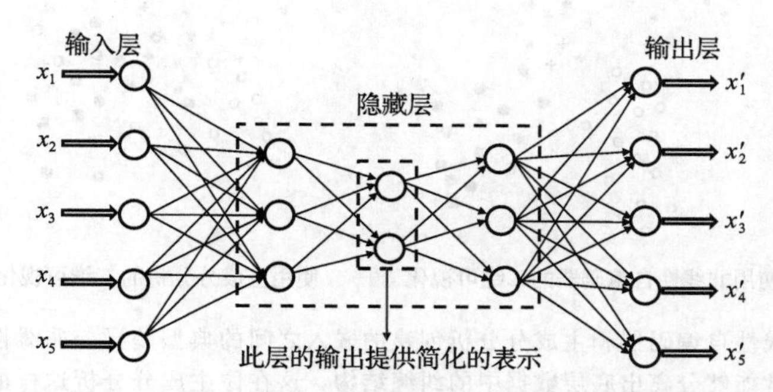

图 2.10 含三个隐藏层的自编码器示例。将非线性激活函数与多隐藏层结合提升了网络的表示能力

多层深度神经网络提供了强大的表示能力。该网络的多个层提供了层次化的数据简化表示。对于某些数据领域（例如图像），层次化的简化表示形式特别自然。请注意，传统的机器学习没有这种模型的精确模拟，而反向传播方法使计算梯度下降的步骤不再复杂。非线性降维可以将任意形状的流形映射为简化的表示形式。尽管在机器学习中已有几种用于非线性降维的方法，但与这些方法相比，神经网络具有一些优势：

1. 除非数据点预先包含在训练数据中，否则许多非线性降维方法很难将样本外的数据点映射为简化表示，但是通过网络来计算采样点的简化表示很简单。

2. 神经网络通过改变中间阶段使用的层的数量和类型，在非线性数据简化中提供了更强的能力和灵活性。此外，通过在特定层中选择特定类型的激活函数，可以设计出符合特定数据特性的简化性质。例如，可以对二元数据集使用对数损失函数的逻辑输出层。

使用这种方法可以实现非常紧凑的简化。例如，文献［198］中的工作展示了如何使用深度自编码将图像像素的784维表示转换为六维的简化表示。通过使用非线性单元，将弯曲的流形隐式映射为线性超平面，可以得到更高程度的简化，这是由于它更容易用一个弯曲的表面（相对于线性表面）捕获大量的点。非线性自编码器的这一特性通常用于数据的二维可视化，方法是创建一个深度自编码器，其中最紧凑的隐藏层只有两个维度。这两个维度可以映射到一个平面上，使这些点形象化。在许多情况下，数据的类结构是根据分离良好的簇显现的。

图2.11展示了一个典型的真实数据分布示例。在图2.11中，深度自编码器创建的二维映射可以大概清楚地分离出不同的类，而主成分分析创建的映射不能很好地分离。图2.9展示了一个映射到线性超平面的非线性螺旋，阐明了这种现象的原因。在许多情况下，数据可能包含不同类严重纠缠的螺旋（或其他形状）。由于非线性纠缠形状是线性不可分的，因此线性降维方法不能很好地分离。具有非线性的深度自编码器则要强大得多，并且能够分离开这些形状。

深度自编码器有时可以替代其他鲁棒的可视化方法，如 *t*-分布式随机邻接嵌入（*t*-SNE）[305]。尽管 *t*-SNE 通常可以为可视化提供更好的性能㊀（因为它是专门为可视化而设

㊀ *t*-SNE 方法的工作原理是，在低维嵌入中，不可能以相同的准确度保留所有成对的相似度和差异度。因此，与试图忠实地重构数据的降维或自编码器不同，它在处理相似度和差异度方面具有非对称损失函数。这种类型的非对称损失函数特别有助于在可视化过程中分离出不同的流形。因此，*t*-SNE 在可视化方面可能比自编码器表现得更好。

使用非线性自编码器的二维可视化　　　使用主成分分析的二维可视化

图 2.11　由非线性自编码器和主成分分析创建的嵌入之间的典型差异。非线性和深度自编码器通常能够分离出底层数据中的纠缠结构，这在像主成分分析这样的线性变换的约束下是不可能的。之所以会出现这种情况，是因为单个类通常位于原始空间中的扭曲流形上，在任意二维截面上查看数据时，这些流形看起来是混合的，除非有人愿意扭曲空间本身（此图仅用于说明，并不代表特定的数据集）

计的，而不是为降维而设计的)，但是与 t-SNE 相比，自编码器的优点是更容易泛化到样本外数据。当接收到新的数据点时，它们可以简单地通过自编码器的编码器部分压缩，以便将它们添加到当前可视点集。文献［198］提供了一个使用自编码器实现高维文档集合可视化的具体示例。

但是，有可能过分简化数据，以致创建了无用的表示。例如，可以将一个非常高维的数据点压缩成一个单一的维度，这样可以很好地从训练数据中重构出一个点，但是对于测试数据来说却有很高的重构误差。换句话说，神经网络已经找到了一种方法来记忆数据集，而没有足够的能力来创建未知点的简化表示。因此，即使是像降维这样的无监督问题，也需要保留一些点作为验证集。在训练期间不使用验证集中的点，然后可以量化训练数据和验证数据之间重构误差的差异。训练数据和验证数据在重构误差上的巨大差异表明存在过拟合。另一个问题是，深度网络更难训练，因此像预训练这样的技巧很重要。这些技巧将在第 3 章和第 4 章中讨论。

2.5.4　应用于离群点检测

降维与离群点检测密切相关，因为很难在不丢失大量信息的情况下对离群点进行编码和解码。一个众所周知的事实是，如果一个矩阵 D 分解为 $D \approx D'=UV^{\mathrm{T}}$，那么低秩矩阵 D' 就是数据的去噪表示。毕竟，压缩表示 U 只捕获数据中的规律，而无法捕获特定点的异常变化。因此，重建的 D' 缺失了所有这些异常变化。

$D-D'$ 的条目绝对值代表了的矩阵条目的异常分数。因此，可以使用这种方法来查找离群点，或者将 D 的每一行中所有元素的异常分数的平方相加，得到该行的离群值。因此，这样可以识别离群数据点。此外，通过计算 D 的每一列的分数的平方，可以发现离群特征。这对于聚类中的特征选择之类的应用非常有用，因为在聚类中，具有较高异常值的特征可以删除，防止它给聚类增加噪声。尽管我们在上面的描述中使用了矩阵分解，但是可以使用任何类型的自编码器。事实上，构建去噪自编码器本身就是一个充满活力的领域。请参阅 2.9 节。

2.5.5 当隐藏层比输入层维数高时

到目前为止，我们只讨论了隐藏层的单位数少于输入层的情况。在寻找数据的压缩表示形式时，隐藏层的单位数比输入层的单位数少是有意义的。压缩的隐藏层使维数减少，损失函数的设计避免了信息损失。这种表示被称为*不完全表示*，它们对应于自编码器的传统用例。

当隐藏单元的数量大于输入维数时该怎么办？这种情况对应于*过完全表示*。增加隐藏单元的数量以超过输入单元的数量，使得隐藏层可以简单地学习恒等函数（零损失）。简单地跨层复制输入似乎不是特别有用。但是，在实际操作中（学习权值时），特别是在对隐藏层施加某些类型的正则化和*稀疏约束*时不会出现这种情况。即使不施加稀疏约束，采用随机梯度下降学习，由随机梯度下降引起的概率正则化也足以保证隐藏表示在输出处重构输入之前总是将输入置乱。这是因为随机梯度下降是对学习过程的一种干扰，因此不可能学习把输入作为恒等函数跨层复制到输出的权重。此外，由于训练过程的一些特殊性，神经网络几乎从未充分利用其建模能力，这导致了权重之间的依赖关系[94]。相反，可能会创建一个过完全表示，尽管它可能不具有稀疏性（这需要明确地鼓励）。下一节将讨论鼓励稀疏性的方法。

稀疏特征学习

当施加显式稀疏约束时，得到的自编码器称为*稀疏自编码器*。d 维点的稀疏表示是 k 维点，其中 $k \ll d$，稀疏表示中的大多数值都是 0。稀疏特征学习在很多场景中都有很强的适用性，比如图像数据，在这些场景中，从特定于应用程序的角度来看，学习到的特征更容易直观地解释。此外，具有可变信息量的点自然会由不同数量的非零特征值来表示。这种类型的特性在某些输入表示（如文档）中自然为真：当以多维格式表示时，包含更多信息的文档将具有更多非零特征（单词频率）。但是，如果可用的输入一开始就不是稀疏的，那么创建一个具有这种灵活性的表示形式的稀疏转换通常是有好处的。稀疏表示还可以有效地使用特定类型的高效算法，这些算法高度依赖于稀疏性。可以通过许多方式在隐藏层上实施约束来创建稀疏性。一种方法是向隐藏层添加偏差，这样许多单元都被鼓励为零。以下是一些例子：

1. 可以对隐藏层中的激活函数施加 L_1 惩罚来强制进行稀疏激活。4.4.2 节和 4.4.4 节将讨论用 L_1 惩罚来创建稀疏解的概念（根据权重或隐藏单元）。在这种情况下，反向传播也必须沿反方向传播这个惩罚的梯度。令人惊讶的是，这种很自然的方法很少被使用。

2. 对于 $r \leqslant k$，只能允许隐藏层的 top-r 的激活函数为非零，在这种情况下，反向传播仅通过被激活的单元进行反向传播。这种方法被称为 r-稀疏自编码器[309]。

3. 另一种方法是*赢者通吃自编码器*[310]，在整个训练数据中只允许每个隐藏单元的激活函数的一小部分 f。在本例中，顶级激活函数是跨训练实例计算的，而在前一种情况中，顶级激活函数是跨单个训练实例的隐藏层计算的。因此，需要使用小批量的统计信息来估计特定于节点的阈值。反向传播算法只需要通过被激活的单元来传播梯度。

请注意，竞争机制的实现几乎类似于具有自适应阈值的 ReLU 激活函数。有关指针和这些算法的更多细节，请参阅 2.9 节。

2.5.6 其他应用

在神经网络领域，自编码器是无监督学习的主要工具。它们在许多应用中都得以使用，本书之后将讨论这些应用。在训练了一个自编码器之后，不需要同时使用编码器和解码器部分。例如，在使用降维方法时，可以使用编码器部分来创建数据的降维表示。解码器的重构可能根本不需要。

虽然自编码器可以自然地去除噪声（就像几乎所有的降维方法一样），但是可以增强自编码器去除特定类型噪声的能力。为了执行*去噪自编码器*的训练，使用了一种特殊类型的训练。首先，在训练数据经过神经网络之前，在训练数据中加入一些噪声。添加的噪声的分布反映了分析人员对特定数据领域中的自然噪声类型的理解。但是，计算损失的是原始训练数据实例，而不是它们损坏的版本。原始训练数据是相对干净的，尽管人们期望测试实例被破坏。因此，自编码器学会从损坏的数据中恢复干净的表示。添加噪声的一种常用方法是将输入的一部分 f 随机设为零[506]。这种方法在输入为二元数据时特别有效。f 的值调节了输入端的破坏程度。可以修改 f，甚至允许 f 在不同的训练实例中随机变化。在某些情况下，当输入为实值时，也会使用高斯噪声。关于去噪自编码器的更多细节参见4.10.2节。一个密切相关的自编码器是*收缩自编码器*，这在4.10.3节中讨论。

自编码器的另一个有趣的应用是只使用网络的*解码器*部分来创建艺术渲染。这个想法是基于*变分自编码器*的概念[242,399]，其中的损失函数被修改，以在隐藏层上施加一个特定的结构。例如，可以在损失函数中添加一项，以强调隐藏变量是从高斯分布中抽取的。然后，可以重复地从这个高斯分布中抽取样本，只使用网络的解码器部分来生成原始数据的样本。生成的样本通常表示来自原始数据分布的真实样本。

一个密切相关的模型是*生成对抗网络*，它在最近几年变得越来越流行。这些模型将解码网络与对抗判别器的学习结合以产生一个数据集的生成样本。生成对抗网络常用于处理图像、视频和文本数据，并生成代表一个AI“梦想”中喜好的图像和视频的艺术渲染。这些方法也可以用于图像之间的翻译。4.10.4节将详细讨论变分自编码器。10.4节将讨论生成对抗网络。

我们可以使用自编码器将多模态数据嵌入联合潜在空间中。多模态数据本质上是输入特征异构的数据。例如，带有描述性标记的图像可以被认为是多模态数据。多模态数据对挖掘应用提出了挑战，因为不同的特征需要不同的处理方式。通过将异构属性嵌入统一的空间中，可以消除挖掘过程中的这一困难来源。可以使用自编码器将异构数据嵌入联合空间中。这种设置的示例如图2.12所示。这个图显示了一个只有一层的自编码器，尽管自编码器通常可能有多个层[357,468]。这种联合空间在各种应用中非常有用。

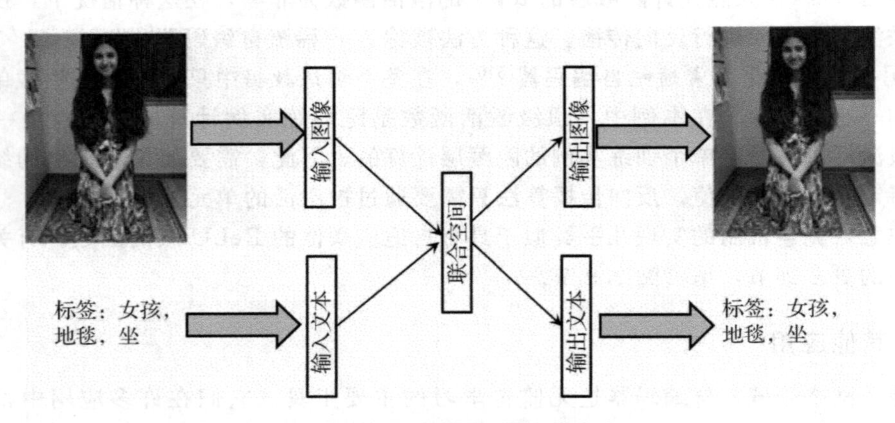

图2.12 使用自编码器做多模态嵌入

最后，自编码器可被用于改善神经网络的学习过程。一个具体的例子是预训练，它用一个自编码器来初始化神经网络的权重。其基本思想是，学习数据集的流形结构对于监督学习应用（如分类）也很有用。这是因为定义数据集流形的特征通常更有可能在它们与不同类的关系方面提供信息。4.7 节将讨论预训练的方法。

2.5.7 推荐系统：行索引到行值的预测

矩阵分解最有趣的应用之一是推荐系统的神经架构设计。考虑一个有 n 个用户和 d 个项目的 $n \times d$ 评分矩阵 D。矩阵的第 (i,j) 个条目是用户 i 对项目 j 的评分。然而，矩阵中的大多数条目都没有指定，这给使用传统自编码器架构带来了困难。这是因为传统自编码器是为完全指定的矩阵设计的，每次输入矩阵的一行。推荐系统天生就适合*按元素*学习，在这种情况下，一行中的一小部分值也是可用的。在实际应用中，可以将推荐系统的输入看作以下形式的一组三元组：

$$< \text{RowId} >, < \text{ColumnId} >, < \text{Rating} >$$

与传统的矩阵分解形式一样，评分矩阵 D 由 UV^{T} 给出。但是，不同之处在于必须使用以三元组为中心的输入来学习 U 和 V，因为 D 不是所有条目都被观察到了。因此，一种自然的方法是创建这样一个架构，其中的输入不受缺少的条目的影响，并且可以唯一指定。输入层包含 n 个输入单元，与行（用户）数相同。但是，输入是行标识符的独热编码。因此，只有一个输入条目的值为 1，其余的条目的值都为 0。隐藏层包含 k 个单位，其中 k 为分解的秩。最后，输出层包含 d 个单元，其中 d 是列（项目）的数量。输出是一个包含 d 个评分的向量（即使只观察到其中的一小部分）。目标是用一个不完整的数据矩阵 D 训练神经网络，使网络在接受输入后输出与独热编码对应的所有评分值。该方法是能够通过学习与每个行索引相关的评分来重构数据。

设 $n \times k$ 的输入层－隐藏层矩阵为 U，$k \times d$ 的隐藏层－输出层矩阵为 V^{T}。矩阵 U 的条目用 u_{iq} 表示，矩阵 V 的条目用 v_{jq} 表示。假设所有的激活函数都是线性的。此外，设第 r 个用户的独热编码输入（行）向量为 $\overline{e}_r$。这个行向量包含 n 维，其中只有第 r 维值为 1，其余维的值是 0。损失函数是输出层的误差平方和。然而，由于缺失条目，并不是所有的输出节点都具有可观察的输出值，并且仅对已知的条目执行更新。该神经网络的总体架构如图 2.13 所示。对于任何特定的行输入，我们实际上是在一个神经网络上进行训练，这个神经网络是这个基本网络的子集，这取决于指定了哪些条目。但是，可以对网络中的所有输出进行预测（即使无法计算缺失条目的损失函数）。由于具有线性激活函数的神经网络执行矩阵乘法，因此很容易看出第 r 个用户的 d 个输出向量由 $\overline{e}_r UV^{\mathrm{T}}$ 给出。本质上，前乘 $\overline{e}_r$ 能提取出矩阵 UV^{T} 中的第 r 行。这些值出现在输出层，代表第 r 个用户的逐条目评分预测。因此，所有的特征值

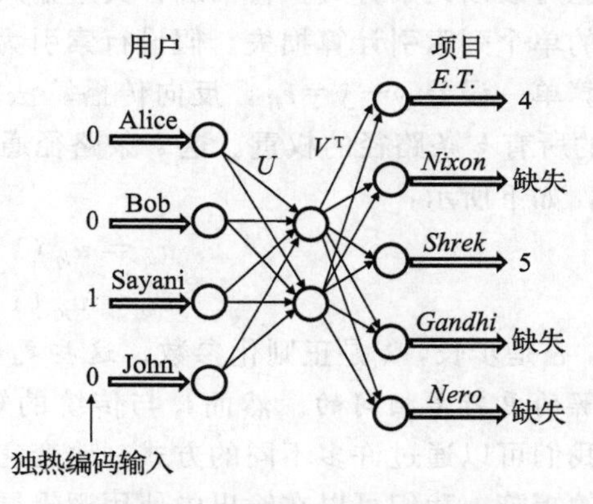

图 2.13 用行索引-值编码器做有缺失值的矩阵分解

都是一次性重构的。

训练是如何执行的？这种架构的主要吸引力在于，可以以行方式或元素方式执行训练。当以行方式执行训练时，将输入该行的一个独热编码索引，并使用该行的所有指定条目来计算损失。反向传播算法仅从有指定值的输出节点开始执行。从理论的角度来看，虽然不同神经网络的权重是共享的，但是每一行都是在一个略有不同的神经网络上训练的，这个神经网络有一个基本输出节点子集（取决于观测到的条目）。这种情况如图2.14所示，其中显示了两个不同用户Bob和Sayani的电影评分的神经网络。例如，Bob缺失了对*Shrek*的评分，这是由于相应的输出节点缺失了。然而，由于两个用户都为*E.T.*指定了一个评分，在反向传播中Bob或Sayani被处理时，矩阵V中该电影的k维隐藏因子将被更新。这种仅使用输出节点子集进行训练的能力有时被用作一种效率优化，以减少训练时间，即使在指定了所有输出的情况下也是如此。这种情况经常发生在二元推荐数据集（称为*隐式反馈数据集*）中，其中绝大多数输出为零。在这种情况下，在矩阵分解方法中，只采样0的子集来进行训练[4]。这种技术被称为*负采样*。一个具体的例子是自然语言处理的神经模型，如word2vec。

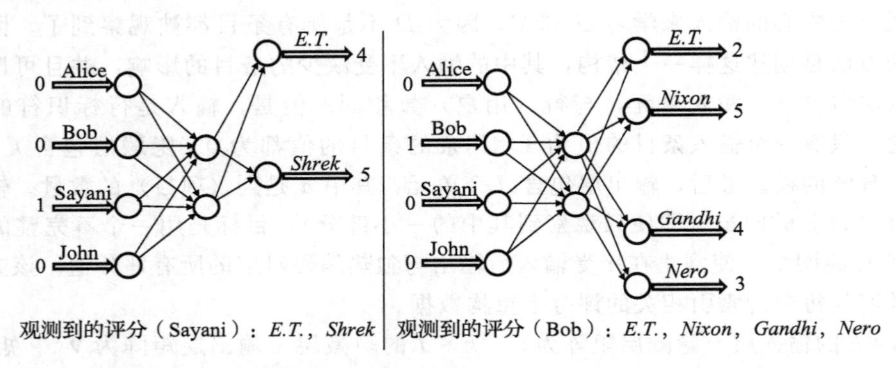

图2.14 根据缺失值删除输出节点。输出节点只在训练时缺失，在预测时，所有输出节点都被具化。使用RBM架构（参见6.5节）也可以获得类似的结果

也可以以元素方式执行训练，其中输入一个三元组。在这种情况下，仅针对三元组中指定的单个列索引计算损失。假设行索引为i，列索引为j。在这个特定的例子中，在输出层计算单一误差$y-\hat{y}=e_{ij}$，反向传播算法本质上是更新从输出层的节点j到输入层的节点i的所有k条路径的权重。这k条路径通过隐藏层中的k个节点。很容易显示沿路径的更新，如下所示：

$$u_{iq} \Leftarrow u_{iq}(1-\alpha\lambda)+\alpha e_{ij} v_{jq}$$
$$v_{jq} \Leftarrow v_{jq}(1-\alpha\lambda)+\alpha e_{ij} u_{iq}$$

这里，α是步长，λ是正则化参数。这些更新与在随机梯度下降算法中用于推荐系统中矩阵分解的更新是相同的。然而，与传统的矩阵分解相比，使用神经架构的一个重要优点是，我们可以通过许多不同的方式来改变它，从而实现不同的特性。例如，对于带有二元数据的矩阵，我们可以在输出中使用逻辑层。这将产生*逻辑矩阵分解*。我们可以合并多个隐藏层来创建更强大的模型。对于带有分类条目（以及附加在条目上的以计数为中心的权重）的矩阵，可以在最后使用softmax层。这将产生*多项式矩阵分解*。到目前为止，我们还不知道传统机器学习中多项式矩阵分解的形式描述，但它只是推荐系统（隐式）使用的

神经架构的简单修改。一般来说，在使用神经架构时，由于其模块化结构，通常很容易遇到复杂的模型。只要经验结果能够确定其鲁棒性，就不需要将神经架构与传统的机器学习模型联系起来。例如，skip-gram 模型 word2vec 的两种（非常成功的）变体[325,327]对应于词-上下文矩阵的逻辑分解和多项式矩阵分解；然而，无论是 word2vec[325,327]的最初作者还是更广泛的社区似乎都没有指出这一事实㊀。在传统的机器学习中，像逻辑矩阵分解这样的模型被认为是比较深奥的技术，直到最近才被提出[224]；然而，这些复杂的模型代表了相对简单的神经架构。一般来说，神经网络抽象使从业者（没有太多的数学训练）更接近机器学习中的复杂方法，同时避免了受困于使用反向传播框架进行优化的细节。

2.5.8 讨论

本节的主要目的是展示无监督学习中神经网络的模块化特性的好处。在我们的特定示例中，从奇异值分解的简单模拟开始介绍，然后展示了对神经架构的微小改变如何在直观设置中实现非常不同的目标。然而，从架构的角度来看，分析人员从一种架构转换到另一种架构所需的工作量通常是几行代码。这是因为构建神经网络的现代软件通常提供描述神经网络架构的模板，其中每一层都是单独指定的。从某种意义上说，神经网络是由众所周知的机器学习单元“建立”起来的，就像孩子把玩具积木拼在一起一样。反向传播负责优化细节，同时保护用户不受步骤复杂性的影响。然后考虑奇异值分解的具体细节与逻辑矩阵分解之间的显著数学差异。将输出层从线性输出更改为 sigmoid（同时更改损失函数）实际上就是更改少量的代码行，而不会影响其余的大部分代码（代码量通常不会很大）。这种类型的模块化在以应用程序为中心的设置中非常有用。自编码器还与另一种无监督学习方法有关，这种方法称为受限玻尔兹曼机（见第 6 章）。如 6.5.2 节所述，这些方法也可用于推荐系统。

2.6 word2vec：简单神经架构的应用

神经网络方法已被用来学习文本数据的词嵌入。通常，可以使用奇异值分解之类的方法创建文档和单词的嵌入。在奇异值分解中，创建了文档-词计数的 $n\times d$ 的矩阵。然后将该矩阵分解为 $D\approx UV$。这里，U 和 V 分别是 $n\times k$ 和 $k\times d$ 矩阵。U 的行包含文档的嵌入，而 V 的列包含单词的嵌入。请注意，与上一节相比，我们对表示法做了一些更改（通过使用 UV 而不是 UV^{T} 代表分解），因为这对于本节的叙述更加方便。

但是，奇异值分解是一种将文档视为词袋的方法。在这里，我们关注使用单词之间的顺序排序的分解创建嵌入。而且这里的重点是创建词嵌入而不是文档嵌入。word2vec 方法家族非常适合创建词嵌入。word2vec 的两个变体如下：

1. 根据上下文预测目标词：此模型尝试使用围绕单词的宽度 t 的窗口来预测句子中的第 i 个单词 w_i。因此，单词 $w_{i-t}w_{i-t+1}\cdots w_{i-1}\,w_{i+1}\cdots w_{i+t-1}\,w_{i+t}$用于预测目标词 w_i。此模型也称为连续词袋（CBOW）模型。

2. 根据目标词预测上下文：给定句子中的第 i 个单词 w_i，该模型试图预测在单词 w_i 周围的上下文 $w_{i-t}w_{i-t+1}\cdots w_{i-1}\,w_{i+1}\cdots w_{i+t-1}\,w_{i+t}$。该模型称为 skip-gram 模型。有两种

㊀ 文献［287］中的工作指出了一些与矩阵分解的隐式关系，但不是本书所指出的更直接的关系。文献［6］也指出了一些这样的关系。

方法可以执行此预测。第一种方法是使用多项模型，可以预测 d 个结果中的一个单词。第二种方法是使用伯努利模型，该模型预测特定单词的每个上下文是否存在。该模型使用上下文的负采样来提高效率和准确性。

2.6.1　连续词袋的神经嵌入

在连续词袋（CBOW）模型中，训练对都是上下文-词对，其中输入上下文词窗口，并预测单个目标词。上下文包含 $2 \cdot t$ 个单词，分别对应于目标词前后的 t 个单词。为了便于标记，我们将使用长度 $m=2 \cdot t$ 来定义上下文的长度。因此，系统的输入是一组 m 个单词。在不失一般性的情况下，对这些单词的下标进行编号，使它们表示为 $w_1 \cdots w_m$。注意，w 可以被看作一个有 d 个可能值的分类变量，其中 d 是词典的大小。神经嵌入的目的是计算概率 $P(w \mid w_1 w_2 \cdots w_m)$ 并最大化所有训练样本的这些概率的乘积。

该模型的总体架构如图 2.15 所示。在该架构中，有一个包含 $m \times d$ 个节点的单一输入层、一个包含 p 个节点的隐藏层和一个包含 d 个节点的输出层。输入层中的节点被聚集成 m 个不同的组，每组有 d 个单元。每组 d 个输入单元是 CBOW 所建模的 m 个上下文单词中之一的独热编码输入向量。d 个输入中只有一个是 1，其余的都是 0。因此，可以将输入 x_{ij} 表示为上下文位置和词标识符对应的两个索引。输入 $x_{ij} \in \{0,1\}$ 在下标中包含两个索引 i 和 j，其中 $i \in \{1 \cdots m\}$ 是上下文的位置，$j \in \{1 \cdots d\}$ 是单词的标识符。

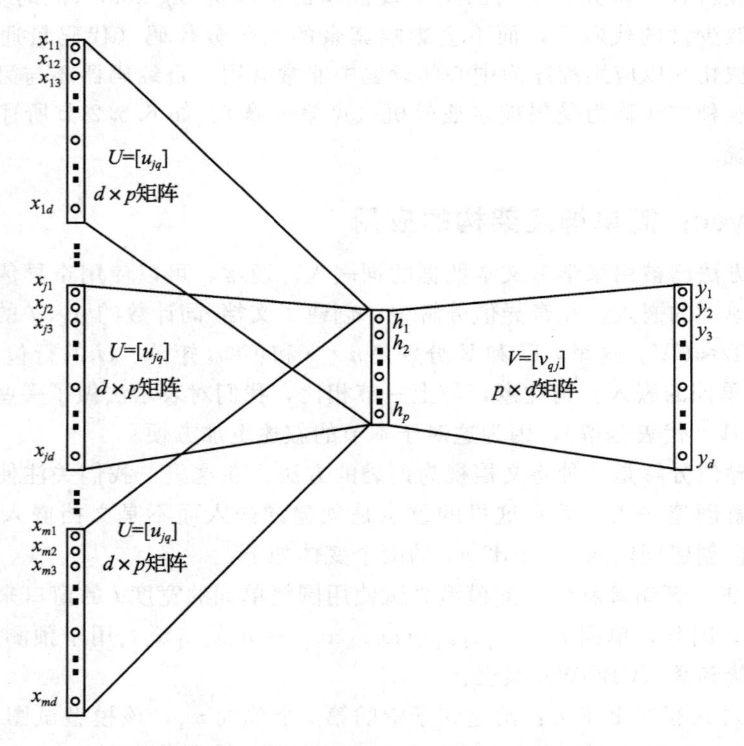

图 2.15　word2vec：CBOW 模型。注意其与图 2.13 的相似点和不同点（后者使用的是单组输入与线性输出层）。我们也可以选择将这 m 组 d 个输入节点折叠为单组 d 个输入，并将 m 个独热编码的输入聚合到单个上下文窗口中，以实现相同的效果。在这种情况下，输入不再是独热编码的

隐藏层包含 p 个单元，其中 p 是 word2vec 中隐藏层的维数。令 $h_1, h_2, \cdots, h_p$ 为隐藏层节点的输出。注意，词典的 d 个单词中的每个词在输入层中都有对应于 m 个不同上下文单词的 m 个不同的表示，但是这 m 个连接的权重是相同的。这样的权重被称为共享权重。共享权重是神经网络中用于正则化的一个常见技巧，特别是对当前领域有特定的了解时。设从词典第 j 个单词到第 q 个隐藏层节点的每个连接的共享权重为u_{jq}。注意，输入层的 m 组中的每一组都与隐藏层有连接，连接由相同的 $d \times p$ 权重矩阵 U 定义。这种情况如图 2.15 所示。

值得注意的是，$\overline{u}_j = (u_{j1}, u_{j2}, \cdots, u_{jp})$可以看作第 j 个输入词在整个语料库上的 p 维嵌入，$\overline{h} = (h_1 \cdots h_p)$提供了输入上下文的特定实例化的嵌入。然后，通过对上下文中出现的单词的嵌入进行平均，得到隐藏层的输出。换句话说，我们有：

$$h_q = \sum_{i=1}^{m} \left[\sum_{j=1}^{d} u_{jq} x_{ij} \right] \quad \forall q \in \{1 \cdots p\} \tag{2.46}$$

许多方法在右边使用了一个额外的因子 m，但是这种乘法缩放（带有常数）是无关紧要的。也可以将这种关系写成向量形式：

$$\overline{h} = \sum_{i=1}^{m} \sum_{j=1}^{d} \overline{u}_j x_{ij} \tag{2.47}$$

本质上，输入词的独热编码被聚合了，这意味着单词在大小为 m 的窗口内的排序不影响模型的输出。这就是该模型被称为连续词袋模型的原因。但是，由于将预测限制在上下文窗口中，所以仍然使用顺序信息。

嵌入值（$h_1 \cdots h_p$）使用 softmax 函数预测目标词是每组 d 个输出之一的概率。输出层的权重用 $p \times d$ 矩阵 $V = [v_{qj}]$参数化。V 的第 j 列用$\overline{v}_j$表示。输出在应用 softmax 后创建输出值$\hat{y}_1 \cdots \hat{y}_d$，这些是实值，属于（0,1）。这些实值之和为 1，因此可以被解释为概率。对于给定的训练实例，输出 $y_1 \cdots y_d$ 只有一个真值是 1，其余值为 0。可以把这个条件写成：

$$y_j = \begin{cases} 1 & \text{目标词 } w \text{ 为第 } j \text{ 个词} \\ 0 & \text{其他} \end{cases} \tag{2.48}$$

softmax 函数计算独热编码的真值输出 y_j 的概率 $P(w \mid w_1 \cdots w_m)$如下：

$$\hat{y}_j = P(y_j = 1 \mid w_1 \cdots w_m) = \frac{\exp\left(\sum_{q=1}^{p} h_q v_{qj}\right)}{\sum_{k=1}^{d} \exp\left(\sum_{q=1}^{p} h_q v_{qk}\right)} \tag{2.49}$$

注意，这种预测的概率形式是基于 softmax 层的（参见 1.2.1.4 节）。对于特定的目标词 $w = r \in \{1 \cdots d\}$，损失函数为 $L = -\log[P(y_r = 1 | w_1 \cdots w_m)] = -\log(\hat{y}_r)$。负对数的使用将不同训练实例上的乘法似然转化为使用对数似然的加性损失函数。

当训练实例通过神经网络一个接一个传递时，使用反向传播算法定义更新。首先，利用上述损失函数的导数可以更新输出层中权重矩阵 V 的梯度。然后，使用反向传播来更新输入层和隐藏层之间的权重矩阵 U。学习率为 α 的更新公式如下：

$$\overline{u}_i \Leftarrow \overline{u}_i - \alpha \frac{\partial L}{\partial \overline{u}_i} \quad \forall i$$

$$\overline{v}_j \Leftarrow \overline{v}_j - \alpha \frac{\partial L}{\partial \overline{v}_j} \quad \forall j$$

可以很容易地计算这个表达式的偏导数[325,327,404]。

预测第 j 个词出错的概率定义为 $|y_j-\hat{y}_j|$。但是这里我们使用带符号的误差 ε_j，其中只有 $y_j=1$ 的正确单词被赋予一个正的误差值，而词典中的所有其他单词都被赋予负的误差值。这是通过丢掉绝对值符号实现的：

$$\varepsilon_j = y_j - \hat{y}_j \tag{2.50}$$

注意，ε_j 也可以表示为交叉熵损失对 softmax 层（即 $\overline{h}\cdot\overline{v}_j$）第 j 个输入的导数的负值。该结果将在3.2.5节中给出，对于推导反向传播更新非常有用。然后，特定输入上下文和输出词的更新[⊖]如下：

$$\overline{u}_i \Leftarrow \overline{u}_i + \alpha\sum_{j=1}^{d}\varepsilon_j\,\overline{v_j}\,[\forall\ \text{上下文窗口中出现的单词}\ j]$$

$$\overline{v}_j \Leftarrow \overline{v}_j + \alpha\varepsilon_j\overline{h}\,[\forall\ \text{词典中的}\ j]$$

这里，$\alpha>0$ 是学习率。上下文窗口中相同单词 i 的重复触发 $\overline{u}_i$ 的多次更新。值得注意的是，考虑到 $\overline{h}$ 根据公式2.47聚合了输入嵌入，在两种更新中，上下文词的输入嵌入都是聚合的。这种类型的聚合对CBOW模型有平滑效果，这对较小的数据集特别有帮助。

逐一训练上下文-目标对的训练实例，并对权重进行了收敛性训练。值得注意的是，word2vec模型提供了两个不同的嵌入，分别对应于矩阵 U 的 p 维行和矩阵 V 的 p 维列。前一种词的嵌入称为输入嵌入，后一种词的嵌入称为输出嵌入。在CBOW模型中，输入嵌入表示上下文，因此使用输出嵌入是有意义的。然而，输入嵌入（或输入嵌入和输出嵌入的和/连接）也可以用于许多任务。

2.6.2 skip-gram模型的神经嵌入

在skip-gram模型中，目标词被用来预测 m 个上下文词。因此，我们有一个输入词和 m 个输出。CBOW模型的一个问题是，上下文窗口中输入词的平均效果（它创建了隐藏的表示）在数据较少的情况下具有（有益的）平滑效果，但不能充分利用大量数据。skip-gram模型是在有大量数据可用时所选择的技术。

skip-gram模型使用单个目标词 w 作为输入，输出由 $w_1\cdots w_m$ 表示的 m 个上下文词。因此，目标是估计 $P(w_1w_2\cdots w_m|w)$，它不同于CBOW模型中的 $P(w|w_1w_2\cdots w_m)$。与连续词袋模型一样，我们可以在skip-gram模型中使用（分类）输入和输出的独热编码。经过这样的编码之后，skip-gram模型将有 d 个二元输入，用 $x_1\cdots x_d$ 表示对应于单个输入词的 d 个可能值。类似地，每个训练实例的输出编码为 $m\times d$ 个值 $y_{ij}\in\{0,1\}$，其中 i 的取值范围从1到 m（上下文窗口的大小），j 的范围从1到 d（词典大小）。每个 $y_{ij}\in\{0,1\}$ 表示对于该训练实例，第 i 个上下文单词是否取第 j 个可能值。然而，第 (i,j) 个输出节点只有计算软概率值 $\hat{y}_{ij}=P(y_{ij}=1|w)$。因此，由于第 i 个上下文位置只接受 d 个单词中的一个，因此输出层的概率 $\hat{y}_{ij}$ 对于固定的 i 和不同的 j 总和为1。隐藏层包含 p 个单元，输出记为 $h_1\cdots h_p$。每个输入 x_j 用一个 $d\times p$ 矩阵 U 连接到所有的隐藏节点，并且 p 个隐藏节点连接到 m 组 d 个输出节点的每组共享权重相同。这组在 p 个隐藏节点和每个

⊖ 在更新中将 $\overline{u}_i$ 和 $\overline{v}_j$ 相加时，存在一些轻微的符号滥用。这是因为 $\overline{u}_i$ 是一个行向量，而 $\overline{v}_j$ 是一个列向量。在本节中，我们忽略了这两个向量之间的显式转置以避免符号混乱，因为更新是直观的。

上下文单词的 d 个输出节点之间共享的权重由 $p \times d$ 矩阵 V 定义。注意，skip-gram 模型的输入-输出结构是 CBOW 模型的输入-输出结构的反转版本。skip-gram 模型的神经架构如图 2.16a 所示。然而，在 skip-gram 模型的情况下，可以将 m 个相同的输出折叠成一个单独的输出，只需在随机梯度下降过程中使用特定类型的小批量处理就可以获得相同的结果。特别是，单个上下文窗口的所有元素都必须属于相同的小批量处理。此架构如图 2.16b 所示。由于 m 的值很小，这种特定类型的小批量处理效果非常有限，因此无论是否使用任何特定类型的小批量处理，图 2.16b 的简化架构足以描述模型。为了进一步讨论，我们将使用图 2.16a 的架构。

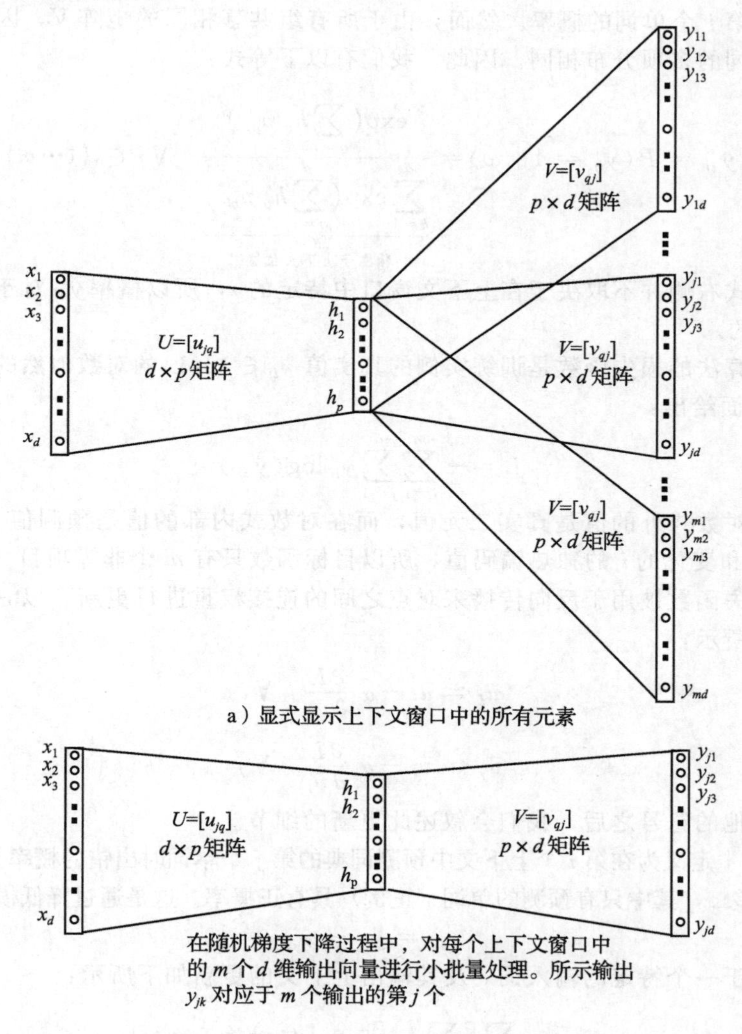

图 2.16 word2vec：skip-gram 模型。注意其与使用单组线性输出的图 2.13 的相似点。我们也可以选择将 m 组 d 个输出节点折叠为（a）单组 d 个输出，在随机梯度下降中对单个上下文窗口中的 m 个实例使用小批量以达到相同的效果。小批量中的所有元素在（a）中被显式给出，然而在（b）中未被显式给出。然而，只要采取了小批量，它们就都是等价的

利用输入层与隐藏层之间的 $d\times p$ 权重矩阵 $U=[u_{jq}]$，可以从输入层计算隐藏层的输出：

$$h_q=\sum_{j=1}^{d}u_{jq}x_j\ \forall q\in\{1\cdots p\} \tag{2.51}$$

由于输入词 w 以 $x_1\cdots x_d$ 的形式进行了独热编码，所以上面的公式有一个简单的解释。如果输入词 w 是第 r 个单词，那么对于每个 $q\in\{1\cdots p\}$，也就是将 U 的第 r 行 $\overline{u}_r$ 复制到隐藏层。如前所述，隐藏层连接到 m 组 d 个输出节点，每组节点用 $p\times d$ 矩阵 $V=[v_{qj}]$ 连接到隐藏层。这 m 组 d 个输出节点中的每一个都计算特定上下文词的各个单词的概率。V 的第 j 列用 $\overline{v}_j$ 表示，表示第 j 个单词的输出嵌入。输出 $\hat{y}_{ij}$ 是第 i 个上下文位置的单词对应词典第 j 个单词的概率。然而，由于所有组共享相同的矩阵 V，因此神经网络预测每个上下文词的多项分布相同。因此，我们有以下等式：

$$\hat{y}_{ij}=P(y_{ij}=1\mid w)=\underbrace{\frac{\exp\left(\sum_{q=1}^{p}h_q v_{qj}\right)}{\sum_{k=1}^{d}\exp\left(\sum_{q=1}^{p}h_q v_{qk}\right)}}_{\text{独立于上下文位置}i}\quad \forall i\in\{1\cdots m\} \tag{2.52}$$

注意到由于等式右侧并不取决于在上下文窗口中特定的 i，所以概率 $\hat{y}_{ij}$ 对于固定的 j 和变化的 i 是相同的。

反向传播算法的损失函数是训练实例的真实值 $y_{ij}\in\{0,1\}$ 的对数似然的负值。这个损失函数 L 由下面给出：

$$L=-\sum_{i=1}^{m}\sum_{j=1}^{d}y_{ij}\log(\hat{y}_{ij}) \tag{2.53}$$

注意到在对数式外的值是真实二元值，而在对数式内部的值是预测值（概率）。因为 y_{ij} 是固定的 j 和变化的 i 的独热编码值，所以目标函数只有 m 个非零项目。对于每个训练实例，这个损失函数被用于反向传播来对点之间的连接权重进行更新。以 α 为学习率进行的更新式如下所示：

$$\overline{u}_i\Leftarrow\overline{u}_i-\alpha\frac{\partial L}{\partial\overline{u}_i}\quad\forall i$$

$$\overline{v}_j\Leftarrow\overline{v}_j-\alpha\frac{\partial L}{\partial\overline{v}_j}\quad\forall j$$

在引入一些其他的符号之后，我们会叙述此更新的细节。

$|y_{ij}-\hat{y}_{ij}|$ 定义为在第 i 个上下文中预测词典的第 j 个单词时出错的概率。但是，我们使用带符号的误差 ε_{ij}，其中只有预测的单词（正例）具有正概率。这是通过降低模数来实现的：

$$\varepsilon_{ij}=y_{ij}-\hat{y}_{ij} \tag{2.54}$$

然后，对于一个特定的输入词 r 及其输出上下文的更新如下所示：

$$\overline{u}_r\Leftarrow\overline{u}_r+\alpha\sum_{j=1}^{d}\left[\sum_{i=1}^{m}\varepsilon_{ij}\right]\overline{v}_j\quad[\text{仅对输入词 }r]$$

$$\overline{v}_j\Leftarrow\overline{v}_j+\alpha\left[\sum_{i=1}^{m}\varepsilon_{ij}\right]\overline{h}\quad[\text{对词典中的所有单词 }j]$$

这里，$\alpha>0$ 是学习率。矩阵 U 的 p 维行用作单词的嵌入。换句话说，通常使用 U 的行作为输入嵌入，而不是使用 V 的列作为输出嵌入。文献 [288] 指出，添加输入嵌入和输出嵌入可以在某些任务中有所帮助（但在另一些任务中却很不利）。两者的连接也可能有用。

实际问题

有几个与 word2vec 框架的准确性和效率相关的实际问题。由隐藏层中节点数定义的嵌入维数提供了偏差和方差之间的权衡。增加嵌入维数可以改善区分度，但是需要大量数据。通常，典型的嵌入维数约为几百，但是对于非常大的集合，可以选择数千个维度。上下文窗口的大小通常在 5 到 10 之间变化，与 CBOW 模型相比，skip-gram 模型的窗口大小更大。一种变体使用随机窗口大小，具有隐式效果，即可以使放置在一起的单词的权重更大。skip-gram 模型较慢，但对不常用的单词和较大的数据集更有效。

另一个问题是，频繁且较少有歧义的单词（例如“the”）可能会对结果有较大影响。因此，一种常用的方法是对频繁出现的单词进行下采样，从而提高准确性和效率。请注意，对频繁出现的单词进行下采样具有增加上下文窗口大小的隐含效果，因为在两个单词的中间去除一个单词会使后一个单词对更加接近。极少出现的单词是拼写错误，并且很难在不产生过拟合的情况下为其创建有意义的嵌入。因此，这些单词将被忽略。

从计算的角度来看，输出嵌入的更新成本非常高。这是由于需要再在 d 个词的词典上应用 softmax，这需要对每个$\overline{v}_j$更新。因此，softmax 函数使用*霍夫曼编码*分层实现，以实现更高的效率。有关详细信息，请参考文献［325,327,404］。

使用负采样的 skip-gram 模型

分层 softmax 技术的一种有效替代方法是*带有负采样的* skip-gram（SGNS）[327]，其中使用存在和不存在的词-上下文对来进行训练。顾名思义，负上下文是根据单词在语料库中的出现频率（即字义分布）按比例采样单词而人工生成的。这种方法优化了与 skip-gram 模型不同的目标函数，后者与*噪声对比估计*[166,333,334]的思想有关。

基本思想是，我们试图预测词典中 d 个单词是否在窗口中出现，而不是直接预测上下文窗口中的 m 个单词。换句话说，图 2.16 的最后一层不是 softmax 预测，而是 sigmoid 的伯努利层。图 2.16 中每个上下文位置上的每个单词的输出单元是一个 sigmoid，提供了该单词在该位置上的概率值。由于也提供了真实值，因此可以对所有单词使用逻辑损失函数。因此，从这个角度来看，甚至预测问题也有不同的定义。当然，尝试对所有 d 个单词进行二元预测在计算上效率低下。因此，SGNS 方法使用上下文窗口中的所有正样本和一些负样本。负样本数是正样本数的 k 倍。在此，k 是控制采样率的参数。负采样在这个修改后的预测问题中变得至关重要，以避免学习将所有示例预测为 1 的权重。换句话说，我们无法选择完全避免负采样（即我们不能设置 $k=0$）。

如何产生负样本？原始模型分布根据语料库中的单词的相对频率 $f_1 \cdots f_d$ 对单词进行采样。以 $f_j^{3/4}$ 而不是 f_j 的比例采样单词可以获得更好的结果[327]。像在所有 word2vec 模型中一样，令 U 为代表输入嵌入的 $d\times p$ 矩阵，V 为代表输出嵌入的 $p\times d$ 矩阵。令$\overline{u}_i$ 为 U 的 p 维行（第 i 个单词的输入嵌入），$\overline{v}_j$ 为 V 的 p 维列（第 j 个单词的输出嵌入）。令 $\mathcal{P}$ 为上下文窗口中正目标-上下文词对的集合，$\mathcal{N}$ 为通过采样创建的负目标-上下文词对的集合。因此，$\mathcal{P}$ 的大小等于上下文窗口 m，而 $\mathcal{N}$ 的大小为 $m\cdot k$。然后，通过对 m 个正样本和 $m\cdot k$ 个负样本的逻辑损失求和来获得每个上下文窗口的（最小化）目标函数：

$$O=-\sum_{(i,j)\in\mathcal{P}}\log(P[\text{预测}\ (i,j)\ \text{为}\ 1])-\sum_{(i,j)\in\mathcal{N}}\log(P[\text{预测}\ (i,j)\ \text{为}\ 0]) \tag{2.55}$$

$$=-\sum_{(i,j)\in\mathcal{P}}\log\left(\frac{1}{1+\exp(-\overline{u}_i\cdot\overline{v}_j)}\right)-\sum_{(i,j)\in\mathcal{N}}\log\left(\frac{1}{1+\exp(\overline{u}_i\cdot\overline{v}_j)}\right) \tag{2.56}$$

修改后的目标函数用在 SGNS 模型中，以更新 U 和 V 的权重。SGNS 在数学上与前面讨论的基本 skip-gram 模型不同。SGNS 不仅效率高，而且能在 skip-gram 模型的不同变体中提供最佳结果。

SGNS 的实际神经架构是什么

尽管原始的 word2vec 论文似乎将 SGNS 视为 skip-gram 模型的效率优化，但在最后一层中使用的激活函数方面，它使用的是根本不同的架构。但是原始的 word2vec 论文没有明确指出这一点（仅提供更改后的目标函数），而这会引起混乱。

SGNS 的修改后的神经架构如下。SGNS 实现中不再使用 softmax 层。图 2.16 中的每个观测值 y_{ij} 被独立地视为二元结果，而不是多项式结果。在多项式结果中，上下文位置上不同结果的概率预测相互依赖。它不是使用 softmax 来创建预测 $\hat{y}_{ij}$，而是使用 sigmoid 激活函数来创建概率预测 $\hat{y}_{ij}$，无论每个 y_{ij} 是 0 还是 1。然后，可以将 $\hat{y}_{ij}$ 与观察到的 y_{ij} 的对数损失总和相加作为 (i,j) 的 $m \cdot d$ 个可能值的上下文窗口完全损失函数。但是，这是不切实际的，因为 y_{ij} 的零值项数量太大并且无论如何零值都是有噪声的。因此，SGNS 使用负采样来近似此修改后的目标函数。这意味着对于每个上下文窗口，我们仅从图 2.16 中 $m \cdot d$ 个输出的子集进行反向传播。该子集的大小为 $m+m \cdot k$。这是提高效率的方法。但是，由于最后一层使用二元预测（使用 sigmoid），因此即使在所使用的基本神经网络方面（即用逻辑代替 softmax 激活函数），它也使 SGNS 架构与原始 skip-gram 模型根本不同。SGNS 模型与原始 skip-gram 模型之间的差异类似于朴素贝叶斯分类中的伯努利模型与多项式模型之间的差异（负采样仅适用于伯努利模型）。显然，不能认为一个直接优化了另一个。

2.6.3　word2vec（SGNS）是逻辑矩阵分解

尽管文献［287］中的工作显示了 word2vec 和矩阵分解之间的隐式关系，我们还是在这里提供了更直接的关系。skip-gram 模型的架构看起来与推荐系统中行索引用于值预测的结构类似（请参阅 2.5.7 节）。从观测到的输出子集进行反向传播的方法与负采样方法类似，不同之处在于，出于效率的考虑，在负采样中进行输出删除。但是，与 2.5.7 节中图 2.13 的线性输出不同，SGNS 模型使用逻辑输出对二元预测进行建模。word2vec 的 SGNS 模型可以通过逻辑矩阵分解进行模拟。为了理解与 2.5.7 节的问题设置的相似性，可以使用以下三元组来理解特定词-上下文窗口的预测：

$$< \text{WordId} >, < \text{Context WordId} >, < 0/1 >$$

每个上下文窗口都产生 $m \cdot d$ 个这样的三元组，而负采样仅使用 $m \cdot k+m$ 个三元组，并在训练过程中对其进行小批量处理。小批量处理是图 2.13 和图 2.16 之间架构差异的另一个来源，其中后者具有 m 个不同的输出组以容纳 m 个正样本。然而，这些差异是相对浅层的，并且仍然可以使用逻辑矩阵分解代表基础模型。

令 $B=[b_{ij}]$ 是一个二元矩阵，其中如果单词 j 在数据集中的单词 i 的上下文中至少出现一次，则第 (i,j) 个值为 1，否则为 0。语料库中出现的任何单词 (i,j) 的权重 c_{ij} 由单词 j 在单词 i 的上下文中出现的次数定义。B 中零条目的权重定义如下。对于 B 中的每行 i，我们对 $k\sum_j b_{ij}$ 个与行 i 不同的条目进行采样，其中 $b_{ij}=0$，并且第 j 个单词的采样频率与 $f_j^{3/4}$ 成正比。这些是负样本，将负样本（即 $b_{ij}=0$ 的那些样本）的权重 c_{ij} 设置为每个条目被采样的次数。与在 word2vec 中一样，第 i 个单词和第 j 个上下文的 p 维嵌入分别由 $\overline{u}_i$

和$\overline{v}_j$表示。最简单的分解方法是使用 Frobenius 范数对 B 进行加权矩阵分解：

$$\text{Minimize}_{U,V} \sum_{i,j} c_{ij}\left(b_{ij}-\overline{u}_i \cdot \overline{v}_j\right)^2 \tag{2.57}$$

虽然矩阵 B 的大小是 $O(d^2)$，但是这个矩阵分解在目标函数中只有有限数量的非零条目，其中 $c_{ij}>0$。这些权重依赖于共现计数，但有些零条目也有正权重。因此，随机梯度下降步骤只需关注 $c_{ij}>0$ 的条目。随机梯度下降的每个周期在非零条目的数量上是线性的，如 word2vec 的 SGNS 实现。

但是，这个目标函数看起来也与 word2vec 稍有不同，后者具有逻辑形式。正如在二元目标的监督学习中用逻辑回归代替线性回归是可取的一样，在二元矩阵的矩阵分解中也可以采用同样的方法[224]。我们可以将平方误差项改为我们熟悉的似然项 L_{ij}，在逻辑回归中使用：

$$L_{ij}=\left|b_{ij}-\frac{1}{1+\exp\left(\overline{u}_i \cdot \overline{v}_j\right)}\right| \tag{2.58}$$

L_{ij} 的值总是在（0,1）范围内，值越高表示可能性越大（最大化目标）。上面表达式中的模仅在$b_{ij}=0$ 的负样本中翻转符号。现在，我们可以用最小化的形式优化以下目标函数：

$$\text{Minimize}_{U,V} J=-\sum_{i,j} c_{ij} \log\left(L_{ij}\right) \tag{2.59}$$

它与 word2vec 的目标函数（如公式 2.56）的主要区别在于，它是所有矩阵条目上的全局目标函数，而不是特定上下文窗口上的局部目标函数。在矩阵分解中使用小批量随机梯度下降（使用适当的小批量）使得该方法几乎与 word2vec 的反向传播更新相同。

如何解释这种分解呢？这里不是 $B \approx UV$，而是 $B \approx f\ (UV)$，其中 $f(\cdot)$ 是 sigmoid 函数。更准确地说，这是一种概率分解，计算矩阵 U 和 V 的乘积，然后应用 sigmoid 函数得到生成 B 的伯努利分布的参数：

$$P\left(b_{ij}=1\right)=\frac{1}{1+\exp\left(-\overline{u}_i \cdot \overline{v}_j\right)} \quad [\text{逻辑回归的矩阵分解模拟}]$$

由公式 2.58 也很容易验证，对于正样本，L_{ij} 为 $P(b_{ij}=1)$，对于负样本，L_{ij} 为 $P(b_{ij}=0)$。因此，分解的目标函数是对数似然最大化。这种逻辑矩阵分解在二元数据（如用户点击流）推荐系统中很常用[224]。

梯度下降

研究分解的梯度下降步骤也很有帮助。可以计算 J 对输入嵌入和输出嵌入的导数：

$$\begin{aligned}\frac{\partial J}{\partial \overline{u}_i} &=-\sum_{j: b_{ij}=1} \frac{c_{ij} \overline{v}_j}{1+\exp\left(\overline{u}_i \cdot \overline{v}_j\right)}+\sum_{j: b_{ij}=0} \frac{c_{ij} \overline{v}_j}{1+\exp\left(-\overline{u}_i \cdot \overline{v}_j\right)} \\ &=\underbrace{-\sum_{j: b_{ij}=1} c_{ij} P\left(b_{ij}=0\right) \overline{v}_j}_{\text{正误差}}+\underbrace{\sum_{j: b_{ij}=0} c_{ij} P\left(b_{ij}=1\right) \overline{v}_j}_{\text{负误差}}\end{aligned}$$

$$\begin{aligned}\frac{\partial J}{\partial \overline{v}_j} &=-\sum_{i: b_{ij}=1} \frac{c_{ij} \overline{u}_i}{1+\exp\left(\overline{u}_i \cdot \overline{v}_j\right)}+\sum_{i: b_{ij}=0} \frac{c_{ij} \overline{u}_i}{1+\exp\left(-\overline{u}_i \cdot \overline{v}_j\right)} \\ &=\underbrace{-\sum_{i: b_{ij}=1} c_{ij} P\left(b_{ij}=0\right) \overline{u}_i}_{\text{正误差}}+\underbrace{\sum_{i: b_{ij}=0} c_{ij} P\left(b_{ij}=1\right) \overline{u}_i}_{\text{负误差}}\end{aligned}$$

优化过程采用梯度下降法收敛：

$$\overline{u}_i \Leftarrow \overline{u}_i - \alpha \frac{\partial J}{\partial \overline{u}_i} \quad \forall i$$

$$\overline{v}_j \Leftarrow \overline{v}_j - \alpha \frac{\partial J}{\partial \overline{v}_j} \quad \forall j$$

值得注意的是，导数可以用预测b_{ij}的出错概率来表示。这在对数似然优化的梯度下降中很常见。同样值得注意的是，公式 2.56 中 SGNS 目标的导数得到了类似的梯度形式。唯一的区别是 SGNS 目标是在由上下文窗口定义的更小的一批实例上表示的。我们还可以用小批量随机梯度下降法求解概率矩阵分解。通过选择合适的小批量方法，矩阵分解的随机梯度下降与 SGNS 的反向传播更新是一致的。唯一的区别是 SGNS 动态地对每组更新的负条目进行采样，而矩阵分解则预先修复了负条目。当然，实时采样也可以与矩阵分解更新一起使用。通过观察可以看出，图 2.16b 的架构与图 2.13 中推荐系统的矩阵分解架构几乎相同。与推荐系统的情况一样，SGNS 缺少（负）条目。这是由于负采样只使用了零值的一个子集。这两种情况的唯一区别是 SGNS 的架构使用 sigmoid 单元覆盖输出层，而推荐系统使用线性层。然而，使用隐含反馈的推荐系统则采用了类似于 word2vec 设置的逻辑矩阵分解[224]。

2.6.4　原始 skip-gram 模型是多项式矩阵分解

由于我们已经表明，skip-gram 模型的 SGNS 增强是对数矩阵分解，因此自然产生了一个问题，即是否也可以将原始 skip-gram 模型重铸为矩阵分解方法。事实证明，由于在末端使用了 softmax 层，因此也可以将原始 skip-gram 模型重铸为多项式矩阵分解模型。

令 $C=[c_{ij}]$ 是 $d\times d$ 词-上下文共现矩阵，其中 c_{ij} 的值是单词 j 在单词 i 的上下文中出现的次数。令 U 为在行中包含输入嵌入的 $d\times p$ 矩阵，而 V 为在行中包含输出嵌入的 $p\times d$ 矩阵。然后，skip-gram 模型大致创建一个模型，其中 C 的第 r 行的频率向量是通过将 softmax 应用于 UV 的第 r 行获得的概率的经验实例化。

设$\overline{u}_i$ 为与 U 的第 i 行相对应的 p 维向量，$\overline{v}_j$为与 V 的第 j 列相对应的 p 维向量。上述分解的损失函数如下：

$$O=-\sum_{i=1}^{d}\sum_{j=1}^{d} c_{ij}\log\underbrace{\left(\frac{\exp(\overline{u}_i\cdot\overline{v}_j)}{\sum_{q=1}^{d}\exp(\overline{u}_i\cdot\overline{v}_q)}\right)}_{P(\text{单词}j|\text{单词}i)} \tag{2.60}$$

该损失函数以最小化形式编写。请注意，该损失函数与原始 skip-gram 模型中使用的损失函数相同，不同之处在于后者使用了一个小批量随机梯度下降，其中将给定上下文中的 m 个单词分组在一起。这种类型的特定小批量没有显著变化。

2.7　图嵌入的简单神经架构

大型网络已经变得非常普遍，它们在许多以社交和 Web 为中心的应用中无处不在。图是包含节点和连接节点的边的结构条目。例如，在一个社交网络中，每个人都是一个节点，两个人之间的朋友关系是一条边。在这个特殊的展示中，我们考虑了大型网络的情况，比如 Web、社交网络或通信网络。目标是将节点嵌入特征向量中，以便图捕捉节点之间的关系。为简单起见，我们考虑无向图，但是边上有权重的有向图也可以很容易地处理，只需对下面的说明进行少量更改即可。

对于一个有 n 个节点的图，考虑一个 $n\times n$ 邻接矩阵 $B=[b_{ij}]$。如果节点 i 和 j 之间存在无向边，则b_{ij}为 1。此外，矩阵 B 是对称的，因为对于无向图我们有$b_{ij}=b_{ji}$。为了确定嵌入，我们想确定两个 $n\times p$ 因子矩阵 U 和 V，这样 B 就可以作为UV^{T}的函数。在最简单的情况下，可以将 B 精确地设置为UV^{T}，这与分解图[4]的传统矩阵分解方法没有什么不同。然而，对于二元矩阵，可以使用逻辑矩阵分解来代替。换句话说，B 的每个条目都是由 $f(UV^{\mathrm{T}})$ 中的伯努利参数矩阵生成的，其中 $f(\cdot)$ 是 sigmoid 函数在矩阵自变量中对每个条目的按元素应用：

$$f(x)=\frac{1}{1+\exp(-x)} \tag{2.61}$$

因此，如果$\overline{u}_i$ 是 U 的第 i 行，$\overline{v}_j$是 V 的第 j 行，则有：

$$b_{ij} \sim \text{使用 } f(\overline{u}_i \cdot \overline{v}_j)\text{作为参数的伯努利分布} \tag{2.62}$$

这种类型的生成模型通常使用对数似然模型来解决。此外，该问题的公式与 word2vec 中 SGNS 模型的逻辑矩阵分解等价。

注意，所有 word2vec 模型都是图 2.13 中模型的逻辑/多项式变体，将行索引映射到具有线性激活函数的值。为了解释这一点，我们在图 2.17 中展示了一个包含 5 个节点的图的神经架构。输入为 B 中某一行的独热编码索引（即节点），输出是网络中所有节点的所有 0/1 值的列表。在本例中，我们展示了节点 3 的输入及其相应的输出。由于节点 3 有 3 个邻居，所以输出向量包含 3 个 1。注意，这个架构除了在输出中使用了 sigmoid 激活函数（而不是线性激活函数），与图 2.13 没有太大的区别。此外，由于输出中 0 的数量通常比 1 的数量多得多㊀，所以使用负采样可以去掉许多 0。这种类型的负采样将创建类似于图 2.14 的情况。使用这种神经架构，梯度下降步骤将与 word2vec 的 SGNS 模型相同。主要区别在于，一个节点最多作为另一个节点的邻居出现一次，而一个单词可能在另一个单词的上下文中出现多次。允许对边进行任意计数会消除这种差别。

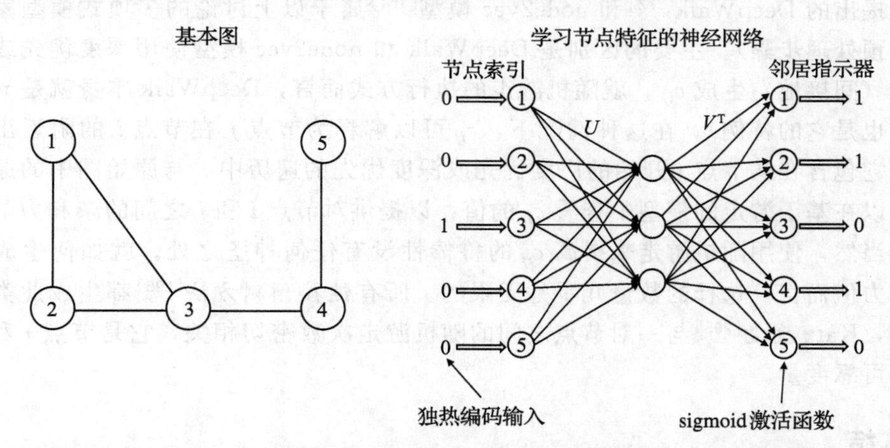

图 2.17　一个包含 5 个节点的图和一个用于将行索引映射到邻居指示器的神经架构。输入和输出代表节点 3 及其邻居。注意与图 2.13 的相似性。主要的区别是此图没有缺失值，并且对于方阵，输入数量与输出数量相同。输入和输出都是二元向量。但是，如果同时使用负采样与 sigmoid 激活函数，那么大多数值为零的输出节点可能会被删除

㊀ 这个事实在图 2.17 的示例中并不明显。在实践中，节点的度只是节点总数的一小部分。例如，一个人可能在数百万节点的社交网络中有 100 个朋友。

2.7.1　处理任意数量的边

前面的讨论假设每条边的权重都是二元的。考虑一个任意计数 c_{ij} 与边 (i,j) 相关联的设置。在这种情况下，需要正采样和负采样。第一步是从网络中以与 c_{ij} 成正比的概率抽取一条边 (i,j) 作为样本。因此，输入是节点在这条边的一个端点（比如 i）上的独热编码向量。输出是节点 j 的独热编码。默认情况下，输入和输出都是 n 维向量。然而，如果使用负采样，则可以将输出向量缩减为 $k+1$ 维向量。这里，$k \ll n$ 是一个定义采样率的参数。共采样 k 个负节点，其概率与节点的（加权）度⊖ 成比例，这些节点的输出为 0。我们可以通过将每个输出作为伯努利试验的结果来计算对数似然损失，其中伯努利试验的参数是 sigmoid 激活函数的输出。梯度下降是针对这种损失进行的。这种变体几乎完全模拟了 word2vec 模型的 SGNS 变体。

2.7.2　多项式模型

word2vec 的原始 skip-gram 模型是一个多项式模型。也可以使用多项式模型来创建嵌入，唯一的区别是图 2.17 中神经网络的最后一层需要使用 softmax 激活函数（而不是 sigmoid激活函数）。此外，在多项式模型中不使用负采样，输入层和输出层都恰好包含 n 个节点。与 SGNS 模型一样，以与 c_{ij} 成比例的概率对单条边 (i,j) 进行采样，以创建每个输入-输出对。输入是 i 的独热编码，输出是 j 的独热编码，也可以使用边缘的小批量采样来提高性能。该模型的随机梯度下降步骤实际上与 word2vec 的原始 skip-gram 模型相似。

2.7.3　与 DeepWalk 和 node2vec 的联系

最近提出的 DeepWalk[372] 和 node2vec 模型[164] 属于以上讨论的多项式模型家族（具有专门的预处理步骤）。主要的区别是 DeepWalk 和 node2vec 模型使用深度优先或广度优先的游走（间接地）生成 c_{ij}。就随机游走的执行方式而言，DeepWalk 本身就是 node2vec 的前身（也是它的特例）。在这种情况下，c_{ij} 可以解释为节点 j 在节点 i 的附近出现的次数，因为它包含在从节点 i 开始的广度优先或深度优先的遍历中。与原始图中的原始权重相比，可以在基于游走的模型中查看 c_{ij} 的值，以提供对节点 i 和 j 之间的亲和力的更可靠的度量。当然，使用随机游走来提高 c_{ij} 的鲁棒性没有任何神圣之处。就如何生成这种类型的亲和力值而言，选择的数量几乎是无限的。所有*链接预测方法*[295] 都生成此类亲和力值。例如，Katz *度量*[295] 与一对节点之间的随机游走次数密切相关，它是节点 i 和 j 之间亲和力的可靠度量。

2.8　总结

本章讨论了许多有监督和无监督的神经模型。目标之一是证明机器学习中使用的许多传统模型都是相对简单的神经模型的实例。本章讨论了二分类/多分类和矩阵分解的方法。另外，本章介绍了该方法在推荐系统和词嵌入中的应用。当将诸如奇异值分解之类的传统

⊖　节点 j 的加权度为 $\sum_r c_{rj}$。

机器学习技术推广到神经表示时，与传统机器学习中的同类技术相比通常效率低下。但是，神经模型的优点是通常可以将它们推广到更强大的非线性模型。此外，使用神经网络来尝试传统机器学习模型的非线性变体相对容易。本章还讨论了一些实际应用，例如推荐系统、文本和图嵌入。

2.9 参考资料说明

感知机算法由 Rosenblatt[405] 提出，相关详细讨论可以在文献［405］中找到。Widrow-Hoff 算法是在文献［531］中提出的，与 Tikhonov-Arsenin 的工作[499] 密切相关。Fisher 判别法是 Ronald Fisher[120] 在 1936 年提出的，是线性判别分析方法族的一个特例[322]。尽管 Fisher 判别法使用的目标函数看起来与最小二乘回归不同，但事实证明这是最小二乘回归的一种特殊情况，其中二元响应变量用作回归[40]。文献［320］提供了对广义线性模型的详细讨论。文献［178］讨论了各种过程，例如*通用迭代尺度法*、*迭代加权最小二乘法*和用于多项逻辑回归的*梯度下降*。支持向量机通常归功于 Cortes 和 Vapnik[82]，尽管 Hinton[190] 在几年前就提出了 L_2 损失支持向量机的原始方法。这种方法通过仅保留二次损失曲线的一半并将剩余的值设置为零来修复最小二乘分类中的损失函数，从而使其看起来像是铰链损失的平滑形式（请在图 2.4 上进行尝试）。在更广泛的神经网络文献中，这种贡献的特定意义已经丧失。尽管在神经网络的梯度下降步骤中增加了收缩的一般概念，Hinton 的工作也没有将重点放在支持向量机中正则化的重要性上。从对偶性和最大余量解释的角度来看，铰链损失支持向量机[82] 的使用量很大，这使其与正则化最小二乘分类的关系有些模糊。支持向量机与最小二乘分类的关系在其他相关文献[400,442] 中更加明显，在这里，很明显二次方和铰链损失支持向量机是正则化 L_2 损失（即 Fisher 判别法）和 L_1 损失分类（使用二元类变量作为回归响应）的自然变化[139]。文献［529］中引入了 Weston-Watkins 多分类支持向量机。文献［401］表明，一种针对所有类别的通用方法与紧密集成的多分类变体一样有效。文献［325,327,332,344］讨论了许多分层 softmax 方法。

文献［198］提供了有关使用神经网络减少数据维数的方法的出色概述论文，这项工作着重于使用称为受限玻尔兹曼机的相关模型。反向传播论文[408] 给出了对自编码器的最早介绍（以更一般的形式）。这项工作讨论了输入和输出模式之间的重新编码问题。通过选择适当的输入和输出模式，分类和自编码器都可以视为该架构的特殊情况。关于反向传播的论文[408] 也讨论了特殊情况，其中输入的重新编码是恒等映射，这正是自编码器的情况。文献［48,275］提供了有关自编码器早期的更多详细讨论。关于单层无监督学习的讨论可以在文献［77］中找到。正则化自编码器的标准方法是使用权重衰减，它对应于 L_2 正则化。文献［67,273,274,284,354］讨论了稀疏自编码器。正则化自编码器的另一种方法是在梯度下降期间对导数进行惩罚。这确保了学习到的函数不会随着输入的变化而变化太多。这种方法称为*收缩自编码器*[397]。变分自编码器可以编码复杂的概率分布，文献［106,242,399］对其进行了讨论。文献［506］讨论了去噪自编码器。第 4 章将详细讨论这些方法中的一部分。文献［64,181,564］探讨了使用自编码器进行离群值检测，文献［8］提供了有关在聚类中的应用的调查。

降维在推荐系统中的应用可以在文献［414］中找到，然而这种方法使用了受限玻尔兹曼机，这与本章讨论的矩阵分解方法不同。文献［436］讨论了基于项目的自编码器，这种方法是基于项目的邻域回归[253]的神经推广。主要区别在于，回归权重使用缩小的隐藏层进行了正则化。文献［472,535］讨论了使用去噪自编码器对不同类型的项目到项目模型进行的类似工作。尽管文献［186］中的方法与本章中介绍的简单方法稍有不同，但可以在文献［186］中找到更直接的矩阵分解方法的一般化方法。文献［513］讨论了将内容纳入构建深度学习推荐系统的过程。文献［110］提出了一种多视图深度学习方法，该方法在后面的工作[465]中被推广到了时间推荐系统。在文献［560］中可以找到针对推荐者的深度学习方法的调查。

文献［325,327］提出了 word2vec 模型，在文献［404］中可以找到详细的论述。基本思想已经扩展到句子级和段落级嵌入，并带有一个模型，称为 doc2vec[272]。使用不同类型矩阵分解的 word2vec 的替代方法是 GloVe[371]。多语言词嵌入在文献［9］中提出。DeepWalk[372]和 node2vec[164]模型中提供了 word2vec 对具有节点级嵌入的图的扩展。文献［62,512,547,548］讨论了各种类型的网络嵌入。

软件资源

可以从 scikit-learn[587]获得机器学习模型，例如线性回归、支持向量机和逻辑回归。DISSECT（分布式语义合成工具包）[588]是一种使用单词共现计数来创建嵌入的工具包。GloVe 方法可从 Stanford NLP[589]和 gensim 库[394]获得。word2vec 工具在 Apache 许可[591]下和 TensorFlow 版本[592]下可用。gensim 库具有 word2vec 和 doc2vec[394]的 Python实现。可以在 DeepLearning4j 存储库[590]中找到 Java 版本的 doc2vec、word2vec 和 GloVe。在某些情况下，可以简单地下载表示形式的预训练版本（在通常被认为代表文本的大型语料库上）并直接使用它们，作为对现有特定语料库进行训练的便捷替代方法。可从文献［593］的原始作者处获得 node2vec 软件。

2.10　练习

1. 考虑对于训练对$(\overline{X}, y)$有以下损失函数：
$$L=\max\{0, a-y(\overline{W}\cdot\overline{X})\}$$
测试用例被预测为$\hat{y}=\text{sign}\{\overline{W}\cdot\overline{X}\}$。若$a=0$则对应于感知机准则，$a=1$对应于支持向量机。证明在没有正则化的情况下，任意$a>0$都能得到一个有不变最优解的支持向量机。当有正则化时又会怎样？
2. 基于练习1，给出 Weston-Watkins 支持向量机的广义目标函数。
3. 考虑学习率为α的二元类的非正则化感知机更新。证明使用任意的α值都是无关紧要的，因为它只是将权重向量按比例增加了一个α的系数。证明以上结果也适用于多分类情况。当使用正则化时，结果是否正确？
4. 证明：如果 Weston-Watkins 支持向量机被用于$k=2$类的数据集上，得到的更新与本章中所讨论的二元支持向量机更新是等价的。
5. 证明：如果多项逻辑回归被用于$k=2$类的数据集上，得到的更新与逻辑回归更新是等价的。
6. 选择一个深度学习库，实现 softmax 分类器。
7. 在基于线性回归的邻域模型中，一个项目的评分被预测为同一用户对其他项目的评分的加权组合，其中使用线性回归学习项目特定的权重。请构造一个自编码器架构来生成这种类型的模型。讨论该架构与矩阵分解架构的关系。

8. **逻辑矩阵分解**：考虑一个自编码器，它有一个输入层、一个包含简化表示的隐藏层和一个具有 sigmoid 单元的输出层。隐藏层有线性激活函数：
   (a) 已知输入数据矩阵包含来自 {0,1} 的二元值，构造负对数似然损失函数。
   (b) 已知输入数据矩阵包含来自 [0,1] 的实值，构造负对数似然损失函数。
9. **使用自编码器实现非负矩阵分解**：设 D 为一个 $n\times d$ 的数据矩阵，其条目为非负。展示如何使用带有 d 个输入和输出的自编码器架构，将 $D\approx UV^{\mathrm{T}}$ 近似分解成两个非负矩阵 U 和 V。[提示：在隐藏层中选择合适的激活函数，修改梯度下降更新。]
10. **概率潜在语义分析**：概率潜在语义分析的定义参见文献 [99,206]。将练习 9 中的方法进行修改使其能够用于概率潜在语义分析。[提示：非负矩阵分解与概率潜在语义分析有什么关系?]
11. **模拟模型组合集成**：在机器学习中，模型组合集成对多个模型的得分进行平均，以产生更健壮的分类得分。讨论如何使用双层神经网络近似 Adaline 和逻辑回归的平均值。讨论该架构与一个实际的模型组合集成在使用反向传播进行训练时的异同。展示如何修改训练过程，使最终结果是模型组合集成的微调。
12. **模拟叠加集成**：在机器学习中，叠加集成在从一级分类器中学习的特征的基础上，创建一个更高级别的分类模型。讨论如何修改练习 11 的架构，使一级分类器对应于 Adaline 和逻辑回归分类器，而更高级分类器对应于支持向量机。讨论该架构与一个实际的叠加集成在使用反向传播进行训练时的异同。展示如何修改神经网络的训练过程，使最终结果是对叠加集成的微调。
13. 证明感知机、Widrow-Hoff 学习、支持向量机和逻辑回归的随机梯度下降都具有 $\overline{W}\Leftarrow\overline{W}(1-\alpha\lambda)+\alpha y[\delta(\overline{X},y)]\overline{X}$ 的形式。此处，误差函数 $\delta(\overline{X},y)$ 在最小二乘分类中为 $1-y(\overline{W}\cdot\overline{X})$，在感知机/支持向量机中为指示器变量，在逻辑回归中为概率值。假设 α 为学习率，$y\in\{-1,+1\}$。写出每种情况下 $\delta(\overline{X},y)$ 的具体形式。
14. 本章中讨论的线性自编码器被用于 $n\times d$ 的数据集 D 的每一个 d 维行上，以产生一个 k 维的表示。编码器的权重包括 $k\times d$ 权重矩阵 W，解码器权重包括 $d\times k$ 权重矩阵 V。因此，重构的表示为 $DW^{\mathrm{T}}V^{\mathrm{T}}$，在整个训练数据集上最小化总损失 $\| DW^{\mathrm{T}}V^{\mathrm{T}}-D\|^2$。
   (a) 对于固定的 V，证明最优矩阵 W 一定满足 $D^{\mathrm{T}}D(W^{\mathrm{T}}V^{\mathrm{T}}V-V)=0$。
   (b) 使用 (a) 中结果，证明若 $n\times d$ 矩阵 D 的秩为 d，则有 $W^{\mathrm{T}}V^{\mathrm{T}}V=0$。
   (c) 使用 (b) 中结果，证明 $W=(V^{\mathrm{T}}V)^{-1}V^{\mathrm{T}}$。假设 $V^{\mathrm{T}}V$ 是不可逆的。
   (d) 当编码器-解码器权重被绑定为 $W=V^{\mathrm{T}}$ 时，重复练习 (a)、(b) 和 (c)。证明 V 的列一定是正交的。

深度神经网络的训练

我讨厌训练的每一分钟，但我说过，“不要放弃。现在忍受痛苦，你的余生都将是冠军”。

——穆罕默德·阿里

3.1 简介

我们在第1章中简单介绍了使用反向传播来训练神经网络的过程。本章将从以下几个方面来扩展第1章的内容：

1. 详细介绍反向传播算法及实现细节。第1章的部分细节会在此重复出现以确保叙述的完整性，这样读者就不必经常回头查阅之前的内容。

2. 研究特征预处理及初始化相关的重要问题。

3. 介绍梯度下降法的计算过程，研究网络深度对训练稳定性的影响，介绍解决这些问题的方法。

4. 讨论与训练相关的效率问题，介绍训练过的神经网络模型的压缩方法，这些方法有助于在移动设备上使用预训练的网络模型。

在早期，训练多层网络的方法并不为人所知。Minsky 和 Papert 在他们的一本很有影响力的著作[330]中极度不看好神经网络的发展前景，因为他们认为多层网络无法被训练。因此，神经网络这一研究领域直到20世纪80年代才受到青睐。这方面的第一个重大突破是由 Rumelhart 等人[408,409]提出㊀的反向传播算法。该算法的提出重新激起了人们对神经网络的研究兴趣。然而使用该算法的过程中出现了计算、稳定性及过拟合的问题。因此，神经网络领域的研究再次陷入寒冬。

在20世纪末到21世纪初，几项进步再次推动了神经网络的研究。这些进步并不都以算法为中心。例如，提高数据可用性和算力在这种复苏中扮演了主要角色。然而，一些对基本反向传播算法的改动以及聪明的初始化方法（例如预训练）也是有效的。近年来，由于测试循环时间的减少（由计算硬件的进步引起），执行算法调整所需的大量实验也变得更加容易。因此，增加的数据、计算能力以及减少的实验时间（用于算法调整）能够紧密协调。这些所谓的“调整”非常重要，本章及下一章将会讨论这些重要算法的改进。

一个关键点是，反向传播算法对于算法设置中的微小变化（例如算法使用的初始点）的表现是相当不稳定的。这种不稳定性在处理深层的网络时尤为明显。需要注意的是，神经网络优化是一个*多变量优化问题*。这些变量对应于各个层中连接的权重。多变量优化问题经常面临稳定性挑战，因为算法步骤必须以“正确”的比例沿着每个方向进行。这在神经网络领域尤为困难，梯度下降步骤的效果可能有些不可预测。一个问题是，梯度只提供

㊀ 虽然反向传播算法是在 Rumelhart 等人的论文[408,409]中得到关注的，但它早在控制理论的领域中就已得到研究。重要的是，Paul Werbos 在1974年的一篇被遗忘的（最终被重新发现）论文中讨论了这些反向传播方法在神经网络中的应用。这远远早于 Rumelhart 等人1986年的论文，尽管如此，后者还是十分重要，因为其表达风格有助于人们更好地理解为什么反向转播可能是有效的。

了无限小范围内的变化率，但在每个方向上，实际的步长是有限的。为了在优化过程中取得实质性的进展，我们需要选择合适的步长。然而梯度在有限长度的步长上确实会发生变化，而且在某些情况下变化很大。由优化神经网络所提出的复杂优化平面在这个方面是特别不稳定的，如果在一些设定上选择不当（例如初始点或输入特征的归一化），问题就会恶化。因此，（易于计算的）最速下降方向常常不是使用大步长的最佳方向。小步长会导致缓慢的优化进展，然而使用大步长时，优化平面可能会以不可预测的方式变化。所有这些问题使得神经网络优化更加困难，然而通过仔细调整每一步的梯度下降以使其更加健壮地适应优化平面的性质，多数此类问题可以得到解决。本章将会讨论一些使用上述理论的算法。

章节组织

本章安排如下：3.2 节将回顾第 1 章中讨论过的反向传播算法。本章的讨论更加详细，并将介绍该算法的几种变体。本章将重复第 1 章讨论过的反向传播算法的部分内容，因此本章在内容上是独立的。特征预处理和初始化问题将在 3.3 节中讨论。3.4 节将讨论深度网络中常见的梯度消失和梯度爆炸问题并提出解决这一问题的一般方法。深度学习中的梯度下降策略将在 3.5 节中进行讨论。3.6 节将介绍批归一化方法。3.7 节将进行有关加速神经网络实现的讨论。3.8 节是本章总结。

3.2 反向传播的详细讨论

在本节中，我们将更详细地回顾第 1 章中的反向传播算法。本次更详细的回顾目的在于说明链式法则可以有多种用法。为此，我们首先研究标准的反向传播更新方法，它在大多数教材（和第 1 章）中十分常见。接着，我们将讨论一种经简化和解耦的反向传播方法，它实现了线性矩阵乘法与激活层的解耦。多数现有系统实现的都是这种经解耦的反向传播方法。

3.2.1 计算图抽象中的反向传播

神经网络是一个计算图，神经元便是图中的计算单元。从根本上来说，神经网络比构成网络的各模块都更加强大，因为网络中的参数能够通过共同学习产生一个高度优化的复合函数。此外，不同层之间的非线性激活函数提高了网络的表达能力。

多层网络会对每个节点对应的函数构成的复合函数进行求值。神经网络中一条长度为 2 的由函数 $g(\cdot)$ 及随后的函数 $f(\cdot)$ 构成的路径可被看作一个复合函数 $f(g(\cdot))$。为了说明这一点，假设有一个由两个节点构成的简单计算图，在每个节点上对输入权重 w 应用 sigmoid 函数。在这种情况下，实际计算的函数如下：

$$f(g(w))=\frac{1}{1+\exp\left[-\frac{1}{1+\exp(-w)}\right]} \tag{3.1}$$

我们已经看到了计算这个函数关于 w 的导数是非常困难的。此外，假设 $g_1(\cdot),g_2(\cdot),\cdots,g_k(\cdot)$ 是在第 m 层中计算的函数，并将它们的结果输入特定的计算 $f(\cdot)$ 第 $m+1$ 层节点。在这种情况下，由第 $m+1$ 层节点计算的关于第 m 层输入的复合函数为 $f(g_1(\cdot),\cdots,g_k(\cdot))$。正如我们所见，这是一个看起来很不友好的多元复合函数。由于损失函数使用输出作为它的参数，所以它通常被写成关于网络之前层的权重的递归嵌套函数。对于一个有

10 层，每层只有 2 个节点的神经网络，深度为 10 的递归嵌套函数将会包含总计 2^{10} 个递归嵌套项，计算偏导数将会变得很难。因此，我们需要用一种迭代的方法来计算这些导数。我们使用动态规划作为迭代方法，相应的更新方法实际上是*微分链式法则*。

为了方便理解链式法则在计算图中的作用，我们将讨论读者需要记住的链式法则的两个基本变体。最简单的链式法则适用于函数的简单组合：

$$\frac{\partial f(g(w))}{\partial w}=\frac{\partial f(g(w))}{\partial g(w)}\cdot\frac{\partial g(w)}{\partial w} \tag{3.2}$$

这种变体被称为*单变量链式法则*。我们注意到右边的每一项都是*局部梯度*，因为它计算的都是函数关于其直接参数而非其递归推导所得参数的导数。基本思想是对权重 w 应用复合函数以得到最终的输出，而最终输出的梯度是沿该路径的局部梯度的乘积。

每个局部梯度只需要关心其特定的输入和输出，简化了计算。如图 3.1 所示，其中函数 $f(y)$ 为 $\cos(y)$，$g(w)$ 为 w^2，因此复合函数为 $\cos(w^2)$。对其使用单变量链式法则后，我们得到如下结果：

$$\frac{\partial f(g(w))}{\partial w}=\underbrace{\frac{\partial f(g(w))}{\partial g(w)}}_{-\sin(g(w))}\cdot\underbrace{\frac{\partial g(w)}{\partial w}}_{2w}=-2w\cdot\sin(w^2)$$

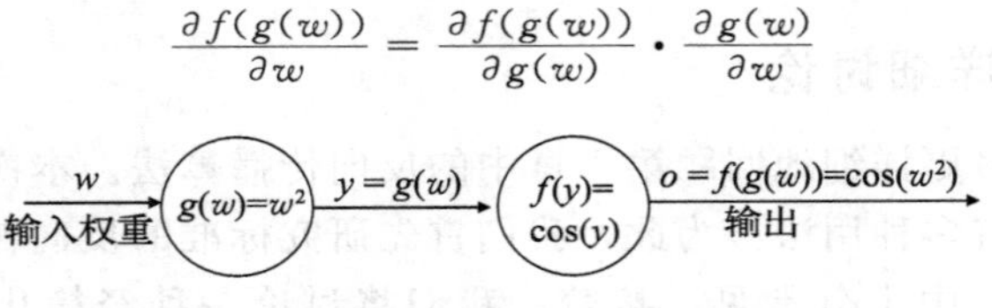

$$\frac{\partial f(g(w))}{\partial w}=\frac{\partial f(g(w))}{\partial g(w)}\cdot\frac{\partial g(w)}{\partial w}$$

w
输入权重
$g(w)=w^2$
$y=g(w)$
$f(y)=\cos(y)$
$o=f(g(w))=\cos(w^2)$
输出

图 3.1　具有两个节点的简单计算图

神经网络中的计算图不是路径，这是我们采取反向传播的主要原因。一个隐藏层通常从多个单元获取输入，这将导致从变量 w 到输出存在多条路径。假设有这样一个函数 $f(g_1(w),\cdots,g_k(w))$，其中计算多元函数 $f(\cdot)$ 的单元从 k 个计算 $g_1(w)\cdots g_k(w)$ 的单元中获取输入。在这种情况下，需要使用多变量链式法则。多变量链式法则定义如下：

$$\frac{\partial f(g_1(w),\cdots,g_k(w))}{\partial w}=\sum_{i=1}^{k}\frac{\partial f(g_1(w),\cdots,g_k(w))}{\partial g_i(w)}\cdot\frac{\partial g_i(w)}{\partial w} \tag{3.3}$$

可见，公式 3.3 中给出的多变量链式法则是对公式 3.2 的简单推广。多变量链式法则的一个重要结论如下：

引理 3.2.1（逐路径聚合引理）　*一个有向无环的计算图中第 i 个节点表示变量 $y(i)$，图中有向边 (i,j) 对应的局部导数 $z(i,j)$ 被定义为 $z(i,j)=\frac{\partial y(j)}{\partial y(i)}$。假设存在一个从变量 w 到输出节点（包含变量 o）的非空路径集 $\mathcal{P}$，$\frac{\partial w}{\partial o}$ 是通过计算 $\mathcal{P}$ 中每条路径上的局部梯度的乘积，然后把所有路径上的这些乘积相加得到的。*

$$\frac{\partial o}{\partial w}=\sum_{P\in\mathcal{P}}\prod_{(i,j)\in P}z(i,j) \tag{3.4}$$

这条引理可以很容易地通过递归地使用公式 3.3 得出。虽然引理 3.2.1 在反向传播算法中并未被使用，但它有助于我们建立另一种指数级时间复杂度的显式计算导数的算法。

这一观点能够帮助我们将多变量链式法则视为一种递归的动态规划方法，以计算那些原本因计算代价过大而无法计算的量。考虑图 3.2，其中存在两条路径。这个例子中展示了链式法则的递归使用。很明显，我们将两条路径各自的局部梯度乘积相加就能得到最终结果。在图 3.3 中，我们更为具体地展示了一个在同一计算图中求值的函数实例。

$$o = \sin(w^2) + \cos(w^2) \tag{3.5}$$

如图 3.3 所示，将链式法则在计算图中应用能够正确地计算出导数值：$-2w \cdot \sin(w^2) + 2w \cdot \cos(w^2)$。

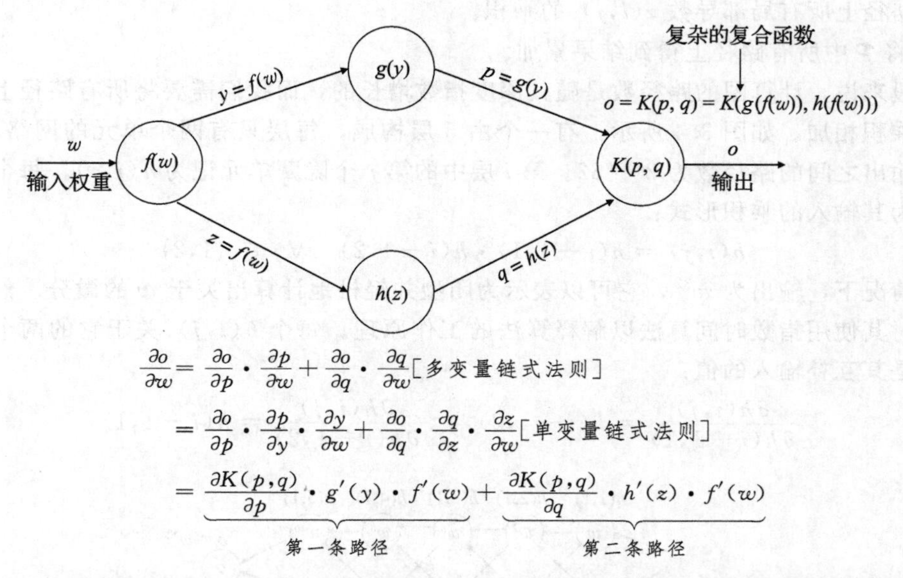

图 3.2　计算图并结合链式法则来重新回顾图 1.13：从权重 w 到输出 o 的节点特异性偏导数的乘积被聚合。得到的结果是输出 o 对权重 w 的导数。在这个简化的例子中，输入和输出之间只有两条路径

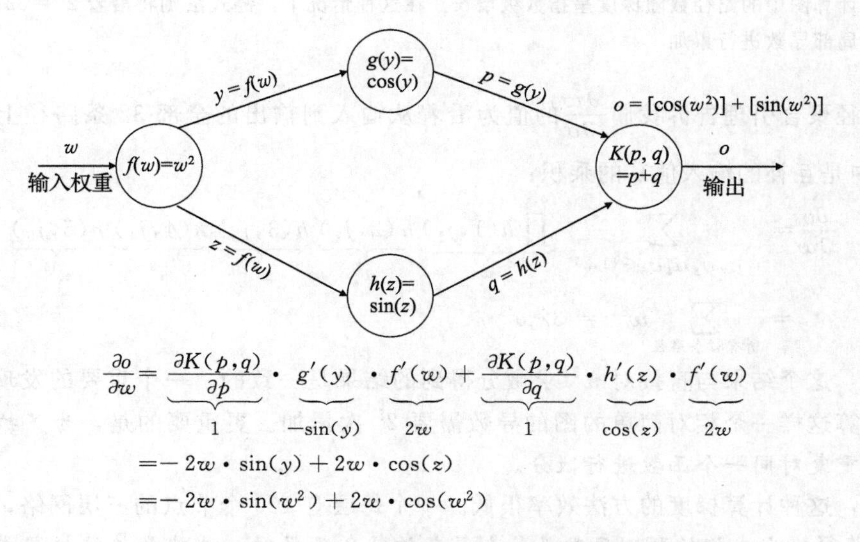

图 3.3　基于图 3.2 中计算图的链式法则的应用实例

指数级时间算法

我们可以将复合导数计算视为沿着计算图中所有路径的局部导数乘积的总和，这一结论能够导出以下指数级时间的算法：

1. 使用计算图来计算正向阶段中每个节点 i 的值 $y(i)$。

2. 计算计算图中每条边上的局部偏导数 $z(i,j)=\frac{\partial y(j)}{\partial y(i)}$。

3. 设 $\mathcal{P}$ 为从输入为 w 的输入节点到输出节点的所有路径的集合，对于每条路径 $P\in\mathcal{P}$，计算该路径上所有局部导数 $z(i,j)$ 的乘积。

4. 将 $\mathcal{P}$ 中所有路径上得到结果累加。

一般来说，计算图的路径数是随其深度指数增长的，而我们需要将所有路径上的局部导数的乘积相加。如图 3.4 所示，有一个由 5 层构成，每层只有两个单元的网络。因此，输入和输出之间的路径数为 $2^5=32$。第 i 层中的第 j 个隐藏单元记为 $h(i,j)$。每个隐藏单元定义为其输入的乘积形式：

$$h(i,j)=h(i-1,1)\cdot h(i-1,2)\quad \forall j\in\{1,2\} \tag{3.6}$$

在这种情况下，输出为 w^{32}，它可以表示为闭型并轻松地计算出关于 w 的微分。然而，我们仍将对其使用指数时间算法以解释算法的工作原理。每个 $h(i,j)$ 关于它的两个输入的导数都是其互补输入的值：

$$\frac{\partial h(i,j)}{\partial h(i-1,1)}=h(i-1,2),\quad \frac{\partial h(i,j)}{\partial h(i-1,2)}=h(i-1,1)$$

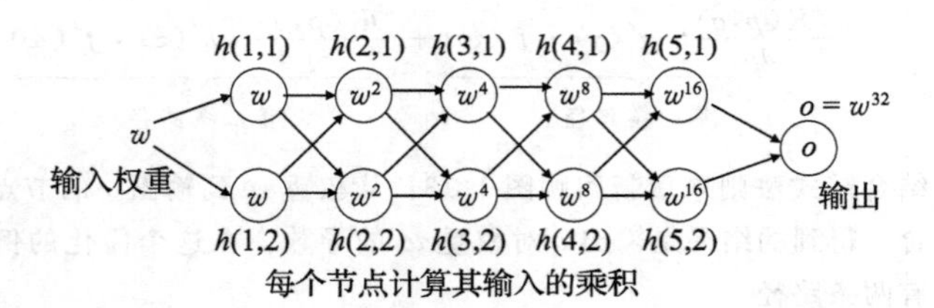

图 3.4　计算图中的路径数随深度呈指数级增长。在这种情况下，链式法则将沿着 $2^5=32$ 条路径对局部导数进行累加

逐路径聚合引理告诉我们 $\frac{\partial w}{\partial o}$ 的值为沿着从输入到输出的全部 32 条路径上局部导数（在本例中是互补的输入值）的乘积：

$$\frac{\partial o}{\partial w}=\sum_{j_1,j_2,j_3,j_4,j_5\in\{1,2\}^5}\prod\underbrace{h(1,j_1)}_{w}\underbrace{h(2,j_2)}_{w^2}\underbrace{h(3,j_3)}_{w^4}\underbrace{h(4,j_4)}_{w^8}\underbrace{h(5,j_5)}_{w^{16}}$$

$$=\sum_{\text{所有32条路径}}w^{31}=32w^{31}$$

当然，这个结果与直接对 w^{32} 求微分得到的结果是一致的。一个重要的发现是，用这种方法计算这样一个相对简单的图的导数需要 2^5 次累加。更重要的是，为了执行累加操作，我们重复对同一个函数进行微分。

显然，这种计算梯度的方法效率很低。一个每层有 100 个节点的三层网络，其中就有 100 万条路径。当我们的预测函数是一个复杂的复合函数时，这就是传统机器学习中所采取的方式。这也解释了为什么大多数传统的机器学习都是一个浅层神经模型（参见第 2

章)。手工计算一个复杂的复合函数中的所有细节是烦琐的，在计算超过一定复杂程度的情况下甚至是不切实际的。反向传播这一优美的动态规划思想在这里能够使得计算过程变得具有条理，并使那些从前看起来不可行的模型能够重新发挥作用。

3.2.2　前来拯救的动态规划

尽管以上讨论的求和中包含了指数级的组成成分（路径），但是我们使用动态规划可以有效地计算它。在图论中，计算有向无环图中的所有类型的路径聚合值都是使用动态规划进行的。考虑一个有向无环图，其中值 $z(i,j)$（定义为节点 j 中变量对于节点 i 中变量的局部偏导）与边 (i,j) 相绑定，如图 3.5 所示。我们想计算出从源点 w 到输出点 o 的所有路径 $P\in\mathcal{P}$ 上 $z(i,j)$ 的乘积并把它们相加。

$$S(w,o)=\sum_{P\in\mathcal{P}}\prod_{(i,j)\in P}z(i,j)\tag{3.7}$$

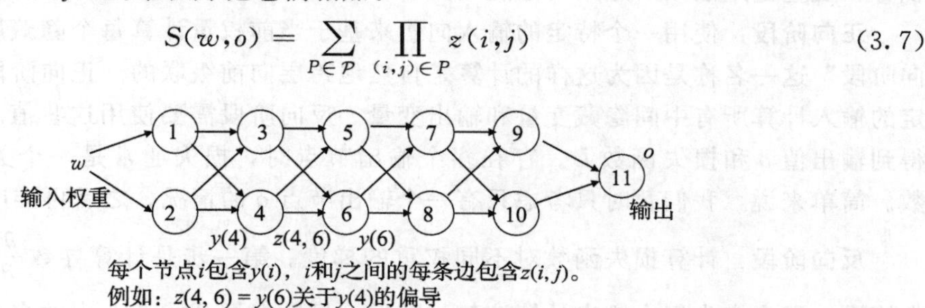

图 3.5　计算图与边对应的局部偏导数

设 $A(i)$ 为节点 i 所有出边的终点集合，我们可以使用以下这一著名的动态规划更新方法来计算每个中间节点 i（位于 w 和 o 之间）的聚合值 $S(i)$：

$$S(i,o)\Leftarrow\sum_{j\in A(i)}S(j,o)z(i,j)\tag{3.8}$$

由于 $S(o,o)$ 已知为 1，计算过程可从与 o 直接相连的节点上开始反向进行。以上算法是所有在有向无环图中以路径为中心的函数中最为广泛使用的一种不需要指数时间的方法。例如，我们甚至可以使用上述算法的变体来查找有向无环图中的最长路径（在有环图中，这是众所周知的 NP-hard 问题）[7]。这个通用的动态规划方法在有向无环图中被广泛使用。

事实上，上述动态规划的更新方法正是公式 3.3 中的多变量链式法则从局部梯度已知的输出节点开始逆向重复的过程。这是因为我们首先使用这一链式法则推导出了损失梯度的路径聚合形式（引理 3.2.1）。主要的不同之处在于，我们按照特定的顺序应用这一法则，以便最小化计算量。我们将这一点总结如下：

> 利用动态规划有效地将计算图中沿指数级数量的路径的局部梯度的乘积聚合在一起，能够得出一个与微分学中的多变量链式法则相同的动态规划更新方法。

上述讨论是针对一般计算图的情况的。我们如何将这些想法应用到神经网络中呢？在神经网络中，已知输出值 o（使输入通过网络）时，我们可以轻易地计算出 $\frac{\partial L}{\partial o}$。这一导数将通过局部偏导 $z(i,j)$ 反向传播，$z(i,j)$ 的值根据把网络中哪些变量作为中间变量确定。例如，当节点内的激活后值被视为计算图的节点时，$z(i,j)$ 的值是边 (i,j) 的权重与节点 j 内激活函数的局部导数的乘积。另外，如果我们使用激活前变量作为计算图上的节点，$z(i,j)$ 的值是节点 i 内激活函数的局部导数与边 (i,j) 的权重的乘积。我们稍后将通过一个示例（图 3.6）来叙述神经网络中激活前变量和激活后变量的概念。我们甚至可以创建同时包含激活前变量和激活后变量的计算图将线性操作与激活函数解耦。所有这些方法都是等价的，我们将在接下来的小节中对此做出进一步的讨论。

3.2.3　使用激活后变量的反向传播

在本节中，我们通过节点包含神经网络中激活后变量的计算图来展示如何实现前面提到的方法。这与不同层中的隐藏变量是相同的。

反向传播算法首先在正向阶段中计算输出和损失。因此，正向阶段设置了动态规划递归的初始化条件以及反向阶段所需的中间变量。正如前一节所述，反向阶段使用了基于微积分多变量链式法则的递归动态规划方法。我们将正向阶段和反向阶段描述如下：

正向阶段：使用一个特定的输入向量来基于当前权重计算每个隐藏层的值。使用“正向阶段”这一名称是因为这样的计算是自然地跨层向前级联的。正向阶段的目标是对于给定的输入计算所有中间隐藏变量和输出变量。反向阶段需要使用这些值。计算完成时，将得到输出值 o 和损失函数 L。存在多个输出节点时，损失通常是一个关于所有输出的函数。简单来说，我们暂时只考虑只有一个输出节点 o 的情况，之后再推广到多个输出。

反向阶段：计算损失函数对不同权重的梯度。第一步是计算导数 $\frac{\partial L}{\partial o}$。如果网络有多个输出，那么应为每个输出计算该值。随后，导数根据公式 3.3 中的多变量链式法则沿反方向传播。

假设一条路径由隐藏单元 $h_1, h_2, \cdots, h_k$ 以及之后的输出 o 表示。隐藏单元 h_r 到 h_{r+1} 的连接权重由 $w_{(h_r, h_{r+1})}$ 表示。如果网络中只存在单一路径，那么将损失函数 L 对权重的导数沿着该路径反向传播是一件容易的事情。在多数情况下，网络中的任意节点 h_r 到输出节点 o 都存在指数量级的路径。如引理 3.2.1 所示，偏导数可以通过累加所有从 h_r 到 o 路径上偏导的乘积来计算。当存在一个从 h_r 到 o 的路径集合 $\mathcal{P}$ 时，我们可以将损失导数写为如下形式：

$$\frac{\partial L}{\partial w_{(h_{r-1}, h_r)}} = \underbrace{\frac{\partial L}{\partial o} \cdot \left[\sum_{[h_r, h_{r+1}, \cdots, h_k, o] \in \mathcal{P}} \frac{\partial o}{\partial h_k} \prod_{i=r}^{k-1} \frac{\partial h_{i+1}}{\partial h_i} \right]}_{\text{反向传播计算}\Delta(h_r, o) = \frac{\partial L}{\partial h_r}} \frac{\partial h_r}{\partial w_{(h_{r-1}, h_r)}} \tag{3.9}$$

等式右边对于 $\frac{\partial h_r}{\partial w_{(h_{r-1}, h_r)}}$ 的计算有助于将需要递归计算的对层激活函数的偏导转换为对权重的偏导。上述的路径聚合项（记作 $\Delta(h_r, o) = \frac{\partial L}{\partial h_r}$）与 3.2.2 节提到的 $S(i, o) = \frac{\partial o}{\partial y_i}$ 十分相似。那一节中，我们的想法是首先计算距离 o 最近的节点 h_k 的 $\Delta(h_k, o)$ 值，然后通过较深层的节点来递归计算更浅层节点的值。将 $\Delta(o, o) = \frac{\partial L}{\partial o}$ 的值作为递归的初始点。随后，计算会通过动态规划更新（与公式 3.8 类似）沿反方向传播。多变量链式法则可以直接给出 $\Delta(h_r, o)$ 的递归过程：

$$\Delta(h_r, o) = \frac{\partial L}{\partial h_r} = \sum_{h: h_r \Rightarrow h} \frac{\partial L}{\partial h} \frac{\partial h}{\partial h_r} = \sum_{h: h_r \Rightarrow h} \frac{\partial h}{\partial h_r} \Delta(h, o) \tag{3.10}$$

由于每个 h 都位于 h_r 的下一层，所以在计算 $\Delta(h_r, o)$ 时 $\Delta(h, o)$ 都已被计算出。然而，我们仍需要$\frac{\partial h}{\partial h_r}$的值以计算公式 3.10。假设连接 h_r 到 h 的边权重为 $w_{(h_r,h)}$，并且 a_h 为隐藏单元 h 中施加激活函数 $\Phi(\cdot)$ 之前的值。换句话说，我们有 $h=\Phi(a_h)$，其中 a_h 为前层单元到 h 的输入的线性组合。接下来，通过单变量链式法则，我们可以推导出以下关于$\frac{\partial h}{\partial h_r}$的表达式：

$$\frac{\partial h}{\partial h_r}=\frac{\partial h}{\partial a_h}\cdot\frac{\partial a_h}{\partial h_r}=\frac{\partial \Phi(a_h)}{\partial a_h}\cdot w_{(h_r,h)}=\Phi'(a_h)\cdot w_{(h_r,h)} \tag{3.11}$$

将$\frac{\partial h}{\partial h_r}$的值代入公式 3.10 就能得到以下结果：

$$\Delta(h_r,o)=\sum_{h:h_r\Rightarrow h}\Phi'(a_h)\cdot w_{(h_r,h)}\cdot\Delta(h,o) \tag{3.12}$$

以上递归过程从输出节点开始沿反向传播。整个过程与网络的边数线性相关。注意到我们通过 3.2.2 节中一般性的计算图算法也能得出公式 3.12。我们只需将公式 3.8 中的 $z(i,j)$设为节点 i 和节点 j 之间的权重与节点 j 的激活函数导数的乘积即可。

反向传播可以总结为以下步骤：

1. 对于一个特定的输入-输出模式（$\overline{X},y$），使用前向传递来计算所有隐藏单元的值、输出 o 以及损失 L。

2. 将 $\Delta(o,o)$ 初始化为$\frac{\partial L}{\partial o}$。

3. 使用公式 3.12 中的递归算法来反向计算每一个 $\Delta(h_r,o)$ 的值。在每一次这样的计算之后，计算出关于入射权重的梯度如下：

$$\frac{\partial L}{\partial w_{(h_{r-1},h_r)}}=\Delta(h_r,o)\cdot h_{r-1}\cdot\Phi'(a_{h_r}) \tag{3.13}$$

我们可以根据偏置神经元总是以+1 的值被激活这一结论来计算关于入射偏置的偏导。因此，为了计算损失函数关于节点 h_r 的偏移量的偏导，我们只需将公式 3.13 右边的 h_{r-1}替换为 1 即可。

4. 根据计算出的损失函数关于权重的偏导来执行给定输入-输出模式（$\overline{X},y$）下的随机梯度下降。

以上对于反向传播的过程描述已经相当简化了，为了提高效率和稳定性，实际的实现需要进行大量更改。例如，一次计算多个训练实例的梯度，这些实例被称为一个小批量。它们同时反向传播以将其局部梯度相加并执行小批量随机梯度下降。这将在 3.2.8 节中进一步讨论。另一个区别是我们之前假设只存在单一输出。然而，在许多神经网络（例如多类感知机）中都存在多个输出。很容易通过将不同输出的贡献都添加到损失梯度中将本节中的描述扩展到多个输出（见 3.2.7 节）。

有一些值得注意的现象，公式 3.13 展示了损失关于 h_{r-1} 到 h_r 的边的偏导总是包含 h_{r-1}作为相乘项。公式 3.13 中乘法因子的剩余部分被视为反向传播"误差"。在某种意义上，算法递归地将误差反向传播，并将其与即将更新的权重矩阵之前的隐藏层的值相乘。这就是为什么反向传播有时被理解为误差传播。

3.2.4 使用激活前变量的反向传播

在之前的讨论中，沿着路径的 $h_1\cdots h_k$ 值被用来计算链式法则。然而，我们也可以使

用在计算激活函数 $\Phi(\cdot)$ 之前的值来定义链式法则。换句话说，我们将计算关于隐藏变量被激活前的值的梯度，然后这一梯度将沿着反向传播。多数教材中给出的都是反向传播的替代方法。

隐藏变量 h_r 的激活前值用 a_{h_r} 表示，其中：

$$h_r = \Phi(a_{h_r}) \tag{3.14}$$

图 3.6 展示了激活前值和激活后值的区别。在这种情况下，我们可以将公式 3.9 重写为如下形式：

$$\frac{\partial L}{\partial w_{(h_{r-1},h_r)}} = \underbrace{\frac{\partial L}{\partial o} \cdot \Phi'(a_o) \cdot \left[\sum_{[h_r,h_{r+1},\cdots,h_k,o]\in P} \frac{\partial a_o}{\partial a_{h_k}} \prod_{i=r}^{k-1} \frac{\partial a_{h_{i+1}}}{\partial a_{h_i}} \right]}_{\text{反向传播}\delta(h_r,o)=\frac{\partial L}{\partial a_{hr}}} h_{r-1} \tag{3.15}$$

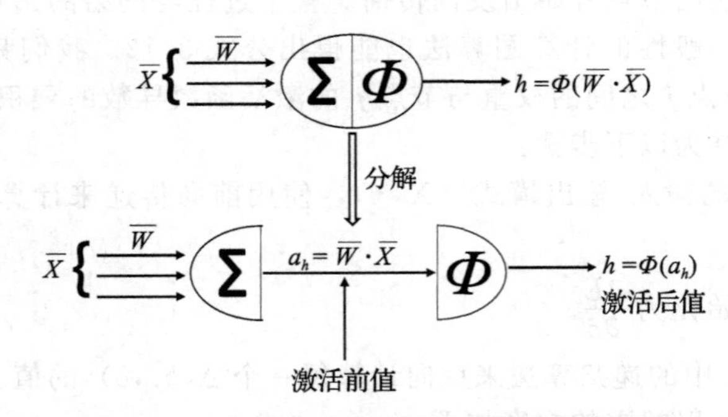

图 3.6　一个神经元内的激活前值和激活后值

我们已经引入了符号 $\delta()$ 以方便在这种情况下执行递归。注意到 $\Delta(h_r,o)=\frac{\partial L}{\partial h_r}$ 中的递归使用激活后的值作为链式法则的中间变量，而 $\delta(h_r,o)=\frac{\partial L}{\partial a_{h_r}}$ 的递归过程使用的是激活前的值。和公式 3.10 类似，我们可以得到如下的递推式：

$$\delta(h_r,o) = \frac{\partial L}{\partial a_{h_r}} = \sum_{h:h_r\Rightarrow h} \frac{\partial L}{\partial a_h} \frac{\partial a_h}{\partial a_{h_r}} = \sum_{h:h_r\to h} \frac{\partial a_h}{\partial a_{h_r}} \delta(h,o) \tag{3.16}$$

我们可以使用链式法则来计算公式 3.16 右边的表达式 $\frac{\partial a_h}{\partial a_{h_r}}$：

$$\frac{\partial a_h}{\partial a_{h_r}} = \frac{\partial a_h}{\partial h_r} \cdot \frac{\partial h_r}{\partial a_{h_r}} = w_{(h_r,h)} \cdot \frac{\partial \Phi(a_{h_r})}{\partial a_{h_r}} = \Phi'(a_{h_r}) \cdot w_{(h_r,h)} \tag{3.17}$$

将公式 3.16 右边的 $\frac{\partial a_h}{\partial a_{h_r}}$ 替换为计算后的形式，我们得到如下结果：

$$\delta(h_r,o) = \Phi'(a_{h_r}) \sum_{h:h_r\Rightarrow h} w_{(h_r,h)} \cdot \delta(h,o) \tag{3.18}$$

公式 3.18 也能通过在 3.2.2 节的一般计算图算法中使用激活前变量得到。我们只需将公式 3.8 中的 $z(i,j)$ 设为节点 i 和节点 j 之间的权重与节点 i 中激活函数的导数的乘积即可。

这个递归条件相比于使用激活后变量的方法的一个优点是，激活梯度在求和之外，因此我们可以很容易地计算出不同激活函数在节点 h_r 处递归的具体形式，另外，由于激活梯度在求和操作之外，我们可以通过在反向传播的更新过程中将激活函数与线性变换解耦以简化反向传播的运算。这一简化和解耦的观点将在 3.2.6 节中进一步讨论，它在动态规划的递归过程中同时使用了激活前变量和激活后变量。这种简化的方法展示了反向传播在实际的系统中是如何被实现的。从实现的角度来看，将线性变换与激活函数进行解耦是十分有用的，因为线性部分是一个简单的矩阵乘法，而激活部分可被看作一种逐元素的乘法。二者都能在所有适合矩阵运算的硬件（例如图形处理单元）上被高效地实现。

可以将反向传播的过程描述如下：

1. 对于一个特定的输入-输出模式（$\overline{X}, y$），使用前向传递来计算所有隐藏单元的值、输出 o 以及损失 L。

2. 将 $\frac{\partial L}{\partial a_o} = \delta(L, a_o)$ 初始化为 $\frac{\partial L}{\partial o} \cdot \Phi'(a_o)$。

3. 使用公式 3.18 中的递归算法来反向计算每一个 $\delta(h_r, o)$ 的值。在每一次这样的计算之后，计算出关于入射权重的梯度如下：

$$\frac{\partial L}{\partial w_{(h_{r-1}, h_r)}} = \delta(h_r, o) \cdot h_{r-1} \tag{3.19}$$

我们可以根据偏置神经元总是以 $+1$ 的值被激活这一结论来计算关于入射偏置的偏导。因此，为了计算损失函数关于节点 h_r 的偏移量的偏导，我们只需将公式 3.19 右边的 h_{r-1} 替换为 1 即可。

4. 根据计算出的损失函数关于权重的偏导来执行给定输入-输出模式（$\overline{X}, y$）下的随机梯度下降。

反向传播算法的这一变体（更为常见）的主要不同在于它的递归部分由于激活前变量在动态规划中的使用而变得不同。反向传播的激活前和激活后变体在数学上都是等价的（见练习 9）。我们对这两种反向传播的变体都进行叙述是为了强调可以用不同的方式来运用动态规划来得到等价的等式。一个同时含有激活前和激活后变量的更为简化的反向传播版本将在 3.2.6 节中给出。

3.2.5 不同激活函数的更新示例

公式 3.18 的一个好处在于我们可以计算多个节点的不同种类的更新。以下我们给出了公式 3.18 应用于不同种类节点的示例：

$$\delta(h_r, o) = \sum_{h: h_r \Rightarrow h} w_{(h_r, h)} \delta(h, o) \text{[线性]}$$

$$\delta(h_r, o) = h_r(1 - h_r) \sum_{h: h_r \Rightarrow h} w_{(h_r, h)} \delta(h, o) \text{[sigmoid]}$$

$$\delta(h_r, o) = (1 - h_r^2) \sum_{h: h_r \Rightarrow h} w_{(h_r, h)} \delta(h, o) \text{[tanh]}$$

我们注意到 sigmoid 的导数可以写成关于其输出值 h_r 的形式 $h_r(1-h_r)$。类似地，tanh 的导数可以写成 $1-h_r^2$。不同激活函数的导数在 1.2.1.6 节中讨论过。对于 ReLU 函数，可以通过分情况讨论来计算 $\delta(h_r, o)$：

$$\delta(h_r, o) = \begin{cases} \sum_{h: h_r \Rightarrow h} w_{(h_r, h)} \delta(h, o) & 0 < a_{h_r} \\ 0 & \text{其他} \end{cases}$$

hard tanh 函数的递推过程是类似的，但更新条件发生了轻微的变化：

$$\delta(h_r,o)=\begin{cases}\sum_{h:h_r\Rightarrow h} w_{(h_r,h)}\delta(h,o) & -1<a_{h_r}<1\\ 0 & \text{其他}\end{cases}$$

ReLU 和 tanh 在边界条件上都是不可微分的。然而，在实际环境中，这几乎不会构成问题，因为人们只会以有限的精度来求解问题。

特例：softmax

softmax 函数是一个特殊情况，因为这个函数的计算不是关于一个输入，而是关于多个输入的。因此，我们不能像其他激活函数一样使用完全相同的更新方法。正如公式 1.12 中讨论的，softmax 函数将 k 个实值预测 $v_1,\cdots,v_k$ 通过以下关系转换成输出概率 $o_1,\cdots,o_k$：

$$o_i=\frac{\exp(v_i)}{\sum_{j=1}^{k}\exp(v_j)}\quad \forall i\in\{1,\cdots,k\} \tag{3.20}$$

注意，如果我们用链式法则来反向传播关于 $v_1,\cdots,v_k$ 的损失的导数 L，就必须计算每个 $\frac{\partial L}{\partial o_i}$ 和每个 $\frac{\partial o_i}{\partial v_j}$。考虑以下两个事实，softmax 的反向传播将被大大简化：

1. softmax 几乎总是用于输出层。

2. softmax 几乎总是伴随着交叉熵损失。令 $y_1\cdots y_k\in\{0,1\}$ 为 k 个互斥类的独热编码（观测到的）输出。然后，交叉熵损失定义如下：

$$L=-\sum_{i=1}^{k}y_i\log(o_i) \tag{3.21}$$

重点是 $\frac{\partial L}{\partial v_i}$ 的值在 softmax 的情况下有一个特别简单的形式：

$$\frac{\partial L}{\partial v_i}=\sum_{j=1}^{k}\frac{\partial L}{\partial o_j}\cdot\frac{\partial o_j}{\partial v_i}=o_i-y_i \tag{3.22}$$

鼓励读者推导出上述结果，它是乏味的但是相对简单的代数。该推导基于以下事实：当 $i=j$ 时，公式 3.22 中的 $\frac{\partial o_j}{\partial v_i}$ 等于 $o_i(1-o_i)$（与 sigmoid 相同），否则等于 $-o_i o_j$（见练习 10）。

因此，对于 softmax，首先将梯度从输出反向传播到包含 $v_1\cdots v_k$ 的层。进一步的反向传播可以根据本节前面讨论的规则进行。注意在这种情况下，我们已经将 softmax 激活函数的反向传播更新与网络其余部分的反向传播解耦，其中矩阵乘法总是与反向传播更新中的激活函数一起包含在内。一般来说，创建一个反向传播视图是有帮助的，在这个视图中，线性矩阵乘法和激活层是解耦的，因为它大大简化了更新。下一节将讨论这个视图。

3.2.6　以向量为中心的反向传播的解耦视图

在前面的讨论中，提供了基于公式 3.12 和公式 3.18 计算更新的两种等价方法。在每种情况下，实际上都是同时通过线性矩阵乘法和激活函数计算进行反向传播。我们对这两个耦合计算的排序方式影响我们是使用公式 3.12 还是公式 3.18。不幸的是，从一开始关于反向传播的不必要的观点就在论文和教材中扩散开来。这在一定程度上是因为，传统上神经网络中的层是通过结合线性变换和激活函数计算这两个独立的操作来定义的。

然而，在许多实现中，线性计算和激活函数计算会被解耦为独立的"层"，反向传播也是在两层间独立地进行的。另外，我们使用神经网络的一种以向量为中心的表示方法，因此在向量形式的层上进行的操作就是向量到向量的操作，例如一个线性层中的矩阵乘法（见第1章的图1.11d）。这一观点极大地简化了计算。因此，我们可以建立一个激活层与线性层交替排列的神经网络，如图3.7所示。请注意，如果需要，激活层可以使用恒等激活函数。激活层通常使用激活函数 $\Phi(\cdot)$ 对向量执行逐元素的计算，而线性层通过乘以系数矩阵 W 执行多对多的计算。对于每一对矩阵乘法和激活函数层，需要执行以下向前和向后的步骤：

1. 假设 $\overline{z}_i$ 和 $\overline{z}_{i+1}$ 是向前方向中的激活列向量，第 i 层到第 $i+1$ 层的线性变换矩阵用 W 表示。另外，$\overline{g}_i$ 和 $\overline{g}_{i+1}$ 是这两层中反向传播的梯度向量。$\overline{g}_i$ 中的每个元素都是损失函数对第 i 层中一个隐藏变量的偏导。接下来，我们有如下结果：

$$\overline{z}_{i+1} = W^{\mathrm{T}}\overline{z}_i \quad [\text{前向传播}]$$

$$\overline{g}_i = W\overline{g}_{i+1} \quad [\text{反向传播}]$$

2. 考虑以下情况，激活函数 $\Phi(\cdot)$ 被应用在第 $i+1$ 层的每个节点上以得到第 $i+2$ 层的激活量。然后，我们有如下结果：

$$\overline{z}_{i+2} = \Phi(\overline{z}_{i+1}) \quad [\text{前向传播}]$$

$$\overline{g}_{i+1} = \overline{g}_{i+2} \odot \Phi'(\overline{z}_{i+1}) \quad [\text{反向传播}]$$

此处的 $\Phi(\cdot)$ 及其导数 $\Phi'(\cdot)$ 以逐元素的形式施加给向量参数。符号⊙表示逐元素乘法

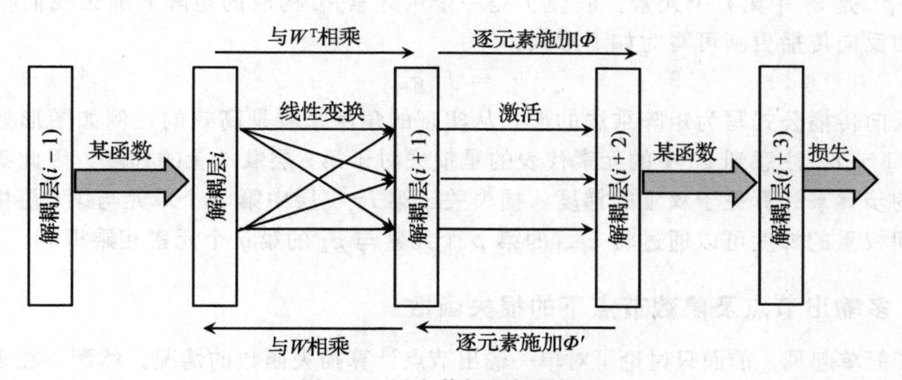

图3.7　反向传播的解耦视图

注意到矩阵乘法解耦得到激活函数带来了极大的简便性。前向和反向的计算如图3.7所示。另外，$\Phi(\overline{z}_{i+1})$ 的导数经常可被计算为关于下一层输出的形式。基于3.2.5节，我们对于sigmoid激活函数可以得到如下结果：

$$\Phi'(\overline{z}_{i+1}) = \Phi(\overline{z}_{i+1}) \odot (1-\Phi(\overline{z}_{i+1})) = \overline{z}_{i+2} \odot (1-\overline{z}_{i+2})$$

不同前向函数的不同类型的反向传播更新实例已在表3.1中给出。在这种情况下，使用下标 i 和 $i+1$ 代表线性变换和激活函数（而不是用 $i+2$ 代表激活函数）。注意到表中的倒数第二行代表最大化函数。这个函数有助于卷积神经网络中的最大池化操作。因此，反向传播操作就正如前向传播。给定某层的梯度向量，我们只需对其使用表3.1中最后一行所示的操作，就能得到前一层的梯度。

表 3.1　在第 i 层和第 $i+1$ 层之间不同函数及其反向传播更新示例。第 i 层的隐藏值以及梯度分别用 $\overline{z}_i$ 和 $\overline{g}_i$ 表示。在部分计算中使用 $I(\cdot)$ 表示二值指标函数

函数	类型	前向	反向
线性	多对多	$\overline{z}_{i+1}=W^{\mathrm{T}}\overline{z}_i$	$\overline{g}_i=W\overline{g}_{i+1}$
sigmoid	一对一	$\overline{z}_{i+1}=\mathrm{sigmoid}(\overline{z}_i)$	$\overline{g}_i=\overline{g}_{i+1}\odot\overline{z}_{i+1}\odot(1-\overline{z}_{i+1})$
tanh	一对一	$\overline{z}_{i+1}=\tanh(\overline{z}_i)$	$\overline{g}_i=\overline{g}_{i+1}\odot(1-\overline{z}_{i+1}\odot\overline{z}_{i+1})$
ReLU	一对一	$\overline{z}_{i+1}=\overline{z}_i\odot I(\overline{z}_i>0)$	$\overline{g}_i=\overline{g}_{i+1}\odot I(\overline{z}_i>0)$
hard tanh	一对一	设为±1（$\notin[-1,+1]$） 原值（$\in[-1,+1]$）	设为 0（$\notin[-1,+1]$） 原值（$\in[-1,+1]$）
max	多对一	输入的最大值	设为 0（非最大输入） 原值（最大输入）
任意函数 $f_k(\cdot)$	任意	$\overline{z}_{i+1}^{(k)}=f_k(\overline{z}_i)$	$\overline{g}_i=J^{\mathrm{T}}\overline{g}_{i+1}$ J 是雅可比矩阵（公式 3.23）

一些神经网络中的操作是比简单的矩阵乘法更为复杂的多对多函数。我们可以假设第 $i+1$ 层中的第 k 个激活量是通过对第 i 层的激活向量施加 $f_k(\cdot)$ 函数得到的来解决这种情况。定义以下雅可比矩阵的元素：

$$J_{kr}=\frac{\partial f_k(\overline{z}_i)}{\partial \overline{z}_i^{(r)}} \tag{3.23}$$

此处的 $\overline{z}_i^{(r)}$ 是 $\overline{z}_i$ 中第 r 个元素。假设 J 是一个由元素 J_{kr} 构成的矩阵。那么我们很容易看出层间的反向传播更新可写为如下形式：

$$\overline{g}_i=J^{\mathrm{T}}\overline{g}_{i+1} \tag{3.24}$$

将反向传播公式写为矩阵乘法的形式从实现的角度来看是高效的，例如图形处理单元（见 3.7.1 节）。注意到 $\overline{g}_i$ 中的元素代表的是损失对于第 i 层激活量的梯度，因此我们需要用额外的步骤来计算关于权重的梯度。损失关于第 $i-1$ 层中第 p 个单元与第 i 层中第 q 个单元之间权重的梯度可以通过将 $\overline{z}_{i-1}$ 的第 p 个元素与 $\overline{g}_i$ 的第 q 个元素相乘得到。

3.2.7　多输出节点及隐藏节点下的损失函数

为了简单起见，前面只讨论了对单一输出节点计算损失函数的情况。然而，在多数应用中，损失函数都是对多输出节点 O 进行计算的。这种情况的唯一不同之处在于对于 $o\in O$ 的每个 $\frac{\partial L}{\partial a_o}=\delta(o,O)$ 值都被初始化为 $\frac{\partial L}{\partial o}\Phi'(o)$。接着反向传播开始执行以计算出每个隐藏节点 h 的 $\frac{\partial L}{\partial a_h}=\delta(h,O)$。

在一些稀疏特征学习的情形下，隐藏节点的输出也存在对应的损失函数。中间层往往含有一定的特征意义，例如稀疏隐藏层（如稀疏自编码器），或者带有特定类型的正则化惩罚的隐藏层（如压缩自编码器）。稀疏性惩罚的情况将在 4.4.4 节中讨论，压缩自编码器的问题将在 4.10.3 节中讨论。在这种情况下，反向传播算法只需针对反向的梯度流是基于计算损失的所有节点这一点进行微小的修改即可。通过由不同损失产生的梯度流的简单聚合即可实现。我们可以把这看成是一种特殊的网络，其中的隐藏节点同时也是输出节

点，输出节点并不局限在网络的最后一层。反向传播方法基本上是保持不变的。

考虑这种情况，损失函数 L_{h_r} 与隐藏节点 h_r 相关联，而所有节点上的整体损失是 L。另外，设 $\frac{\partial L}{\partial a_{h_r}}=\delta(h_r,N(h_r))$ 表示从节点 h_r 可达的所有节点 $N(h_r)$ 的梯度流，是损失的一部分。在这种情况下，节点集 $N(h_r)$ 可能同时包含输出层节点和隐藏层节点（被赋予了损失），只要这些节点是从 h_r 可达的。因此，集合 $N(h_r)$ 使用 h_r 作为参数。注意到集合 $N(h_r)$ 包含节点 h_r 本身。接着，首先应用公式 3.18，如下所示：

$$\delta(h_r,N(h_r))\Leftarrow\Phi'(a_{h_r})\sum_{h:h_r\Rightarrow h}w_{(h_r,h)}\delta(h,N(h)) \tag{3.25}$$

这和标准的反向传播更新是类似的。然而，$\delta(h,N(h_r))$ 目前的值并未包含 h_r 的贡献。因此，我们需要执行一个额外的步骤以基于 h_r 对损失函数的贡献调整 $\delta(h,N(h_r))$：

$$\delta(h_r,N(h_r))\Leftarrow\delta(h_r,N(h_r))+\Phi'(h_r)\frac{\partial L_{h_r}}{\partial h_r} \tag{3.26}$$

需要谨记整体损失 L 不同于仅针对节点 h_r 的 L_{h_r}。另外，公式 3.26 中梯度流的附加项和输出节点的初始值有相同的代数形式。换句话说，由隐藏节点引起的梯度流和输出节点的梯度流是相似的。唯一的区别在于这个值是被加在隐藏节点已有的梯度流上的。因此，反向传播的整体结构几乎保持不变，主要的不同就在于反向传播算法注意到了隐藏节点对于损失的额外贡献。

3.2.8 小批量随机梯度下降

从本书的第 1 章起，所有对权重的更新都是以逐点的方式进行的，这被称为随机梯度下降。这一方法在机器学习算法中是很常见的。在本节中，我们将解释该方法及其相关变体，例如小批量随机梯度下降。我们还将帮助读者理解各种选择的优缺点。

多数机器学习问题可被看成是对特定目标函数的优化问题。例如，神经网络中的目标函数可被定义为优化一个损失函数 L，它通常是每一训练数据点上损失函数的线性可分和。例如，在线性回归应用中，我们想要最小化训练数据点上预测误差的平方和。在降维应用中，我们想要最小化重构数据点上表示误差的平方和。我们可以把神经网络中的损失函数写为如下形式：

$$L=\sum_{i=1}^{n}L_i \tag{3.27}$$

其中，L_i 是第 i 个训练点贡献的损失。对于第 2 章中的多数算法，我们处理的都是单一训练点的损失，而不是总损失。

在梯度下降中，我们想要通过将参数沿梯度的负方向移动来最小化神经网络的损失函数。例如，在感知机中，参数符合 $\overline{W}=(w_1,\cdots,w_d)$ 的形式。因此，我们可以尝试同时计算所有点上潜在的目标函数，然后执行梯度下降。因此，在传统的梯度下降中，我们会按照如下方式执行梯度下降的步骤：

$$\overline{W}\Leftarrow\overline{W}-\alpha\left(\frac{\partial L}{\partial w_1},\frac{\partial L}{\partial w_2},\cdots,\frac{\partial L}{\partial w_d}\right) \tag{3.28}$$

这一类型的导数也可用向量（即矩阵的微积分符号）简洁地表示：

$$\overline{W}\Leftarrow\overline{W}-\alpha\frac{\partial L}{\partial\overline{W}} \tag{3.29}$$

对于像感知机这样的单层网络，梯度下降仅需要针对 $\overline{W}$ 进行，然而对于更加大型的网络，网络中的所有参数都需要通过反向传播来更新。大型应用中的参数个数很容易是百万量级，我们需要同时使所有实例向前和向后通过网络以计算反向传播的更新。然而，同时使所有实例通过网络以一次性计算整个数据集的梯度是不现实的。我们注意到每个训练实例的所有中间/最终预测值的内存空间都需要在梯度下降中维持。在多数实际环境中，所需的内存量可能非常大。在学习过程的开端，权重通常是十分不正确的，以至于即使一小部分样本点也可以用于对梯度的方向做很好的估计。这些样本点协同产生的更新通常能准确反映移动的方向。这一发现为随机梯度下降及其变体提供了可行的依据。

由于多数优化问题的损失函数都能被表示为单个点上损失的线性和（见公式 3.27），我们很容易得到以下结果：

$$\frac{\partial L}{\partial \overline{W}}=\sum_{i=1}^{n}\frac{\partial L_i}{\partial \overline{W}} \tag{3.30}$$

在这种情况中，更新所有点上的完整梯度需要每个点上影响的总和。机器学习问题在不同训练点获取的知识之间本身就有很高的冗余度，通过随机梯度下降的逐点更新方式，我们往往能够更高效地执行学习过程：

$$\overline{W} \Leftarrow \overline{W}-\alpha\frac{\partial L_i}{\partial \overline{W}} \tag{3.31}$$

这种类型的梯度下降被称为*随机梯度下降*，因为我们是以某个随机的顺序在数据点上展开循环的。请注意，重复更新的长期效果大致相同，尽管随机梯度下降中的每次更新只能是被看作概率性的近似值。每一局部梯度都能被有效率地计算，这能加快随机梯度下降的过程，尽管这是以降低梯度计算准确度为代价达到的。然而，随机梯度下降的一个有趣的性质在于尽管它在训练数据上可能表现不佳（与梯度下降相比），它在测试数据上的表现通常是相当的（有时甚至更好）[171]。正如你在第 4 章中将会学习到的，随机梯度下降具有正则化的间接作用。然而，它在训练点的某些排序下偶尔会表现出非常糟糕的结果。

在小批量梯度下降中，我们使用训练点中的一个批量 $B=\{j_1\cdots j_m\}$ 用于更新：

$$\overline{W} \Leftarrow \overline{W}-\alpha\sum_{i\in B}\frac{\partial L_i}{\partial \overline{W}} \tag{3.32}$$

小批量梯度下降通常能够在稳定性、速度和内存需求之间达到最好的平衡。当我们使用小批量梯度下降时，一层的输出为矩阵而非向量，前向传播通过权重矩阵与激活矩阵的相乘来进行。反向传播中也是如此，其中需要保存的是梯度矩阵。因此，实现小批量梯度下降增加了内存需求，这是该方法的一个关键限制因素。

因此，小批量的尺寸被目前特定的硬件架构上可用的内存限制。尺寸过小的批量也会带来固定的开销，即使从计算的角度来看都是低效的。如果批量超过了某个大小（通常为数百个数据点的量级），那么就梯度计算准确度而言，我们并不能获得很大的提升。小批量的尺寸通常被设置为 2 的幂，因为这样的选择在多数硬件架构上通常能获得最高的效率，常见的尺寸为 32、64、128 或 256。尽管小批量梯度下降的使用在神经网络学习中已经十分常见，但为了简单起见，本书的多数部分仍将使用单点更新（即纯随机梯度下降）。

3.2.9 用于解决共享权重的反向传播技巧

正则化神经网络的一种常见方法是使用*共享权重*。基本思想是，如果我们在语义上认为网络中不同节点计算的应该是相似的函数，那么这些节点上绑定的权重就应该被限制在同一值上。以下是一些例子：

1. 在一个模拟主成分分析的自编码器（见 2.5.1.3 节）中，输入层和输出层的权重是共享的。

2. 在处理文本的循环神经网络（见第 7 章）中，不同时序层的权重是共享的，因为我们假设每个时间戳上的语言模型都是相同的。

3. 在卷积神经网络中，同一个权重网格（对应于视野）用于神经元的整个空间范围（见第 8 章）。

以一种语义上有洞察力的方式共享权重是神经网络设计中的一种成功而重要的技巧。如果我们可以识别出在两个节点上计算的函数应该是类似的，那么在这对节点中使用相同的权重是有意义的。

乍一看，计算损失对于网络中不同区域所共享的权重的梯度似乎是一项繁重的任务，因为权重的不同使用会在计算图中以一种不可预测的方式相互影响。实际上，计算关于共享权重的反向传播在数学上是很简单的。

假设 w 是一个被网络中 T 个不同节点所共享的权重，这些节点上相应的权重拷贝用 $w_1,\cdots,w_T$ 表示。设损失函数为 L，使用链式法则可以很容易地得到如下结果：

$$\frac{\partial L}{\partial w}=\sum_{i=1}^{T}\frac{\partial L}{\partial w_i}\cdot\underbrace{\frac{\partial w_i}{\partial w}}_{=1}=\sum_{i=1}^{T}\frac{\partial L}{\partial w_i}$$

换句话说，我们需要做的只是假设这些权重是独立的，计算它们的导数，并且将它们相加！因此，我们仅需要没有任何变化地执行反向传播算法，然后将共享梯度不同拷贝处的梯度相加。这一简单的结果在神经网络学习中得到了广泛的应用。这也是循环神经网络学习算法的基础。

3.2.10 检查梯度计算的正确性

反向传播算法相当复杂，我们有时可能需要检查梯度计算的正确性。这能够很容易地通过使用数值方法完成。考虑网络中一条随机选定的边的权重 w。假设 $L(w)$ 是损失的当前值。这条边的权重因加了一个很小的量 $\varepsilon>0$ 而受到扰动。然后，使用扰动后的权重执行前向算法并计算 $L(w+\varepsilon)$。那么，损失关于 w 的偏导可以写为如下形式：

$$\frac{\partial L(w)}{\partial w}\approx\frac{L(w+\varepsilon)-L(w)}{\varepsilon} \tag{3.33}$$

如果上述偏导与反向传播算法的计算结果不是足够接近的，那么我们就能很容易地发现计算中可能出现了错误。我们只需要在训练过程中对两三个训练点执行以上估算过程，这是相当高效的。然而，在这些检查点上对参数的一个大子集执行检查可能是一种明智的做法。一个问题是如何判定梯度是“足够接近的”，特别是当我们不知道这些值的绝对大小时。这可以通过使用相对比值来完成。

假设用G_e表示反向传播得到的导数，前面提到的估算值用G_a 表示。那么，相对比值 ρ 的定义如下：

$$\rho=\frac{|G_e-G_a|}{|G_e+G_a|} \tag{3.34}$$

一般来说，这个比值应该小于10^{-6}，尽管对于一些像 ReLU 这样在特定点上导数值有突变的函数来说，可能有导数真实值与计算值不同的情况。在这种情况下，比值仍应该小于10^{-3}。我们可以在多条边上使用这种数值估计来进行测试并检查它们梯度的正确性。如果网络中存在上百万的参数，那么我们可以测试导数的一部分样本以快速检查正确性。在训练过程中对两三个点进行检查同样是明智的，因为初始化过程中的检查可能仅符合特殊情况，但并不能扩展到参数空间中的任意点。

3.3 设置和初始化问题

神经网络的设置、预处理和初始化存在一些重要的相关问题。首先，我们需要为神经网络选定*超参数*（如学习率和正则化参数）。特征预处理和初始化同样相当重要。与其他机器学习算法相比，神经网络总是有更大的参数空间，从而在多个方面放大了预处理和初始化的影响。接下来，我们将讨论特征预处理和初始化的基本方法。严格来说，类似预训练的高级方法也可以被认为是初始化技术。然而，这些技术需要对与神经网络训练相关的模型泛化问题有更深入的理解。因此，关于这个主题的讨论将被推迟到下一章。

3.3.1 调整超参数

神经网络有许多*超参数*，例如学习率和正则化权重等。术语“超参数”特指模型设计的调节参数（如学习率和正则化），它们与更为基本的表示神经网络中连接权重的参数不同。在贝叶斯统计中，超参数是用来控制先验分布的，而此处以一种较为宽松的方式使用这个定义。在某种意义上，神经网络的参数有两层结构，其中只有在手动或使用调优阶段调整超参数之后，像权重这样的基本模型参数才能进行优化。正如我们将在 4.3 节讨论的，我们不应该使用与梯度下降中相同的数据来调整超参数。相反，我们用一部分数据作为验证数据，通过超参数的多种选择在验证集上测试模型的表现。这种做法确保了调优阶段不会对训练数据集过拟合（同时在测试数据上表现较差）。

如何选择候选超参数进行测试？最著名的技术是*网格搜索*，其中每个超参数都有一组候选值。在最直接的网格搜索实现中，为了确定最佳选择，对超参数的所有选定值组合进行测试。这个过程的一个问题是超参数的数量可能很大，而且网格中的点数量随着超参数的数量呈*指数级*增长。例如，如果有 5 个超参数，为每个超参数测试 10 个值，训练过程需要执行$10^5=10\,000$ 次来测试准确率。虽然这样的测试过程不需要完整运行，运行次数仍然过多，使得对于大多数中等规模设置来说仍然难以执行。因此，一个常用的技巧是首先使用粗网格。之后，当目标被缩小到一个特定范围内时，再使用更细的网格。当选择的最优超参数位于网格范围的边缘时，必须十分小心，因为超出边缘的值也需要被测试以确认是否存在更优值。

即使在由粗粒度到细粒度的过程中，测试方法的代价可能还是会过高。有人曾经指出[37]基于网格的超参数探测不一定是最优选择。在一些情况中，在网格范围内均匀地对超参数随意采样也是有用的。至于网格范围，我们可以执行多分辨率采样，先在网格的完整范围内采样。接着创建一组新的网格范围，它们在几何上小于之前的网格范围，并以之前探测样本中的最优参数为中心。在这个更小的格子中重复采样，整个过程迭代地重复多次，以逐步细化参数。

多种类型超参数采样的另一个关键点是对超参数的*对数值*而非超参数本身均匀采样。

这种参数的两个例子包括正则率和学习率。例如，我们不会在 0.1 到 0.001 之间对学习率 α 采样，而会先对 $log(\alpha)$ 在 -1 到 -3 之间采样，然后再对它取 10 的幂。在对数空间里搜索超参数是很常见的，尽管有些超参数是应该在统一尺度上搜索的。

最后，大规模设置的一个关键点是，有时由于所需的训练次数太多，以至于我们无法完整运行这些算法。例如，在图像处理中运行一次卷积神经网络可能需要几周的时间。想要在不同参数组合上运行算法是不现实的。然而，我们通常可以在短时间内对算法长时间的行为有一个合理的估计。因此，我们通常将算法迭代几遍以进行测试。表现明显很差或偏移收敛的运行可以尽快被停止。在很多情况下，使用不同超参数的多个线程可以同时运行，我们可以连续地中止或添加新的采样运行。最终，只有一个胜者会运行直至结束。有时可能有几个胜者完整运行，它们的预测值将会取平均作为一个整体值。

选择超参数的一个数学上被证明的方法是使用*贝叶斯优化*[42,306]。然而，这些方法太慢以至于无法在大规模的神经网络中使用，这仍是研究人员好奇之处。对于更小的网络，我们可以使用如 Hyperopt[614]、Spearmint[616] 和 SMAC[615] 等库。

3.3.2 特征预处理

神经网络训练中的特征预处理方法和其他机器学习算法中的并没有太大不同。机器学习算法中有两种特征预处理方法：

1. *加性预处理和平均中心化*：将数据平均中心化以消除某些偏置影响是很有用的。传统机器学习中的许多算法（例如主成分分析）也适用于数据平均中心化的假设。在这种情况下，我们会从每个数据点上减去一个列向均值向量。平均中心化通常伴随着*标准化*，这将在特征归一化一节中讨论。

第二种预处理方法被用于需要所有特征值为非负的情况。在这种情况下，特征中最小负条目的绝对值被加到每个数据点的相应特征值上。后者一般会与以下讨论的最小-最大归一化结合。

2. *特征归一化*：一种常见的归一化是将每个特征值除以它的标准差。当这种特征缩放与平均中心化结合使用时，我们说数据是被*标准化*的。基本思想在于我们假设每一特征都是从一个均值为 0，方差为 1 的*标准正态分布*中得到的。

当我们需要将数据缩放到（0,1）范围内时，就需要使用另一种特征归一化。假设 $\min_j$ 和 $\max_j$ 分别为第 j 个属性的最小值和最大值。那么，第 i 个点的第 j 维特征值 x_{ij} 可通过最小-最大归一化缩放为如下形式：

$$x_{ij} \Leftarrow \frac{x_{ij} - \min_j}{\max_j - \min_j} \tag{3.35}$$

特征归一化通常可以确保更好的表现，因为特征值的相对变化幅度超过一个数量级是很常见的。在这种情况下，参数学习面临着病态的问题：损失函数有一个对于某些参数比其他参数更加敏感的固有趋势。稍后会在本章中看到，这种病态问题会影响梯度下降的表现。因此，我们建议先对特征进行缩放。

白化

另一种形式的特征预处理称为*白化*，其中坐标系被旋转以创建一组新的*去相关*的特征，每个特征都被缩放呈单位方差。通常，我们使用主成分分析来实现这个目标。

主成分分析可以被看作对数据矩阵平均中心化（即，每列减去均值）之后的奇异值分解的应用。假设 D 为均值中心化之后的 $n\times d$ 数据矩阵，C 为 D 的协方差矩阵，其中第 (i,j) 条目为 i 维和 j 维之间的协方差。因为矩阵 D 是均值中心化的，所以我们有如下结果：

$$C=\frac{D^{\mathrm{T}}D}{n}\propto D^{\mathrm{T}}D \tag{3.36}$$

协方差矩阵的特征向量能提供数据的去相关方向。另外，特征值表示每一方向上的方差。因此，如果我们使用协方差矩阵的前 k 个特征向量（即，前 k 个最大的特征值），数据的大部分方差将会被保留，噪声会被去除。我们可以选定 $k=d$，但这往往会导致计算中沿近零特征向量的方差被数值误差所控制。将那些由计算误差导致方差的维度包含进来不是一个好主意，因为这样的维度在学习特定应用的知识上包含的有用信息很少。另外，白化过程会将每个变换后的特征按比例放大到单位方差，这会将沿这些方向的误差放大。至少，我们建议对特征值的大小限制像10^{-5}这样的阈值。因此，在实际问题中，k 很少会正好等于 d。或者，我们可以在缩放每个维度之前为每个特征值加上10^{-5}来进行正则化。

假设 P 是一个 $d\times k$ 的矩阵，其中每一列都是前 k 个特征向量之一。然后，数据矩阵 D 通过右乘一个矩阵 P 变换到一个 k 维的坐标系中。得到的 $n\times k$ 矩阵 U 的每一行是变换后的 k 维数据点，由下式给出：

$$U=DP \tag{3.37}$$

注意到 U 每一列的方差就是相应的特征值，这是主成分分析去相关变换的性质。在白化中，U 的每一列都除以其标准差（即相应特征值的平方根）以被缩放为单位方差。变换后的特征被输入神经网络。白化可能会降低特征的数量，这种预处理也可能影响网络架构，因为它降低了输入数量。

白化的一个很重要的方面是我们可能不想遍历一个很大的数据集以计算其协方差矩阵。在这种情况下，协方差矩阵和原始数据矩阵的列式方法可以在数据的一部分样本上进行估计。$d\times k$ 的特征向量矩阵 P 的各列为前 k 个特征向量。随后，在每一数据点上使用如下步骤：每个特征都减去其对应列上的均值；每个代表一个训练数据点（或测试数据点）的 d 维行向量都和 P 右乘以产生一个 k 维行向量；k 维表示下的每个特征都除以其对应特征值的平方根。

白化背后的基本思想在于数据被假设是通过沿每一主成分上的独立高斯分布得到的。通过白化，我们假设每一个这样的分布都是一个标准正态分布，并为不同特征都赋予相同的重要性。注意到尽管原始数据是沿一个任意方向被拉伸的椭圆形，但经过白化之后，数据的散点图将会粗略呈球形。数据的不相关性现在已经被缩放至同样的重要性（在先验基），神经网络可以在学习过程中决定去赋予它们中的哪一个更大的重要性。另一个问题是当对不同特征进行不同的缩放时，激活和梯度在学习的初始阶段将会被“大”特征主导（如果梯度被随机初始化为相似大小的值）。这有可能会损害网络中一些重要权重的学习率。文献［278,532］讨论了使用不同特征预处理和正则化方法的实际优势。

3.3.3　初始化

由于与神经网络训练相关的稳定性问题，初始化在神经网络中显得尤为重要。正如我们在 3.4 节中将会学到的，神经网络通常表现出稳定性问题，即每一层的激活要么逐渐减弱，要么逐渐增强，这一影响与网络深度呈指数性相关。一种能在一定程度上减轻这种影响的方法是选择好的初始化点以使得不同层间的梯度都较为稳定。

一种合理的初始化权重的方式是从均值为 0，标准差很小（如10^{-2}）的高斯分布中生成初始值。一般来说，这将会产生既有正值又有负值的很小的随机值。这种初始化的一个问题在于其对于特定神经元的输入个数不敏感。例如，如果一个神经元只有 2 个输入，那么而另一个有 100 个输入，那么由于更多输入的累加影响，前者的输出对平均权重将远比后者敏感（表现为一个更大的梯度）。总而言之，可以证明输出的方差随输入数量线性变化，因此标准差随输入数量的平方根线性变化。为了平衡这一影响，每个权重通过一个标准差为$\sqrt{1/r}$的高斯分布初始化，其中 r 为该神经元的输入数量。偏置神经元通常被初始化为 0。作为替代，我们也可以按照$[-1/\sqrt{r}, 1/\sqrt{r}]$内的均匀分布来初始化权重。

初始化中更加复杂的规则考虑到不同层的节点会相互互动以对输出敏感度产生贡献。假设 r_{in} 和 r_{out} 分别为一个特定神经元的扇入和扇出。一种初始化规则称为 Xavier *初始化*或 Glorot *初始化*，它使用的是标准差为$\sqrt{2/(r_{\text{in}}+r_{\text{out}})}$的高斯分布。

在使用随机化方法时，一个重要的考虑因素是*对称性破坏*。如果所有权重都被初始化为相同值（比如 0），那么一层中的所有更新都会同步移动。结果就是，同一层中的神经元将会产生相同的特征。一开始在神经元中建立不对称性是非常重要的。

3.4 梯度消失和梯度爆炸问题

深度神经网络有一些与训练相关的稳定性问题。特别地，多层网络可能会由于浅层和深层梯度之间的相关性而难以训练。

为了理解这一点，我们考虑一个每层只有一个节点的深网络。我们假设网络包括非计算性的输入层在内共有 $m+1$ 层。层间的权重用 $w_1, w_2, \cdots, w_m$ 表示。另外，假设对每层使用 sigmoid 激活函数 $\Phi(\cdot)$。假设 x 为输入，$h_1 \cdots h_{m-1}$ 为每层的隐藏值，o 为最终输出。假设 $\Phi'(h_t)$ 为隐藏层 t 中激活函数的导数，$\frac{\partial L}{\partial h_t}$为损失函数对于隐藏激活量 h_t 的导数。神经架构如图 3.8 所示。使用反向传播更新很容易得到如下关系：

$$\frac{\partial L}{\partial h_t} = \Phi'(h_{t+1}) \cdot w_{t+1} \cdot \frac{\partial L}{\partial h_{t+1}} \tag{3.38}$$

由于每个节点的扇入都是 1，我们可以假设权重是根据标准正态分布被初始化的。因此，每个 w_t 的平均大小为 1。

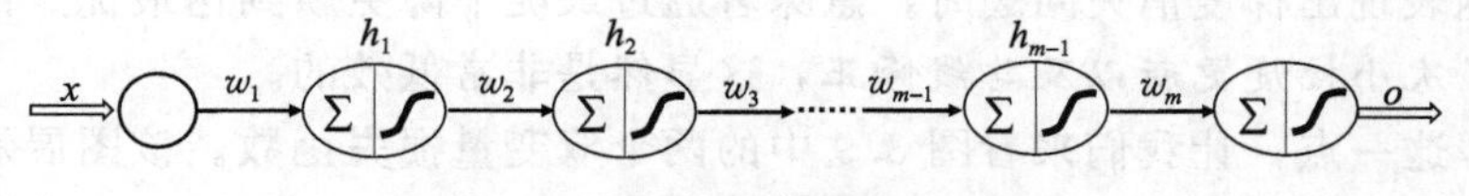

图 3.8 梯度消失和梯度爆炸问题

让我们来看看使用 sigmoid 激活函数时，这个递推式的表现。sigmoid 在输出 $f \in (0,1)$ 时的导数为 $f(1-f)$。该值在 $f=0.5$ 时有最大值，因此 $\Phi'(h_t)$ 的值即使达到最大值也不会超过 0.25。由于 w_{t+1} 的期望绝对值为 1，所以每次权重更新（通常）都会导致$\frac{\partial L}{\partial h_t}$的值小于$\frac{\partial L}{\partial h_{t+1}}$的 0.25 倍。因此，在经过约 r 层后，该值通常会小于0.25^r。为了了解下降的幅度，如果我们设 $r=10$，那么梯度的更新值将会下降为其原始值的10^{-6}！因此，当使用反向传播时，浅层的更新与深层相比就会非常小。这一问题被称为*梯度消失问题*。注意到我们通过使用一个梯度较大的激活函数或者将权重初始化为较大的值可能可以解决这一问题。然而，如果我们做得过度了，则很容易造成一种相反的情况：梯度会反向*爆炸*而不是消失。总而言之，除非我们将每条边的权重初始化为能够使它与每个激活函数导数的乘积都恰好为1，否则偏导的大小都会存在相当大的不稳定性。在实际中，对于多数激活函数来说这一点是根本做不到的，因为一个激活函数的导数值在不同循环中是会发生改变的。

尽管我们这里使用的是每层只有一个节点这样一个过于简化的例子，但将以上论证推广到每层中有多个节点的情况也是很容易的。总的来说，层到层的反向传播更新包括矩阵乘法（而不是标量乘法）。正如重复的标量乘法有其固有的不稳定性，重复的矩阵乘法也一样。特别地，第 $i+1$ 层的损失导数会与一个雅可比矩阵（见公式3.23）相乘。雅可比矩阵包含第 $i+1$ 层的激活值对于第 i 层激活值的导数。在某些类似循环神经网络的情况中，雅可比矩阵是一个方阵，我们可以对雅可比矩阵的最大的特征值施加稳定性条件。这些稳定性条件通常不会被刚好满足，因此模型会有表现出梯度消失和梯度爆炸问题的内在趋势。另外，像 sigmoid 这样的激活函数会促进梯度消失问题的产生。我们可以将这个问题总结如下：

观察 3.4.1　*在网络中的不同部分，关于参数的偏导大小可能十分不同，这会为梯度下降方法带来问题。*

在下一节中，我们将会从几何上来理解为什么在大部分多变量优化问题中，即使我们面对的是相对简单的设置，因不稳定的梯度比例造成问题也是很自然的。

3.4.1　对梯度比例影响的几何理解

即使是在没有局部最优的情况下，梯度消失和梯度爆炸问题对多变量问题来说都是固有的存在。实际上，几乎任何凸优化问题都会轻微表现出这一问题。因此，本节将会考虑一种最简单的情形：一种凸的、具有碗状形状和单个全局最小值的二次目标函数。在单变量问题中，最陡下降路径（下降的唯一路径）将会穿过碗的最小点（即目标函数的最优值）。然而，当我们将优化问题的变量个数从1增加到2时，这种情况就不存在了。需要理解的关键点在于除了少数例外，*大部分损失函数的最陡下降路径只是最优移动的瞬时路径，并不是长时间下降的正确方向*。换句话说，我们通常需要做微小的“路线修正”。当一个优化问题表现出梯度消失问题时，意味着通过最陡下降更新到达最优点的唯一方法就是*通过非常多次小幅度更新以及路线修正*，这显然是非常低效的。

为了理解这一点，让我们来看图3.9中的两个双变量损失函数。该图展示了损失函数的等值线图，其中每条线对应 XY 平面中损失函数有相同值的点。最陡下降方向通常和这条线是垂直的。第一个损失函数的形式为 $L=x^2+y^2$，如果我们把高度看作目标函数值的话，它的形状就是一个完美的圆碗。这个函数以一种对称的方式对待 x 和 y。第二个损失函数的形式为 $L=x^2+4y^2$，是一个椭圆碗。注意这个损失函数对 y 值变化比对 x 值变化更敏感，但具体的敏感度取决于数据点的位置。

在图3.9a圆碗的情况下，梯度直接指向最优解的方向，只要使用正确的步长，我们可以在一步内到达最优点。图3.9b的损失函数却不是这样，它的梯度在 y 方向上通常比

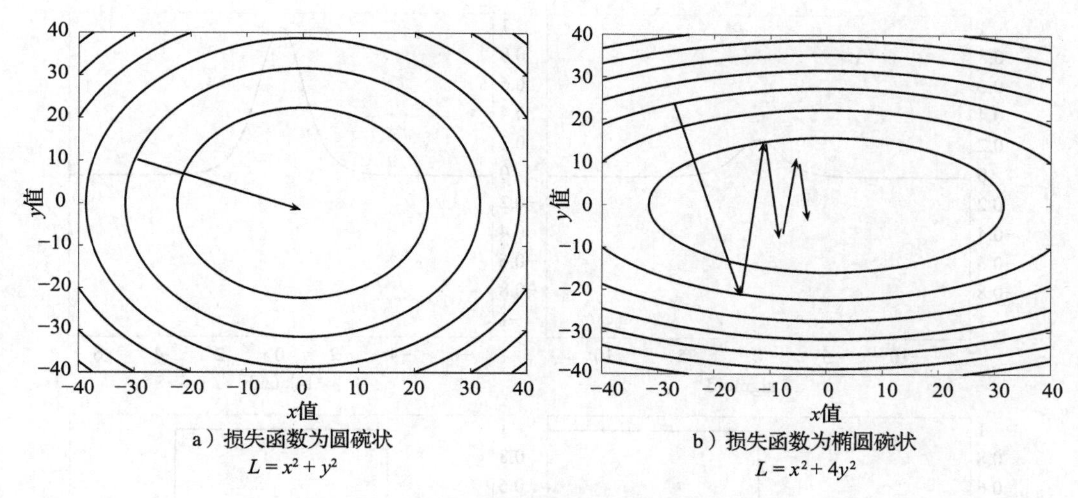

图 3.9　损失函数形状对最陡梯度下降的影响

x 方向上更大。另外，梯度指向的永远不是最优解，所以在下降过程中需要执行多次路线修正。一个重要的观察在于沿 y 方向的步很大，但是随后的步会抵消前面步的影响。另外，沿 x 方向的过程是一致但微小的。尽管图 3.9b 中的情况在几乎任何使用最陡下降的优化问题中都会出现，但梯度消失的情况是这一行为的极端表现⊖。一个简单的二次碗状函数（与典型的深度网络的损失函数相比十分简单）对于最陡下降方法就表现出如此多振荡这一事实是使人担忧的。毕竟，不断被复合的函数（正如对应的计算图所示）在输出对网络不同部分参数的敏感度方面是高度不稳定的。实际的神经网络中有上百万个参数，梯度比例的数量级各不相同，相对导数值不同的问题尤为严重。另外，很多激活函数的导数值都很小，这会促使反向传播中梯度消失问题的产生。这会导致具有较大下降分量的深层参数往往会在较大的更新中振荡，而浅层参数却在进行一些微小但一致的更新。因此，无论是浅层还是深层都不能在接近最优解上取得较大进步。这可能会导致这样一种情况：即使是在长时间训练之后，模型效果也几乎没有得到任何提高。

3.4.2　部分解决：激活函数的选择

激活函数的选择通常会极大影响梯度消失问题。sigmoid 和 tanh 激活函数的导数如图 3.10a和图 3.10b 所示。sigmoid 激活函数的梯度值不会超过 0.25，因此容易产生梯度消失问题。另外，它在参数绝对值较大处会饱和，这指的是其梯度接近于 0。在这种情况下，神经元的权重会变化得十分缓慢。因此，网络中的一些这样的激活函数会极大影响梯度的计算。tanh 函数比 sigmoid 函数要好一些，因为它在接近原点处的梯度值为 1，但当参数绝对值变大时，其梯度值也会迅速饱和。因此，tanh 函数也容易受到梯度消失问题的影响。

⊖ 另一种不同的表现会出现在浅层与深层参数共享的情况下。在这种情况下，由于不同层的共同影响，一次更新的结果可能是高度不可预测的。这种情况会在较深时序层参数与较浅时序层参数绑定的循环神经网络中发生。此时，参数的微小变化可能会导致在附近区域没有任何梯度上指示的情况下，损失函数在非常局部的区域上有很大的变化。损失函数的这种拓扑特征被称为悬崖（见 3.5.4 节），这会使得问题因为梯度下降倾向于过冲或者下冲变得更加难以优化。

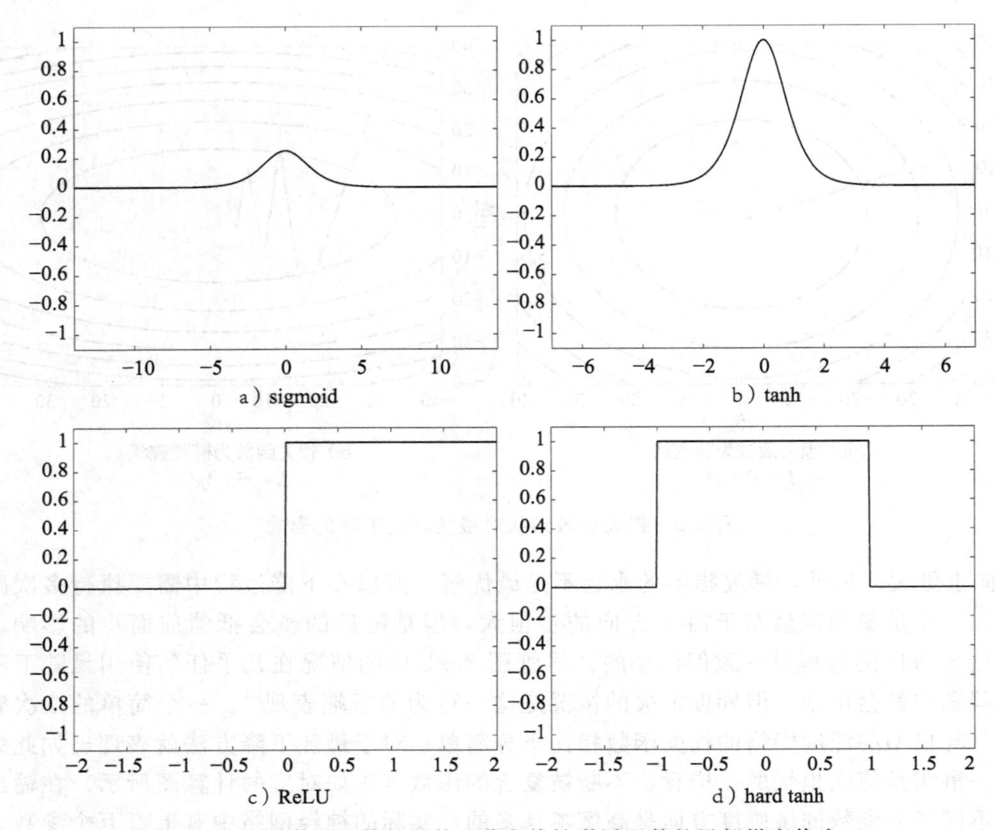

图 3.10　不同激活函数的导数（分段线性激活函数的局部梯度值为 1）

近年来，sigmoid 和 tanh 激活函数越来越多地被 ReLU 和 hard tanh 函数取代。ReLU 的训练速度更快，因为它的梯度能被更高效地计算。ReLU 和 hard tanh 函数的导数分别如图 3.10c 和图 3.10d 所示。很明显，这两个函数在某些区间内的导数为 1，而在其他区间的梯度为 0。因此，只要大部分这样的单元工作于梯度为 1 的区间内，梯度消失问题往往就会更少出现。近年来，这样分段线性的变体函数变得比那些平滑的函数更受欢迎。注意到激活函数的替换只是一种部分解决方法，因为层间的矩阵乘法仍会导致一定程度上的不稳定。另外，分段线性激活函数会引入死亡神经元问题。

3.4.3　死亡神经元和“脑损伤”

从图 3.10c 和图 3.10d 中可以很明显地看出 ReLU 的梯度值在其参数为负时为 0。这可以由多种原因导致。例如，考虑这样一种情况，一个神经元的输入总是非负的，而所有权重都被初始化为负值。因此，输出将会为 0。另一个例子是使用了过高的学习率。在这种情况下，ReLU 的激活前值可能会落入一个无论输入是什么，梯度都为 0 的范围内。换句话说，过高的学习率会将 ReLU 单元“淘汰”。这时，ReLU 在任何数据实例上可能都不会重新活跃。一旦一个神经元到达了这个点，损失关于 ReLU 之前权重的梯度就会一直为 0。换句话说，其输出值对于不同输入将不会发生改变，因此无法区分不同的数据实例。这样的神经元可以被认为是死亡的，用生物学术语来说，这是一种永久性的“脑损伤”。死亡神经元的问题可以通过使用适度的学习率得到部分改善。另一个改善方式是使用带泄露的 ReLU，这使得处于活跃区间以外的神经元能够反向泄露一些梯度。

3.4.3.1 带泄露的 ReLU

带泄露的 ReLU 通过一个额外参数 $\alpha \in (0,1)$ 定义：

$$\Phi(v)=\begin{cases}\alpha \cdot v & v \leqslant 0 \\ v & \text{其他}\end{cases} \tag{3.39}$$

尽管 α 是一个人为选择的超参数，它也是可以被学习的。因此，当 v 为负值时，带泄露的 ReLU 仍然可以反向传播部分梯度，尽管是以用 $\alpha<1$ 定义的降低的速率。

带泄露的 ReLU 带来的增益无法得到保证，因此这个解决方法不是完全可靠的。一个关键点在于死亡神经元并不总会成为一个问题，因为它们代表了一种修剪，以控制神经网络的精确结构。因此，一定程度的神经元淘汰可被看作学习过程的一部分。毕竟，我们调节每一层神经元数量的能力是有限的。死亡神经元可以为我们做一部分这种调节。实际上，对连接的有意修剪有时会作为一种正则化策略使用[282]。当然，如果网络中很大一部分神经元都是死亡的，这也会成为一个问题，因为神经网络的大部分将会变得不活跃。另外，我们不希望有太多神经元在训练早期模型还很差时就被淘汰。

3.4.3.2 maxout

一种最近提出的解决方法是使用 maxout 网络[148]。maxout 单元的思想为引入两个稀疏矩阵$\overline{W_1}$和$\overline{W_2}$而不是一个。接下来使用的激活函数为 $\max\{\overline{W_1}\cdot\overline{X},\overline{W_2}\cdot\overline{X}\}$。在使用偏置神经元的情况下，maxout 激活函数为 $\max\{\overline{W_1}\cdot\overline{X}+b_1,\overline{W_2}\cdot\overline{X}+b_2\}$。我们可以把 maxout 看作 ReLU 的推广，因为 ReLU 可以通过将一个系数向量设为 0 得到。甚至带泄露的 ReLU 也可以被看作 maxout 的一种特殊情况，只要我们设 $\overline{W_2}=\alpha\,\overline{W_1}$，其中 $\alpha \in (0,1)$。和 ReLU 一样，maxout 函数也是分段线性的。然而，它却从不饱和，几乎在任意位置都是线性的。尽管它是线性的，已有研究表明[148] maxout 网络是通用的函数逼近器。maxout 与 ReLU 相比有很多优点，它也增强了类似 Dropout（见 4.5.4 节）的集成方法的性能。使用 maxout 的唯一缺点在于它需要双倍的参数数量。

3.5 梯度下降策略

在神经网络中，最常见的用于参数学习的方法是*最陡下降法*，它使用损失函数的梯度来做参数更新。实际上，前几章的所有讨论都是基于这个假设。正如我们在前几节中讨论的一样，最陡下降法有时会有难以预计的表现，因为在步长有限时，它并不总是指向改进网络的最优方向。只有在步长无穷小时，最陡下降的方向才是最优方向。经过一次参数的微小更新后，最陡下降的方向有时会成为上升方向。因此，我们需要做多次路线修正。3.4.1 节讨论了这一现象的特例，对不同特征的敏感性上的微小不同可能导致梯度下降算法的振荡。当最陡下降方向是沿着损失函数的高曲率方向时，振荡和锯齿状曲折的问题都是很常见的。这个问题最极端的表现是极端病态，其中损失函数关于不同优化变量的偏导值有很大的不同。在本节中，我们将讨论几种聪明的学习策略，它们在这些病态参数下能较好地工作。

3.5.1 学习率衰减

我们不希望学习率是恒定的，因为它会给分析人员带来如下难题。在早期使用较低的学习率将导致算法执行时间过长而难以接近最优解。较大的初始学习率使得算法在开始时能够足够接近一个较优解；然而，如果继续保持高学习率，算法在接下来的很长一段时间会在这个点附近振荡，或者以一种不稳定的方式发散。无论哪种情况，保持固定的学习率都并不理想。允许学习率随时间衰减可以自然地调整期望的学习率，以避免上述问题。

两种最常见的衰减函数是*指数衰减*和*倒数衰减*。学习率α_t可以用初始学习率α_0和迭代次数t表示如下：

$$\alpha_t = \alpha_0 \exp(-k \cdot t) \quad [\text{指数衰减}]$$

$$\alpha_t = \frac{\alpha_0}{1 + k \cdot t} \quad [\text{倒数衰减}]$$

参数k是衰减速率。另一个方法是使用阶跃衰减：每隔几次迭代，学习率就会降低一个特定的因数。例如，学习率可能每经过5次迭代就会乘以0.5。一种常见的做法是记录训练数据集的一个单独部分上的损失，每当该损失停止降低时就降低学习率。在某些情况下，分析人员甚至可能时刻关注学习过程，并采用一种能够根据学习过程人为调整学习率的实现方法。这种方法可以与简单的梯度下降实现一起使用，尽管它并没有解决很多其他的问题。

3.5.2 基于动量的学习

基于动量的方法认为锯齿状振荡是高度矛盾的步的结果，这些步相互抵消，降低了正确（长期）方向上的有效步长。图3.9b显示了此场景的一个示例。简单地试图以增加步长来在正确方向上获得更优的移动实际上可能会使当前解离最优解更远。从这个角度看，朝前几步的“平均”方向移动更有意义，这样能够使锯齿变得平滑。

为了理解这一点，考虑我们正在对参数向量$\overline{W}$执行梯度下降。关于损失函数L（定义在小批量数据上）的梯度下降的正常更新如下：

$$\overline{V} \Leftarrow -\alpha \frac{\partial L}{\partial \overline{W}}; \quad \overline{W} \Leftarrow \overline{W} + \overline{V}$$

其中，α为学习率。在基于动量的下降中，使用指数平滑来修正向量$\overline{V}$，其中$\alpha \in (0,1)$为平滑参数：

$$\overline{V} \Leftarrow \beta \overline{V} - \alpha \frac{\partial L}{\partial \overline{W}}; \quad \overline{W} \Leftarrow \overline{W} + \overline{V}$$

更大的β有助于此方法在正确方向上获得一个恒定的速度$\overline{V}$。$\beta=0$时的方法就是简单的小批量梯度下降。参数β也被称为*动量参数*或*摩擦参数*。使用“摩擦”一词是因为较小的β值发挥的作用就像“刹车”一样，与摩擦很类似。

有了基于动量的下降方式，学习过程也被加速了，因为我们总体上是沿着一个常常指向最优解的方向移动的，无用的“支路”振荡被隐去了。其基本思想在于更倾向多个步中一致的方向，这在下降中更为重要。这允许我们能在正确方向上使用更大的步长，而不会造成支路方向上的溢出或“爆炸”。这加速了学习。使用动量的一个例子如图3.11所示。从图3.11a可以看出，动量增加了梯度在正确方向上的相对分量。更新方面的相应效果如图3.11b和图3.11c所示。很明显，基于动量的更新方法可以通过更少的更新次数达到最优解。

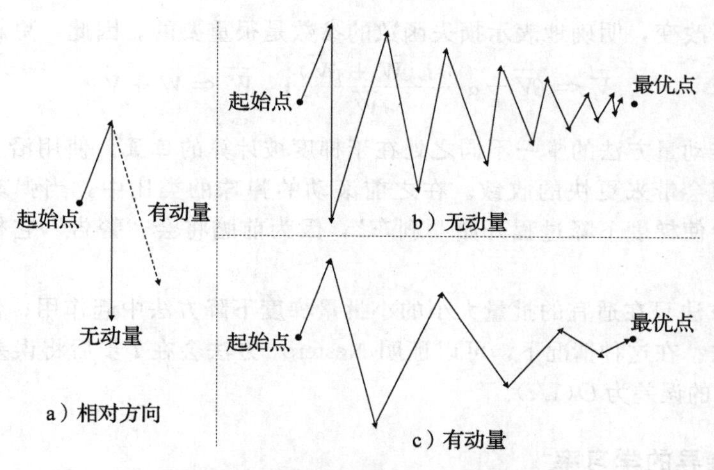

图 3.11 平滑锯齿形更新中的动量效应

动量的使用通常会导致解在动量大的方向上会有轻微的过冲，就像一个弹珠头沿着碗下滚时会过冲一样。然而，如果对β值进行合理选择，它还是会比不使用动量的方法有更好的表现。基于动量的方法一般会有更好的表现是因为弹珠滚下碗的时候会获得速度——快速到达最优解比补偿目标的过冲更有效。过冲在某种程度上是需要的，因为它有助于避免局部最优。图 3.12 展示了一个弹珠从一个复杂的损失平面（当它滚下时加速）滚下，说明了这一概念。弹珠获得的速度有助于它高效地通过损失平面的平坦区域。参数β控制了弹珠在滚下损失平面时遇到的摩擦大小。尽管增加的β值有助于避免局部最优，但它可能也会在最后增加振荡。在这个意义上，基于动量的方法可以用弹珠从一个复杂的损失平面上滚下这一物理现象来简洁地解释。

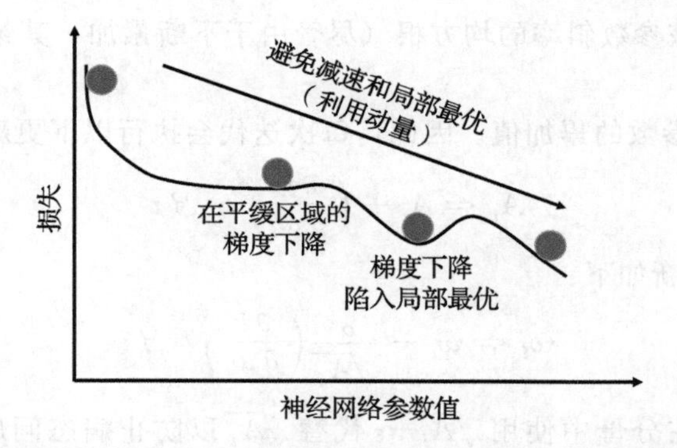

图 3.12 动量对于弹珠在复杂的损失平面上的运动的影响。此处的“梯度下降”表示纯梯度下降，没有动量。动量有助于优化过程在损失平面平坦区域保持速度，避免局部最优

Nesterov 动量

Nesterov 动量[353]对传统动量方法进行了改进，梯度将会在执行β的前一步后（即，当前步的动量部分）到达的点上计算。通过将前次更新的向量$\overline{V}$与摩擦参数β相乘，然后在$\overline{W}+\beta\overline{V}$上计算梯度，可以得到这个点。这一方法的思想在于这种被修正过的梯度由于其更新中具有动量部分，能更好地理解梯度将会怎样变化，并且能将这一信息整合到更新的梯度部分。让我们用$L(\overline{W})$表示当前解$\overline{W}$上的损失函数。在这种情况下，由于梯度的

计算方法发生了改变，明确地表示损失函数的参数是很重要的。因此，更新会计算如下：

$$\overline{V} \Leftarrow \beta\overline{V} - \alpha \frac{\partial L(\overline{W} + \beta\overline{V})}{\partial \overline{W}}; \quad \overline{W} \Leftarrow \overline{W} + \overline{V}$$

注意到它与标准动量方法的唯一不同之处在于梯度被计算的位置。使用沿上一次更新值稍远点上的梯度值会带来更快的收敛。在之前滚动的弹珠的类比中，当弹珠开始接近碗底时，这一方法会使梯度下降过程开始“刹车”，因为前瞻将会“警告”它梯度方向即将开始反转。

Nesterov 方法只在适宜的批量大小的小批量梯度下降方法中起作用；使用很小的批量不是一个好想法。在这种情况下，可以证明 Nesterov 方法会在 t 步后将误差降到 $O(1/t^2)$，而普通动量方法的误差为 $O(1/t)$。

3.5.3 参数特异的学习率

前一节中动量方法的基本思想在于利用某些参数梯度方向的恒定性来加速更新。通过显式地对不同参数使用不同学习率也能达到这一目标。其思想在于偏导值大的参数常常会有振荡和锯齿状曲折，而偏导值小的参数往往更加稳定，但会朝着相同方向移动。delta-bar-delta[217] 是一种早期根据这个方向提出的方法。该方法会观察每个偏导的符号是否发生变化。如果偏导的符号一直保持恒定，那么可以表明当前方向是正确的。在这种情况下，沿该方向的偏导值会不断增大。如果偏导的符号一直在翻转，那么偏导值将会减少。然而，该方法适用于梯度下降而不是随机梯度下降，因为随机梯度下降中的误差会被放大。因此，学者提出了一些方法，即使在使用小批量方法时，它们也能较好地工作。

3.5.3.1 AdaGrad

在 AdaGrad 算法[108] 中，我们在算法运行过程中记录每个参数偏导值的平方累加值。该值的平方根正比于该参数斜率的均方根（尽管由于不断累加，其绝对值会随着迭代次数的增加而增加）。

假设A_i 为第 i 个参数的累加值。因此，每次迭代会执行以下更新：

$$A_i \Leftarrow A_i + \left(\frac{\partial L}{\partial w_i}\right)^2 \quad \forall i \tag{3.40}$$

对第 i 个参数 w_i 的更新如下：

$$w_i \Leftarrow w_i - \frac{\alpha}{\sqrt{A_i}}\left(\frac{\partial L}{\partial w_i}\right) \quad \forall i$$

如果需要的话，可以在分母中使用 $\sqrt{A_i+\varepsilon}$ 代替 $\sqrt{A_i}$ 以防止病态问题。其中，ε 是一个较小的正值（如10^{-8}）。

使用 $\sqrt{A_i}$ 的倒数来缩放导数是一种“信噪比”归一化，因为A_i 仅仅衡量了梯度的历史大小而非其符号：它鼓励沿着梯度符号一致的平稳倾斜方向上有相对更快的移动。如果沿第 i 个方向的梯度分量在 +100 和 −100 之间剧烈波动，那么与其他在 0.1 左右取值较为恒定（符号不变）的梯度分量相比，这种以幅度大小为中心的归一化将会给予前者大得多的惩罚。例如，在图 3.11 中，沿振荡方向的动作将会被减弱，而沿恒定方向的动作将会被增强。然而，沿全部分量上的绝对移动会随着时间减缓，这是该方法的主要问题。移动的减缓是由A_i 是偏导的所有历史累加值这一事实导致的。这将会导致导数值经缩放后变得越来越小。那么，AdaGrad 的过程将会提前变得非常慢，最终（几乎）停止优化。另一个问题是累加的缩放因子会依赖很久之前的历史，最终会变得过于陈旧。使用陈旧的缩放因子会增加不准确性。正如我们之后会看到的，多数其他方法会采用指数平均来解决这两个问题。

3.5.3.2 RMSProp

RMSProp 算法[194]的出发点与 AdaGrad 类似，也使用梯度的绝对大小 $\sqrt{A_i}$ 来进行"信噪比"归一化。然而，它使用的是*指数平均*，而不是简单地将梯度的平方值相加来估算A_i。由于我们使用*平均*而不是*累加*值来归一化，所以算法不会由于一个持续增大的缩放因子A_i 提前减慢。基本思想在于使用一个衰减因子 $\rho \in (0,1)$，赋予 t 次更新前的偏导平方值以ρ^t 的权重。注意到这可以通过将当前累加值（*运行估计*）乘以 ρ，再加上 $1-\rho$ 乘以当前偏导值（平方）来完成。运行估计初始化为 0。这会导致早期迭代中出现一些（不需要的）偏置，长期来看这种偏置会消失。因此，若A_i 为第 i 个参数 w_i 的指数平均值，则使用以下方法更新A_i：

$$A_i \Leftarrow \rho A_i + (1-\rho)\left(\frac{\partial L}{\partial w_i}\right)^2 \quad \forall i \tag{3.41}$$

每个参数对应的该值的平方根被用来归一化它的梯度。那么，（全局）学习率为 α 时，有以下更新：

$$w_i \Leftarrow w_i - \frac{\alpha}{\sqrt{A_i}}\left(\frac{\partial L}{\partial w_i}\right) \quad \forall i$$

如果需要的话，我们可以在分母中使用$\sqrt{A_i+\varepsilon}$代替 $\sqrt{A_i}$ 以防止病态问题。其中，ε 是一个较小的正值（如10^{-8}）。RMSProp 相比 AdaGrad 的另一优点在于久远的（即陈旧的）梯度的重要性会随时间指数下降。另外，它可以通过引入计算算法中动量的概念（见 3.5.3.3 节和 3.5.3.5 节）得到提升。RMSProp 的缺点为由于二阶矩的运行估计A_i 被初始化为 0，它在早期迭代中是偏置的。

3.5.3.3 带 Nesterov 动量的 RMSProp

RMSProp 也可以与 Nesterov 动量结合。设A_i 为第 i 个参数的平方累加值。在这种情况下，我们引入额外参数 $\beta \in (0,1)$，并使用以下更新：

$$v_i \Leftarrow \beta v_i - \frac{\alpha}{\sqrt{A_i}}\left(\frac{\partial L(\overline{W}+\beta\overline{V})}{\partial w_i}\right); \quad w_i \Leftarrow w_i + v_i \quad \forall i$$

注意到和 Nesterov 方法中常见的做法一样，损失函数的偏导是在偏移点上计算的。在计算损失函数的偏导值时，权重 $\overline{W}$ 偏移了 $\beta\overline{W}$。A_i 的更新也使用了偏移后的梯度：

$$A_i \Leftarrow \rho A_i + (1-\rho)\left(\frac{\partial L(\overline{W}+\beta\overline{V})}{\partial w_i}\right)^2 \quad \forall i \tag{3.42}$$

尽管该方法通过在 RMSProp 上加上动量得到提升，它却并未修正初始化偏置。

3.5.3.4 AdaDelta

AdaDelta 算法[553]使用与 RMSProp 类似的更新方法，不同之处在于它不需使用全局学习参数，而是将其作为一个之前迭代中增量更新的函数来计算。考虑 RMSProp 中按以下方式重复的更新：

$$w_i \Leftarrow w_i - \underbrace{\frac{\alpha}{\sqrt{A_i}}\left(\frac{\partial L}{\partial w_i}\right)}_{\Delta w_i} \quad \forall i$$

我们将展示如何用一个依赖之前增量更新的值来替换 α。在每次更新中，Δw_i 的值为 w_i 上的增量。至于指数平滑梯度A_i，我们使用相同的衰减参数 ρ 来为之前迭代中的 Δw_i 值维系一个经指数平滑的值δ_i：

$$\delta_i \Leftarrow \rho\delta_i + (1-\rho)\,(\Delta w_i)^2 \quad \forall i \tag{3.43}$$

对于一次给定的迭代，δ_i 的值只能通过在其之前的迭代来计算，因为 Δw_i 的值目前还是未知的。另外，A_i 也能通过当前更新的偏导值来计算。A_i 与δ_i 的计算方法之间存在一点微小的不同。AdaDelta 的更新结果如下：

$$w_i \Leftarrow w_i - \underbrace{\sqrt{\frac{\delta_i}{A_i}}\left(\frac{\partial L}{\partial w_i}\right)}_{\Delta w_i} \quad \forall i$$

值得注意的是，用作学习率的参数 α 永久地从这种更新中消失了。AdaDelta 方法与二阶方法有些类似之处，因为更新中的比值$\sqrt{\frac{\delta_i}{A_i}}$是损失关于 w_i 二阶导数的启发式替代[553]。正如后续章节会讨论到的，许多像牛顿法这样的二阶方法也不会使用学习率。

3.5.3.5 Adam

Adam 算法也使用了与 AdaGrad 和 RMSProp 类似的“信噪比”归一化。然而，为了将动量引入更新，它也对一阶梯度做了指数平滑。它也直接解决了当平滑值的运行估计被不实际地被初始化为 0 时，指数平滑内部存在的偏置问题。

与 RMSProp 的情形相同，设A_i 为第 i 个参数 w_i 的指数平均值。该值采用与 RMSProp 中使用衰减参数 $\rho\in(0,1)$的同一方式更新：

$$A_i \Leftarrow \rho A_i + (1-\rho)\left(\frac{\partial L}{\partial w_i}\right)^2 \quad \forall i \tag{3.44}$$

同时，为第 i 个分量F_i 维持梯度的指数平滑值。使用一个不同的衰减参数ρ_f执行平滑：

$$F_i \Leftarrow \rho_f F_i + (1-\rho_f)\left(\frac{\partial L}{\partial w_i}\right) \quad \forall i \tag{3.45}$$

这种用ρ_f对梯度进行指数平滑的方式是 3.5.2 节（用的是摩擦参数 β 而非ρ_f）中所讨论的动量方法的变体。接下来，在第 i 次迭代中对学习率α_t 执行如下更新：

$$w_i \Leftarrow w_i - \frac{\alpha_t}{\sqrt{A_i}} F_i \quad \forall i$$

Adam 与 RMSProp 算法存在两个关键性不同。第一，梯度被替换为其指数平滑值以与动量结合。第二，学习率α_t 现在依赖于迭代次数 t，其定义为如下：

$$\alpha_t = \alpha \underbrace{\left(\frac{\sqrt{1-\rho^t}}{1-\rho_f^t}\right)}_{\text{调整偏置}} \tag{3.46}$$

从技术上讲，对学习率的调整实际上是一个应用于解释两种指数平滑机制的不现实初始化的偏置修正因子，在早期迭代中尤为重要。F_i 和A_i 都被初始化为 0，这会导致早期迭代中的偏置。这两个量会被偏置不同程度地影响，这对公式 3.46 中的比值做出了解释。

值得注意的是，当 t 很大时，ρ^t 和ρ_f^t都会收敛为 0，因为 $\rho,\rho_f \in (0,1)$。那么，公式 3.46 中的初始化偏置修正因子会收敛为 1，α_t 收敛为α。根据 Adam 的原作论文[241]，ρ_f和 ρ 的默认建议值分别为 0.9 和 0.999。请参阅文献［241］来了解用于选择 ρ 和ρ_f的其他标准(例如参数稀疏性)。和其他方法一样，Adam 在更新的分母中使用$\sqrt{A_i+\varepsilon}$（而不是A_i）来防止参数陷入病态。Adam 算法十分受欢迎，因为它整合了其他算法的大部分优点，并且能够表现得比其他方法中的最优者还要好得多[241]。

3.5.4 悬崖和高阶不稳定性

到目前为止，本章只讨论了一阶导数。一阶导数的变化在一些误差平面上可能会很慢。问题的一部分在于一阶导数只能提供误差平面的很有限的信息，这可能导致更新过冲。许多神经网络复杂的损失平面可能导致基于梯度的更新以一种无法预测的方式进行。

图 3.13 为一个损失平面的例子，其中，一个平稳倾斜的平面突然变成了一个悬崖。然而，如果我们只计算关于图中所示的 x 的一阶偏导，我们只能看到一个平稳的斜坡。结果，小的学习率将会导致学习过程非常慢，然而增加学习率又会突然使结果过冲到离最优解很远的点上去。这一问题是由曲率的性质（即变化的梯度）引起的，其一阶梯度不能包含控制更新幅度所需的信息。在许多情况下，梯度的变化率可以用能提供有用（补充）信息的二阶梯度来计算。一般而言，二阶方法将局部的损失平面近似为一个二次碗状函数，这比线性近似要更加准确。一些类似牛顿法的二阶方法需要恰好一次迭代来找到二次平面的局部最优解。当然，神经模型的损失平面一般都不是二次的。然而，这种近似已经足够好，至少能够使得梯度下降法在梯度变化不是太突然或太剧烈时得到极大的加速。

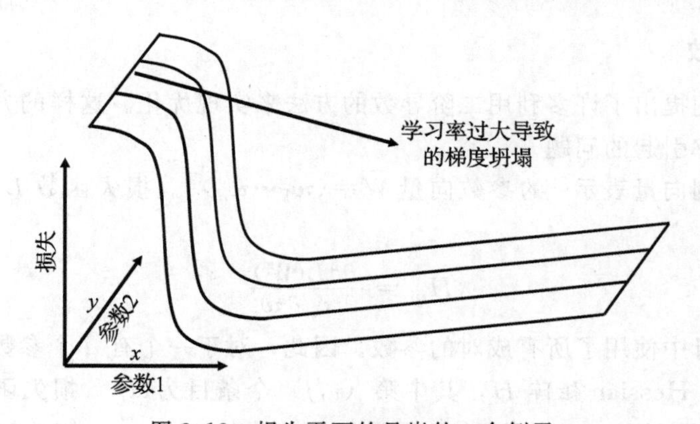

图 3.13 损失平面的悬崖的一个例子

悬崖是我们不想看到的，因为它们表现出损失函数在一定程度上的不稳定性。这意味着在一些权重上的微小的变化会微小地改变损失函数，或者突然极大地改变损失值从而使相应的解离真正的最优值甚至更远。我们将在第 7 章中学习到，递归神经网络的所有时序层具有相同的参数。在这种情况下，梯度消失和梯度爆炸意味着损失函数对于浅层和深层参数的敏感度不同（即使它们是被绑定的)。因此，一个精心选择的参数上的微小变化会通过这些层以一种不稳定的方式级联，对损失函数的影响要么是爆炸的，要么是极微小的。这是我们在悬崖附近会看到的典型表现。结果就是我们很容易在梯度下降步骤中错过最优值。一种理解这种表现的方法是跨层共享参数自然会导致权重扰动对损失函数带来的高阶影响。这是因为不同层的共享权重在神经网络预测中相乘，一阶梯度现在已经不足以建模出损失函数曲率的影响这一对沿某特定方向上梯度变化的度量工具了。这种情况通常可以使用梯度截断或者显式使用损失函数的曲率（即二阶导数）的方法来解决。

3.5.5　梯度截断

梯度截断是一种用于应对沿不同方向上的偏导值大小显著不同的问题的技术。一些形式的梯度截断采用与适应性学习率中类似的原则，想让偏导的不同分量更加平均。然而，截断只是基于梯度的当前值而不是历史值完成的。有两种形式的梯度截断更为常见：

1. *基于值的截断*：梯度值被设定一个最小和最大阈值。所有小于最小值的偏导都被设为最小阈值，所有大于最大值的偏导都被设为最大阈值。

2. *基于范数的截断*：通过 L_2 范数对整个梯度向量进行归一化。注意到这种截断没有改变更新沿不同方向上的相对大小。然而，对于跨层共享参数的神经网络（比如循环神经网络）来说，这两种截断的结果十分相似。通过截断，我们可以更好地调整值，小批量之间的更新大致上是相似的。因此，它会防止某个特定小批量中异常的梯度爆炸对解产生过度的影响。

总的来说，与许多其他方法相比，梯度截断所取得的效果是有限的。然而，它对于避免循环神经网络中的梯度爆炸问题特别有效。在循环神经网络（见第7章）中，不同层的参数是共享的，计算导数时将共享参数的每一份副本当作一个独立的变量。这些导数是总梯度的时序分量，它们的值在相加之前会先被截断以得到总梯度。梯度爆炸问题的几何解释参见文献［369］，文献［368］详细探讨了为什么梯度截断是有效的。

3.5.6　二阶导数

近年来，人们提出了许多利用二阶导数的方法来实现优化。这样的方法可以部分缓解由损失函数的曲率引起的问题。

考虑一个用列向量表示[⊖]的参数向量 $\overline{W}=(w_1 \cdots w_d)^{\mathrm{T}}$。损失函数 $L(\overline{W})$ 的二阶导数为如下形式：

$$H_{ij} = \frac{\partial^2 L(\overline{W})}{\partial w_i \, \partial w_j}$$

注意到偏导在分母中使用了所有成对的参数。因此，对于一个有 d 个参数的神经网络，我们有一个 $d \times d$ 的 Hessian 矩阵 H，其中第 (i,j) 个条目为 H_{ij}。损失函数的二阶导数可以使用反向传播[315]计算，尽管实际中很少有人这么做。Hessian 矩阵可以看作梯度的雅可比矩阵。

我们可以通过以下泰勒展开，写出损失函数在参数向量 $\overline{W}_0$ 附近的二次逼近：

$$L(\overline{W}) \approx L(\overline{W}_0) + (\overline{W}-\overline{W}_0)^{\mathrm{T}}[\nabla L(\overline{W}_0)] + \frac{1}{2}(\overline{W}-\overline{W}_0)^{\mathrm{T}} H (\overline{W}-\overline{W}_0) \tag{3.47}$$

注意到 Hessian 矩阵 H 在 $\overline{W}_0$ 处计算。此处，参数向量 $\overline{W}$ 和 $\overline{W}_0$ 和损失函数的梯度一样，为 d 维列向量。这是一个二次逼近，我们可以简单地将梯度设为0，得到二次逼近的如下

⊖ 在本书的绝大部分，我们都将 $\overline{W}$ 看成一个行向量。然而，此处为了符号表达上的方便，我们将 $\overline{W}$ 看成一个列向量。

最优性条件：

$$\nabla L(\overline{W})=0 \quad [\text{损失函数的梯度}]$$

$$\nabla L(\overline{W}_0)+H(\overline{W}-\overline{W}_0)=0 \quad [\text{泰勒近似的梯度}]$$

我们可以整理上述最优性条件以获得以下的牛顿更新：

$$\overline{W}^* \Leftarrow \overline{W}_0 - H^{-1}[\nabla L(\overline{W}_0)] \tag{3.48}$$

这种更新的一个有趣的特征是，它是从一个最优性条件中直接得到的。因此，这里不存在学习率。换句话说，这种更新将损失函数近似为一个二次碗状函数，然后通过一步直接朝这个碗的底部移动，学习率已经被隐式地包括在内了。回想一下图 3.9 中沿高曲率方向弹跳的一阶方法。当然，二次逼近的底部不是真正损失函数的底部，因此需要进行多次牛顿更新。

公式 3.48 与最陡梯度下降更新的主要不同在于最陡方向（即$\nabla L(\overline{W}_0)$）与 Hessian 矩阵的逆矩阵的预先相乘。与 Hessian 矩阵的逆矩阵的这一相乘在改变最陡梯度下降方向上扮演了重要角色，因此即使在该方向上的瞬时变化率不如最陡下降方向上的大，该方向也能获得更大的步长（使得目标函数能得到更好的优化）。这是因为 Hessian 矩阵记录了每个方向上的梯度变化得有多快。变化的梯度不利于更大的更新，因为如果梯度的许多分量的符号在步骤中频繁变化，我们可能会无意间恶化目标函数。朝着那些梯度与梯度变化率的比值较大的方向移动是较为有利的，因为我们可以在以较大步移动的同时不对优化结果造成损害。带 Hessian 矩阵的逆矩阵的预乘法实现了这个目标。最陡下降方向与逆 Hessian 的预乘效果如图 3.14 所示。一起查看此图与图 3.9 中的二次碗示例是很有帮助的。在某种意义上，预乘法与逆 Hessian 偏置的学习步沿低曲率方向。在一维情况下，牛顿步就是一阶导数（变化率）与二阶导数（曲率）之比。在多维空间中，由于与逆 Hessian 相乘，低曲率方向往往优势更大。

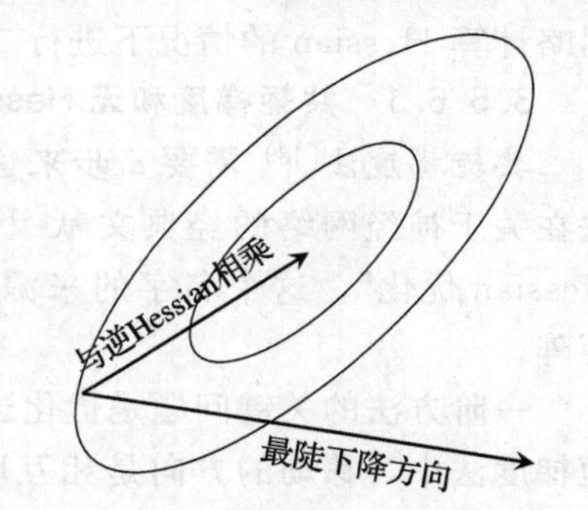

图 3.14 最陡下降方向与逆 Hessian 的预乘的效应

当遇到倾斜或弯曲山谷形状的损失函数时，曲率的特殊效应特别明显。一个倾斜山谷的例子如图 3.15 所示。对于梯度下降法来说，山谷是一种危险的地形，特别是当山谷底部有一个陡峭而快速变化的表面时（这造成了一个狭窄的山谷）。当然，这不是图 3.15 中的情况，图 3.15 是一个相对简单的情况。然而，即使在这种情况下，最陡下降方向往往会沿山谷两侧反弹，如果选择的步长不准确，则沿斜坡下降的速度相对较慢。在狭窄的山谷中，梯度下降法沿山谷陡峭的侧面会更加剧烈地反弹，而在平缓倾斜方向却不会有太大的进展，因为那里有最大的长期收益。在这种情况下，只有将梯度信息与曲率归一化，才能提供长期移动的正确方向。这种类型的归一化倾向于低曲率方向，如图 3.15 所示。用逆 Hessian 函数乘以最陡下降方向，正好达到了这个目的。

在大多数大型神经网络中，由于 Hessian 矩阵太大，因此无法显式存储或计算。拥有数百万个参数的神经网络并不罕见。试图计算一个$10^6 \times 10^6$ 的 Hessian 矩阵的逆以今天可用的计算能力来讲是不切实际的。事实上，计算 Hessian 矩阵都是很困难的，更不用说求它的逆了！因此，已经提出了牛顿法的许多近似和变体，例如无 Hessian 优

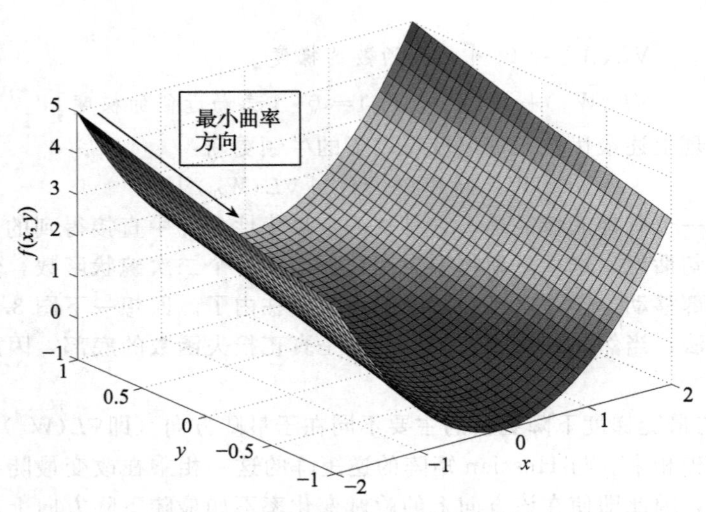

图 3.15　山谷中的曲率效应

化[41,189,313,314]（或共轭梯度法）和近似 Hessian 的拟牛顿法。这些方法的基本目标是在粗略计算 Hessian 的情况下进行二阶更新。

3.5.6.1　共轭梯度和无 Hessian 优化

共轭梯度法[189]需要 d 步来达到二次损失函数的最优解（而不是单个牛顿步）。该方法在关于神经网络的经典文献[41,443]中广为人知，最近又有一种变体被重新命名为“无 Hessian 优化”。这个名字的来源是，可以计算搜索优化方向，而无须显式计算 Hessian 矩阵。

一阶方法的关键问题是优化过程的振荡，这会使得之前迭代中的大量工作失效。在共轭梯度法中，移动的方向是相互联系的，这样在以前的迭代中所做的工作就不是无效的（对于二次损失函数）。这是因为沿着任何其他移动方向的向量投影在一步的梯度变化中总是 0。此外，通过搜索不同的步长，可以使用线搜索来确定最优步长。由于每一个方向上都有一个最优步，并且这个方向上的工作不会被后续的步抵消，所以需要 d 个线性无关的步来达到 d 维函数的最优。由于只有二次损失函数才有可能找到这样的方向，我们将首先讨论在损失函数 $L(\overline{W})$ 为二次函数的假设下的共轭梯度法。

二次凸损失函数 $L(\overline{W})$ 的椭球等高线图如图 3.16 所示。对称 Hessian 矩阵的正交特征向量$\overline{q}_0 \cdots \overline{q}_{d-1}$表示椭球等高线图的轴向。我们可以在一个新的坐标空间（对应于特征向量）中重写这个损失函数。在特征向量对应坐标系中，由于椭球损失轮廓与坐标系对齐，因此变换后的变量之间没有相互作用。这是因为将损失函数以变换后的变量形式重写得到的新的 Hessian 矩阵 $H_q = Q^{\mathrm{T}} H Q$ 是对角矩阵，其中 Q 是一个包含特征向量列的 $d \times d$ 矩阵。因此，每个转换后的变量都可以独立于其他变量进行优化。或者，可以通过在每个特征向量上依次进行最佳（投影）梯度下降步来处理原始变量，从而最小化损失函数。沿着特定方向的最佳移动是使用线搜索来选择步长。移动的性质如图 3.16a 所示。注意沿着第 j 个特征向量移动不会干扰先前特征向量，因此 d 步对于每个最优解都是充分的。

虽然计算 Hessian 矩阵的特征向量是不现实的，但还有其他有效的可计算方向满足相似的性质，这一关键性质称为向量的相互共轭。注意，由于正交性，两个特征向量$\overline{q}_i$ 和$\overline{q}_j$

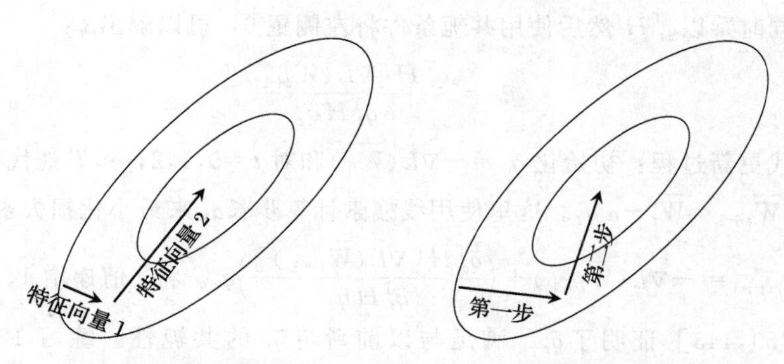

a）Hessian矩阵的特征向量相互正交：$q_i^{\mathrm{T}} q_j = 0$　　b）任意共轭对非正交：$\overline{q}_i^{\mathrm{T}} H \overline{q}_j = 0$

图 3.16　二次函数的 Hessian 特征向量表示二次椭球的正交轴，也是相互正交的。Hessian 矩阵的特征向量是正交共轭方向。共轭的广义定义可能导致非正交方向

满足$\overline{q}_i^{\mathrm{T}}\ \overline{q}_j=0$。此外，由于$\overline{q}_j$是 H 的一个特征向量，所以对于标量特征值λ_j，我们有 $H\,\overline{q}_j=\lambda_j\overline{q}_j$。将等式两边同时乘以$\overline{q}_i^{\mathrm{T}}$，我们可以很容易地看出，Hessian 矩阵的特征向量满足$\overline{q}_i^{\mathrm{T}}H\,\overline{q}_j=0$。这个条件称为相互共轭条件，它等价于变换后的方向为$\overline{q}_0\cdots\overline{q}_{d-1}$的坐标系中的 Hessian 矩阵$H_q=Q^{\mathrm{T}}HQ$是对角矩阵。事实上，如果我们选择任意一组向量$\overline{q}_0\cdots\overline{q}_{d-1}$（不一定正交）满足相互共轭条件，那么沿任一方向的移动都不会干扰沿其他方向的投影梯度。除了 Hessian 特征向量以外的共轭方向（如图 3.16b 所示）可能不是相互正交的。如果用非正交的共轭方向的坐标系的坐标重新写二次损失函数，我们就能利用对角 Hessian 矩阵$H_q=Q^{\mathrm{T}}HQ$很好地分离变量。然而，H_q不是对 H 的真正对角化，因为 $Q^{\mathrm{T}}Q=I$。然而，这种不相互影响的方向对于避免曲折至关重要。

令$\overline{W}_t$ 和$\overline{W}_{t+1}$分别代表沿$\overline{q}_t$ 移动前后的参数向量。沿$\overline{q}_t$ 方向移动带来的梯度变化$\nabla L(\overline{W}_{t+1})-\nabla L(\overline{W}_t)$与 $H\,\overline{q}_t$ 指向相同的方向。这是因为一个方向与二阶导数（Hessian）矩阵的乘积与沿该方向移动时一阶导数（梯度）的变化成正比。这种关系是非二次函数的有限差分近似，适用于二次函数。因此，这一变化向量相对于任何其他步向量$(\overline{W}_{t+1}-\overline{W}_t)\propto\overline{q}_i$ 的投影（或点积）可由以下形式给出：

$$\underbrace{[\overline{W}_{i+1}-\overline{W}_i]^{\mathrm{T}}}_{\text{早期步}}\ \underbrace{[\nabla L(\overline{W}_{t+1})-\nabla L(\overline{W}_t)]}_{\text{当前梯度变化}}\propto\overline{q}_i^{\mathrm{T}}H\overline{q}_t=0$$

这意味着沿着特定方向的梯度变化q_i（在整个学习过程中）只发生在沿着该方向的步中。线搜索确保沿该方向的最终梯度为 0。凸损失函数具有线性无关的共轭方向（参见练习 7）。通过在每个共轭方向上执行最佳步长，最终梯度与 d 个线性无关方向的点积为零。这只有在最终梯度为零向量时才有可能（参见练习 8），意味着凸函数是最优的。事实上，经常可以在比 d 次更新少得多的情况下得到接近最优的解。

如何迭代生成共轭方向？显而易见的方法需要跟踪所有以前的 $O(d)$ 共轭方向的 $O(d^2)$ 向量分量，来保证下个方向与所有这些方向的共轭性（参见练习 11）。令人惊讶的是，当使用最陡下降方向进行迭代生成时，只需要最近的共轭方向即可生成下一个方向[359,443]。这不是一个明显的结果（参见练习 12）。因此，$\overline{q}_{t+1}$的方向被迭代定义为只有前面的共轭方向$\overline{q}_t$ 及当前最陡下降方向$\nabla L(\overline{W}_{t+1})$与组合参数$\beta_t$ 的线性组合：

$$\overline{q}_{t+1}=-\nabla L(\overline{W}_{t+1})+\beta_t\overline{q}_t \tag{3.49}$$

通过在两侧同时乘以$\overline{q}_t^{\mathrm{T}}H$ 然后使用共轭条件将左侧置 0，可以解出β_t：

$$\beta_t = \frac{\overline{q}_t^{\mathrm{T}}H[\nabla L(\overline{W}_{t+1})]}{\overline{q}_t^{\mathrm{T}}H\overline{q}_t} \tag{3.50}$$

这导致了迭代更新过程：初始化 $\overline{q}_0=-\nabla L(\overline{W}_0)$和对 $t=0,1,2,\cdots,T$ 迭代计算$\overline{q}_{t+1}$：

1. 更新 $\overline{W}_{t+1}\Leftarrow\overline{W}_t+\alpha_t\overline{q}_t$。这里使用线搜索计算步长$\alpha_t$ 来最小化损失函数。

2. 计算 $\overline{q}_{t+1}=-\nabla L(\overline{W}_{t+1})+\left(\frac{\overline{q}_t^{\mathrm{T}}H[\nabla L(\overline{W}_{t+1})]}{\overline{q}_t^{\mathrm{T}}H\overline{q}_t}\right)\overline{q}_t$。将 t 值递增 1。

文献［359,443］证明了$\overline{q}_{t+1}$满足与以前所有$\overline{q}_i$ 的共轭性。练习 12 提供了系统的证明。

上面的更新似乎不是无 Hessian 的，因为矩阵 H 包含在上面的更新中。然而，只需要计算 Hessian 矩阵沿特定方向的投影。我们可以使用有限差分方法间接地计算这些值，而不必显式地计算 Hessian 矩阵的各个元素。设$\overline{v}$为投影 $H\overline{v}$需要计算的向量方向。对于较小的 δ 值，有限差分方法计算当前参数向量 $\overline{W}$ 和 $\overline{W}+\delta\overline{v}$上的损失梯度来执行近似：

$$H\overline{v} \approx \frac{\nabla L(\overline{W}+\delta\overline{v})-\nabla L(\overline{W})}{\delta} \propto \nabla L(\overline{W}+\delta\overline{v})-\nabla L(\overline{W}) \tag{3.51}$$

其中，右侧没有 Hessian 矩阵。二次函数的条件是确定的。文献［41］讨论了其他无Hessian 更新替代方案。

到目前为止，我们已经讨论了二次损失函数的简化情况，其中二阶导数矩阵（即 Hessian 矩阵）是一个常数矩阵（即与当前参数向量无关）。然而，神经网络损失函数不是二次函数，因此 Hessian 矩阵依赖当前值$\overline{W}_t$。我们首先在一个点上创建二次逼近然后通过几个迭代利用固定在这个点上的 Hessian 矩阵（二次逼近）进行求解，还是在每次迭代改变 Hessian 矩阵？前者称为*线性共轭梯度法*，后者称为*非线性共轭梯度法*。这两种方法对于神经网络中几乎不存在的二次损失函数是等价的。

神经网络和机器学习中的经典研究主要探索了非线性共轭梯度法[41]的使用，而最近的工作[313,314]提倡使用线性共轭法。在非线性共轭梯度法中，方向的相互共轭性会随着时间的推移而恶化，即使经过大量的迭代，也会对整体的进度产生不可预测的影响。问题是计算共轭方向的过程需要每隔几步就重新启动，因为相互共轭性会恶化。如果恶化的速度太快，共轭就不会提升太大的性能。另外，线性共轭梯度法中的每一个二次逼近都可以精确求解，而且通常（几乎）可以在比 d 次迭代少得多的时间内求解。虽然需要多个这样的近似，但是在每个近似中都有保证会取得进展，并且所需的近似数量通常不是很大。文献［313］通过实验证明了线性共轭梯度法的优越性。

3.5.6.2 拟牛顿方法和 BFGS

BFGS（Broyden-Fletcher-Goldfarb-Shanno）是牛顿法的近似形式。让我们回顾一下牛顿法的更新。牛顿法的一个典型更新如下：

$$\overline{W}^* \Leftarrow \overline{W}_0 - H^{-1}[\nabla L(\overline{W}_0)] \tag{3.52}$$

在拟牛顿法中，逆 Hessian 矩阵的一系列近似被用在不同的步中。设第 t 步的逆 Hessian矩阵近似为G_t，在第一次迭代中，将G_t 的值初始化为单位矩阵，相当于沿最陡下降方向移动。这个矩阵通过低秩更新从G_t 持续更新到G_{t+1}。牛顿更新用逆 Hessian 矩阵 $G_t\approx H_t^{-1}$ 直接重述如下：

$$\overline{W}_{t+1} \Leftarrow \overline{W}_t - G_t[\nabla L(\overline{W}_t)] \tag{3.53}$$

对于使用（逆）Hessian 近似（如G_t）的非二次损失函数，可以通过优化的学习率α_t改进上述更新：

$$\overline{W}_{t+1} \Leftarrow \overline{W}_t - \alpha_t G_t[\nabla L(\overline{W}_t)] \tag{3.54}$$

可以使用线搜索来查找优化的学习率α_t。线搜索不需要精确地执行（就像共轭梯度法一样），因为保持共轭性不再关键。然而，当从单位矩阵开始时，该方法保持了早期方向集合的近似共轭性。可以（可选地）在每 d 次迭代中将G_t 重置为单位矩阵（尽管很少这样做）。

矩阵G_{t+1}是如何由G_t 近似而来的，还有待讨论。为此需要使用*拟牛顿条件*，也称为*割线条件*：

$$\underbrace{\overline{W}_{t+1} - \overline{W}_t}_{\text{参数变化}} = G_{t+1}\underbrace{[\nabla L(\overline{W}_{t+1}) - \nabla L(\overline{W}_t)]}_{\text{一阶导数变化}} \tag{3.55}$$

上述公式只是有限差分近似。直观上，二阶导数矩阵（即 Hessian 矩阵）与参数变化（向量）相乘近似地提供了梯度变化。因此，逆 Hessian 近似G_{t+1}与梯度变化相乘提供了参数变化。目标是找到一个满足公式 3.55 的对称矩阵G_{t+1}，但它代表了一个有无限个解的欠定方程组。其中，BFGS 选择了与当前G_t 最接近的对称G_{t+1}，并以加权 Frobenius 范数的形式给出了最小化目标函数 $\| G_{t+1} - G_t \|_F$来实现这一目标。求解过程如下：

$$G_{t+1} \Leftarrow (I - \Delta_t \overline{q}_t \overline{v}_t^{\mathrm{T}}) G_t (I - \Delta_t \overline{v}_t \overline{q}_t^{\mathrm{T}}) + \Delta_t \overline{q}_t \overline{q}_t^{\mathrm{T}} \tag{3.56}$$

其中（列）向量$\overline{q}_t$ 和$\overline{v}_t$ 分别表示参数变化和梯度变化，标量 $\Delta_t = 1/(\overline{q}_t^{\mathrm{T}} \overline{v}_t)$是这两个向量的点积的逆。

$$\overline{q}_t = \overline{W}_{t+1} - \overline{W}_t; \quad \overline{v}_t = \nabla L(\overline{W}_{t+1}) - \nabla L(\overline{W}_t)$$

通过扩展公式 3.56 中的更新，可以提高空间效率，从而减少需要维护的临时矩阵。感兴趣的读者可以参考文献［300,359,376］以获得这些更新的实现细节和派生。

即使 BFGS 从近似逆 Hessian 矩阵中获益，它也需要将一个大小为 $O(d^2)$ 的矩阵G_t从一个迭代传递到下一个迭代。*有限内存* BFGS（L-BFGS）通过不携带上一个迭代中的矩阵G_t，大大降低了从 $O(d^2)$ 到 $O(d)$ 的内存需求。在最基本的 L-BFGS 方法中，将矩阵G_t 替换为公式 3.56 中的单位矩阵，得到G_{t+1}。一个更精细的选择是存储 $m \approx 30$ 个最新的向量$\overline{q}_t$ 和$\overline{v}_t$。那么，L-BFGS 相当于将G_{t-m+1}初始化为单位矩阵，递归地应用公式 3.56 m 次，得到G_{t+1}。在实践中，该实现被优化为直接计算向量的移动方向，而不需要显式地存储从G_{t-m+1}到G_t 的大型中间矩阵。用 L-BFGS 求出的方向即使用近似线搜索也大致满足相互共轭性。

3.5.6.3 二阶方法的问题：鞍点

二阶方法容易出现*鞍点*。鞍点是梯度下降法的驻点，因为它的梯度是零，但不是最小值（或最大值）。鞍点是*拐点*，它看起来要么是一个最小值，要么是一个最大值，这取决于我们从哪个方向接近它。因此，牛顿法的二次逼近会根据接近鞍点的方向而给出非常不同的形状。具有一个鞍点的一维函数如下：

$$f(x) = x^3$$

该函数如图 3.17a 所示，其拐点在 $x=0$ 处。注意，在 $x>0$ 处的二次逼近看起来像一个正立的碗，而在 $x<0$ 处的二次逼近看起来像一个倒立的碗。此外，即使在优化过程中到达 $x=0$，二阶导数和一阶导数也都为零。因此，牛顿更新将采取 0/0 的形式，变得不确定。

从数值优化的角度来看，这是一个退化点。不是所有的鞍点都是退化点，反之亦然。对于多变量问题，这种退化点通常是宽而平坦的区域，而不是目标函数的最小值。它们确实为数值优化提出了一个重要的问题。以 $h(x,y)=x^3+y^3$ 为例，它在 (0,0) 处退化，在 (0,0) 处出现平坦的停滞区域。这些类型的停滞区域为学习算法带来了问题，因为一阶算法在这些区域会变慢，而二阶算法也不能识别它们为伪区域。值得注意的是，这样的鞍点只出现在高阶（高于二阶）代数函数中，这是神经网络优化中常见的问题。

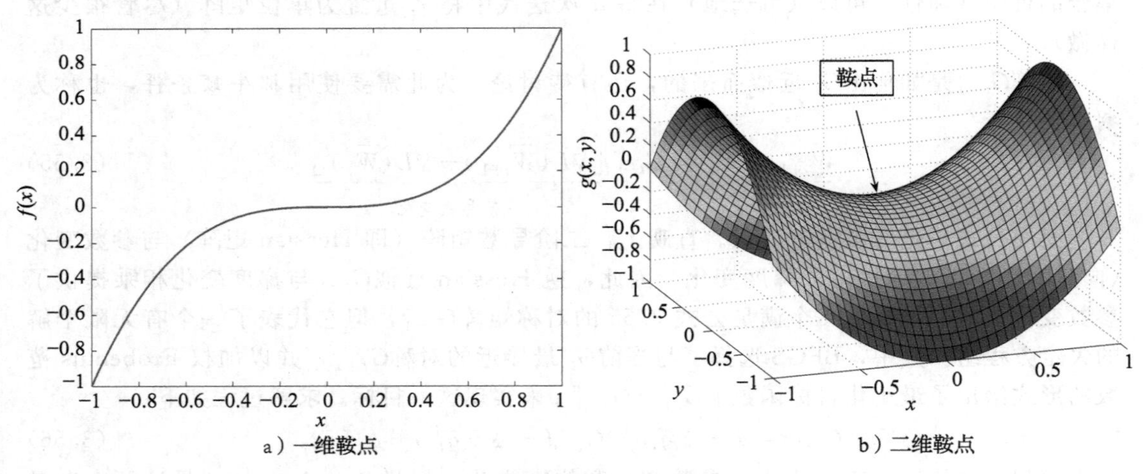

图 3.17 鞍点示例

研究非退化点的鞍点的情况也很有意义。一个具有一个鞍点的二维函数的例子如下：

$$g(x,y)=x^2-y^2$$

该函数如图 3.17b 所示。鞍点是 (0,0)，很容易看出这个函数的形状类似于一个马鞍。在这种情况下，从 x 方向或从 y 方向逼近将导致非常不同的二次逼近。在一种情况下，函数看起来是最小值，而在另一种情况下，函数看起来是最大值。此外，从牛顿更新的角度来看，鞍点 (0,0) 将是一个驻点，即使它不是极值。鞍点经常出现在损失函数的两座山之间的区域，对于二阶方法来说该区域是有问题的。有趣的是，一阶方法往往能够避开鞍点[146]，因为一阶方法的轨迹根本不会被鞍点吸引，而牛顿法会直接跳到鞍点。

不幸的是，一些神经网络损失函数似乎包含了大量的鞍点。因此，二阶方法并不总是比一阶方法更可取，特定损失函数的特定地形可能起到重要作用。二阶方法在损失函数曲率复杂或存在悬崖的情况下具有优势。在其他具有鞍点的函数中，一阶方法是有利的。注意，计算算法（如 Adam）与一阶梯度下降方法的配对已经以一种隐式的方式合并了二阶方法的几个优点。因此，现实世界的实践者通常更喜欢将一阶方法与像 Adam 这样的计算算法相结合。最近，有人提出了一些方法[88]来处理二阶方法中的鞍点。

3.5.7 Polyak 平均

采用二阶方法的动机之一是避免由高曲率区域引起的振荡现象。在山谷中引起的震荡现象是这个情况的另一个例子（参见图 3.15）。用任何学习算法实现某种稳定性的一种方法是，随着时间的推移创建一个指数衰减的参数平均值，这样就避免了振荡现象。令 $\overline{W}_1 \cdots \overline{W}_T$ 为任意学习方法在 T 步的全序列上找到的参数序列。在最简单的 Polyak 平均中，直接计算所有参数的平均值作为最终集合$\overline{W}_T^f$：

$$\overline{W}_T^f=\frac{\sum_{i=1}^{T}\overline{W}_i}{T} \tag{3.57}$$

对于简单的平均，只需要在过程结束时计算一次$\overline{W}_T^f$，不需要计算 $1\cdots T-1$ 处的值。

然而，对于指数平均衰减参数$\beta<1$，迭代地计算这些值和维护整个算法过程的运行平均很有帮助：

$$\overline{W}_t^f=\frac{\sum_{i=1}^{t}\beta^{t-i}\overline{W}_i}{\sum_{i=1}^{t}\beta^{t-i}} \quad [\text{显式表达}]$$

$$\overline{W}_t^f=(1-\beta)\overline{W}_t+\beta\overline{W}_{t-1}^f \quad [\text{递归表达}]$$

以上两个公式在 t 较大时近似相等。第二个公式比较方便，因为它支持在算法过程中进行维护，不需要维护整个参数历史。指数衰减平均比简单的平均更能避免固定点的影响。在简单的平均中，最终结果可能会受到早期点的严重影响而与正确解的近似性很差。

3.5.8 局部极小值和伪极小值

前面给出的二次碗的例子是一个相对简单的优化问题，它有一个全局最优。这些问题称为*凸优化问题*，它们代表了最简单的优化情况。然而，一般来说，神经网络的目标函数不是凸的，它可能有许多局部极小值。在这种情况下，学习有可能收敛到次优解。尽管如此，在初始化相当好的情况下，神经网络中的局部极小值问题所引起的问题比预期的要少。

局部极小值只有在其目标函数值显著大于全局极小值时才有问题。然而，在实践中，这似乎不是神经网络的情况。许多研究结果[88,426]表明，真实网络的局部极小值与全局极小值具有非常相似的目标函数值。因此，它们的存在似乎并没有像通常认为的那样造成严重的问题。

在数据有限的*模型泛化*环境中，局部极小值经常引起问题。需要记住的重要一点是，损失函数总是在有限的训练数据样本上定义，这只是对真实分布情况下的未知测试数据真实分布上的损失函数形状的粗略近似。当训练数据的规模很小时，由于训练数据的缺乏，就会产生大量伪全局极小值或伪局部极小值。这些极小值在（无限大的）未知测试实例分布中不可见，但是它们作为特定训练数据集的随机选择出现。当在较小的训练样本上构造损失函数时，这种伪极小值通常更突出、更引人关注。在这种情况下，伪极小值确实会产生问题，因为它们不能很好地泛化到未知的测试实例。这个问题与传统优化中通常理解的局部极小值概念略有不同：*训练数据上的局部极小值不能很好地泛化到测试数据*。换句话说，损失函数的形状在训练数和测试数据上甚至都不相同，因此两种情况下的极小值不匹配。在这里，重要的是要理解传统优化和机器学习方法之间的根本区别，后者试图将有限数据集上的损失函数泛化到测试实例的范围。这是一个称为*经验风险最小化*的概念，在这个概念中，计算一个学习算法的（近似）*经验风险*，因为这些实例的真实分布是未知的。当从随机初始化点开始时，常常会陷入这些伪极小值之一，除非小心地将初始化点移动到更接近真最优的范围（从模型泛化的角度来看）。其中一种方法是*无监督预训练*，将在第 4 章中讨论。

在神经网络学习中，伪极小值问题（由于无法将有限的训练数据的结果泛化到未知的测试数据）是一个比局部极小值问题（从传统优化的角度来看）大得多的问题。这个问题的性质与一般对局部极小值的理解有很大的不同，因此将在模型泛化的单独一章中对它进行讨论（见第 4 章）。

3.6 批归一化

批归一化是一个最近提出的用来解决梯度消失和梯度爆炸这种会使得连续层的激活梯度在幅度上减小或增大的问题的方法。深度网络训练中的另一个问题是*内部协方差偏移*。这个问题指的是参数在训练过程中会变化，因此隐藏变量的激活也是变化的。换句话说，从浅层到深层的隐藏输入一直在变化。浅层到深层的变化的输入会导致训练过程因深层训练数据的不稳定性而更慢收敛。批归一化能够降低这一影响。

批归一化的思想是在隐藏层之间添加额外的“归一化层”，通过产生具有相似方差的特征来避免这一现象。另外，标准化层的每个单元包含两个额外参数β_i 和γ_i 以控制第 i 个单元的精确归一化水平，这些参数通过数据驱动的方式学习得到。基本思想在于第 i 个单元的输出*在训练实例的每一个小批量上*的均值都为β_i，标准差都为γ_i。读者可能认为简单地将所有β_i 设为 0、所有γ_i 设为 1 可能会有效，但是这么做会降低网络的表示能力。例如，如果我们做了这种转换，那么 sigmoid 单元会工作在它们的线性区间内，特别是如果标准化是在激活之前进行的（对图 3.18 的讨论见下文）。回想一下第 1 章中关于不含非线性激活的多层网络无法因深度提高能力的讨论。因此，允许这些参数的一些“摇摆”并以数据驱动的方式学习它们是有意义的。另外，参数β_i 能作为一个可学习的偏置变量，因此我们在这些层中不需要额外的偏置单元。

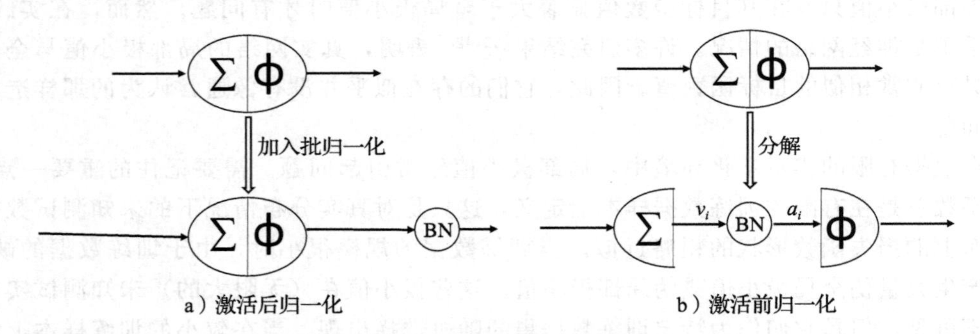

图 3.18　批归一化的不同选择

我们假定第 i 个单元与一种特殊类型的节点 BN_i 相连，其中 BN 代表批归一化。该单元包含两个需要学习的参数β_i 和γ_i。注意到 BN_i 只有一个输入，它的工作是执行标准化和缩放。这个节点接下来按照神经网络与下一层连接的标准方式与网络的下一层连接。此处，标准化层的连接方式有两种：

1. 标准化可以在对经线性变换的输入执行激活函数后执行。这种方案如图 3.18a 所示。因此，标准化是在*激活后值*上执行的。

2. 标准化可以在对输入进行线性变换之后、执行激活函数之前执行。这种情况如图

3.18b 所示。因此，标准化是在激活前值上进行的。

可以论证[214]，第二种方式有更多的优点。因此，在本书中，我们将重点讨论这一方式。图 3.18b 所示的 BN 节点和任何其他计算节点一样（尽管有一些特殊的性质），我们可以像其他任何计算节点一样通过该节点执行反向传播。

BN_i 执行了什么变换？考虑这种情况：它的输入为$v_i^{(r)}$，对应于馈入第 i 个单元的批量中第 r 个元素。每个$v_i^{(r)}$ 通过用系数向量 $\overline{W}_i$（以及偏置，如果有的话）定义的线性变换得到。对于一个含 m 个实例的特定批量，假设用$v_i^{(1)}, v_i^{(2)}, \cdots, v_i^{(m)}$ 表示 m 个激活量的值。第一步是计算第 i 个隐藏单元的均值μ_i 和标准差σ_i。接着使用参数β_i 和γ_i 对它们进行缩放以生成下一层的输出：

$$\mu_i = \frac{\sum_{r=1}^{m} v_i^{(r)}}{m} \quad \forall i \tag{3.58}$$

$$\sigma_i^2 = \frac{\sum_{r=1}^{m} (v_i^{(r)} - \mu_i)^2}{m} + \varepsilon \quad \forall i \tag{3.59}$$

$$\hat{v}_i^{(r)} = \frac{v_i^{(r)} - \mu_i}{\sigma_i} \quad \forall i, r \tag{3.60}$$

$$a_i^{(r)} = \gamma_i \cdot \hat{v}_i^{(r)} + \beta_i \quad \forall i, r \tag{3.61}$$

我们给σ_i^2 加上一个很小的值 ε 以调整所有激活量都相同从而导致方差为 0 的情况。注意到 $a_i^{(r)}$ 是第 i 个节点对应第 r 个批实例的激活前输出。如果我们还未施加批归一化，该值就会被设为$v_i^{(r)}$。我们在概念上使用执行这一额外处理的特殊节点 BN_i 来代表该节点，如图 3.18b 所示。因此，反向传播算法必须考虑这种额外节点并确保批归一化层之前层的损失导数能包含这些新节点代表的变换。值得注意的是应用于这些特殊 BN 节点的函数都是针对当前批量的。这种计算在梯度为所有训练实例梯度的线性可分和的神经网络中并不常见。普通做法在这种情况下是不正确的，因为批归一化层计算的是批量的非线性指标（如标准差）。因此，激活值取决于一个批量中的实例之间的相关程度，这在大部分神经计算中是不常见的。然而，BN 节点的这一特殊性质不会阻碍我们通过其对应的计算执行反向传播。

下面我们将描述由标准化层引起的反向传播算法的变化。变化的主要部分在于展示怎样通过新加入的标准化层执行反向传播。另一个需要注意的点是，我们想优化参数β_i 和 γ_i。对于每个β_i 和γ_i 的梯度下降步骤，我们需要关于这些参数的梯度。假设反向传播已经进行到 BN 节点的输出处，因此我们得到了所有的$\frac{\partial L}{\partial a_i^{(r)}}$。接下来，关于这两个参数的导数可以按如下方式计算：

$$\frac{\partial L}{\partial \beta_i} = \sum_{r=1}^{m} \frac{\partial L}{\partial a_i^{(r)}} \cdot \frac{\partial a_i^{(r)}}{\partial \beta_i} = \sum_{r=1}^{m} \frac{\partial L}{\partial a_i^{(r)}}$$

$$\frac{\partial L}{\partial \gamma_i} = \sum_{r=1}^{m} \frac{\partial L}{\partial a_i^{(r)}} \cdot \frac{\partial a_i^{(r)}}{\partial \gamma_i} = \sum_{r=1}^{m} \frac{\partial L}{\partial a_i^{(r)}} \cdot \hat{v}_i^{(r)}$$

我们还需要计算$\frac{\partial L}{\partial v_i^r}$ 。一旦得到这个值，前一层所有节点 j 上对激活前值的反向传播就可以用本章之前介绍的反向传播更新直接得到。因此，动态规划递归需要被进一步完善以便我们能够使用$\frac{\partial L}{\partial a_j^r}$的值。我们可以通过$\hat{v}_i^{(r)}$、$\mu_i$ 和σ_i 来计算$\frac{\partial L}{\partial v_j^r}$的值，因为我们观察到$v_i^{(r)}$可以写为只关于$\hat{v}_i^{(r)}$、均值$\mu_i$ 和方差σ_i^2 的（标准化）函数。我们观察到μ_i 和σ_i 不是常量，而是变量，因为它们依赖于当前的批量。因此，我们有如下结果：

$$\frac{\partial L}{\partial v_i^{(r)}}=\frac{\partial L}{\partial \hat{v}_i^{(r)}}\frac{\partial \hat{v}_i^{(r)}}{\partial v_i^{(r)}}+\frac{\partial L}{\partial \mu_i}\frac{\partial \mu_i}{\partial v_i^{(r)}}+\frac{\partial L}{\partial \sigma_i^2}\frac{\partial \sigma_i^2}{\partial v_i^{(r)}} \tag{3.62}$$

$$=\frac{\partial L}{\partial \hat{v}_i^{(r)}}\left(\frac{1}{\sigma_i}\right)+\frac{\partial L}{\partial \mu_i}\left(\frac{1}{m}\right)+\frac{\partial L}{\partial \sigma_i^2}\left(\frac{2(v_i^{(r)}-\mu_i)}{m}\right) \tag{3.63}$$

我们需要根据使用已执行的反向传播动态规划更新值计算出的量，来对以上等式右边的三个偏导分别求值。批归一化层的递推公式由此产生。其中，第一个表达式，即$\frac{\partial L}{\partial \hat{v}_i^{(r)}}$，可以被替换为下一层的损失导数，因为我们可以观察到 $a_i^{(r)}$ 与$\hat{v}_i^{(r)}$ 通过比例常数γ_i 相关：

$$\frac{\partial L}{\partial \hat{v}_i^{(r)}}=\gamma_i\frac{\partial L}{\partial a_i^{(r)}}\quad [\text{由于 } a_i^{(r)}=\gamma_i\cdot\hat{v}_i^{(r)}+\beta_i] \tag{3.64}$$

因此，通过在公式 3.63 中使用该值替换$\frac{\partial L}{\partial \hat{v}_i^{(r)}}$，能够得到如下结果：

$$\frac{\partial L}{\partial v_i^{(r)}}=\frac{\partial L}{\partial a_i^{(r)}}\left(\frac{\gamma_i}{\sigma_i}\right)+\frac{\partial L}{\partial \mu_i}\left(\frac{1}{m}\right)+\frac{\partial L}{\partial \sigma_i^2}\left(\frac{2(v_i^{(r)}-\mu_i)}{m}\right) \tag{3.65}$$

现在我们需要计算损失关于均值和方差的偏导。损失关于方差的偏导计算如下：

$$\frac{\partial L}{\partial \sigma_i^2}=\underbrace{\sum_{q=1}^{m}\frac{\partial L}{\partial \hat{v}_i^{(q)}}\cdot\frac{\partial \hat{v}_i^{(q)}}{\partial \sigma_i^2}}_{\text{链式法则}}=\underbrace{-\frac{1}{2\sigma_i^3}\sum_{q=1}^{m}\frac{\partial L}{\partial \hat{v}_i^{(q)}}(v_i^{(q)}-\mu_i)}_{\text{使用公式3.60}}$$

$$=\underbrace{-\frac{1}{2\sigma_i^3}\sum_{q=1}^{m}\frac{\partial L}{\partial a_i^{(q)}}\gamma_i\cdot(v_i^{(q)}-\mu_i)}_{\text{代入公式3.64}}$$

损失关于均值的偏导计算如下：

$$\frac{\partial L}{\partial \mu_i}=\underbrace{\sum_{q=1}^{m}\frac{\partial L}{\partial \hat{v}_i^{(q)}}\cdot\frac{\partial \hat{v}_i^{(q)}}{\partial \mu_i}+\frac{\partial L}{\partial \sigma_i^2}\cdot\frac{\partial \sigma_i^2}{\partial \mu_i}}_{\text{链式法则}}=\underbrace{-\frac{1}{\sigma_i}\sum_{q=1}^{m}\frac{\partial L}{\partial \hat{v}_i^{(q)}}-2\frac{\partial L}{\partial \sigma_i^2}\cdot\frac{\sum_{q=1}^{m}(v_i^{(q)}-\mu_i)}{m}}_{\text{使用公式3.59和公式3.60}}$$

$$=\underbrace{-\frac{\gamma_i}{\sigma_i}\sum_{q=1}^{m}\frac{\partial L}{\partial a_i^{(q)}}}_{\text{公式3.64}}+\underbrace{\left(\frac{1}{\sigma_i^3}\right)\cdot\left(\sum_{q=1}^{m}\frac{\partial L}{\partial a_i^{(q)}}\gamma_i\cdot(v_i^{(q)}-\mu_i)\right)\cdot\boxed{\frac{\sum_{q=1}^{m}(v_i^{(q)}-\mu_i)}{m}}}_{\text{代入}\frac{\partial L}{\partial \sigma_i^2}}$$

将损失关于均值和方差的偏导代入公式 3.65，我们就得到了$\frac{\partial L}{\partial v_i^{(r)}}$（批归一化层之前的值）关于$\frac{\partial L}{\partial a_i^{(r)}}$（批归一化层之后的值）的完整递推表示。这就完整地展示了损失通过对应于BN节点的批归一化层的反向传播过程。反向传播的其余方面与传统情形类似。批归一化可以更快地进行推断，因为它能够避免类似梯度爆炸和梯度消失（导致学习变慢）的问题出现。

一个有关批归一化的自然问题会在推断（预测）过程中出现。由于变换参数μ_i和σ_i依赖于批量，在测试过程中当每次仅有单一测试实例可用时，我们应该如何计算这两个量呢？在这种情况下，μ_i和σ_i的值首先根据全体训练数据计算得到，在测试过程中被看作常量。我们也可以在训练过程中对这些值进行指数加权平均。因此，标准化在推断过程中就是一个简单的线性变换。

批归一化的一个有趣的性质是*它也能被当成一个正则化项*。注意到同一数据点可能引起不同的更新，这取决于它在哪个批量中。我们可以把这一效果看成是加在更新过程上的一种噪声。正则化通常是通过在训练数据上添加一小部分噪声完成的。从实验中可以观察到，当使用批归一化时，像Dropout（见4.5.4节）这样的正则化方法似乎并不能提升模型表现[184]，尽管人们在这一点上还没有完全达成一致。批归一化的一个变体称为*层归一化*，在循环神经网络中有较好表现。这种方法将在7.3节中讨论。

3.7 加速与压缩的实用技巧

无论是在模型中参数的数量上，还是在需要处理的数据量上，神经网络学习算法的代价都会十分高昂。有用于加速和压缩底层实现的策略，几种常见策略如下：

1. *GPU加速*：得益于在需要重复矩阵操作（例如，在图形像素上）环境中的效率，图形处理单元（GPU）历来用于渲染图形密集的视频游戏。这种重复性操作也被用于神经网络，其中矩阵运算被广泛使用，它们最终被机器学习社区（和GPU硬件公司）实现。由于其多核架构中的高内存带宽和多线程，即使使用单个GPU也能对实现进行加速。

2. *并行实现*：可以通过多GPU或多CPU将神经网络的实现并行化。神经网络模型和数据都可以被划分到不同处理器。这些实现被称为*模型并行实现*或*数据并行实现*。

3. *在部署过程中用于模型压缩的算法技巧*：关于神经网络的实际使用的一个关键点是它们在训练和部署上的计算需求是不同的。尽管使用大量内存并花上一周的时间来训练一个模型是可接受的，但最终的部署可能是在内存和算力都严重受限的手机上进行的。因此，在测试过程中会使用大量模型压缩的技巧。这种压缩也经常能够带来更好的缓存性能和效率。

接下来，我们将讨论一些加速和压缩技巧。

3.7.1 GPU加速

GPU最初是为了在屏幕上使用三维坐标系呈现图形而开发的。因此，显卡天生就被设计成并行执行许多矩阵乘法以快速呈现图形。GPU处理器已经有了显著的发展，远远超出了它们最初的图形渲染功能。与图形应用程序一样，神经网络实现需要大规模矩阵乘法，这一任务天生就适合GPU。在传统的神经网络中，每个前向传播都是一个矩阵和向量的乘法，而在卷积神经网络中是两个矩阵相乘。当使用小批量处理方法时，在传统的神经网络中，激活变成了矩阵（而不是向量）。因此，前向传播需要矩阵乘法。类似的结果也适用于反向传播，在此过程中，两个矩阵频繁地相乘以反向传播导数。换句话说，大多数密集的计算涉及向量、矩阵和张量的操作。即使是一个单独的GPU也擅长在其不同的核心中使用多线程并行化这些操作[203]，其中共享相同代码的一些线程组是并发执行的。这个原则称为单指令多线程（SIMT）。虽然CPU也能通过单指令多数据（SIMD）指令支持短向量数据并行化，但与GPU相比，它的并行度要低得多。与传统CPU相比，使用GPU有不同的权衡。GPU非常擅长重复操作，但在执行分支操作（如if-then语句）方面存在困难。大多数神经网络学习的密集操作是不同训练实例之间的重复矩阵乘法，因此这一环境适合使用GPU。虽然GPU中单个指令的时钟速度比传统的CPU慢，但是GPU的并行度要高得多，从而获得了巨大的优势。

GPU线程被分组成称为warp的小单元。warp中的每个线程在每个循环中共享相同的代码，这一限制允许线程的并发执行。实现上需要仔细调整以减少内存带宽的使用。这是通过合并来自不同线程的内存读写实现的，以便于使用单个内存事务来读写来自不同线程的值。考虑一个常见的操作，如神经网络环境中的矩阵乘法，通过让每个线程负责计算乘积矩阵中的一个条目来完成。例如，假设有一个100×50的矩阵与一个50×200的矩阵相乘。在这种情况下，将启动总数为100×200＝20 000个线程来计算矩阵的条目。这些线程通常会被分割成多个warp，每个warp都是高度并行的。因此就实现了加速。关于GPU上矩阵乘法的讨论参见文献[203]。

由于并行度很高，内存带宽常常是主要的限制因素。内存带宽是指处理器从其在内存中的存储位置访问相关参数的速度。与传统的CPU相比，GPU具有较高的并行度和内存带宽。请注意，如果从内存中访问相关参数的速度不够快，那么更快的执行速度无助于提高计算速度。在这种情况下，无论是使用CPU还是GPU，内存传输都无法跟上处理器的速度，CPU/GPU核心将会处于空闲状态。GPU在缓存访问、计算和内存访问之间有不同的权衡。CPU的缓存比GPU大得多，它们依赖缓存来存储中间结果，比如两个数字相乘的结果。从缓存中访问计算值要比再次乘以它们快得多，这是CPU相对于GPU的优势。然而，这种优势在神经网络环境下被抵消了，其中参数矩阵和激活的大小通常太大而无法放入CPU缓存中。即使CPU缓存比GPU大，它也不足以处理神经网络操作的规模。在这种情况下，我们必须依靠高内存带宽，这是GPU相对于CPU的优势。此外，在使用GPU时（假设结果不在缓存中），再次执行相同的计算通常比从内存中访问更快。因此，GPU实现与传统的CPU实现有所不同。此外，由于不同架构的内存带宽需求和多线程增益可能不同，因此所获得的优势大小对于神经网络架构的选择非常敏感。

从上面的例子中似乎可以看出，使用GPU需要大量的底层编程，为每个神经架构创建定制的GPU代码确实是一个挑战。考虑到这个问题，像英伟达这样的公司已经模块化了程序员和GPU实现之间的接口。关键的一点是，通过提供一个神经网络操作库来在后台更快地执行操作，可以对用户隐藏矩阵乘法和卷积等原语的加速过程。GPU库与深度学习框架（如Caffe或Torch）紧密集成以利用GPU上的加速来操作这种库的一个具体例子是NVIDIA CUDA深度神经网络库[643]，简称cuDNN。CUDA是一个并行计算平台和编程模型，可以使用CUDA支持的GPU处理器。然而，它提供了一个抽象和一个易于使用的编程接口，并且限制了对代码的重写。cuDNN库可以与多种深度学习框架集成，如Caffe、TensorFlow、Theano和Torch。将特定神经网络的训练代码从CPU版本转换为GPU版本所需的更改通常很小。例如，在Torch中，CUDA Torch包被包含在代码的开头，各种数据结构（如张量）初始化为CUDA张量（而不是常规张量）。通过这些适度的修改，在Torch中，几乎相同的代码也可以在GPU上运行。类似的情况也适用于其他深度学习框架。这种方法使开发人员不再需要进行 GPU 框架中必需的底层性能调优，因为库中的原语已经包含了处理 GPU 上所有底层并行化细节的代码。

3.7.2 并行和分布式实现

通过使用多个 CPU 或 GPU 可以使训练变得更快。由于使用多个 GPU 更为常见，所以我们将重点放在这种情况上。在使用 GPU 时，并行并不是一件简单的事情，因为不同处理器之间的通信有相关的开销。这些开销造成的延迟最近已经通过专门用于 GPU 到 GPU 传输的网卡得到了减少。此外，像使用 8 位梯度近似[98]这样的算法技巧可以帮助加速通信。有几种方法可以跨不同处理器划分工作，即超参数并行、模型并行和数据并行。下面将讨论这些方法。

超参数并行

在没有太多开销的情况下，在训练过程中实现并行最简单的方法是在不同的处理器上训练具有不同参数设置的神经网络。在不同的执行之间不需要通信，因此开销的浪费是可以避免的。正如本章前面所讨论的，使用次优超参数的模型通常在算法结束之前就会终止运行。尽管如此，为了创建集成模型，通常会使用少量具有优化后参数的不同运行。不同集成组件的训练可以在不同的处理器上独立执行。

模型并行

当单个模型太大而不能在 GPU 上运行时，模型并行尤其有用。在这种情况下，隐藏层被划分到不同的 GPU 上。不同的 GPU 工作在完全相同的一批训练点上，尽管不同的 GPU 计算不同部分的激活和梯度。每个 GPU 只包含与 GPU 中隐藏激活相乘的权重矩阵的一部分。但是，它仍然需要将其激活的结果传递给其他 GPU。同样，它需要得到其他 GPU 中隐藏单元的导数，以便计算其隐藏单元与其他 GPU 之间的权重梯度。这是通过使用跨 GPU 的互连实现的，而跨这些互连的计算增加了开销。在某些情况下，为了减少通信开销，互连会仅限于层的一个子集（尽管得到的模型与顺序版本不太相同）。模型并行在神经网络中参数数量较少的情况下是没有帮助的，只能用于大型网络。模型并行的一个很好的实例是 AlexNet 的设计，它是一个卷积神经网络（参见 8.4.1 节）。第 8 章的图 8.9 展示了 AlexNet 的顺序版本和 GPU 划分版本。请注意，图 8.9 中的顺序版本并不完全等同于 GPU 划分版本，因为在某些层中已经删除了 GPU 之间的互连。关于模型并行的讨论可以在文献 [74] 中找到。

数据并行

当模型足够小以适应每个 GPU，但训练数据量很大时，数据并行有最好的表现。在这些情况下，参数在不同的 GPU 之间共享，更新的目标是使用具有不同训练点的不同处理器来实现更快的更新。问题是更新的完美同步会减慢进程，因为需要使用锁定机制来同步更新。关键是每个处理器必须等待其他处理器进行更新。因此，最慢的处理器会造成瓶颈。文献 [91] 提出了一种采用异步随机梯度下降的方法。基本思想是使用一个参数服务器，以便在不同的 GPU 处理器之间共享参数。更新是在不使用任何锁定机制的情况下执行的。换句话说，每个 GPU 可以在任何时候读取共享参数，执行计算，并将参数写入参数服务器，而无须担心锁。在这种情况下，一个 GPU 处理器重写其他 GPU 的进程仍然会导致低效，但是没有写操作的等待时间。因此，整个过程仍然比使用同步机制要快。分布式异步梯度下降作为一种并行策略在大规模工业环境中非常流行。

利用混合并行的权衡

从上面的讨论可以明显看出，模型并行非常适合参数量较大的模型，而数据并行非常适合较小的模型。结果表明，我们可以在网络的不同部分合并这两种并行方式。在某些具有全连接层的卷积神经网络中，绝大多数参数出现在全连接层中，而更多的计算在较浅的层中执行。在这些情况下，对网络的浅层部分使用数据并行，对网络的深层部分使用模型并行是有意义的。这种方法称为混合并行。对这种方法的讨论可在文献［254］中找到。

3.7.3 模型压缩的算法技巧

训练和部署神经网络通常在内存及效率方面有不同的要求。虽然用一周的时间来训练神经网络使其能够识别图像中的人脸是可以接受的，但最终用户可能希望使用训练过的神经网络在几秒内识别人脸。此外，该模型可以部署在内存和计算性能都很低的移动设备上。在这种情况下，能够有效地使用经过训练的模型，并且在有限的存储空间内使用它，这是至关重要的。在部署时，效率通常不是问题，因为对测试实例的预测通常需要在几个层上进行简单的矩阵乘法。另外，由于在多层网络中有大量的参数，存储需求常常是一个问题。在这种情况下，有几个技巧可以用于模型压缩。在多数情况下，一个较大的经训练的神经网络会通过近似模型的某些部分使其需要更少的空间。此外，由于有更好的缓存性能和更少的操作，模型压缩也能在预测时提升效率，尽管这不是主要主要目标。有趣的是，由于正则化效应，这种近似有时可能提高样本外预测的准确性，特别是当原始模型与训练数据大小相比过于庞大时。

在训练中稀疏化权重

神经网络中的连接与权重相关。如果某一权重的绝对值很小，则该模型不会受到该权重的强烈影响。可以删除这样的权重，神经网络可以从尚未删除的连接的当前权重开始进行微调。稀疏化的程度取决于要删除的连接的权重阈值。通过选择一个更大的删除权重的阈值，模型的大小将显著减小。在这种情况下，微调现有的权重以便于之后迭代训练的进行是尤其重要的。我们也可以通过使用 L_1 正则化（第 4 章将对此进行讨论）来删除连接。在训练中使用 L_1 正则化时，由于这种形式的正则化的自然数学属性，许多权重无论如何都将为零。然而，文献［169］表明 L_2 正则化具有准确度更高的优点。因此，文献［169］中的工作使用 L_2 正则化并删除低于特定阈值的权重。

进一步的研究在文献［168］中讨论，该方法结合了霍夫曼编码和量化压缩。量化的目标是减少每个连接的比特数。这种方法将 AlexNet[255] 所需的存储空间减少至原来的 1/35，即从大约 240MB 减少到 6.9MB，同时没有损失准确性。由于这种减少，现在可以将模型放入芯片内的 SRAM 缓存而不是芯片外的 DRAM 内存，这也能降低预测所需的时间。

利用权重的冗余性

文献［94］表明神经网络的大量权重是冗余的。换句话说，对于任意一个位于分别具有m_1 和m_2 个单元的两层之间的 $m\times n$ 的权重矩阵 W，我们可以将这个权重矩阵表示为 $W\approx UV^{\mathrm{T}}$，其中 U 和 V 的大小分别为$m_1\times k$ 和$m_2\times k$。另外，我们假设 $k\ll\min\{m_1,m_2\}$。这一现象是由于训练过程具有的几个特点而出现的。例如，神经网络的特征和权重往往是共适应的，因为网络的不同部分以不同的速度训练。因此，网络中速度较快的部分通常会适应速度较慢的部分。结果，网络中存在大量冗余的特征和权重，网络的表达能力未得到完整利用。在这种情况下，我们可以将这两层（包含权重矩阵 W）替换为 3 个大小分别为 m_1、k 和 m_2 的层。前两层之间的权重矩阵为 U，后两层之间的权重矩阵为 V^{T}。尽管新矩阵更深了，但只要 $W-UV^{\mathrm{T}}$ 只包含噪声，那么它就能被更好地正则化。另外，矩阵 U 和 V 需要 $(m_1+m_2)\cdot k$ 个参数，只要 k 小于 m_1 和 m_2 的调和平均数，它就会小于 W 的参数个数：

$$\frac{W\text{ 中的参数个数}}{U\text{ 和 }V\text{ 中的参数个数}}=\frac{m_1\cdot m_2}{k(m_1+m_2)}=\frac{\mathrm{HAR}(m_1,m_2)}{2k}$$

正如文献［94］所述，神经网络中超过 95%的参数都是冗余的，因此一个较小的 k 就足够用来近似了。

重要的一点是，用 U 和 V 替换 W 必须在 W 的学习完成后进行。例如，如果我们将对应于 W 的两层替换为包含两个矩阵 U 和 V^{T} 的三层，并从零开始训练，可能不会得到好的结果。这是因为在训练过程中会再次发生共适应，得到的矩阵 U 和 V 的秩会比 k 更低，因此可能会发生欠拟合。

最后，通过意识到 U 和 V 都不需要学习，因为它们彼此之间是冗余的，我们可以做进一步的压缩。对于任意秩为 k 的矩阵 U，我们可以学习 V 使得乘积 UV^{T} 等于相同的值。因此，文献［94］中的工作给出了调整 U，然后学习 V 的方法。

基于散列的压缩

我们可以通过将权重矩阵中随机选取的条目强行指定为参数的共享值来减少要存储的参数数量。这一随机选择是通过对矩阵中第 (i,j) 个位置应用散列函数得到的。举例来说，假设我们有一个大小为 100×100 的含10^4 个条目的权重矩阵。在这种情况下，我们可以将每个权重散列投射到 $\{1,\cdots,1000\}$ 的范围内以产生 1000 个组。每一组平均包含 10 个共享权重的连接。反向传播可以使用 3.2.9 节中讨论的方法处理共享权重。这种方法对矩阵的空间要求仅为 1000，是原始空间要求的 10%。请注意，可以使用大小为 100×10 的矩阵来实现相同的压缩，但关键是使用共享权重不会与先验地减少权重矩阵的大小相比，对模型的表达能力损害更小。这种方法的更多细节参见文献［66］。

利用模拟模型

文献［13,55］中一些有趣的结果表明，通过从经训练的模型中创建新的训练数据集来显著压缩模型是可能的，这样更容易建模。这种“更简单”的训练数据可以用来训练一个小得多的网络，而不会显著降低准确性。这个较小的模型称为*模拟模型*。创建模拟模型的步骤如下：

1. 在原始训练数据上创建一个模型。这个模型可能非常大，甚至可能由不同的模型组合而成，从而进一步增加了参数的数量。它不适合在空间有限的环境中使用。假设模型输出不同种类的 softmax 概率。这种模型也被称为*教师模型*。

2. 通过在经训练的网络中传递未标记的实例来创建新的训练数据。新创建的训练数据的目标被设置为未标记的实例上训练模型的 softmax 概率输出。由于未标记的数据通常很丰富，因此可以用这种方法创建大量的训练数据。值得注意的是，新的训练数据包含软（概率）目标，而不是原始训练数据中的离散目标，这对创建压缩模型有重要贡献。

3. 使用新的训练数据（使用人工生成的标签）训练一个更小、更浅的网络。根本没有使用原始的训练数据。这种更小、更浅的网络被称为*模拟模型*或*学生模型*，它部署在空间有限的环境中。可以看出，模拟模型的准确度与在原始神经网络上训练的模型相比并没有显著下降，尽管模拟模型的尺寸要小得多。

一个很自然的问题是，为什么模拟模型的性能会与原始模型一样好，尽管它在深度和参数数量方面都比原始模型低得多。试图在原始数据上建立一个浅层模型无法达到模拟模型甚至浅层模型本身的准确度。模拟模型[13]的优越表现可能是由于以下几个因素：

1. 如果原始训练数据由于错误标记而出现错误，则会给训练模型带来不必要的复杂性。这些类型的错误在新的训练数据中基本被消除了。

2. 如果决策空间中存在复杂的区域，那么教师模型会通过提供概率方面的软标签来简化它们。通过教师模型过滤目标，可以消除复杂性。

3. 原始的训练数据包含0/1值的目标，而新创建的训练包含更有信息性的软目标。这在独热编码的不同类之间有明显相关性的多标签目标中特别有用。

4. 最初的目标可能取决于训练数据中没有的输入。另外，教师创建的标签仅依赖于可用的输入。这使得该模型更容易学习，并消除了无法解释的复杂性。无法解释的复杂性常常导致不必要的参数和深度。

我们可以把上面提到的一些好处看作一种正则化效应。文献［13］的结论是令人兴奋的，因为它们表明深度网络在理论上是没有必要的，虽然在处理原始训练数据时，深度的正则化效应实际上是必要的。模拟模型通过使用人工创建的目标而不是深度来享受这种正则化效应的好处。

3.8 总结

本章讨论了深度神经网络的训练问题。我们重新讨论了反向传播算法及其面临的挑战，介绍了梯度消失和梯度爆炸问题，以及损失函数对不同优化变量的变化的灵敏度所带来的挑战。某些类型的激活函数（如ReLU）对这个问题不太敏感。然而，如果不注意学习率，ReLU的使用有时会导致神经元死亡。用于加速学习的梯度下降方法对于算法的更有效执行也很重要。改进的随机梯度下降方法包括使用Nesterov动量、AdaGrad、AdaDelta、RMSProp和Adam。所有这些方法都鼓励使用梯度步骤来加速学习过程。

我们介绍了许多使用二阶优化方法来解决悬崖问题的方法。特别是，无Hessian优化被视为处理许多底层优化问题的有效方法。最近被用来提高学习速度的一个有效的方法是使用批归一化。批归一化逐层转换数据，以确保以最佳方式缩放不同的变量。批归一化的使用在不同类型的深度网络中变得非常常见。有许多方法可以加速和压缩神经网络算法。加速通常是通过硬件改进实现的，而压缩则是通过算法技巧实现的。

3.9 参考资料说明

反向传播的最初思想是基于控制理论[54,237]中提出的自动微分范围内的函数组合微分的思想。Paul Werbos在其1974年发表的博士论文[524]中提出了将这些方法应用于神经网络的方法，而Rumelhart等人在1986年提出了一种更现代的算法[408]。关于反向传播算法历史的讨论可以在Paul Werbos的书[525]中找到。

关于神经网络和其他机器学习算法中的超参数优化算法的讨论可以在文献［36,38,490］中找到。文献［37］讨论了超参数优化的随机搜索方法。文献［42,306,458］讨论了如何使用贝叶斯优化来进行超参数调优。有许多库可用于贝叶斯调优，如Hyperopt[614]、Spearmint[616]和SMAC[615]。

初始权重应该按照 $\sqrt{2/(r_{\text{in}}+r_{\text{out}})}$ 的比例相关于节点的扇入和扇出这一规则基于文献［140］。整流神经网络的初始化方法分析在文献［183］中给出。特征预处理对神经网络学习影响的评价和分析可参见文献［278，532］。文献［141］讨论了使用整流线性单元来解决一些训练挑战。

Nesterov 的梯度下降算法可以在文献［353］中找到。delta-bar-delta 方法由文献［217］提出。AdaGrad 算法是在文献［108］中提出的。RMSProp 算法在文献［194］中进行了讨论。另一种使用随机梯度下降的自适应算法 AdaDelta 在文献［553］中进行了讨论。这种算法与二阶方法有一些相似之处，特别是与文献［429］中的方法相似。Adam 算法是沿着这一思路的进一步改进，在文献［241］中进行了讨论。文献［478］讨论了初始化和动量在深度学习中的实际重要性。除了使用随机梯度法外，还有人提出使用坐标下降法[273]。Polyak 平均的策略在文献［380］中进行了讨论。

与梯度消失和梯度爆炸问题相关的几个挑战在文献［140,205,368］中有讨论。文献［140］讨论了避免这些问题的参数初始化思想。Mikolov 在其博士论文[324]中讨论了梯度截断规则。文献［368］讨论了循环神经网络中的梯度截断方法。ReLU 激活函数是在文献［167］中引入的，其一些有趣的性质在文献［141,221］中得到了探讨。

文献［41,545,300］描述了几种二阶梯度优化方法（如牛顿法）。共轭梯度法的基本原理在几本经典书籍和论文中都有描述[41,189,443]，而文献［313,314］中的工作讨论了它在神经网络中的应用。文献［316］中的工作利用克罗内克因子曲率矩阵进行快速梯度下降。另一种近似牛顿法的方法是拟牛顿法[273,300]，最简单的近似是对角 Hessian 矩阵[24]。缩写 BFGS 代表 Broyden-Fletcher-Goldfarb-Shanno 算法。一种称为有限内存 BFGS（L-BFGS）[273,300]的变体不需要那么多内存。另一个流行的二阶方法是 Levenberg-Marquardt 算法。然而，这种方法是为平方损失函数定义的，不能与神经网络中常见的许多形式的交叉熵或对数损失一起使用。该方法的概述可在文献［133,300］中找到。文献［23,39］对不同类型的非线性规划方法进行了一般性讨论。

文献［88,426］讨论了神经网络对局部极小值的稳定性。批归一化方法是在文献［214］中提出的。文献［96］讨论了一种使用白化进行批归一化的方法，尽管这种方法似乎不实用。批归一化需要对循环网络做一些小的调整[81]。对于循环网络，一种更有效的方法是*层归一化*[14]。在这种方法中（见 7.3 节），使用一个单一的训练实例对层中的所有单元进行归一化，而不是对单个单元使用小批量归一化。该方法对循环网络是有效的。与批归一化类似的概念是权重标准化[419]，其中权重向量的大小和方向在学习过程中是解耦的。相关的训练技巧在文献［362］中进行了讨论。

关于使用 GPU 加速机器学习算法的更广泛的讨论可以在文献［644］中找到。文献［74,91,254］讨论了各种类型的 GPU 并行化技巧，文献［541］给出了关于卷积神经网络的具体讨论。带正则化的模型压缩在文献［168,169］中进行了讨论。文献［213］提出了一种相关的模型压缩方法。文献［55,13］讨论了使用模拟模型进行压缩的方法。文献［202］讨论了相关的方法。文献［94］讨论了利用参数冗余来压缩神经网络的方法。使用散列方法对神经网络的压缩在文献［66］中进行了讨论。

软件资源

Caffe[571]、Torch[572]、Theano[573]和 TensorFlow[574]等众多深度学习框架都支持本

章讨论的所有训练算法。Caffe 可扩展到 Python 和 MATLAB。所有这些框架都提供了本章讨论的各种训练算法。批归一化的选项在这些框架中作为单独的层提供。有几个用于超参数的贝叶斯优化的软件库，包括 Hyperopt[614]、Spearmint[616] 和 SMAC[615]。虽然这些库是为较小的机器学习问题设计的，但它们仍然可以在某些情况下使用。NVIDIA cuDNN 的使用指南可以在文献［643］中找到。cuDNN 支持的不同框架在文献［645］中进行了讨论。

3.10　练习

1. 考虑以下递推式：

$$(x_{t+1}, y_{t+1}) = (f(x_t, y_t), g(x_t, y_t)) \tag{3.66}$$

其中，$f()$ 和 $g()$ 为多变量函数。

(a) 推导 $\frac{\partial x_{t+2}}{\partial x_t}$ 只关于 x_t 和 y_t 的表达式。

(b) 你能画出以上递推式中 t 从 1 到 5 变化时对应的神经网络架构吗？假设神经元可以计算任何你想要的函数。

2. 考虑一个双输入的神经元，它将两个输入 x_1 和 x_2 相乘得到输出 o。令 L 为在 o 处计算的损失函数。假设已知 $\frac{\partial L}{\partial o}=5$，$x_1=2$，$x_2=3$。计算 $\frac{\partial L}{\partial x_1}$ 和 $\frac{\partial L}{\partial x_2}$ 的值。

3. 考虑一个含输入层在内共有 3 层的神经网络。第一（输入）层有 4 个输入 x_1、x_2、x_3、x_4。第二层有 6 个隐藏单元，对应于所有成对乘法。输出节点 o 将 6 个隐藏单元中的值相加。L 是在 o 处计算的损失函数。假设已知 $\frac{\partial L}{\partial o}=2$，$x_1=1$，$x_2=2$，$x_3=3$，$x_4=4$。计算每个 i 对应的 $\frac{\partial L}{\partial x_i}$ 值。

4. 在练习 3 中，当输出 o 被计算为它的 6 个输入的最大值而不是总和时，结果将如何变化？

5. 本章讨论了如何使用与雅可比矩阵的乘法来执行任意函数的反向传播（见表 3.1）。想想为什么在使用这种以矩阵为中心的方法时必须小心。［提示：计算 sigmoid 函数的雅可比矩阵］

6. 考虑损失函数 $L=x^2+y^{10}$。实现一个最陡下降算法来绘制它从初始点到最优值 0 的坐标曲线。考虑（0.5,0.5）和（2,2）这两个不同的初始化点，以恒定的学习率绘制两种情况下的轨迹。你对这两种情况下算法的表现有什么看法？

7. 强凸二次函数的 Hessian 矩阵 H 总是满足对于任意非零向量 $\overline{x}$，都有 $\overline{x}^{\mathrm{T}} H \overline{x} > 0$。对于这样的问题，证明所有的共轭方向是线性无关的。

8. 证明：如果一个 d 维向量 $\overline{v}$ 与 d 个线性无关的向量的点积为 0，那么 $\overline{v}$ 一定是零向量。

9. 本章讨论了反向传播的两种变体，分别是在动态规划递归中使用激活前变量和激活后变量。证明这两种反向传播在数学上是等价的。

10. 考虑输出层中的 softmax 激活函数，其中实值输出 $v_1 \cdots v_k$ 按照下式被转换为概率（根据公式 3.20）：

$$o_i = \frac{\exp(v_i)}{\sum_{j=1}^{k} \exp(v_j)} \quad \forall i \in \{1,\cdots,k\}$$

(a) 证明：当 $i=j$ 时，$\frac{\partial o_i}{\partial v_j}$ 的值为 $o_i(1-o_i)$；当 $i \neq j$ 时，该值为 $-o_i o_j$。

(b) 使用以上结果证明公式 3.22 的正确性：

$$\frac{\partial L}{\partial v_i} = o_i - y_i$$

假设我们使用的是交叉熵损失 $L=-\sum_{i=1}^{k} y_i \log(o_i)$，其中 $y_i \in \{0,1\}$ 为在不同值 $i \in \{1\cdots k\}$ 上的独热编码类标签。

11. 本章使用最陡下降方向迭代生成共轭方向。假设我们任意选取了 d 个线性无关的方向 $\overline{v}_0 \cdots \overline{v}_{d-1}$。证明：(若 β_{ti} 选取得当) 可以从 $\overline{q}_0=\overline{v}_0$ 开始，按照以下形式得到连续的共轭方向：

$$\overline{q}_{t+1} = \overline{v}_{t+1} + \sum_{i=0}^{t} \beta_{ti} \overline{q}_i$$

讨论为什么该方法比本章讨论的方法代价更为昂贵。

12. 3.5.6.1 节中 β_t 的定义保证了 $\overline{q}_t$ 与 $\overline{q}_{t+1}$ 共轭。本练习将系统地证明对于 $i \leqslant t$ 的任意方向 $\overline{q}_i$ 都满足 $\overline{q}_i^{\mathrm{T}} H \overline{q}_{t+1}=0$。[提示：解答 (a) 时，在 t 上进行归纳以协同证明 (b)、(c) 和 (d)]

(a) 回想公式 3.51 中关于二次损失函数的 $H\overline{q}_i=[\nabla L(\overline{W}_{i+1})-\nabla L(\overline{W}_i)]/\delta_i$，其中 δ_i 取决于第 i 次步长。将该条件与公式 3.49 结合，证明对于所有 $i \leqslant t$，有下式成立：

$$\delta_i[\overline{q}_i^{\mathrm{T}} H \overline{q}_{t+1}] = -[\nabla L(\overline{W}_{i+1})-\nabla L(\overline{W}_i)]^{\mathrm{T}}[\nabla L(\overline{W}_{t+1})] + \delta_i \beta_t(\overline{q}_i^{\mathrm{T}} H \overline{q}_t)$$

并证明 $[\nabla L(\overline{W}_{t+1})-\nabla L(\overline{W}_t)] \cdot \overline{q}_i = \delta_t \overline{q}_i^{\mathrm{T}} H \overline{q}_t$。

(b) 证明 $\nabla L(\overline{W}_{t+1})$ 与所有 $i \leqslant t$ 的 $\overline{q}_i$ 正交。[当 $i=t$ 时的证明是平凡的，因为线搜索终止点的梯度总是正交于搜索方向。]

(c) 证明在 $\overline{W}_0 \cdots \overline{W}_{t+1}$ 处的损失梯度两两正交。

(d) 证明对于 $i \leqslant t$，$\overline{q}_i^{\mathrm{T}} H \overline{q}_{t+1}=0$。[$i=t$ 的情况是平凡的。]

第 4 章

Neural Networks and Deep Learning: A Textbook

让深度学习器学会泛化

所有一概而论都是危险的，甚至前述说法也不例外。

——大仲马

4.1 简介

作为强大的学习器，神经网络学习复杂函数的能力已经在许多领域得到了广泛证明。然而，神经网络的强大能力也是它最大的弱点——如果不仔细设计学习过程，神经网络通常会简单地过拟合训练数据。实际上，过拟合是指神经网络在训练数据上的预测效果很好，但在未知的测试实例上表现不佳。这是因为学习过程总是记住训练数据的随机人为模式，这并不足以泛化到测试数据。过拟合的极端情况也被称为记忆。一个有用的类比是，孩子可以解决他所见过的所有问题，却无法为新问题提供有用的解决方案。但是，如果孩子接触到越来越多不同类型的问题的解决方案，则他将更有可能通过抽象出在不同问题及其解决方案上重复出现的模式的本质来解决新的问题。机器学习通过识别对预测有用的模式，以类似的方式进行学习。例如，在垃圾邮件检测的问题中，如果“免费”在垃圾邮件中出现了上千次，学习器就能够概括出这条规则，以识别以前从未见过的垃圾邮件实例。然而，如果模式是从仅含两封邮件的迷你数据集上学得的，那学习器也许仅能正确预测这两封邮件，而不能有效识别新的邮件。在未知数据上有效预测的能力称为学习器的泛化。

泛化是一个有用的特性，因此是所有机器学习应用的终极目标。毕竟，如果训练样本已经有了标签，在这些样本上再做出正确预测并没有实际用途。例如，对于图像标注任务，目标是使用有标签数据让学习器给没见过的图片做标注。

过拟合的程度既依赖模型复杂度，也与数据集大小有关。对基于神经网络的模型而言，其复杂度取决于潜在参数的数量。参数提供额外的自由度，可以用来解释给定数据集而无须在未知数据上泛化。例如，我们用如下公式做多项式回归，预测 x 和 y 之间的关系：

$$\hat{y}=\sum_{i=0}^{d} w_i x^i \tag{4.1}$$

这个模型使用 $d+1$ 个参数 $w_0 \cdots w_d$ 来解释 (x,y) 的关系。使用神经网络可以实现这个模型，其中 d 个输入对应 $x, x^2, \cdots, x^d$，还有一个偏置神经元的参数为 w_0。损失函数通常使用观测值 y 和预测值 $\hat{y}$ 的平方差。通常，d 越大，捕捉到的非线性越好。例如，在图 4.1 中，如果给定无限（或大量）的数据，$d=4$ 的非线性模型比 $d=1$ 的线性模型拟合效果更好，然而，当数据集很小时，结果通常不是这样。

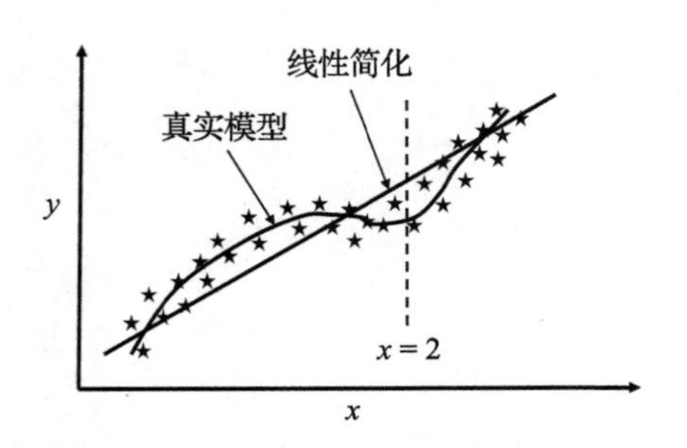

图 4.1　非线性分布数据示例，可能期望 $d=3$ 比 $d=1$（线性模型）效果好

如果我们只有不超过（$d+1$）个训练数据

(x,y)，不管这些训练对反映真实分布的程度如何，都可以在零误差下精确拟合数据。例如，考虑一种情况，我们有 5 个可用的训练点。可以证明，使用 4 次多项式可以在零误差下精确地将训练点拟合。但是，这并不意味着在未知测试数据上也将实现零误差拟合。图 4.2 给出了这种情况的一个例子，其中显示了 3 组含 5 个随机数据点的线性和多项式模型。显然，线性模型是稳定的，尽管它不能精确地建模真实数据分布的弯曲特性。对于多项式模型，尽管它能够更近似地对真实数据分布进行建模，但在不同的训练集上仍存在很大差异。因此，对于同一分布的不同训练集，在 $x=2$ 处的同一个测试实例（如图 4.2 所示）将从线性模型获得相似的预测，但多项式模型的预测结果会有很大不同。从实践者的角度来看，多项式模型的行为当然是不符合期望的，即使使用了训练集的不同样本，对于特定的测试实例也会期望类似的预测结果。由于多项式模型的所有不同预测结果均不正确，因此很明显，多项式模型相对于线性模型，实际上增加了误差。相同测试实例（但训练集不同）的预测差异体现为模型的*方差*。从图 4.2 中可以明显看出，具有高方差的模型往往会记住训练数据的随机人为模式，从而导致在未知测试实例的预测中出现不一致和不准确的情况。值得注意的是，高阶多项式模型天生就比线性模型更强大，因为高阶系数始终可以设为 0。但是，当数据量有限时，它就无法充分发挥潜力。简而言之，数据集的有限性所固有的方差会导致复杂性的提高，从而适得其反。模型的功效与其在有限数据上的性能之间的这种权衡可以通过*偏差-方差权衡*获得。

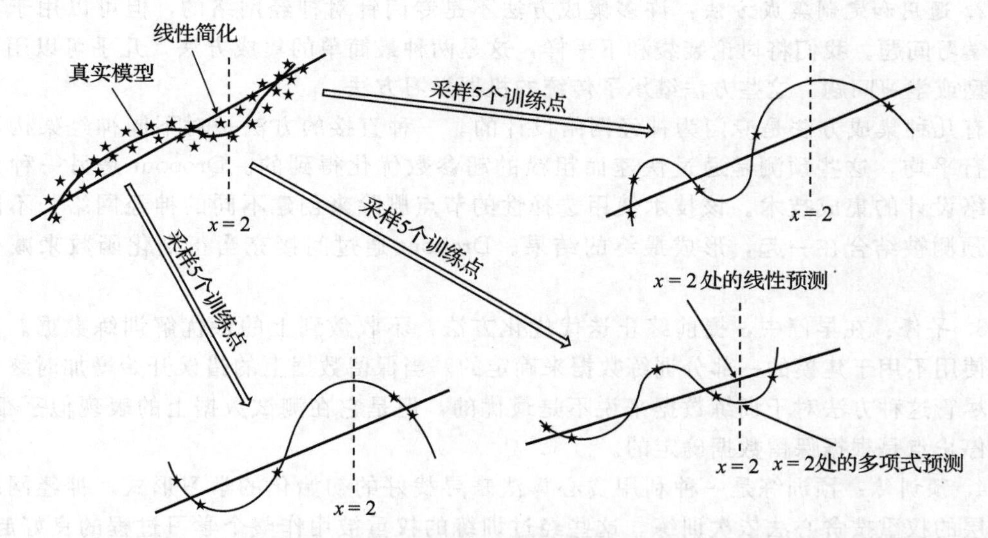

图 4.2　随着模型复杂度的增加而过拟合：线性模型随着训练数据变化不大，而多项式模型变化很大。因此，多项式模型在 $x=2$ 处的预测往往比线性模型更不准确。如果提供足够的训练数据，多项式模型确实有能力超越线性模型

有以下几种过拟合的迹象：

1. 在不同的数据集上训练模型时，同一测试实例可能会获得非常不同的预测。这表明训练过程正在记住特定训练集的细微差别，而不是将学习模式泛化到未知测试实例。注意，对于多项式模型，图 4.2 中 $x=2$ 处的三个预测是完全不同的。而对于线性模型，情况并非如此。

2. 预测训练实例和未知测试实例的误差之间的差距非常大。请注意，在图 4.2 中，多

项式模型对未知测试点 $x=2$ 的预测通常比线性模型的预测更不准确。另外，对于多项式模型，训练误差始终为零，而对于线性模型，训练误差始终为非零。

由于训练和测试误差之间的巨大差距，模型经常在训练数据的未知部分进行测试。这些数据通常在早期被保留，然后用于做出不同类型的算法决策，例如参数调优。这组点被称为验证集。最终的准确率是在完全样本外的一组点上测试的，这些点既没有用于模型构建，也没有用于参数调优。样本外测试数据上的误差也称为*泛化误差*。

神经网络很大，在复杂的应用中可能有数百万个参数。尽管存在这些挑战，还是有一些技巧可以用来确保不存在过拟合问题。方法的选择取决于具体的设置和使用的神经网络的类型。避免神经网络过拟合的关键方法如下：

1. *基于惩罚的正则化*：基于惩罚的正则化是神经网络最常用的避免过拟合的技术。正则化的思想是在参数上创建惩罚或其他类型的约束，以便支持更简单的模型。例如，在多项式回归的情况下，对参数的一个可能的约束是确保最多 k 个不同的 w_i 值不为零。这将确保更简单的模型。但是，由于很难明确地施加这样的约束，因此一种更简单的方法是施加较软的惩罚（如 $\lambda\sum_{i=0}^{d}w_i^2$）并将其添加到损失函数中。这种方法大致相当于在以学习速率 α 进行每次更新之前，将每个参数 w_i 与乘法衰减因子 $1-\alpha\lambda$ 相乘。除了惩罚网络参数之外，还可以选择惩罚隐藏单元的激活函数。这种方法通常导致稀疏的隐藏表示。

2. *通用和定制集成方法*：许多集成方法不是专门针对神经网络的，但可以用于其他机器学习问题。我们将讨论装袋和下采样，这是两种最简单的集成方法，几乎可以用于任何模型或学习问题。这些方法继承了传统的机器学习方法。

有几种集成方法是专门为神经网络设计的。一种直接的方法是对不同神经架构的预测进行平均，这些预测是通过快速而粗糙的超参数优化得到的。Dropout 是另一种为神经网络设计的集成技术。该技术使用选择性的节点删除来创建不同的神经网络。不同网络的预测被结合在一起，形成最终的结果。Dropout 通过间接充当正则化函数来减少过拟合。

3. *早停*：在早停中，提前终止迭代优化方法，不收敛到上的最优解训练数据。停止点是使用不用于建模的一部分训练数据来确定的。当保留数据上的错误开始增加时终止迭代。尽管这种方法对于训练数据来说不是最优的，但是它在测试数据上的表现似乎很好，因为停止点是根据保留数据确定的。

4. *预训练*：预训练是一种利用贪心算法来寻找好的初始化的学习形式。神经网络中不同层的权重按贪心法依次训练。这些经过训练的权重被用作整个学习过程的良好起点。预训练可以被证明是一种间接的正规化形式。

5. *继续法和课程法*：这些方法首先训练简单的模型，然后使它们更复杂，从而更有效地执行。其想法是，很容易在不过拟合的条件下训练更简单的模型。此外，从较简单模型的最优点开始，可以为与较简单模型密切相关的复杂模型提供良好的初始化。值得注意的是，其中一些方法可以被认为类似于预训练。通过将深度神经网络的训练分解为一组浅层网络，预训练也能由浅入深地找到解。

6. *与领域特定的见解共享参数*：在某些数据领域（如文本和图像）中，人们通常对参数空间的结构有一些见解。在这种情况下，可以将网络不同部分中的某些参数设置为相同的值。这减少了模型的自由度。这种方法可用于循环神经网络（用于序列数据）和卷积神经网络（用于图像数据）。共享参数确实会带来一些挑战，因为需要对反向传播算法进行适当的修改来考虑参数的共享。

本章将首先通过介绍一些与偏差-方差权衡相关的理论结果来讨论模型泛化问题。随后，将讨论减少过拟合的不同方法。

一个有趣的发现是，有几种形式的正则化可以被证明大致等同于在输入数据或隐藏变量中注入噪声。例如，可以看出，许多基于惩罚的正则化器相当于添加噪声[44]。此外，即使使用随机梯度下降代替梯度下降，也可以看作对算法步骤的一种噪声补充。因此，随机梯度下降法在测试数据上往往表现出良好的准确性，尽管它在训练数据上的表现可能不是这样。此外，一些集成技术（如 Dropout 和数据扰动）也相当于注入噪声。在本章中，将在需要的地方讨论噪声注入和正则化之间的相似性。

尽管避免过拟合的一种自然方法是简单地构建较小的网络（具有较少的单元和参数），但通常会发现，为避免过拟合，最好构建大型网络，然后对其进行正则化。这是因为，如果确实需要，大型网络保留了构建更复杂模型的选择。同时，正则化过程可以消除没有足够数据支持的随机人为模式。通过使用这种方法，我们为模型提供了决定其所需复杂性的选择，而不是预先对模型进行严格的设定（甚至可能无法拟合数据）。

监督问题比无监督问题更容易过拟合，因此监督问题是文献中泛化的主要焦点。要理解这一点，请考虑一个监督应用程序试图学习单个目标变量，并且可能有数百个输入（解释）变量。由于对每个训练实例的监督程度有限（例如，二元标签），因此很容易对非常集中的目标的学习过程过拟合。而无监督应用程序具有与解释变量数量相同的目标变量数量。毕竟，我们正试图从自身对整个数据进行建模。在后一种情况下，过拟合的可能性较小（但仍然存在），因为单个训练实例包含大量信息。尽管如此，非监督应用程序中仍然会使用正则化，特别是当目的是将期望的结构强加到学习的表示上时。

章节组织

本章安排如下。4.2 节介绍偏差-方差权衡。4.3 节讨论偏差-方差权衡对模型训练的实际影响。4.4 节介绍如何使用基于惩罚的正则化来减少过拟合。4.5 节介绍集成方法。一些方法（例如装袋）是通用技术，其他方法（例如 Dropout）是专门为神经网络设计的。4.6 节讨论早停。4.7 节讨论无监督预训练的方法。4.8 节介绍继续学习和课程学习方法。4.9 节讨论参数共享方法。4.10 节讨论无监督形式的正则化。4.11 节给出总结。

4.2 偏差-方差权衡

4.1 节提供了一个示例，说明多项式模型如何拟合较小的训练数据集，导致其对未知测试数据的预测比（更简单的）线性模型的预测更不准确。这是因为多项式模型需要更多的数据，以免被训练数据集的随机人为模式所误导。更强大的模型在有限数据集的预测准确性方面并不总是占优势，这是偏差-方差权衡的关键。

偏差-方差权衡表明，学习算法的平方误差可以分为三个部分：

1. *偏差*：偏差是由模型中的简化假设引起的误差，它导致某些测试实例在不同的训练数据集上具有一致的误差。即使模型可以访问无限的训练数据源，也无法消除偏差。例如，在图 4.2 中，线性模型比多项式模型具有更高的模型偏差，因为无论有多少数据可用，线性模型都永远无法精确地拟合（微弯曲的）数据分布。无论将线性模型用于哪些训练样本，对 $x=2$ 处的测试实例的预测将始终在特定方向上存在误差。如果我们假设图

4.2 左上方的直线和曲线是使用无限量的数据估算的，则在任何 x 值处的两者之差就是偏差。$x=2$ 时的偏差示例如图 4.2 所示。

2. *方差*：方差是由无法以统计上可靠的方式学习模型的所有参数引起的，尤其是在数据有限且模型具有大量参数的情况下。如果对现有的特定训练数据集出现过拟合，则可以说明存在较高的方差。因此，如果使用不同的训练数据集，将为同一测试实例提供不同的预测。请注意，对于训练实例的不同选择，线性模型在图 4.2 中的 $x=2$ 处提供了相似的预测，而多项式模型的预测差异很大。在许多情况下，$x=2$ 处不一致的预测是很不正确的，这是模型方差的体现。因此，图 4.2 中多项式预测器的方差高于线性预测器。

3. *噪声*：噪声是由数据本身的误差引起的。例如，散点图中的所有数据点都与图 4.2 左上角的真实模型不同。如果没有噪声，散点图中的所有点都将与表示真实模型的曲线重叠。

上述描述提供了关于偏差-方差权衡的定性理解。下面我们将提供一个更加形式化和数学化的视角。

形式化视角

我们假设用于生成训练数据集的基础分布用 $\mathcal{B}$ 表示，可以从这个基础分布生成一个数据集 $\mathcal{D}$：

$$\mathcal{D} \sim \mathcal{B} \tag{4.2}$$

可以用许多不同的方式生成训练数据，例如仅选择特定大小的数据集。现在，假设我们有一个明确定义的生成过程，根据该过程可以从 $\mathcal{B}$ 中提取训练数据集。下面的分析不依赖于从 $\mathcal{B}$ 中提取训练数据集的特定机制。

访问基分布 $\mathcal{B}$ 等效于可以访问无限量的训练数据资源，因为可以无限次地使用基分布来生成训练数据集。实际上，这种基分布（即无限的数据资源）是不可用的。实际上，分析人员使用某种数据收集机制，仅收集 $\mathcal{D}$ 的一个*有限实例*。然而，作为产生训练数据集的地方，基分布这个概念的存在是很有用的，有助于我们从理论上量化有限数据集上的训练误差来源。

现在假设分析人员有一组 t 个 d 维实例$\overline{Z_1}\cdots\overline{Z_t}$构成的测试集。这些测试实例的因变量用 $y_1\cdots y_t$ 表示。为了便于讨论，让我们假设测试实例及其因变量也是由第三方从相同的基分布 $\mathcal{B}$ 生成的，但分析人员只能访问特征表示$\overline{Z_1}\cdots\overline{Z_t}$，无法访问因变量 $y_1\cdots y_t$。因此，分析人员的任务是使用训练数据集 $\mathcal{D}$ 的单个有限实例来预测$\overline{Z_1}\cdots\overline{Z_t}$的因变量。

现在假设因变量 y_i 和特征表示$\overline{Z_i}$的关系被定义为如下的*未知*函数 $f(\cdot)$：

$$y_i = f(\overline{Z_i}) + \varepsilon_i \tag{4.3}$$

这里，符号 i 表示固有噪声，它与所使用的模型无关。ε_i 的值可以是正的，也可以是负的，但我们假设 $E[\varepsilon_i]=0$。如果分析人员知道对应于这个关系的函数 $f(\cdot)$ 是什么，就可以简单地将这个函数应用到每个测试点$\overline{Z_i}$上，以近似因变量 y_i，仅剩下的不确定性是由固有噪声造成的。

问题是，分析人员不知道函数 $f(\cdot)$ 实际上是什么。请注意，这个函数是在基函数 $\mathcal{B}$

的生成过程中使用的，但整个生成过程就像一个预言，对于分析人员来说是未知的。分析人员只有这个函数的输入和输出的实例。显然，分析人员需要使用训练数据开发某种类型的模型 $g(\overline{Z_i},\mathcal{D})$，以便以数据驱动的方式近似这个函数。

$$\hat{y}_i = g(\overline{Z_i},\mathcal{D}) \tag{4.4}$$

请注意，变量 $\hat{y}_i$ 上使用了扬抑符（即符号"^"），以表明它是通过特定算法得到的 y_i 的预测值，而不是观测值（真实值）。

学习模型（包括神经网络）的所有预测函数都是估计函数 $g(\cdot,\cdot)$ 的示例。某些算法（例如线性回归和感知机）甚至可以用简洁易懂的方式表示：

$$g(\overline{Z_i},\mathcal{D}) = \underbrace{\overline{W}\cdot\overline{Z_i}}_{\text{用}\mathcal{D}\text{学习}\overline{W}} \quad [\text{线性回归}]$$

$$g(\overline{Z_i},\mathcal{D}) = \underbrace{\text{sign}\{\overline{W}\cdot\overline{Z_i}\}}_{\text{用}\mathcal{D}\text{学习}\overline{W}} \quad [\text{感知机}]$$

大多数神经网络算法表示为在不同节点上计算的多个函数的组合。计算函数的选择包括其特定参数设置的影响，例如感知机中的系数向量 $\overline{W}$。具有大量单元的神经网络将需要更多参数才能充分学习该函数。这是在同一测试实例上出现预测差异的地方。当使用不同的训练数据集时，具有大参数集 $\overline{W}$ 的模型学习到的这些参数的值将非常不同。因此，对于不同的训练数据集，相同测试实例的预测也将非常不同。这些不一致会增加误差，如图 4.2 所示。

偏差-方差权衡的目标是根据偏差、方差和（特定于数据的）噪声来量化学习算法的期望误差。为了便于讨论，我们假设目标变量为数值形式，这样就可以通过预测值 $\hat{y}_i$ 与观测值 y_i 之间的*均方误差*来直观量化误差。这是回归中误差量化的一种自然形式，也可以根据测试实例的概率预测将其用于分类。在测试实例 $\overline{Z_1}\cdots\overline{Z_t}$ 的集合上定义的学习算法 $g(\cdot,\mathcal{D})$ 的均方误差 MSE 如下：

$$\text{MSE} = \frac{1}{t}\sum_{i=1}^{t}(\hat{y}_i - y_i)^2 = \frac{1}{t}\sum_{i=1}^{t}(g(\overline{Z_i},\mathcal{D}) - f(\overline{Z_i}) - \varepsilon_i)^2$$

如果想要让估计误差独立于训练数据集的选择，最佳方法是计算期望误差：

$$E(\text{MSE}) = \frac{1}{t}\sum_{i=1}^{t}E[(g(\overline{Z_i},\mathcal{D}) - f(\overline{Z_i}) - \varepsilon_i)^2]$$

$$= \frac{1}{t}\sum_{i=1}^{t}E[(g(\overline{Z_i},\mathcal{D}) - f(\overline{Z_i}))^2] + \frac{\sum_{i=1}^{t}E[\varepsilon_i^2]}{t}$$

第二个关系是通过展开第一个公式右边的二次表达式，然后利用 ε_i 在大量测试实例中的平均值为 0 的事实得到的。

通过在上述表达式右边的平方项内加减 $E[g(\overline{Z_i},\mathcal{D})]$，可以进一步分解：

$$E(\text{MSE}) = \frac{1}{t}\sum_{i=1}^{t}E[\{(f(\overline{Z_i}) - E[g(\overline{Z_i},\mathcal{D})]) + (E[g(\overline{Z_i},\mathcal{D})] - g(\overline{Z_i},\mathcal{D}))\}^2] + \frac{\sum_{i=1}^{t}E[\varepsilon_i^2]}{t}$$

可以展开右边的二次多项式得到：

$$E(\mathrm{MSE})=\frac{1}{t}\sum_{i=1}^{t}E[\{f(\overline{Z_i})-E[g(\overline{Z_i},\mathcal{D})]\}^2]$$
$$+\frac{2}{t}\sum_{i=1}^{t}\{f(\overline{Z_i})-E[g(\overline{Z_i},\mathcal{D})]\}\{E[g(\overline{Z_i},\mathcal{D})]-E[g(\overline{Z_i},\mathcal{D})]\}$$
$$+\frac{1}{t}\sum_{i=1}^{t}E[\{E[g(\overline{Z_i},\mathcal{D})]-g(\overline{Z_i},\mathcal{D})\}^2]+\frac{\sum_{i=1}^{t}E[\varepsilon_i^2]}{t}$$

前面提到的表达式右边的第二项的值是0，因为其中一个乘法因子是 $E[g(\overline{Z_i},\mathcal{D})]-E[g(\overline{Z_i},\mathcal{D})]$。为简化起见，我们得到了以下结果：

$$E(\mathrm{MSE})=\underbrace{\frac{1}{t}\sum_{i=1}^{t}\{f(\overline{Z_i})-E[g(\overline{Z_i},\mathcal{D})]\}^2}_{\text{偏差}^2}+\underbrace{\frac{1}{t}\sum_{i=1}^{t}E[\{g(\overline{Z_i},\mathcal{D})-E[g(\overline{Z_i},\mathcal{D})\}^2]}_{\text{方差}}$$
$$+\underbrace{\frac{\sum_{i=1}^{t}E[\varepsilon_i^2]}{t}}_{\text{噪声}}$$

换句话说，平方误差可以分解为（平方）偏差、方差和噪声。方差是防止神经网络泛化的关键术语。通常，对于具有大量参数的神经网络，方差会更高。而太少的模型参数会导致偏差，因为没有足够的自由度来建模数据分布的复杂性。图4.3说明了随着模型复杂度的增加，偏差和方差之间的权衡。显然，存在最佳模型复杂度可以使性能最优。此外，缺乏训练数据将增加方差。但是，精心选择模型设计可以减少过拟合。本章将讨论几种这样的选择。

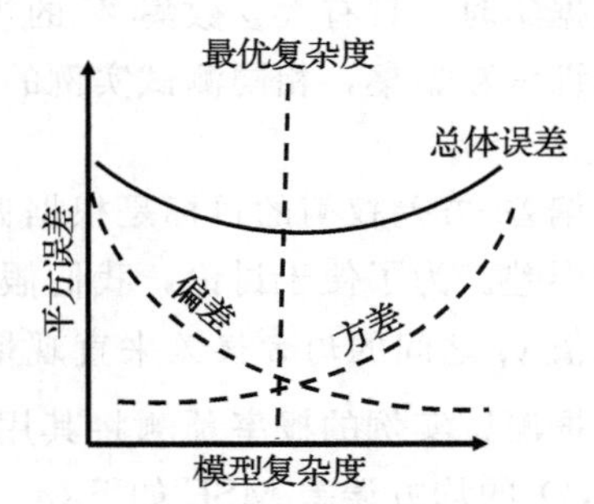

图4.3 偏差与方差的权衡通常会导致模型的最优复杂度

4.3 模型调优和评估中的泛化问题

在神经网络模型的训练中，由于偏差-方差权衡，有几个实际问题是必须注意的。第一个问题与模型调优和超参数选择有关。例如，如果使用与训练神经网络相同的数据来调整神经网络，就会因过拟合而得不到很好的结果。因此，超参数（如正则化参数）要在一个单独的留出集上进行调优，而不能用学习神经网络上的权重参数的训练集。

给定一个标记的数据集，就需要使用这一资源来训练、调优和测试模型的准确性。显然，不能将标记数据的全部资源用于模型构建（即学习权重参数）。例如，将相同的数据集用于模型构建和测试会严重高估准确度。这是因为分类的主要目标是将标记数据模型泛化到未知的测试实例。此外，用于模型选择和参数调优的数据集部分也需要与用于模型构建的部分不同。一个常见的错误是将相同的数据集用于参数调优和最终评估（测试）。这种方法在一定程度上混合了训练数据和测试数据，因此产生的准确度过于乐观。应始终根据使用数据的方式将给定的数据集分为三个部分：

1. 训练数据：这部分数据用于构建训练模型（即学习神经网络权重的过程）。在模型构建期间，可能会有几种设计选择。神经网络可能将不同的超参数用于学习率或正则化。可以在相同的训练数据集上多次尝试不同的超参数，也可以通过完全不同的算法以多种方式构建模型。这个过程允许估计不同算法设置的相对准确度，并为模型选择奠定了基础，即从这些不同的模型中选择最佳的算法。然而，选择最佳模型的算法评估过程实际上并不是在训练数据上进行的，而是在一个单独的验证数据集上进行的，以避免偏好过拟合的模型。

2. *验证数据*：这部分数据用于模型选择和参数调优。例如，可以通过在数据集的第一部分（即训练数据）上多次构建模型，然后使用验证集来估计这些不同模型的准确度来调整学习率。如 3.3.1 节所述，在一个范围内对参数的不同组合进行采样，并在验证集上测试其准确度。根据此准确度，可以确定最佳参数组合。在某种意义上，验证数据应被视为一种测试数据集，以调整算法参数（例如学习率、层数或每层中的单元数）或选择最佳激活函数（例如 sigmoid 与 tanh）。

3. *测试数据*：这部分数据用于测试最终（调优）模型的准确度。为了防止过拟合，在参数调优和模型选择的过程中，不使用测试数据是非常重要的。测试数据在流程的最后只使用一次。此外，如果分析人员使用测试数据上的结果以某种方式调整模型，那么结果将会被测试数据中的知识污染。只允许使用一次测试数据集是非常严格的（也是非常重要的）要求。然而，实际的基准测试经常违反该要求。使用从最终准确度评估中学到的知识的诱惑力实在太强了。

将标记数据集分为训练数据、验证数据和测试数据的示例如图 4.4 所示。严格地说，验证数据也是训练数据的一部分，因为它影响了最终的模型（但只有模型构建部分通常被称为训练数据）。自 20 世纪 90 年代以来一直遵循的传统经验法则是按 2∶1∶1 的比例进行划分。但是，不应将其视为严格的规则。对于非常大的标记数据集，仅需少量实例即可估算准确度。当有非常大的数据集可用时，将尽可能多的数据集用于模型构建是有意义的，因为验证和评估阶段引起的方差通常很小。验证和测试数据集中恒定数量的实例（例如，少于几千个）就足以提供准确的估计值。因此，2∶1∶1 划分是从数据集很小的时代继承的经验法则。在数据集很大的现代，几乎所有的点都可用于训练，而仅留出适度数量的点用于测试。出现诸如 98∶1∶1 之类的划分并不少见。

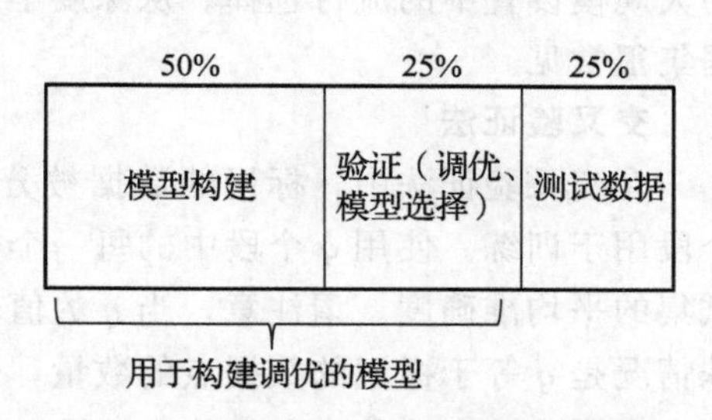

图 4.4　为评估设计划分标记数据集

4.3.1　用留出法和交叉验证法进行评估

前面提到的将标记数据划分为三部分的方法也被称为*留出法*。然而，分成三个部分并不是一蹴而就的：训练数据首先被分为*两部分*以进行训练和测试，然后测试部分被小心地隐藏起来以避免任何进一步分析（*直到最后它只能使用一次*），最后将数据集的其余部分再次划分为训练和验证部分。图 4.5 展示了这种递归划分过程。

关键是，层次结构的两个级别上的划分类型在概念上都是相同的。在下面，我们将始终使用图 4.5 中第一级划分的术语来表示“训练”和“测试”数据，尽管相同的方法也可以用于模型构建和验证部分的二次划分。这使我们能够对两个划分级别的评估过程进行通用描述。

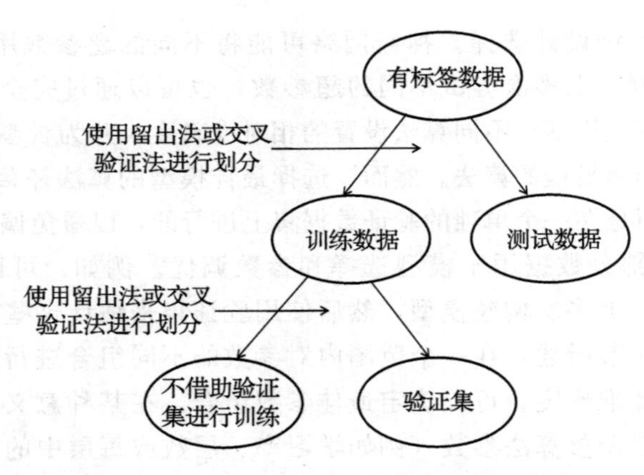

图 4.5　训练、验证和测试部分的层次划分

留出法

在留出法中，使用一小部分实例来构建训练模型，其余的实例（也称为保留实例）用于测试。然后，将剩余实例的标签的预测准确度报告为总体准确度。这种方法确保报告的准确度不是对特定数据集过拟合的结果，因为使用不同的实例进行了训练和测试。然而，这种方法低估了真实的准确度。考虑以下情况：保留实例中某个特定类别的存在率高于标记的数据集。这意味着保留实例中相同类别的平均存在率较低，将导致训练数据和测试数据之间不匹配。此外，保留实例的每类频率将始终与保留示例的每类频率成反比。这将导致评估中始终存在偏置。尽管存在这些缺点，但留出法仍具有简单高效的优点，这使其成为大规模设置中的流行选择。从深度学习的角度来看，这是一个重要的方法，因为大型数据集很常见。

交叉验证法

在交叉验证法中，标记的数据被分为 q 个等长的段，其中一个用于测试，其余 $q-1$ 个段用于训练。使用 q 个段中的每一个作为测试集，将此过程重复 q 次。记录 q 个不同测试集的平均准确度。请注意，当 q 的值较大时，此方法可以近似估计真实准确度。一种特殊情况是 q 等于标记的数据点的数量，仅将一个点用于测试。由于从训练数据中忽略了这个点，因此该方法称为*留一法交叉验证*。尽管这种方法可以非常近似地估计准确度，但是因开销过大而通常无法进行大量的训练。实际上，由于效率问题，交叉验证法在神经网络中很少使用。

4.3.2　大规模训练中的问题

在神经网络的特定情况下，一个实际问题是训练数据集很大。因此，虽然像交叉验证这样的方法在传统的机器学习中被认为是优于传统方法的选择，但通常会牺牲它们的技术稳健性来提高效率。一般来说，在神经网络建模中，训练时间是一个重要的考虑因素，以至于必须做出许多妥协才能实现。

在超参数的网格搜索（请参阅 3.3.1 节）中，经常会出现计算问题。即使是单个超参数的选择，有时也可能需要几天的时间来评估，而网格搜索也需要测试大量可能性。因此，一种常见的策略是对每种设置训练固定数量的 epoch。在不同的线程中，设置不同的超参数。在几个 epoch 结束后，就可以放弃那些效果不好的超参数。最后，只有几个线程可以完整运行。这种方法行之有效的一个原因是，绝大多数进展通常是在训练的早期阶段完成的。3.3.1 节也介绍了此过程。

4.3.3　如何检测需要收集更多的数据

神经网络泛化误差高的原因有很多。首先，数据本身可能有很多噪声，在这种情况下，几乎无法提高准确度。其次，神经网络训练难度大，算法收敛性差，误差较大。误差也可能是由高偏差引起的，这被称为*欠拟合*。最后，过拟合（即高方差）可能导致了很大一部分泛化误差。在大多数情况下，误差是由几个不同的因素共同造成的。但是，可以通过检查训练准确度与测试准确度之间的差距来检测特定训练数据集的过拟合程度。过拟合表现为*训练准确度和测试准确度之间的巨大差距*。但是即使在测试误差非常低的情况下，在小型训练集上具有接近 100%的训练准确度也是很常见的。解决此问题的第一个方法是收集更多数据。随着训练数据的增加，训练准确度将降低，而测试/验证准确度将增加。但是，如果没有更多数据可用，则需要使用其他技术（例如正则化）来提高泛化性能。

4.4　基于惩罚的正则化

基于惩罚的正则化是减少过拟合最常用的方法。为了理解这一点，让我们重新看看 d 次多项式的例子。在这种情况下，给定 x 值的预测 $\hat{y}$ 如下：

$$\hat{y} = \sum_{i=0}^{d} w_i x^i \tag{4.5}$$

我们可以使用一个含有 d 个输入的单层网络和一个权重为 w_0 的单偏置神经元来建立预测模型。第 i 个输入是 x^i。该神经网络采用线性激活，对于数据集 $\mathcal{D}$ 中的一组训练实例 (x,y)，其平方损失函数定义如下：

$$L = \sum_{(x,y)\in\mathcal{D}} (y-\hat{y})^2$$

正如针对图 4.2 的例子所讨论的，较大的 d 值会增加过拟合。解决这个问题的一个可能的方法是降低 d 的值。换句话说，使用*参数少*的模型会使模型更简单。例如，将 d 减少到 1 会创建一个自由度更低的线性模型，并且倾向于以类似的方式在不同的训练样本上拟合数据。然而，当数据模式很复杂时，这样做确实会失去一些表达能力。换句话说，过度简化会降低神经网络的表达能力，从而使其无法充分适应不同类型数据集的需求。

在不引起过拟合的情况下，如何保持这种表现力呢？与其用硬方法减少参数的数量，不如对参数的使用施加*软*惩罚。此外，绝对值大的参数比绝对值小的参数惩罚程度更强，因为绝对值小的参数对预测的影响不大。可以使用什么样的惩罚呢？最常见的选择是L_2 正则化，也称为 *Tikhonov 正则化*。在这种情况下，附加惩罚由参数值的平方和定义。然后，对于正规化参数 $\lambda>0$，可以如下定义目标函数：

$$L = \sum_{(x,y)\in\mathcal{D}} (y-\hat{y})^2 + \lambda \cdot \sum_{i=0}^{d} w_i^2$$

可以通过增加或减小 λ 的值来调整惩罚程度。这种类型的参数化惩罚的一个优点是，可以在不用于学习参数的一部分训练数据集上调优此参数以实现最佳性能。这种方法称为*模型验证*。与预先限制参数数量相比，使用这种方法可提供更大的灵活性。考虑前面讨论过的多项式回归的情况。预先限制参数的数量会将学习到的多项式严格地限制为特定的形状（例如，线性模型），而软惩罚能够以更加数据驱动的方式控制学习到的多项式的形状。一般来说，实验表明，使用带有正则化的复杂模型（例如，更大的神经网络）比使用不带正则化的简单模型更可取。前者还提供了更大的灵活性，提供了一个可调的旋钮（即正则化参数），可以用数据驱动的方式选择。可调旋钮的值是在数据集的留出部分获得的。

正则化如何影响神经网络中的更新？对于神经网络中任何给定的权重 w_i，更新是由梯度下降（或其批量版本）定义的：

$$w_i \Leftarrow w_i - \alpha \frac{\partial L}{\partial w_i}$$

在这里，α 是学习速率。L_2 正则化的使用大致相当于每次参数更新后的强制衰减：

$$w_i \Leftarrow w_i(1-\alpha\lambda) - \alpha \frac{\partial L}{\partial w_i}$$

请注意，上述更新首先将权重乘以衰减因子 $1-\alpha\lambda$，然后使用基于梯度的更新。如果我们假设权重的初始值接近于0，那么权重的衰减也可以通过生物学解释来理解。可以将权重衰减视为一种遗忘机制，这会使权重更接近其初始值。这样可以确保只有重复的更新才对权重的绝对值有显著影响。遗忘机制可以阻止模型记住训练数据，因为权重只会反映出重要且重复的更新。

4.4.1 与注入噪声的联系

噪声的加入与基于惩罚的正则化有关。可以证明，在每个输入中加入等量的高斯噪声，等价于带有恒等激活函数的单层神经网络的 Tikhonov 正则化（用于线性回归）。

一种证明方式是检查单个训练实例 $(\overline{X}, y)$。将具有方差 λ 的噪声添加到每个特征之后，它将变成 $(\overline{X}+\sqrt{\lambda}\overline{\varepsilon}, y)$。在此处，$\overline{\varepsilon}$是一个随机向量，其中每个条目 ε_i 都是独立于标准正态分布的，均值为0，单位方差为0。然后，基于 $\overline{X}+\sqrt{\lambda}\overline{\varepsilon}$ 的含噪预测 $\hat{y}$ 如下所示：

$$\hat{y} = \overline{W}\cdot(\overline{X}+\sqrt{\lambda}\overline{\varepsilon}) = \overline{W}\cdot\overline{X} + \sqrt{\lambda}\,\overline{W}\cdot\overline{\varepsilon} \tag{4.6}$$

现在，检查单个训练实例的平方损失函数 $L=(y-\hat{y})^2$。计算损失函数的期望如下：

$$\begin{aligned} E[L] &= E[(y-\hat{y})^2] \\ &= E[(y-\overline{W}\cdot\overline{X}-\sqrt{\lambda}\,\overline{W}\cdot\overline{\varepsilon})^2] \end{aligned}$$

然后展开右侧的表达式，如下所示：

$$\begin{aligned} E[L] &= (y-\overline{W}\cdot\overline{X})^2 - 2\sqrt{\lambda}(y-\overline{W}\cdot\overline{X})\underbrace{E[\overline{W}\cdot\overline{\varepsilon}]}_{0} + \lambda E[(\overline{W}\cdot\overline{\varepsilon})^2] \\ &= (y-\overline{W}\cdot\overline{X})^2 + \lambda E[(\overline{W}\cdot\overline{\varepsilon})^2] \end{aligned}$$

可以使用$\overline{\varepsilon}=(\varepsilon_1\cdots\varepsilon_d)$ 和 $\overline{W}=(w_1\cdots w_d)$ 展开第二个表达式。进一步，由于随机变量的独立性，对于任意ε_i 和ε_j，都有 $E[\varepsilon_i\varepsilon_j]=E[\varepsilon_i]\cdot E[\varepsilon_j]=0$。由于$\varepsilon_i$ 服从标准正态分布，所以 $E[\varepsilon_i^2]=1$。将 $E[(\overline{W}\cdot\overline{\varepsilon})^2]$ 展开并结合上述等式，有：

$$E[L] = (y-\overline{W}\cdot\overline{X})^2 + \lambda\left(\sum_{i=1}^{d} w_i^2\right) \tag{4.7}$$

值得注意的是，这个损失函数与单个实例的 L_2 正则化完全相同。

虽然在线性回归的情况下，权重衰减和噪声添加之间的等价性是完全正确的，但在非线性激活的神经网络的情况下，这种分析并不适用。然而，即使在这些情况下，基于惩罚的正则化在直觉上仍然与噪声添加相似，但其结果可能在本质上不同。由于这些相似之处，人们有时试图通过直接添加噪声来实现正则化。其中一种方法称为数据扰动，即在训练输入中加入噪声，然后用加入的噪声预测测试数据点。在蒙特卡洛方法中，通过重复添加噪声来生成不同的训练数据集，并在这些数据集上进行多次训练。为了得到改进的结果，对同一测试实例在不同噪声添加量下的预测结果进行平均。在这种情况下，噪声只需要添加到训练数据中，不需要添加到测试数据中。当显式地添加噪声时，重要的是对多个集成模型上的同一个测试实例的预测进行平均，以确保解正确地表示了损失的期望（没有噪声造成的方差增加）。这种方法将在 4.5.5 节中进行描述。

4.4.2　L_1 正则化

使用平方范数惩罚（也称为 L_2 正则化）是最常见的正则化方法。也可以在参数上使用其他类型的惩罚项。一个常用的方法是 L_1 正则化，其中平方惩罚被替换为对系数绝对值的和的惩罚。因此，新的目标函数为：

$$L=\sum_{(x,y)\in\mathcal{D}}(y-\hat{y})^2+\lambda\cdot\sum_{i=0}^{d}|w_i|_1$$

这个目标函数的主要问题是它包含 $|w_i|$，而当 w_i 恰好等于 0 时，它是不可微的。这需要对 w_i 为 0 时的梯度下降方法进行一些修改。对于 w_i 非零的情况，可以使用直接通过计算偏导得到的更新。通过对上述目标函数求导，我们至少可以定义 w_i 不等于 0 时的更新方程：

$$w_i \Leftarrow w_i-\alpha\lambda s_i-\alpha\frac{\partial L}{\partial w_i}$$

其中 s_i 是 $|w_i|$ 的偏导，定义如下：

$$s_i=\begin{cases}-1 & w_i<0\\+1 & w_i>0\end{cases}$$

然而，我们也需要定义 $|w_i|=0$ 时的偏导。一种可能的方法是次梯度法，将 w_i 随机设置成 -1 或 $+1$。然而，这在实践中是没必要的。计算机的精度有限，而且计算误差很少会导致 w_i 恰好为 0。因此，计算误差会代替随机抽样的存在。此外，对于 w_i 恰好为 0 的罕见情况，可以忽略正则化并直接将 s_i 设置为 0。这种次梯度法的近似方法在很多情况下都能很好地工作。

L_1 正则化和 L_2 正则化的更新方程之间的区别是 L_2 正则化使用乘法衰减作为遗忘机制，而 L_1 正则化使用加法更新作为遗忘机制。在这两种情况下，更新的正则化部分都倾向于使系数接近 0。但是，在这两种情况下找到的解的类型存在一些差异，下一节将对此进行讨论。

4.4.3　选择 L_1 正则化还是 L_2 正则化

选择 L_1 正则化还是 L_2 正则化呢？从准确度的角度来看，L_2 正则化通常要优于 L_1 正则化。这就是大多数实现几乎总是首选 L_2 正则化而不是 L_1 正则化的原因。但当输入和网络单元数量较大时，二者的性能差距较小。

但是，从可解释性的角度来看，L_1 正则化确实有特定的应用。L_1 正则化的一个有趣特性是，它创建了稀疏解，其中 w_i 的绝大多数值为 0（在忽略[⊖]计算误差的条件下）。如

⊖ 可以忽略计算误差的条件是，$|w_i|$ 至少为10^{-6}，这样w_i才会被视为非零。

果输入层上的连接的 w_i 为 0，则该特定输入对最终预测没有影响。换句话说，这个输入被丢弃了，而 L_1 正则器扮演了特征选择器的角色。因此，可以使用 L_1 正则化来估计哪些特征可以预测当前的应用程序。

那么隐藏层中那些权重设置为 0 的连接呢？这些连接可以被丢弃，从而形成一个稀疏的神经网络。这种稀疏神经网络在某些情况下是有用的，比如在同一类型的数据集上重复执行训练，但是数据集的性质和更广泛的特征不会随着时间发生显著变化。由于稀疏神经网络只包含原神经网络中的一小部分连接，因此只要接收到更多的训练数据，就可以更有效地对其进行再训练。

4.4.4　对隐藏单元进行惩罚：学习稀疏表示

基于惩罚的方法会惩罚神经网络的参数。另一种方法是惩罚神经网络的激活，这样对于任何给定的数据实例，只有一小部分神经元被激活。换句话说，即使神经网络可能很大也很复杂，但只有其中的一小部分用于预测所有给定的数据实例。

实现稀疏性的最简单方法是对隐藏单元施加 L_1 惩罚。因此，将原损失函数 L 修改为正则化损失函数 L'，如下所示：

$$L' = L + \lambda \sum_{i=1}^{M} |h_i| \tag{4.8}$$

其中，M 是网络中的单元总数，h_i 是第 i 个隐藏单元的值。此外，正则化参数由 λ 表示。在许多情况下，网络的单层是正则化的，因此可以从特定层的激活中提取稀疏特征表示。

目标函数的这种变化如何影响反向传播算法呢？主要区别是损失函数不仅在输出层的节点上聚合，还在隐藏层的节点上聚合。这种变化不会在根本上影响反向传播的整个过程和原理。3.2.7 节讨论了这种情况。

需要对反向传播算法进行修改，以便将隐藏单元带来的正则化惩罚合并到所有进入该节点的连接的反向梯度流中。设 $N(h)$ 为计算图中任意特定节点 h 可达的节点集（包括计算图本身）。那么，损失函数 L 的梯度 $\frac{\partial L}{\partial a_h}$ 取决于 $N(h)$ 中的节点的惩罚贡献。特别地，对于任何激活前值为 a_{h_r} 的节点 h_r，它对输出节点的梯度流 $\frac{\partial L}{\partial a_{h_r}} = \delta(h_r, N(h_r))$ 的变化量为 $\lambda \Phi'(a_{h_r})\mathrm{sign}(h_r)$。这里，梯度流 $\frac{\partial L}{\partial a_{h_r}} = \delta(h_r, N(h_r))$ 的定义基于 3.2.7 节的讨论。根据公式 3.25，按如下方式计算反向梯度流：

$$\delta(h_r, N(h_r)) = \Phi'(a_{h_r}) \sum_{h: h_r \Rightarrow h} w_{(h_r, h)} \delta(h, N(h)) \tag{4.9}$$

其中，$w_{(h_r,h)}$ 是 h_r 到 h 的边的权重。进行此更新后，立即调整 $\delta(h_r, N(h_r))$ 的值以考虑该节点处的正则项，如下所示：

$$\delta(h_r, N(h_r)) \Leftarrow \delta(h_r, N(h_r)) + \lambda \Phi'(a_{h_r}) \cdot \mathrm{sign}(h_r)$$

注意，上述更新基于公式 3.26。一旦修改了 $\delta(h_r, N(h_r))$，改变就会自动反向传播到所有到达 h_r 的节点。这是强制对隐藏单元进行 L_1 正则化所需要的唯一更改。在某种意义上，在中间层中加入对节点的惩罚并不会从根本上改变反向传播算法，除非隐藏节点也被当作输出节点来贡献梯度流。

4.5 集成方法

集成方法的灵感来源于偏差-方差权衡。减少分类器误差的一种方法是在不影响其他成分的情况下减少其偏差或方差。集成方法是机器学习中常用的方法，其中两个例子是装袋和 boosting。前者是一种方差约简方法，后者是一种偏差约简方法。

神经网络中的集成方法多侧重于方差约简。这是因为神经网络的价值在于其建立任意复杂模型的能力，在这种模型中，偏差相对较低。然而，在偏差-方差权衡中，神经网络上的复杂操作几乎总是导致较高的方差，这表现为过拟合。因此，神经网络设置中大多数集成方法的目标是减少方差（即更好的泛化）。本节将重点介绍此类方法。

4.5.1 装袋和下采样

假设你有无限的训练数据，你可以从一个基础分布中生成任意数量的训练点。如何利用这些异常丰富的数据资源来消除差异呢？毕竟，如果有足够数量的样本，大多数类型的统计估计的方差可以渐近地减小到 0。

在这种情况下，减少方差的自然方法是反复创建不同的训练数据集并使用这些数据集预测相同的测试实例。然后可以对不同数据集的预测取平均值，以得出最终预测。如果使用足够数量的训练数据集，则预测的方差将减小为 0，但偏差仍然取决于模型的选择。

上面描述的方法只能在有无限的可用数据时使用。然而，在实践中，我们只有一个有限的数据集可用。在这种情况下，显然不能实现上述方法。然而，事实证明，与在整个训练数据集上单独执行模型相比，上述方法的不完善模拟仍具有更好的方差特性。基本思想是通过抽样从基础数据的单个实例生成新的训练数据集。抽样可以使用替换或使用不替换。从使用不同训练集建立的模型中获得对特定测试实例的预测，然后求平均值以得到最终预测。可以对实值预测（例如，类别标签的概率估计）或离散预测取平均。对于实值预测，有时使用中位数可以获得更好的结果。

通常使用 softmax 产生离散输出的概率预测。如果使用概率预测的均值，则通常对这些预测值的对数取平均。这相当于使用概率的几何平均值。对于离散预测，使用算术平均投票。处理离散预测和概率预测之间的这种区别将延续到其他类型的集成方法，这些方法需要对预测进行平均。这是因为概率的对数有一个对数似然解释，而对数似然本质上是加法。

装袋和下采样之间的主要区别在于，是否在创建抽样的训练数据集时使用了替换。我们将这些方法总结如下：

1. 装袋：在装袋时，对训练数据进行具有替换的采样。样本大小 s 可能与训练数据大小 n 不同，通常将 s 设置为 n。在后一种情况下，重采样的数据将包含重复项，并且约 $(1-1/n)^n \approx 1/\mathrm{e}$ 的原始数据集将不包括在内。这里 e 表示自然对数的底数。在重采样的训练数据集上建立模型，利用重采样的数据对每个测试实例进行预测。整个重采样和模型构建的过程重复了 m 次。对于给定的测试实例，这 m 个模型中的每一个都应用于测试数据。然后将来自不同模型的预测取平均，以得出单个鲁棒预测。尽管通常在装袋中选择 $s=n$，但通常选择远小于 n 的 s 值可获得最佳结果。

2. 下采样：下采样与装袋相似，不同之处在于，不同的模型是建立在没有替换的数据样本上的，并对来自不同模型的预测进行平均。在这种情况下，需要选择 $s<n$，因为选择 $s=n$ 会在不同的集成成分中产生相同的训练数据集和相同的结果。

当有足够的训练数据时，下采样通常比装袋更可取。然而，当可用数据量有限时，使用装袋法是有意义的。

值得注意的是，不能使用装袋或下采样来消除所有方差，因为不同的训练样本在包含的点上会有重叠。因此，来自不同样本的测试实例的预测将呈正相关。一组正相关的随机变量的平均值将始终具有与相关程度成正比的方差。因此，预测中将始终存在残差。这种残差是以下事实的结果：装袋和下采样是从基本分布中提取训练数据的不完美模拟。尽管如此，这种方法的方差仍然小于在整个训练数据集上构建单个模型的方差。直接将装袋用于神经网络的主要挑战是必须构造多个训练模型，这是非常低效的。但是，不同模型的构建可以完全并行化，因此，这种类型的设置是在多个GPU处理器上进行训练的理想选择。

4.5.2 参数模型选择和平均

神经网络构建中的一个挑战是选择大量的超参数，例如网络的深度和每一层中神经元的数量。此外，对于具体的应用，激活函数的选择也会对性能产生影响。由于性能可能对所使用的特定配置敏感，因此大量参数的存在会使模型构建产生问题。一种解决方法是持有一部分训练数据并尝试不同的参数组合和模型选择。在给定的训练数据部分提供最高准确度的选择，然后用于预测。当然，这是所有机器学习模型中用于参数调优的标准方法，也称为*模型选择*。从某种意义来说，模型选择本质上是一种以集成为中心的方法，在这种方法中选择了最优的模型。因此，这种方法有时也被称为*模型桶*（bucket-of-models）技术。

深度学习设置的主要问题是可能的配置数量很多。例如，可能需要选择层数、每一层中的单元数以及激活函数。因此，人们常常被迫仅尝试有限数量的可能性来选择配置。另一种减少方差的方法是，选择 k 个最佳配置，然后对这些配置的预测进行平均。这种方法可以得到更可靠的预测，尤其是在配置之间非常不同的情况下。即使每个单独的配置可能都不理想，但总体预测仍将非常可靠。但是，这种方法不能在非常大规模的环境中使用，因为每次执行可能需要几周的时间。因此，通常基于3.3.1节中的方法简化为利用单一最佳配置。在装袋的情况下，通常只有在可以使用多个GPU进行训练时才可以使用多种配置。

4.5.3 随机连接删除

在多层神经网络中，不同层之间的连接被随机删除，通常会导致不同的模型，其中使用不同的特征组合来构造隐藏变量。由于模型构建过程中添加了约束，层间连接的减少确实会导致能力较弱的模型。然而，由于不同的随机连接是从不同的模型中删除的，所以不同模型的预测非常不同。来自这些不同模型的平均预测通常是非常准确的。值得注意的是，这种方法不共享不同模型的权重，这与另一种称为Dropout的技术不同。

随机连接删除可用于任何类型的预测问题，而不仅仅是分类。例如，该方法已被用于带有自编码器集成的离群点检测[64]。如2.5.4节所述，通过估计每个数据点的重构误差，可以利用自编码器进行离群点检测。在文献[64]的研究中，使用了多个具有随机连接的自编码器，然后汇总来自这些不同组件的离群值得分，以创建单个数据点的得分。但是，文献[64]中使用中位数优于平均值。文献[64]表明，这种方法提高了离群值检测的整体准确度。值得注意的是，尽管这种方法从表面上看似乎与Dropout和DropConnect类似，但其实有很大的不同。这是因为诸如Dropout和DropConnect之类的方法在不同的集成组件之间共享权重，而此方法在集成组件之间不共享任何权重。

4.5.4 Dropout

Dropout 是一种利用节点抽样代替边缘抽样来建立神经网络集成的方法。如果删除一个节点，那么也需要删除该节点的所有传入和传出连接。节点只从网络的输入层和隐藏层采样。注意，对输出节点抽样会导致模型不能预测和计算损失函数。在某些情况下，输入节点的采样概率与隐藏节点不同。因此，如果整个神经网络包含 M 个节点，则可能的抽样网络总数为 2^M。

Dropout 与前一节讨论的连接抽样方法的一个关键不同点是，*不同抽样网络的权重是共享的*。因此，Dropout 将节点抽样与权重共享相结合。然后，该训练过程使用一个采样实例，通过反向传播来更新采样网络的权重。训练过程包括以下步骤，要反复执行这些步骤以循环遍历网络中的所有训练点：

1. 从基本网络中取一个神经网络。每个输入节点都用概率 p_i 进行采样，每个隐藏节点都用概率 p_h 进行采样，并且所有的采样都是相互独立的。当一个节点被从网络中移除时，它所有的关联边也被移除。

2. 采样单个训练实例或一个小批量的训练实例。

3. 在抽样训练实例或小批量训练实例上使用反向传播，更新网络中保留边的权重。

通常排除概率在 20%～50%之间的节点。高学习率通常与动量配合使用，动量受权重上的最大范数约束。换句话说，进入每个节点的权重的 L_2 范数被限制为不大于 3 或 4 的小常数。

值得注意的是，每个小批量的训练实例都使用了不同的神经网络。因此，采样的神经网络的数量是相当大的，这取决于训练数据集的大小。这不同于大多数其他集成方法，如装袋，其中集成组件的数量很少大于 25。在 Dropout 方法中，成千上万的神经网络使用共享权重进行采样，并使用一个微小的训练数据集来更新每种情况下的权重。即使对大量的神经网络进行了采样，但从基本可能性中抽取的神经网络所占的比例仍然很小。在此类神经网络中使用的另一个假设是输出采用概率的形式。该假设与将不同神经网络的预测进行组合的方式有关。

如何使用神经网络集成来创建一个未知测试实例的预测？一种方法是使用所有采样的神经网络预测测试实例，然后计算不同网络预测概率的几何平均值。这里使用的是几何平均值而不是算术平均值，因为假设网络的输出是概率，并且几何平均等价于对数似然平均。例如，如果神经网络有 k 个与 k 类相对应的概率输出，对于第 i 类，第 j 个集成产生的输出是 $p_i^{(j)}$，则第 i 类的集成估计计算如下：

$$p_i^{\text{Ens}} = \left[\prod_{j=1}^{m} p_i^{(j)}\right]^{1/m} \tag{4.10}$$

这里，m 是集成组件的总数，在 Dropout 方法下，这个数字可能会很大。这个估计的一个问题是使用几何平均数意味着各类概率求和不为 1。因此，将概率值重归一化，使求和为 1：

$$p_i^{\text{Ens}} \Leftarrow \frac{p_i^{\text{Ens}}}{\sum_{i=1}^{k} p_i^{\text{Ens}}} \tag{4.11}$$

这种方法的主要问题是集成组件的数量太多，这使得该方法效率低下。

Dropout 方法的一个关键见解是，不必评估所有集成组件的预测。相反，在重新调整权重之后，可以只在基本网络上执行正向传播（不删除）。基本思想是将每个单元的权重乘以对该单元采样的概率。通过这种方法，可以从采样网络捕获该单元的预期输出。该规则称为权重缩放推断规则。使用此规则还可以确保进入一个单元的输入也与在采样网络中发生的预期输入相同。

权重缩放推断规则对于许多线性激活的网络都是准确的，但对于非线性网络则不完全正确。在实践中，这条规则往往在各种各样的网络中都能很好地工作。由于大多数实际的神经网络都具有非线性激活，因此 Dropout 的权重缩放推断规则应该被看作一种启发，而不是一个理论上合理的结果。Dropout 已被广泛用于使用分布式表示的各种模型，它已与前馈网络、受限玻尔兹曼机和递归神经网络结合使用。

Dropout 的主要作用是将正则化融入学习过程中。通过同时删除输入单元和隐藏单元，Dropout 有效地将噪声合并到输入数据和隐藏表示中。可以将这种噪声的性质看作一种掩蔽噪声，其中一些输入和隐藏单元被设为 0。增加噪声是正则化的一种形式。Dropout 的原始论文[467]表明，这种方法比其他常规方法（如权重衰减）更有效。Dropout 防止了一种称为特征协同适应的现象在隐藏单元之间发生。由于 Dropout 的影响是一个掩蔽噪声，删除了一些隐藏的单元，所以这种方法迫使在不同的隐藏单元上学习的特征之间有一定程度的冗余。这种类型的冗余提高了模型的鲁棒性。

Dropout 之所以有效，是因为每个抽样的子网络都是用一小组抽样的实例进行训练的。因此，只需要对隐藏单元进行采样即可。然而，由于 Dropout 是一种正则化方法，它降低了网络的表达能力。因此，为了获得 Dropout 的全部优势，需要使用更大的模型和更多的单元。这导致了隐藏的计算开销。此外，如果原始训练数据集已经足够大，可以减少过拟合的可能性，则 Dropout 的其他计算优势可能很小（但依然能感受到）。例如，许多在大数据库（如 ImageNet[255]）上训练的卷积神经网络表明使用 Dropout 可以持续改善约 2%的结果。Dropout 的一种变体是 DropConnect，它对权重而不是神经网络节点采用了类似的方法[511]。

关于特征协同适应的说明

为了理解 Dropout 的工作原理，理解特征协同适应的概念是很有用的。理想情况下，对于神经网络的隐藏层，创建反映输入的重要分类特性且相互依赖度低的特征是有用的，除非其他特征真的很有用。为了理解这一点，请考虑这样一种情况：每层中 50%的节点上的所有边都固定在它们的初始随机值上，并且在反向传播期间不进行更新（即使所有的梯度都以常规方式计算）。有趣的是，即使在这种情况下，通过调整其他权重和特征以适应这些随机固定的权重子集（以及相应的激活）的影响，神经网络通常也可能提供合理的良好结果。当然，这并不是一个理想的情况，因为特征一起工作的目标是将每个基本特征所拥有的能力结合起来，而不是仅仅让一些特征适应其他特征的有害影响。甚至在神经网络的正常训练中（所有的权重都会更新），这种类型的协同适应也会发生。例如，如果神经网络中某些部分的更新不够快，那么其中一些特征将不再有用，而其他特征将适应这些不太有用的特征。这种情况很可能出现在神经网络训练中，因为神经网络的不同部分确实倾向于以不同的速度学习。更令人担忧的是，协同适应的特性通过挑选训练点中的复杂依赖关系来很好地预测训练点，而这些依赖关系不能很好地泛化到样本外的测试点。Dropout 迫使神经网络仅使用输入和激活的一个子集进行预测，从而阻止了这种类型的协同适应。

这就迫使网络能够以一定程度的冗余进行预测，同时也鼓励较小的学习特征子集具有预测能力。换句话说，只有在真正需要建模的时候才会发生协同适应，而不是学习训练数据的随机细微差别。当然，这是一种正规化。此外，通过学习冗余特征，Dropout 平均了冗余特征的预测，这类似于装袋法。

4.5.5 数据扰动集成

目前讨论的集成技术大部分是基于采样的集成或以模型为中心的集成。Dropout 可以被认为是一种以间接方式向数据添加噪声的集成。我们也可以使用显式数据扰动的方法。

在最简单的情况下，可以将少量噪声添加到输入数据中，并且可以在干扰数据上学习权重。这个过程可以通过多次添加噪声来重复，并且可以对来自不同集成组件的测试点的预测进行平均。这种方法是一种通用的集成方法，它不是专门针对神经网络的。正如 4.10 节所讨论的，这种方法通常用于*去噪自编码器*。

也可以将噪声添加到隐藏层。但是，在这种情况下，必须仔细校准噪声[382]。值得注意的是，Dropout 方法通过随机删除节点来间接地将噪声添加到隐藏层。删除的节点类似于掩蔽噪声，其中该节点的激活设置为 0。

还可以执行其他类型的数据集扩展。例如，可以旋转或平移图像实例以添加到数据集。精心设计的数据增强方案通常可以通过增加学习器的泛化能力来大大提高准确度。然而，严格地说，这样的方案不是干扰方案，因为增强的实例是通过校准过程和对当前领域的理解而创建的。这些方法通常用于卷积神经网络（参见 8.3.4 节）。

4.6 早停

神经网络使用梯度下降方法的变体来训练。在大多数优化模型中，执行梯度下降法来使结果收敛。虽然执行梯度下降会优化训练数据上的损失，但不一定会减少样本外测试数据上的损失。这是因为最后几个步骤通常会过拟合训练数据的特定细微差别，而这可能无法很好地泛化到测试数据。

解决此难题的自然方法是*早停*。在这种方法中，一部分训练数据被保留为验证集。基于反向传播的训练仅应用于训练数据中不包含验证集的部分。同时，将持续监控验证集上模型的误差。在某个时候，虽然误差在训练集上继续减少，但也会在验证集上开始增加。在这一点上，进一步训练会导致过拟合。因此，可以选择该点作为终止点。跟踪到目前为止在学习过程中达到的最佳解（根据验证数据计算）非常重要。这是因为在超出样本的误差（可能是由噪声变化引起的）微小增加之后，不能早停，而是建议继续训练以检查误差是否继续上升。换句话说，终止点是在验证集上的误差继续增加，并且所有改善验证集上性能的希望都不复存在时才选择的。

尽管删除验证集确实会丢失一些训练点，但是数据丢失的影响通常非常小。这是因为神经网络通常是在数千万点的超大数据集上训练的。验证集不需要大量的点。例如，与完整的数据量相比，包含 10 000 个点的验证集可能很小。虽然通常可以在训练数据中包含验证集，以便通过（与获得早停点的步骤数量）相同数量的步骤对网络进行再训练，但是这种方法的效果有时是不可预测的。它还会导致计算成本增加一倍，因为神经网络需要重新训练。

早停的一个优点是，它可以很容易地添加到神经网络训练中，而不需要显著改变训练过程。此外，类似权重衰减的方法要求我们尝试不同的正则化参数 λ，代价可能很高。由于将其与现有算法相结合很容易，因此可以用一种相对简单的方式将早停与其他正则化器结合使用。因此，早停经常被使用，因为在学习过程中加入它不会损失太多。

可以把早停看作优化过程中的一种约束。通过限制梯度下降的步数，可以有效地限制最终解到初始点的距离。向机器学习问题的模型添加约束通常是正则化的一种形式。

从方差的角度理解早停

理解偏差-方差权衡的一种方法是，一个优化问题的真实损失函数只能在我们有无限数据的情况下才能构造出来。如果数据有限，从训练数据构造的损失函数将不能反映真实的损失函数。图 4.6 给出了真实损失函数的轮廓和训练数据上的损失函数的轮廓。这种偏移是由特定训练数据集产生的预测方差的间接表现。不同的训练数据集会以不同的、不可预测的方式改变损失函数。

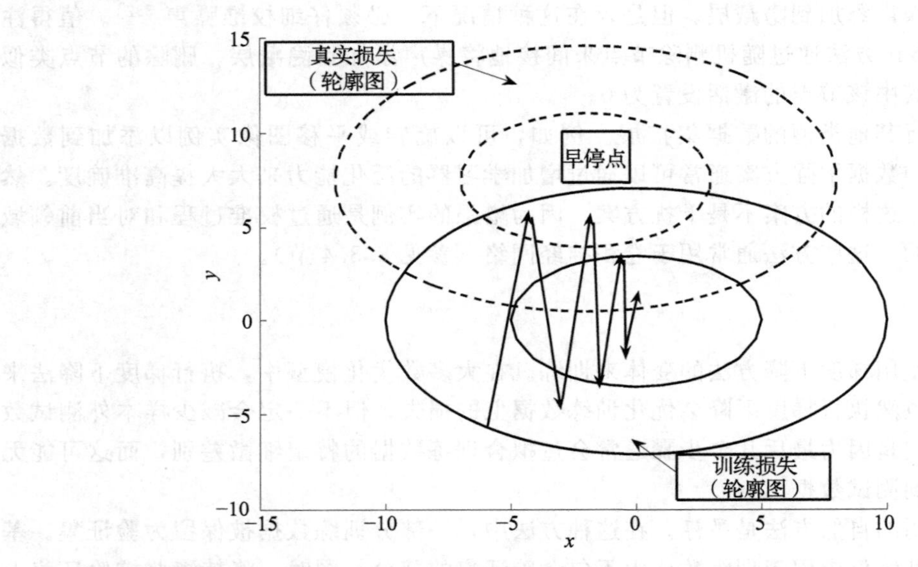

图 4.6　损失函数的偏移是由方差效应和早停效应引起的。由于真实损失函数和训练数据存在差异，因此如果梯度下降持续超过某个点，则误差将开始上升。在这里，为简单起见，我们将真实损失函数和训练损失函数表示为相似的形状，尽管实际上可能并非如此

不幸的是，学习过程只能对训练数据集上定义的损失函数执行梯度下降，因为真正的损失函数是未知的。但是，如果训练数据代表真实的损失函数，则两种情况下的最优解将相当接近，如图 4.6 所示。如第 3 章所述，大多数梯度下降过程采取迂回和振荡的路径来获得最优解。在收敛到最优解的最后阶段（对于训练数据），梯度下降在收敛到训练数据的最优解之前，经常会遇到关于真实损失函数的更好的解。这些解将通过提高验证集的准确度来检测，因此可以提供良好的终止点。一个良好的早停点的例子如图 4.6 所示。

4.7　无监督预训练

由前一章讨论的深层网络的许多不同的特性可知，深层网络很难训练。不同层次的神经网络训练速度差异较大会导致梯度爆炸和梯度消失问题。神经网络的多层结构造成了梯

度的扭曲，使其难以训练。

虽然神经网络的深度会带来挑战，但与深度相关的问题也在很大程度上取决于网络初始化的方式。一个好的初始化点通常可以解决许多影响得到较好的解的问题。在这方面的突破性进展是使用无监督预训练提高初始化的鲁棒性。这种初始化是通过以逐层贪婪训练方式训练网络来实现的。该方法最初是在深度信念网络的背景下提出的，后来扩展到了其他类型的模型，如自编码器[386,506]。在本章中，我们将学习自编码器方法，因为它比较简单。首先，我们将从降维应用开始，因为其是无监督的，并且很容易展示如何使用无监督的预训练。无监督预训练经过少许修改也可以用于监督应用，如分类。

在预训练时，先学习外部隐藏层的权值，再学习内部隐藏层的权重，采用贪心法对网络进行一层一层的训练。得到的权重被用作传统神经网络反向传播最后阶段的起始点，以便对它们进行微调。

考虑图 4.7 所示的自编码器和分类器架构。由于这些架构具有多层网络，随机初始化有时会带来挑战。然而，通过以贪心的方式一层一层地设置初始权重来创建良好的初始化是可能的。我们在图 4.7a 中所示的自编码器的上下文中描述该过程，图 4.7b 中的分类器具有几乎相同的预训练过程。在这两种情况下，我们选择了隐藏层具有相似节点数的神经结构。

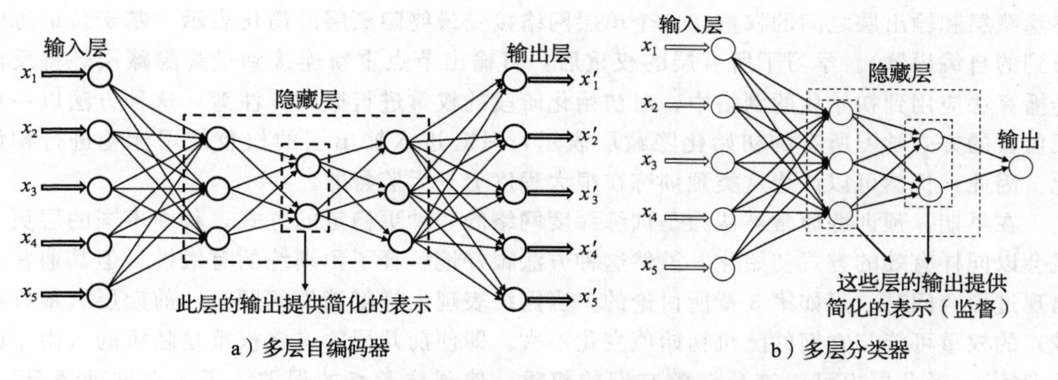

图 4.7　多层分类器和多层自编码器使用类似的预训练过程

预训练过程如图 4.8 所示。基本思想是假设两个（对称的）外部隐藏层包含较大维度的第一级简化表示，而内部隐藏层包含较小维度的第二级简化表示。因此，第一步是利用图 4.8a 的简化网络，学习第一级简化表示和与外部隐藏层相对应的权重。在这个网络中，中间隐藏层缺失，两个外部隐藏层折叠成一个隐藏层。假设两个外部隐藏层以对称的方式相互关联，就像一个较小的自编码器一样。在第二步中，使用第一步中的简化表示来学习内部隐藏层的第二级简化表示（和权重）。因此，神经网络的内部部分被视为一个较小的自编码器。由于每一个预训练好的子网络都要小得多，所以权重更容易学习。然后使用这个初始的权重集合就可以训练整个神经网络。对于包含任意数量隐藏层的深度神经网络，此过程可以按层执行。

到目前为止，我们只讨论了如何将无监督预训练用于无监督应用。一个随之而来的问题是，如何才能将预训练用于监督应用。考虑一个具有单个输出层和 k 个隐藏层的多层分类架构。在预训练阶段，去掉输出层，以无监督的方式学习最终隐藏层的表示。这是通过创建一个具有 $2\cdot k-1$ 个隐藏层的自编码器来实现的，其中中间层是监督网络结构中的最

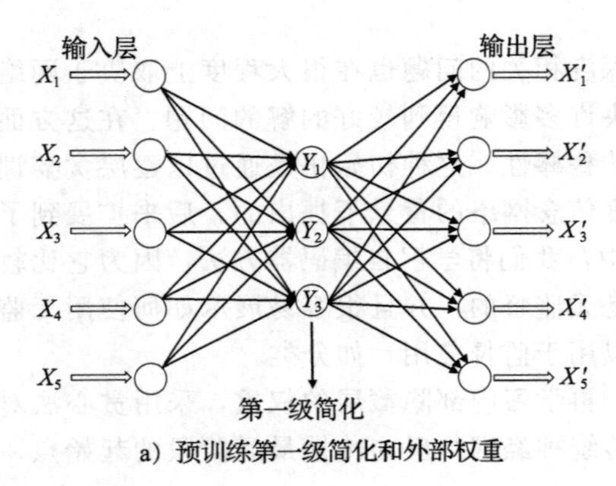

a) 预训练第一级简化和外部权重

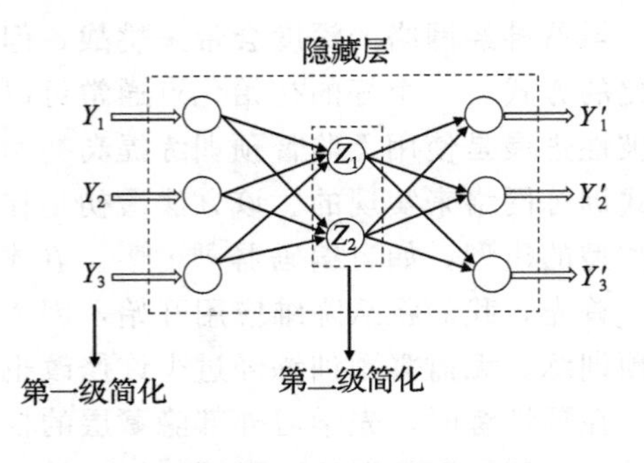

b) 预训练第二级简化和内部权重

图 4.8 预训练一个神经网络

终隐藏层。例如，与图 4.7b 相关的自编码器如图 4.7a 所示。因此，增加了一个额外的 $k-1$隐藏层，每个隐藏层在原来的网络中都有一个对称的对应层。这个网络以与上面讨论的自编码器架构完全相同的分层方式进行训练。这个网络中只有编码器部分的权重作为原有监督网络的初始化权重。通过将最终隐藏层和输出节点视为单层网络，也可以初始化最终隐藏层和输出层之间的权重。这个单层网络接受最终隐藏层的简化表示（基于预训练学习到的自编码器）。学习了所有层的权重后，将输出节点重新连接到最终隐藏层。将反向传播算法应用到初始化的网络中，对初始化阶段的权重进行微调。注意，这种方法以一种无监督的方式学习所有的初始化隐藏层表示，只有进入输出层的权重使用标签进行初始化。因此，仍然可以认为这类预训练在很大程度上是无监督的。

在早期，预训练通常被认为是训练深度网络的一种更稳定的方式，其中不同的层更有机会以同样有效的方式初始化。虽然这种方法很好地解释了预训练的有效性，但其通常会出现过拟合问题。正如第 3 章所讨论的，当网络表现出梯度消失问题时，前期层（最终收敛）的权重可能与它们的随机初始值变化不大。即使前几层的连接权重是随机的（由于缺乏训练），后几层也可以充分调整它们的权重，使训练数据的误差为零。在这种情况下，前期层中的随机连接为后期层提供了近乎随机的转换，但是后期层仍然能够过拟合这些特征，以提供非常低的训练误差。换句话说，由于训练效率低下，后期层的特征适应了前期层的特征。由训练效率低下引起的任何类型的特征协同适应几乎总是会导致过拟合。因此，当该方法应用于未知的测试数据时，过拟合就变得很明显，因为各个层并没有专门适应这些未知的测试实例。从这个意义来说，预训练是一种特殊的正则化形式。

实际上，即使在训练数据量非常大的情况下，无监督预训练也是有帮助的。这种情况很可能是由于预训练有助于解决模型泛化以外的问题。一个证据是在更大的数据集中，如果不使用类似预训练的方法，那么甚至训练数据上的误差也很高。在这些情况下，前期层的权重通常与它们的初始值相差不大，并且在数据的随机转换（由前期层的随机初始化定义）中只使用少量的后期层。因此，网络的训练部分比较浅，随机转换造成了一些额外的损失。在这种情况下，预训练还可以帮助模型充分发挥深度网络的优势，从而有助于提高模型在较大数据集上的预测准确度。

我们也可以用另一种方式理解预训练：它对数据中的重复模式具有洞察力，这些洞察力是通过训练数据学习到的特征。例如，一个自编码器可能会了解到许多数字都有环形，某些数字的笔画以特定的方式弯曲。解码器通过把这些经常出现的图形放在一起来重新构造数字。然而，这些形状在识别数字方面也有鉴别能力。用一些特征表示数据有助于识别这些特征与类别标签之间的关系。Geoff Hinton[192]将这一原理在图像分类上下文中概括为“*要识别形状，首先要学会生成图像*”。这种类型的正则化将训练过程预先设定在参数空间的语义相关区域，在该区域中已经学习了几个重要的特征，可以通过进一步训练对这些特征进行微调并将其结合起来进行预测。

4.7.1 无监督预训练的变体

在无监督预训练过程中可以引入许多不同的变化。例如，可以一次训练多个层，而不是一次只训练一个层。一个特别的例子是 VGG（参见 8.4.3 节），其中在深度网络中多达 11 层被一起训练。实际上，在预训练时尽可能将网络层分组是有一些好处的，因为一个具有更大的神经网络片段的（成功的）预训练过程会导致更强大的初始化。另外，在每个预训练组件中把太多的层分组在一起会导致每个组件中出现问题（例如梯度消失与梯度爆炸问题）。

另外，图 4.8 的预训练过程假设自编码器以完全对称的方式工作，即编码器第 k 层的简化与解码器中镜像层的简化近似。如果在实践中网络的不同层使用了不同类型的激活函数，那么这种假设可能不成立。例如，在编码器的特定层中的 sigmoid 激活函数将只创建非负值，而在解码器的匹配层中的 tanh 激活函数可能同时创建正值和负值。另一种方法是使用一种简单的预训练架构，在这种架构中，我们学习编码器和解码器中其镜像的第 k 级简化。这使得编码器和解码器中对应的简化有所不同。必须在这两层之间增加一层额外的权重以处理两层之间的差异。这一层额外的权重在简化之后被丢弃，只保留编码器和解码器的权重。最里层的简化的权重并没有用于预训练，这与前面讨论的方法类似（见图 4.8b）。图 4.9 中显示了第一级简化（图 4.8a）的架构示例。注意，在这种情况下，编码器层和解码器层的一级表示可能会有很大的不同，这在预训练过程中提供了一些灵活性。当该方法用于分类时，只能使用编码器中的权重，最终的简化编码可以用一个分类层进行封装以供学习。

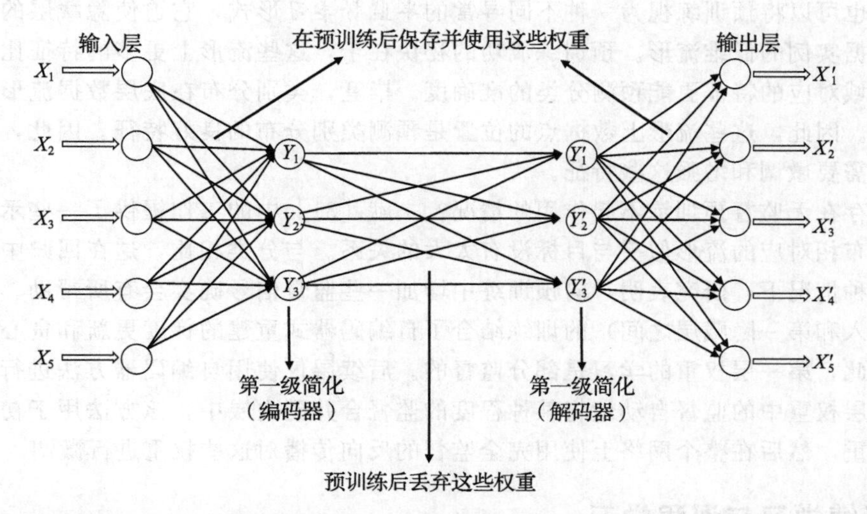

图 4.9 这种结构允许编码器和解码器中的一级表示显著不同。将此结构与图 4.8a 中的结构进行比较

4.7.2 如何进行监督预训练

到目前为止，不管应用程序是有监督的还是无监督的，我们都只讨论了无监督预训练。即使在应用程序有监督的情况下，初始化也是使用无监督的自编码器架构完成的。虽然也可以进行监督预训练，但有趣且令人惊讶的结果是，至少在某些情况下，监督预训练的效果似乎不如无监督预训练的效果好[113,31]。这并不意味着监督预训练完全没有用。的确，在某些情况下，由于网络的深度，很难训练网络本身。例如，由于与收敛和其他相关的问题，具有数百层的网络极其难以训练。在这种情况下，甚至训练数据的误差也很大，这意味着训练算法无法工作。这是一个不同于模型泛化的问题。除了监督预训练外，有许多技术（如高速网络[161,470]、门控网络[204]和残差网络[184]）可以解决这些问题。然而，这些解决方案并没有专门解决过拟合问题，而无监督预训练至少似乎可以在某些类型的网络中解决这两个问题。

在监督预训练[31]中，自编码器架构不被用来学习隐藏层的连接权重。在第一次迭代中，所构建的网络只包含第一个隐藏层，该隐藏层连接到输出层的所有节点。这个步骤学习从输入到隐藏层的连接权重，而输出层的权重被丢弃。然后，利用第一隐藏层的输出作为训练点的新表示。然后，创建另一个包含第一和第二隐藏层以及输出层的神经网络。第一隐藏层现在被视为一个输入层，它的输入为前一个迭代中学习的训练点的转换表示。然后，这些被用来学习下一层的权重和它们的隐藏表示。这种方法一直重复到最后一层。虽然这种方法确实比不使用预训练的方法有所改进，但至少在某些情况下，它似乎不如无监督预训练方法好。性能上的主要差异在于未知测试数据的泛化误差，而训练数据的误差往往相近[31]。这几乎可以肯定是因为不同方法的过拟合程度不同。

为什么在很多情况下，监督预训练不如无监督预训练有效？监督预训练的一个关键问题是它有点过于贪心了，早期的层被初始化为与输出直接相关的表示。因此，没有充分利用深度的优势。这是一种不同类型的过拟合。无监督预训练成功的一个重要原因是其习得表示通常与类别标签相关，因此进一步的学习能够分离和微调这些表示的重要特性。因此，我们也可以将预训练视为一种不同寻常的半监督学习形式，它迫使隐藏层的初始表示依赖于数据实例的低维流形。预训练成功的秘诀在于，这些流形上更多的特征比数据空间中随机区域对应的特征更能预测分类的准确度。毕竟，类别分布在底层数据流形上的变化是平滑的。因此，这些流形上数据点的位置是预测类别分布的良好特征。因此，学习的最后阶段只需要微调和增强这些特征。

是否存在无监督预训练不起作用的情况？文献［31］中的工作提供了一些示例，其中与数据分布相对应的流形似乎与目标没有太大的关系。与分类相比，这在回归中更容易发生。在这种情况下，研究表明，向预训练中增加一些监督信号确实会有所帮助。第一层权重（在输入和第一隐藏层之间）的训练结合了自编码器式重建的梯度更新和贪心的监督预训练。因此，第一层权重的学习是部分监督的。后续层仅使用自编码器方法进行训练。包含在第一层权重中的监督自动地将某种程度的监督合并到内层中。该方法用于初始化神经网络的权重。然后在整个网络上使用完全监督的反向传播对这些权重进行微调。

4.8 继续学习与课程学习

前一章和本章的讨论表明，神经网络参数的学习本质上是一个复杂的优化问题，其中损失函数具有复杂的拓扑形状。此外，训练数据上的损失函数与真实损失函数并不完全相同，从而导致了伪极小值。这些伪极小值在训练数据上可能接近最优极小值，但在未知的测试实例上可能根本不是极小值。在许多情况下，优化一个复杂的损失函数往往导致这样的解决方案具有很低的泛化能力。

预训练的经验表明，简化优化问题（或提供不进行过多优化的简单贪心策略）通常可以使解决方案能在测试数据上获得更好的优化。换句话说，不要试图一下子解决一个复杂的问题，应该首先尝试解决简化的问题，然后逐步地向复杂的解决方法发展。其中的两个概念是继续学习和课程学习。

1. *继续学习*：在继续学习中，从优化问题的简化版本开始解决。从这个解决方案开始，继续对优化问题进行更复杂的改进，并更新解决方案。这个过程重复进行，直到复杂的优化问题得到解决。因此，继续学习利用了以模型为中心的视图，从简单到复杂的方式进行学习。例如，如果有一个具有多个局部最优的损失函数，可以将其平滑为具有单个全局最优的损失函数并找到最优解。然后，可以逐渐使用更好的近似（随着复杂性的增加），直到使用准确的损失函数。

2. *课程学习*：在课程学习中，首先在较简单的数据实例上对模型进行训练，然后逐步在训练数据上增加较困难的实例。因此，不同于继续方法（利用以模型为中心的视图），课程学习利用以数据为中心的视图，实现从易到难的学习过程。

通过考察人类如何学习任务，得到了对课程学习和继续学习方法不同见解。人类通常先学习简单的概念，然后再学习复杂的概念。对孩子的训练经常是利用这样的课程创建的，旨在加速学习。这个原理在机器学习中似乎也很有效。接下来，我们将探讨继续学习和课程学习。

4.8.1 继续学习

在继续学习中，设计了一系列损失函数 $L_1 \cdots L_r$。在这个损失函数序列中，优化的难度从容易到困难。换句话说，每个 L_{i+1} 都比 L_i 更难优化。所有的优化问题都是在同一组参数上定义的，因为它们是在同一神经网络上定义的。损失函数的平滑是正则化的一种形式。可以将每个 L_i 看作 L_{i+1} 的平滑版本。从泛化误差的角度出发，每求解一个 L_i 都使解更接近最优解的范围。

连续损失函数通常是通过*模糊*来构造的。其思想是计算给定点附近采样点的损失函数，然后对这些值求平均值以创建新的损失函数。例如，可以用标准偏差为 σ_i 的正态分布计算第 i 个损失函数 L_i。可以把这种方法看作对损失函数的一种噪声添加，它也是正则化的一种形式。模糊量的大小取决于用于模糊的位置个数，这是由 σ_i 定义的。如果 σ_i 的值太大，那么所有点的开销将非常相似，并且损失函数不会保留足够的关于目标的细节。然而，它的优化通常非常简单。另外，将 σ_i 设置为 0 将保留损失函数的所有细节。因此，一般的解决方案是首先给 σ_i 设置大值然后逐渐减少直到得到连续的损失函数。可以将此方法视为在早期迭代中增加的噪声以进行正则化，然后在算法接近有目标解时降低正则化水平。在*模拟退火*[244]等多种优化技术中，添加不同数量的校准噪声以避免局部最优是一个反复出现的主题。连续学习方法的主要问题是，由于需要优化一系列损失函数，它们的开销很大。

4.8.2 课程学习

区别于以模型为中心的继续学习方法，课程学习方法采用以数据为中心的观点来看待模型优化问题。主要的假设是，不同的训练数据集在学习过程中表现出不同的难度。在课程方法中，简单的实例首先被呈现给学习器。困难的实例的一种可用的定义方法是，在使用支持向量机或者感知机训练后位于决策边界的错误一侧的数据。还有其他的定义方法，比如使用贝叶斯分类器。基本的观点是，困难的实例通常是有噪声的，或者它们代表了使学习器困惑的特殊模式。因此，以这样的实例开始训练是不可取的。

换句话说，随机梯度下降的初始迭代只使用简单的实例"预训练"学习器使其得到一个合理的参数设置。随后，在后面的迭代中，困难的实例将与简单的实例结合在一起。在后面的训练阶段同时包括简单和困难的实例是至关重要的，如果只有困难的实例参与训练，将导致学习器过拟合。在许多情况下，困难的实例可能是空间中特定区域的特殊模式，或者甚至可能只是噪声。如果只是在后期向学习器提供困难的实例，那么整体的准确度就不会很高。最好的结果通常是通过在后期使用简单和困难的实例的随机混合得到的。困难实例的比例在课程中不断增加，直到输入代表真实的数据分布。这类随机课程已被证明是一种有效的方法。

4.9 共享参数

减少模型参数规模的一种简单的正则化形式是在不同连接之间共享参数。通常，这种类型的参数共享是基于特定领域的洞察力实现的。共享参数所需的主要洞察力是，在两个节点上计算的函数应该存在某种方式的关联。当对特定计算节点与输入数据之间的关系有了很好的了解时，就可以获得这种类型的洞察力。这种参数共享方法的例子如下：

1. 自编码器中的共享权重：自编码器的编码器和解码器部分中的对称权重通常是共享的。尽管无论是否共享权重，自编码器都可以工作，但是这样做可以改进算法的正则化属性。在具有线性激活的单层自编码器中，权重共享使权重矩阵的不同隐藏分量之间存在正交性。这提供了与奇异值分解相同的简化。

2. 循环神经网络：这些网络通常用于时序数据（如时间序列、生物序列和文本）建模。最后一个是循环神经网络最常用的应用领域。在循环神经网络中，创建了网络的时间分段表示，其中在与时间戳相关联的各层之间复制了神经网络。由于先前每个时间戳都使用相同的模型，所以参数在不同层之间共享。第7章将详细讨论循环神经网络。

3. 卷积神经网络：卷积神经网络用于图像识别和预测。相应地，网络的输入以及网络的所有层被设置成一个矩形网格模式。此外，网络中相邻块之间的权重通常是共享的。其基本思想是，图像的矩形块对应于视野的一部分，无论它位于何处，都应该以相同的方式进行解释。换句话说，无论胡萝卜在图像的左边还是右边，它代表的意义都是一样的。本质上，这些方法通过对数据的语义洞察来减少参数占用、共享权重和减少连接。第8章将详细讨论卷积神经网络。

在许多这样的情况下，很明显，通过对训练数据的特定领域的洞察力的应用，以及对节点上计算函数与训练数据关联的良好理解，可以实现参数共享。3.2.9节讨论了实现权重共享所需的对反向传播算法的修改。

权重共享的另一种类型是软权重共享[360]。在软权重共享中，参数并没有完全捆绑在一起，但与之相关的惩罚是不同的。例如，如果期望权重 w_i 和 w_j 相似，则可以将惩罚 $\lambda(w_i-w_j)^2/2$ 添加到损失函数中。在这种情况下，可以将值 $\alpha\lambda(w_j-w_i)$ 添加到 w_i 的更新中，并将值 $\alpha\lambda(w_i-w_j)$ 添加到 w_j 的更新中。在此，α 是学习率。这些类型的更新更改往往使权重彼此接近。

4.10 无监督应用中的正则化

尽管在无监督应用程序中确实可能会发生过拟合，但这通常不是什么大问题。在分类中，学习器试图学习与每个样本相关的单个信息，因此使用比样本数量更多的参数可能导致过拟合。在无监督应用程序中不是这样：在这种情况下，单个训练实例可能包含许多与不同维度对应的信息。一般来说，信息的规模取决于数据集的固有维数。因此，在无监督应用程序中，往往很少发生过拟合。

然而，在许多无监督设置中使用正则化是有益的。一种常见的情况是，有一个*过完备*的自编码器，其中隐藏单元的数量大于输入单元的数量。在无监督应用程序中，正则化的一个重要目标是将某种结构强加于所学习的表示之上。这种正则化方法具有不同于创建稀疏表示或提供清除损坏数据能力的优点。与监督模型的情况一样，可以使用对问题领域的语义洞察来强制使解决方案具有特定类型的所需属性。本节将展示使用不同类型的惩罚和对隐藏单元的约束创建具有有用属性的隐藏/重构表示。

4.10.1 基于值的惩罚：稀疏自编码器

对稀疏隐藏单元的惩罚具有无监督应用，如*稀疏自编码器*。与输入单元的数量相比，稀疏自编码器在每一层包含更多的隐藏单元。然而，通过惩罚或约束，隐藏单元的值被鼓励为 0。因此，隐藏单元中的大多数值在收敛时都是 0。一种可能的方法是为了创建稀疏表示，对隐藏单元施加 L_1 惩罚。带 L_1 惩罚的梯度下降方法在 4.4.4 节中进行了讨论。值得注意的是，很少有文献将 L_1 正则化应用于自编码器（尽管没有理由不使用它）。还有其他基于约束的方法，比如只允许激活 top-k 隐藏单元。在大多数情况下，可以通过恰当地选择约束合理地修改反向传播方法。例如，如果只选择 top-k 单元进行激活，那么只允许梯度流通过这些被选择的单元进行反向传播。基于约束的技术只是基于惩罚的方法的一个变种。2.5.5 节提供了关于这些学习方法的更多细节。

4.10.2 噪声注入：去噪自编码器

正如 4.4.1 节所讨论的，噪声注入是基于惩罚的正则化权重的一种形式。在具有线性激活的单层网络中，高斯噪声的输入与 L_2 正则化基本等价。去噪自编码器是基于噪声注入而不是对权重或隐藏单元的惩罚。去噪自编码器的目标是从损坏的训练数据中重构良好的实例。因此，应根据输入的性质选择噪声的类型。可以添加以下几种不同类型的噪声：

1. *高斯噪声*：这种类型的噪声适用于实值输入。对于任意输入，添加的噪声均值为 0，方差 $\lambda>0$。在这里，λ 是正则化参数。

2. *掩蔽噪声*：基本思想是随机从输入向量中的选取部分分量 f 赋值为 0，以破坏输入。这种方法在处理二元输入时特别有用。

3. *椒盐噪声*：在这种情况下，随机从输入向量中的选取部分分量 f 按照抛硬币方式设置为 0 或 1。该方法通常用于二元输入，其中最小值为 0，最大值为 1。

去噪自编码器在处理损坏的数据时非常有用。因此，这种自编码器的主要应用是重构损坏的数据。自编码器的输入是损坏的训练数据，输出是未损坏的数据。结果，自编码器学习识别输入是否被损坏，以及重构输入的真实表示。因此，即使在测试数据中有损坏（由于应用程序特定的原因），该方法也能够重构出测试数据的未损坏版本。注意，训练数据中的噪声是显式添加的，而测试数据中的噪声是由于各种特定于应用程序的原因而出现的。例如，如图 4.10 的顶部所示，可以使用这种方法来消除图像中的模糊或其他噪声。添加到输入训练数据中的噪声的性质应该基于对测试数据中出现的损坏类型的洞察。因此，为了获得最佳性能，我们需要训练数据的未损坏实例。在大多数领域，这不难做到。例如，如果目标是从图像中去除噪声，那么训练数据中应包含高质量的图像作为输出，人工模糊的图像作为输入。通常情况下，当去噪自编码器用于重建损坏的数据时，它是过完备的。然而，这种选择也取决于输入的性质和添加的噪声量。除了用于重构输入之外，噪声的添加也是一个很好的正则化方式，它可以使该方法在训练样本外的输入上效果更好，即使是在自编码器不完备的情况下。

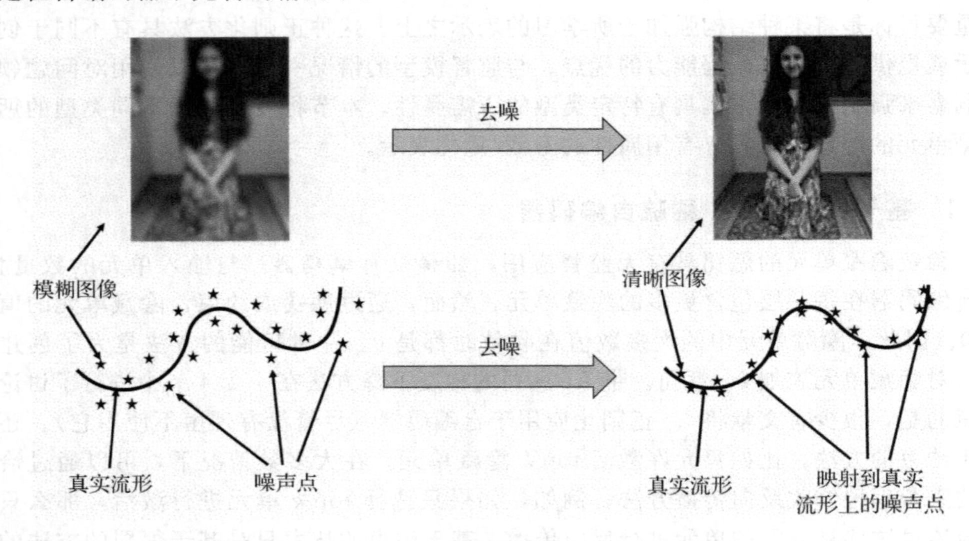

图 4.10　去噪自编码器

去噪自编码器的工作方式是利用输入数据中的噪声来学习嵌入数据的真实流形。每个损坏点被映射到数据分布的真实流形上与它“最接近”的匹配点上。最接近的匹配点是流形上该模型预测的噪声点的来源。这个映射显示在图 4.10 的底部。与有噪声的数据相比，真实流形是一种更简洁的数据表示，而这种简洁性是在输入中加入噪声后进行正则化的应有结果。所有形式的正则化都倾向于增加底层模型的简洁性。

4.10.3　基于梯度的惩罚：收缩自编码器

与去噪自编码器的情况一样，收缩自编码器的隐藏表示常常是过完备的，因为隐藏单元的数量大于输入单元的数量。收缩自编码器是一种高度正则化的编码器，我们不希望隐藏层的表示随着输入值的微小变化而发生显著变化。显然，这也会导致输出对输入不太敏感。尝试创建一个输出对输入变化不那么敏感的自编码器，乍一看似乎是一个奇怪的目标。毕竟，自编码器应该准确地重构数据。因此，正则化的目标似乎与损失函数的收缩正则化部分的目标完全不一致。

一个关键点是收缩自编码器被设计成只对输入数据的微小变化具有鲁棒性。此外，它们往往对那些与数据流形结构不一致的变化不敏感。换句话说，如果对输入做了一个小改变，而该输入不在输入数据的流形结构上，则收缩自编码器将倾向于抑制重构表示的变化。在此，重要的是要理解，高维输入数据（具有低维流形）中的绝大多数（随机选择的）方向趋向与流形结构近似正交，这其中具有可改变流形结构的成分的作用。基于局部流形结构的重构表示的变化的衰减也称为自编码器的收缩特性。因此，收缩自编码器倾向于从输入数据中去除噪声（像去噪自编码器一样），但其机制与去噪自编码器不同。我们将在后面看到，收缩自编码器惩罚了隐藏值中与输入相关的梯度。当与输入相关的隐藏值具有较低的梯度时，意味着它们对输入的微小变化不太敏感（尽管较大的变化或平行于流形结构的变化往往会改变梯度）。

为了便于讨论，我们将讨论收缩自编码器只有一个单一的隐藏层的情况。到多个隐藏层的泛化很简单。设 $h_1 \cdots h_k$ 为输入变量 $x_1 \cdots x_d$ 的 k 个隐藏单元的值。输出层的重构值是 $\hat{x}_1 \cdots \hat{x}_d$。然后，用重构损失和正则化项的加权和给出目标函数。单个训练实例的损失由下式给出：

$$L = \sum_{i=1}^{d} (x_i - \hat{x}_i)^2 \tag{4.12}$$

正则化项是由所有隐藏变量对所有输入维度的偏导数的平方和构成的。对于一个有 k 个隐藏单元 $h_1 \cdots h_k$ 的问题，正则化项 R 可以写成：

$$R = \frac{1}{2} \sum_{i=1}^{d} \sum_{j=1}^{k} \left(\frac{\partial h_j}{\partial x_i} \right)^2 \tag{4.13}$$

在原文献［397］中，隐藏层采用了 sigmoid 非线性，其结果如下（参见 3.2.5 节）：

$$\frac{\partial h_j}{\partial x_i} = w_{ij} h_j (1 - h_j) \quad \forall i, j \tag{4.14}$$

这里，w_{ij} 是输入单元 i 对隐藏单元 j 的权重。

单个训练实例的总体目标函数由损失项和正则项的加权和给出：

$$\begin{aligned} J &= L + \lambda \cdot R \\ &= \sum_{i=1}^{d} (x_i - \hat{x}_i)^2 + \frac{\lambda}{2} \sum_{j=1}^{k} h_j^2 (1 - h_j)^2 \sum_{i=1}^{d} w_{ij}^2 \end{aligned}$$

该目标函数包含权重和隐藏单元正则化的组合。对隐藏单元的惩罚可以按照 3.2.7 节讨论的方法处理。令 a_{hj} 为节点 h_j 的激活前值。传统上，反向传播的更新是由激活前值定义的，其中 $\frac{\partial J}{\partial a_{h_j}}$ 是向后传播的。在使用输出层的反向传播的动态规划更新进行计算 $\frac{\partial J}{\partial a_{h_j}}$ 后，可以进一步更新到包含 h_j 的隐藏层正则化的效果：

$$\begin{aligned} \frac{\partial J}{\partial a_{h_j}} &\Leftarrow \frac{\partial J}{\partial a_{h_j}} + \frac{\lambda}{2} \frac{\partial [h_j^2 (1 - h_j)^2]}{\partial a_{h_j}} \sum_{i=1}^{d} w_{ij}^2 \\ &= \frac{\partial J}{\partial a_{h_j}} + \lambda h_j (1 - h_j)(1 - 2h_j) \underbrace{\frac{\partial h_j}{\partial a_{h_j}}}_{h_j(1-h_j)} \sum_{i=1}^{d} w_{ij}^2 \end{aligned}$$

$$= \frac{\partial J}{\partial a_{h_j}} + \lambda h_j^2 (1-h_j)^2 (1-2h_j) \sum_{i=1}^{d} w_{ij}^2$$

$\frac{\partial h_j}{\partial a_{h_j}}$的值设为$h_j(1-h_j)$，因为假设使用 sigmoid 激活（使用其他激活函数的值不同）。根据链式法则，$\frac{\partial J}{\partial a_{h_j}}$的值应该与$\frac{\partial a_{h_j}}{\partial w_{ij}}=x_i$相乘，就得到了关于$\omega_{ij}$的损失的梯度。然而，根据多变量链式法则，还需要加上正则化器对w_{ij}的导数，从而得到完整的梯度。因此，加上隐藏层正则化器R对权重的偏导数，上式变为：

$$\frac{\partial J}{\partial w_{ij}} \Leftarrow \frac{\partial J}{\partial a_{h_j}} \frac{\partial a_{h_j}}{\partial w_{ij}} + \lambda \frac{\partial R}{\partial w_{ij}}$$

$$= x_i \frac{\partial J}{\partial a_{h_j}} + \lambda w_{ij} h_j^2 (1-h_j)^2$$

有趣的是，如果使用线性隐藏单元而不是 sigmoid 函数，那么很容易看到目标函数将与使用L_2正则化的自编码器相同。因此，只对非线性隐藏层使用这种方法是有意义的，因为线性隐藏层可以用更简单的方法处理。编码器和解码器中的权重可以是绑定的，也可以是独立的。如果权重被绑定，则需要在两个权重上分别添加梯度。上面的讨论假设只有一个隐藏层，很容易将其推广到更多的隐藏层。文献［397］的工作表明，该方法的更深层变体可以实现更好的性能。

去噪自编码器和收缩自编码器之间存在一些有趣的关系。去噪自编码器通过显式添加噪声来实现其鲁棒性目标，而收缩自编码器通过添加正则化项来实现其目标。当隐藏层使用线性激活时，在去噪自编码器中添加少量高斯噪声可实现与收缩自编码器大致相似的目标。当隐藏层使用线性激活时，隐藏单元相对于输入的偏导数就是连接权重，因此收缩自编码器的目标函数如下：

$$J_{\text{linear}} = \sum_{i=1}^{d} (x_i - \hat{x}_i)^2 + \frac{\lambda}{2} \sum_{i=1}^{d} \sum_{j=1}^{k} w_{ij}^2 \tag{4.15}$$

在这种情况下，收缩自编码器和去噪自编码器都变得与具有L_2正则化的奇异值分解类似。去噪自编码器和收缩自编码器之间的区别如图4.11所示。左侧为去噪自编码器的情况下，自编码器通过使用输入中损坏的数据与输出中真实数据之间的关系来学习沿未损坏数据的真实流形的方向。在收缩自编码器中通过解析实现此目标，因为当流形的维数远小于输入数据维数时，绝大多数随机扰动与流形大致正交。在这种情况下，稍微扰动数据点不会大大改变流形上的隐藏表示。沿所有方向均等地惩罚隐藏层的偏导数可确保偏导数仅在沿真实流形的少数方向上才有意义，而沿绝大多数正交方向的偏导数则接近0。换句话说，对特定训练数据集的分布无意义的变化将被抑制，仅保留有意义的变化。

两种方法之间的另一个区别是，去噪自编码器中编码器和解码器分担了正则化的责任，而收缩自编码器仅将此责任放在编码器上，在特征提取中仅使用编码器部分。因此，收缩自编码器对于特征工程更有用。

在收缩自编码器中，梯度是确定性的，因此（与去噪自编码器相比）使用二阶学习方法也更容易。而如果使用一阶学习方法，则去噪自编码器更易于构建（对未正则化的自编码器的代码进行很少的更改）。

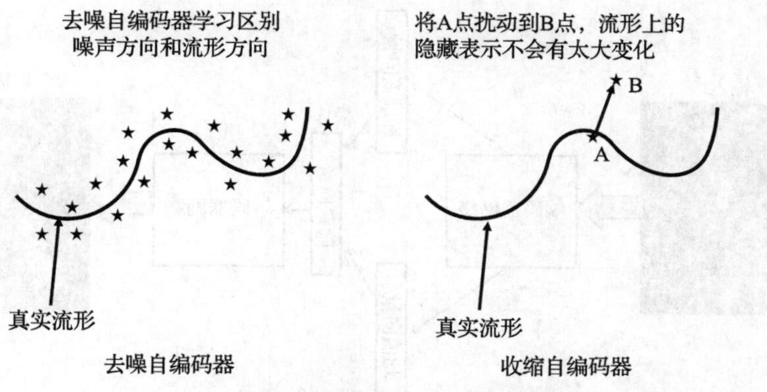

图 4.11 去噪自编码器与收缩自编码器的区别

4.10.4 隐藏层概率结构：变分自编码器

就像稀疏编码器对隐藏单元施加稀疏约束一样，变分编码器在隐藏单元上施加特定的概率结构。最简单的约束是使整个数据上隐藏单元的激活服从标准正态分布（即，每个方向上具有零均值和单位方差）。通过施加这种约束，一个优点是可以在训练后丢弃编码器，并简单地将从标准正态分布得到的样本送到解码器，以生成训练数据的样本。但是，如果每个对象都是从相同的分布生成的，则不可能区分各种对象或从给定的输入中重构它们。因此，隐藏层中激活的条件分布（相对于特定的输入对象）将具有与标准正态分布不同的分布。即使正则化项试图将条件分布拉向标准正态分布，也只能通过分布在整个数据中的隐藏样本而不是单个对象中的隐藏样本来实现此目标。

对隐藏变量的概率分布施加约束要比到目前为止讨论的其他正则化函数更为复杂。但是，关键是要使用重参数化方法，在该方法中，编码器创建条件正态分布的 k 维均值和标准差向量，并从该分布中采样隐藏向量，如图 4.12a 所示。不幸的是，该网络仍然具有采样组件。这种网络的权重无法通过反向传播学习，因为计算的随机部分不可微。因此，可以通过显式生成 k 维样本（其中的每个分量均来自标准正态分布）来解决其随机部分。编码器输出的均值和标准差用于缩放和转换正态分布中的输入样本。这种架构如图 4.12b 所示。通过显式生成随机部分作为输入的一部分，现在可以完全确定最终的架构，并且可以通过反向传播学习其权重。此外，从标准正态分布生成的样本的值将应用于反向传播更新。

对于每个对象 $\overline{X}$，由编码器分别创建均值和标准差的隐藏激活。均值和标准差的 k 维激活分别用 $\overline{\mu}(\overline{X})$ 和 $\overline{\sigma}(\overline{X})$ 表示。另外，从 $\mathcal{N}(0,I)$ 生成 k 维样本 $\overline{z}$，其中 I 是单位矩阵，并被视为用户对隐藏层的输入。隐藏表示 $\overline{h}(\overline{X})$ 是通过按如下所示的均值和标准差缩放随机输入向量 $\overline{z}$ 来创建的：

$$\overline{h}(\overline{X}) = \overline{z} \odot \overline{\sigma}(\overline{X}) + \overline{\mu}(\overline{X}) \tag{4.16}$$

这里，$\odot$ 表示逐元素乘法。这些操作在图 4.12b 中显示，小圆圈中包含乘法和加法运算符。除非 $\overline{\mu}(\overline{X})$ 和 $\overline{\sigma}(\overline{X})$ 分别仅包含 0 和 1，否则特定对象的 $\overline{h}(\overline{X})$ 的元素将明显偏离标准正态分布。实际并非如此，因为重构部分损失会迫使特定点的隐藏表示的条件分布具有与标准正态分布（类似于先验分布）相比不同的均值和更低的标准偏差。特定点的隐藏表示的分布是后验分布（以特定训练数据点为条件），因此它将不同于高斯先验。总损失函数表示为重构损失和正则化损失的加权和。对于重构误差，可以使用多种方法，为简单

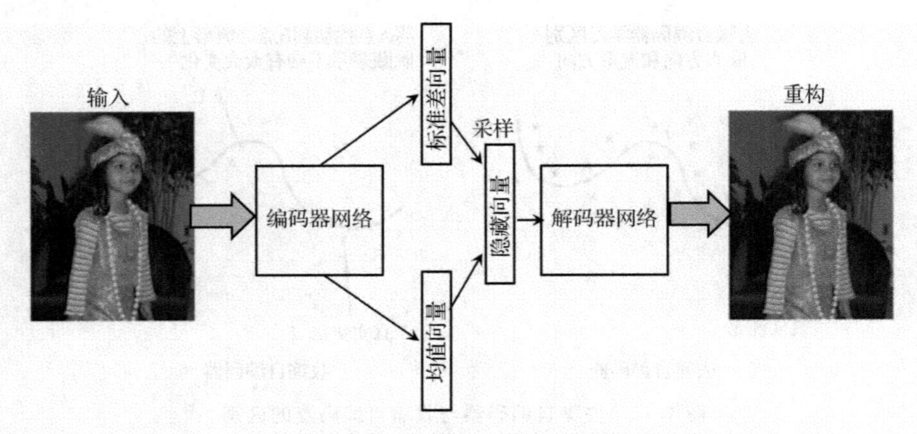

a）点特定的正态分布（随机不可微损失）

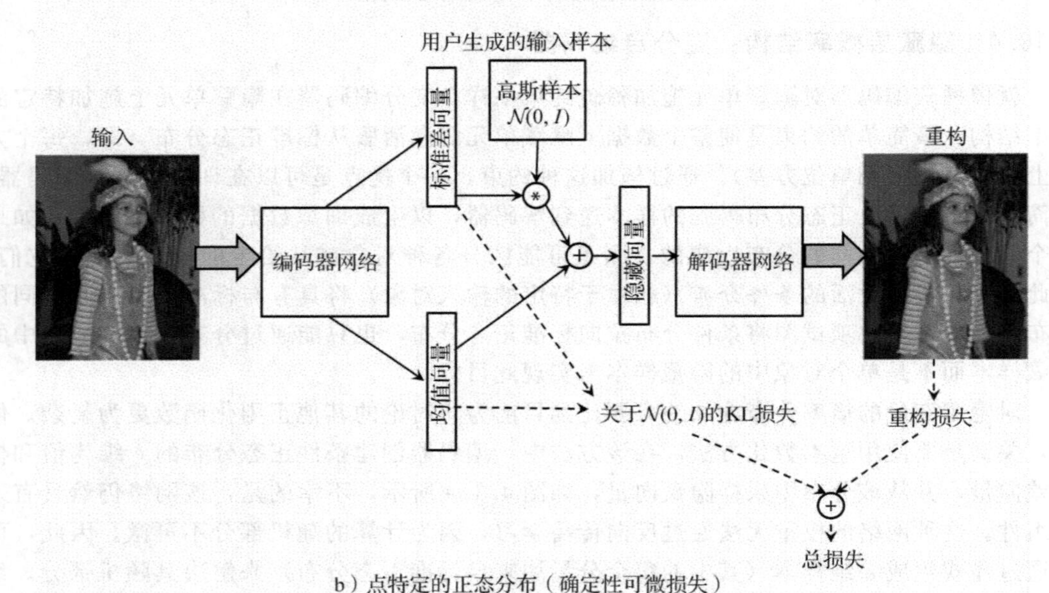

b）点特定的正态分布（确定性可微损失）

图 4.12　重参数化一个变分自编码器

起见，我们将使用平方损失，其定义如下：

$$L = \| \overline{X} - \overline{X}' \|^2 \tag{4.17}$$

这里，$\overline{X}'$是来自解码器对输入点 $\overline{X}$ 的重构。正则化损失 R 就是参数（$\overline{\mu}(\overline{X})$ $\overline{\sigma}(\overline{X})$）的条件隐藏分布相对于参数（$0, I$）的 k 维正态分布的 Kullback-Leibler（KL）散度。该值定义如下：

$$R = \frac{1}{2}\Big(\underbrace{\| \overline{\mu}(\overline{X}) \|^2}_{\overline{\mu}(\overline{X})_i \Rightarrow 0} + \underbrace{\| \overline{\sigma}(\overline{X}) \|^2 - 2\sum_{i=1}^{k} \ln(\overline{\sigma}(\overline{X})_i)}_{\overline{\sigma}(\overline{X})_i \Rightarrow 1} - k \Big) \tag{4.18}$$

在一些项的下方，我们注释了这些项在按特定方向推动参数上的特定效果。常数项实际上没有任何作用，它只是 KL 散度函数的一部分。如果目标函数的正则化部分减小为 0，即参数（$\overline{\mu}(\overline{X})$，$\overline{\sigma}(\overline{X})$）为（$0, I$），则包含常数项的确具有美观的效果。但由于目标函数的重构部分的影响，对于任何特定的数据点都不会出现这种情况。在所有的训练数据点上，由于正则化项的存在，隐藏表示的分布更接近于标准化的高斯分布。数据点 $\overline{X}$ 的总体目标函数 J 定义为重构损失和正则化损失的加权和：

$$J = L + \lambda R \tag{4.19}$$

这里，$\lambda > 0$ 是正则化参数。小的 λ 值将有利于精确重构，这种方法将会表现得像一个传统的自编码器。正则化项迫使隐藏表示为随机的，因此多个隐藏表示将生成几乎相同的点。这提高了泛化能力，因为在隐藏值的随机范围内，更容易对与训练数据中的图像相似（但不完全相似）的新图像建模。但是，由于相似点的隐藏表示的分布之间存在重叠，因此会产生一些不希望出现的副作用。例如，当使用这种方法重构图像时，重构结果往往是模糊的。这是由一些相似点上的平均效应造成的。在极端情况下，如果 λ 值非常大，那么所有点都有相同的隐藏分布（这是一个具有零均值和单位方差的各向同性高斯分布）。重构工作可能会对大量训练点进行大体平均，这是没有意义的。与其他几个相关的生成性模型相比，变分自编码器重构的模糊性是这类模型的一个缺点。

训练变分自编码器

变分自编码器的训练相对简单，因为随机性作为额外的输入被提了出来。可以像在任何传统的神经网络中一样进行反向传播。唯一的区别是，需要以公式 4.16 的形式进行反向传播。此外，还需要考虑反向传播期间隐藏层的惩罚。

首先，可以使用传统方法将损失 L 反向传播到隐藏状态 $\overline{h}(\overline{X}) = (h_1 \cdots h_k)$。令 $\overline{z} = (z_1 \cdots z_k)$ 为 $\mathcal{N}(0,1)$ 的 k 个随机样本，在当前迭代中使用。为了从 $\overline{h}(\overline{X})$ 反向传播到 $\overline{\mu}(\overline{X}) = (\mu_1 \cdots \mu_k)$ 和 $\overline{\sigma}(\overline{X}) = (\sigma_1 \cdots \sigma_k)$，可以使用以下关系：

$$J = L + \lambda R \tag{4.20}$$

$$\frac{\partial J}{\partial \mu_i} = \frac{\partial L}{\partial h_i} \underbrace{\frac{\partial h_i}{\partial \mu_i}}_{=1} + \lambda \frac{\partial R}{\partial \mu_i} \tag{4.21}$$

$$\frac{\partial J}{\partial \sigma_i} = \frac{\partial L}{\partial h_i} \underbrace{\frac{\partial h_i}{\partial \sigma_i}}_{=z_i} + \lambda \frac{\partial R}{\partial \sigma_i} \tag{4.22}$$

以上两个公式中大括号下的值分别代表 h_i 对 μ_i 和 σ_i 的偏导值。请注意，$\frac{\partial h_i}{\partial \mu_i} = 1$ 和 $\frac{\partial h_i}{\partial \sigma_i} = z_i$ 分别是通过微分方程 4.16 中的 μ_i 和 σ_i 获得的。右侧的值 $\frac{\partial L}{\partial h_i}$ 是通过反向传播得到的。$\frac{\partial R}{\partial \mu_i}$、$\frac{\partial R}{\partial \sigma_i}$ 的值是 KL 散度方程 4.18 的直接导数。随后激活 $\overline{\mu}(\overline{X})$ 和 $\overline{\sigma}(\overline{X})$ 的误差传播可以以类似反向传播算法的方式进行正常运作。

变分自编码器的架构被认为与其他类型的自编码器有根本的不同，因为它以随机的方式对隐藏变量进行建模。然而，仍然有一些有趣的联系。例如，在去噪自编码器中，向输入添加噪声，但是对隐藏分布的形状没有约束。在变分自编码器中，使用一个随机的隐藏表示，但在训练过程中将随机性作为额外的输入。换句话说，噪声被添加到隐藏的表示中，而不是输入数据中。变分方法改进了泛化，因为它鼓励每个输入映射到隐藏空间中的随机区域，而不是映射到单个点。因此，隐藏表示中的小变化不会对重构造成太大的影响。对于收缩自编码器，这个断言也是正确的。然而，将隐藏分布的形状约束为高斯分布是变分自编码器与其他类型转换的一个更基本的区别。

4.10.4.1　重构和生成采样

该方法可用于创建简化表示和生成样本。在数据简化的情况下，用均值为 $\overline{\mu}(\overline{X})$ 和标准差为 $\overline{\sigma}(\overline{X})$ 的高斯分布代表隐藏表示的分布。

然而，变分自编码器的一个特别有趣的应用是从底层数据分布生成样本。正如特征工程方法只使用自编码器的编码器部分（一旦完成训练）一样，变分自编码器只使用解码器部分。其基本思想是重复地从高斯分布中提取一个点，并将其输入解码器中的隐藏单元。解码器的“重构”输出将是一个满足与原始数据分布相似分布的点。因此，生成的点将是来自原始数据的真实样本。样本生成的架构如图 4.13 所示。所示的图像只用于说明，并没有反映变分自编码器的实际输出（通常质量较低）。要理解为什么变分自编码器可以用这种方式生成图像，可以查看非正则化自编码器与变分自编码器之类的方法创建的典型嵌入类型。在图 4.14 的左侧，我们展示了一个由四个类别分布（例如 MNIST 中的四个数字）的非正则化自编码器创建的训练数据的二维嵌入示例。很明显，在潜在空间的特定区域存在较大的不连续部分，而这些稀疏区域可能并不对应于有意义的点。而变分自编码器中的正则化项使得训练点（大致）分布为高斯分布，图 4.14 右侧的嵌入的不连续点要少得多。因此，从潜在空间的任何点采样都将产生有意义的结果，即四类之一（例如 MNIST 中的一个数字）。此外，在第二种情况下，从潜在空间中的一点沿着直线“行走”到另一点，将导致跨类的平稳转换。例如，从 MNIST 数据集中包含“4”的实例的区域到包含实例“7”的潜在空间将得到一个缓慢变化的风格数字“4”，直到一个过渡点，这时该手写的数字既可以被视作“4”也可以被视作“7”。这种情况也会发生在现实的设置中，因为这种类型的易混淆手写数字也出现在了 MNIST 数据集中。此外，具有平滑过渡的不同数字（如 [4,7] 或 [5,6]）在嵌入中是相邻地放置在潜在空间中的。

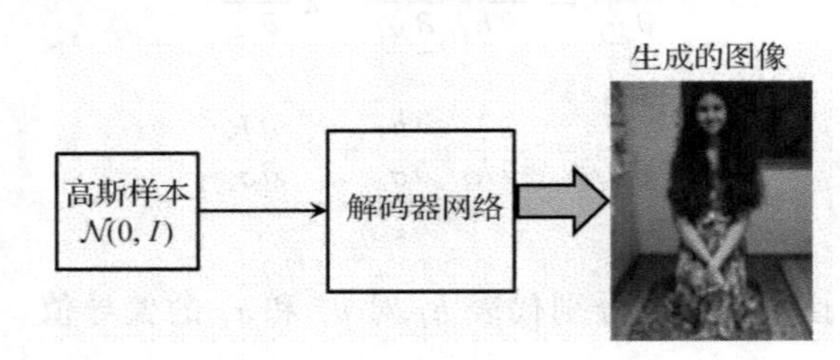

图 4.13　从变分自编码器生成样本（仅供说明）

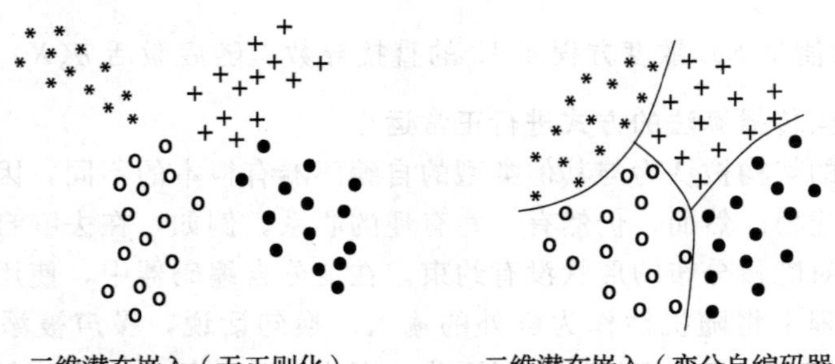

图 4.14　由变分自编码器及其非正则版本创建的嵌入之间的关系。非正则化版本在潜在空间中存在较多的不连续点，这些不连续点可能并不对应于有意义的点。变分自编码器中点的高斯嵌入使得采样成为可能

重要的是要理解生成的对象通常与从训练数据中提取的对象相似，但并不完全相同。由于其随机性，变分自编码器具有探索生成过程的不同模式的能力，这导致它在面对模糊性时具有一定程度的创造性。通过在另一个对象上设置此方法，可以很好地利用此属性。

4.10.4.2 **条件变分自编码器**

为了获得一些有趣的结果，可以将条件应用于变分自编码器[51,463]。条件变分自编码器的基本思想是添加一个附加的条件输入，它通常提供一个相关的上下文。例如，上下文可能是一个损坏的图像（有一些缺失的部分），而自编码器的工作就是重构它。预测模型在这种情况下通常表现不佳，因为模糊度可能太大，而且对所有图像的平均重构可能没有用处。在训练阶段，需要成对的损坏图像和原始图像，因此编码器和解码器能够学习如何生成与训练数据相关的图像。训练阶段的架构如图 4.15 的上部所示。这种训练在其他方面类似于无条件变分自编码器。在测试阶段，提供上下文作为额外的输入，自编码器根据在训练阶段学习的模型以合理的方式重新构建缺失的部分。重构阶段的架构如图 4.15 的下部所示。这种架构的简单性尤其值得注意。所示图像仅供说明，因为在实际生成图像数据时，生成的图像常常很模糊，特别是在缺失的部分。这是一种图像对图像的翻译方法，在第 10 章中，我们将在生成对抗网络的背景下重新讨论这一方法。

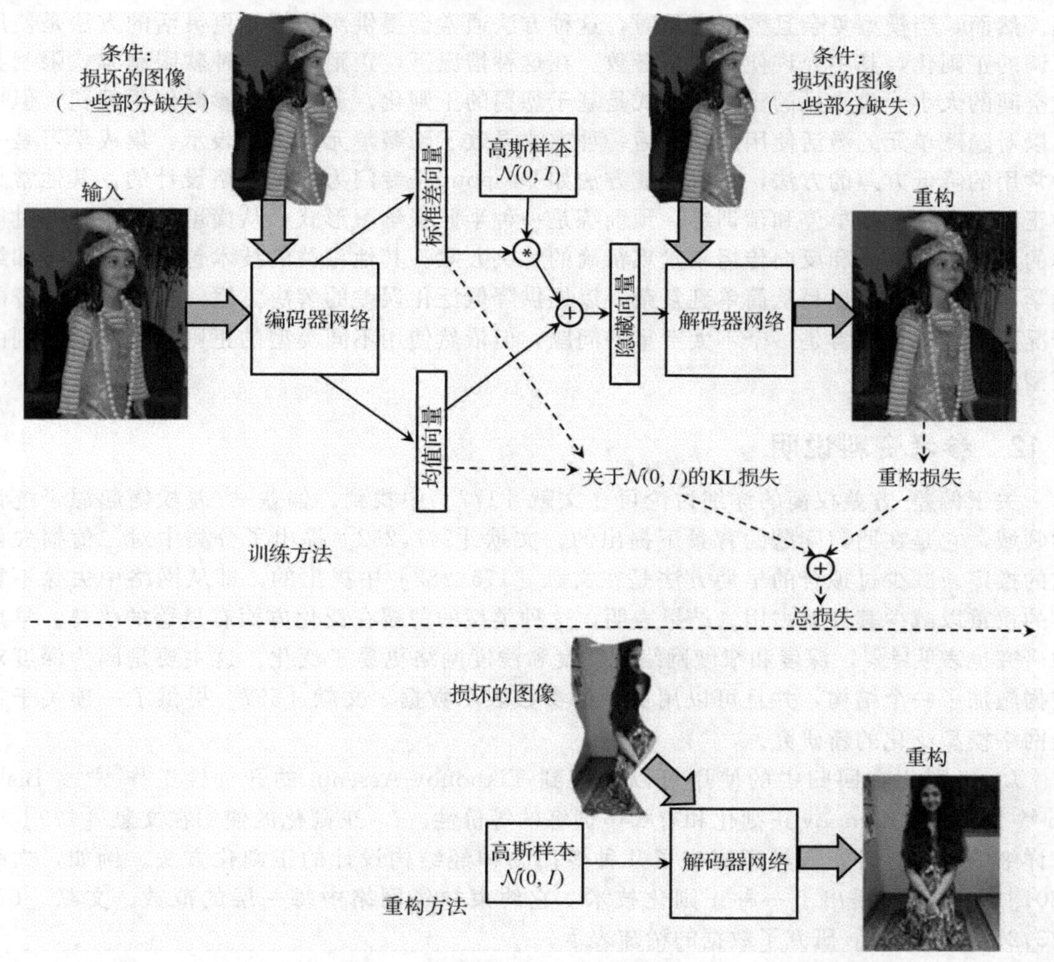

图 4.15 使用条件变分自编码器重建损坏的图像（仅供说明）

4.10.4.3　与生成对抗网络的关系

变分自编码器与另一类模型——生成对抗网络密切相关。然而，也有一些关键的区别。像变分自编码器一样，生成对抗网络可以用来创建类似于基础训练数据集的图像。而且两种模型的条件变体对于将缺失的数据补充完整来说也是有用的，特别是在因模糊程度足够高而需要生成过程具有一定程度的创造力的情况下。但是，生成对抗网络的结果通常更真实，因为解码器被明确训练来制造好的仿冒品。这是通过使用判别器来判断生成对象的质量来实现的。此外，生成对象的方式也更有创意，因为生成器从未见过训练数据集中的原始对象，而只是需要欺骗判别器。因此，具有生成对抗网络学习创造有创意的仿冒品。在图像和视频数据等特定领域，该方法可以取得显著的效果，因为它与变分自编码器不同，生成的图像是清晰的。它可以创造具有艺术性的生动的图像和视频，给人一种梦幻的印象。这些技术还可以用于文本到图像或图像到图像的翻译。例如，可以指定文本描述，然后获得与描述匹配的想象图像[392]。10.4节将讨论生成对抗网络。

4.11　总结

神经网络往往包含大量的参数，从而导致过拟合。一种解决方案是预先限制网络的规模。然而，当模型复杂且数据充足时，这种方法通常会提供次优解。更灵活的方法是使用可调的正则化，其中允许使用大量参数。在这种情况下，正则化以一种软限制方式限制参数空间的大小。最常见的正则化形式是基于惩罚的正则化。通常是对参数使用惩罚，但也可以对隐藏单元的激活使用惩罚。后一种方法导致了隐藏单元的稀疏表示。集成学习是一种常用的降低方差的方法，一些集成方法如 Dropout 是专门为神经网络设计的。其他常见的正则化方法包括早停和预训练。预训练是一种半监督学习形式，从简单到复杂，通过简单的启发式初始化和反向传播来发现精确的解决方案。其他相关的技术包括课程学习和继续学习方法，它们也是从简单到复杂，以提供降低泛化误差的解决方案。虽然在无监督的情况下，过拟合通常是一个不太严重的问题，但依然使用不同类型的正则化来对学习到的模型施加限制。

4.12　参考资料说明

关于偏差-方差权衡的详细讨论可在文献［177］中找到。偏差-方差权衡起源于统计学领域，它是在回归问题的背景下提出的。文献［247,252］提出了分类中对二值损失函数的推广。减少过拟合的早期方法是在文献［175,282］中提出的，即从网络中去除不重要的权重以减少其参数占用。结果表明，这种类型的剪枝在泛化方面有显著的优势。早期的研究也表明[450]，深度和窄度网络比宽度和浅度网络更易于泛化。这主要是因为深度对数据施加了一个结构，并且可以用更少的参数表示数据。文献［557］提供了一项关于神经网络模型泛化的新研究。

L_2 正则化在回归中的使用可以追溯到 Tikhonov-Arsenin 的开创性工作[499]。Bishop[44] 证明了 Tikhonov 正则化和有噪声训练的等价性。L_1 正则化的使用在文献［179］中有详细的研究。研究人员还提出了几种专门为神经结构设计的正则化方法。例如，文献［201］中的工作提出了一种正则化技术，它约束神经网络中每一层的范数。文献［67,273,274,284,354］研究了数据的稀疏表示。

关于分类问题的集成方法的详细讨论可在文献［438,566］中找到。装袋法和下采样法在文献［50,56］中进行了讨论。文献［515］提出了一个集成架构，其灵感来自随机森林。该架构在第1章的图1.16中进行了说明。这种类型的集成特别适合处理小数据集的问题，因为随机森林可以很好地工作。随机边删除方法是在离群点检测的背景下提出的[64]，而Dropout方法是在文献［467］中提出的。文献［567］讨论了这样一个概念，即最好将性能最好的集成组件的结果组合在一起，而不是将所有结果组合在一起。大多数集成方法都是为了减少方差而设计的，而一些技术（如boosting[122]）也是为了减少偏差而设计的。boosting也被用于神经网络学习的环境中[435]。然而，基于误差特性，在神经网络中使用boosting通常仅限于隐藏单元的增量添加。关于boosting的一个关键点是，它倾向于过拟合数据，因此适合高偏差学习器，而不适合高方差学习器。神经网络本身就是高方差学习器。文献［32］指出了boosting和某些类型的神经架构之间的关系。文献［63］讨论了用于分类的数据扰动方法，尽管该方法主要是关于增加少数类的可用数据量，并且没有讨论方差减少方法。后来的一本著作[5]讨论了如何将这种方法与方差减少方法相结合。文献［170］提出了神经网络的集成方法。

在神经网络的背景下，已经探索了不同类型的预训练[31,113,196,386,506]。最早的无监督训练方法是在文献［196］中提出的。预训练的原始工作[196]是基于概率图模型（参见6.7节），后来扩展到传统的自编码器[386,506]。与无监督预训练相比，监督预训练的效果是有限的。关于为什么无监督预训练有助于深度学习的详细讨论参见文献［113］。该工作假定无监督预训练隐含地充当正则化器，因此它提高了对未知测试实例的泛化能力。文献［31］的实验结果也证明了这一点。实验结果表明，监督预训练不如无监督预训练。从某种意义来说，无监督预训练可以被看作一种半监督学习，它将参数搜索限制在参数空间的特定区域，而这些区域依赖于当前的基础数据分布。预训练似乎对某些类型的任务也没有帮助[303]。另一种形式的半监督学习可以通过阶梯网络[388,502]来实现，在这种网络中，残差连接与类似自编码器的架构一起使用。

课程学习和继续学习应用了从简单模型到复杂模型的原理。文献［339,536］讨论了继续学习方法。早期提出的许多方法[112,422,464]展示了课程学习的优势。课程学习的基本原则在文献［238］中进行了讨论。文献［33］探讨了课程学习与继续学习的关系。

许多无监督的方法被提出用于正则化。稀疏自编码器的讨论可以在文献［354］中找到。文献［506］讨论了去噪自编码器。文献［397］讨论了收缩自编码器。文献［472,535］讨论了推荐系统中去噪自编码器的使用。收缩自编码器的思想让人联想到双反向传播[107]，在这种方式中，输入中的小变化不能改变输出。tangent分类器[398]中也讨论了相关的思想。

文献［242,399］引入了变分自编码器。文献［58］讨论了加权来改进由变分自编码器学习的表示。文献［463,510］讨论了条件变分自编码器。关于变分自编码器的教程参见文献［106］。文献［34］讨论了去噪自编码器的生成变体。变分自编码器与生成对抗网络密切相关，这将在第10章中讨论。与之密切相关的设计对抗自编码器的方法在文献［311］中进行了讨论。

软件资源

许多集成方法可以从像scikit-learn[587]这样的机器学习库中获得。大多数权重衰减和基于惩罚的方法可以从深度学习库中调用。然而，像Dropout这样的技术是特定于应用程序的，需要从头开始实现。几种不同类型的自编码器的实现可以在文献［595］中找到。变分自编码器的几种实现可以在文献［596,597,640］中找到。

4.13 练习

1. 考虑两个用于回归建模的神经网络，它们具有相同的输入层结构和10个隐藏层，每个隐藏层包含100个单元。在这两种情况下，输出节点都是一个具有线性激活的单元。唯一的区别是其中一个在隐藏层中使用线性激活，另一个使用sigmoid激活。哪种模型的预测结果方差更大？

2. 假设有4个属性 $x_1 \cdots x_4$，因变量 $y=2x_1$。创建一个包含5个不同实例的小训练数据集，其中不经过正则化的线性回归模型将有无限个系数解，其中 $w_1=0$。讨论这种模型在样本外数据上的性能。为什么正则化会有帮助？

3. 实现一个使用正则化和不使用正则化的感知机。在UCI机器学习库[601]的Ionosphere数据集的训练数据和样本外数据上测试这两个感知机的准确度。你从这两种情况对正则化的效果有什么看法？用Ionosphere训练数据的更小的样本重复实验，并汇报你的观察结果。

4. 实现一个带有单个隐藏层的自编码器。分别用（a）不加噪声和权重正则化以及（b）加高斯噪声且不加权重正则化重构练习3中Ionosphere数据集的输入。

5. 本章的讨论使用了一个收缩自编码器的sigmoid激活示例。考虑一个具有一个单一的隐藏层和ReLU激活的收缩自编码器。讨论在使用ReLU激活时更新是如何变化的。

6. 假设有一个模型，它在训练数据和样本外测试数据上提供了大约80%的准确度。你会建议增加数据量还是调整模型来提高准确度？

7. 在本章中，我们证明了在线性回归中加入高斯噪声与线性回归的 L_2 正则化是等价的。讨论为什么在去噪单隐藏层自编码器中加入高斯噪声与线性单元正则化奇异值分解基本等价。

8. 考虑一个只有一个输入层、两个隐藏层和一个预测二元标签的输出的网络。所有的隐藏层都使用sigmoid激活函数，不使用正则化。输入层包含 d 个单元，每个隐藏层包含 p 个单元。假设在两个当前隐藏层之间添加了一个额外的隐藏层，这个额外的隐藏层包含 q 个线性单元。

（a）即使通过增加隐藏层增加了参数的数量，讨论为什么当 $q<p$ 时模型的容量会减小。

（b）当 $q>p$ 时，模型的容量是否增加？

9. Bob将标记的分类数据分为用于模型构建的部分和用于验证的部分。然后Bob通过在模型构建部分学习参数（反向传播）并在验证部分测试其准确度来测试1000个神经架构。讨论为什么得到的模型对样本外测试数据的准确度可能低于验证数据，即使验证数据没有用于学习参数。对于使用1000个验证结果，你有什么建议？

10. 训练数据的分类准确度是否随着训练数据量的增加而提高？训练实例上的损失的逐点平均值呢？在什么情况下训练和测试的准确度变得相似？解释你的答案。

11. 增加正则化项对训练和测试的准确度有什么影响？在什么情况下训练和测试的准确度变得相似？

径向基函数网络

两只鸟为一颗谷粒争论不休，第三只鸟俯冲下来把谷粒叼走了。

——非洲谚语

5.1 简介

径向基函数（RBF）网络的架构与前几章中的架构完全不同。前面所有章节均使用前馈网络，将输入以相似的方式从一层传递到另一层以得到最终输出。前馈网络可能具有许多层，并且非线性通常是由激活函数的重复组合所形成的。另外，RBF网络通常仅使用输入层、单个隐藏层（具有由RBF函数定义的特定功能）和输出层。尽管可以将输出层替换为多个前馈层（如常规网络），但是生成的网络仍然很浅，并且其表现受特殊隐藏层性质的强烈影响。为了简化讨论，我们将仅使用单个输出层。与前馈网络一样，其输入层实际上并非真正的计算层，它仅将输入进行传递。隐藏层中计算的性质与迄今为止所看到的前馈网络中的完全不同。尤其是，隐藏层基于与原型向量的比较来执行计算，在前馈网络中没有能与该原型向量确切对应的部分。特殊隐藏层的结构和可实现的计算是RBF网络强大功能的关键。

隐藏层和输出层的功能差异描述如下：

1. 隐藏层将输入点（其中的类别结构可能不是线性可分离的）转换到（通常是）线性可分离的新空间。隐藏层通常比输入层具有更高的维数，因为通常需要转换为更高维的空间才能确保线性可分离性。该原理基于Cover模式可分性定理[84]，该定理指出，模式分类问题在通过非线性变换映射到高维空间中时更有可能是线性可分离的。此外，某些类型的转换（其中特征表示空间中较小的局部区域）更有可能导致线性可分离性。尽管隐藏层的维数通常大于输入维数，但它始终小于或等于训练点的数量。隐藏层的维数等于训练点数的极端情况大致等价于核学习器，这种模型的示例包括核回归和核支持向量机。

2. 对于来自隐藏层的输入，输出层使用线性分类或回归建模。从隐藏层到输出层的连接具有附加的权重。输出层中的计算以与标准前馈网络中相同的方式执行。尽管也可以用多个前馈层替换输出层，但为了简单起见，我们仅考虑单个前馈层的情况。

就像感知机是线性支持向量机的变体一样，RBF网络是核分类和回归的概括。RBF网络的特殊情况可用于实现核回归、最小二乘核分类和核支持向量机。这些特殊情况之间的区别在于输出层和损失函数的构造方式。在前馈网络中，通过增加深度可以增加非线性。但是，在RBF网络中，由于其特殊的结构，单个隐藏层通常就足以达到所需的非线性。像前馈网络一样，RBF网络是通用函数逼近器。

RBF网络的层设计如下：

1. 输入层只是传递输入信息到隐藏层。因此，输入单元的数量恰好等于数据的维数 d。与前馈网络一样，在输入层中不执行任何计算，输入单元全连接到隐藏单元，并将其输入转发。

2. 隐藏层中的计算基于与原型向量的比较。每个隐藏单元都包含一个 d 维原型向量。设第 i 个隐藏单元的原型向量用 $\overline{\mu}_i$ 表示。另外，第 i 个隐藏单元包含的带宽为 σ_i。尽管原型向量总是具体到特定单元的，但不同单元的带宽 σ_i 通常设置为相同的值 σ。通常使用无监督方式或温和的监督方式来学习原型向量和带宽。

因此，对于每个输入训练点 $\overline{X}$，第 i 个隐藏单元的激活函数 $\Phi_i(\overline{X})$ 定义如下：

$$h_i = \Phi_i(\overline{X}) = \exp\left(-\frac{\|\overline{X}-\overline{\mu}_i\|^2}{2\sigma_i^2}\right) \quad \forall i \in \{1,\cdots,m\} \tag{5.1}$$

隐藏单元的总数用 m 表示。这 m 个单元中的每一个都被设计为对最接近其原型向量的特定点簇具有较高的影响。因此，可以将 m 视为用于建模的簇数，它代表了该算法可用的重要超参数。对于低维输入，通常 m 的值大于输入维数 d，但小于训练点数 n。

3. 对于任何特定的训练点 $\overline{X}$，如公式 5.1 所定义，令 h_i 为第 i 个隐藏单元的输出。设从隐藏节点到输出节点的连接权重为 w_i。然后，输出层中 RBF 网络的预测值 $\hat{y}$ 定义如下：

$$\hat{y} = \sum_{i=1}^{m} w_i h_i = \sum_{i=1}^{m} w_i \Phi_i(\overline{X}) = \sum_{i=1}^{m} w_i \exp\left(-\frac{\|\overline{X}-\overline{\mu}_i\|^2}{2\,\sigma_i^2}\right)$$

变量 $\hat{y}$ 的顶部带有一个扬抑符，表示其实际上是预测值而不是观测值。如果观测到的目标是实值，则可以设置最小二乘损失函数，这与前馈网络中的函数非常相似。权重 $w_1 \cdots w_m$ 的值需要以监督的方式学习。

另一个细节是神经网络的隐藏层包含偏置神经元。请注意，偏置神经元可以由始终处于打开状态的输出层中的单个隐藏单元实现，也可以通过创建其中 σ_i 值为 ∞ 的隐藏单元来实现。无论哪种情况，在本章的整个讨论中都将假定此特殊的隐藏单元被包含在 m 个隐藏单元中。因此，它不会以任何特殊方式处理。RBF 网络的示例如图 5.1 所示。

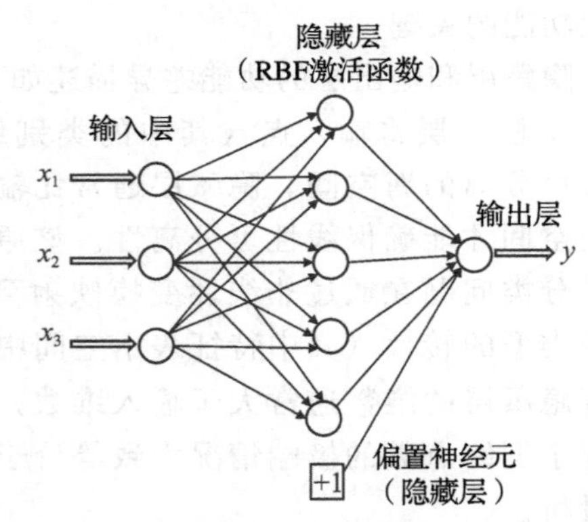

图 5.1　RBF 网络：注意隐藏层比输入层更宽，这是典型的架构（但非强制）

在 RBF 网络中，有两组计算分别对应于隐藏层和输出层。隐藏层的参数 $\overline{\mu}_i$ 和 σ_i 以无监督的方式学习，而输出层的参数 $\overline{\mu}_i$ 和 σ_i 则以梯度下降的监督方式学习。后者类似于前馈网络的情况。原型 $\overline{\mu}_i$ 可以从数据中采样，或者将其设置为 m 路聚类算法的 m 个质心。后一种解决方案经常使用。训练神经网络的不同方法将在 5.2 节中讨论。

可以证明 RBF 网络是核方法类的直接泛化。这主要是因为可以证明输出节点的预测值与加权最近邻估计值等价，其中权重是系数 w_i 和高斯 RBF 与原型的相似度的乘积。几乎所有核方法中的预测函数也可以证明与加权最近邻估计值等价，其中权重是通过监督方式学习的。因此，核方法代表了 RBF 方法的一种特例，其中隐藏节点的数量等于训练点的数量，原型被设置为训练点，并且每个 σ_i 都具有相同的值。这表明 RBF 网络比核方法具有更强的能力和灵活性。这种关系将在 5.4 节中详细讨论。

何时使用 RBF 网络

关键点在于，RBF 网络的隐藏层是以无监督方式学习的，从而使其对所有类型的噪声（包括对抗性噪声）都具有较强的鲁棒性。事实上，RBF 网络的这一属性与支持向量机类似。同时，RBF 网络可以学习多少数据结构也受到限制。深度前馈网络可有效地从结构丰富的数据中学习，因为多层非线性激活会使得数据遵循特定类型的模式。此外，通过调整连接的结构，可以将特定领域的知识纳入前馈网络。这种设置的示例包括循环神经网络和卷积神经网络。RBF 网络的单层限制了可以学习的结构数量。尽管 RBF 网络和深度前馈网络都是通用函数逼近器，但它们在不同类型数据集上的泛化性能方面还是有差异的。

章节组织

本章的安排如下：5.2 节将讨论 RBF 网络的各种训练方法，5.3 节将讨论 RBF 网络在分类和插值中的应用，5.4 节将讨论 RBF 方法与核回归及分类的关系，5.5 节将进行总结。

5.2　RBF 网络的训练

RBF 网络的训练与前馈网络的训练非常不同，前馈网络跨不同的层完全集成。在 RBF 网络中，隐藏层的训练通常以无监督方式进行。虽然原则上可以使用反向传播来训练原型向量和带宽，但问题是与前馈网络相比，RBF 网络的损失平面上存在更多的局部极小值。因此，隐藏层中的监督（使用时）通常相对较温和，或者仅限于已学习的微调权重。但是，过拟合似乎是隐藏层的监督训练中普遍存在的问题，因此我们的讨论将仅限于无监督方法。下面，我们将首先讨论 RBF 网络隐藏层的训练，然后讨论输出层的训练。

5.2.1　训练隐藏层

RBF 网络的隐藏层包含几个参数，包括原型向量 $\overline{\mu}_1 \cdots \overline{\mu}_m$ 和带宽 $\sigma_1 \cdots \sigma_m$。超参数 m 控制隐藏单元的数量。实际上，并非每个单元都设有单独的 σ_i 值，而是所有单元都具有相同的带宽 σ。但是，各个隐藏单元的平均值 $\overline{\mu}_i$ 是不同的，因为它们定义了所有重要的原型向量。模型的复杂性由隐藏单元的数量和带宽来调节。小带宽和大量隐藏单元的组合会增加模型的复杂度，当数据量较大时这种设置会比较有用。较小的数据集需要较少的单元和较大的带宽，以避免过拟合。m 的值通常大于输入数据的维数，但绝不会大于训练点的数量。如果将 m 的值设置为与训练点的数量相等，并将每个训练点作为隐藏节点中的原型，则该方法等效于传统的核方法。带宽还取决于所选的原型向量 $\overline{\mu}_1 \cdots \overline{\mu}_m$。理想情况下，带宽的设置方式应使每个点仅受到少量与其最近邻的簇的相应原型向量的（显著）影响。与原型间的距离相比，将带宽设置得太大或太小将分别导致欠拟合和过拟合。令 $d_{\max}$ 为两对原型中心之间的最大距离，d_{ave} 为它们之间的平均距离。然后，设置带宽的两种启发式方法如下：

$$\sigma = \frac{d_{\max}}{\sqrt{m}}$$

$$\sigma = 2 \cdot d_{\text{ave}}$$

选择 σ 的一个问题是带宽的最佳值可能会随着输入空间的不同位置而变化。例如，数据空间密集区域中的带宽应小于空间稀疏区域中的带宽。带宽还应取决于原型向量在空间中的分布方式。因此，一种可能的解决方案是将第 i 个原型向量的带宽 σ_i 设为该原型向量到原型中第 r 个最近邻的距离。此处，r 是一个较小的值，例如 5 或 10。

但是，这些只是启发式规则。通过使用验证数据集可以对这些值进行微调。换句话说，在上述推荐值 σ 的附近（作为初始参考点）生成了 σ 的候选值。然后，使用这些候选值 σ 构造多个模型（包括对输出层的训练）。选择在训练数据集的保留部分上获得最小误差的 σ 值。这种类型的方法在带宽选择上确实使用了一定程度的监督，而不会陷入局部极小值。但是，使用的监督非常温和，这在处理 RBF 网络中第一层的参数时尤其重要。值得注意的是，在将高斯核函数与核支持向量机一起使用时，也会执行这种带宽调整。这种相似性不是巧合，因为核支持向量机是 RBF 网络的一种特殊情况（请参见 5.4 节）。

原型向量的选择有些复杂。具体来说，通常会做出以下选择：

1. 原型向量可以从 n 个训练点中随机采样。总共对 $m<n$ 个训练点进行采样，以创建原型向量。这种方法的主要问题是，它将有过度代表数据密集区域中的原型，而稀疏区域可能只有很少的原型或没有原型。结果，在这样的区域中的预测准确度将受到影响。

2. 可以使用 k-means 聚类算法来创建 m 个簇。这 m 个簇中每个簇的质心都可以用作原型。使用 k-means 算法是训练原型向量时最常见的选择。

3. 划分数据空间（而不是点）的各种聚类算法也可以使用。一个具体的例子是使用决策树创建原型。

4. 训练隐藏层的另一种方法是使用*正交最小二乘算法*。这种方法需要一定程度的监督。在这种方法中，从训练数据中一个一个地选择原型向量，以最大限度地减少样本外测试集上预测值的残差。由于此方法需要了解输出层的训练，因此其讨论将推迟到后面的部分。

下面我们简要介绍用于创建原型的 k-means 算法，因为它是实际实现中最常见的选择。k-means 算法是聚类文献中的经典技术。它使用聚类中的簇原型作为 RBF 方法中隐藏层的原型。广义上讲，k-means 算法的过程如下。在初始化时，将 m 个簇原型设置为 m 个随机训练点。随后，将 n 个数据点中的每个数据点分配给具有最小欧氏距离的原型。对每个原型的分配点取平均，以创建一个新的聚类中心。换句话说，所创建的簇的质心用于将其旧原型替换为新原型。反复重复此过程直到收敛。当聚类中心分配从一次迭代到下一次迭代没有显著变化时，即达到收敛。

5.2.2 训练输出层

在训练完隐藏层之后，对输出层进行训练。输出层的训练非常简单，因为它仅使用具有线性激活的单个层。为了便于讨论，我们将首先考虑输出层目标是实值的情况。稍后，我们将讨论其他情况。输出层包含需要学习的权重 $\overline{W}=[w_1 \cdots w_m]$ 的 m 维向量。假设向量 $\overline{W}$ 是行向量。

考虑训练数据集包含 n 个点 $\overline{X_1}\cdots\overline{X_n}$ 的情况，这些点在隐藏层中创建了映射 $\overline{H_1}\cdots\overline{H_n}$。因此，每个 $\overline{H_i}$ 都是一个 m 维行向量。可以将这 n 个行向量彼此叠加以创建 $n\times m$ 矩阵 H。此外，n 个训练点的观测目标由 $y_1, y_2, \cdots, y_n$ 表示，可以写成 n 维列向量 $\overline{y}=[y_1 \cdots y_n]^{\mathrm{T}}$。

n 个训练点的预测由 n 维列向量 $H\overline{W}^{\mathrm{T}}$ 的元素给出。理想情况下，我们希望这些预测尽可能接近观测到的向量 $\overline{y}$。因此，用于学习输出层权重的损失函数 L 如下所示：

$$L=\frac{1}{2}\|H\overline{W}^{\mathrm{T}}-\overline{y}\|^2$$

为了减少过拟合，可以在目标函数中添加 Tikhonov 正则化：

$$L=\frac{1}{2}\|H\overline{W}^{\mathrm{T}}-\overline{y}\|^2+\frac{\lambda}{2}\|\overline{W}\|^2 \tag{5.2}$$

这里，$\lambda>0$ 是正则化参数。通过相对于权重向量的元素计算 L 的偏导数，我们得到以下结果：

$$\frac{\partial L}{\partial \overline{W}}=H^{\mathrm{T}}(H\overline{W}^{\mathrm{T}}-\overline{y})+\lambda\overline{W}^{\mathrm{T}}=0$$

将上面的导数用矩阵微积分符号表示：

$$\frac{\partial L}{\partial \overline{W}}=\left(\frac{\partial L}{\partial w_1}\cdots\frac{\partial L}{\partial w_d}\right)^{\mathrm{T}} \tag{5.3}$$

通过重新调整上述条件，可以得到：

$$(H^{\mathrm{T}}H+\lambda I)\overline{W}^{\mathrm{T}}=H^{\mathrm{T}}\overline{y}$$

当 $\lambda>0$ 时，矩阵 $H^{\mathrm{T}}H+\lambda I$ 是正定的，因此是可逆的。换句话说，可以获得闭式权重向量的简单解：

$$\overline{W}^{\mathrm{T}}=(H^{\mathrm{T}}H+\lambda I)^{-1}H^{\mathrm{T}}\overline{y} \tag{5.4}$$

因此，通过一次简单的矩阵求逆就可以找到权重向量，并且完全不需要反向传播。

但是，现实情况是，由于 $m\times m$ 的矩阵 $H^{\mathrm{T}}H$ 的大小可能会很大，因此实际上不可能使用闭式解。例如，在核方法中，我们设置 $m=n$，其中因矩阵太大而无法实现，更不用说求逆了。因此，在实践中，使用随机梯度下降来更新权重向量。在这种情况下，梯度下降更新（带有所有训练点）如下：

$$\begin{aligned}\overline{W}^{\mathrm{T}}&\Leftarrow\overline{W}^{\mathrm{T}}-\alpha\frac{\partial L}{\partial \overline{W}}\\&=\overline{W}^{\mathrm{T}}(1-\alpha\lambda)-\alpha H^{\mathrm{T}}\underbrace{(H\overline{W}^{\mathrm{T}}-\overline{y})}_{\text{当前误差}}\end{aligned}$$

也可以选择使用小批量梯度下降，其中上述更新中的矩阵 H 可以用（对应于小批量的）H 中行 H_r 的随机子集代替。这种方法等效于通常在具有小批量随机梯度下降的传统神经网络中使用的方法。但是，在这种情况下，它仅应用于输出层上的连接的权重。

伪逆表达式

在将正则化参数 λ 设置为 0 的情况下，权重向量 $\overline{W}$ 定义如下：

$$\overline{W}^{\mathrm{T}}=(H^{\mathrm{T}}H)^{-1}H^{\mathrm{T}}\overline{y} \tag{5.5}$$

矩阵 $(H^{\mathrm{T}}H)^{-1}H^{\mathrm{T}}$ 被称为矩阵 H 的伪逆。而矩阵 H 的伪逆还可以 H^{+} 表示。因此，权重向量 $\overline{W}^{\mathrm{T}}$ 可以写为如下形式：

$$\overline{W}^{\mathrm{T}}=H^{+}\overline{y} \tag{5.6}$$

伪逆是非奇异或矩形矩阵的逆概念的推广。在这种特殊情况下，即使在 $H^{\mathrm{T}}H$ 不可逆的情况下也可以计算 H 的伪逆，但 $H^{\mathrm{T}}H$ 被假定为可逆的。在 H 为方阵且可逆的情况下，它的伪逆与逆相同。

5.2.3 正交最小二乘算法

我们将重新讨论隐藏层的训练阶段。本节讨论的训练方法将在选择原型时使用输出层的预测。因此，尽管对从原始训练点开始的迭代选择进行了限制，但仍对隐藏层的训练过程进行了监督。正交最小二乘算法从训练点一个接一个地选择原型向量，以最大限度地减少预测误差。

该算法首先建立一个带有单个隐藏节点的 RBF 网络，并尝试将每个可能的训练点作为原型，以计算预测误差。然后从训练点中选择原型，以最大限度地减少预测误差。在下一次迭代中，将另一个原型添加到所选的原型中，以便使用两个原型构建 RBF 网络。与之前的迭代一样，尝试将所有 $n-1$ 个剩余的训练点作为可能的原型进行尝试，以便添加到当前的原型包中，并且添加到该包中的标准是将预测误差最小化。在第 $r+1$ 次迭代中，尝试所有 $n-r$ 个剩余训练点，并将其中之一添加到原型包中，以使预测误差最小。数据中的某些训练点被保留，并且不用于预测的计算，也不用作原型的候选者。这些样本外点用于测试向误差添加原型的效果。在某个时候，随着添加更多原型，验证集上的误差开始增加。验证集上的误差增加表明了以下事实：原型的进一步增加将增加过拟合。这时应终止算法。

这种方法的主要问题是效率极低。在每次迭代中，必须运行 n 个训练过程，这对于大型训练数据集的计算来说是不允许的。在这方面，正交最小二乘算法[65]被认为是有效的。就原型向量是从原始训练数据中迭代添加的，该算法与上述算法相似。但是，该算法添加原型的过程要高效得多。该算法在训练数据集中隐藏单元激活所涵盖的空间中构造了一组正交向量。这些正交向量可用于直接计算应从训练数据集中选择哪个原型。

5.2.4 完全监督学习

正交最小二乘算法是一种温和的监督，其中基于对整体预测误差的影响，从训练点之一选择原型向量。还可以采取更强的监督，可以反向传播以更新原型向量和带宽。考虑各个训练点上的损失函数 L：

$$L=\frac{1}{2}\sum_{i=1}^{n}(\overline{H}_i\cdot\overline{W}-y_i)^2 \tag{5.7}$$

这里，$\overline{H}_i$ 代表第 i 个训练点 $\overline{X}_i$ 在隐藏层中的激活的 m 维向量。

关于每个带宽 σ_j 的偏导数可以计算如下：

$$\begin{aligned}\frac{\partial L}{\partial\sigma_j}&=\sum_{i=1}^{n}(\overline{H}_i\cdot\overline{W}-y_i)^2 w_j\frac{\partial\Phi_j(\overline{X}_i)}{\partial\sigma_j}\\&=\sum_{i=1}^{n}(\overline{H}_i\cdot\overline{W}-y_i)^2 w_j\Phi_j(\overline{X}_i)\frac{\|\overline{X}_i-\overline{\mu}_j\|^2}{\sigma_j^3}\end{aligned}$$

如果将所有带宽 σ_j 固定为相同的值 σ（这在 RBF 网络中很常见），则可以使用与处理共享权重相同的技巧来计算导数：

$$\begin{aligned}\frac{\partial L}{\partial\sigma}&=\sum_{j=1}^{m}\frac{\partial L}{\partial\sigma_j}\cdot\underbrace{\frac{\partial\sigma_j}{\partial\sigma}}_{=1}\\&=\sum_{j=1}^{m}\frac{\partial L}{\partial\sigma_j}\\&=\sum_{j=1}^{m}\sum_{i=1}^{n}(\overline{H}_i\cdot\overline{W}-y_i)w_j\Phi_j(\overline{X}_i)\frac{\|\overline{X}_i-\overline{\mu}_j\|^2}{\sigma^3}\end{aligned}$$

还可以对原型向量的每个元素计算偏导数。令 μ_{jk} 代表 $\overline{\mu_j}$ 的第 k 个元素。类似地，令 x_{ik} 表示第 i 个训练点 $\overline{X_i}$ 的第 k 个元素。关于 μ_{jk} 的偏导数计算如下：

$$\frac{\partial L}{\partial \mu_{jk}} = \sum_{i=1}^{n} (\overline{H_i} \cdot \overline{W} - y_i) w_i \Phi_j(\overline{X_i}) \frac{(x_{ik} - \mu_{jk})}{\sigma_j^2} \tag{5.8}$$

使用这些偏导数，可以更新带宽和原型向量以及权重。然而，这种强有力的监督方法似乎效果不佳。这种方法有两个主要缺点：

1. RBF 的一个吸引人的特点是，如果使用无监督方法，则它们的训练是高效的，甚至正交最小二乘法也可以在合理的时间内运行。但是，如果采用完全反向传播，则会失去这一优势。通常，RBF 的两阶段训练是 RBF 网络的效率点。

2. RBF 的损失表面有很多局部极小值。从泛化误差的角度来看，这种方法倾向于陷入局部极小值。

由于 RBF 网络的这些特性，很少使用监督训练。实际上，文献［342］中已经表明，监督训练往往会增加带宽并激励整体的响应。应通过对样本外数据反复测试性能来以非常可控的方式使用监督，以减少过拟合的风险。

5.3 RBF 网络的变体和特例

以上讨论仅考虑了针对数字目标变量设计监督训练的情况。实际上，目标变量可能是二元的。一种可能是将 $\{-1,+1\}$ 中的二元类别标签视为数字响应，并根据公式 5.4 使用的同种方法设置权重向量：

$$\overline{W}^{\mathrm{T}} = (H^{\mathrm{T}} H + \lambda I)^{-1} H^{\mathrm{T}} \overline{y}$$

如 2.2.2.1 节所述，该解决方案也等效于 Fisher 判别法和 Widrow-Hoff 方法。主要区别在于，这些方法被应用在维数增加的隐藏层上，这可以在更复杂的分布中带来更好的结果。尝试用于分类的前馈神经网络中常用的其他损失函数也很有帮助。

5.3.1 感知机准则分类

令第 i 个训练实例的预测为 $\overline{W} \cdot \overline{H_i}$。在这里，$H_i$ 代表第 i 个训练实例 $\overline{X_i}$ 在隐藏层中激活的 m 维向量。然后，如 1.2.1.1 节所述，感知机准则对应于以下损失函数：

$$L = \max\{-y_i(\overline{W} \cdot H_i), 0\} \tag{5.9}$$

此外，通常将带有参数 $\lambda>0$ 的 Tikhonov 正则项添加到损失函数中。

然后，对于训练实例的每个小批量 S，令 S^+ 代表错误分类的实例。错误分类的实例定义为损失 L 不为零的实例。对于此类情况，把符号函数应用于 $\overline{H_i} \cdot \overline{W}$ 将产生与观测到的标签 y_i 具有相反符号的预测。

然后，对于训练实例的每个小批量 S，对 S^+ 中错误分类的实例使用以下更新：

$$\overline{W} \Leftarrow \overline{W}(1-\alpha\lambda) + \alpha \sum_{(\overline{H_i}, y_i) \in S^+} y_i \overline{H_i} \tag{5.10}$$

这里 $\alpha>0$ 是学习率。

5.3.2 铰链损失分类

铰链损失经常用于支持向量机。确实，在高斯 RBF 网络中使用铰链损失可以看作支持向量机的一种推广。铰链损失是感知机准则的偏移版本：

$$L=\max\{1-y_i(\overline{W}\cdot\overline{H}_i),0\} \tag{5.11}$$

由于铰链损失和感知机准则之间的损失函数相似，因此它们的更新也非常相似。主要区别在于，在感知机准则的情况下，S^+ 仅包括错误分类的点，而在铰链损失的情况下，S^+ 既包含错误分类的点，也包括边缘分类的点。这是因为 S^+ 是由损失函数非零的点集定义的，但是（与感知机准则不同），即使对于边缘分类的点，铰链损失函数也非零。因此，通过修改的 S^+ 定义，使用以下更新：

$$\overline{W}\Leftarrow\overline{W}(1-\alpha\lambda)+\alpha\sum_{(\overline{H}_i,y_i)\in S^+}y_i\overline{H}_i \tag{5.12}$$

这里，$\alpha>0$ 是学习率，$\lambda>0$ 是正则化参数。注意，可以很容易地为逻辑损失函数定义类似的更新（参见练习2）。

5.3.3　RBF 促进线性可分离性的示例

隐藏层的主要目标是执行可提高线性可分离性的转换，这样即使是线性分类器也能很好地处理转换后的数据。当类别不可线性分离时，感知机和具有铰链损失的线性支持向量机的表现都不好。当使用诸如感知机准则和铰链损失之类的损失函数时，高斯 RBF 分类器能够分离出在输入空间中不能线性分离的类别。这种可分离性的关键在于隐藏层创建的局部转换。重要的一点是，带宽较小的高斯核通常会导致以下情况：只有特定局部区域中的少量隐藏单元被激活为明显的非零值，而其他值几乎为零。这是由高斯函数的指数衰减性质导致的，该函数在特定位置之外具有接近零的值。带有簇中心的原型的识别通常将空间划分为局部区域，其中仅在空间的一小部分即可实现明显的非零激活。实际上，该空间的每个局部区域都被分配了自己的特征，该特征对应于被其最强烈激活的隐藏单元。

两个数据集的示例如图5.2所示。第1章中介绍了这些数据集，以说明（传统）感知机可以解决或无法解决的情况。第1章的传统感知机能够为左侧的数据集找到解，但不适用于右侧的数据集。但是，高斯 RBF 方法所使用的变换能够解决右侧的聚类数据集的可分离性问题。考虑一种情况，其中图5.2中4个簇的质心均用作原型，这将导致数据的4维隐藏表示。注意在这些设置中，隐藏维数高于输入维数很常见。选择适当的带宽后，只有一个隐藏单元会强烈激活，该隐藏单元对应于该点所属的簇标识符。其他隐藏单元将被

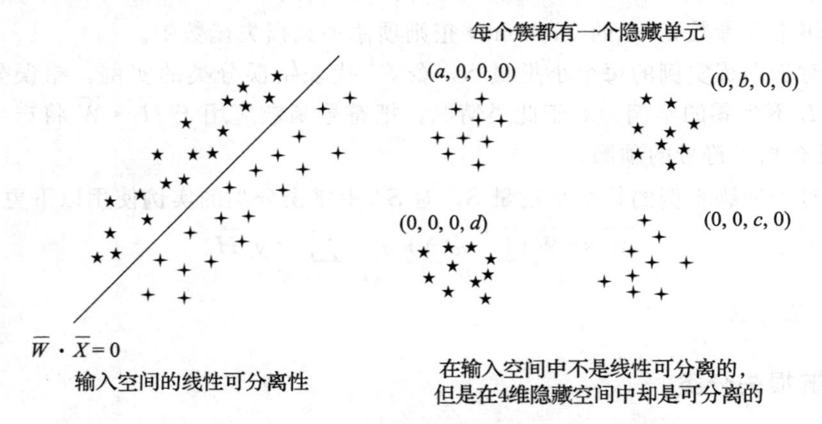

图5.2　高斯 RBF 由于隐藏层的转换促进了可分离性

弱激活，并且接近于 0。这将导致表示相当稀疏，如图 5.2 所示。我们已经显示了每个簇中的点的近似 4 维表示。图 5.2 中的 a、b、c 和 d 的值将在相应簇中的不同点上变化，尽管与其他坐标相比它们始终非零。注意，其中一个类别在第一和第三维度中由强非零值定义，而第二类别在第二和第四维度中由强非零值定义。结果，权重向量 $\overline{W}=[1,-1,1,-1]$ 将在两个类别之间提供出色的非线性分离。要理解的关键点是，高斯 RBF 创建了局部特征，这些局部特征导致了类别的可分离分布。这正是核支持向量机实现线性可分离性的方式。

5.3.4　应用于插值

高斯 RBF 最早的应用之一是在一组点上对函数值进行插值。此处的目标是对提供的点进行精确插值，以使结果函数拟合所有输入点。可以将插值视为回归的一种特殊情况，其中每个训练点都是一个原型，因此 $\overline{W}$ 中的权重数 m 等于训练实例的数目 n。在这种情况下，有可能找到零误差的 n 维权重向量 $\overline{W}$。其中，激活 $\overline{H}_1\cdots\overline{H}_n$ 代表 n 维行向量。因此，通过将这些行向量彼此堆叠而获得的矩阵 H 的大小为 $n\times n$。令 $\overline{y}=[y_1,y_2,\cdots,y_n]^{\mathrm{T}}$ 是观测变量的 n 维列向量。

在线性回归中，尝试最小化损失函数 $\|H\overline{W}^{\mathrm{T}}-\overline{y}\|^2$ 以便确定 $\overline{W}$。这是因为矩阵 H 不是方阵，并且方程组 $H\overline{W}^{\mathrm{T}}=\overline{y}$ 过完备。但是，在线性插值的情况下，矩阵 H 是方阵，方程组不再是过完备的。因此，有可能找到满足以下方程组的精确解（零损失）：

$$H\overline{W}^{\mathrm{T}}=\overline{y} \tag{5.13}$$

可以证明，当训练点彼此不同时，该方程组具有唯一解[323]。然后，可以计算权重向量 $\overline{W}^{\mathrm{T}}$ 的值，如下所示：

$$\overline{W}^{\mathrm{T}}=H^{-1}\overline{y} \tag{5.14}$$

值得注意的是，该等式是公式 5.6 的特例，因为非奇异方阵的伪逆与其逆相同。在矩阵 H 非奇异的情况下，可以简化伪逆，如下所示：

$$H^{+}=(H^{\mathrm{T}}H)^{-1}H^{\mathrm{T}}=H^{-1}\underbrace{(H^{\mathrm{T}})^{-1}H^{\mathrm{T}}}_{I}=H^{-1}$$

因此，线性插值是最小二乘回归的一种特殊情况。换句话说，最小二乘回归是噪声插值的一种形式，由于隐藏层的自由度有限，因此不可能在所有训练点上拟合函数。将隐藏层的大小放宽到训练数据的大小可以精确插值。精确插值不一定适合计算样本外点的函数值，因为它可能是过拟合的结果。

5.4　与核方法的关系

RBF 网络将输入点映射到一个高维隐藏空间，在该空间中线性模型足以对非线性进行建模。这与核方法（如核回归和核 SVM）所使用的原理相同。实际上，可以证明 RBF 网络的某些特殊情况可归结为核回归和核 SVM。

5.4.1　RBF 网络的特例：核回归

对 RBF 网络中的权重向量 $\overline{W}$ 进行训练，以最小化预测函数的平方损失：

$$\hat{y}_i=\overline{H}_i\overline{W}^{\mathrm{T}}=\sum_{j=1}^{m}w_j\Phi_j(\overline{X}_i) \tag{5.15}$$

现在考虑原型与训练点相同的情况，因此我们为 $j\in\{1\cdots n\}$ 设置 $\overline{\mu}_j=\overline{X}_j$。注意，此方法

与函数插值中使用的方法相同。在函数插值中，将原型设置为所有训练点。此外，每个带宽 σ 被设置为相同的值。在这种情况下，可以将上述预测函数写为如下形式：

$$\hat{y}_i = \sum_{j=1}^{n} w_j \exp\left(-\frac{\|\overline{X}_i - \overline{X}_j\|^2}{2\sigma^2}\right) \tag{5.16}$$

公式5.16右侧的指数项可以写为点 $\overline{X}_i$ 和 $\overline{X}_j$ 之间的高斯核相似度。将这种相似度用 $K(\overline{X}_i, \overline{X}_j)$ 表示，因此预测函数变为：

$$\hat{y}_i = \sum_{j=1}^{n} w_j K(\overline{X}_i, \overline{X}_j) \tag{5.17}$$

此预测函数与带宽为 σ 的核回归中使用的预测函数完全相同，其中，预测函数 $\hat{y}_i^{\text{kernel}}$ 是根据**拉格朗日乘数** λ_j 而不是权重 w_j 来定义㊀的（例如，可参见文献［6］）：

$$\hat{y}_i^{\text{kernel}} = \sum_{j=1}^{n} \lambda_j y_j K(\overline{X}_i, \overline{X}_j) \tag{5.18}$$

此外，在两种情况下，（平方）损失函数相同。因此，高斯RBF解和核回归解之间将存在一一对应的关系，因此设置 $w_j = \lambda_j y_j$ 会导致损失函数的值相同。因此，它们的最佳值也将相同。换句话说，在将原型向量设置为训练点的特殊情况下，高斯RBF网络提供与核回归相同的结果。但是，RBF网络更强大、更通用，因为它可以选择不同的原型向量。因此，RBF网络可以对核回归无法建模的案例进行建模。从这个意义来讲，将RBF网络视为一种灵活的核方法神经变形是有效的。

5.4.2　RBF网络的特例：核SVM

像核回归一样，核SVM也是RBF网络的一种特殊情况。与核回归的情况一样，将原型向量设置为训练点，并将所有隐藏单元的带宽设置为相同的 σ 值。此外，学习权重 w_j 以最小化预测的铰链损失。

在这种情况下，RBF网络的预测函数可以表示如下：

$$\hat{y}_i = \text{sign}\left\{\sum_{j=1}^{n} w_j \exp\left(-\frac{\|\overline{X}_i - \overline{X}_j\|^2}{2\sigma^2}\right)\right\} \tag{5.19}$$

$$\hat{y}_i = \text{sign}\left\{\sum_{j=1}^{n} w_j K(\overline{X}_i, \overline{X}_j)\right\} \tag{5.20}$$

将该预测函数与核SVM（参见文献［6］）中使用的拉格朗日乘数 λ_j 进行比较具有指导意义：

$$\hat{y}_i^{\text{kernel}} = \text{sign}\left\{\sum_{j=1}^{n} \lambda_j y_j K(\overline{X}_i, \overline{X}_j)\right\} \tag{5.21}$$

该预测函数的形式与核SVM中使用的预测函数相似，但所使用的变量略有不同。在两种情况下，铰链损失均用作目标函数。通过设置 $w_j = \lambda_j y_j$，就损失函数的值而言，在两种情况下都可获得相同的结果。因此，核SVM和RBF网络中的最优解也将根据条件 $w_j = \lambda_j y_j$ 进行关联。换句话说，核SVM也是RBF网络的一种特殊情况。注意，当在核方法中使用**表示定理**时，权重 w_j 也可以视为每个数据点的系数[6]。

㊀ 对公式5.18的核回归预测的完整解释超出了本书的范围。读者可以参考文献［6］。

5.4.3 观察

通过更改损失函数，可以将上述参数扩展到其他线性模型，例如核 Fisher 判别式和核逻辑回归。实际上，可以通过简单地使用二元变量作为目标来获取核 Fisher 判别式，然后应用核回归技术。但是，由于 Fisher 判别式在假设中心数据的情况下工作，因此需要在输出层添加偏置以吸收非中心数据的所有偏移。因此，RBF 网络可以通过选择适当的损失函数来模拟几乎所有核方法。关键是，RBF 网络比核回归或分类具有更高的灵活性。例如，在选择隐藏层中节点的数量以及原型的数量时，灵活性更高。以更经济的方式明智地选择原型有助于提高准确度和效率。与这些选择相关的一些关键衡量因素如下：

1. 增加隐藏单元的数量会增加建模函数的复杂性。它对于难建模的函数可能很有用，但如果所建模的函数并非真正复杂，则可能导致过拟合。

2. 增加隐藏单元的数量会增加训练的复杂性。

选择隐藏单元数量的一种方法是保留一部分数据，并在具有不同隐藏单元数的验证数据集上估计模型的准确度。然后将隐藏单元的数量设置为优化此准确度的值。

5.5 总结

本章介绍了径向基函数（RBF）网络，它以完全不同的方式使用了神经网络架构。与前馈网络不同，RBF 网络的隐藏层和输出层以某种不同的方式进行训练。隐藏层的训练是无监督的，而输出层的训练是有监督的。隐藏层通常比输入层具有更多数量的节点。关键思想是使用局部敏感的转换将数据点转换到高维空间，以使转换后的点成为线性可分离的。通过更改损失函数的属性，可将该方法用于分类、回归和线性插值。在分类中，可以使用不同类型的损失函数，例如 Widrow-Hoff 损失、铰链损失和逻辑损失。使用不同损失函数的特殊情况可演化为众所周知的核方法，例如核 SVM 和核回归。近年来，RBF 网络很少使用，它已成为神经架构的一个被遗忘的类别。但是，在使用核方法的任何情况下，它都有很大的潜力。此外，可以通过在第一个隐藏层之后使用多层表示将这种方法与前馈架构相结合。

5.6 参考资料说明

RBF 网络是 Broomhead 和 Lowe[51] 在函数插值的背景下提出的。Cover 的工作[84] 证明了高维变换的可分离性。RBF 网络综述可以在文献［363］中找到，Bishop[41] 和 Haykin[182] 的书也对该主题做了不错的讨论。文献［57］提供了径向基函数的概述。文献［173,365］提供了利用 RBF 网络进行通用函数逼近的证明。文献［366］提供了对 RBF 网络的近似性质的分析。

文献［347,423］中描述了 RBF 网络的有效训练算法。文献［530］提出了一种在 RBF 网络中学习中心位置的算法。文献［256］讨论了使用决策树初始化 RBF 网络。文献［65］提出了正交最小二乘算法。文献［342］中提供了 RBF 网络的监督和无监督训练的早期比较。据此分析，完全监督似乎增加了网络陷入局部极小值的可能性。文献［43］提供了一些提高 RBF 网络泛化能力的想法。文献［125］讨论了增量 RBF 网络。文献［430］提供了对 RBF 网络和核方法之间关系的详细讨论。

5.7 练习

一些练习本书没有讨论的需要其他机器学习的相关知识。练习5、练习7和练习8需要对核方法、谱聚类和离群值检测有更多的了解。

1. 考虑以下RBF网络的变体，其中隐藏单元采用0或1值。如果到原型向量的距离小于σ，则隐藏单元的值为1，否则为0。讨论此方法与RBF网络的关系，以及其相对优缺点。
2. 假设在最终层中使用sigmoid激活函数来预测二元类标签，作为RBF网络输出节点中的概率。为此设置一个负的对数似然损失，得出最终层中权重的梯度下降更新。这种方法与第2章讨论的逻辑回归方法有什么关系？在哪种情况下，这种方法会比逻辑回归更好？
3. 讨论为什么RBF网络是最近邻分类器的有监督的变体。
4. 讨论如何将第2章中讨论的三个多类模型扩展到RBF网络。特别要讨论的是（a）多类感知机，（b）Weston-Watkins SVM和（c）带有RBF网络的softmax分类器的扩展。讨论这些模型如何比第2章中讨论的模型更强大。
5. 提出一种使用自动编码器将RBF网络扩展到无监督学习的方法。你将在输出层中重构什么？你的方法的一种特殊情况应该能够粗略地模拟核奇异值分解。
6. 假设你更改了RBF网络，来仅将top-k激活保留在隐藏层中，并将其余激活设置为0。讨论为什么这种方法可以在有限的数据下提高分类准确度。
7. 将练习6中构建RBF层的top-k方法与练习5中的RBF自动编码器结合起来，进行无监督学习。讨论为什么这种方法将创建更适合聚类的表示形式。讨论该方法与谱聚类的关系。
8. 异常值的流形视图是将它们定义为不自然地拟合训练数据的非线性流形的点。讨论如何使用RBF网络进行无监督的离群值检测。
9. 假设你在原型和数据点之间使用点积来激活，而不是在隐藏层中使用RBF函数。证明此设置的特殊情况可简化为线性感知机。
10. 讨论在练习5中，当你有大量未标记数据和数量有限的标记数据时，如何修改RBF自动编码器以执行半监督分类。

受限玻尔兹曼机

存亡攸关时刻，可利用能源是生存斗争和世界发展的主要目标。

——路德维希·玻尔兹曼

6.1 简介

受限玻尔兹曼机（RBM）是一种与前馈网络有着本质区别的模型。传统的神经网络是输入-输出映射网络，一组输入被映射为一组输出。而RBM是一种从输入中学习概率状态的网络，这非常有利于无监督建模。前馈网络最小化预测（从观测输入中计算出）相对于观测输出的损失函数，而RBM对观测属性和一些隐藏属性的联合概率分布建模。传统的前馈网络具有对应于从输入到输出的计算流的有向边，而RBM是无向网络，因为它们被设计来学习概率关系而不是输入-输出映射。RBM是一种概率模型，它可以构造底层数据点的隐藏表示。尽管自编码器也可用于构造隐藏表示，但玻尔兹曼机会构造每个点的随机隐藏表示。大多数自编码器（除了变分自编码器）构造数据点的*确定*隐藏表示。因此，RBM需要一种独特的训练和使用方式。

RBM的核心是生成数据点潜在特征表示的无监督模型，但是它学习到的表示可以与紧密相关的前馈网络（针对特定的RBM）中传统的反向传播相结合，用于监督应用。这种无监督学习和监督学习的结合类似于使用传统的自编码器架构进行的预训练（参见4.7节）。事实上，RBM被认为是早期预训练普及的原因。这种思想很快就被应用到自编码器中，确定性的隐藏状态使自编码器比RBM更容易训练。

历史视角

受限玻尔兹曼机是从神经网络文献中的经典模型——Hopfield网络演化而来的。此网络中的节点由表示训练数据的二元属性值的二元状态组成。Hopfield网络通过使用节点间的加权边来构造不同属性之间关系的*确定性*模型。最终，Hopfield网络发展成为玻尔兹曼机，它使用*概率*状态表示二元属性的伯努利分布。玻尔兹曼机包含可见状态和隐藏状态。可见状态模拟观测数据点的分布，而隐藏状态模拟潜在（隐藏）变量的分布。各状态之间的连接的参数调节它们的联合分布。目标是学习使模型的似然值最大化的模型参数。玻尔兹曼机是（无向）概率图模型家族的一员。最终，玻尔兹曼机演变成*受限*玻尔兹曼机。玻尔兹曼机和受限玻尔兹曼机的主要区别在于后者只允许隐藏单元与可见单元之间的连接。从实用的角度来看，这种简化非常有用，因为它允许设计更有效的训练算法。RBM是一类称为*马尔可夫随机域*的概率图模型的特殊情况。

在最初的几年里，RBM因为训练速度太慢而不太受欢迎。然而，在21世纪初，针对这类模型提出了更快的算法。此外，它们作为赢得Netflix Prize大赛[577]的参赛作品[414]的组成部分，也获得了一些声望。尽管有许多方法可以将它们扩展到监督应用中，但是RBM通常用于无监督应用，如矩阵分解、潜在建模和降维。值得注意的是，虽然可以处理其他数据类型，但 RBM 通常能以最自然的形式处理二元状态。本章的大部分讨论将局限于二元状态的单元。基于 RBM 的深度网络训练的成功先于传统神经网络。换句话说，在将类似的想法推广到传统网络之前，已经有了如何将多个 RBM 堆叠起来以创建深度网络并有效地对其进行训练的方法。

章节组织

本章组织如下。6.2 节将介绍 Hopfield 网络，它是玻尔兹曼模型家族的前身。6.3 节将介绍玻尔兹曼机。6.4 节将介绍 RBM。6.5 节将讨论 RBM 的应用。6.6 节将讨论 RBM 在二元表示之外的广义数据类型上的使用。6.7 节将讨论堆叠多个 RBM 以创建深度网络的过程。6.8 节是本章的总结。

6.2 Hopfield 网络

Hopfield 网络是 1982 年提出的一种存储内存的模型[207]。Hopfield 网络是一种无向网络，其中的 d 个单元（或神经元）由来自$\{1\cdots d\}$的值索引。每个连接的形式是(i,j)，其中 i 和 j 是从$\{1\cdots d\}$中提取的神经元。每个连接(i,j)都是无向的，并且与一个权重 $w_{ij}=w_{ji}$ 相关联。尽管假定所有节点对之间都具有连接，但是将 w_{ij} 设为 0 会删除连接(i,j)。权重 w_{ii} 设为 0，因此没有自环。每个神经元 i 与状态 s_i 相关。Hopfield 网络中一个重要的假设是每个 s_i 是一个来自$\{0,1\}$的二元值，也可以使用$\{-1,+1\}$等其他约定。第 i 个节点还有一个与之相关联的偏置b_i，大的偏置对应的节点状态为 1。Hopfield 网络是对称的无向模型，因此权重始终满足 $w_{ij}=w_{ji}$。

Hopfield 网络中的每个二元状态对应于（二元）训练集的一个维度。因此，如果需要记忆一个 d 维训练数据集，我们需要一个具有 d 个单元的 Hopfield 网络。网络中第 i 个状态对应特定训练示例中的第 i 个位。状态值表示训练示例中的二元属性值。Hopfield 网络中的权重是它的参数，状态对之间大的正权重表示状态值高度正相关，而大的负权重表示高度负相关。图 6.1 展示了具有相关训练数据集的 Hopfield 网络的示例。在这种情况下，Hopfield 网络是全连接的，其中 6 个可见状态对应训练数据的 6 个二元属性。

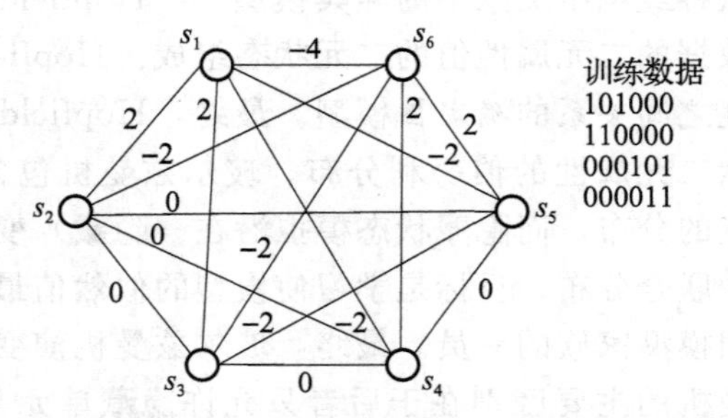

图 6.1　6 维训练数据对应的具有 6 种可见状态的 Hopfield 网络

Hopfield 网络使用优化模型来学习权重参数，以便权重可以捕获训练数据集的属性之间的正负关系。Hopfield 网络的目标函数也称为*能量函数*，类似于传统前馈神经网络的损失函数。设置 Hopfield 网络的能量函数的方式是让该函数最小化，使得大的正权重连接的节点对具有相似的状态而大的负权重连接的节点对具有不同的状态。因此，学习 Hopfield 网络的权重隐含地建立了训练数据集的无监督模型。Hopfield 网络的状态 $\overline{s}=(s_1,\cdots,s_d)$的

特定组合的能量 E 可以定义如下：

$$E=-\sum_{i}b_{i}s_{i}-\sum_{i,j:i<j}w_{ij}s_{i}s_{j} \tag{6.1}$$

$-b_is_i$ 项激励有很大偏差的单元加入。类似地，$-w_{ij}s_is_j$ 项激励 s_i 和 s_j 在 $w_{ij}>0$ 时相似。也就是说，正的权重会引起状态“吸引”，负的权重会引起状态“排斥”。对于一个小的训练数据集，这种类型的建模会导致记忆，这使得人们能够通过探索相似的、不完整的或损坏的查询点附近的能量函数的局部最小值，从这些查询点中探索训练数据点。换句话说，尽管在包含 d 个单元的 Hopfield 网络中可以记忆的实例的数量有一个相对保守的限制，但是通过学习 Hopfield 网络的权重可以隐式地记忆训练实例。这个限制也被称为模型的容量。

6.2.1　训练网络的最优状态配置

经过训练的 Hopfield 网络包含许多局部最优解，每个局部最优解对应训练数据的一个记忆点或训练数据密集区域的一个代表点。在讨论 Hopfield 网络权重的训练之前，我们将讨论在给定训练权重的情况下求 Hopfield 网络局部能量最小值的方法。局部最小值被定义为一种状态组合，其中翻转网络的任何特定位不会进一步降低能量。训练过程设置权重的方式使得训练数据中的实例在 Hopfield 网络中趋于局部最小。

寻找最佳状态配置有助于 Hopfield 网络回忆。Hopfield 网络本身就学习联想记忆，因为给定一组输入状态（例如位的输入模式），它会反复翻转位以改进目标函数，直到找到一个不能进一步改进目标函数的模式。这种局部最小值（状态的最终组合）通常与开始模式（状态的初始集合）只有几位之遥。因此，Hopfield 网络会回忆起一个密切相关的模式，在该模式下找到局部最小值。此外，这个最终模式通常是训练数据集的一员（因为权重是使用该数据学习的）。在某种意义上，Hopfield 网络提供了一条通向内容寻址存储器的路径。

给定状态的初始组合，如何在权重确定后学习最近似的局部最小值？可以使用阈值更新规则来更新网络的每个状态，以便将其移向全局能量最小值。为了理解这一点，让我们比较状态 s_i 设为 1 和状态 s_i 设为 0 时网络的能量。因此，可以将两个不同的 s_i 代入公式 6.1，以获得下列能隙（energy gap）：

$$\Delta E_i=E_{s_i=0}-E_{s_i=1}=b_i+\sum_{j:j\neq i}w_{ij}s_j \tag{6.2}$$

该值必须大于 0，才能使状态 s_i 从 0 到 1 的翻转具有吸引力。因此得到每个状态 s_i 的以下更新规则：

$$s_i=\begin{cases}1 & \sum_{j:j\neq i}w_{ij}s_j+b_i\geqslant 0\\ 0 & \text{其他}\end{cases} \tag{6.3}$$

上述规则用于迭代地测试每个状态 s_i，然后在满足条件时翻转状态。在任何特定时刻，如果赋予网络权重和偏差，就可以通过重复使用上述更新规则，根据状态找到局部能量最小值。

Hopfield 网络的局部最小值取决于训练的权重。因此，为了“回想”记忆，只需要提供一个与存储的记忆相似的 d 维向量，Hopfield 网络将通过使用它作为起始状态来找到与此点相似的局部最小值。这种联想记忆在人类身上也很常见，他们经常通过类似的联想过程来恢复记忆。还可以提供初始状态的部分向量并且使用它来恢复其他状态。考虑图 6.1

所示的 Hopfield 网络。这里要注意的一点是权重的设置方式使得图中 4 个训练向量都具有低能量。然而，也有一些伪极小值，比如 111000。因此，不能保证局部最小值总是与训练数据中的点相对应。然而，局部最小值确实对应于训练数据的一些关键特征。例如，考虑对应于 111000 的伪最小值。值得注意的是，前三位是正相关的，而后三位也是正相关的。因此，这个最小值 111000 确实反映了底层数据中的一个广泛模式，即使它没有在训练数据中明确显示出来。值得注意的是，该网络的权重与训练数据中的模式密切相关。例如，前三位和后三位内的元素在其特定的三位组内各自正相关。此外，这两组元素之间存在负相关。因此，集合 $\{s_1, s_2, s_3\}$ 和 $\{s_4, s_5, s_6\}$ 内的边趋向于正，而跨越这两个集合的边趋向于负。以这种特定于数据的方式设置权重是训练阶段的任务（参见 6.2.2 节）。

迭代状态更新规则将根据初始状态向量得到 Hopfield 网络的多个局部最小值之一。这些局部最小值可以是从训练数据集中学习到的"记忆"之一，并且将达到最接近初始状态向量的记忆。这些记忆被隐式地存储在训练阶段学习的权重中。然而，Hopfield 网络可能会犯错误，将密切相关的训练模式合并为一个（更深层次的）最小值。例如，如果训练数据包含 1110111101 和 1110111110，Hopfield 网络可能会学得 1110111111 作为局部最小值。因此，在一些查询中，可以恢复距离训练数据中实际存在的模式只有少量位的模式。然而，这只是模型泛化的一种形式，其中 Hopfield 网络存储有代表性的"簇"中心，而不是单个训练点。换言之，当数据量超过模型容量时，模型开始泛化而不是记忆。毕竟，Hopfield 网络是从训练数据建立无监督模型的。

Hopfield 网络可用于联想回忆、纠正损坏的数据或完善属性。联想回忆和清除损坏数据的任务是相似的。在这两种情况下，都使用损坏的输入（或用于联想回忆的目标输入）作为起始状态，并使用最终状态作为已清理的输出（或回忆输出）。在属性完善中，通过将已观察到的状态设置为它们的已知值，将未观察到的状态设置为随机值来初始化状态向量。此时，只有未观测到的状态被更新为收敛状态。这些状态收敛时的位值提供了完整的表示。

6.2.2 训练 Hopfield 网络

对于给定的训练数据集，需要学习权重，以使得该网络的局部最小值位于训练数据集的实例（或密集区域）附近。Hopfield 网络采用 Hebbian 学习规则进行训练。根据 Hebbian 学习的生物动机，当突触两侧的神经元具有高度相关的输出时，两个神经元之间的突触会被加强。设 $x_{ij} \in \{0,1\}$ 表示第 i 个训练点的第 j 位。假设训练实例数为 n。Hebbian 学习规则设置网络的权重如下：

$$w_{ij} = 4\frac{\sum_{k=1}^{n}(x_{ki}-0.5)\cdot(x_{kj}-0.5)}{n} \tag{6.4}$$

理解这一规则的一种方法是，如果训练数据中的两个位 i 和 j 正相关，则值 $(x_{ki}-0.5)\cdot(x_{kj}-0.5)$ 通常为正。因此，相应单元之间的权重也将设置为正值。如果两个位普遍不一致，则权重将设置为负值。也可以在不归一化分母的情况下使用此规则：

$$w_{ij} = 4\sum_{k=1}^{n}(x_{ki}-0.5)\cdot(x_{kj}-0.5) \tag{6.5}$$

在实践中，人们常常希望为特定于点的更新开发增量学习算法。可以仅使用第 k 个训练数

据点来更新 w_{ij}，如下所示：

$$w_{ij} \Leftarrow w_{ij} + 4(x_{ki} - 0.5) \cdot (x_{kj} - 0.5) \quad \forall i,j$$

通过假设单个虚拟状态始终处于打开状态来更新偏置b_i，并且偏置表示虚拟状态和第 i 个状态之间的权重：

$$b_i \Leftarrow b_i + 2(x_{ki} - 0.5) \quad \forall i$$

在规定从$\{-1,+1\}$取值状态向量的情况下，上述规则简化为：

$$w_{ij} \Leftarrow w_{ij} + x_{ki}x_{kj} \quad \forall i,j$$

$$b_i \Leftarrow b_i + x_{ki} \quad \forall i$$

还有其他常用的学习规则，例如 Storkey 学习规则，参见 6.9 节。

Hopfield 网络的容量

具有 d 个可见单元的 Hopfield 网络可以存储多大的训练数据而不会在关联记忆中引起错误？结果表明，一个具有 d 个单元的 Hopfield 网络的存储容量大约只有 $0.15 \cdot d$ 个训练实例。由于每个训练示例都包含 d 位，因此 Hopfield 网络只能存储约 $0.15d^2$ 位。这不是一种有效的存储形式，因为网络中的权重数为 $d(d-1)/2=O(d^2)$。此外，权重不是二元的，它们需要 $O(\log(d))$位。当训练样本数量较大时，会产生很多误差（在联想记忆中）。这些误差代表了来自更多数据的泛化预测。尽管这种类型的泛化似乎对机器学习很有用，但是将 Hopfield 网络用于这样的应用是有局限性的。

6.2.3 推荐器的构建及其局限性

Hopfield 网络通常用于以记忆为中心的应用，而不是需要泛化的典型机器学习应用。为了理解 Hopfield 网络的局限性，我们将考虑一个与二元协同过滤相关的应用。由于 Hopfield 网络使用二元数据，因此我们假设在隐式反馈数据的情况下，用户与一组二元属性相关联，这些属性对应于他们是否观看了相应的电影。考虑这样一种情况：用户 Bob 看过《怪物史莱克》和《阿拉丁》，而用户 Alice 看过《甘地传》《尼禄皇帝》和《终结者》。在所有电影的集合上构造一个全连接的 Hopfield 网络并将观看状态设置为 1 而其他状态设置为 0 是很容易的。可以该配置用于每个训练点以便更新权重。当然，如果状态（电影）的基数非常大，那么这种方法的成本可能非常高。对于包含10^6 部电影的数据库，我们将拥有10^{12}条边，其中大多数连接的状态值为 0。这是因为这种类型的隐式反馈数据通常是稀疏的，而且大多数状态都是零值。

解决这个问题的一种方法是使用负采样。在这种方法中，每个用户都有自己的 Hopfield 网络，其中包含他们看过的电影和一小部分他们没有看过的电影。例如，可以随机抽取 20 部（Alice 的）未观看的电影并创建包含 20＋3＝23 个状态（包括已看过的电影）的 Hopfield 网络。Bob 的 Hopfield 网络将包含 20＋2＝22 个状态，并且未观看的样本可能也会有很大的不同。但是，两个网络之间共同的电影对将共享权重。在训练过程中，所有的边的权重都初始化为 0。可以在不同的 Hopfield 网络上使用反复迭代的训练来学习它们共享的权重（使用前面讨论的算法）。主要的区别是在不同的训练点上迭代将导致在不同的 Hopfield 网络上迭代，每个 Hopfield 网络包含基本网络的一个小子集。通常，这10^{12}条边中只有一小部分会出现在这些网络中，大多数边在任何网络中都不会出现。这样的边将隐式地假设权重为 0。

现在想象一个用户 Mary，她看过《E. T.》和《怪物史莱克》。我们想向这个用户推荐电影。我们使用只有非零边的全 Hopfield 网络。将《E.T.》和《怪物史莱克》的状态初始化为 1，其他所有状态初始化为 0。随后，我们允许更新所有的状态（除了《E.T.》和《怪物史莱克》），以确定 Hopfield 网络的最小能量配置。更新期间被设置为 1 的所有状态都可以推荐给用户。然而，我们希望对推荐的电影进行排序。提供所有电影排序的一种方法是使用每部电影的两种状态之间的能隙对电影进行排序。只有在找到最小能量配置之后才能计算出能隙。但是，这种方法非常幼稚，因为 Hopfield 网络的最终配置是一个包含二元值的确定性配置，而推算的值只能根据概率来估计。例如，使用一些能隙函数（如 sigmoid 函数）来创建概率估计会更加自然。此外，它将有助于捕获具有一些潜在（或隐藏）状态概念的相关电影集。显然，我们需要能够提高 Hopfield 网络表达能力的技术。

6.2.4　提高 Hopfield 网络的表达能力

尽管这不是标准做法，但可以将隐藏单元添加到 Hopfield 网络中以提高其表达能力。隐藏状态用于捕获数据的潜在结构。隐藏单元和可见单元之间的连接权重将捕获潜在结构与训练数据之间的关系。在某些情况下，可以仅根据少量隐藏状态来近似表示数据。例如，如果数据包含两个紧密编织的簇，则一个簇可以在两个隐藏状态下捕获此设置。我们考虑增强图 6.1 的 Hopfield 网络并添加两个隐藏单元的情况，生成的网络如图 6.2 所示。为了清晰起见，图中已删除了权重接近零的边。虽然原始数据是用 6 位定义的，但两个隐藏单元也可以用 2 位来提供数据的隐藏表示。这种隐藏表示是数据的压缩版本，它能告诉我们有关当前模式的一些信息。本质上，根据前三位还是后三位主导训练模式，将所有模式压缩为模式 10 或 01。如果将 Hopfield 网络的隐藏状态固定为 10 并随机初始化可见状态，则通常会使用公式 6.3 的状态更新规则反复获得模式 111000。当从隐藏状态 01 开始时，还获得模式 0001111 作为最终静止点。值得注意的是，模式 000111 和 111000 是数据中两种类型模式的紧密近似，这是压缩技术所期望的。如果我们提供可见单元的不完整版本，然后使用公式 6.3 的更新规则迭代更新其他状态，则根据不完整表示中的位分配方式，通常会得到 000111 和 111000。如果我们对 Hopfield 网络添加隐藏单元并允许状态是概率性的（而不是确定性的），则可以得到玻尔兹曼机。这就是可以将玻尔兹曼机视为具有隐藏单元的随机 Hopfield 网络的原因。

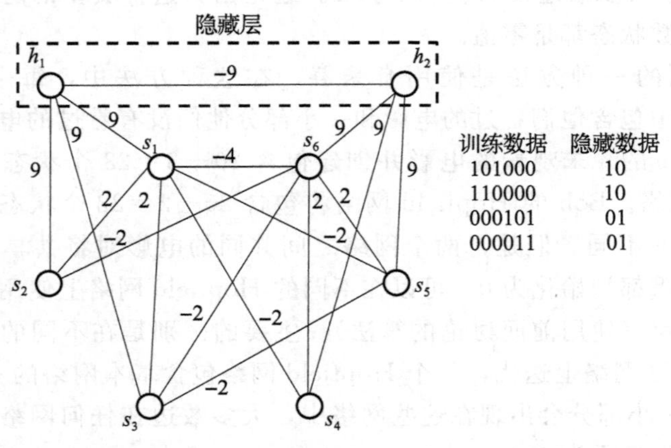

图 6.2　具有两个隐藏节点的 Hopfield 网络

6.3 玻尔兹曼机

在本节中，我们假设玻尔兹曼机总共包含 $q=m+d$ 个状态，其中 d 是可见状态的数量，m 是隐藏状态的数量。特定的状态配置由状态向量 $\overline{s}=(s_1 \cdots s_q)$ 的值定义。如果明确地想要在 $\overline{s}$ 中划分可见状态和隐藏状态，则可以将状态向量 $\overline{s}$ 写成 $(\overline{v}, \overline{h})$，其中 $\overline{v}$ 表示可见单元集，$\overline{h}$ 表示隐藏单元集。$(\overline{v}, \overline{h})$ 中的状态与 $\overline{s}=\{s_1 \cdots s_q\}$ 表示完全相同的集合，不同之处在于前者明确划分了可见单元和隐藏单元。

玻尔兹曼机是 Hopfield 网络的概率性推广。Hopfield 网络根据状态 s_i 的能隙 ΔE_i 是正是负来确定性地将每个状态 s_i 设置为 1 或 0。回想一下，第 i 个单元的能隙定义为它的两种配置之间的能量差（其他状态固定为预定义值）：

$$\Delta E_i = E_{s_i=0} - E_{s_i=1} = b_i + \sum_{j:j \neq i} w_{ij} s_j \tag{6.6}$$

当能隙为正时，Hopfield 网络确定地设置 s_i 的值为 1。而玻尔兹曼机根据能隙给 s_i 分配一个概率。被分配正能隙的概率大于 0.5。s_i 的概率通过将 sigmoid 函数应用于能隙来确定：

$$P(s_i = 1 \mid s_1, \cdots, s_{i-1}, s_{i+1}, s_q) = \frac{1}{1+\exp(-\Delta E_i)} \tag{6.7}$$

注意，状态 s_i 现在是伯努利随机变量，零能隙导致状态的每个二元结果的概率为 0.5。

对于一组特定的参数集 w_{ij} 和 b_i，玻尔兹曼机定义了不同状态配置的概率分布。特定配置 $\overline{s}=(\overline{v},\overline{h})$ 的能量由 $E(\overline{s})=E([\overline{v},\overline{h}])$ 表示，并以类似于 Hopfield 网络的方式定义如下：

$$E(\overline{s}) = -\sum_i b_i s_i - \sum_{i,j:i<j} w_{ij} s_i s_j \tag{6.8}$$

然而，这些配置在玻尔兹曼机的情况下仅是概率上已知的（根据公式 6.7）。公式 6.7 的条件分布遵循特定配置 $\overline{s}$ 的无条件概率 $P(\overline{s})$ 的更基本定义：

$$E(\overline{s}) \propto \exp(-E(\overline{s})) = \frac{1}{Z}\exp(-E(\overline{s})) \tag{6.9}$$

定义归一化因子 Z，使得所有可能的配置的概率和为 1：

$$Z = \sum_{\overline{s}} \exp(-E(\overline{s})) \tag{6.10}$$

归一化因子 Z 也称为*配分函数*。通常，配分函数的显式计算是困难的，因为它包含对应于所有可能的状态配置的指数数量的项。由于配分函数的难解性，精确地计算 $P(\overline{s})=P(\overline{v},\overline{h})$ 是不可能的。然而，许多类型的条件概率（例如 $P(\overline{v}|\overline{h})$）的计算是可能的，因为这样的条件概率是比率，并且难以处理的归一化因子在计算中被抵消。例如，公式 6.7 的条件概率来自对配置概率的更基本的定义（参见公式 6.9），如下所示：

$$P(s_i = 1 \mid s_1, \cdots, s_{i-1}, s_{i+1}, \cdots, s_q) = \frac{P(s_1, \cdots, s_{i-1}, \overbrace{1}^{s_i}, s_{i+1}, \cdots, s_q)}{P(s_1, \cdots, s_{i-1}, \underbrace{1}_{s_i}, s_{i+1}, \cdots, s_q) + (s_1, \cdots, s_{i-1}, \underbrace{0}_{s_i}, s_{i+1}, \cdots, s_q)}$$

$$= \frac{\exp(-E_{s_i=1})}{\exp(-E_{s_i=1}) + \exp(-E_{s_i=0})} = \frac{1}{1+\exp(E_{s_i=1} - E_{s_i=0})}$$

$$= \frac{1}{1+\exp(-\Delta E_i)} = \text{Sigmoid}(\Delta E_i)$$

这与公式 6.9 的条件相同。可以看出，sigmoid 函数的根源在于统计物理中的能量概念。

一种利用了以概率方式设置这些状态的优势的方法是，我们现在可以从这些状态采样，以创建与原始数据相似的新数据点。这使得玻尔兹曼机成为概率模型而不是确定性模型。机器学习中的许多生成模型（例如，用于聚类的高斯混合模型）使用顺序过程，即首先从先验数据中采样隐藏状态，然后根据隐藏状态有条件地生成可见观测值。在玻尔兹曼机中并非如此，其中所有状态对之间的依赖都是无向的：可见状态依赖隐藏状态的程度与隐藏状态依赖可见状态的程度是一样的。因此，使用玻尔兹曼机生成数据比使用其他生成模型更具挑战性。

6.3.1 玻尔兹曼机如何生成数据

在玻尔兹曼机中，状态之间的循环依赖性（基于公式 6.7）使得数据生成的动力学过程变得复杂。因此，我们需要一个迭代过程从玻尔兹曼机生成样本数据点，以便公式 6.7 适用于所有状态。玻尔兹曼机使用前一次迭代中的状态值生成的条件分布对状态进行迭代采样，直到达到热平衡。热平衡的概念意味着从一组随机的状态开始，用公式 6.7 计算它们的条件概率，然后用这些概率再次采样状态值。注意，我们可以使用公式 6.7 中的 $P(s_i|s_1,\cdots,s_{i-1},s_{i+1},\cdots,s_q)$ 迭代生成 s_i。经过长时间的运行，可见状态的采样值为我们提供了生成数据点的随机样本，达到热平衡所需的时间称为程序的老化时间。这种方法称为吉布斯采样或马尔可夫链蒙特卡洛抽样（MCMC）。

在热平衡时，生成的点表示由玻尔兹曼机捕获的模型。注意，生成的数据点的维度将根据不同状态之间的权重相互关联，相互之间权重较大的状态往往高度相关。例如，在状态对应于“单词的存在”的文本挖掘应用中，属于某个主题的单词之间将存在相关性。因此，如果玻尔兹曼机在文本数据集上进行了适当的训练，那么即使在状态被随机初始化的情况下，它也会在热平衡时生成包含这些类型的单词相关的向量。值得注意的是，与许多其他概率模型相比，使用玻尔兹曼机生成一组数据点是一个更复杂的过程。例如，从高斯混合模型生成数据点只需要直接从采样混合分量的概率分布中采样点。另外，玻尔兹曼机的无向性迫使我们将过程运行到热平衡状态来生成样本。因此，对于给定的训练数据集，学习状态间的权重是一项更加困难的任务。

6.3.2 学习玻尔兹曼机的权重

在玻尔兹曼机中，最大化当前特定训练集的对数似然来学习权重。利用公式 6.9 中概率的对数来计算各个状态的对数似然。因此，通过取公式 6.9 的对数，我们得到以下结果：

$$\log[P(\bar{s})] = -E(\bar{s}) - \log(Z) \tag{6.11}$$

因此，计算 $\frac{\partial \log[P(\bar{s})]}{\partial w_{ij}}$ 需要计算能量的负导数，尽管我们有一个涉及配分函数的附加项。公式 6.8 的能量函数在系数为 $-s_i s_j$ 的权重 w_{ij} 下是线性的。因此，能量相对于权重 w_{ij} 的偏导数为 $-s_i s_j$。因此可以得到：

$$\frac{\partial \log[P(\bar{s})]}{\partial w_{ij}} = \langle s_i, s_j \rangle_{\text{data}} - \langle s_i, s_j \rangle_{\text{model}} \tag{6.12}$$

这里，$\langle s_i, s_j \rangle_{\text{data}}$ 表示将可见状态固定在训练点的属性值上时，通过运行 6.3.1 节的生成过程所获得的 $s_i s_j$ 的平均值。平均是在一个小批量的训练点上完成的。类似地，$\langle s_i, s_j \rangle_{\text{model}}$

代表在没有固定训练点的可见状态而仅仅运行 6.3.1 节的生成过程的情况下热平衡时 $s_i s_j$ 的平均值。在这种情况下，对运行过程达到热平衡的多个实例进行平均。直观地说，当可见状态固定到训练数据点时，我们希望加强状态之间的边的权重，状态之间的边的权重往往是一起（与不受限制的模型相比）打开的。这正是通过上述更新实现的，它使用了 $\langle s_i, s_j \rangle$ 中以数据和模型为中心的差异。在上面的讨论中，很明显需要生成两种类型的样本才能执行更新。

1. **以数据为中心的样本**：第一种样本将可见状态固定为从训练数据集中随机选择的向量。将隐藏状态初始化为从伯努利分布中抽取的概率为 0.5 的随机值。然后根据公式 6.7 重新计算每个隐藏状态的概率。从这些概率中再次生成隐藏状态的样本。重复这个过程一段时间以达到热平衡。此时隐藏变量的值提供了所需的样本。注意，可见状态被固定在相关训练向量的相应属性上，因此不需要对其进行采样。

2. **模型样本**：第二种样本不对状态施加任何约束，而只是希望从不受限制的模型中提取样本。该方法与上述讨论的方法相同，除了可见状态和隐藏状态均被初始化为随机值，并且连续进行更新直到达到热平衡为止。

这些样本帮助我们创建权重的更新规则。根据第一种样本，当可见向量被固定为训练数据 $\mathcal{D}$ 中的向量并且允许隐藏状态改变时，可以计算出 $\langle s_i, s_j \rangle_{\text{data}}$，它表示节点 i 和节点 j 的状态之间的相关性。由于使用的是训练向量的小批量，因此可以获得状态向量的多个样本。$\langle s_i, s_j \rangle$ 的值被计算为从吉布斯采样获得的所有此类状态向量的平均乘积。类似地，可以使用从吉布斯采样获得的以模型为中心的样本中 s_i 和 s_j 的平均乘积来估计 $\langle s_i, s_j \rangle_{\text{model}}$ 的值。计算完这些值后，使用一下更新：

$$w_{ij} \Leftarrow w_{ij} + \alpha \underbrace{(\langle s_i, s_j \rangle_{\text{data}} - \langle s_i, s_j \rangle_{\text{model}})}_{\text{对数概率的偏导}} \tag{6.13}$$

偏置的更新规则是类似的，但状态 s_j 被设置为 1。可以通过使用可见且连接到所有状态的虚拟偏置单元来实现这一点：

$$b_i \Leftarrow b_i + \alpha(\langle s_i, 1 \rangle_{\text{data}} - \langle s_i, 1 \rangle_{\text{model}}) \tag{6.14}$$

请注意，$\langle s_i, 1 \rangle$ 的值只是针对以数据为中心的样本或以模型为中心的样本的小批量训练示例的 s_i 采样值的平均值。

该方法类似于 Hopfield 网络的 Hebbian 更新规则，不同之处在于，我们还删除了更新中以模型为中心的相关性的影响。需要去除以模型为中心的相关性，以解释在公式 6.11 中对数概率表达式中配分函数的影响。上述更新规则的主要问题是它在实践中很慢，这是由于蒙特卡洛抽样过程需要大量的样本以达到热平衡。这个烦琐的过程有更快速的近似方法。在下一节中，我们将在简化的玻尔兹曼机（即受限玻尔兹曼机）的上下文中讨论这种方法。

6.4 RBM 的原理

在玻尔兹曼机中，隐藏单元和可见单元之间的连接可以是任意的。例如，两个隐藏状态间可能包含边，因此两个可见状态间也可能包含边。这种类型的广义假设产生了不必要的复杂性。玻尔兹曼机的一个自然特例是受限玻尔兹曼机（RBM），它是二部的，并且只允许在隐藏和可见单元之间进行连接。RBM 如图 6.3a 所示。在这个特定示例中有 3 个隐藏节点和 4 个可见节点。每个隐藏状态都连接到一个或多个可见状态，尽管隐藏状态对之间以及可见状态对之间没有连接。RBM 也被称为 Harmonium[457]。

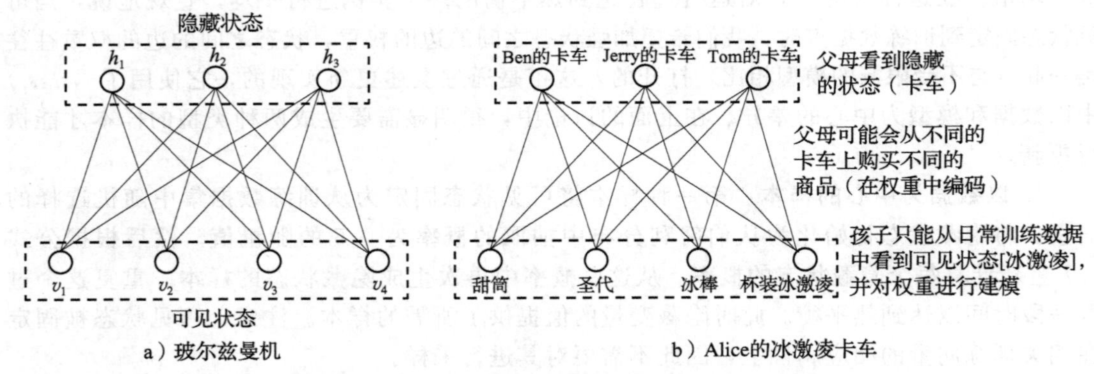

图 6.3　一个 RBM（注意在可见或隐藏单元之间没有交互的限制）

我们假设隐藏单元为 $h_1 \cdots h_m$，可见单元为 $v_1 \cdots v_d$。与可见节点 v_i 相关联的偏差由 $b_i^{(v)}$ 表示，与隐藏节点 h_j 相关联的偏差由 $b_j^{(h)}$ 表示。注意上标，以便区分可见节点和隐藏节点的偏差。可见节点 v_i 和隐藏节点 h_j 之间的边的权重用 w_{ij} 表示。对于 RBM（与玻尔兹曼机相比），权重的符号也略有不同，因为隐藏单元和可见单元是分开索引的。例如，我们不再有 $w_{ij}=w_{ji}$，因为第一个索引 i 始终属于可见节点，第二个索引 j 始终属于隐藏节点。在推断上一节的方程时，记住这些符号差异是很重要的。

为了提供更好的可解释性，我们将在本节中使用一个运行示例"Alice 的冰激凌卡车"，它基于玻尔兹曼机，如图 6.3 所示。设想这样一种情况，训练数据对应的 4 位表示 Alice 每天从她的父母那里收到的冰激凌。这些代表我们示例中的可见状态。因此，Alice 可以收集 4 维训练点，因为她每天都会收到（0～4 种）不同类型的冰激凌。然而，这些冰激凌是由 Alice 的父母从图 6.3 中显示为隐藏状态的 3 辆卡车中的一辆[⊖]或多辆上购买的。这些卡车的身份对 Alice 来说是隐藏的，尽管她知道有 3 辆卡车供她父母购买冰激凌（而且不止一辆卡车可以用来制作一天的冰激凌）。Alice 的父母十分优柔寡断，他们的决策过程很不寻常，因为他们在选择卡车后改变了对所选冰激凌的看法，反之亦然。特定冰激凌被选中的可能性取决于选择的卡车以及这些卡车的权重。同样，卡车被选中的可能性取决于人们打算购买的冰激凌和卡车的权重。因此，Alice 的父母可以不断改变他们的想法，在选择卡车后选择冰激凌，在选择冰激凌后选择卡车，直到他们做出最终决定。我们将看到，这种循环关系是无向模型的特征，Alice 的父母使用的过程与吉布斯采样相似。

在 RBM 中使用二部约束大大简化了推理算法，同时保留了该方法以应用为中心的能力。如果我们知道所有可见单元的值（当提供一个训练数据点时，这是常见的），则可以一步计算出隐藏单元的概率，而不必经过吉布斯采样的费力过程。例如，每个隐藏单元取 1 的概率可以直接写为可见单元值的逻辑函数。换言之，我们可以将公式 6.7 应用于 RBM，以获得以下结果：

⊖ 就没有选择任何卡车的情况而言，这个示例的语义解释是很困难的。即使在这种情况下，根据偏差，选择每种冰激凌的概率都是非零的。我们可以通过添加一个总是被选中的假卡车来解释这种情况。

$$P(h_j = 1 \mid \overline{v}) = \frac{1}{1 + \exp(-b_j^{(h)} - \sum_{i=1}^{d} v_i w_{ij})} \tag{6.15}$$

该结果直接来自公式 6.7，公式 6.7 将状态概率与 $h_j=0$ 和 $h_j=1$ 之间的能隙 ΔE_j 相关联。当观测到可见状态时 ΔE_j 的值是 $b_j + \sum_i v_i w_{ij}$。与不受限制的玻尔兹曼机的主要区别在于上式的右侧不包含任何（未知）隐藏变量和仅包含隐藏变量。一旦学习了权重，该关系对于创建每个训练向量的简化表示也很有用。具体来说，对于具有 m 个隐藏单元的玻尔兹曼机，可以将第 j 个隐藏值的值设置为公式 6.15 中计算的概率。请注意，这种方法提供了二元数据的实值简化表示。也可以使用 sigmoid 函数写上述方程：

$$P(h_j = 1 \mid \overline{v}) = \text{Sigmoid}\left(b_j^{(h)} + \sum_{i=1}^{d} v_i w_{ij}\right) \tag{6.16}$$

还可以使用隐藏状态的样本在一个步骤中生成数据点。这是因为在 RBM 的无向的二部架构中，可见单元和隐藏单元之间的关系是相似的。换句话说，我们可以使用公式 6.7 来获得以下结果：

$$P(v_i = 1 \mid \overline{h}) = \frac{1}{1 + \exp(-b_i^{(v)} - \sum_{j=1}^{m} h_j w_{ij})} \tag{6.17}$$

还可以用 sigmoid 函数来表示这种概率：

$$P(v_i = 1 \mid \overline{h}) = \text{Sigmoid}\left(b_i^{(v)} + \sum_{j=1}^{n} h_j w_{ij}\right) \tag{6.18}$$

使用 sigmoid 函数的一个很好的结果是，通常可以创建具有 sigmoid 激活单元的紧密相关的前馈网络，其中由玻尔兹曼机学习到的权重在具有输入—输出映射的有向计算中得到利用。然后通过反向传播对网络的权重进行微调。我们将在应用部分给出这种方法的示例。

请注意，权重对可见状态和隐藏状态之间的亲和性进行编码。较大的正权重意味着两个状态很可能同时出现。例如，在图 6.3b 中，也许父母更有可能从 Ben 的卡车购买甜筒和圣代，从 Tom 的卡车购买冰棒和杯装冰激凌。这些倾向被编码在权重中，以循环方式调节可见状态选择和隐藏状态选择。这种循环关系带来了挑战，因为冰激凌选择和卡车选择之间的关系是双向的，这就是吉布斯采样的存在理由。尽管 Alice 可能不知道冰激凌来自哪辆卡车，但她会注意到训练数据中各个位之间的结果相关性。实际上，如果 Alice 知道 RBM 的权重，她可以使用吉布斯采样来生成 4 位点代表她将来会收到的冰激凌的“典型”实例。Alice 甚至可以从实例中学到模型的权重，这是无监督生成模型的本质。考虑到存在 3 种隐藏状态（卡车）和足够多的 4 维训练数据点实例，Alice 可以了解可见冰激凌和隐藏卡车之间的相关权重和偏差。下一节将讨论执行此操作的算法。

6.4.1 训练 RBM

使用与玻尔兹曼机相似的学习规则可以实现 RBM 权重的计算。特别是可以基于小批量创建有效的算法。权重 w_{ij} 被初始化为较小的值。对于当前的权重集合 w_{ij}，执行如下更新：

- *正相位阶段*：算法使用一个小批量的训练实例，并使用公式 6.15 在一个步骤中计算每个隐藏单元的状态的概率。然后根据该概率生成每个隐藏单元的状态的单个样本。对小批量训练实例的每个元素重复该过程。计算这些不同训练实例v_i 和生成实例h_j 之间的相关性，由$\langle v_i, h_j \rangle_{\text{pos}}$表示。这种相关性本质上是每对可见单元和隐藏单元之间的平均乘积。

- 负相位阶段：在负相位阶段，算法从一个小批量的训练实例开始。然后，对于每个训练实例，从随机初始化的状态开始，经过一个吉布斯采样阶段。这是通过重复使用公式 6.15 和公式 6.17 来计算可见单元和隐藏单元的概率，并使用这些概率来生成样本实现的。采用与正相位阶段相同的方式利用v_i 和h_j 的热平衡值来计算$\langle v_i, h_j \rangle_{\text{neg}}$。
- 然后可以使用与玻尔兹曼机相同的更新类型：

$$w_{ij} \Leftarrow w_{ij} + \alpha(\langle v_i, h_j \rangle_{\text{pos}} - \langle v_i, h_j \rangle_{\text{neg}})$$
$$b_i^{(v)} \Leftarrow b_i^{(v)} + \alpha(\langle v_i, 1 \rangle_{\text{pos}} - \langle v_i, 1 \rangle_{\text{neg}})$$
$$b_j^{(h)} \Leftarrow b_j^{(h)} + \alpha(\langle 1, h_j \rangle_{\text{pos}} - \langle 1, h_j \rangle_{\text{neg}})$$

  这里$\alpha>0$表示学习率。每个$\langle v_i, h_j \rangle$通过平均小批量中v_i 和h_j 的乘积来估计，v_i 和h_j 的值在正相位阶段和负相位阶段分别以不同的方式计算。此外，$\langle v_i, 1 \rangle$表示小批量中v_i 的平均值，$\langle 1, h_j \rangle$表示小批量中h_j 的平均值。

用图 6.3b 中“Alice 的卡车”来解释上述更新是有帮助的。当某些可见位（例如，甜筒和圣代）的权重高度相关时，上述更新将倾向于将权重推向可以通过卡车和冰激凌之间的权重来解释这些相关性的方向。例如，如果甜筒和圣代高度相关，但所有其他相关性都非常弱，则可以用这两种类型的冰激凌和一辆卡车之间的高权重来解释。在实践中，相关性将更加复杂，潜在权重的模式也是如此。

上述方法的一个问题是，为达到热平衡并生成负样本，需要运行蒙特卡洛抽样一段时间。但是，事实证明从将可见状态固定到小批量的一个训练数据点开始，可以仅运行蒙特卡洛抽样一小段时间，并且仍然可以获得良好的梯度近似值。

6.4.2 对比发散算法

对比发散法的最快变体是使用蒙特卡洛抽样的单次附加迭代（在正相位阶段进行），以生成隐藏状态和可见状态的样本。首先，通过将可见单元固定到训练点（已经在正相位阶段完成）来生成隐藏状态，然后使用蒙特卡洛抽样从这些隐藏状态再次生成（恰好一次）可见单元。可见单元的值（而不是在热平衡时获得的状态）被用作采样状态。使用这些可见单元再次生成隐藏单元。因此，正相位阶段和负相位阶段之间的主要区别仅在于从对训练点的可见状态的相同初始化开始运行该方法的迭代次数。在正相位阶段，我们只使用简单计算隐藏状态的一半迭代。在负相位阶段，我们使用至少一次额外的迭代（以便从隐藏状态重新计算可见状态，并再次生成隐藏状态）。这种迭代次数的差异导致了两种情况下状态分布的对比发散。直觉是迭代次数的增加导致分布从数据条件状态转移（即发散）到当前权重向量所建议的状态。因此，更新中$\langle v_i, h_j \rangle_{\text{pos}} - \langle v_i, h_j \rangle_{\text{neg}}$的值量化了对比发散的数量。对比发散算法的最快变体被称为CD_1，因为它使用一个（额外的）迭代来生成负样本。当然，使用这种方法只是对真实梯度的近似。可以通过将额外迭代次数提高到k（其中数据被重构k次）来提高对比发散的准确度。这种方法称为CD_k。k值的增加导致了更好的梯度（以速度为代价）。

在早期的迭代中，使用CD_1已经足够好了，尽管在后期可能没有帮助。因此，一种自然的方法是逐步增加 k 值，同时在训练中应用CD_k。这个过程可以总结如下：

1. 在梯度下降的早期阶段，权重被初始化为较小的值。在每个迭代中，只使用一个额外的对比发散步骤。此时一步就足够了，因为在早期迭代中，权重之间的差异非常不精确，只需要一个粗略的下降方向。因此，即使执行CD_1，在大多数情况下也能获得良好的方向。

2. 当梯度下降法接近较好的解时，需要较高的准确度。因此，使用两到三步的对比发散（CD_2或CD_3）。一般情况下，当梯度下降步数固定后，马尔可夫链步数可以增加一倍。文献［469］中提倡的另一种方法是每 10 000 步后在CD_k中将k 的值增加 1，其中k 的最大值为 20。

对比发散算法可以推广到 RBM 的很多其他变体中。在文献［193］中可以找到训练 RBM 的优秀使用指南。本指南讨论了一些实际问题，比如初始化、调优和更新。下面我们将简要概述其中一些实际问题。

6.4.3 实际问题和即兴性

在训练具有对比发散的 RBM 时，存在几个实际问题。虽然我们一直假设蒙特卡洛抽样过程生成二元样本，但事实并非如此。蒙特卡洛抽样的一些迭代直接使用计算得到的概率（参见公式 6.15 和公式 6.17），而不是抽样的二元值。这样做是为了减少训练中的噪声，因为概率值比二元样本保留更多的信息。但是，隐藏状态和可见状态的处理方式存在一些差异：

- 隐藏状态抽样的即兴性：CD_k的最终迭代根据公式 6.15 对正样本和负样本计算隐藏状态作为概率值。因此，用于计算$\langle v_i, h_j \rangle_{\text{pos}} - \langle v_i, h_j \rangle_{\text{neg}}$的 h_j 对于正样本和负样本都始终是实值。因为公式 6.15 使用了 sigmoid 函数，所以这个实值是一个分数。
- 可见状态抽样的即兴性：因为可见状态总是固定在训练数据上，因此可见状态的蒙特卡洛抽样的即兴性总是与$\langle v_i, h_j \rangle_{\text{neg}}$而不是$\langle v_i, h_j \rangle_{\text{pos}}$的计算相关。对于负样本，蒙特卡洛过程始终在所有迭代中根据公式 6.17 计算可见状态的概率值，而不是使用 0－1 值。对于隐藏状态，情况并非如此，在最后一次迭代之前，它们始终是二元的。

使用概率值而不是采样的二元值迭代在技术上是不正确的，并且不能达到正确的热平衡。然而，对比发散算法是一种近似算法，这种类型的方法以一些理论上的不正确为代价明显降低了噪声。噪声降低是概率输出更接近期望值的结果。

权重可以从均值为 0、标准差为 0.01 的高斯分布中初始化。初始权重越大学习速度越快，但最终可能导致模型稍差。可见偏差被初始化为 $\log(p_i/(1-p_i))$，其中 p_i 是第 i 维的值为 1 的数据点的分数。隐藏偏差的值初始化为 0。

小批量的大小应该在 10～100 之间。这些实例的顺序应该是随机的。对于类标签与实例相关联的情况，应以批量中的标签的比例与整个数据大致相同的方式来选择小批量。

6.5 RBM 的应用

在本节中，我们将研究有关 RBM 的几个应用。这些方法在各种无监督应用场景中都取得了成功，并且它们也能用于监督应用场景。在实际应用场景中使用 RBM 时，常常需要构建从输入到输出的映射，而原始的 RBM 仅用于学习概率分布。输入-输出映射通常是通过构造一个前馈网络来实现的，该网络的权重来自所学习的 RBM。换句话说，通常可以得到一个与原始 RBM 相关的传统神经网络。

在这里，我们将讨论 RBM 中节点状态的概念与相关神经网络中该节点的激活之间的区别。一个节点的状态是根据公式 6.15 和公式 6.17 定义的伯努利概率采样的二元值。相关神经网络中一个节点的激活是由公式 6.15 和公式 6.17 中使用 sigmoid 函数得到的概率值。许多应用场景中使用相关神经网络节点中的激活，而不是训练后原始 RBM 中的状态。注意，对比发散算法的最后一步在更新权重时也使用了节点的激活而不是状态。在实际场景中，节点的激活包含的信息更丰富，因此也更有用。激活的使用与传统的神经网络架构是一致的，在这种架构中可以使用反向传播。在反向传播的最后阶段使用激活对于将这种方法应用于监督应用场景至关重要。在大多数情况下，RBM 的关键作用是执行无监督特征学习。因此，在监督学习的场景下，RBM 通常只作为预训练的一种方法。事实上，预训练是 RBM 的重要历史贡献之一。

6.5.1　降维和数据重构

RBM 最基本的功能是降维和进行无监督特征工程。RBM 的隐藏单元包括了数据的简化表示。但是，我们还没有讨论如何使用 RBM（很像自编码器）重构数据的原始表示。为了理解重构过程，我们首先需要理解无向 RBM 与有向图模型的等价性[251]。在有向图模型中，计算按特定方向进行。将有向概率图物理化是实现传统神经网络（源于 RBM）的第一步，在传统神经网络中，可以用实值的 sigmoid 激活函数代替从 sigmoid 中离散的概率采样。

虽然 RBM 是一个无向图模型，但是可以“展开”RBM 以创建一个有向模型，其中的推断发生在特定的方向上。一般来说，无向 RBM 可以表示为等价于具有无限层数的有向图模型。当把可视单元固定到特定值时，展开特别有用，因为展开的层数正好是原始 RBM 中的层数的两倍。此外，通过用连续的 sigmoid 单元代替离散的概率采样，该定向模型可以作为一个虚拟的自编码器，它具有编码器部分和解码器部分。虽然 RBM 的权重已经使用离散概率抽样进行了训练，但是它们也可以在这个相关的神经网络中进行微调。这是一种启发式方法，将从玻尔兹曼机（即权重）学到的信息转换为具有 sigmoid 单元的传统神经网络的初始权重。

RBM 可以看作一个无向图模型，它使用相同的权重矩阵来学习从 $\overline{v}$ 到 $\overline{h}$ 和从 $\overline{h}$ 到 $\overline{v}$。如果仔细检查一下公式 6.15 和公式 6.17，就会发现它们非常相似。主要的区别是这些方程使用不同的偏差，它们使用彼此的权重矩阵的转置。换句话说，对于某个函数 $f(\cdot)$，可以将公式 6.15 和公式 6.17 改写成如下形式：

$$\overline{h} \sim f(\overline{v}, \overline{b}^{(h)}, W)$$
$$\overline{v} \sim f(\overline{h}, \overline{b}^{(v)}, W)$$

函数 $f(\cdot)$ 通常由二元 RBM 中的 sigmoid 函数定义，它构成了这类模型的主要变体。忽略偏差，可以将 RBM 的无向图替换为两个有向链接，如图 6.4a 所示。

注意两个方向上的权重矩阵分别为 W 和 W^{T}。然而，如果我们用训练样本点固定可见状态，那么只需执行两次操作迭代，就可以使用实值近似重构可见状态。换句话说，我们通过用连续值的 sigmoid 激活（作为一种启发式方法）代替离散采样，用传统的神经网络

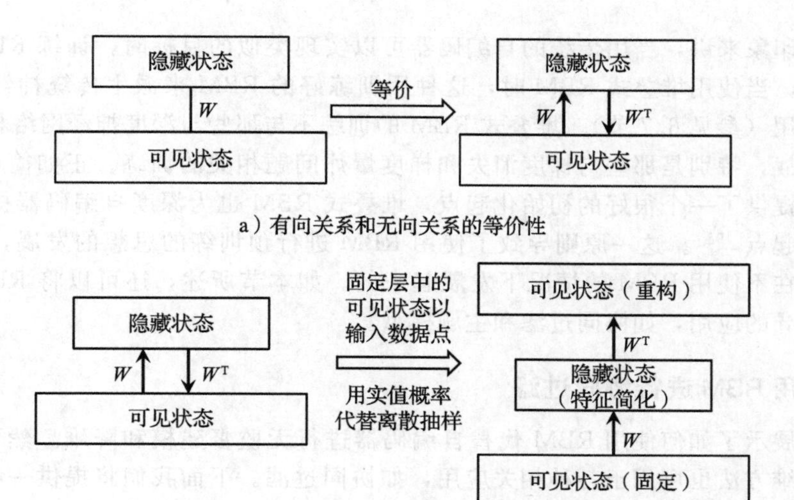

a）有向关系和无向关系的等价性

b）用于近似实值神经网络的离散图模型

图 6.4 使用训练好的 RBM 来近似训练好的自编码器

来近似这个训练好的 RBM。这种转换如图 6.4b 所示。换句话说，我们不使用“～”的采样操作，而是用概率值替换样本：

$$\bar{h} = f(\bar{v}, \bar{b}^{(h)}, W)$$
$$\bar{v}' = f(\bar{h}, \bar{b}^{(v)}, W^{\mathrm{T}})$$

注意，$\bar{v}'$是$\bar{v}$的重构版本，它将包含实值（不像$\bar{v}$中的二元状态）。在这种情况下，我们使用的是实值激活，而不是离散样本。由于不再使用抽样，并且所有计算都是按照期望执行的，因此我们只需对公式 6.15 进行一次迭代，就可以学习简化表示。此外，只需对公式 6.17 进行一次迭代即可学习重构数据。预测阶段从输入点到重构数据只有一个方向，如图 6.4b 所示。我们通过修改公式 6.15 和公式 6.17，将该传统神经网络的状态定义为实值：

$$\hat{h}_j = \frac{1}{1 + \exp\left(-b_j^{(h)} - \sum_{i=1}^{d} v_i \omega_{ij}\right)} \tag{6.19}$$

对于一个总共有 $m \ll d$ 个隐藏状态的情况，实值的简化表示通过（$\hat{h}_1 \cdots \hat{h}_m$）给出。创建隐藏状态的第一步相当于自编码器的编码器部分，这些值是二元状态的期望值。然后将公式 6.17 应用于这些概率值（不需要创建蒙特卡洛实例），以重构可见状态如下：

$$\hat{v}_i = \frac{1}{1 + \exp(-b_i^{(v)} - \sum_j \hat{h}_j \omega_{ij})} \tag{6.20}$$

尽管$\hat{h}_j$代表第j个隐藏单元的期望值，但再次将 sigmoid 函数应用到该$\hat{h}_j$的实值版本只能提供v_i的粗略近似期望值。然而，实值预测$\hat{v}_i$是v_i的一个近似重构。请注意，为了进行这种重构，我们使用了与带有 sigmoid 单元而非麻烦的概率图模型的离散样本的传统的神经网络类似的操作。因此，我们现在可以使用这个相关的神经网络作为一个良好的起点，用传统的反向传播微调权值。这种类型的重构类似于在第 2 章中讨论的自编码器架构中使用的重构。

以第一印象来讲，当用传统的自编码器可以实现类似的目标时，训练 RBM 是没有意义的。然而，当使用堆叠式 RBM 时，这种用训练好的 RBM 来派生传统神经网络的广泛方法特别有用（参见 6.7 节）。堆叠式 RBM 的训练不与那些与深度神经网络相关的训练面临同样的挑战，特别是那些与梯度消失和梯度爆炸问题相关的训练。正如简单 RBM 为浅层自编码器提供了一个很好的初始化起点，堆叠式 RBM 也为深度自编码器提供了一个很好的初始化起点[198]。这一原则导致了使用 RBM 进行预训练的思想的发展，而传统的预训练方法是在不使用 RBM 的情况下发展起来的。如本节所述，还可以将 RBM 用于其他以降维为主导的应用，如协同过滤和主题模型。

6.5.2 使用 RBM 进行协同过滤

上一节展示了如何使用 RBM 代替自编码器进行无监督建模和降维。然而，如 2.5.7 节所述，降维方法也可用于各种相关应用，如协同过滤。下面我们将提供一种以 RBM 为中心的替代方法，以取代 2.5.7 节所述的推荐技术。这种方法基于文献［414］中提出的技术，是 Netflix Prize 大赛获奖作品的组成部分。

使用评分矩阵的挑战之一是它们是不完全确定的。这使得设计用于协同过滤的神经网络架构比传统的降维方法更加困难。回想 2.5.7 节中的讨论，用传统的神经网络来建模这种不完整矩阵也面临同样的挑战。在那一节中，我们展示了如何为每个用户根据该用户观察到的评分创建不同的训练实例和不同的神经网络。所有这些不同的神经网络共享权重。在本节中，我们采用了一种完全相似的方法，即为每个用户定义不同的训练实例和不同 RBM。然而，在使用 RBM 的情况下，单元是二元的，而评分可以采用 1~5 的值。因此，我们需要一些处理附加约束的方法。

为了解决这个问题，RBM 中的隐藏单元被设置为 5 条路径的 softmax 单元，以便与 1~5 的固定值相对应。换言之，可见单元是以评分的独热编码的形式定义的。独热编码可以自然地使用 softmax 建模，它定义了每个可能位置取值的概率。第 i 个 softmax 单元对应于第 i 个电影，并且由 softmax 概率分布来定义给出该电影的特定评分的概率。因此，如果有 d 部电影，我们总共有 d 个这样的独热编码的评分，并用 $v_i^{(1)},\cdots,v_i^{(5)}$ 表示可见单元独热编码对应的二元值。

注意，在固定 i 的时候，对于不同的 k，$v_i^{(k)}$ 的值中只有一个可以为 1。假设隐藏层包含 m 个单元。对于 softmax 单元的每个多项式结果，权重矩阵都具有单独的参数。因此，对于结果 k，可见单元 i 和隐藏单元 j 之间的权重用 $\omega_{ij}^{(k)}$ 表示。此外，对于可见单元 i，有 5 个偏差，用 $b_i^{(k)}$ 表示，其中 $k\in\{1,\cdots,5\}$。隐藏单元只有一个偏差，第 j 个隐藏单元的偏差用 b_j 表示（无上标）。用于协同过滤的 RBM 架构如图 6.5 所示。此示例包含 $d=5$ 个电影和 $m=2$ 个隐藏单元。图中显示了两个用户 Sayani 和 Bob 的 RBM 架构。Sayani 仅给出了两部电影的评分。因此，尽管为了避免图中混乱，我们仅显示了其中的一个子集，但总共会出现 $2\times2\times5=20$ 个连接。Bob 给出了 4 个观测到的评分，因此他的网络将包含总共 $4\times2\times5=40$ 个连接。请注意，Sayani 和 Bob 都对电影 *E. T.* 进行了评分。因此，从该电影到隐藏单元的连接将在相应的 RBM 之间共享权重。

隐藏单元的状态是二元的，使用 sigmoid 函数来定义：

$$P(h_j=1\mid \overline{v}^{(1)}\cdots\overline{v}^{(5)})=\frac{1}{1+\exp(-b_j-\sum_{i,k}v_i^{(k)}w_{ij}^{k})} \tag{6.21}$$

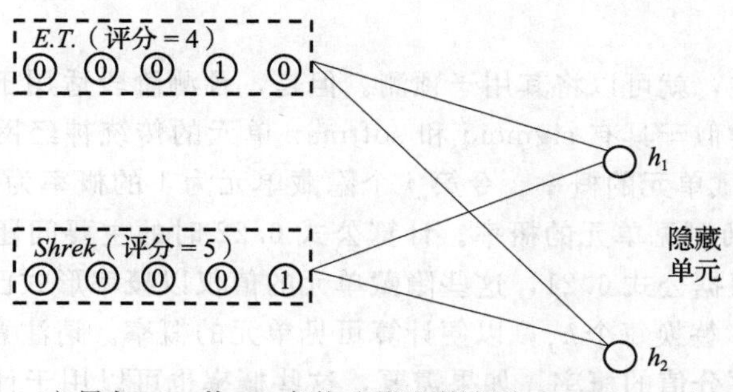

a）用户Sayani的RBM架构（观测到的评分：*E.T.*和*Shrek*）

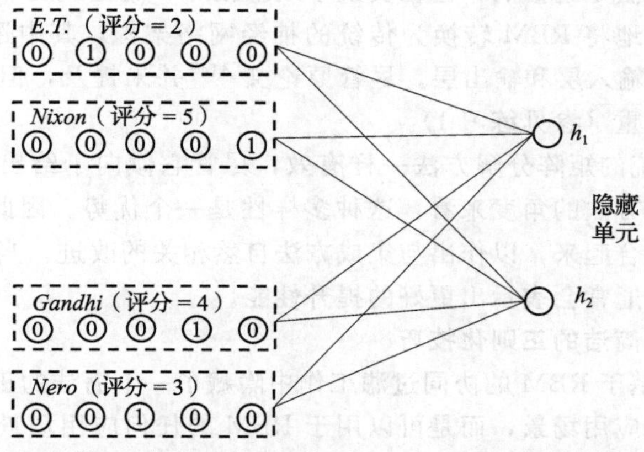

b）用户Bob的RBM架构（观测到的评分：*E.T.*、*Nixon*、*Gandhi*和*Nero*）

图 6.5　两个用户的 RBM 架构是根据观测到的评分决定的。将此图与图 2.14 所示的传统神经架构进行比较具有指导意义。在这两种情况下，权重都被指定用户的网络所共享

该式与公式 6.15 的主要区别在于，它的可见单元还包含一个上标，来与不同的评分结果相对应。否则，条件实际上是相同的。但是，可见单元的概率定义与传统 RBM 模型不同。在这种情况下，使用 softmax 函数定义可见单元：

$$P(v_i^{(k)}=1\mid \bar{h})=\frac{\exp(b_i^{(k)}+\sum_j h_j w_{ij}^{(k)})}{\sum_{r=1}^{5}\exp(b_i^{(r)}+\sum_j h_j w_{ij}^{(r)})} \tag{6.22}$$

训练的方式与采用蒙特卡洛抽样的无限制玻尔兹曼机类似。主要区别在于其可见状态是从多项式模型生成的。因此，MCMC 采样还应从公式 6.22 的多项式模型生成负样本，以创建每个 $v_i^{(k)}$。训练权重的相应更新过程如下：

$$w_{ij}^{(k)} \Leftarrow w_{ij}^{(k)}+\alpha(\langle v_i^{(k)},h_j\rangle_{\text{pos}}-\langle v_i^{(k)},h_j\rangle_{\text{neg}}) \quad \forall k \tag{6.23}$$

请注意，对于单个训练样本（即用户），仅更新观测到的可见单元对所有隐藏单元的权重。换句话说，尽管权重是在不同用户之间共享的，但数据中每个用户所使用的玻尔兹曼机都不同。图 6.5 说明了用于两个不同训练样本的玻尔兹曼机的示例，而 Bob 和 Sayani 的架构是不同的。但是，代表 *E. T.* 的单元的权重是被共享的。这种类型的方法还用于 2.5.7 节的传统神经网络架构，其中用于每个训练样本的神经网络是不同的。如该节所述，传统的神经网络架构等效于矩阵分解技术。尽管准确度相似，但玻尔兹曼机往往会给出与矩阵分解技术不同的评分值预测。

进行预测

一旦学习了权重，就可以将其用于预测。但是，预测阶段适用于实值激活，而不适用于二元状态，非常类似于具有 sigmoid 和 softmax 单元的传统神经网络。首先，可以使用公式 6.21 来获得隐藏单元的概率。令第 j 个隐藏单元为 1 的概率为 $\hat{p}_j$。然后，使用公式 6.22 计算未观测到的可见单元的概率。计算公式 6.22 时的主要问题是，它是根据隐藏单元的值定义的，而根据公式 6.21，这些隐藏单元的值仅以概率形式已知。但是，可以直接用公式 6.22 中的 $\hat{p}_j$ 替换每个 h_j，以便计算可见单元的概率。请注意，这些预测提供了每个项目的每个可能评分值的概率。如果需要，这些概率也可以用于计算评分值的期望。尽管从理论上讲这种方法是近似的，但在实践中效果很好，而且速度非常快。通过使用这些实值计算，可以有效地将 RBM 转换为传统的神经网络架构，其中逻辑单元用于隐藏层，而 softmax 单元用于输入层和输出层。尽管原论文[414]并未提及，但甚至可以通过反向传播来调整该网络的权重（参见练习 1）。

RBM 方法与传统的矩阵分解方法一样有效，尽管它倾向于给出不同类型的预测。从使用以集成为中心的方法的角度来看，这种多样性是一个优势。因此，可以将 RBM 的结果与矩阵分解方法组合起来，以作出与集成方法自然相关的改进。当组合各种准确度相似的方法时，集成方法通常会表示出更好的提升性能。

条件分解：一种简洁的正则化技巧

文献［414］的基于 RBM 的协同过滤工作中隐藏了一个简洁的正则化技巧。该技巧并非专门用于协同过滤应用场景，而是可以用于 RBM 的任何应用场景。在一些具有大量隐藏单元和可见单元的应用场景中，参数矩阵 $W=[w_{ij}]$的规模可能很大。例如，在一个具有 $d=10^5$ 个可见单元，$m=100$ 个隐藏单元的矩阵中，我们将拥有一千万个参数。因此，将需要超过一千万个训练点来避免过拟合。一种自然的方法是采用权重矩阵的低秩参数结构，这是正则化的一种形式。这个想法是假设矩阵 W 可以表示为两个低秩因子 U 和 V 的乘积，它们的大小分别为 $d\times k$ 和 $m\times k$。因此，我们有以下等式：

$$W = UV^{\mathrm{T}} \tag{6.24}$$

这里，k 是因式分解的秩，通常比 d 和 m 小得多。然后，代替学习矩阵 W 的参数，可以分别学习 U 和 V 的参数。在各种机器学习应用场景中经常使用这种类型的技巧，其中参数表示为矩阵。一个具体的例子是因式分解机，它也用于协同过滤[396]。在传统的神经网络中，不需要这种方法，因为可以通过在两层之间合并一个具有 k 个单元的附加线性层（它们之间的权重矩阵为 W）来模拟它。两层的权重矩阵分别为 U 和 V^{T}。

6.5.3　使用 RBM 进行分类

使用 RBM 进行分类的最常见方法是将 RBM 作为一个预训练过程。换句话说，玻尔兹曼机首先用于执行无监督特征工程。然后，根据 6.5.1 节中描述的方法，将 RBM 展开到相关的编码器−解码器架构中。这是一种具有 sigmoid 单元的传统神经网络，其权重来自无监督 RBM 而不是反向传播。该神经网络的编码器部分的顶部有一个用于类别预测的输出层。然后用反向传播对神经网络的权重进行微调。这种方法甚至可以与堆叠式 RBM（参见 6.7 节）结合使用，以产生深度分类器。这种用 RBM 初始化（传统的）深度神经网络的方法是对深度网络进行预训练的首要方法之一。

然而，还有另一种方法可以利用 RBM 进行分类，将 RBM 的训练和推断与分类过程更紧密地结合起来。这种方法与前一节讨论的协同过滤方法有些相似。协同过滤问题也称为矩阵补全问题，因为不完全确定矩阵的缺失条目是预测出来的。RBM 在推荐系统中的应用为其在分类中的应用提供了一些有用的启示。这是因为分类可以看作矩阵补全问题的一个简化版本，在这个问题中，我们从训练行和测试行中创建一个矩阵，缺失的值属于矩阵的一个特定列，此列对应于类别变量。此外，在分类的情况下，所有缺失值都存在于测试行中，而在推荐系统的情况下，缺失值可以存在于矩阵中的任何位置。分类和一般矩阵补全问题之间的关系如图 6.6 所示。在分类问题中，与训练样本对应的行的所有特征都是可见的，这简化了建模（与协同过滤相比。协同过滤通常不具有任何行的完整特征集）。

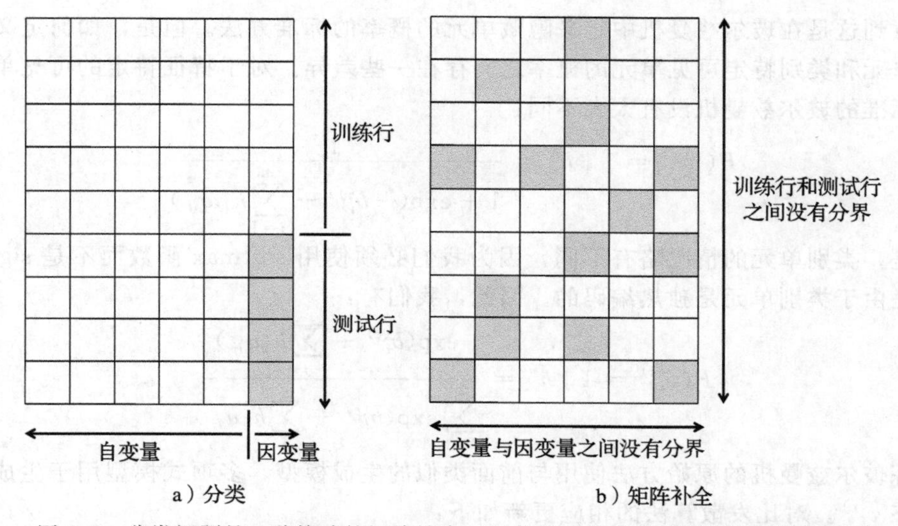

图 6.6　分类问题是一种特殊的矩阵补全。深色的方格代表需要预测的缺失数据

我们假设输入数据包含 d 个二元特征。对应于多分类问题，类别标签具有 k 个离散值。通过定义隐藏特征和可见特征，RBM 可以对分类问题进行建模，如下所示：

1. 可见层包含两种类型的节点，分别对应于特征和类别标签。d 个二元单元对应于特征，k 个二元单元对应于类别标签。然而，这 k 个二元单元中只有一个可以取值为 1，对应于类别标签的一个独热编码。类别标签的这种编码类似于协同过滤应用场景中用于编码评分的方法。特征的可见单元用 $v_1^{(f)} \cdots v_d^{(f)}$ 表示，类别标签的可见单元用 $v_1^{(c)} \cdots v_k^{(c)}$ 表示。请注意符号上标表示可见单元是对应于特征还是类别标签。

2. 隐藏层包含 m 个二元单元。隐藏单元用 $h_1 \cdots h_m$ 表示。

令 w_{ij} 为第 i 个特征特定可见单元 $v_i^{(f)}$ 和第 j 个隐藏单元 h_j 之间的连接权重，则有 $d \times m$ 维连接矩阵 $W=[w_{ij}]$。令 u_{ij} 为第 i 个类别特定可见单元 $v_i^{(c)}$ 和第 j 个隐藏单元之间的连接权重，则有 $k \times m$ 维连接矩阵 $U=[u_{ij}]$。对于 $d=6$ 个特征、$k=3$ 个类别和 $m=5$ 个隐藏特征，不同类型的节点和矩阵之间的关系如图 6.7 所示。第 i 个特征特定可见节点的偏置用 $b_i^{(f)}$ 表示，第 i 个类别特定可见节点的偏置用 $b_i^{(v)}$ 表示。第 j 个隐藏节点的偏差用 b_j（无上标）表示。根据所有可见节点使用 sigmoid 函数定义隐藏节点的状态：

$$P(h_j = 1 \mid \overline{v}^{(f)}, \overline{v}^{(c)}) = \frac{1}{1 + \exp(-b_j - \sum_{i=1}^{d} v_i^{(f)} w_{ij} - \sum_{i=1}^{k} v_i^{(c)} u_{ij})} \tag{6.25}$$

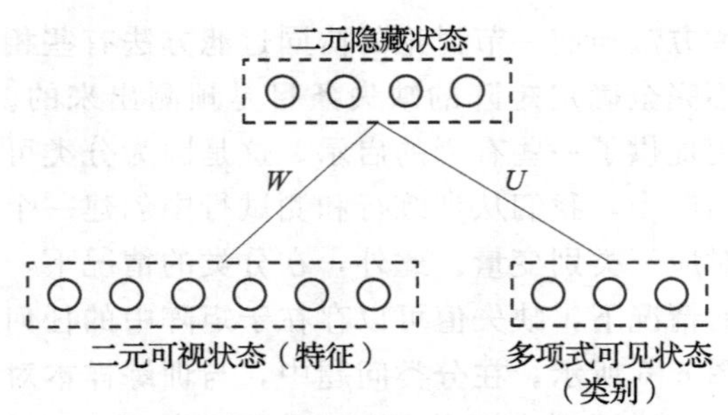

图 6.7 用于分类的 RBM 架构

注意到这是在玻尔兹曼机中定义隐藏单元的概率的标准方法。但是，如何定义特征特定可见单元和类别特定可见单元的概率之间存在一些差异。对于特征特定的可见单元，其关系与标准的玻尔兹曼机没有太大不同：

$$P(v_i^{(f)}=1\mid \overline{h})=\frac{1}{1+\exp(-b_i^{(f)}-\sum_{j=1}^{m}h_j w_{ij})} \tag{6.26}$$

但是，类别单元的情况略有不同，因为我们必须使用 softmax 函数而不是 sigmoid 函数。这是由于类别单元是独热编码的。因此，我们有：

$$P(v_i^{(c)}=1\mid \overline{h})=\frac{\exp(b_i^{(c)}+\sum_j h_j u_{ij})}{\sum_{i=1}^{k}\exp(b_l^{(c)}+\sum_j h_j u_{lj})} \tag{6.27}$$

训练玻尔兹曼机的原始方法使用与前面类似的生成模型。多项式模型用于生成类别的可见状态 $v_i^{(c)}$。对比发散算法的相应更新如下：

$$w_{ij}\Leftarrow w_{ij}+\alpha(\langle v_i^{(f)},h_j\rangle_{\text{pos}}-\langle v_i^{(f)},h_j\rangle_{\text{neg}})\quad i\text{ 是特征单元}$$

$$u_{ij}\Leftarrow u_{ij}+\alpha(\langle v_i^{(c)},h_j\rangle_{\text{pos}}-\langle v_i^{(c)},h_j\rangle_{\text{neg}})\quad i\text{ 是类别单元}$$

这种方法是协同过滤的直接扩展。但是，主要问题是，这种生成性方法无法完全优化分类准确度。为了提供与自编码器的类比，通过简单地将类别变量包括在输入中，并不一定会（在监督的意义上）显著降低维度。降维通常由特征之间的无监督关系决定。然而，学习的全部重点应该放在优化分类的准确度上。因此，经常使用一种判别性方法来训练 RBM，在该方法中，学习权重以使真实类别的条件类别似然最大化。请注意，在给定可见状态的情况下，通过使用隐藏特征与类别/特征之间的概率依存关系，很容易得出类别变量的条件概率。例如，在传统的 RBM 中，最大化特征变量 $v_i^{(f)}$ 和类别变量 $v_i^{(c)}$ 的联合概率。然而，在判别性的 RBM 变体中，设置目标函数以使类别变量的条件概率 $P(v_y^{(c)}=1\mid \overline{v}^{(f)})$（其中 $y\in\{1\cdots k\}$）最大化，可以使分类准确度最大化。尽管可以使用对比分散算法来训练一个判别性的 RBM，但该问题可以被简化，因为可以用闭合形式来得到 $P(v_y^{(c)}=1\mid \overline{v}^{(f)})$而不用使用迭代的方法。该形式可以用下式表示[263, 414]：

$$P(v_y^{(c)}=1\mid \overline{v}^{(f)})=\frac{\exp(b_y^{(c)})\prod_{j=1}^{m}[1+\exp(b_j^{(h)}+u_{yj}+\sum_i w_{ij}v_i^{(f)})]}{\sum_{l=1}^{k}\exp(b_l^{(c)})\prod_{j=1}^{m}[1+\exp(b_j^{(h)}+u_{lj}+\sum_i w_{ij}v_i^{(f)})]} \tag{6.28}$$

以这种可微的闭合形式，求导上述表达式的负对数以进行随机梯度下降是一件简单的事情。设 $\mathcal{L}$ 是上式的负对数形式，θ 是 RBM 的任意指定参数（例如权重或偏移），则有：

$$\frac{\partial \mathcal{L}}{\partial \theta}=\sum_{j=1}^{m}\operatorname{Sigmoid}(o_{yj})\frac{\partial o_{yj}}{\partial \theta}-\sum_{l=1}^{k}\sum_{j=1}^{m}\operatorname{Sigmoid}(o_{lj})\frac{\partial o_{lj}}{\partial \theta} \tag{6.29}$$

这里，我们有 $o_{yj}=b_j^{(h)}+u_{yj}+\sum_i w_{ij}v_i{}^{(f)}$。可以简单地为每个训练点和每个参数计算上式以执行随机梯度下降过程。使用公式 6.28 对未知测试实例进行概率预测相对简单。文献［263］讨论了更多细节和扩展。

6.5.4 使用 RBM 建立主题模型

主题模型是特定于文本数据的降维形式。文献［206］提出了最早的主题模型，对应于概率潜在语义分析（PLSA）。在 PLSA 中，基向量彼此不正交，就像 SVD 一样。另外，基向量和变换后的表示均被约束为非负值。每个转换特征的值的非负性在语义上都是有意义的，因为它表示特定文档中主题的强度。在 RBM 的上下文中，给定特定文档中已被观测到的单词，这种强度对应于特定隐藏单元取值为 1 的概率。因此，可以使用隐藏状态的条件概率向量（当可见状态在文档单词上被固定时），创建每个文档的简化表示。假定词典大小为 d，隐藏单元的数量 $m \ll d$。

这种方法与用于协同过滤的技术有一些相似之处，即为每个用户（矩阵的行）创建一个 RBM。在这种情况下是为每个文档创建一个 RBM。为每个单词创建一组可见单元，因此可见单元的组数等于文档中的单词数。在下面，我们将具体定义 RBM 的可见状态和隐藏状态是如何固定的，以便描述模型的具体工作方式：

1. 对于包含 n_t 个单词的第 t 个文档，总共保留 n_t 个 softmax 组。每个 softmax 组包含 d 个节点，其对应于词典中的 d 个单词。因此，每个文件的 RBM 是不同的，因为单元的数量取决于文档的长度。但是，一个文档内和跨多个文档的所有 softmax 组共享其与隐藏单元的连接的权重。文档中的第 i 个位置对应于第 i 组可见 softmax 单元。第 i 组可见 softmax 单元用 $v_i^{(1)}\cdots v_i^{(d)}$ 表示，与 $v_i^{(k)}$ 相关的偏差为$b^{(k)}$。注意到第 i 个可见节点的偏差仅取决于k（单词标识），而不取决于 i（单词在文档中的位置）。这是因为该模型使用了词袋方法，其中单词的位置是不相关的。

2. m 个隐藏单元用 $h_1\cdots h_m$ 表示。第 j 个隐藏单元的偏差用 b_j 表示。

3. 每个隐藏单元连接着 $n_t \times d$ 个可见单元。单个 RBM 内以及不同 RBM（对应于不同文档）间的所有 softmax 组共享包含 d 个权重的同一个集合。第 k 个隐藏单元连接着一组（d 个）softmax 单元，其中 d 个权重向量用 $\overline{W}^{(k)}=(w_1^{(k)}\cdots w_d^{(k)})$ 表示。换句话说，第 k 个隐藏单元连接着每个具有相同权重 $\overline{W}^{(k)}$ 的 d 个 softmax 单元的 n_t 个组。

RBM 的架构如图 6.8 所示。基于 RBM 的架构，可以使用 sigmoid 函数来表示与隐藏单元状态相关的概率：

$$P(h_j=1 \mid \overline{v}^{(1)},\cdots,\overline{v}^{(d)})=\frac{1}{1+\exp(-b_j-\sum_{i=1}^{n_t}\sum_{k=1}^{d}v_i^{(k)}w_j^{(k)})} \tag{6.30}$$

同样可以使用多项式模型来表示可见状态：

$$P(v_i^{(k)}=1 \mid \overline{h})=\frac{\exp(b^{(k)}+\sum_{j=1}^{m}w_j^{(k)}h_j)}{\sum_{l=1}^{d}\exp(b^{(l)}+\sum_{j=1}^{m}w_j^{(l)}h_j)} \tag{6.31}$$

分母中的归一化因子可确保所有单词上可见单元的概率总和始终为1。此外，上式的右边与可见单元的索引 i 无关。这是因为此模型不依赖于单词在文档中的位置，并且建模时将文档视为词袋。

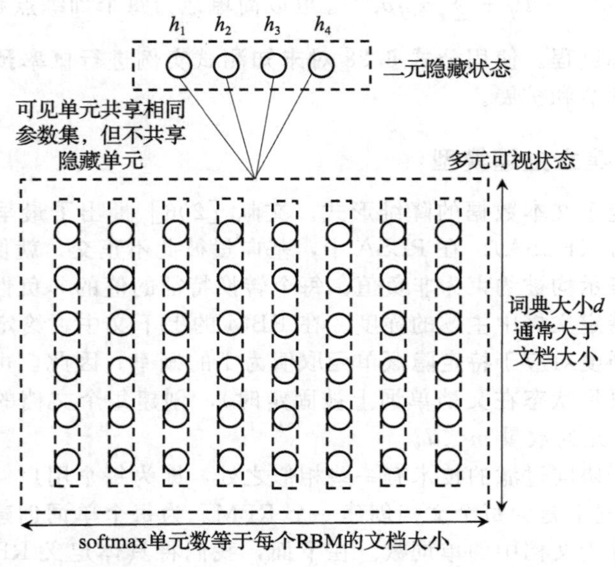

图 6.8　每个文档对应的 RBM 是不同的。可见单元的个数与每个文档中的单词数相同

有了这些关系，就可以应用 MCMC 采样为对比分散算法生成隐藏状态和可见状态的样本。请注意，尽管这些 RBM 共享权重，但不同文档的 RBM 有所不同。与协同过滤的应用一样，每个 RBM 仅与对应于相关文档的单个训练样本相关联。用于梯度下降的权重更新与用于传统 RBM 的权重更新相同。唯一的区别是不同可见单元之间的权重是共享的。此方法类似于协同过滤中用到的方法。我们将权重更新的推导留给读者作为练习（请参阅练习5）。

训练完成后，通过将公式 6.30 应用于文档中的单词，可以计算出每个文档的简化表示形式。隐藏单元的概率的实值提供了文档的 m 维简化表示。本节中描述的方法是初始工作[469]中描述的多层方法的简化。

6.5.5　使用 RBM 进行多模态数据的机器学习

玻尔兹曼机也可以用于具有多模态数据的机器学习。多模态数据学习是指人们试图从具有多种模态的数据点中提取信息。例如，带有文本描述的图像可以被视为多模态数据。这是因为此数据对象同时具有图像和文本模态。

处理多模态数据的主要挑战是，通常很难在此类异构特征上使用机器学习算法。多模态数据通常通过使用共享表示来处理，将多模态映射到联合空间中。实现此目标的常用方法是共享矩阵分解。文献［6］讨论了使用共享矩阵分解处理文本和图像数据的多种方法。由于 RBM 在许多情况下都提供了矩阵分解方法的替代表示形式，因此自然可以探索是否可以使用此架构来创建数据的共享潜在表示形式。

图 6.9a 显示了用于多模态建模的架构示例[468]。在此示例中，假定这两种模式分别对应于文本和图像数据。图像和文本数据分别用于创建特定于图像和文本的隐藏状态。然后，这些隐藏状态将被馈入单个共享表示中。这种架构与图 6.7 中的分类架构非常相似。这是因为

两种架构都试图将两种类型的特征映射到一组共享的隐藏状态。然后，这些隐藏状态可用于不同类型的推理，例如使用共享表示进行分类。如 6.7 节所述，可以通过反向传播来增强这种无监督表示，从而对方法进行微调。缺失的数据模式也可以使用这个模型生成。

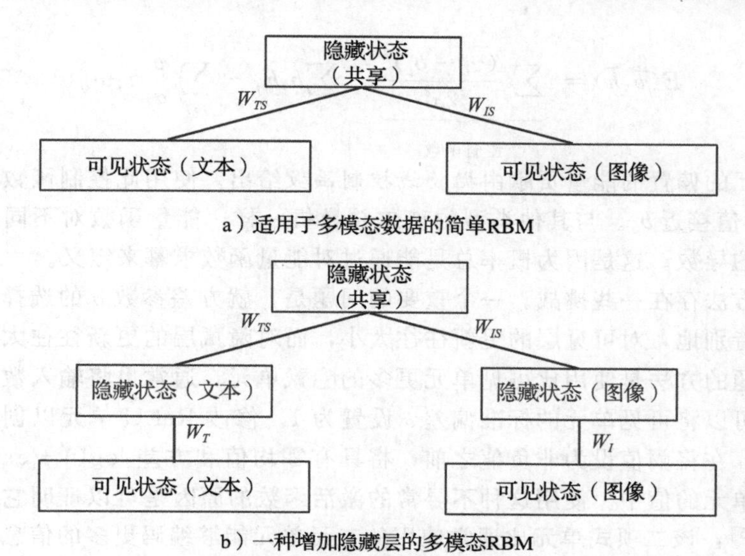

图 6.9 用于多模态数据的 RBM 架构

可以选择加深模型深度来提高模型的表达能力。图 6.9b 中的可见状态和共享表示之间添加了一个额外的隐藏层。请注意，可以添加多个隐藏层以创建深度网络。然而，我们还没有描述如何实际训练多层 RBM。6.7 节将讨论这个问题。

使用多模态数据的另一个挑战是，这些特征通常不是二元的。这个问题有几种解决办法。在文本（或离散属性基数较小的数据模式）的情况下，可以使用将 RBM 用于建立主题模型的类似方法，其中离散属性的计数 c 可以用于创建一个独热编码属性的 c 个实例。当数据包含任意实值时，这个问题变得更具挑战性。一种解决方案是离散化数据，尽管这种方法可能会丢失有关数据的有用信息。另一个解决办法是改变玻尔兹曼机的能量函数。下一节将讨论其中一些问题。

6.6 在二元数据类型之外使用 RBM

到目前为止，本章的讨论都集中在二元数据类型的 RBM 的使用上。实际上，绝大多数 RBM 都是为二元数据类型设计的。对于某些类型的数据，例如分类数据或顺序数据(例如，评分)，可以使用 6.5.2 节中描述的 softmax 方法。例如，6.5.4 节讨论了 softmax 单元在字数统计数据上的使用。当一个有序属性的离散值数量较少时，可以使用 softmax 方法来处理该属性。但是，这些方法对实值数据不太有效。一种可能的处理方式是使用离散化，以便将实值数据转换为离散数据，可以使用 softmax 单元进行处理，但使用这样的方法确实具有丢失表示准确度的缺点。

6.5.2 节中描述的方法实际上提供了一些有关如何处理不同数据类型的启示。例如，处理分类或有序数据时可以通过*更改可见单元的概率分布*，以使其更适合当前的问题。通常，这种方法可能不仅需要更改可见单元的分布，还需要更改隐藏单元的分布。这是因为隐藏单元的性质取决于可见单元。

对于实值数据，一种自然的解决方案是使用高斯可见单元。并且，隐藏单元也为实值，并假定其包含 ReLU 激活函数。可见单元和隐藏单元的特定组合 $(\overline{v},\overline{h})$ 的能量由以下公式给出：

$$E(\overline{v},\overline{h}) = \underbrace{\sum_i \frac{(v_i - b_i)^2}{2\sigma_i^2}}_{\text{控制函数}} - \sum_i b_j h_j - \sum_{i,j} \frac{v_i}{\sigma_i} h_j w_{ij} \tag{6.32}$$

注意，可见单元的偏置的能量贡献由抛物线控制函数给出。使用此控制函数的作用是使第 i 个可见单元的值接近 b_i。与其他类型的玻尔兹曼机一样，能量函数对不同变量的导数也提供对数似然的导数。这是因为概率总是能通过对能量函数求幂来定义。

使用这种方法存在一些挑战。一个重要的问题是，就方差参数 σ 的选择而言，该方法相当不稳定。特别地，对可见层的更新往往太小，而对隐藏层的更新往往太大。一种自然地解决这一难题的方法是使用比可见单元更多的隐藏单元。通常也将输入数据归一化为单位方差，以便可以将可见单元的标准偏差 σ 设置为 1。修改 ReLU 单元以创建有噪声的版本。具体来说，在将阈值设为非负值之前，将具有零均值和方差 $\log(1+\exp(v))$ 的高斯噪声添加到该单元的值中。使用这种不寻常的激活函数的原因是可以证明它等效于一个二项式单元[348,495]，该二项式单元比通常使用的二元单元能够编码更多的信息。在处理实值数据时，这一优点非常重要。实值 RBM 的吉布斯采样类似于二元 RBM，一旦生成了 MCMC 样本，权重的更新也是如此。保持低学习率对防止不稳定来说很重要。

6.7　堆叠式 RBM

传统神经网络架构的大部分能力来自多层单元。众所周知，更深层的网络更强大，可以以较少的参数为代价建立更复杂的函数模型。一个自然的问题是，是否可以通过组合多个 RBM 来实现类似的目标。结果表明，RBM 非常适合创建深度网络，并且比传统的神经网络更早地用于创建具有预训练的深度模型。换言之，RBM 通过吉布斯采样进行训练，得到的权重通过连续的 sigmoid 激活函数（而不是基于 sigmoid 的离散采样）被赋予传统的神经网络。我们为什么要为了训练一个传统的网络而去训练一个 RBM 呢？这是因为玻尔兹曼机的训练方法与传统神经网络中的反向传播方法有根本的不同。对比分散法倾向于对所有层进行联合训练，这一方法不会引起传统神经网络中的梯度消失和梯度爆炸等问题。

乍一看，用 RBM 创建深度网络似乎相当困难。首先，RBM 不像是按特定方向执行计算的前馈单元。RBM 是以无向图模型的形式连接可见单元和隐藏单元的对称模型。因此，需要定义多个 RBM 相互作用的具体方式。在这种情况下，一个有用的观点是，即使 RBM 是对称且离散的模型，其学习到的权重也可以用来定义一个在激活的连续空间中执行定向计算的相关神经网络。这些权重已经非常接近最终解，因为它们是通过离散采样学习的。因此，可以通过传统的反向传播来微调这些权重。为了理解这一点，考虑图 6.4 中所示的单层 RBM，该图表明即使是单层 RBM 也等效于无限长的有向图模型。但是，一旦固定了可见单元的状态，保留此计算图的三层就足够了，并能够使用从 sigmoid 激活函数产生的连续值执行计算。这种方法已经提供了一个很好的近似解。最终的网络是一个传统的自编码器，尽管它的权重是以非常规的方式得到的。本节将说明如何将这种方法也应用于堆叠式 RBM。

什么是堆叠式 RBM？考虑一个具有 d 维的数据集，其目标是创建一个具有 m_1 维的简化表示。可以通过包含 d 个可见单元和 m_1 个隐藏单元的 RBM 来实现这一目标。通过训练该 RBM，将获得数据集的 m_1 维表示。现在考虑第二个 RBM，它具有 m_1 个可见单元和 m_2 个隐藏单元。我们可以简单地复制第一个 RBM 的输出 m_1 作为第二个 RBM 的输入，则第二个 RBM 具有 $m_1 \times m_2$ 个权重。结果是，我们可以训练一个新的 RBM 通过使用第一个 RBM 的输出作为输入来创建一个 m_2 维的表示。请注意，我们可以将此过程重复 k 次，以使最后一个 RBM 的大小为 $m_{k-1} \times m_k$。因此，我们以复制前一个 RBM 的输出作为后一个 RBM 的输入的方式来按顺序训练每个 RBM。

图 6.10a 的左侧显示了堆叠式 RBM 的示例。这种 RBM 通常以图 6.10a 的右侧简图来表示。请注意，两个 RBM 之间的复制是相应节点间简单的一对一复制，因为第 r 个 RBM 的输出层具有与第 $r+1$ 个 RBM 的输入层完全相同的节点数。最终的表示是无监督的，因为它们不依赖于特定目标。另外，玻尔兹曼机是无向模型。但是，通过堆叠玻尔兹曼机，其不再是一个无向模型，因为上层会收到下层的反馈，反之亦然。实际上，可以将每个玻

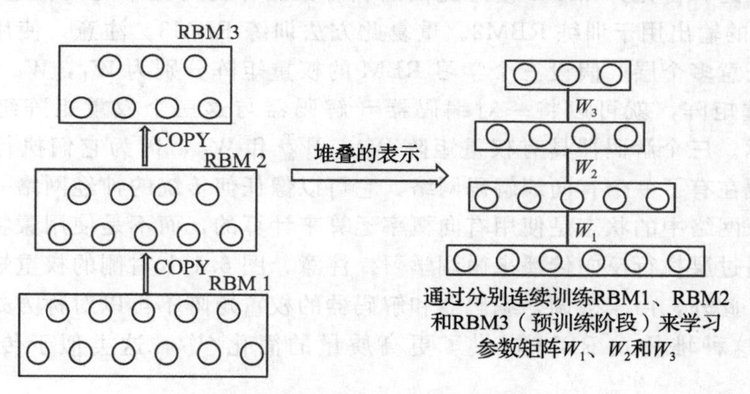

a）在预训练中，按顺序训练堆叠式RBM

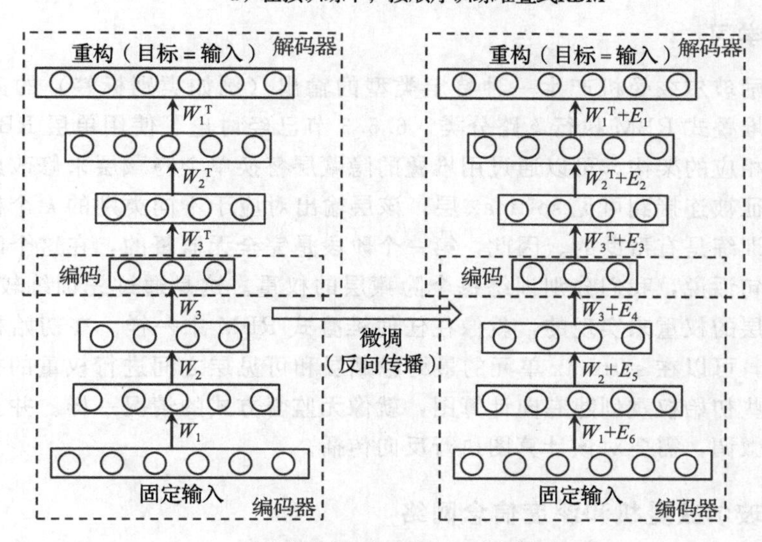

b）预训练之后利用反向传播进行微调

图 6.10　训练一个多层 RBM

尔兹曼机视为具有许多输入和输出的单个计算单元，并将从一个玻尔兹曼机复制到另一个玻尔兹曼机的过程作为两个计算单元之间的数据传输。以这一特定的视角将堆叠的玻尔兹曼机作为计算图，如果转而使用 sigmoid 单元作为创建实值的激活函数而不是创建描述二元样本所需的参数，甚至还有可能执行反向传播。尽管使用实值激活只是一个近似值，但是由于训练玻尔兹曼机的方式，它已经提供了极好的近似值。初始权重集可以通过反向传播进行微调。毕竟，只要计算连续函数，就可以在任何计算图上执行反向传播，而与图内部计算的函数的性质无关。在监督学习的情况下，反向传播方法的微调尤为重要，因为从玻尔兹曼机学习到的权重始终是无监督的。

6.7.1　无监督学习

即使在无监督学习的情况下，堆叠式 RBM 通常也会提供比单个 RBM 更好的效果。但是，必须仔细且谨慎地执行堆叠式 RBM 的训练，因为不能通过简单地将所有层一起训练而获得高质量的结果。采用预训练的方法能取得更好的效果。图 6.10a 中的三个 RBM 是按顺序训练的。首先，RBM1 使用提供的训练数据作为可见单元的值进行训练。然后，第一个 RBM 的输出用于训练 RBM2。重复此方法训练 RBM3。注意，使用这种方法可以贪婪地训练任意多个层。假设三个学习 RBM 的权重矩阵分别为 W_1，W_2 和 W_3。一旦学习了这些权重矩阵，就可以将一对编码器－解码器与这三个权重矩阵组合在一起，如图 6.10b 所示。三个解码器具有权重矩阵 W_1^T、W_2^T 和 W_3^T，因为它们执行编码器的逆操作。因此，现在有了一个有向编解码网络，它可以像任何传统的神经网络一样用反向传播进行训练。该网络中的状态是使用有向概率运算来计算的，而不是使用蒙特卡洛方法进行采样。可以通过层执行反向传播来微调学习。注意，图 6.10b 右侧的权重矩阵经过微调后进行了调整。此外，由于微调，编码器和解码器的权重矩阵不再以对称方式相关。与浅层 RBM 相比，这种堆叠式 RBM 提供了更高质量的简化[414]，这类似于传统神经网络的行为。

6.7.2　监督学习

如何以鼓励玻尔兹曼机产生一种特定类型的输出（例如类别标签）的方式来学习权重？假设想用堆叠式 RBM 执行 k 路分类。6.5.3 节已经讨论了使用单层 RBM 进行分类，图 6.7 说明了相应的架构。可以通过用堆叠的隐藏层替换单个隐藏层来修改此架构。最后一层的隐藏特征被连接到可见 softmax 层，该层输出对应于不同类别的 k 个概率。在降维的情况下，预训练是有帮助的。因此，第一个阶段是完全无监督的，在这个阶段中不使用类别标签。换句话说，我们分别训练每个隐藏层的权重。这是通过先训练较低层的权重，然后训练较高层的权重来实现的，就像在任何堆叠式 RBM 中一样。在初始权重以无监督的方式设置后，可以在 softmax 单元的最终隐藏层和可见层之间进行权重的初始训练。然后可以使用这些初始权重创建有向计算图，就像无监督方式的情况一样。并且为了对学习到的权重进行微调，需要对该计算图执行反向传播。

6.7.3　深度玻尔兹曼机和深度信念网络

可以通过各种方式堆叠 RBM 的不同层，以实现不同类型的目标。在某些形式的堆叠中，不同的玻尔兹曼机之间的相互作用是双向的。这种变体称为*深度玻尔兹曼机*。在其他形式的堆叠中，某些层是单向的，而其他层是双向的。一个例子是深度信念网络，其中只有上层 RBM 是双向的，而下层是单向的。这些方法中的一些可以被证明为等效于各种类型的概率图模型，例如 sigmoid 信念网络[350]。

由于每对单元之间都具有双向连接，深度玻尔兹曼机有一点特别值得注意。复制的双向性意味着我们可以将两个 RBM 的相邻节点中的节点合并为单个节点层。此外，可以发现，通过将所有奇数层放在一组中而将偶数层放在另一组中，可以将 RBM 重新排列为二部图。换句话说，深度 RBM 等效于单个 RBM，其区别在于，可见单元仅构成一层中单元的一小部分，并且所有节点对均未相互连接。由于所有节点对均未连接，因此上层节点的权重往往比下层节点的权重小。因此，再次进行预训练变得很有必要，先训练低层，然后贪婪地跟踪高层。随后，将所有层一起训练来对方法进行微调。有关这些高级模型的详细信息，请参考 6.9 节。

6.8 总结

玻尔兹曼机的最早的原型是 Hopfield 网络。Hopfield 网络是一种基于能量的模型，该模型将训练数据实例存储在其局部最小值中。Hopfield 网络可以使用 Hebbian 学习规则进行训练。Hopfield 网络的一个随机变体是玻尔兹曼机，它使用一个概率模型来实现更大的泛化。此外，玻尔兹曼机的隐藏状态可以使数据的表示维度降低。可以使用 Hebbian 学习规则的随机变体来训练玻尔兹曼机。玻尔兹曼机的主要挑战是需要吉布斯采样，这在实践中可能很慢。RBM 仅允许隐藏节点和可见节点之间的连接，从而简化了训练过程。对于 RBM，可以使用更有效的训练算法。RBM 可以用作降维方法，也可以用于数据不完整的推荐系统。RBM 也已泛化到计数数据、顺序数据和实值数据。但是，绝大多数 RBM 仍然是在二元单元的假设下构建的。近年来，提出了 RBM 的几种深层结构变体，可用于常规机器学习应用，例如分类。

6.9 参考资料说明

玻尔兹曼模型家族的最早原型是 Hopfield 网络[207]。文献［471］提出了 Storkey 学习规则。文献［1,197］提出了使用蒙特卡洛抽样来学习玻尔兹曼机的最早算法。文献［138,351］提供了马尔可夫链蒙特卡洛方法的讨论，其中的许多方法也可用于玻尔兹曼机。RBM 最初是由 Smolensky 发明的，被称为 Harmonium。文献［280］提供了有关基于能量的模型的说明。由于单元相互依赖的随机性，玻尔兹曼机很难训练。难以处理配分函数的也使玻尔兹曼机的学习变得困难。然而，可以通过*退火重要性抽样*来估计配分函数[352]。玻尔兹曼机的一种变形是*平均场玻尔兹曼机*[373]，它使用确定性的实际单元而非随机单元。但是，该方法是一种启发式方法，难以证明其合理性。尽管如此，在推断时仍普遍使用实值近似。换句话说，通常使用具有实值激活和从受过训练的玻尔兹曼机初始化权重的传统神经网络进行预测。RBM 的其他变体，例如神经自回归分布估计器[265]，可以看作自编码器。

文献［491］描述了用于玻尔兹曼机的有效的小批量算法。文献［61,191］描述了对 RBM 有用的对比发散算法。文献［491］提出了一种称为*持续对比发散*的变体。文献［61］提出了随着训练的进行逐渐增加 CD_k 中的 k 值的想法。这一想法是有效实施 RBM 的关键。对比发散算法中的偏差分析可以在文献［29］中找到。文献［479］分析了 RBM

的收敛特性。该工作还表明，对比分散算法是一种启发式算法，它并没有真正优化任何目标函数。在文献［119,193］中可以找到有关训练玻尔兹曼机的讨论和实践建议。文献［341］讨论了RBM的通用近似性质。

RBM已用于多种应用场景，例如降维、协同过滤、主题模型和分类。文献［414］讨论了RBM在协同过滤中的应用。这种方法很有启发性，因为它还显示了如何使用RBM来处理包含少量值的分类数据。文献［263,264］讨论了判别的RBM在分类中的应用。使用带有softmax单元的玻尔兹曼机（如本章所述）对文档建立主题模型的方法基于文献［469］。文献［134,538］讨论了用于具有泊松分布的主题模型的高级RBM。这些方法的主要问题是它们不能很好地处理不同长度的文档。文献［199］讨论了复制的softmax的使用。这种方法与语义哈希[415]的思想紧密相关。

大多数RBM是针对二元数据提出的。然而，近年来，RBM也被推广到了其他数据类型。文献［469］在主题模型上下文中讨论了使用softmax单元的计数数据建模。文献［86］讨论了与此类建模相关的挑战。文献［522］讨论了RBM在指数分布族中的应用，文献［348］讨论了RBM在实值数据上的应用。文献［495］提出了引入二项式单元能够比二元单元编码更多的信息。这种方法被证明是ReLU的有噪声版本[348]。文献［124］首次提出了用含有高斯噪声的线性单元替换二元单元。文献［469］讨论了用深度玻尔兹曼机对文档的建模。玻尔兹曼机也被用于图像和文本的多模态学习[357,468]。

训练玻尔兹曼机的深层变体提供了第一个效果很好的深度学习算法[196]。这些算法是第一种预训练方法，后来被推广到其他类型的神经网络。有关预训练的详细讨论，请参见4.7节。文献［417］讨论了深度玻尔兹曼机，文献［200,418］讨论了有效的算法。

与玻尔兹曼机相关的几种架构提供了不同类型的建模方法。文献［195］提出了Helmholtz机和唤醒-睡眠算法。可以证明，RBM及其多层变体等效于不同类型的概率图模型，例如sigmoid信念网[350]。概率图模型的详细讨论可以在文献［251］中找到。在高阶玻尔兹曼机中，能量函数由$k>2$的k个节点组定义。例如，一个3阶玻尔兹曼机将包含$w_{ijk}s_is_js_k$形式的项。文献［437］讨论了这样的高阶机。尽管这些方法可能比传统的玻尔兹曼机更强大，但由于需要训练大量的数据，因此尚未引起广泛关注。

6.10 练习

1. 本章讨论了如何使用玻尔兹曼机进行协同过滤。虽然使用了离散采样的对比发散算法来学习模型，但最后阶段的推理使用了实值sigmoid和softmax激活。讨论如何利用这一事实来优化使用反向传播学习的模型。
2. 实现RBM的对比发散算法。对给定的测试实例，实现推导隐藏单元概率分布的推理算法。可以使用Python或任何其他编程语言。
3. 考虑一个无二部限制，但存在所有单元可见的限制的玻尔兹曼机。讨论这个限制如何简化波尔兹曼机的训练过程。
4. 提出一种利用RBM进行离群点检测的方法。
5. 推导本章讨论的基于RBM的主题模型方法的权重更新方法。使用相同的符号表示。
6. 演示如何使用附加层扩展用于协同过滤的RBM（参见6.5.2节），使其更强大。

7. 6.5.3 节的最后介绍了一种用于分类的判别性玻尔兹曼机。然而，这种方法是为二分类而设计的。演示如何将该方法泛化到多路分类。
8. 展示如何修改本章讨论的主题模型 RBM，以创建从大型稀疏图（如社交网络）构造的每个节点的隐藏表示。
9. 讨论如何增强练习 8 的模型，使之包含与每个节点关联的关键字的无序列表的数据。（例如，社交网络节点与 wall-post 和消息传递内容相关联。）
10. 讨论如何使用多个层增强本章中讨论的主题模型 RBM。

第7章 | Neural Networks and Deep Learning: A Textbook

循环神经网络

民主是一种反复出现的怀疑，即一半以上的人在一半以上的时间里是正确的。

——《纽约客》，1944年7月3日

7.1 简介

前几章讨论的所有神经网络架构本质上都是为多维数据设计的，且数据的属性在很大程度上彼此独立。然而，某些类型的数据（如时间序列、文本和生物数据）有着属性之间的顺序依赖性。这种依赖关系的示例如下：

1. 在时间序列数据集中，连续时间戳上的值彼此密切相关。如果将这些时间戳上的值作为彼此独立的特征，那么关于它们之间关系的关键信息就会丢失。例如，时间序列中时间 t 上的值与其在前一窗口的值密切相关。但当各个时间戳的值被相互独立地处理时，这些信息就会丢失。

2. 尽管文本通常被当作词袋来处理，但是利用单词的顺序信息，可以获得更好的语义。在这种情况下，构建考虑到序列信息的模型非常重要。文本数据是循环神经网络最常见的用例。

3. 生物数据通常包含序列信息，其中的符号可能对应于氨基酸或构成DNA组成部分的一个核碱基。

序列中的各个值可以是实值或符号。实值序列也称为时间序列。循环神经网络可用于这两种类型的数据。在实际应用中，一般更多使用符号值。因此，本章将主要侧重一般的符号数据，尤其是文本数据。在本章中，我们假定循环神经网络的输入是一段文本，其中的每一个元素都是词典里的单词标识符。但是，我们还将考察其他情况，例如单个元素为字符或实数。

许多面向序列（例如文本）的应用通常将文本序列用词袋模型进行处理。这种方法忽略了文档中单词的顺序，且仅适用于篇幅适中的文档。但是，如果在实际应用中句子的语义非常重要，或者文本段落相对较短（例如单个句子），使用这种方法便难以解决问题。为了理解这一点，请考虑下面这两个句子：

猫追老鼠。

老鼠追猫。

这两个句子显然不同（第二句有悖常识）。但是，如果采用词袋模型，它们将完全一样，这很荒谬，不是吗？因此，词袋模型只适用于简单的应用（如分类），对于复杂环境中更为复杂的应用，如情感分析、机器翻译或信息提取，则需要更高程度的语言智能。

一种可能的解决方法是不使用词袋模型，而是为序列中的每个位置都创建一个输入。考虑这样一种情况，句子中的每个位置都有一个输入，人们试图使用传统的神经网络对句子进行情感分析。情感可以用一个代表积极或消极的二元标签表示。这种方法将面临的第一个问题是不同句子的长度不同。因此，如果我们使用一个输入是5个单词，每个单词使用独热编码的神经网络（参见图 7.1a），那么我们就无法输入一个包含 5 个以上单词的句子。此外，任何少于 5 个单词的句子都会存在输入缺失（参见图 7.1b）。例如将 Web 日志序列作为输入序列，其长度可能达到数十万。更重要的是，单词顺序的细微变化可能会导致语义完全不同，因此，以某种方式在网络架构中更直接地编码单词的顺序信息非常重要。这种方法的目的是通过增加序列的长度来减少对参数的要求。循环神经网络借助于对特定领域的见解，为（参数）节约型架构设计提供了一个出色的示例。因此，序列处理的两个重要要求包括：能够按照序列本身的顺序接收和处理输入；在每个时间戳中以相似的方式处理当前输入和历史输入。一个关键的挑战是我们需要以某种方式构造一个参数数量固定，但可以处理可变输入量的神经网络。

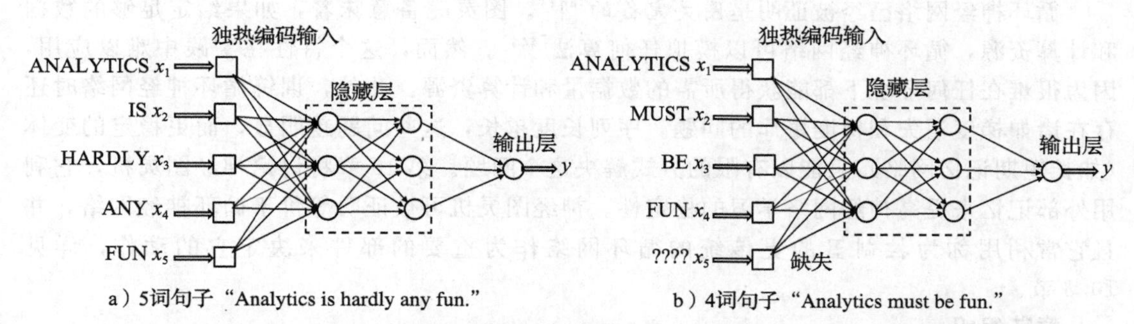

图 7.1　使用传统神经网络进行情感分析难以处理可变长度的输入。网络架构也没有捕捉到单词之间的顺序信息

通过使用循环神经网络（RNN），这些要求被自然而然地满足。循环神经网络中的层与序列中的每个位置一一对应。序列中的位置也称为其时间戳。因此，网络包含可变数量的层，而不是可变数量的输入，并且每层都有单独的输入，与其所对应的时间戳一致。因此，输入可以根据其在序列中的位置，直接与后续隐藏层进行交互。每一层使用相同的参数以确保每个时间戳都能进行相似的建模，因此参数的数量固定不变。换句话说，隐藏层会在时间上重复，因此该网络称为循环网络。循环神经网络也是基于时间分层概念的具有特定结构的前馈网络，以便可以接受一系列输入并产生一系列输出。每个时间层可以接受一个输入数据点（单个属性或多个属性），并且可以选择是否生成多维输出。这样的模型特别适合像机器翻译这样的序列到序列学习，或者是预测序列中的下一个元素。一些应用示例如下：

1. 输入一个单词序列，输出左移 1 个单位时间的相同序列，因此我们可以在任何给定点预测下一个单词。这是一种经典的语言模型，在这个模型中，我们试图根据单词的序列历史来预测下一个单词。语言模型在文本挖掘和信息检索中具有广泛的应用[6]。

2. 在实值时间序列中，学习下一个元素的问题相当于自回归分析。然而，循环神经网络可以学习比传统时间序列建模更复杂的模型。

3. 输入一种语言的句子，输出另一种语言的句子。在这种情况下，可以连接两个循环神经网络来学习两种语言之间的翻译模型。我们甚至可以将循环网络与不同类型的网络（例如卷积神经网络）连接起来，以学习图像中的文字。

4. 输入一个序列（例如句子），输出一个类别概率的向量，由序列的结尾触发。这种方法对于以句子为中心的分类问题非常有用，比如情感分析。

从这4个示例中可以看出，在循环神经网络的广义框架中已经采用或研究了多种不同的基本架构。

学习循环神经网络的参数面临很大的挑战。一个关键问题是梯度消失和梯度爆炸。这个问题在像循环神经网络这样的深度网络中尤为普遍。对此，人们已经提出了循环神经网络的许多变体，例如长短期记忆网络（LSTM）和门控循环单元（GRU）。循环神经网络及其变体已被用于多种应用，如序列到序列学习、图像字幕、机器翻译和情感分析。本章还将研究循环神经网络在这些不同应用中的使用。

循环神经网络的表现力

循环神经网络已经被证明是图灵完备的[444]。图灵完备意味着，如果给定足够的数据和计算资源，循环神经网络可以模拟任何算法[444]。然而，这个特性在实践中难以应用，因为很难在任何环境下都能获得所需的数据量和计算资源。此外，训练循环神经网络时还存在诸如梯度消失和梯度爆炸的问题。序列长度越长，这些问题越明显，而更稳定的变体（如长短期记忆网络）只能以有限的方式解决这个问题。第10章将讨论神经图灵机，它利用外部记忆来提高神经网络学习的稳定性。神经图灵机可被证明等价于循环神经网络，并且它常利用称为控制器的更传统的循环网络作为重要的部件来决定它的动作，详见10.3节。

章节组织

本章组织如下。7.2节将介绍循环神经网络的基本架构以及相关的训练算法。7.3节将讨论训练循环网络所面临的挑战。基于这些挑战，人们已经提出了循环神经网络架构的几种变体。本章将研究几种这样的变体。7.4节将介绍回声状态网络。7.5节将讨论长短期记忆网络。7.6节将讨论门控循环单元。7.7节将讨论循环神经网络的应用。7.8节将给出总结。

7.2　循环神经网络的架构

在本节中，我们将描述循环神经网络的基本架构。虽然循环神经网络（RNN）几乎可以用于任何序列数据，但它在文本领域的应用是最为广泛和自然的。在本节中，我们假设使用的数据是文本，以便能够直观地解释各种概念。因此，本章的重点是离散RNN，因为这是最流行的用法。请注意，完全相同的神经网络可以用于构建单词级RNN和字符级RNN。两者之间唯一的区别是用于定义序列的基本符号。为了保持一致性，我们将在引入符号和定义时统一采用单词级RNN。当然，本章也会讨论其他情况。

最简单的循环神经网络如图7.2a所示。这里的一个关键点是图7.2a中存在自循环，这将导致每输入序列中的一个单词，神经网络的隐藏层状态就会发生变化。事实上，我们只处理有限长度的序列，于是我们将环路展开成一个看起来更像前馈网络的“时间分层”网络，如图7.2b所示。请注意，在这种情况下，在每个时间戳都有一个不同的隐藏层状态节点，并且自循环已经展开到前馈网络中。这种表示在数学上等同于图7.2a，但是由于它与传统网络相似，所以更容易理解。不同时间层共享权重矩阵，从而确保在每个时间戳使用相同的函数。从图7.2b中权重矩阵W_{xh}、W_{hh}和W_{hy}的标注可以看出，它们明显是共享的。

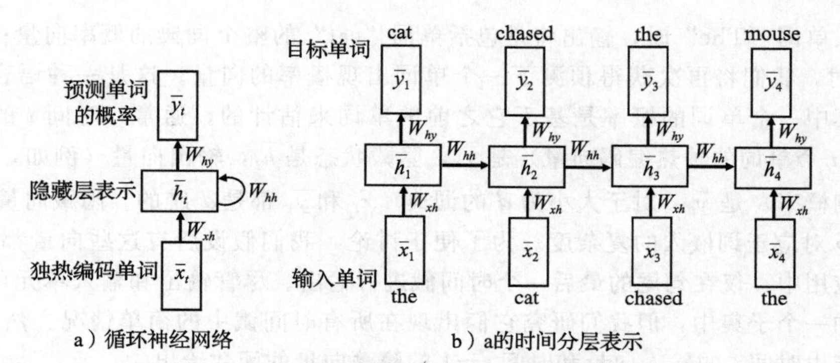

图 7.2 一个循环神经网络及其时间分层表示

值得注意的是，图 7.2 显示的例子中，每个时间戳都有一个输入、输出和隐藏单元。实际上，任何一个时间戳都可以缺失输入或输出单元。图 7.3 显示了缺失输入和输出的情况。是否可以缺失输入和输出取决于具体应用。例如，在时间序列预测应用中，我们可能需要每个时间戳的输出，以便预测时间序列中的下一个值。而在序列分类应用中，我们可能只需要在序列末尾输出一个对应于其类别的标签。一般来说，在特定应用中，输入或输出的任何子集都可以缺失。下面的讨论将假设所有的输入和输出都存在，而通过简单地移除相应的项或等式，也很容易将其推广到输入或输出缺失的情况。

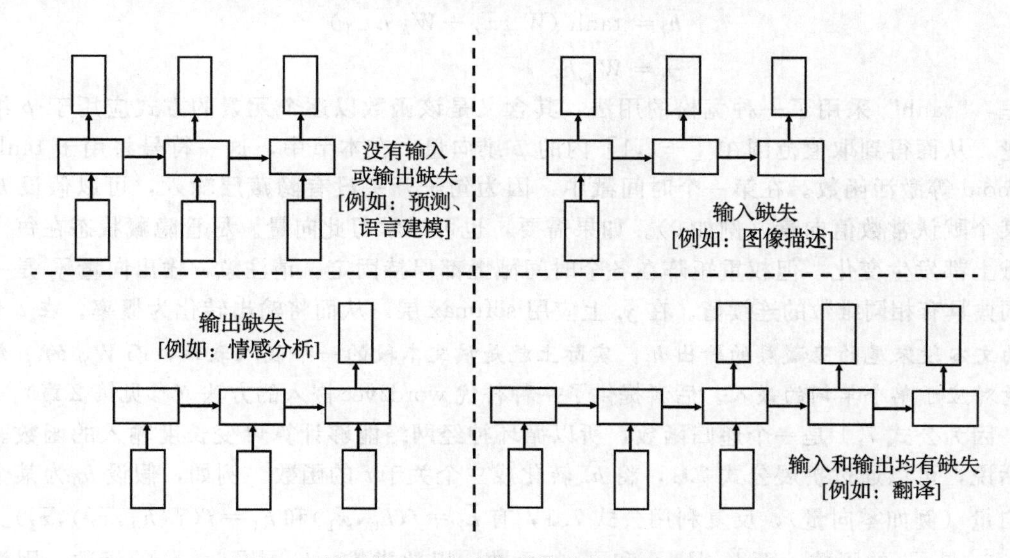

图 7.3 循环神经网络的各种缺失输入或输出的变体

图 7.2 所示的特定架构适用于语言建模。语言模型是自然语言处理中的一个众所周知的概念，它通过给定单词的先前历史来预测下一个单词。给定一个单词序列，每次向图 7.2a 中的神经网络馈入一个单词的独热编码。这一过程相当于在图 7.2b 中向相关时间戳馈入各个单词。时间戳对应于序列中的位置，该位置从 0（或 1）开始，并通过在序列中向前移动一个单位来增加 1。在语言建模中，输出是预测序列中下一个单词的概率向量。例如，考虑以下句子：

The cat chased the mouse.

当输入单词“The”时，输出将是包括单词“cat”的整个词典的概率向量；当输入单词“cat”时，我们将再次获得预测下一个单词出现概率的向量。这是一种语言模型的经典定义，其中一个单词的概率是基于它之前的单词来估计的。通常，时间 t 的输入向量（例如，第 t 个单词的独热编码向量）是 $\overline{x}_t$，隐藏状态是 $\overline{h}_t$，输出向量（例如，第 $t+1$ 个单词的预测概率）是 $\overline{y}_t$。对于大小为 d 的词典，$\overline{x}_t$ 和 $\overline{y}_t$ 都是 d 维的。隐藏向量 $\overline{h}_t$ 是 p 维的，其中 p 对应于词嵌入的复杂度。为了便于讨论，我们假设所有这些向量都是列向量。在分类等应用中，仅在句尾的最后一个时间戳进行输出。尽管输出和输入单元可能仅出现在时间戳的一个子集中，但我们研究它们出现在所有时间戳中的简单情况。然后，时间 t 的隐藏状态由时间 t 的输入向量和时间 $t-1$ 的隐藏向量的函数给出：

$$\overline{h}_t = f(\overline{h}_{t-1}, \overline{x}_t) \tag{7.1}$$

该函数通过使用权重矩阵和激活函数（所有神经网络都使用它来进行学习）来定义，每个时间戳使用相同的权重。因此，即使隐藏层状态随时间改变，训练过后，权重和函数 $f(\cdot,\cdot)$ 在所有时间戳（即顺序元素）上仍保持不变。函数 $\overline{y}_t = g(\overline{h}_t)$ 被单独用于从隐藏状态中学习输出概率。

接下来，我们将更具体地描述函数 $f(\cdot,\cdot)$ 和 $g(\cdot,\cdot)$。我们定义了一个 $p\times d$ 输入-隐藏矩阵 W_{xh}、一个 $p\times p$ 隐藏-隐藏矩阵 W_{hh} 和一个 $d\times p$ 隐藏-输出矩阵 W_{hy}。然后，可以扩展公式 7.1，并将输出条件写为：

$$\overline{h}_t = \tanh(W_{xh}\overline{x}_t + W_{hh}\overline{h}_{t-1})$$

$$\overline{y}_t = W_{hy}\overline{h}_t$$

这里，“tanh”采用了一种宽松的用法，其含义是该函数以逐个元素的方式应用于 p 维列向量，从而得到取值范围在 $[-1,1]$ 内的 p 维向量。在本节中，这一符号将用于 tanh 和 sigmoid 等激活函数。在第一个时间戳中，因为句子开头没有隐藏层输入，可以假设 $\overline{h}_{t-1}$ 是某个默认常数值向量（例如 0）。如果需要，也可以学习此向量。尽管隐藏状态在每个时间戳上都发生变化，但权重矩阵在各个时间戳上都保持固定。请注意，输出向量 $\overline{y}_t$ 是一组与词典具有相同维数的连续值。在 $\overline{y}_t$ 上应用 softmax 层，从而将输出转化为概率。*在 t 个单词的文本段末尾的隐藏层的输出 $\overline{h}_t$，实际上就是该文本段的一个嵌入表示，而 W_{xh} 的 p 维列向量对应于单个单词的嵌入。*后者提供了一种替代 word2vec 嵌入的方法（参见第 2 章）。

因为公式 7.1 是一个递归函数，所以循环神经网络能够计算可变长度输入的函数。换句话说，可以通过扩展公式 7.1，将 $\overline{h}_t$ 转化成一个关于 t 的函数。例如，假设 $\overline{h}_0$ 为某个常数向量（例如零向量），反复利用公式 7.1，有 $\overline{h}_1 = f(\overline{h}_0, \overline{x}_1)$ 和 $\overline{h}_1 = f(f(\overline{h}_0, \overline{x}_1), \overline{x}_2)$。这里，$\overline{h}_1$ 是 $\overline{x}_1$ 的函数，而 $\overline{h}_2$ 是 $\overline{x}_1$ 和 $\overline{x}_2$ 的函数。以此类推，$\overline{h}_t$ 是 $\overline{x}_1 \cdots \overline{x}_t$ 的函数。因为输出 $\overline{y}_t$ 是 $\overline{h}_t$ 的函数，所以这些属性也被 $\overline{y}_t$ 继承。因此有：

$$\overline{y}_t = F_t(\overline{x}_1, \overline{x}_2, \cdots, \overline{x}_t) \tag{7.2}$$

注意，函数 $F_t(\cdot,\cdot)$ 随 t 值的变化而变化，尽管它与其前一状态的关系总是相同的（基于公式 7.1）。这种方法对于可变长度的输入特别有用。例如，在语言建模应用中，函数 $F_t(\cdot,\cdot)$ 表示考虑到句子中所有先前单词的下一个单词的概率。

7.2.1　RNN 语言建模实例

为了说明 RNN 的工作原理，我们将使用一个小例子，在包含 4 个单词的词汇表上定义单个序列。考虑下面这句话：

The cat chased the mouse.

在这种情况下，我们有一个由 4 个单词 { “the”，“cat”，“chased”，“mouse”} 组成的词典。在图 7.4 中，我们展示了从 1 到 4 的每个时间戳预测下一个单词的概率。理想情况下，我们希望从前面单词的概率中正确预测下一个单词的概率。每个独热编码输入向量$\overline{x_t}$的长度为 4，其中只有一位为 1，其余位为 0。这里的灵活性主要在于隐藏层表示的维数 p，在本例中，我们将其设置为 2，那么权重矩阵 W_{xh} 将是一个 2×4 的矩阵，因此它将一个输入向量映射成大小为 2 的隐藏层向量 $\overline{h}_t$。实际上，W_{xh} 的 4 列就对应着 4 个单词，$W_{xh}\overline{x}_t$ 选中其中的一个进行复制。请注意，该表达式被添加到 $W_{hh}\overline{h}_t$ 中，然后用 tanh 函数进行转换以生成最终表达式。最终输出$\overline{y}_t$ 由 $W_{hy}\overline{h}_t$ 确定。请注意，矩阵 W_{hh} 和 W_{hy} 的大小分别为 2×2 和 4×2。

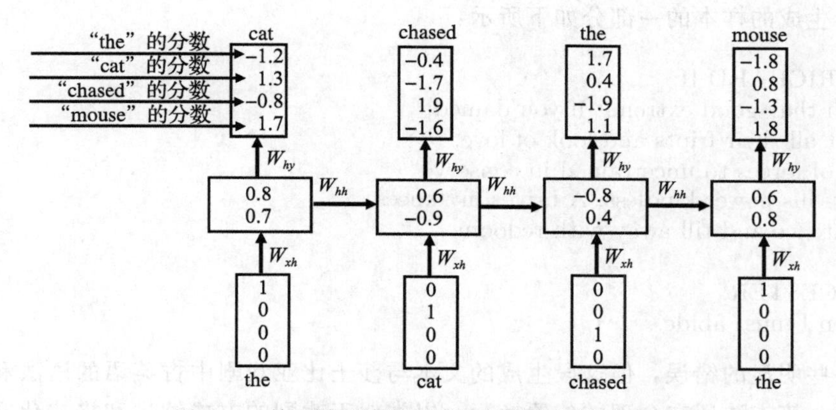

图 7.4　利用循环神经网络进行语言建模的示例

在这种情况下，输出是连续值（而不是概率），其中较大的值表示存在的可能性较大。这些连续值最终被 softmax 函数转换成概率，因此可以用来替代对数概率。第一个时间戳中“cat”一词的预测值为 1.3，但该值似乎（错误地）被预测值为 1.7 的“mouse”超过。但是，“chased”这个词似乎在下一个时间戳就能被正确地预测出来。当然，我们不能希望它能够精确地预测每个值。这种误差更有可能在反向传播算法的早期迭代中产生，然而，由于网络在多次迭代中被反复训练，所以它最终在训练数据上产生的错误较少。

生成语言样本

一旦训练完成，这种方法也可以用于生成任意语言样本。在每个状态都需要一个输入单词，而在语言生成过程中没有可用单词的情况下，在测试时如何使用这种语言模型呢？我们可以在第一个时间戳使用〈START〉标记作为输入，来生成符号（token）对应的概率向量。由于〈START〉标记在训练数据中也可以使用，因此模型通常会选择一个经常出现在文本段开头的单词。随后，我们对每个时间戳生成的符号进行采样（基于预测的可能性），将其作为下一个时间戳的输入。为了提高序列预测符号的准确度，可以利用集束搜索，始终跟踪任何特定长度的 b 个最佳序列前缀。b 的值是人为设定的。通过递归应用这一操作，可以生成任意文本序列，这一序列反映了特定训练数据。如果预测到〈END〉标记，就表示生成文本段的结束。尽管这种方法可以产生语法上正确的文本，但它读起来可能不怎么通顺。例如，由 Karpathy、Johnson 和 Fei Fei[233,580] 设计的字符级 RNN⊖ 使用了莎士比亚戏剧进行训练。字符级 RNN 需要神经网络来学习语法和拼写。在对整个数据集进行 5 次学习后，输出的样本如下所示：

KING RICHARD II:
Do cantant,-'for neight here be with hand her,-
Eptar the home that Valy is thee.

NORONCES:
Most ma-wrow, let himself my hispeasures;
An exmorbackion, gault, do we to do you comforr,
Laughter's leave: mire sucintracce shall have theref-Helt.

请注意，这里有大量拼写错误，而且许多单词都是胡言乱语。然而，当训练持续进行 50 次迭代后，生成的样本的一部分如下所示：

KING RICHARD II:
Though they good extremit if you damed;
Made it all their fripts and look of love;
Prince of forces to uncertained in conserve
To thou his power kindless. A brives my knees
In penitence and till away with redoom.

GLOUCESTER:
Between I must abide.

尽管还有一些明显的错误，但这段生成的文本与莎士比亚戏剧中古英语的语法和拼写基本一致。此外，该方法还在合理的位置换行，以类似于戏剧的方式缩进和格式化文本。继续训练经过更多次迭代之后，输出将几乎没有错误，一些令人印象深刻的样本也可以参见文献 [235]。

当然，文本的语义是有限的，从机器学习应用的角度来看，人们可能会怀疑生成这种无意义的文本是否有用。这里的关键在于，通过提供额外的上下文输入，如图像在神经网络中的嵌入表示，可以使神经网络智能地输出，如用正确的语法对图像进行描述（即标题）。换句话说，语言模型最好的运用是生成*条件*输出。

使用 RNN 对语言进行建模的主要目标不是创建语言的任意序列，而是提供一个可以以各种方式修改的基础架构，从而便于融入特定上下文的信息。例如，机器翻译和图像描述等程序学习一种语言模型，该语言模型以另一种输入为条件，例如源语言中的句子或要加上标题的图像。这里的关键在于合理地选择循环单元的输入和输出值，以便能够反向传播输出误差，并以依赖应用的方式学习神经网络的权重。

7.2.2 时间反向传播

将不同时间戳上正确单词的 softmax 概率的负对数进行聚合，构造损失函数。softmax 函数在 3.2.5 节中进行了描述，我们在这里直接使用这些结果。如果输出向量 $\overline{y}$ 可以

⊖ 使用长短期记忆网络，这里讨论的是简单 RNN 的一个变体。

写成 $[\hat{y}_t^1 \cdots \hat{y}_t^d]$，则首先使用 softmax 函数将其转换为由 d 个概率组成的向量：

$$[\hat{p}_t^1 \cdots \hat{p}_t^d] = \mathrm{Softmax}[\hat{y}_t^1 \cdots \hat{y}_t^d]$$

上面的 softmax 函数可以在公式 3.20 中找到。如果 j_t 是训练数据中时间 t 的真实单词的索引，则所有 T 个时间戳的损失函数 L 的计算如下：

$$L = -\sum_{t=1}^{T} \log(\hat{p}_t^{j_t}) \tag{7.3}$$

这个损失函数是公式 3.21 的直接结果。损失函数相对于原始输出的导数可以计算如下（参考公式 3.22）：

$$\frac{\partial L}{\partial \hat{y}_t^k} = \hat{p}_t^k - I(k, j_t) \tag{7.4}$$

这里，$I(k,j_t)$ 是一个指示函数，当 k 和 j_t 相同时为 1，否则为 0。从这个偏导数开始，可以使用第 3 章（展开的时间网络上）的直接反向传播更新来计算不同层中权重的梯度。主要问题是跨不同时间层的权重分配将对更新过程产生影响。正确使用反向传播的链式法则（参见第 3 章）的一个重要假设是，不同层中的权重彼此不同，这允许相对简单的更新过程。然而，正如 3.2.9 节所述，修改反向传播算法来处理共享权重并不困难。

处理共享权重的主要技巧是首先“假设”不同时间层中的参数彼此独立。为此，我们引入了时间戳 t 的时间变量 $W_{xh}^{(t)}$、$W_{hh}^{(t)}$ 和 $W_{hy}^{(t)}$。常规的反向传播假设这些变量彼此不同。然后，将权重参数在不同时间戳上对梯度的贡献相加，得到每个权重参数的统一更新。这种特殊类型的反向传播算法称为时间反向传播（BPTT）。我们将 BPTT 算法总结如下：

1. 按时间顺序进行正向输入，并在每个时间戳上计算误差（以及 softmax 层的负对数损失）。

2. 在展开的网络上沿后向计算边缘权重梯度，而不考虑不同时间层共享权重。换句话说，假设时间戳 t 上的权重 $W_{xh}^{(t)}$、$W_{hh}^{(t)}$ 和 $W_{hy}^{(t)}$ 不同于其他时间戳。结果，可以使用传统的反向传播来计算 $\frac{\partial L}{\partial W_{xh}^{(t)}}$、$\frac{\partial L}{\partial W_{hh}^{(t)}}$ 和 $\frac{\partial L}{\partial W_{hy}^{(t)}}$。请注意，我们使用了矩阵微积分符号，其中矩阵的导数由相应的元素导数矩阵定义。

3. 将所有（共享的）权重添加到各个时间戳上。换句话说，有：

$$\frac{\partial L}{\partial W_{xh}} = \sum_{t=1}^{T} \frac{\partial L}{\partial W_{xh}^{(t)}}$$

$$\frac{\partial L}{\partial W_{hh}} = \sum_{t=1}^{T} \frac{\partial L}{\partial W_{hh}^{(t)}}$$

$$\frac{\partial L}{\partial W_{hy}} = \sum_{t=1}^{T} \frac{\partial L}{\partial W_{hy}^{(t)}}$$

以上推导利用了多元链式法则。与所有具有共享权重的反向传播方法一样（参见 3.2.9 节），权重在不同时间戳上的副本（例如 $W_{xh}^{(t)}$ 的元素）相对于参数自身（例如 W_{xh} 的相应元素）的偏导数可以设置为 1。因此，为了计算更新方程，只需要在传统的反向传播中加入时间信息即可。早在循环神经网络流行之前，Werbos 在 1990 年的开创性工作[526]就提出了原始的时间反向传播算法。

截断的时间反向传播

训练循环网络中的计算问题之一是底层的时间序列可能非常长，因此网络中的层数也可能非常大。这可能导致计算、收敛和内存使用问题。这个问题可以通过使用截断的时间反向传播来解决。该技术可以看作循环神经网络中随机梯度下降的模拟。在该方法中，状态值是在前向传播期间计算的，但是仅在适当长度（例如100）的序列上进行反向传播更新。换句话说，只有相关序列上的损失部分用于计算梯度和更新权重。序列的处理顺序与它们在输入序列中出现的顺序相同。前向传播并不需要单次执行，但也可以在序列的相关片段上执行，只要片段的最后时间层中的值用于计算下一个层片段中的状态值。当前段的最后一层中的值用于计算下一片段的第一层中的值。因此，尽管反向传播仅使用一小部分损失，但前向传播始终能够准确地维持状态值。在这里，为了简单起见，我们使用非重叠片段描述了截断的BPTT。实际上，可以使用重叠的输入片段进行更新。

实际问题

每个权重矩阵的元素都在区间 $[-1/\sqrt{r}, 1/\sqrt{r}]$ 中进行初始化，其中 r 是该矩阵中的列数。还可以将输入权重矩阵 W_{xh} 的 d 列初始化为相应单词的 word2vec 嵌入（参见第2章）。这种方法是预训练的一种形式。使用预训练的优势取决于训练数据的数量。当可用训练数据量很少时，会很有帮助。毕竟，预训练是正则化的一种形式（参见第4章）。

另一个细节是，训练数据通常在每个训练片段的开始和结束处包含特殊的〈START〉和〈END〉标记。这些类型的标记有助于模型识别特定的文本单元，如句子、段落或特定文本模块的开头。一段文本开头单词的分布通常与它在整个训练数据中的分布非常不同。因此，加入〈START〉之后，模型更有可能选择经常出现在开头的单词。

还有其他方法可用于确定一个文本段是否结束。其中一种是使用二元输出。注意，二元输出是其他应用特定的输出的补充。通常，使用 sigmoid 激活函数对此输出的预测进行建模，并在此输出上使用交叉熵损失。这种方法对于实值序列很有用，因为〈START〉和〈END〉标记的使用是为符号序列设计的。但是，这种方法的一个缺点是，它将损失函数更改为在序列结束时的预测和特定于应用程序的需求之间取得平衡的函数。因此，损失函数的不同分量的权重将是另一个必须使用的超参数。

在训练 RNN 时，还存在一些实际挑战，这使得必须设计 RNN 的各种架构。值得注意的是，在所有实际应用中都使用了多个隐藏层（具有长短期记忆强化），这将在7.2.4节中进行讨论。但是，为了清晰起见，面向应用的展示将使用更简单的单层模型。将所有这些应用泛化到增强的架构都非常简单。

7.2.3 双向循环神经网络

循环神经网络的一个缺点是，特定时间单元的状态只知道句子中某一点之前的输入，而不知道将来的状态。在某些应用（例如语言建模）中，通过了解过去和将来的状态，可以明显改善结果。一个具体的例子是手写识别，其中同时使用过去和将来符号的知识会有明显的优势，因为它提供了对底层上下文更好的理解。

在双向循环神经网络中，对于前向和后向，分别有独立的隐藏状态 $\overline{h}_t^{(f)}$ 和 $\overline{h}_t^{(b)}$。主要的区别是前向状态在向前的方向上相互作用，而后向状态在向后的方向上相互作用。然而，$\overline{h}_t^{(f)}$ 和 $\overline{h}_t^{(b)}$ 接收来自相同向量 $\overline{x}_t$ 的输入（例如，单词的独热编码），并且它们与相同的输出向量 $\hat{y}_t$ 交互。双向循环神经网络的三个时间层的示例如图7.5所示。

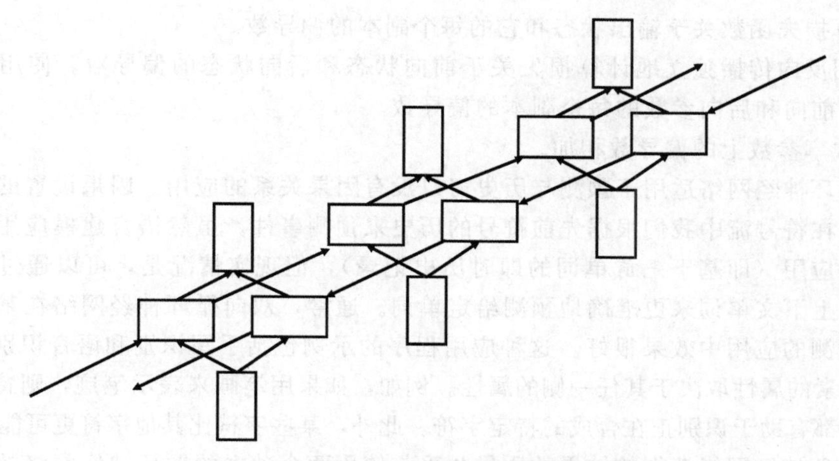

图 7.5　双向循环神经网络的三个时间层

一些应用试图预测当前符号的属性，例如手写样本中的字符识别、句子中的词性区分或自然语言每个词的分类。一般来说，使用这种方法可以更有效地预测当前单词的任何属性，因为它使用了双向的上下文。例如，根据语法结构，几种语言中单词的顺序有些不同。因此，双向循环网络通常使用前向和后向状态以更健壮的方式对句子中任何特定点的隐藏表示进行建模，而不考虑语言结构的特定细微差别。事实上，在语音识别等各种以语言为中心的应用中使用双向循环神经网络越来越普遍。

在双向网络中，有独立的前向和后向参数矩阵。输入-隐藏、隐藏-隐藏和隐藏-输出交互的前向矩阵分别由 $W_{xh}^{(f)}$、$W_{hh}^{(f)}$ 和 $W_{hy}^{(f)}$ 表示。输入-隐藏、隐藏-隐藏和隐藏-输出交互的后向矩阵分别由 $W_{xh}^{(b)}$、$W_{hh}^{(b)}$ 和 $W_{hy}^{(b)}$ 表示。

循环条件如下：

$$\overline{h}_t^{(f)} = \tanh(W_{xh}^{(f)}\overline{x}_t + W_{hh}^{(f)}\overline{h}_{t-1}^{(f)})$$
$$\overline{h}_t^{(b)} = \tanh(W_{xh}^{(b)}\overline{x}_t + W_{hh}^{(b)}\overline{h}_{t+1}^{(b)})$$
$$\overline{y}_t = W_{hy}^{(f)}\overline{h}_t^{(f)} + W_{hy}^{(b)}\overline{h}_t^{(b)}$$

不难发现，双向方程是原有方程的简单推广。假设上面显示的神经网络中总共有 T 个时间戳，其中 T 是序列的长度。这里有一个问题，边界条件对应于 $t=1$ 的前向输入和 $t=T$ 的后向输入都没有定义。可以在每个地方都使用 0.5 的默认常数值，也可以在学习过程中确定这些值。

直观上看，前向和后向的隐藏层状态相互独立。因此，我们可以先进行前向计算，再进行后向计算。此时，输出状态是从两个方向上的隐藏状态计算出来的。

在计算出输出之后，应用反向传播算法来计算关于各种参数的偏导数。首先，相对于输出状态计算偏导数，因为前向和后向状态都指向输出节点。然后，仅对从 $t=T$ 到 $t=1$ 的前向隐藏状态计算反向传播遍历。接下来对从 $t=1$ 到 $t=T$ 的后向隐藏状态计算反向传播遍历。最后，将关于共享参数的偏导数相加。因此，可以将 BPTT 算法轻松修改为双向网络。可以将步骤总结如下：

1. 分别遍历计算前向和后向隐藏状态。
2. 根据前向和后向隐藏状态计算输出状态。

3. 计算损失函数关于输出状态和它的每个副本的偏导数。

4. 使用反向传播独立地计算损失关于前向状态和后向状态的偏导数。使用这些计算来评估关于前向和后向参数的每个副本的偏导数。

5. 将共享参数上的偏导数相加。

双向循环神经网络适用于预测与历史窗口没有因果关系的应用。因果设置的经典示例是符号流，在符号流中我们根据先前符号的历史来预测事件。虽然语言建模应用在形式上被视为因果应用（即基于先前单词的即时历史记录），但现实情况是，可以通过使用每个单词两边的上下文单词来更准确地预测给定单词。通常，双向循环神经网络在基于双向上下文进行预测的应用中效果很好。这种应用程序的示例包括手写识别和语音识别，其中序列中各个元素的属性取决于其任一侧的属性。例如，如果用笔画来表示笔迹，则特定位置任一侧的笔画都有助于识别正在合成的特定字符。此外，某些字符比其他字符更可能相邻。

双向循环神经网络获得的结果的质量几乎与使用两个独立的循环神经网络的融合（其中一个网络以原始形式呈现输入，另一个网络的输入是反向的）相同。主要区别在于，在这种情况下，对前向和后向状态的参数进行了联合训练。但是，这种融合相当薄弱，因为两种状态不会直接相互影响。

7.2.4　多层循环神经网络

在所有上述应用中，为了易于理解，使用了单层 RNN 架构。但是在实际应用中，为了构建更高复杂度的模型，使用了多层架构。此外，该多层架构可以与 RNN 的高级变体（例如 LSTM 架构或门控循环单元）结合使用。这些高级架构将在后面介绍。

包含三层的深度网络示例如图 7.6 所示。请注意，较高层的节点从较低层的节点接收输入。隐藏状态之间的关系可以直接从单层网络归纳出来。首先，以易于适应多层网络的形式重写隐藏层（对于单层网络）的递归方程：

$$\begin{aligned}\overline{h}_t &= \tanh(W_{xh}\overline{x}_t + W_{hh}\overline{h}_{t-1}) \\ &= \tanh W \begin{bmatrix} \overline{x}_t \\ \overline{h}_{t-1} \end{bmatrix}\end{aligned}$$

这里，我们把一个更大的矩阵 $W=[W_{xh}, W_{hh}]$ 放在一起，它包括 W_{xh} 和 W_{hh} 的列。同样，我们创建了一个更大的列向量，将时间 $t-1$ 的第一个隐藏层中的状态向量和时间 t 的输入向量叠加起来。为了区分上层隐藏节点，我们在隐藏状态上添加一个附加上标，并用 $\overline{h}_t^{(k)}$ 表示时间戳 t 和 k 层隐藏状态的向量。类似地，令第 k 个隐藏层的权重矩阵由 $W^{(k)}$ 表示。值得注意的是，权重是在不同的时间戳之间共享的（如在单层递归网络中），但它们不是在不同的层之间共享的。因此，权重由 $W^{(k)}$ 中的层索引 k 进行上标。第一个隐藏层是特殊的，因为它在当前时间戳接收来自输入层的输入，并且在前一个时间戳接收相邻的隐藏状态。因此，矩阵 $W^{(k)}$ 仅对第一层（即 $k=1$）具有 $p\times(d+p)$ 的大小，其中 d 是输入向量 $\overline{x}_t$ 的大小，p 是隐藏向量 $\overline{h}_t$ 的大小。请注意，d 通常与 p 不同。通过设置 $W^{(1)}=W$，上面已经显示了第一层的循环条件。因此，让我们关注 $k\geqslant 2$ 的所有隐藏层 k。事实证明，$k\geqslant 2$ 的层的循环条件也与上面所示的等式非常相似：

$$\overline{h}_t^{(k)} = \tanh W^{(k)} \begin{bmatrix} \overline{h}_t^{(k-1)} \\ \overline{h}_{t-1}^{(k)} \end{bmatrix}$$

在这种情况下，矩阵 $W^{(k)}$ 的大小为 $p\times(p+p)=p\times 2p$。从隐藏层到输出层的转换与单层网络中的相同。很容易看出，这种方法是单层网络情况的简单多层推广。在实际应用中通常使用两到三层。为了使用更多的层，获取更多的训练数据以避免过拟合非常重要。

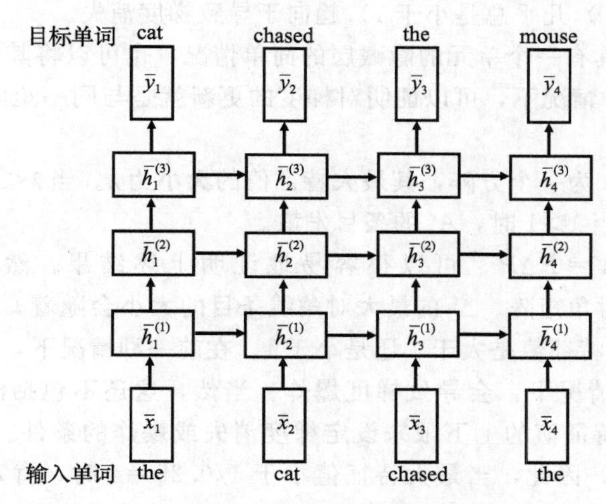

图 7.6　多层循环神经网络

7.3　训练循环神经网络的挑战

循环神经网络很难训练，原因是时间分层网络是一种非常深的网络，尤其是在输入序列较长的情况下。换句话说，时间分层的深度取决于输入。如同在所有深度网络中一样，损失函数对不同时间层的损失函数（即损失梯度）具有高度变化的灵敏度。此外，即使损失函数对不同层中的变量具有高度变化的梯度，不同时间层也共享相同的参数矩阵。不同层中变化的灵敏度和共享参数的结合会导致某些异常不稳定的影响。

与循环神经网络相关的主要挑战是*梯度消失和梯度爆炸问题*。3.4 节详细解释了这一点。在本节中，我们将在循环神经网络的背景下重新讨论这个问题。通过考察每层只有一个单元的循环神经网络，很容易理解循环神经网络面临的挑战。

考虑 T 个连续的层，其中在每层之间应用 tanh 激活函数 $\Phi(\cdot)$。一对隐藏节点之间共享的权重用 w 表示。设 $h_1\cdots h_T$ 是各个层中的隐藏值。令 $\Phi'(h_t)$ 为隐藏层 t 中激活函数的导数。假设第 t 层中的共享权重 w 的副本由 w_t 表示，以便考察反向传播更新的效果。令 $\frac{\partial L}{\partial h_t}$ 表示损失函数相对于隐藏激活 h_t 的导数。神经网络架构如图 7.7 所示。然后，使用反向传播推导以下更新方程：

$$\frac{\partial L}{\partial h_t}=\Phi'(h_{t+1})\cdot w_{t+1}\cdot\frac{\partial L}{\partial h_{t+1}}\tag{7.5}$$

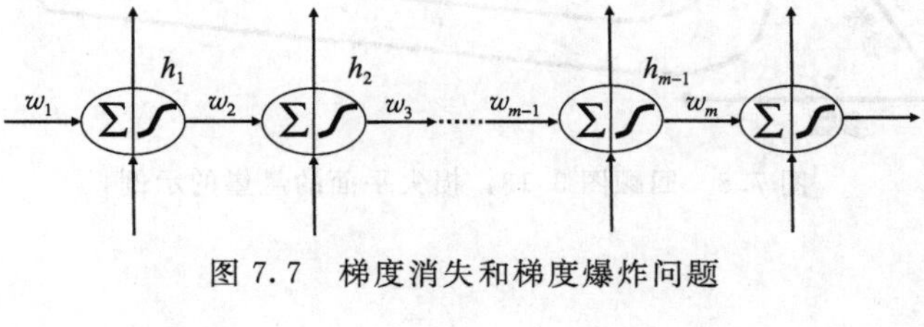

图 7.7　梯度消失和梯度爆炸问题

由于不同时间层中的共享权重相同，因此对于每个层，将梯度乘以相同的权重 $w_t=w$。当 $w<1$ 时，这种乘法将具有一致的消失倾向，当 $w>1$ 时，它将具有一致的爆炸倾向。然而，激活函数的选择也将发挥作用，因为乘积中包含导数 $\Phi'(h_{t+1})$。例如，tanh 激活函数的存在（其导数 $\Phi'(\cdot)$ 几乎总是小于 1）趋向于导致梯度消失。

以上讨论仅研究具有一个单元的隐藏层的简单情况，也可以将其推广到具有多个单元的隐藏层[220]。在这种情况下，可以证明对梯度的更新就是与同一矩阵 A 重复相乘。可以证明：

引理 7.3.1　设 A 为一个方阵，其最大特征值的**大小**为 λ。当 $\lambda<1$ 时，随着 t 的增大，A^t 的条目趋向于 0。当 $\lambda>1$ 时，A^t 的条目发散。

通过对角线化 $A=P\Delta P^{-1}$ 可以很容易地证明上述结果。然后，可以证明 $A^t=P\Delta^t P^{-1}$，其中 Δ 是对角矩阵。Δ^t 的最大对角线条目的大小会随着 t 的增大而消失还是爆炸（绝对值），取决于特征值是大于 1 还是小于 1。在前一种情况下，矩阵 A^t 趋于 0，导致梯度消失。在后一种情况下，会导致梯度爆炸。当然，这还不包括激活函数的作用，此外，还可以更改最大特征值的上下限来设定梯度消失或爆炸的条件。例如，sigmoid 激活导数的最大值为 0.25，因此，当最大特征值小于 1/0.25＝4 时，肯定会出现梯度消失问题。当然，可以将矩阵乘法和激活函数合并为一个*雅可比矩阵*（参考第 3 章的表 3.1），从而直接对其特征值进行测试。

在循环神经网络的特定情况下，*梯度消失/爆炸和跨层参数绑定的结合会导致循环神经网络以梯度下降的步长不稳定地运行*。换句话说，如果我们选择的步长太小，那么某些层的效果将导致很小的优化。如果选择的步长太大，则某些层的效果将导致步长以不稳定的方式越过最佳点。这里的一个重要问题是，梯度仅告诉我们无限小的步长的最佳运动方向。对于有限的步，更新的行为可能与梯度所预测的完全不同。循环神经网络中的最优点通常隐藏在悬崖附近或损失函数难以预测的其他区域，这导致瞬时运动的最佳方向对有限运动的最佳方向的预测非常差。由于需要学习算法来选定合理的有限步长，因此训练变得相当困难。图 7.8 展示了一个示例。与悬崖相关的挑战在 3.5.4 节中进行了讨论。梯度爆炸问题及其几何解释的详细讨论可以在文献［369］中找到。

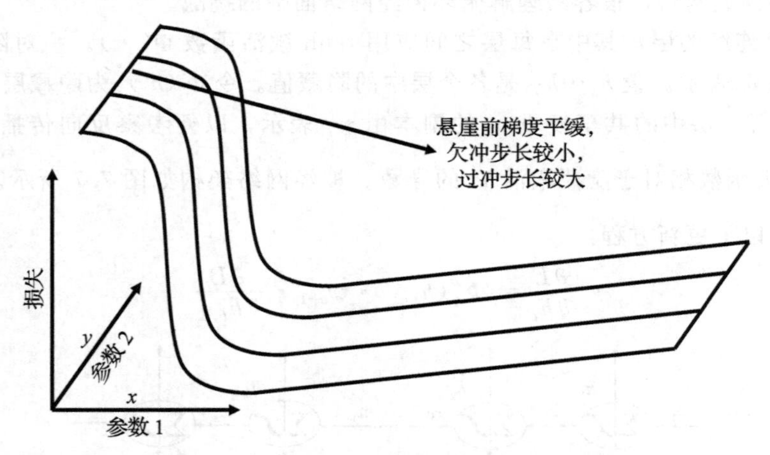

图 7.8　回顾图 3.13：损失平面的悬崖的示例

对于梯度消失和梯度爆炸问题，有几种解决方案，但并非所有解决方案都同样有效。例如，最简单的解决方案是对参数使用较强的正则化，这往往会减少由梯度消失和爆炸问题引起的不稳定。但是，过强的正则化可能导致模型无法充分发挥神经网络特定架构的全部潜能。3.5.5 节中讨论的第二种解决方案是*梯度截断*，它非常适合解决梯度爆炸问题。通常有两种类型的截断。第一种是基于值的截断，第二种是基于范数的截断。在基于值的截断中，将梯度的最大时间分量截断，然后添加。这是 Mikolov 在其博士学位论文[324]中提出的截断的原始形式。在基于范数的截断中，当整个梯度向量的范数增加到超过特定阈值时，它将重新缩放回阈值。两种类型的截断以类似的方式执行，文献［368］对此进行了分析。

关于曲率突然变化（比如悬崖）的一个观察结果是，一阶梯度通常不足以完全模拟局部误差平面。因此，一个自然的解决方案是使用高阶梯度。高阶梯度的主要挑战是计算量大。例如，使用二阶方法（参考 3.5.6 节）需要求 Hessian 矩阵的逆矩阵。对于具有 10^6 个参数的网络，这将需要求 $10^6 \times 10^6$ 矩阵的逆。实际上，今天的计算能力是不可能完成的。但是，最近提出了一些巧妙的技巧来实现无 Hessian 的二阶方法[313,314]。基本思想是不再精确地计算 Hessian 矩阵，而是进行粗略近似。3.5.6 节提供了对这些方法的简要概述。这些方法在训练循环神经网络方面也取得了成功。

优化过程所面临的不稳定类型对当前解所处的损失平面上的特定点敏感。因此，选择良好的初始化点至关重要。文献［140］讨论了可以避免梯度更新不稳定的几种初始化类型。使用动量方法（参见第 3 章）也可以帮助解决某些不稳定问题。文献［478］对使用初始化和动量解决这些问题进行了讨论。通常使用循环神经网络的简化变体（例如*回声状态网络*）来对循环神经网络进行鲁棒的初始化。

另一个常用于解决梯度消失和梯度爆炸问题的有用技巧是批归一化，但基本方法需要对循环神经网络进行一些修改[81]。3.6 节讨论了批归一化方法。然而，一种称为*层归一化*的变体在循环神经网络中更有效。层归一化方法非常成功，因此它已经成为使用循环神经网络或其变体的标准选项。

最后，递归神经网络的许多变体可用于解决梯度消失和爆炸问题。第一个简化是使用回声状态网络，其中随机选择了隐藏到隐藏的矩阵，只训练输出层。在早期认为很难训练循环神经网络时，回声状态网络被用作循环神经网络的可行替代方案。但是，这种方法过于简单，无法在非常复杂的环境中使用。然而，这些方法仍然可以用于循环神经网络的鲁棒的初始化[478]。处理梯度消失和爆炸问题的一个更有效的方法是给循环神经网络配备内部存储器，这使得网络的状态更加稳定。使用长短期记忆（LSTM）已经成为处理梯度消失和爆炸问题的有效方法。这种方法引入了一些额外的状态，可以解释为一种长期记忆。长期记忆提供了随时间变化更稳定的状态，也使得梯度下降过程更加稳定。7.5 节将讨论这种方法。

层归一化

3.6 节中讨论的批归一化技术旨在解决深度神经网络中的梯度消失和梯度爆炸问题。尽管这种方法在大多数类型的神经网络中都是有用的，但在循环神经网络中却面临一些挑战。首先，批量统计信息随神经网络的时间层而变化，因此需要为不同的时间戳维护不同的统计信息。此外，循环神经网络中的层数取决于输入序列的长度。因此，如果测试序列比数据中遇到的任何训练序列都长，那么对于某些时间戳来说，小批量统计信息可能不可用。通常，对于不同的时间层（与小批量大小无关），小批量统计信息的计算是不可靠的。最后，批归一化不能应用于在线学习任务。问题之一是批归一化是相对非常规的神经网络操作（与传统神经网络相比），因为单元的激活依赖于批量中的其他训练实例，而不仅仅是当前实例。虽然批归一化可以应用于循环神经网络[81]，但是更有效的方法是*层归一化*。

在层归一化中，归一化仅在单个训练实例上执行，尽管归一化因子是通过仅使用*该层中当前实例*的所有当前激活来获得的。这种方法更接近于传统的神经网络操作，这里不再有维护小批量统计信息的问题。只从该实例即可获得计算实例激活所需的所有信息！

为了理解逐层归一化的工作方式，我们重复了从隐藏到隐藏的递归方程：

$$\overline{h}_t = \tanh(W_{xh}\overline{x}_t + W_{hh}\overline{h}_{t-1})$$

由于跨时间层的乘法效应，这种递归容易产生不稳定的行为。我们将展示如何使用逐层归一化来修改此递归。与第3章中的常规批归一化的情况一样，在应用 tanh 激活函数之前，将归一化应用于*激活前值*。因此，第 t 个时间戳的激活前值计算如下：

$$\overline{a}_t = W_{xh}\overline{x}_t + W_{hh}\overline{h}_{t-1}$$

请注意，$\overline{a}_t$ 是一个向量，其分量与隐藏层中的单元数一样多（在本章中我们始终将其表示为 p）。计算$\overline{a}_t$ 中激活前值的均值 μ_t 和标准差σ_t：

$$\mu_t = \frac{\sum_{i=1}^{p} a_{ti}}{p}, \quad \sigma_t = \sqrt{\frac{\sum_{i=1}^{p} a_{ti}^2}{p} - \mu_t^2}$$

其中，a_{ti} 表示向量$\overline{a}_t$ 的第 i 个分量。

与批归一化一样，还有与每个单元相关的其他学习参数。具体来说，对于第 t 层中的 p 个单元，有一个*增益参数* $\overline{\gamma}_t$ 的 p 维向量和一个*偏置参数* $\overline{\beta}_t$ 的 p 维向量。这些参数类似于3.6节中批归一化的参数 γ_i 和 β_i。这些参数的目的是重新缩放归一化的值并以可学习的方式增加偏置。因此，下一层的隐藏激活 $\overline{h}_t$ 计算如下：

$$\overline{h}_t = \tanh\left(\frac{\overline{\gamma}_t}{\sigma_t} \odot (\overline{a}_t - \overline{\mu}_t) + \overline{\beta}_t\right) \tag{7.6}$$

这里，符号⊙表示元素乘法，符号$\overline{\mu}_t$ 表示包含标量 μ_t 的 p 个副本的向量。层归一化的效果是确保激活的程度不会随着时间戳不断增加或减少（导致梯度消失和梯度爆发），但可学习参数也允许一些灵活性。文献［14］中已经表明，在循环神经网络中，层归一化提供了比批归一化更好的性能。一些相关的归一化也可以用于流和在线学习[294]。

7.4 回声状态网络

回声状态网络是一种简化的循环神经网络。它适用于输入维度很小的情况，因为回声状态网络对时间单元的数量能进行很好的扩展，但无法扩展输入的维度。因此，这样的网络会是在相对较长的时间范围内，对单个或少量实值时间序列进行基于回归的建模的可靠选择。然而，它们对于输入维度（基于独热编码）等于文本词典大小的文本建模来说将是一个糟糕的选择。不过，即使是在这种情况下，回声状态网络在初始化网络中的权重时也有实际的用处。回声状态网络有时也被称为*液体状态机*[304]，但实际上后者使用具有二元输出的脉冲神经元，而回声状态网络使用一般的激活函数，比如 sigmoid 函数和 tanh 函数。

回声状态网络在隐藏层到隐藏层（甚至输入层到隐藏层）之间使用*随机权重*，但隐藏层状态的维数几乎总是远大于输入层状态的维数。对于单个输入序列，使用大约200维的隐藏层状态并不少见。因此，在回声状态网络中只训练输出层，训练通常使用能得到实值输出的线性层完成。注意，虽然不同输出节点上的权重是共享的，但是对输出层的训练只是将不同节点上的误差整合在一起。不过，目标函数仍将对线性回归的情况进行评估，这种情况下的训练很简单并且无须反向传播。因此，回声状态网络的训练非常快速。

与传统的循环网络一样，隐藏层到隐藏层之间有非线性激活，比如逻辑 sigmoid 函数，当然也可能是 tanh 激活函数。隐藏单元到隐藏单元的初始化中，一个非常重要的注意点是权重矩阵 W_{hh} 最大的特征向量应设置为1。通过先从标准正态分布中随机采样矩阵 W_{hh} 中的权重，然后将每个条目除以这个矩阵的最大特征值的绝对值 $|\lambda_{\max}|$，可以轻松地实现这一点：

$$W_{hh} \Leftarrow W_{hh} / |\lambda_{\max}| \tag{7.7}$$

归一化之后，该矩阵特征值的最大值将为1，对应于其*谱半径*。但是，使用为1的谱半径可能过于保守，因为非线性激活会对状态值产生阻尼作用。例如，当使用 sigmoid 激活函数时，sigmoid 激活函数的最大可能偏导数始终为0.25，因此可以使用比4大得多的谱半径（例如10）。使用 tanh 激活函数时，采用为2或3的谱半径才是有意义的。这些选择通常仍会导致一定程度上随时间的衰减，不过这实际上是有用的正则化，因为在时间序列中，非常长期的关系通常比短期关系弱得多。还可以基于性能来调整谱半径，通过调整用来保留数据的缩放因子 γ 的不同值来设置 $W_{hh}=\gamma W_0$。在这里，W_0 是一个随机初始化的矩阵。

建议在隐藏层之间使用稀疏连接，这在有随机映射转换的设置中并不罕见。为了实现此目标，可以将其中的一些连接采样为非0，将其他连接设置为0。连接的数量和隐藏层单元的数量之间的关系通常是线性的。另一个关键技巧是将隐藏层单元划分成索引为 $1 \cdots K$ 的 K 组，并且只允许具有相同索引的隐藏层状态进行连接。可以证明这种方法等效于训练整体的回声状态网络（参见练习2）。

另一个问题是关于设置输入层到隐藏层的权重矩阵 W_{xh}。这里需要注意的是矩阵 W_{xh} 的缩放比例，否则每个时间戳的输入可能会严重破坏前一时间戳在隐藏层状态中携带的信息。因此，首先将矩阵 W_{xh} 随机选择为 W_1，然后使用超参数 β 的不同值对其进行缩放以确定最终矩阵 $W_{xh}=\beta W_1$，从而在保留数据上得到最佳的准确度。

回声状态网络的核心基于一个非常古老的思想，即通过非线性变换扩展数据集的特征数量通常可以提高输入表示的表达能力。例如，根据 Cover 模式可分性定理[84]，RBF 网络（参见第5章）和核支持向量机都通过扩展基础特征空间来获得它们的功能。唯一的区别是回声状态网络通过随机映射实现特征扩展。这种方法并非没有先例，因为机器学习中还使用了各种类型的随机转换作为核方法的快速替代方法[385,516]。值得注意的是，特征扩展主要通过非线性变换来实现，而这些变换是通过隐藏层中的激活函数来提供的。从某种意义来说，回声状态方法的工作原理与时域中的 RBF 网络类似，就像循环神经网络是时域中前馈网络的替代一样。就像 RBF 网络很少通过训练来提取隐藏特征一样，回声状态网络也很少通过训练来提取隐藏特征，相反，它依赖于特征空间的随机扩展。

当这种方法用于时间序列数据时，它能够在预测未来值时提供出色的结果。关键技巧是在时间戳 t 处选择时间序列的输出值对应于时间戳 $t+k$ 处的输入值，其中 k 是预测所需的前瞻量。换句话说，回声状态网络是一种出色的非线性自回归技术，可以用于对时序数据进行建模。甚至可以使用这种方法来预测多元时间序列，但在时间序列非常长的情况下不建议使用该方法。这是因为建模所需的隐藏状态的维数将非常大。7.7.5节将详细讨论回声状态网络在时间序列建模中的应用，还将提供与传统时间序列预测模型的比较。尽管该方法不能实际用于超高维输入（如文本），但对于初始化仍然非常有用[478]。基本思想是通过使回声状态变量训练输出层来初始化循环网络。此外，初始化权重矩阵 W_{hh} 和 W_{xh} 的适当缩放可以通过尝试缩放因子 β 和 γ 的不同值来设置（正如上面所讨论的）。随后，使用传统的反向传播训练循环网络。这种方法可以看作循环网络的轻量级预训练。

最后一个问题是权重连接的稀疏性。矩阵 W_{hh} 应该是稀疏的吗？这通常是一个引起争议和分歧的问题。尽管从早期开始就建议使用回声状态网络的稀疏连接[219]，但这样做的原因并不明确。原始工作[219]指出，稀疏的连接性会导致各个子网的解耦，从而鼓励了个体动态的发展。这似乎是增加回声状态网络所学特征的多样性的一个论据。如果解耦确实是目标，那么显式地将隐藏状态分为不相关的组将更有意义。这种方法具有以整体为中心的解释。通常还建议增强涉及随机映射的方法的稀疏性，以提高计算效率。密集的连接会导致不同状态的激活结果被嵌入大量高斯随机变量的乘法噪声中，因此更加难以提取。

7.5　长短期记忆网络

如同在7.3节所讨论的，循环神经网络存在与梯度消失和梯度爆炸相关的问题[205,368,369]。这是神经网络更新中的常见问题，其中矩阵 $W^{(k)}$ 的连乘本质上是不稳定的：它要么导致梯度在反向传播过程中消失，要么导致梯度以不稳定的方式爆炸至较大的值。这种类型的不稳定性是在各个时间戳上连续乘以（循环）权重矩阵的直接结果。看待此问题的一种思路是，仅使用乘法更新的神经网络仅擅长短序列学习，因此自然有着良好的短期记忆能力，但长期记忆能力较差[205]。为了解决这个问题，一种解决方案是通过使用长短期记忆网络（LSTM）和长期记忆来更改隐藏向量的递归方程。LSTM的操作旨在对写入此长期记忆的数据进行细粒度控制。

与前面一样，符号 $\overline{h}_t^{(k)}$ 表示多层LSTM的第 k 层的隐藏状态。为了方便，我们还假设输入层 $\overline{x}_t$ 可以用 $\overline{h}_t^{(0)}$ 表示（尽管该层显然不是隐藏的）。与循环网络的情况一样，输入向量 $\overline{x}_t$ 为 d 维，而隐藏状态为 p 维。LSTM是图7.6的循环神经网络架构的增强，其中我们更改了隐藏状态 $\overline{h}_t^{(k)}$ 如何传播的循环条件。为了实现这个目标，我们有一个额外的 p 维隐藏向量，用 $\overline{c}_t^{(k)}$ 表示，并把它称为*单元状态*。可以将单元状态视为一种长期记忆，通过对先前的单元状态进行部分“遗忘”和“增加”操作的组合，可以将至少一部分信息保留在较早的状态中。文献[233]中已经表明，$\overline{c}_t^{(k)}$ 中的记忆的特性在应用于诸如文学作品之类的文本数据时，有时是可解释的。例如，$\overline{c}_t^{(k)}$ 中的 p 个值之一在开引号之后可能会改变符号，然后仅在该引号关闭时才改变回来。这种现象的结果是，最终的神经网络能够对语言的长期依赖关系进行建模，甚至可以对扩展到大量符号上的特定模式（如报价）进行建模。这是通过使用温和的方法随时间更新这些单元状态来实现的，从而使信息存储具有更大的持久性。状态值的持久性避免了在梯度消失和梯度爆炸问题的情况下的不稳定。直观地理解这一点的一种方式是，如果不同时间层中的状态（通过长期记忆）共享更高级别的相似性，则相对于传入权重的梯度很难完全不同。

与多层递归网络一样，更新矩阵用 $W^{(k)}$ 表示，并用于对列向量 $[\overline{h}_t^{(k-1)}, \overline{h}_{t-1}^{(k)}]^{\mathrm{T}}$ 进行

预乘。但是，这个矩阵的大小㊀为 $4p\times 2p$，因此将大小为 $2p$ 的向量预乘以 $W^{(k)}$ 将得到大小为 $4p$ 的向量。在这种情况下，更新中使用对应于 $4p$ 维向量的 4 个 p 维中间变量 $\overline{i}$、$\overline{f}$、$\overline{o}$ 和 $\overline{c}$。中间变量 $\overline{i}$、$\overline{f}$ 和 $\overline{o}$ 分别称为输入、遗忘和输出变量，因为它们在更新单元状态和隐藏状态中扮演着重要角色。隐藏状态向量 $\overline{h}_t^{(k)}$ 和单元状态向量 $\overline{c}_t^{(k)}$ 的确定使用多步骤过程，首先计算这些中间变量，然后从这些中间变量计算隐藏变量。注意中间变量向量 $\overline{c}$ 和主要单元状态 $\overline{c}_t^{(k)}$ 之间的区别，它们的作用完全不同。更新如下：

$$
\begin{array}{l} \text{输入门：} \\ \text{遗忘门：} \\ \text{输出门：} \\ \text{新 C 状态：} \end{array}
\begin{bmatrix} \overline{i} \\ \overline{f} \\ \overline{o} \\ \overline{c} \end{bmatrix} = \begin{pmatrix} \text{sigm} \\ \text{sigm} \\ \text{sigm} \\ \tanh \end{pmatrix} W^{(k)} \begin{bmatrix} \overline{h}_t^{(k-1)} \\ \overline{h}_{t-1}^{(k)} \end{bmatrix} \quad \text{[设置中间变量]}
$$

$$
\overline{c}_t^{(k)} = \overline{f} \odot \overline{c}_{t-1}^{(k)} + \overline{i} \odot \overline{c} \quad \text{[选择性遗忘和加入长期记忆]}
$$

$$
\overline{h}_t^{(k)} = \overline{o} \odot \tanh(\overline{c}_t^{(k)}) \quad \text{[选择性泄露长期记忆至隐藏状态]}
$$

这里，向量的元素乘积用⊙表示，符号 sigm 表示 sigmoid 运算。对于第一层（即 $k=1$），应将以上方程中的符号 $\overline{h}_t^{(k-1)}$ 替换为 $\overline{x}_t$，并且矩阵 $W^{(1)}$ 的大小为 $4p\times(p+d)$。在实际情况下，上述更新中也使用了偏置㊁，但为了简单起见在此将其省略。前面提到的更新似乎很晦涩，因此需要对其进行进一步说明。

上述等式序列中的第一步是设置中间变量向量 $\overline{i}$、$\overline{f}$、$\overline{o}$ 和 $\overline{c}$，尽管前三个变量是 $(0,1)$ 中的连续值，但在概念上应将它们视为二元值。将一对二元值相乘就像在一对布尔值上使用与门。此后，我们将此操作称为门控。向量 $\overline{i}$、$\overline{f}$、$\overline{o}$ 分别称为输入门、遗忘门和输出门。特别地，这些向量在概念上用作布尔门，用于确定（i）是否添加到单元状态，（ii）是否忘记单元状态，以及（iii）是否允许从单元状态泄露到隐藏状态。对输入、遗忘和输出变量使用二元抽象有助于理解更新所做出的决策类型。实际上，这些变量中包含 $(0,1)$ 中的连续值，如果将输出视为概率，则能够以概率的方式增强二元门的作用。在神经网络设置中，必须使用连续函数以确保梯度更新所需的可微性。向量 $\overline{c}$ 包含新的单元状态内容，而输入门和遗忘门会调节允许更改多少先前的单元状态（以保留长期记忆）。

在上面的第一个方程中，使用第 k 层的权重矩阵 $W^{(k)}$ 设置了四个中间变量 $\overline{i}$、$\overline{f}$、$\overline{o}$ 和 $\overline{c}$。现在让我们检查第二个方程，其中使用了一些中间变量来更新单元状态：

$$
\overline{c}_t^{(k)} = \underbrace{\overline{f} \odot \overline{c}_{t-1}^{(k)}}_{\text{重置？}} + \underbrace{\overline{i} \odot \overline{c}}_{\text{增量？}}
$$

该方程分为两部分。第一部分使用 $\overline{f}$ 中的 p 个遗忘位来决定将前一个时间戳的 p 个单元状态中的哪一个重置㊂为 0。它使用 $\overline{i}$ 中的 p 个输入位来决定是否将 $\overline{c}$ 中的相应分量增加到每个单元状态中。请注意，单元状态的这种更新是以加法形式进行的，这有助于避免由乘法更新引起的梯度消失问题。可以将单元状态向量视为连续更新的长期记忆，其中遗忘位和输入位分别决定（i）是否从前一个时间戳重置单元状态并忘记过去，以及（ii）是否从前一个时间戳增加单元状态，以将新信息从当前单词合并到长期记忆中。向量 $\overline{c}$ 包含用

㊀ 在第一层，矩阵 $W^{(1)}$ 的大小为 $4p\times(p+d)$ 因为它与大小为 $p+d$ 的矩阵相乘。

㊁ 与遗忘门相关的偏置尤其重要。遗忘门的偏置通常被初始化为大于 1 的值[228]，因为它似乎避免了初始化时梯度消失的问题。

㊂ 这里，我们将遗忘位当作二进制位的向量，尽管它在（0,1）中包含连续值（这可以被视为概率）。如前所述，二元抽象帮助我们理解改操作的概念本质。

于增加单元状态的 p 个量，它们是 [−1,+1] 中的值，因为它们都是 tanh 函数的输出。

最后，使用来自单元状态的泄露来更新隐藏状态 $\overline{h}_t^{(k)}$。隐藏状态更新如下：

$$\overline{h}_t^{(k)} = \underbrace{\overline{o} \odot \tanh(\overline{c}_t^{(k)})}_{\text{泄露}\overline{c}_t^{(k)}\text{至}\overline{h}_t^{(k)}}$$

这里，我们根据输出门（由 $\overline{o}$ 定义）是 0 还是 1，将每 p 个单元状态的功能形式复制到每 p 个隐藏状态中。当然，在神经网络的连续设置中，会发生部分门控，只有一部分信号从每个单元状态复制到相应的隐藏状态。值得注意的是，最终函数并不总是使用 tanh 激活函数。可以使用以下替代更新：

$$\overline{h}_t^{(k)} = \overline{o} \odot \overline{c}_t^{(k)}$$

与所有神经网络一样，反向传播算法也用于训练目的。

为了了解 LSTM 为什么比普通 RNN 提供更好的梯度流，让我们检查具有单层且 $p=1$ 的简单 LSTM 的更新。在这种情况下，可以将单元更新简化为以下内容：

$$c_t = c_{t-1} * f + i * c \tag{7.8}$$

因此，c_t 相对于 c_{t-1} 的偏导数为 f，这意味着 c_t 的后向梯度流与遗忘门 f 的值相乘。由于元素操作，该结果可泛化为状态维数 p 的任意值。最初，遗忘门的偏置通常设置为较高的值，因此梯度流的衰减相对较慢。遗忘门 f 在不同的时间戳上也可以不同，这降低了出现梯度消失问题的可能性。隐藏状态可以用单元状态表示为 $h_t = o * \tanh(c_t)$，因此可以使用单个 tanh 导数来计算 h_t 的偏导数。换句话说，长期单元状态就像梯度超高速公路，有一部分梯度到达输出门为它选定的出口就会下高速，前往隐藏层。

7.6　门控循环单元

门控循环单元（GRU）可以看作 LSTM 的简化，它不使用显式的单元状态。另一个区别是，LSTM 使用单独的遗忘门和输出门直接更改在隐藏状态的信息。另外，GRU 使用单个重置门来实现相同的目标。但是，就如何部分重置隐藏状态而言，GRU 中的基本思想与 LSTM 十分相似。与前面一样，符号 $\overline{h}_t^{(k)}$ 表示 $k \geqslant 1$ 的第 k 层的隐藏状态。为了方便起见，我们还假定输入层 $\overline{x}_t$ 可以用 $\overline{h}_t^{(0)}$ 表示（尽管该层显然没有隐藏）。与 LSTM 一样，我们假设输入向量 $\overline{x}_t$ 是 d 维的，而隐藏状态是 p 维的。相应地调整第一层中转换矩阵的大小以解决这个问题。

在 GRU 的情况下，我们分别使用大小[⊖]为 $2p \times 2p$ 和 $p \times 2p$ 的两个矩阵 $W^{(k)}$ 和 $V^{(k)}$。将大小为 $2p$ 的向量与 $W^{(k)}$ 预乘得到大小为 $2p$ 的向量，这个向量将通过 sigmoid 激活函数来创建两个 p 维中间变量 $\overline{z}_t$ 和 $\overline{r}_t$。中间变量 $\overline{z}_t$ 和 $\overline{r}_t$ 分别称为更新门和重置门。确定隐藏状态向量 $\overline{h}_t^{(k)}$ 使用两步过程，首先计算这些门，然后使用它们来决定用权重矩阵 $V^{(k)}$ 对隐藏向量改变多少：

$$\begin{matrix}\text{更新门：}\\ \text{重置门：}\end{matrix} \begin{bmatrix}\overline{z}\\ \overline{r}\end{bmatrix} = \begin{pmatrix}\text{sigm}\\ \text{sigm}\end{pmatrix} W^{(k)} \begin{bmatrix}\overline{h}_t^{(k-1)}\\ \overline{h}_{t-1}^{(k)}\end{bmatrix} \quad [\text{设置门}]$$

$$\overline{h}_t^{(k)} = \overline{z} \odot \overline{h}_{t-1}^{(k)} + (1-\overline{z}) \odot \tanh V^{(k)} \begin{bmatrix}\overline{h}_t^{(k-1)}\\ \overline{r} \odot \overline{h}_{t-1}^{(k)}\end{bmatrix} \quad [\text{更新隐藏状态}]$$

⊖ 在第一层（$k=1$），这两个矩阵的大小分别为 $2p \times (p+d)$ 和 $p \times (p+d)$。

这里，向量的元素乘积用⊙表示，符号 sigm 表示 sigmoid 运算。对于第一层（即 $k=1$），应将上述方程中的符号 $\overline{h}_t^{(k-1)}$ 替换为 $\overline{x}_t$。此外，矩阵 $W^{(1)}$ 和 $V^{(1)}$ 的大小分别为 $2p\times(p+d)$ 和 $p\times(p+d)$。我们也没有提到这里的偏置，但是它们通常包含在实际的实现中。下面我们将提供这些更新的进一步说明，并将它们与 LSTM 的更新进行对比。

正如 LSTM 使用输入门、输出门和遗忘门来决定从前一个时间戳中传递给下一步的信息一样，GRU 使用更新门和重置门。GRU 没有单独的内部记忆，还需要较少的门来执行从一个隐藏状态到另一隐藏状态的更新。因此，关于更新门和重置门的确切作用出现了一个自然的问题。重置门 $\overline{r}$ 决定从前一个时间戳保留多少隐藏状态以进行基于矩阵的更新（如循环神经网络）。更新门 $\overline{z}$ 决定此次基于矩阵更新所做贡献的相对强度，以及来自前一时间戳的隐藏向量 $\overline{h}_{t-1}^{(k)}$ 的更直接的贡献。通过允许直接（部分）复制上一层的隐藏状态，在反向传播期间，梯度流变得更加稳定。GRU 的更新门同时扮演输入的角色，而 LSTM 中的遗忘门分别以$\overline{z}$和 $1-\overline{z}$的形式出现。但是，GRU 和 LSTM 之间的映射并不精确，因为它直接在隐藏状态（并且没有单元状态）上执行这些更新。像 LSTM 中的输入门、输出门和遗忘门一样，更新门和重置门是中间的“暂存”变量。

为了理解为什么 GRU 能比普通 RNN 提供更好的性能，我们研究具有单层和单个状态维度 $p=1$ 的 GRU。在这种情况下，GRU 的更新公式可以写为：

$$h_t = z\cdot h_{t-1} + (1-z)\cdot \tanh[v_1\cdot x_t + v_2\cdot r\cdot h_{t-1}] \tag{7.9}$$

请注意，在这种单层情况下缺少层上标。这里，v_1 和v_2 是 2×1 矩阵 V 的两个元素。然后，很容易得到：

$$\frac{\partial h_t}{\partial h_{t-1}} = z + (\text{加法项}) \tag{7.10}$$

将后向梯度流乘以该因子。这里，$z\in(0,1)$ 项有助于传递无阻碍的梯度流，并使计算更稳定。此外，由于加法项在很大程度上取决于 $1-z$，因此即使 z 的值很小，总的乘法因子也趋于 1。另一个要点是，每个时间戳的 z 值和乘数 $\frac{\partial h_t}{\partial h_{t-1}}$ 都不同，这往往会降低梯度消失或爆炸的可能性。

尽管 GRU 是 LSTM 的简化，但不应该把它当作 LSTM 的一个特例。文献［71,228］中提供了 LSTM 和 GRU 的比较。这两个模型的性能大致相似，相对性能似乎取决于具体的任务。GRU 更简单，并具有易于实施和提高效率的优势。由于参数足迹较小，它可能会通过较少的数据概括出更好的结果[71]，但随着数据量的增加，LSTM 将是更可取的。文献［228］中的工作还讨论了与 LSTM 相关的几个实际实现问题。LSTM 比 GRU 得到了更广泛的测试，仅仅因为它是一个较旧的架构并且广泛流行。因此，通常将其视为更安全的选择，尤其是在使用更长的序列和更大的数据集时。文献［160］中的工作还表明，LSTM 的任何变体都不能以稳定的方式获得更可靠的结果。这是因为显式的内部记忆和更新 LSTM 时更大的以门为中心的控制。

7.7 循环神经网络的应用

循环神经网络在机器学习中有很多应用，比如信息检索、语音识别和手写识别。文本数据构成了 RNN 应用中的主要配置，但也有一些计算生物学中的应用。RNN 的大多数应用属于以下两类：

1. **条件语言建模**：当循环网络的输出是一种语言模型时，可以通过上下文来增强它，以便为上下文提供相关的输出。在大多数情况下，上下文是另一个神经网络的输出。例如，在图像描述中，上下文是由卷积网络提供的图像的神经网络表示，语言模型为图像提供描述。在机器翻译中，上下文是源语言中的句子表示（由另一种 RNN 生成），目标语言中的语言模型提供翻译。

2. **利用符号特定的输出**：在不同符号上的输出可以被用来学习单个语言模型以外的其他属性。比如，不同时间戳下输出的标签可以对应符号的不同属性（比如词性）。在手写识别中，标签可以对应于字符。有些情况下，所有的时间戳上都可以没有输出，但句子的结束标志可以为整个句子输出一个标签。这种方法被称为句子级别分类，它经常被用来进行情感分析。一些应用中使用了双向循环网络，因为单词两侧的上下文都很有帮助。

下面将概述循环神经网络的众多应用。这里大部分情况下，我们将在说明和图示中使用一个单层循环网络作为例子，但在更一般的情况下使用的其实是一个多层 LSTM 网络。在其他情况下使用的是一个双向 LSTM 网络，因为它的性能最好。在以下应用中，用多层或双向 LSTM 替换单层 RNN 都很简单。更大的目标是说明如何在这些设置中使用这一系列的架构。

7.7.1 应用于自动图像描述

在图像描述中，训练数据包含图像-描述对。比如，图 7.9 左边的图像是从 NASA 的网站[⊖]获取的。该图像的描述是“cosmic winter wonderland”。一个数据集中可能包含数十万对这样的图像-描述对。这些图像-描述对用来训练神经网络的权重。训练完成后，未知的测试示例所对应的描述就可以被预测出来。因此，这个方法可以被看成是学习图像到句子的例子。

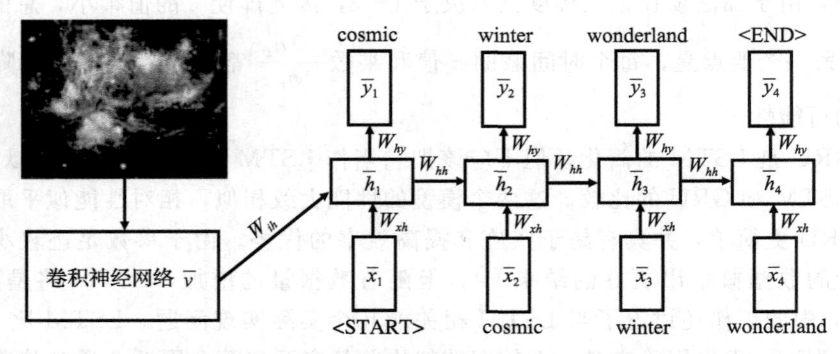

图 7.9 通过循环神经网络进行图像描述的示例。需要一个额外的卷积神经网络去表示学到的图像表示。用向量$\bar{v}$表示图像，它也是卷积神经网络的输出

自动图像描述存在的一个问题是，图像表示的学习需要用到一个单独的神经网络，其中卷积神经网络是一个较为常用的架构。第 8 章将对卷积神经网络进行详细的讨论。考虑卷积神经网络将产生的 q 维向量作为输出表示，这个向量之后被用作神经网络的输入，但

⊖ https://www.nasa.gov/mission_pages/chandra/cosmic-winter-wonderland.html

只在第一个时间戳进行输入[⊖]。为了解释这个额外的输入，我们需要另一个 $p \times q$ 的矩阵 W_{ih}，它将图片的表示映射到隐藏层。因此，更新不同层的方程现在需要被修改为：

$$\overline{h}_1 = \tanh(W_{xh}\overline{x}_1 + W_{ih}\,\overline{v})$$

$$\overline{h}_t = \tanh(W_{xh}\overline{x}_t + W_{hh}\,\overline{h}_{t-1}) \quad \forall t \geqslant 2$$

$$\overline{y}_t = W_{hy}\overline{h}_t$$

这里的一个重点是，卷积神经网络和循环神经网络并不是单独训练的。虽然可能会单独训练它们以产生初始值，但最后的权重都是通过把每个图像输入网络并将预测出的描述和真实描述进行匹配从而进行联合训练的。换句话说，对于每个图像-描述对，两个网络中的权重在预测描述中的任一特定词出现误差时都会被更新。实际上，误差是软性的，因为每个点上的词都是在一定概率下被预测的。这样的方法保证了学到的图像表示$\overline{v}$对于预测描述的特定应用是敏感的。

在所有的权重都被训练之后，一个测试图像会被输入整个系统，并通过卷积神经网络和循环神经网络。对于循环神经网络来说，第一个时间戳的输入是〈START〉和图像的表示。在之后的时间戳里，输入是之前的时间戳预测出的最有可能的词。还可以使用集束搜索来跟踪 b 个最可能在每个点扩展的序列前缀。这个方法和 7.2.1 节讨论的语言生成方法没有什么太大的不同，除了它是基于在 RNN 的一个时间戳里被输入的图像的表示。这样可以得出图像的相关描述的预测。

7.7.2　序列到序列的学习和机器翻译

就像可以将卷积神经网络和循环神经网络组合在一起进行图像描述一样，可以将两个循环网络组合在一起将一种语言翻译成另一种语言。这样的方法也称为*序列到序列学习*，因为是将一种语言的序列映射到另一种语言的序列。原则上，序列到序列学习的应用范围不限于机器翻译。例如，问答系统（QA）也可以看作序列到序列学习的应用。

下面，我们将为使用循环神经网络进行机器翻译提供一种简单的解决方法，尽管此类应用很少使用循环神经网络的简单形式直接解决。相反，循环神经网络的一种变体称为长短期记忆（LSTM）模型。这样的模型在学习长期依赖关系方面要好得多，因此在较长的句子上有较好的效果。由于使用循环神经网络的一般方法也适用于 LSTM，因此我们将提供有关（简单）RNN 的机器翻译的讨论。7.5 节中将对 LSTM 进行讨论，并且将机器翻译应用推广到 LSTM 是很简单的。

在机器翻译的应用中，两个不同的循环神经网络端到端进行连接，就像卷积神经网络和循环神经网络连接在一起以进行图像描述一样。第一个循环神经网络使用源语言中的单词作为输入。在这些时间戳上不产生任何输出，并且连续的时间戳积累有关处于隐藏状态的源语句的知识。随后，遇到句子结尾符号，第二个循环神经网络首先输出目标语言的第一个单词。第二个循环神经网络中的下一组状态集合以目标语言一个接一个地输出句子中的单词。这些状态也使用目标语言的单词作为输入，这对于训练实例而言可用，但不适用于测试实例（这里改为使用预测值）。此架构如图 7.10 所示。

⊖　原则上，也可以允许在所有时间戳中输入它，但这似乎只会降低性能。

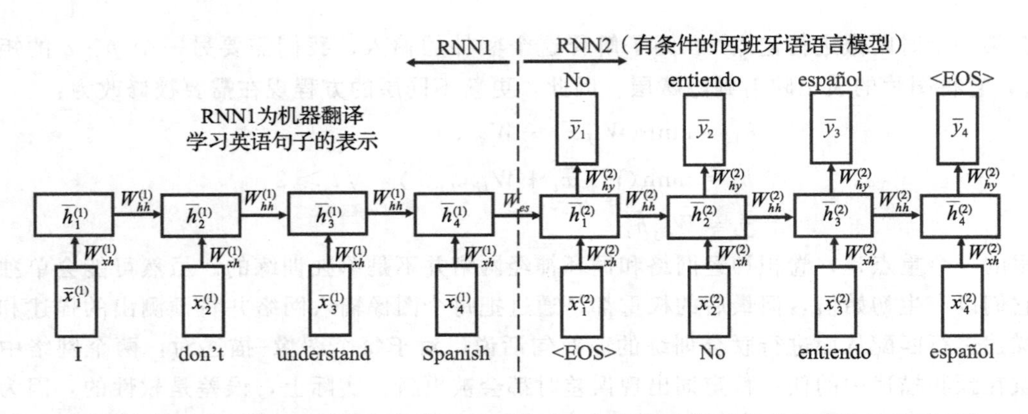

图 7.10 使用循环神经网络进行机器翻译。注意这里有两个分开的有各自的共享权重集合的 RNN。$\overline{h}_4^{(1)}$ 的输出是四个英文单词的固定长度编码

图 7.10 中的架构和自编码器很相似，甚至可以用于成对的同语言的相同句子，以创建句子的定长表示形式。两个循环神经网络被表示为 RNN1 和 RNN2，它们的权重是不同的。例如，RNN1 中连续时间戳的两个隐藏层节点之间的权重矩阵表示为 $W_{hh}^{(1)}$，而相应的 RNN2 中的权重矩阵表示为 $W_{hh}^{(2)}$。联合两个神经网络的权重矩阵 W_{es} 是特别的，并且对于两个网络都是独立的。这对于两个隐藏层向量大小不同的 RNN 来说很有必要，因为 $W_{hh}^{(1)}$ 和 $W_{hh}^{(2)}$ 和 W_{es} 的维数将会不同。为了简化，可以在两个网络中使用⊖相同大小的隐藏层向量，令 $W_{es}=W_{hh}^{(1)}$。RNN1 中的权重专门用于学习源语言中输入的编码，RNN2 中的权重专门用于使用该编码以创建目标语言中的输出语句。可以用与图像描述应用类似的方式看待此架构，除了使用两个循环网络而不是卷积-循环对。RNN1 的最后一个隐藏节点的输出是源语句的固定长度编码。因此，无论句子的长度如何，源句子的编码都取决于隐藏表示的维数。

源语言和目标语言中句子的语法和长度可能不同。为了提供目标语言的语法正确的输出，RNN2 需要学习其语言模型。值得注意的是，RNN2 中与目标语言相关联的单元的输入和输出的排列方式与语言建模 RNN 相同。同时，RNN2 的输出以它从 RNN1 接收的输入为条件，这有效地导致了语言翻译。为了实现此目标，使用了源语言和目标语言的训练对。该方法通过图 7.10 的架构传递源-目标对，并使用反向传播算法学习模型参数。由于只有 RNN2 中的节点具有输出，因此只有预测目标语言单词的过程中产生的误差被反向传播，用来训练两个神经网络中的权重。这两个网络被联合训练，因此，RNN2 中翻译后的输出中的误差优化了两个网络中的权重。实际上，这意味着 RNN1 学习的源语言的内部表示针对机器翻译应用进行了高度优化，并且与使用 RNN1 对源句子进行语言建模时所学习的非常不同。学习完参数后，首先通过 RNN1 运行该句子来翻译源语言中的句子，以向 RNN2 提供必要的输入。除了此上下文输入之外，〈EOS〉标签是 RNN2 第一个单元的另一个输入，它使 RNN2 以目标语言输出第一个词的可能性。选择最有可能使用集束搜索的词（参见 7.2.1 节），并将其用作下一个时间戳中循环网络单元的输入。递归应用此过程，直到 RNN2 中某个单元的输出也为〈EOS〉。与 7.2.1 节中一样，我们使用语言建模方法

⊖ 文献 [478] 的原始工作似乎使用了这个选项。谷歌神经机器翻译系统[579]中移除了该权重。该系统现在应用于谷歌翻译。

从目标语言生成一个句子，但特定的输出取决于源句子的内部表示。

将神经网络用于机器翻译是相对较新的技术。循环神经网络模型的复杂性大大超过了传统机器翻译模型。后一类方法使用以短语为中心的机器学习，这通常不够复杂，不足以学习两种语言的语法之间的细微差异。在实践中，使用多层深度模型来提高性能。

这种翻译模型的一个弱点是，当句子很长时，它们往往无法正常工作。已经提出了许多解决方案来解决该问题。最近的解决方案是将源语言中的句子以相反的顺序输入[478]。这种方法使这两种语言中句子的前几个单词在循环神经网络架构中的时间戳更接近。结果，目标语言中的前几个单词更有可能被正确预测。预测前几个单词的正确性也有助于预测后续单词，这些单词也取决于目标语言中的神经语言模型。

问答系统

序列到序列学习的一个很自然的应用是问答系统（QA）。问答系统设计有不同类型的训练数据。有两种常见的问答系统：

1. 在第一种类型中，答案是根据问题中的短语和线索词直接推断出来的。

2. 在第二种类型中，首先将问题转换为数据库查询，然后将其用于查询事实的结构化知识库。

序列到序列的学习在两种方法的设置中都可能有帮助。考虑第一种方法的设置，在该设置中，具有包含如下问题-答案对的训练数据：

What is the capital of China? 〈EOQ〉 The capital is Beijing. 〈EOA〉

这些类型的训练对与机器翻译情况下的可用训练方法没有太大区别，在这些情况下可以使用相同的技术。但是，请注意，机器翻译和问答系统之间的一个主要区别是后者的推理水平更高，这通常需要了解各种实体（例如，人、地点和组织）之间的关系。这一问题与*信息提取*的典型问题有关。通常，问题的提出总是围绕各种类型的命名实体及其之间的关系，因此信息提取有各种各样的使用方法。实体和信息提取在回答“什么/谁/何地/何时”类型的问题（例如面向实体的搜索）上十分有用，因为*命名实体*被用来表示人、位置、组织、日期和事件，*关系提取*提供有关它们之间相互作用的信息。可以将有关词的元属性（例如实体类型）合并为学习过程的附加输入。这种输入单元的具体示例在图 7.12 中进行了展示。

问答系统和机器翻译系统之间的一个重要区别是，后者是植入了大量文档（例如，像 Wikipedia 这样的大型知识库）。查询解析过程可以看作一种面向实体的搜索。从深度学习的角度来看，问答系统的一个重要挑战是，与通常的循环神经网络相比，其存储知识所需的容量要大得多。在这些设置下运行良好的深度学习架构是*记忆网络*[528]。问答系统具有许多不同的设置，可以在其中提供训练数据，还可以回答和评估各种类型的问题。在这种情况下，文献［527］中的工作讨论了许多模板任务，这些模板任务对于评估问答系统很有用。

一种不同的方法是将自然语言问题转换为根据面向实体的搜索提出的查询。与机器翻译系统不同，问题回答通常被认为是一个多阶段的过程，在该过程中，理解问题（根据正确表示的查询）有时比回答查询本身更困难。在这种情况下，训练对将对应于问题的非形式表达和形式表达。例如，一个可能的问题对如下所示：

$$\underbrace{\text{What is the capital of China? 〈EOQ1〉}}_{\text{自然语言问题}} \quad \underbrace{\text{CapitalOf}\,(\textit{China},?)\ \text{〈EOQ2〉}}_{\text{形式表达}}$$

右侧的表达是一个结构化的问题，它查询不同类型的实体，例如人、地点和组织。第一步是将问题转换为类似于上面的内部表示形式，这样更易于查询回答。可以使用训练问题对及其内部表示形式和循环网络来完成此转换。一旦将问题理解为面向实体的搜索查询，就可以向索引的语料库提出查询，可能已经从中预先提取了相关关系。因此，在这种情况下也要对知识库进行预处理，问题解析归结为将查询与提取的关系进行匹配。值得注意的是，这种方法受到表示问题的语法复杂性的限制，并且答案也可能是简单的单字响应。因此，这种方法通常用于更受限制的领域。在某些情况下，可以通过在创建查询表示之前将一个复杂的问题改写为一个简单的问题来学习如何释义[115,118]：

$$\underbrace{\text{How can you tell if you have the flu? ⟨EOQ1⟩}}_{\text{复杂问题}}\ \underbrace{\text{What are the signs of the flu? ⟨EOQ2⟩}}_{\text{释义后}}$$

尽管文献［118］中的工作似乎并未使用这种方法，但可以通过序列到序列学习来学习已释义的问题。随后，将已释义的问题转换为结构化的查询更为容易。另一个选择是以结构化形式提供问题。文献［216］中提供了支持来自 QA 训练对的事实性问题回答的循环神经网络的示例。但是，与纯序列到序列学习不同，它使用问题的依存关系分析树作为输入表示。因此，对问题的形式理解的一部分已经被编码到输入中。

7.7.3　应用于句子级别分类

在此问题中，出于分类目的，每个句子都被视为训练（或测试）实例。句子级别分类通常比文档级别分类更困难，因为句子短，并且向量空间表示中通常没有足够的证据来进行准确的分类。但是，以序列为中心的视图功能更强大，通常可用于执行更准确的分类。图 7.11 显示了用于句子级别分类的 RNN 架构。注意，与图 7.2b 的唯一区别是我们不再关心每个节点的输出，而是将类别输出推迟到句子的末尾。换句话说，在句子的最后一个时间戳上预测单个类别标签，并使用它来反向传播类别预测错误。

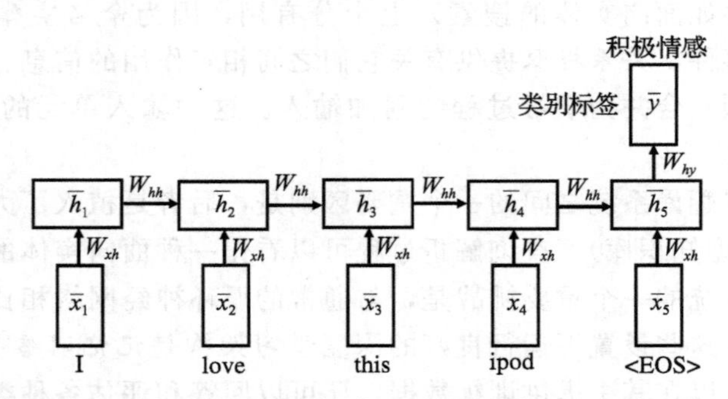

图 7.11　情感分析应用中区分“积极情感”和“消极情感”的句子级别分类的示例

情感分析中经常利用句子级别分类。这个问题试图通过分析句子的内容来发现用户对特定主题的看法有多积极或消极[6]。例如，可以将情感极性作为类别标签，并使用句子级别分类来确定句子是否表达了积极的情感。在图 7.11 所示的示例中，该句子清楚地表明了积极的情感。但是请注意，不能简单地根据向量空间表示包含“love”一词来推断积极情感。例如，如果在“love”之前出现诸如“don't”或“hardly”之类的词，则情感将从积极变为消极。这些词被称为上下文价移子[377]，它只能在以序列为中心的设置中发挥作用。循环神经网络可以处理这类设置，因为它们使用特定单词序列上的累积证据来预测类别标签。也可以将这种方法与语言特征结合起来。在下一节中，我们将展示如何使用语言特征进行词级别分类。类似的想法也适用于句子级别分类的情况。

7.7.4 利用语言特征进行词级别分类

词级别分类的应用包括信息提取和文本分段。在信息提取中，可以识别出对应于人、地点或组织的特定单词或单词组合。与典型的语言建模或机器翻译应用相比，在这些应用中单词的语言特征（大写、词性、拼写）更重要。但是，本节中讨论的用于合并语言特征的方法可以用于前面各节中讨论的任何应用。出于讨论的目的，考虑一个命名实体识别应用，其中每个实体都将被分类为对应于人（P）、位置（L）和其他（O）的类别之一。在这种情况下，训练数据中的每个词都具有这些标签之一。可能的训练语句示例如下：

$$\underbrace{\text{William}}_{P}\ \underbrace{\text{Jefferson}}_{P}\ \underbrace{\text{Clinton}}_{P}\ \underbrace{\text{lives}}_{O}\ \underbrace{\text{in}}_{O}\ \underbrace{\text{New}}_{L}\ \underbrace{\text{York}}_{L}$$

在实践中，标记方案通常更复杂，因为它会编码有关具有相同标签的词序列的开始和结束的信息。对于测试实例，有关词的标记信息不可用。

循环神经网络可以用与语言建模应用中相同的方式定义，但输出是被标签而不是下一个词集合定义的。在每个时间戳 t 输入的是词的独热编码 $\overline{x_t}$，输出 $\overline{y_t}$ 是标签。而且，我们还有一个额外的集合，包含维度为 q 的语言特征 $\overline{f_t}$，与时间戳为 t 的词相关联。这些语言特征可以编码大写和拼写等信息。因此，隐藏层接受了两个分别来自词和语言特征的输入。对应的架构如图 7.12 所示。我们有一个额外的 $p\times q$ 的矩阵 W_{fh}，它将特征 $\overline{f_t}$ 映射到隐藏层。然后，每一个时间戳 t 的循环条件如下：

$$\overline{h}_1=\tanh(W_{xh}\overline{x}_t+W_{fh}\overline{f}_t+W_{hh}\overline{h}_{t-1})$$
$$\overline{y}_t=W_{hy}\overline{h}_t$$

这里的主要创新在于对语言特征使用了额外的权重矩阵。输出标签类型的更改不会显著影响整体模型。在某些变体中，将语言特征和词序的特征作为单独的嵌入层串联（而不是把它们叠加起来）也可能会有所帮助。文献［565］中的工作为推荐系统提供了一个示例。整个学习过程也没有显著差异。在词级别分类应用中，使用双向循环网络有时会有所帮助，在双向循环网络中，在两个时间方向均会发生循环[434]。

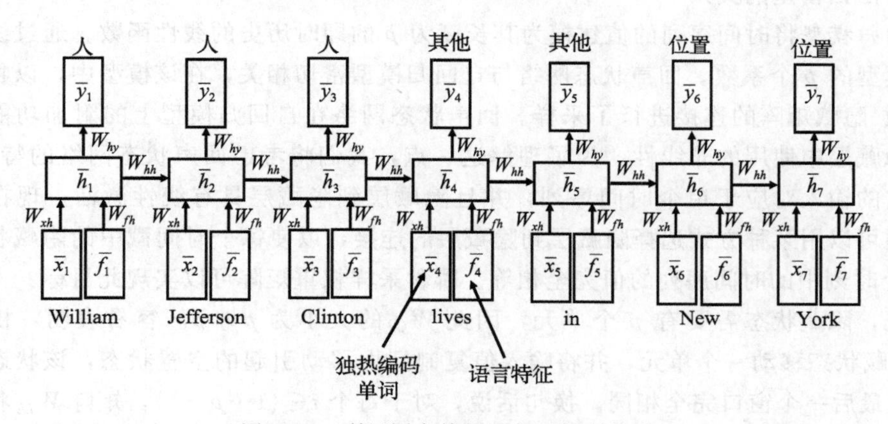

图 7.12 利用语言特征进行词级别分类

7.7.5 时间序列预测

对于时间序列预测来说，循环神经网络是一个自然的选择。时间序列预测与文本的主要区别在于，输入单元是实值向量，而不是（离散的）独热编码向量。对于实值预测，输出层始终使用线性激活，而不是softmax函数。在输出是离散值（例如，特定事件的标识符）的情况下，还可以使用具有softmax激活的离散输出。尽管可以使用循环神经网络的任何变体（例如LSTM或GRU），但时间序列分析中的常见问题之一是此类序列可能非常长。虽然LSTM和GRU提供了一定程度的保护，并增加了时间序列长度，但性能仍然受到限制。这是因为LSTM和GRU确实会在超过一定长度的序列中降级。许多时间序列可能具有大量带有各种类型的短期和长期依赖性的时间戳。在这些情况下，预测问题中存在着独特的挑战。

然而，在需要预测的时间序列的数量不是太大的情况下，存在很多有用的解决方法。最有效的方法是使用回声状态网络（参见7.4节），利用它可以有效地根据少量时间序列预测实值和离散观测值。注意输入数据数量少是很重要的一点，因为回声状态网络依赖于通过隐藏单元对特征空间进行随机扩展（参见7.4节）。如果原始时间序列的数量太大，那么充分扩展隐藏空间的维数以捕获此类特征工程可能不可行。值得注意的是，时间序列文献中的绝大多数预测模型实际上都是单变量模型。一个典型的例子是*自回归模型*，它使用历史的即时窗口来执行预测。

使用回声状态网络实现时间序列的回归和预测非常简单。在每个时间戳中，输入是d维向量，这些值对应于正在被建模的d个不同的时间序列。假定d个时间序列是同步的，这通常是通过预处理和插值来完成的。每个时间戳的输出是预测值。在预测中，预测值只是前面k个单元的不同时间序列的值。可以将这种方法视为具有离散序列的语言模型的时间序列模拟。还可以选择与数据中不存在的时间序列相对应的输出（例如，从一个股票预测另一个股票的价格），或者选择与离散事件相对应的输出（例如，设备故障）。所有这些情况之间的主要区别在于对输出的损失函数的特定选择。在时间序列预测的特定情况下，可以证明自回归模型和回声状态网络之间的清晰的关系。

与自回归模型的关系

*自回归模型*将时间序列的值建模为其长度为p的即时历史的线性函数。通过线性回归学习该模型的p个系数。回声状态网络与自回归模型密切相关，在该模型中，以特定的方式对隐藏-隐藏矩阵的连接进行了采样。回声状态网络在自回归模型上的附加功能来自隐藏层到隐藏层中使用的非线性。为了理解这一点，我们将考虑回声状态网络的特殊情况，其中，它的输入对应于单个时间序列，并且隐藏层到隐藏层具有线性激活。现在想象一下，我们可以用某种方式选择隐藏层到隐藏层的连接，以使每个时间戳中的隐藏状态的值与前p个时刻中的时间序列的值完全相等。哪种采样权重矩阵可以实现此目标？

首先，隐藏状态需要有p个单元，因此W_{hh}的大小为$p\times p$。容易表明，权重矩阵W_{hh}将隐藏状态移动一个单元，并将输入值复制到由移动引起的空置状态，该状态与包含p个点的最后一个窗口完全相同。换句话说，对于每个$i\in\{1\cdots p-1\}$，矩阵W_{hh}将具有形如$(i,i+1)$的正好$p-1$个非零条目。结果，将任何p维的列向量$\overline{h}_t$与W_{hh}进行预乘，都会将$\overline{h}_t$的条目移动一个单元。对于一个一维时间序列，元素x_t是进入回声状态网络的

第 t 个隐藏状态的一维输入，因此 W_{xh} 的大小为 $p\times1$。仅将 W_{xh} 的条目 $(p,0)$ 设置为 1 而其他条目设置为 0 会导致将 x_t 复制到 $\overline{h}_t$ 的第一个元素中。矩阵 W_{hy} 是学习到的权重的 $1\times p$ 矩阵，因此 $W_{hy}\overline{h}_t$ 得出观测值 y_t 的预测 $\hat{y}_t$。在自回归建模中，对于某些前瞻量 k，y_t 的值直接设置为 x_{t+k}，而 k 的值通常设置为 1。值得注意的是，矩阵 W_{hh} 和 W_{xh} 是固定的，并且只有 W_{hy} 才需要学习。这个过程导致了与时间序列自回归模型[3]相同的模型的开发。

时间序列自回归模型与回声状态网络的主要区别在于后者随机固定 W_{hh} 和 W_{xh}，并使用更大的隐藏状态维数。此外，在隐藏单元中使用了非线性激活。只要 W_{hh} 的谱半径（稍）小于 1，就可以将具有线性激活的矩阵 W_{hh} 和 W_{xh} 的随机选择视为自回归模型的基于衰减的变体。这是因为矩阵 W_{hh} 仅对先前的隐藏状态执行随机（但略有衰减的）变换。使用先前隐藏状态的衰减随机投影可以直接实现与先前状态的滑动窗移副本相似的目标。W_{hh} 的精确谱半径决定了衰减率。通过足够数量的隐藏状态，矩阵 W_{hy} 提供了足够的自由度来对最近历史的任何基于衰减的函数进行建模。此外，W_{xh} 的适当缩放比例可确保对最新条目的权重不会太大或太小。注意，回声状态网络确实测试了矩阵 W_{xh} 的不同缩放比例，以确保此输入的效果不会消除隐藏状态的影响。在时间序列自回归模型上，回声状态网络中的非线性激活为该方法提供了更大的能力。从某种意义来说，与现成的自回归模型相比，回声状态网络可以对时间序列的复杂非线性动态性进行建模。

7.7.6 时序推荐系统

近年来，研究人员针对推荐系统的时间建模已经提出了几种解决方案[465,534,565]。这些方法中的一些使用用户在时间方面的信息，而其他方法使用用户和项目在时间方面的信息。可以观察到，项目在时间上的属性比用户在时间上的属性更牢固。因此，仅在用户级别使用时间建模的解决方法通常就足够了。但是，一些方法[534]在用户级别和项目级别都执行时间建模。

下面，我们将讨论一个在文献 [465] 中讨论过的模型的简化。在时序推荐系统中，推荐过程中使用了和用户评分相关联的时间戳。考虑一个情况，其中观测到用户 i 在第 t 个时间戳对项目 j 的评分表示为r_{ijt}。为了简单起见，我们简单地假设第 t 个时间戳就是评分在按接收顺序排列的序列中的索引（很多模型使用现实的时间）。因此，由 RNN 建模的序列是评分值的序列，其中的评分值与其所属的用户和项目的以内容为中心的表示相关联。因此，我们想将评分值建模为一个在每个时间戳上具有以内容为中心的输入的函数。

下面描述这些以内容为中心的表示。假设评分r_{ijt}的预测值取决于（i）与项目关联的静态特征、（ii）与用户关联的静态特征，以及（iii）与用户关联的动态特征。与项目关联的静态特征可能是项目标题或描述，并且可以创建该项目的词袋表示。与用户相关联的静态特征可能是特定于用户的资料或此用户的固定访问历史记录，不会在数据集上进行更改。与用户相关联的静态特征通常也表示为一个词袋，甚至可以将项目-评分对视为伪关键字，以便将用户特定的关键字与评分活动结合在一起。在使用评分活动的情况下，始终使用用户访问的固定历史记录来设计静态特征。动态用户特征更加有趣，因为它们是基于动态变化的用户访问历史记录。在这种情况下，可以使用简短的项目-评分对历史作为伪关键字，并且可以在时间戳 t 处创建词袋表示。

在某些情况下，虽然没有明确的评分，但也可以使用隐式反馈数据，这些反馈数据对应于用户是否点击某个项目。在使用隐式反馈的情况下，负采样变得必要，其中未发生活动的用户-项目对随机包含在序列中。可以将这种方法看作基于内容和协作推荐方法的混合。尽管它确实像传统的推荐模型一样使用用户-项目-评分三元组，但在每个时间戳中都输入了用户和项目的以内容为中心的表示形式。但是，不同时间戳上的输入对应于不同的用户-项目对，因此也使用了不同用户和项目之间的评分模式的协作能力。

该推荐系统的总体架构如图 7.13 所示。显然，此架构包含三个不同的子网，用于从静态项目特征、静态用户特征和动态用户特征中创建特征嵌入。前两个子网是前馈网络，最后一个子网是循环神经网络。首先，使用级联或元素乘法将来自两个以用户为中心的网络的嵌入进行融合。在后一种情况下，有必要为静态和动态用户特征创建相同大小的嵌入。然后，这个在时间戳 t 处融合的用户嵌入和静态项目嵌入被用于预测时间戳 t 处的评分。对于隐式反馈数据，可以预测特定的用户-项目对的积极活动概率。选择的损失函数取决于要预测的评分的性质。训练算法需要使用一系列连续的训练三元组（具有固定的小批量大小）并同时反向传播到网络的静态和动态部分。

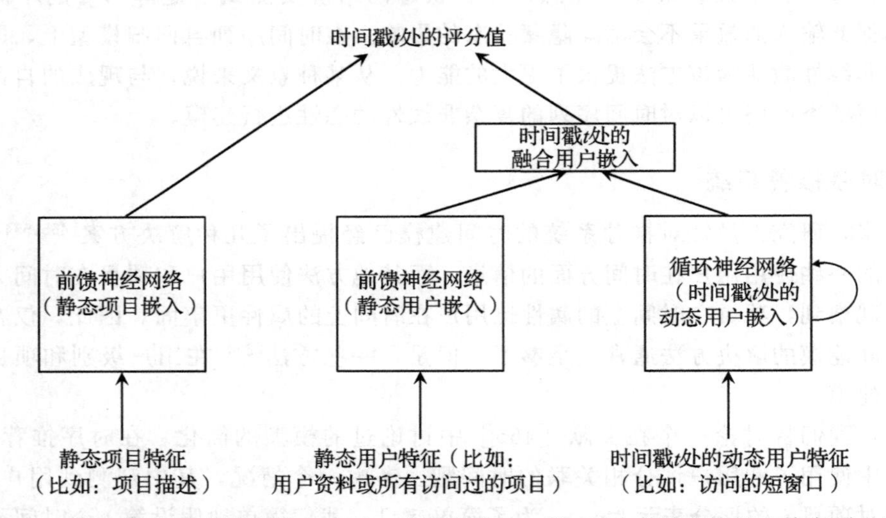

图 7.13　使用 RNN 的推荐系统。在每一个时间戳上，静态/动态用户特征和静态项目特征作为输入，并为该用户-项目组合输出评分

前面的介绍简化了文献 [465] 中的训练过程的几个方面。例如，假设在每个时间戳 t 都接收到一个单独的评分，并且固定的时间水平足以进行时间建模。实际上，不同的设置可能需要处理时序数据的时间粒度级别不同。因此，文献 [465] 中的工作提出了解决建模过程中不同粒度级别的方法。也可以在纯协同过滤机制下执行推荐，而不通过任何方式使用以内容为中心的特征。例如，可以㊀通过使用循环神经网络来改写 2.5.7 节中讨论的推荐系统（参考练习 3）。

另一项工作[565]将这个问题视为在电子商务网站上使用产品-操作-时间三元组的问题。这个想法是，网站记录每个用户对各种产品执行的顺序操作，例如从首页、类别页面或销

㊀ 尽管这种改写是最自然、最明显的，但我们在其他文献中没有看到过。因此，对读者来说，练习 3 可能是一个有趣的练习。

售页面访问产品页面，以及实际购买产品的页面。每个操作都有一个停留时间，该停留时间表示用户执行该操作所花费的时间。停留时间被离散为一组间隔，该间隔可以是均匀的，也可以是几何的，具体取决于当前的应用。将时间离散化为几何上增加的间隔是有意义的。

为每个用户收集一个序列，这个序列对应用户执行的一些操作。序列中第 r 个元素表示为$(\overline{p}_r,\overline{a}_r,\overline{t}_r)$，其中$\overline{p}_r$是独热编码的产品，$\overline{a}_r$是独热编码的操作，$\overline{t}_r$是独热编码的时间间隔的离散值。$\overline{p}_r$、$\overline{a}_r$和$\overline{t}_r$ 都是独热编码向量。一个以 W_p、W_a 和 W_t 为权重矩阵的嵌入层用来创建表示$\overline{e}_r=(W_p\overline{p}_r,W_a\overline{a}_r,W_t\overline{t}_r)$。这些矩阵通过使用 word2vec 训练从电子商务网站抽取出的序列进行预训练。接着，RNN 的输入就是$\overline{e}_1\cdots\overline{e}_T$，用来预测输出$\overline{o}_1\cdots\overline{o}_T$。在时间戳 t 处的输出对应于用户在该时间戳处的下一个操作。请注意，嵌入层还连接到循环网络，并且在反向传播期间（在其 word2vec 初始化之外）对其进行了微调。原始工作[565]还添加了一个注意力层，但即使没有该层也可以获得良好的结果。

7.7.7 蛋白质二级结构预测

在蛋白质结构预测中，序列中的元素是代表 20 个氨基酸之一的符号。这 20 种可能的氨基酸类似于文本设置中使用的词汇。因此，在这些情况下，输入的独热编码是有效的。每个位置与对应于蛋白质二级结构的类别标签相关。该二级结构可以是 α 螺旋、β 折叠或卷曲。因此，可以将这个问题简化为词级别分类。在输出层中使用三分类的 softmax。文献 [20] 中的工作使用双向循环神经网络进行预测。这是因为蛋白质结构预测是一个能够利用特定位置两侧的上下文的问题。通常，选择单向网络还是双向网络取决于预测是否与历史片段有因果关系或是否依赖双向的上下文。

7.7.8 端到端语音识别

在端到端语音识别中，尝试将原始音频文件转录为字符序列，同时尽可能减少中间步骤。为了使数据可以作为输入序列呈现，仍需要对其进行少量的预处理。例如，文献 [157] 中的工作使用 matplotlib python 工具包的 specgram 函数将数据表示为从原始音频文件生成的频谱图。所使用的宽度是 254 个傅里叶窗口，其中重叠 127 帧，每帧 128 个输入。输出是转录序列中的一个字符，转录序列可以包含字符、标点符号、空格，甚至空字符。标签可能会有所不同，具体取决于当前的应用。例如，标签可以是字符、音素或音符。双向循环神经网络最适合此设置，因为字符两侧的上下文有助于提高准确度。

与这种类型的设置相关的一个挑战是，需要音频的帧表示和转录序列对齐。这种对齐方式是无法通过先验得到的，实际上是系统的输出之一。这导致了分割与识别之间的循环依赖问题，也称为 Sayre 悖论。通过使用*连接时序分类*（connectionist temporal classification）解决了这个问题。在这种方法中，动态编程算法[153]与循环网络的（softmax）概率输出组合在一起，以确定使总生成概率最大化的对齐方式。有关详细信息，请参见文献 [153,157]。

7.7.9 手写识别

与语音识别密切相关的应用是手写识别[154,156]。在手写识别中，输入由一系列 (x,y) 坐标组成，这些坐标代表每个时间戳上笔尖的位置。输出对应于由笔所写的一系列字符。接下来，这些坐标用于提取其他特征，例如指示笔是否正在接触书写表面的特征、临近的线段之间的角度、书写的速度以及坐标的归一化值。文献［154］中的工作共提取了25个特征。显然，多个坐标将创建一个字符。但是，很难确切地知道每个字符将创建多少个坐标，因为不同人的笔迹和风格不同，导致坐标可能会有很大差异。像语音识别一样，正确分割的问题也带来了许多挑战。这与语音识别中遇到的 Sayre 悖论相同。

在无限制的手写识别中，笔迹包含一组*笔画*，将它们组合在一起可以获取字符。一种可能性是先识别笔画，然后使用它们来构建字符。但是，由于笔画边界标识是一种容易出错的任务，因此这种方法会导致结果不准确。由于错误倾向于在不同的阶段累加，因此将任务分解为单独的阶段并不是一个好想法。在基本级别上，手写识别的任务与语音识别没有什么不同。唯一的区别在于输入和输出的特定表示方式。与语音识别的情况一样，使用连接时序分类，其中将动态编程方法与循环神经网络的 softmax 输出组合。因此，对齐和按标签分类与动态编程同时进行，以使得特定输入序列生成特定输出序列的可能性最大化。详细信息可参考文献［154,156］。

7.8 总结

循环神经网络是一类用于序列建模的神经网络。它们可以表示为时间分层网络，其中权重在不同层之间共享。循环神经网络很难训练，因为它们容易产生梯度消失或梯度爆炸的问题。这些问题中的一些可以通过使用第 3 章中讨论的增强训练方法来解决。但是，还有其他方法可以训练更鲁棒的循环网络。一个特别的例子是使用长期短期记忆网络。该网络使用较温和的隐藏状态更新过程，以避免出现梯度消失和梯度爆炸的问题。循环神经网络及其变体已在许多应用中使用，例如图像描述、词级别分类、句子分类、情感分析、语音识别、机器翻译和计算生物学。

7.9 参考资料说明

循环网络的最早形式之一是 Elman 网络[111]。该网络是现代循环网络的前身。Werbos 提出了反向传播的最初版本[526]。文献［375］提供了另一种用于循环神经网络中反向传播的早期算法。尽管也有一些关于实值时间序列的工作[80,101,559]，但有关循环网络的绝大多数工作还是针对符号数据。文献［552］讨论了循环神经网络的正则化。

文献［220］讨论了隐藏-隐藏矩阵的谱半径对梯度消失/爆炸问题的影响。梯度爆炸问题和与循环神经网络相关的其他问题的详细讨论可以在文献［368,369］中找到。循环神经网络（及其高级变体）在 2010 年左右开始变得更具吸引力，这得益于硬件的进步、数据的增加和算法的调整。文献［140,205,368］讨论了不同类型的深度网络（包括循环网络）中梯度消失和梯度爆炸的问题。Mikolov 在其博士论文[324]中讨论了梯度截断规则。文献［271］讨论了包含 ReLU 的循环网络的初始化。

循环神经网络的早期变体包括回声状态网络[219]，它也被称为*液体状态机*[304]。这种范式也称为*储备池计算*。文献［301］提供了关于储备池计算原理的回声状态网络的概述。文献［214］讨论了批归一化的使用。文献［105］讨论了 teacher forcing 方法。文献［140］讨论了减少梯度消失和梯度爆炸问题的影响的初始化策略。

文献［204］首次提出了 LSTM，文献［476］讨论了其在语言建模中的用途。文献［205,368，369］讨论了与训练循环神经网络相关的挑战。文献［326］证明了也可以通过对隐藏-隐藏矩阵施加约束来解决与梯度消失和梯度爆炸相关的一些问题。具体而言，约束矩阵的一个块使其接近单位矩阵，以便相应的隐藏变量能够以与 LSTM 内存的缓慢更新几乎相同的方式缓慢更新。文献 [69,71,151,152,314,328] 讨论了用于语言建模的循环神经网络和 LSTM 的几种变体。文献 [434] 提出了双向循环神经网络。本章中对 LSTM 的讨论基于文献 [151]，文献 [69,71] 提出了一种可替代的门控循环单元(GRU)。文献 [233] 提供了了解循环神经网络的指南。在文献 [143,298] 中可以找到循环神经网络的以序列为中心的应用和自然语言应用的进一步讨论。LSTM 网络也用于序列标记[150]，这在情感分析中很有用[578]。文献 [225,509] 讨论了使用卷积神经网络和循环神经网络的组合来进行图像描述。文献 [69,231,480] 讨论了机器翻译中的序列到序列学习方法。文献 [20,154,155,157,378,477] 讨论了用于蛋白质结构预测、手写识别、翻译和语音识别的双向循环网络以及 LSTM。近年来，神经网络也被用于时间协同过滤，这在文献 [258] 中首次引入。文献 [465,534,560] 讨论了许多用于时间协同过滤的方法。文献 [439,440] 中讨论了利用网络的对话生成模型。文献 [504] 讨论了将循环神经网络用于动作识别。

循环神经网络也已经泛化为用于对数据中的任意结构关系建模的递归神经网络[379]。这些方法通过考虑树状计算图，将循环神经网络泛化用于树（而不是序列）。文献 [144] 讨论了它们在发现任务依赖表示中的用途。这些方法可以应用于将数据结构看作神经网络的输入的情况[121]。结构对应于线性依赖关系链的循环神经网络是递归神经网络的一种特殊情况。文献 [459,460,461] 讨论了将递归神经网络用于各种类型的自然语言应用和场景处理应用。

软件资源

很多软件框架都支持循环神经网络及其变体，例如 Caffe[571]、Torch[572]、Theano[573]和 TensorFlow[574]。DeepLearning4j 等其他框架也能够实现 LSTM[617]。文献 [578] 提供了使用 LSTM 网络进行情感分析的方法。此方法基于文献 [152] 中介绍的序列标记技术。一段著名的代码[580]是字符级 RNN，它对于学习目的有着特别的启发性。文献 [233,618] 提供了这段代码的概念性描述。

7.10 练习

1. 下载字符级 RNN[580]，并在同一地址的“tiny Shakespeare”数据集上对其进行训练。在训练（i）5 个 epoch、（ii）50 个 epoch 和（iii）500 个 epoch 之后，创建语言模型的输出。这三个输出之间有什么显著差异?
2. 考虑一个回声状态网络，其中隐藏层状态被分成 K 个组，每组有 p/K 个单元。在下一个时间戳中，只有特定组的隐藏层状态被允许在它们的组内相连接。讨论这个方法如何与构建了 K 个独立的回声状态网络并平均了 K 个网络的预测结果的集成学习方法相关联。
3. 展示如何修改 2.5.7 节中讨论的前馈网络架构，使其成为能够用于时序推荐系统的循环神经网络。实现这种修改，并 Netflix prize 数据集上比较其与前馈网络架构的性能。
4. 考虑一个循环网络，其中隐藏层状态的维数为 2。隐藏层状态之间用于转换的 2×2

矩阵 W_{hh} 中的每个条目都为 3.5。此外，在不同时间层的隐藏状态之间使用了 sigmoid 激活。这样的网络会更容易产生梯度消失或爆炸的问题吗？

5. 假设你有一个很大的生物字符串数据库，其中包含从 {A,C,T,G} 中提取的核碱基序列。一些字符串中包含不寻常的突变，代表核碱基的变化。提出一种使用 RNN 的无监督方法（即神经网络架构）以检测这些突变。

6. 如果给你提供了一个训练数据库，其中每个核碱基序列的突变位置都被标记了，而所提供的测试数据库却没有标记，那么相对于前一个问题中的网络，本题中你所建立的网络架构将会有哪些变化？

7. 推荐一些用于在序列到序列学习的机器翻译方法中预训练输入层和输出层的可能方法。

8. 考虑一个在发件人-收件人对之间传递大量消息的社交网络，我们只对包含标识关键字（称为主题标签）的消息感兴趣。使用 RNN 创建实时模型，该模型具有向每个用户推荐感兴趣的主题标签的能力，也能够推荐可能对带有该主题标签的消息感兴趣的该用户的潜在关注者。假设你有足够的计算资源来逐步训练 RNN。

9. 如果将训练数据集按特定因子重新缩放，则批归一化或层归一化学习到的权重是否发生变化？如果仅对训练数据集中的一小部分进行重新缩放，你的答案会是什么？如果将数据集重新集中，则在两种归一化方法中获得的权重都会受到影响吗？

10. 考虑这样的设置，其中你有一个由不同语言的成对句子组成的大型数据库。尽管对每种语言都有足够的表达能力，但是某些句子对可能在数据库中不能很好地表示。请展示如何使用这样的训练数据来 (i) 为所有语言的特定句子创建相同的通用代码，以及 (ii) 对数据库中未能很好表示的句子对进行翻译。

卷积神经网络

没有图画，灵魂永远不会思考。

——亚里士多德

8.1 简介

卷积神经网络被设计用来处理网格结构的输入，这些输入在网格的局部区域具有很强的空间依赖性。网格结构数据最典型的例子是二维图像。这种类型的数据还表现出空间相关性，因为图像中相邻的空间位置通常具有单个像素的相似颜色值。另一个维度捕获不同的颜色，从而创建一个三维输入空间。因此，卷积神经网络中的特征具有空间距离基础上的相互依赖性。其他形式的序列数据，如文本、时间序列，也可以被视为相邻项之间具有某种类型关系的特殊的网格结构数据。卷积神经网络的绝大多数应用集中在图像数据上，当然，也可以将这些网络用于所有类型的时间、空间和时空数据。

图像数据的一个重要特性是它具有一定的*平移不变性*，这在许多其他类型的网格结构数据中是不存在的。例如，一个香蕉无论在图像的顶部还是底部，它都有相同的含义。卷积神经网络倾向于从具有相似模式的局部区域创建相似的特征值。图像数据的一个优点是，通常可以直观地描述特定输入对特征表示的影响。因此，本章将主要讨论图像数据，此外还将简要讨论卷积神经网络在其他场合的应用。

卷积神经网络的一个重要定义特征是*卷积*操作。卷积操作是一组网格结构的权重和从输入的不同空间位置提取的相似网格结构输入之间的点积运算。这种类型的操作对于具有较高空间属性或其他位置属性的数据（例如图像数据）非常有用。因此，卷积神经网络被定义为在至少一层中使用卷积操作的网络，而大多数卷积神经网络会在多个层中使用卷积操作。

8.1.1 历史观点和生物启发

卷积神经网络是深度学习的首批成功案例之一，远远早于由最近训练技术的进步导致的其他类型架构的性能提高。事实上，在2011年之后的图像分类竞赛中，一些卷积神经网络架构取得了引人注目的成功，导致了人们对深度学习领域的广泛关注。2011年至2015年期间，ImageNet[581]上的top-5分类错误率基准已由超过25%降至4%以下。卷积神经网络非常适合具有深度的层次特征工程过程：所有领域中最深的神经网络都来自卷积网络方向。此外，这些神经网络也很好地说明了受生物启发的神经网络有时可以提供突破性的结果。当今最好的卷积神经网络在性能上已经达到或超过了人类的水平，这在几十年前是大多数计算机视觉专家认为不可能实现的一项壮举。

卷积神经网络的早期灵感来自Hubel和Wiesel在猫视觉皮层上的实验[212]。视觉皮层有对视野中特定区域敏感的小细胞区域。换句话说，如果视野的特定区域被激发，那么视觉皮层中的那些细胞也会被激活。此外，被激活的细胞也取决于视野中物体的形状和方向。例如，垂直方向边缘会导致一些神经元细胞被激活，而水平方向边缘会导致其他一些神经元细胞被激活。这些细胞通过分层架构连接起来，这一发现引发了一种猜想，即哺乳动物利用这些不同的层构造不同抽象层次的图像部分。从机器学习的角度来看，这一原理类似于分层特征提取。正如我们稍后将看到的，卷积神经网络通过在较前的层中编码原始形状和在较后的层中编码更复杂的形状来实现类似的功能。

基于这些生物启发，最早的神经模型是神经认知机[127]。然而，该模型与现代卷积神经网络有一些不同。最突出的区别是没有使用权重共享的概念。基于该架构开发了 LeNet-5[279]，它是第一批全卷积架构之一。这个网络被银行用来识别支票上的手写数字。从那以后，卷积神经网络没有太大的发展，主要的区别就是使用更多的层和稳定的激活函数（如 ReLU）。此外，在使用深度网络和大型数据集时，可以使用许多训练技巧和强大的硬件选项来获得更好的训练结果。

在提高卷积神经网络的知名度方面发挥了重要作用的一个因素是每年的 ImageNet 竞赛[582]（也称为“ImageNet 大规模视觉识别挑战赛”，ILSVRC）。ILSVRC 使用 ImageNet 数据集[581]，这在 1.8.2 节中进行了讨论。自 2012 年以来，卷积神经网络一直是这个竞赛的赢家。事实上，卷积神经网络在图像分类中的主导地位在今天得到了广泛的认可，以至于在最近的竞赛中，几乎所有参赛者使用的都是卷积神经网络。最早在 2012 年 ImageNet 竞赛中获得巨大成功的方法之一是 AlexNet[255]。此外，在过去几年中，准确度的提高是如此之大，以至于改变了该领域的研究格局。尽管绝大多数引人注目的性能提升发生在 2012 年至 2015 年，但最近的获胜者与一些最早的卷积神经网络之间的架构差异还是相当小，至少在概念层面上是如此。不过，在使用几乎所有类型的神经网络时，小细节似乎都很重要。

8.1.2 卷积神经网络的广义发现

任何一种神经架构成功的秘诀都在于根据对当前领域的语义理解来调整网络的结构。卷积神经网络在很大程度上基于这一原理，因为它们以领域敏感的方式使用具有高水平的参数共享的稀疏连接。换言之，并非某一特定层中的所有状态都以任意方式与前一层中的状态相连接。相反，特定层中的特征值仅连接到前一层中的局部空间区域，并且在图像的整个空间占用中具有一致的共享参数集。这种类型的架构可以看作一种领域感知的正则化，它来自 Hubel 和 Wiesel 早期工作中的生物学见解。总的来说，卷积神经网络的成功对于其他数据领域有着重要的借鉴意义。作为一个精心设计的架构，其中使用数据项之间的关系和依赖性，以减少参数占用，成为取得高准确度结果的关键。

在循环神经网络中，领域感知的正则化也很重要，因为循环神经网络共享来自不同时间段的参数。这种共享基于时间依赖性保持不变的假设。循环神经网络基于对时间关系的直观理解，而卷积神经网络则基于对空间关系的直观理解。后者的直观知识是直接受猫视觉皮层的生物神经元组织启发出来的。这一杰出的成果为探索如何利用神经科学来以聪明的方式设计神经网络提供了灵感。尽管人工神经网络只是对高度复杂的生物大脑的简易模拟，但不应低估通过研究神经科学的基本原理而获得的直觉[176]。

章节组织

本章安排如下。8.2 节将介绍卷积神经网络的基本知识、各种操作以及它们的组织方式。8.3 节将讨论卷积网络的训练过程。8.4 节是一些在最近的比赛中获胜的典型的卷积神经网络的案例研究。8.5 节将讨论卷积自编码器。8.6 节将讨论卷积网络的应用。8.7 节将进行总结。

8.2 卷积神经网络的基本结构

在卷积神经网络中，每一层的状态按照空间网格结构进行排列。这些空间关系从一层继承到下一层，因为每个特征值都基于前一层中的一个小的局部空间区域。保持网格单元之间的空间关系很重要，因为卷积操作和到下一层的转换严重依赖这些关系。卷积网络中的每一层都是三维网格结构，具有高度、宽度和深度。卷积神经网络的层深度不应与网络本身的深度混淆。“深度”（在单层上下文中使用时）是指每层中的通道数，例如输入图像中的原色通道（蓝色、绿色和红色）数或隐藏层中的特征图数。使用“深度”一词来指代每一层中的特征图数量以及层的数量是卷积网络中的术语滥用，所以我们在使用这个术语时要小心，以便从上下文中理解其语义。

卷积神经网络的运行与传统的前馈神经网络非常相似，只是它的层中的操作是通过层之间稀疏（且精心设计）的连接在空间上组织的。卷积神经网络中常见的三种层是*卷积层*、*池化层*和 *ReLU 层*。ReLU 激活函数与传统神经网络中的没有什么不同。此外，最后一组层通常是全连接的，并以特定于应用的方式映射到一组输出节点。在下面，我们将描述每种不同类型的操作和层，以及这些层在卷积神经网络中交织的典型方式。

为什么在卷积神经网络的每一层都需要深度？为了理解这一点，让我们来看看卷积神经网络的输入是如何组织的。卷积神经网络的输入数据被组织成二维网格结构，每个网格点的值被称为*像素*。因此，每个像素与图像中的空间位置相对应。但是，为了对像素的精确颜色进行编码，我们需要在每个网格位置使用多维数组。在 RGB 颜色方案中，我们有三种原色的强度，分别对应于红色、绿色和蓝色。因此，如果图像的空间维度为 32×32 像素，深度为 3（对应 RGB 颜色通道），则图像中的像素总数为 32×32×3。这种特定的图像大小是非常常见的，并且也出现在一个常用于基准测试的数据集（即 CIFAR-10[583]）中。这种组织的一个例子如图 8.1a 所示。在这个三维结构中表示输入层是很自然的，因为其中两个维度用于表示空间关系，而第三个维度用于表示这些通道上的独立属性。例如，原色的强度是第一层中的独立属性。在隐藏层中，这些独立的属性对应于从图像的局部区域提取的各种类型的形状。为了便于讨论，假设第 q 层中的输入大小为 $L_q \times B_q \times d_q$，其中 L_q 表示高度（或长度），B_q 表示宽度（或广度），d_q 表示深度。在几乎所有以图像为中心的应用中，L_q 和 B_q 的值是相同的。但是，我们将使用单独的高度和宽度标记以保持表示的通用性。

对于第一个（输入）层，这些值由输入数据的性质及其预处理决定。在上面的示例中，$L_1=32$，$B_1=32$，$d_1=3$。后面的层具有完全相同的三维组织，但特定输入的每个 d_q 二维网格不再被视为原始像素网格。此外，对于隐藏层，d_q 的值远大于 3，因为与分类相关的给定局部区域的独立属性的数目可能相当大。对于 $q>1$，这些网格的值被称为*特征图*或*激活图*。这些值类似于前馈网络隐藏层中的值。

在卷积神经网络中，参数被组织成一组三维结构单元，称为*滤波器*或*核*。滤波器在空间维度上通常是正方形的，通常比滤波器所应用的层的空间尺寸小得多。另外，*滤波器的深度始终与应用它的层的深度相同*。假设第 q 层中滤波器的尺寸为 $F_q \times F_q \times d_q$。图 8.1a 是 $F_1=5$ 和 $d_1=3$ 的一个滤波器示例。F_q 的值通常较小而且为奇数，其常用值是 3 和 5，在一些有趣的情况下还可以使用 1。

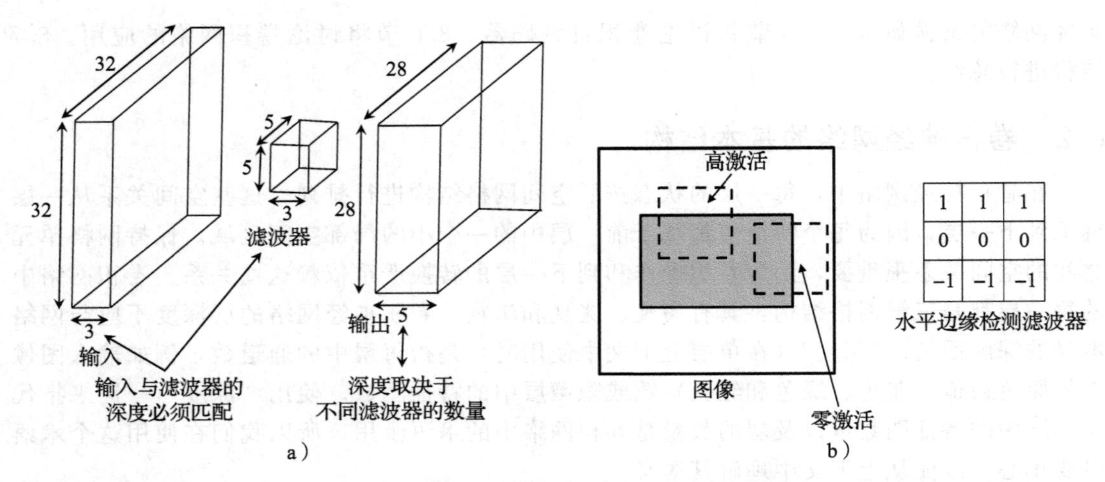

图 8.1　a）大小为 32×32×3 的输入层与大小为 5×5×3 的滤波器之间的卷积产生空间尺寸为 28×28 的输出层。输出的深度取决于不同滤波器的数量，而不是输入层或滤波器的尺寸。b）在图像上面滑动滤波器试图在图像的各个窗口中查找特定特征

卷积操作将滤波器放置在图像（或隐藏层）中每个可能的位置，使得滤波器与图像完全重叠，并且对滤波器中的$F_q \times F_q \times d_q$参数与输入空间（具有相同大小$F_q \times F_q \times d_q$）中的匹配网格执行点积。通过将输入空间和滤波器的相关三维区域中的条目视为大小为$F_q \times F_q \times d_q$的向量来执行点积，使得两个向量中的元素根据它们在网格结构中的相应位置进行排序。有多少个位置可以放置滤波器？这个问题很重要，因为每个这样的位置都会在下一层定义一个空间“像素”（或者更准确地说，是一个特征）。换句话说，滤波器和图像之间的对齐数定义了下一个隐藏层的空间高度和宽度。下一层特征的相对空间位置是基于上一层对应空间网格左上角的相对位置来定义的。在第 q 层中执行卷积时，可以将滤波器在沿高度为 $L_q+1=L_q-F_q+1$ 且沿宽度为$B_q+1=B_q-F_q+1$ 的位置对齐（使滤波器的一部分不从图像的边界“伸出”）。这就产生了 $L_q+1\times B_q+1$ 个可能的点积，它定义了下一个隐藏层的大小。在前面的例子中，L_2 和 B_2 的值定义如下：

$$L_2 = 32 - 5 + 1 = 28$$
$$B_2 = 32 - 5 + 1 = 28$$

下一个隐藏层尺寸为 28×28，如图 8.1a 所示。然而，该隐藏层的深度也为 $d_2=5$。这个深度是从哪里来的？这是通过使用 5 个不同的滤波器和它们自己独立的参数集得到的。从单个滤波器的输出获得的这 5 组空间排列特征中的每一组都被称为特征图。显然，特征图数量的增加是由于滤波器数量（即参数占用）的增加，第 q 层的滤波器数量为$F_q^2 \cdot d_q \cdot d_{q+1}$。每个层中使用的滤波器数量控制模型的容量，因为它直接控制参数的数量。此外，增加特定层中的滤波器的数量会增加下一层的特征图的数量（即深度）。根据我们在前一层中用于卷积操作的滤波器的数量，不同的层可能具有非常不同数量的特征图。例如，输入层通常只有三个颜色通道，但是后面的每个隐藏层的深度（即特征图的数量）都可能超过 500。滤波器试图在图像的小矩形区域中识别特定类型的空间模式，因此需要大量的滤波器来捕获各种可能的形状，这些形状组合在一起可以创建最终图像（而输入层中三个 RGB 通道就足够了）。通常，后面的层往往具有较小的空间占用，但特征图的数量较多，具有较大的深度。例如，图 8.1b 中所示的滤波器表示具有一个通道的灰度图像上的水平

边缘检测器，生成的特征将在每个检测到水平边缘的位置具有高激活。完全垂直的边缘将提供零激活，而倾斜的边缘可能提供中等激活。因此，在图像中的所有位置滑动滤波器，都将在输出的单个特征图中检测到图像的多个关键轮廓。多个滤波器用于创建具有多个特征图的输出。例如，另一个滤波器可能会创建垂直边缘激活的空间特征图。

我们现在可以正式定义卷积操作了。第 q 层中的第 p 个滤波器具有由三维张量 $W^{(p,q)}=[w_{ijk}^{(p,q)}]$ 表示的参数。字母 i、j 和 k 分别表示滤波器沿高度、宽度和深度的位置。第 q 层的特征图由三维张量 $H^{(q)}=[h_{ijk}^{(q)}]$ 表示。当 q 的值为 1 时（即 $H^{(1)}$）仅表示输入层（未隐藏）。然后，从第 q 层到第 $q+1$ 层的卷积操作定义如下：

$$
\begin{aligned}
h_{ijp}^{(q+1)} &= \sum_{r=1}^{F_q}\sum_{s=1}^{F_q}\sum_{k=1}^{d_q} w_{rsk}^{(p,q)} h_{i+r-1,j+s-1,k}^{(q)} \\
&\forall i \in \{1,\cdots,L_q-F_q+1\} \\
&\forall j \in \{1,\cdots,B_q-F_q+1\} \\
&\forall p \in \{1,\cdots,d_{q+1}\}
\end{aligned}
$$

上面的表达式似乎非常复杂，但底层的卷积操作实际上是整个滤波器上的简单点积，它在所有有效的空间位置 (i,j) 和滤波器（由 p 表示）上重复。直观地理解卷积操作的方法是将滤波器放置在图 8.1a 的第一层中 28×28 个可能的空间位置中的每一个，并在滤波器中 5×5×3=75 个值的向量和 $H^{(1)}$ 中相应的 75 个值之间执行点积。尽管图 8.1a 中的输入层的大小是32×32，在 32×32 的输入空间和 5×5 的滤波器之间也只有(32−5+1)×(32−5+1)种可能的空间对齐。

卷积操作让我们想起了 Hubel 和 Wiesel 的实验，他们利用视野的小区域中的激活来激活特定的神经元。在卷积神经网络中，该视野由滤波器定义，该滤波器应用于图像的所有位置，以在每个空间位置检测某形状的存在。此外，较前层中的滤波器倾向于检测更基本的形状，而较后层中的滤波器则会创建这些基本形状的更复杂的组合。这并不特别令人惊讶，因为大多数深度神经网络都擅长层次特征工程。

卷积的一个性质是*平移不变性*。换言之，如果我们将输入中的像素值向任何方向移动一个单位，然后应用卷积，则相应的特征值将随输入值而移动。这是因为在整个卷积中滤波器会共享参数：不管图像的特定空间位置如何，都应该以相同的方式处理图像任何部分中存在的特定形状。

下面，我们将提供一个卷积操作的例子。在图 8.2 中，为了简单起见，我们将输入层和滤波器的深度均设为 1（在只有单一颜色通道的灰度图像的情况下确实会这样）。请注意，层的深度必须与其滤波器/核的深度完全匹配，并且需要添加特定层的对应网格区域中所有特征图上的点积的贡献（在一般情况下），以便在下一层中创建单个输出特征值。图 8.2 描述了两个具体的卷积操作示例，在最下面一行有一个大小为 7×7×1 的层和一个 3×3×1 的滤波器。此外，下一层的整个特征图显示在图 8.2 的右上角。图中两个例子的输出分别为 16 和 26，这两个值是通过使用以下乘法和聚合运算得出的：

$$5\times1+8\times1+1\times1+1\times2=16$$
$$4\times1+4\times1+4\times1+7\times2=26$$

在上面的聚合中省略了带零的乘法。如果层及其对应的滤波器的深度大于 1，则对每个空间图执行上述运算，然后在滤波器的整个深度上聚合。

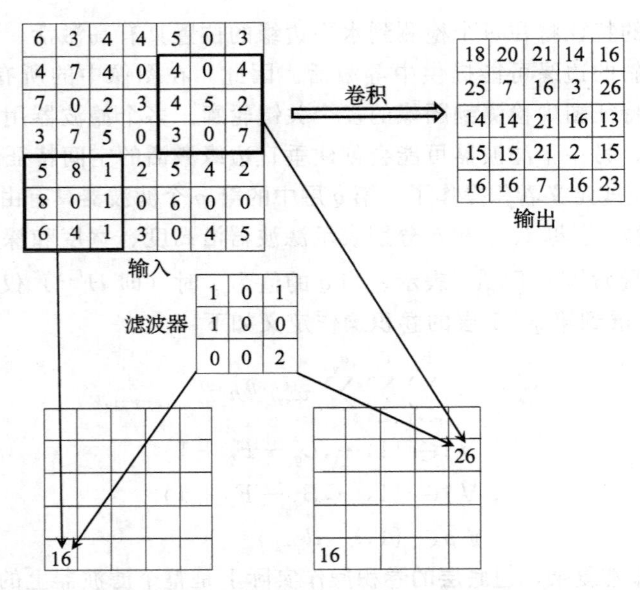

图 8.2　一个 7×7×1 输入和一个步长为 1 的 3×3×1 滤波器之间的卷积示例。为了简单起见，选择 1 作为滤波器/输入的深度。对于大于 1 的深度，将增加每个输入特征图的贡献，以在特征图中创建单个值。无论深度如何，单个滤波器都将始终创建单个特征图

第 q 层的卷积将特征的感受野从第 q 层增加到第 $q+1$ 层。换言之，下一层中的每个特征会在输入层中捕获更大的空间区域。例如，当在三层中连续使用 3×3 滤波器卷积时，第一、第二和第三隐藏层中的激活分别捕获原始输入图像中大小为 3×3、5×5 和 7×7 的像素区域。正如我们稍后将看到的，其他类型的操作进一步增加了感受野，因为它们减少了层的空间占用的大小。这是一个很自然的结果，因为后一层的特征在更大的空间区域上捕捉图像的复杂特征，然后将前一层的简单特征组合起来。

当执行从第 q 层到第 $q+1$ 层的操作时，计算层的深度 d_{q+1} 取决于第 q 层中的滤波器数量，并且它独立于第 q 层的深度或其任何其他维度。换句话说，第 $q+1$ 层中的深度 d_{q+1} 始终等于第 q 层中的滤波器数量。例如，图 8.1a 中第二层的深度为 5，因为在第一层中总共使用了 5 个滤波器进行转换。然而，为了在第二层中执行卷积（创建第三层），现在必须使用深度为 5 的滤波器以匹配该层的新深度，即使在第一层的卷积中使用了深度为 3 的滤波器（以创建第二层）。

8.2.1　填充

一个观察结果是，与第 q 层的大小相比，卷积操作减小了第 $q+1$ 层的大小。这种类型的尺寸缩减通常是不可取的，因为它往往会丢失沿图像边界（或在隐藏层的情况下，沿特征图边界）的一些信息。这个问题可以通过使用*填充*来解决。在填充中，在特征图的边界周围添加$(F_q-1)/2$“像素”，以保持空间占用。注意，在填充隐藏层的情况下，这些像素是实际的特征值。将每个填充特征值设为 0，与填充的是输入层还是隐藏层无关。这样，输入空间的高度和宽度都将增加 F_q-1，这正是它们在执行卷积之后（在输出空间中）减少的量。填充部分不贡献最终的点积，因为它们的值为 0。在某种意义上，填充所做的是让卷积操作实现滤波器的一部分从层的边界“伸出”，然后仅在定义值的层的部分执行点积。这

种类型的填充称为*半填充*，因为（几乎）一半的滤波器是从空间输入的所有边伸出的，在这种情况下，滤波器被放置在沿边缘的末端空间位置。半填充是为了精确地保持空间占用。

当不使用填充时，产生的“填充”也称为*有效填充*。从实验的角度来看，有效填充通常不起作用。使用半填充可以确保层边界的一些关键信息以独立的方式表示。在有效填充的情况下，与中心像素相比，在下一隐藏层中层边界上像素的贡献将表示不足，这是不理想的。此外，这种表示不足将在多个层上叠加。因此，填充通常在所有层中执行，而不只是在空间位置对应于输入值的第一层中执行。假设层的大小为 32×32×3，滤波器的大小为 5×5×3。因此，共有(5−1)/2＝2 个零填充在图像的所有边上。这样，32×32 的空间占用首先由于填充而增大到 36×36，然后在进行卷积后又减小到 32×32。单个特征图的填充的一个示例参见图 8.3，其中在图像（或特征图）的所有边上填充两个零。这与上面讨论的情况类似（加上两个零），只是为了节省篇幅，图像的空间尺寸远小于 32×32。

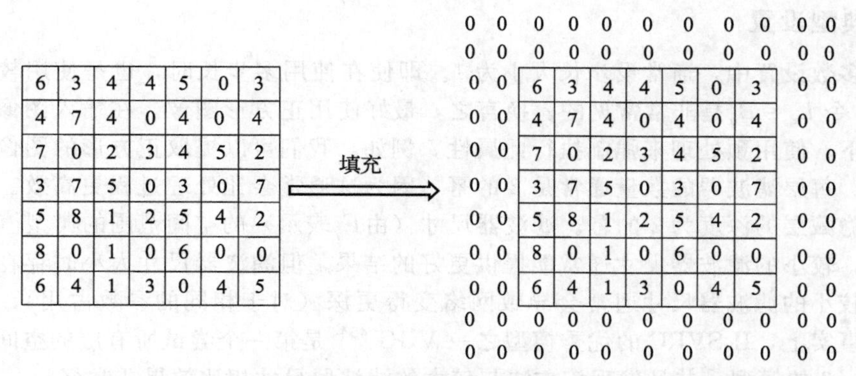

图 8.3　填充示例。以这种方式填充第 q 层整个深度中的 d_q 个激活图

另一种有用的填充形式是*完全填充*。在完全填充中，我们允许滤波器（几乎）完全从输入的各个方向伸出。换言之，允许大小为 F_q-1 的滤波器的一部分从具有仅一个空间特征的重叠的输入的任何方向伸出。例如，滤波器和输入图像可能在一个末端角落的单个像素处重叠。因此，输入在每一侧用 F_q-1 个零填充。换句话说，输入的每个空间维度增加 $2(F_q-1)$。因此，如果原始图像中的输入维度为 L_q 和 B_q，输入中的填充空间维度变为 $L_q+2(F_q-1)$ 和 $B_q+2(F_q-1)$。在执行卷积之后，层 $q+1$ 中的特征图维度分别变为 L_q+F_q-1 和 B_q+F_q-1。卷积通常会减少空间占用，而完全填充则会增加空间占用。有趣的是，完全填充将空间占用的每个维度增加相同的值 F_q-1，而没有填充会减少该值。*这种关系不是巧合，因为“反向”卷积操作可以通过在完全填充输出（原始卷积的）上应用另一个卷积来实现，该卷积具有适当定义的相同大小的核*。这种“反向”卷积经常出现在卷积神经网络的反向传播和自编码器算法中。完全填充的输入是有用的，因为它们增加了空间占用，这在几种类型的卷积自编码器中是需要的。

8.2.2 步长

卷积还有其他方法可以减少图像（或隐藏层）的空间占用。上述方法在特征图的每个空间位置执行卷积。然而，这不是必要的。通过使用步长的概念可以降低卷积的粒度级别。上面的描述对应于使用步长为 1 时的情况。当在第 q 层中使用 S_q 的步长时，沿着第 q

层的两个空间维度在位置 1、S_q+1、$2S_q+1$ 等处执行卷积。执行此卷积[⊖]时输出空间的高度和宽度分别为$(L_q-F_q)/S_q+1$和$(B_q-F_q)/S_q+1$。这样，使用步长将使层的每个空间维度减少至大约 $1/S_q$，面积减少至 $1/S_q^2$，而由于边缘效应，实际的因子可能会变化。使用步长 1 是最常见的，但偶尔也会使用步长 2。在正常情况下很少使用超过 2 的步长。尽管 2012 年 ILSVRC 的获奖架构[255]的输入层中使用了步长 4，但在随后的一年中，获奖架构将步长减少到了 2[556]以提高准确度。较大的步长可能有助于内存受限的设置或在空间分辨率很高时减少过拟合。步长具有快速增加隐藏层中每个特征的感受野，同时减少整个层的空间占用的效果。当需要在图像的更大空间区域中捕获复杂特征时，增加感受野是有用的。正如我们稍后将看到的，卷积神经网络的层次特征工程过程会在后面的层中捕获更复杂的形状。从历史上看，感受野随着另一个操作（称为*最大池化*）而增加。近年来，更大的步长被用来代替最大池化[184,466]，这将在后面讨论。

8.2.3 典型设置

在大多数设置中，通常设步长大小为 1。即使在使用多步长时，也是使用较小的步长 2。此外，令 $L_q=B_q$是非常常见的。换言之，最好使用正方形图像。在输入图像不是正方形的情况下，使用预处理来强制执行此属性。例如，我们可以提取正方形的图像片段作为训练数据。每层滤波器的数量通常是 2 的幂，因为这通常会让处理过程更高效。这种方法也会导致隐藏层的深度为 2 的幂。滤波器尺寸（由F_q表示）的空间范围的典型值是 3 或 5。一般来说，较小的滤波器尺寸通常能提供更好的结果，但滤波器尺寸太小时存在一些实际的挑战。较小的滤波器尺寸通常会导致网络变得更深（对于相同的参数占用），因此往往更强大。事实上，ILSVRC 的优秀模型之一 VGG[454]是第一个尝试所有层的空间滤波器维数仅为$F_q=3$的模型，并且发现该方法与较大的滤波器尺寸相比效果非常好。

偏置的使用

在所有的神经网络中，都可以在前向操作中增加偏置。层中的每个滤波器都与其自身的偏置相关联。因此，第 q 层中的第 p 个滤波器的偏置为 $b^{(p,q)}$。当使用第 q 层中的第 p 个滤波器执行任何卷积时，$b^{(p,q)}$ 的值都被添加到点积中。使用偏置只会将每个滤波器中的参数数量增加 1，因此不会产生显著的开销。像所有其他参数一样，在反向传播过程中学习偏置的值。我们可以将偏置视为输入始终设置为+1 的连接权重。不管卷积的空间位置如何，所有卷积都使用这个特殊的输入。因此，可以假设在输入中出现了一个特殊像素，其值始终设置为 1。因此，第 q 层的输入特征数为 $1+L_q\times B_q\times d_q$。这是一个标准的特征工程技巧，用于在所有形式的机器学习中处理偏置。

8.2.4 ReLU 层

卷积操作与池化和 ReLU 操作相交织。这里的 ReLU 激活与它在传统神经网络中的应用没有太大区别。对于层中的每个 $L_q\times B_q\times d_q$值，应用 ReLU 激活函数来创建 $L_q\times B_q\times d_q$阈值。这些值随后传递到下一层。因此，应用 ReLU 不会更改层的维度，因为它是激活值的简单一对一映射。在传统神经网络中，激活函数与权重矩阵的线性变换相结合，产生下一层激活。类似地，ReLU 通常在卷积操作（这粗略等价于传统神经网络中的线性变

⊖ 这里假设L_q-F_q完全被S_q整除，以获得卷积滤波器与原始图像的干净拟合。否则，需要一些特别的修改来处理边缘效应，这通常不是理想的解决方案。

换）之后，并且在卷积神经网络架构的图示中，ReLU 层通常没有明确显示。

值得注意的是，ReLU 激活函数的使用是神经网络设计中的一个新进展。早期使用的是饱和激活函数（如 sigmoid 和 tanh)。然而，文献［255］表明，与使用这些激活函数相比，使用 ReLU 在速度和准确度方面具有巨大的优势。速度的提高也与准确度有关，因为它允许使用更深的模型，并进行更长时间的训练。近年来，在卷积神经网络设计中，ReLU 激活函数的使用已经取代了其他激活函数，因此本章将 ReLU 作为默认激活函数（除非另有说明)。

8.2.5 池化

池化操作是完全不同的。池化操作在每层 $P_q \times P_q$ 的小网格区域上工作，并生成具有相同深度（与滤波器不同）的另一层。对于每一个激活图中的每一个 $P_q \times P_q$ 的正方形区域，都返回其中的最大值。这种方法称为最大池化。如果设步长为 1，则将产生一个尺寸为 $(L_q - P_q + 1) \times (B_q - P_q + 1) \times d_q$ 的新层。但是，在池化中使用步长 $S_q > 1$ 更为常见。在这种情况下，新层的长度为 $(L_q - P_q)/S_q + 1$，宽度为 $(B_q - P_q)/S_q + 1$。因此，池化极大地减少了每个激活图的空间维度。

与卷积操作不同，池化是在每个激活图的层次完成的。卷积操作同时使用所有 d_q 个特征图和滤波器来生成单个特征值，而池化独立地在每个特征图上操作来生成另一个特征图上。因此，池化操作不会改变特征图的数量。换句话说，使用池化创建的层的深度与执行池化操作的层的深度相同。图 8.4 显示了步长为 1 和步长为 2 的池化的示例。在这里，我们在 3×3 的区域上使用池化。执行池化的区域的典型大小 P_q 为 2×2。如果步长为 2，则被池化的不同区域之间不会有重叠，并且使用这种类型的设置非常常见。然而，也有人提出在执行池化的空间单元之间有一些重叠是可取的，因为这使得该方法不太容易过拟合。

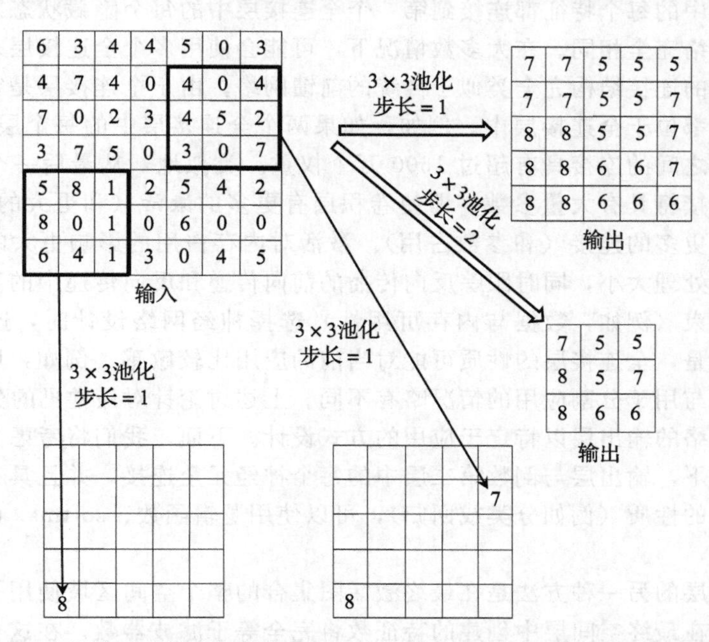

图 8.4 一个 7×7 的激活图的最大池化（步长为 1 和 2）示例。步长为 1 的池化产生了 5×5 的激活图，由于重叠区域中的最大化，其中具有严重重复的元素。步长为 2 的池化产生了 3×3 的激活图，重叠较少。与卷积不同，每个激活图都是独立处理的，因此输出激活图的数量正好等于输入激活图的数量

也可以使用其他类型的池化（如平均池化），但很少使用它们。在最早的卷积网络（称为 LeNet-5）中，使用了平均池化的一种变体，称为下采样⊖。一般来说，最大池化比平均池化更受欢迎。最大池化层与卷积/ReLU 层交错，但通常前者在深度架构中出现的频率要低得多。这是因为池化极大地减小了特征图的空间大小，并且只需要几个池化操作就可以将空间图减小到一个较小的恒定大小。

当需要减少激活图的空间占用时，通常使用 2×2 的滤波器和步长 2 进行池化。由于稍微移动图像不会显著改变激活图，因此池化会有（某种程度上的）平移不变性。其思想是，相似的图像中的独特形状往往有非常不同的相对位置，而平移不变性有助于以类似的方式分类这种图像。例如，不管鸟出现在图像中的什么位置，应该都能将图像归类为鸟。

池化的另一个重要目的是，由于使用了大于 1 的步长，它增加了感受野的大小，同时减少了层的空间占用。当需要能够在后面的层中的复杂特征中捕获图像的更大区域时，需要增大感受野的大小。层的空间占用的快速减少（以及特征的感受野的相应增加）大多是由池化操作引起的。除非步长大于 1，否则卷积只会略微增加感受野。近年来，有人提出，池化并不总是必要的。可以设计一个只有卷积操作和 ReLU 操作的网络，并且通过在卷积操作中使用更大的步长来获得感受野的扩展[184,466]。因此，近年来出现了一种新的趋势，即完全消除最大池化层。然而，这一趋势并没有完全确立和验证（截至本书写作时）。似乎最大池化还是有一些论据支持。与跨步卷积相比，最大池化引入了非线性和更大的平移不变性。虽然使用 ReLU 激活函数可以实现非线性，但关键是最大池化的效果无法被跨步卷积精确地复制。至少，这两种操作并不能完全互换。

8.2.6 全连接层

最终空间层中的每个特征都连接到第一个全连接层中的每个隐藏状态。这一层的功能与传统的前馈网络完全相同。在大多数情况下，可能会使用多个全连接层来增强计算的能力。这些层之间的连接结构完全类似于传统的前馈网络。由于全连接层是密集连接的，因此绝大多数参数都位于全连接层中。例如，如果两个全连接层中的每个层都有 4096 个隐藏单元，则它们之间的连接具有超过 1600 万个权重。类似地，从最后一个空间层到第一个全连接层的连接将具有大量参数。即使卷积层有更多的激活（和更大的内存占用），全连接层也通常有更多的连接（和参数占用）。激活对内存占用的影响更大的原因是激活的数量会乘以小批处理大小，同时跟踪反向传播的前向传递和反向传递中的变量。在基于特定类型的资源约束（例如，数据与内存可用性）选择神经网络设计时，这些权衡是有用的。值得注意的是，全连接层的性质可能对当前的应用比较敏感。例如，用于分类应用的全连接层的性质与用于分割应用的情况略有不同。上述讨论针对最常见的分类应用用例。

卷积神经网络的输出层以特定于应用的方式设计。下面，我们将考虑分类的代表性应用。在这种情况下，输出层与倒数第二层中的每个神经元全连接，并且具有与其相关联的权重。根据应用的性质（例如分类或回归），可以使用逻辑函数、softmax 函数或线性激活函数。

使用全连接层的另一种方法是在最终激活图集合的整个空间区域使用平均池化来创建单个值。因此，在最终空间层中创建的特征数将完全等于滤波器数。在这个场景中，如果最终激活图的大小为 7×7×256，那么将创建 256 个特征。每个特征都是 49 个值聚合的结

⊖ 近年来，下采样也指其他减少空间占用的操作。因此，这个词的传统用法和现代用法是有区别的。

果。这种方法大大减少了全连接层的参数占用，在泛化性方面具有一定的优势。这种方法被用于 GoogLeNet[485]。在某些应用（如图像分割）中，每个像素都与一个类别标签相关联，并且不使用全连接层，利用具有 1×1 卷积的全卷积网络生成输出空间图。

8.2.7 层与层之间的交织

卷积层、池化层和 ReLU 层通常交织在神经网络中，以提高网络的表达能力。ReLU 层通常在卷积层之后，与传统神经网络中非线性激活函数通常在线性点积之后一样。因此，卷积层和 ReLU 层通常一个接一个地粘在一起。一些神经架构（如 AlexNet[255]）没有显式地显示 ReLU 层，因为它们被认为总是粘在线性卷积层的末端。在两组或三组卷积层和 ReLU 层的组合之后，可能有一个最大池化层。这种基本模式的示例如下：

CRCRP

CRCRCRP

这里，卷积层用 C 表示，ReLU 层用 R 表示，最大池化层用 P 表示。要创建一个深度神经网络，整个模式（包括最大池化层）可以重复几次。例如，如果上面的第一个模式重复三次，然后跟着一个全连接层（用 F 表示），则有以下神经网络：

CRCRPCRCRPCRCRPF

上面的描述并不完整，因为需要指定滤波器/池化层的数量/大小/填充。池化层是减少激活图的空间占用的关键步骤，因为它使用的步长大于 1。也可以使用跨步卷积而不是最大池化来减少空间占用。这些网络通常非常深，15 层以上的卷积网络并不少见。最近的架构还使用层之间的残差连接，随着网络深度的增加，这种连接变得越来越重要（参见 8.4.5 节）。

LeNet-5

早期的网络相当浅。最早的神经网络之一就是 LeNet-5[279]。输入数据是灰度图像，只有一个颜色通道。它假定输入是字符的 ASCII 表示。虽然这种方法可以用于任意数量的类别，但为了便于讨论，我们假设有 10 种类型的字符（因此有 10 种输出）。

该网络包含两个卷积层、两个池化层和三个全连接层。但是，由于在每个层中使用了多个滤波器，因此后面的层包含多个特征图。该网络的架构如图 8.5 所示。第一个全连接层在原始工作中也被称为卷积层（标记为 C5），因为它有泛化到较大输入图的空间特征的能力。然而，LeNet-5 的具体实现实际上使用 C5 作为全连接层，因为滤波器空间大小与输入空间大小相同。这就是为什么我们把 C5 作为一个全连接层计算。值得注意的是，LeNet-5 的两个版本分别如图 8.5a 和图 8.5b 所示。图 8.5a 明确地显示了下采样层，这是原始工作中架构的呈现方式。然而，像 AlexNet 这样的深度架构图通常不会显式地显示下采样层或最大池化层，以便容纳大量的层。LeNet-5 的这种简洁架构如图 8.5b 所示。两个图中都没有显式地显示激活函数层。在 LeNet-5 的原始工作中，sigmoid 激活函数直接出现在下采样操作之后，但这种顺序在最近的架构中相对不常见。在大多数现代架构中，下采样被最大池化所取代，且最大池化层的出现频率低于卷积层。此外，激活通常在每次卷积之后直接执行（而不是在每次最大池化之后）。

架构中的层数通常根据具有加权空间滤波器的层数量和全连接层的数量来计算。换句话说，下采样/最大池化和激活函数层通常不单独计算。LeNet-5 中的下采样使用 2×2 的空间区域，步长为 2。此外，与最大池化不同的是，这些值会被平均，用可训练的权重进行缩放，然后添加一个偏置。在现代架构中，线性缩放和偏置加法运算已经被省去。

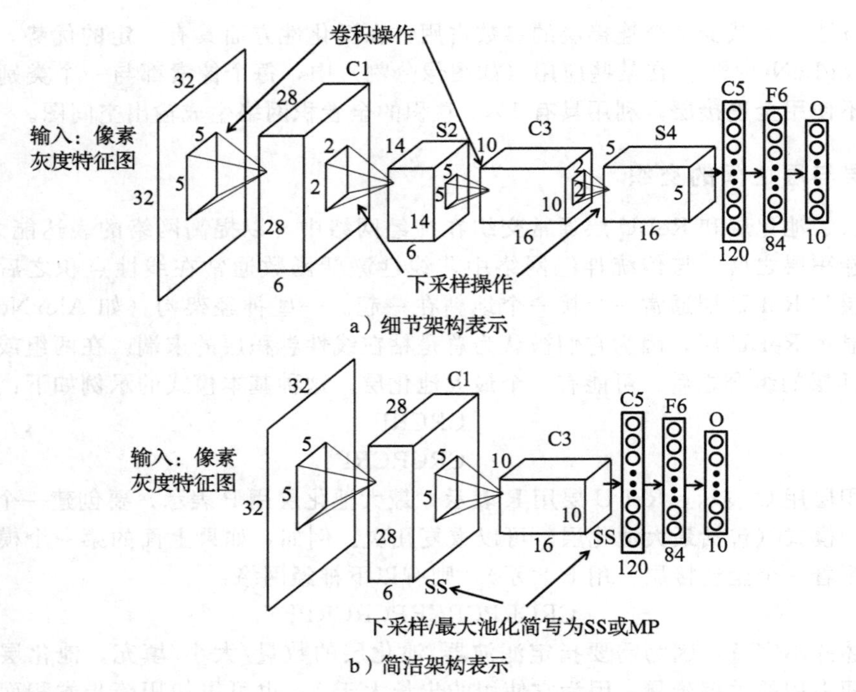

a）细节架构表示

b）简洁架构表示

图 8.5　LeNet-5：最早的卷积神经网络之一

图 8.5b 所示的简洁架构表示有时会让初学者感到困惑，因为它缺少诸如最大池化/下采样滤波器的大小之类的细节。事实上，表示这些架构细节的方式不是唯一的，而且不同的作者使用了许多变体。本章将在案例研究中展示几个这样的例子。

以现代标准来看，这个网络是非常浅的，但基本原则自那时以来没有改变。主要的区别是 ReLU 激活在那时没有出现，而 sigmoid 激活在早期的架构中经常使用。此外，与最大池化相比，平均池化的使用在今天极为少见。近年来，已经不再使用最大池化和下采样，而是将跨步卷积作为首选。LeNet-5 还在最后一层使用了 10 个径向基函数（RBF）单元（参见第 5 章），将每个单元的原型与其输入向量进行比较，输出它们之间的欧氏距离的平方。这与使用该 RBF 单元表示的高斯分布的负对数似然一样。手工选择 RBF 单元的参数向量，对应于相应字符类的 7×12 位图图像，并将其平展成 7×12＝84 维的表示。注意，倒数第二层的大小正好是 84，以便能够计算对应于该层的向量与 RBF 单元的参数向量之间的欧氏距离。最后一层的 10 个输出提供类别的分数，10 个单元中最小的分数提供预测。这种类型的 RBF 单元使用在现代卷积网络设计中已经过时，现在通常倾向于在多元标签输出上使用具有对数似然损失的 softmax 单元。LeNet-5 被广泛用于字符识别，并被许多银行用来读取支票。

8.2.8　局部响应归一化

文献［255］中引入的一个技巧是*局部响应归一化*，它总是在 ReLU 层之后直接使用。这个技巧的使用有助于泛化。这种归一化方法的基本思想受到生物学原理的启发，其目的是在不同的滤波器之间创建竞争。首先，我们使用所有滤波器来描述归一化公式，然后描述如何仅使用滤波器的子集来实际计算它。假设一个层包含 N 个滤波器，并且这 N 个滤波器在特定空间位置（x,y）的激活值由 $a_1 \cdots a_N$ 给出。然后，利用以下公式将每个 a_i 转换为一个归一化的值 b_i：

$$b_i=\frac{a_i}{(k+\alpha\sum_j a_i^2)^\beta} \tag{8.1}$$

文献［255］中使用的底层参数为 $k=2,\alpha=10^{-4},\beta=0.75$。然而，在实践中，并不能对所有 N 个滤波器进行归一化。相反，这些滤波器是任意排列的，以便在滤波器之间定义“邻接”。然后，对每组 n 个“相邻”滤波器进行归一化。文献［255］中使用的 n 值是5。因此，有以下公式：

$$b_i=\frac{a_i}{\left(k+\alpha\sum_{j=i-\lfloor n/2\rfloor}^{i+\lfloor n/2\rfloor} a_i^2\right)^\beta} \tag{8.2}$$

在上面的公式中，任何小于0的 $i-n/2$ 值都被设为0，任何大于 N 的 $i+n/2$ 值都被设为 N。这种类型的归一化没有过时，出于历史原因，这里包括了对其的讨论。

8.2.9 层次特征工程

研究不同层中由真实图像创建的滤波器的激活是有指导意义的。在8.5节中，我们将讨论一种具体的方法，通过这种方法可以可视化各个层中提取的特征。现在，我们提供一个主观的解释。早期层中的滤波器激活是像边缘这样的底层特征，而后期层中会将这些底层特征组合在一起。例如，中层特征可以将边放在一起以创建六边形，而高层特征可以将中层的六边形放在一起以创建蜂巢。很容易理解为什么底层滤波器可以检测边缘。考虑图像颜色沿边缘变化的情况，相邻像素值之间的差异仅在边缘处为非零。这可以通过在相应的底层滤波器中选择适当的权重来实现。注意，检测水平边缘的滤波器与检测垂直边缘的滤波器不同。让我们回到 Hubel 和 Weisel 的实验，其中猫视觉皮层的不同神经元被不同的边缘激活。检测水平边缘和垂直边缘的滤波器示例如图8.6所示。下一层滤波器对隐藏的特征起作用，因此很难解释。然而，下一层滤波器能够通过组合水平边缘和垂直边缘来检测矩形。

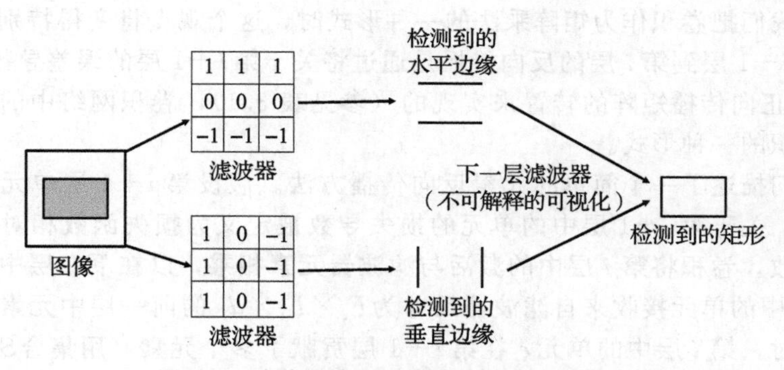

图8.6 滤波器检测边缘并将其组合成矩形

在后面的章节中，我们将展示真实世界图像的较小部分如何激活不同的隐藏特征，就像 Hubel 和 Wiesel 的生物模型一样，其中不同的形状似乎激活了不同的神经元。因此，卷积神经网络的能力在于将这些原始形状层层组合成更复杂的形状。注意，第一卷积层无法学习任何大于 $F_1\times F_1$ 像素的特征，其中 F_1 的值通常是3或5这样的小数字。然而，下一个卷积层能够将许多这些碎片组合在一起，来从图像较大的区域中创建特征。早期层中学习的原始特征以语义连贯的方式组合在一起，以学习越来越复杂和可解释的视觉特征。学习特征的选择受反向传播如何使特征适应损失函数的需要的影响。例如，如果一个应用程序正在训练将图像分类为汽车，该方法可能会学习将圆弧组合在一起以创建一个圆，然后它可能会将圆与其他形状组合在一起以创建一个车轮。所有这一切都是由深度网络的层次特征实现的。

最近的 ImageNet 竞赛已经证明，图像识别的强大能力来源于网络深度的增加。足够的层可以有效地使网络学习图像中的层次规则，这些规则被组合起来以创建其语义相关的组件。另一个重要的观察结果是，所学特征的性质对当前的特定数据集敏感。例如，用来学习识别卡车的特征将不同于用来学习识别胡萝卜的特征。然而，一些数据集（如 ImageNet）非常具有多样性，足以使在这些数据集上进行训练获得的特征在许多应用程序中具有通用性。

8.3　训练一个卷积网络

卷积神经网络的训练过程采用反向传播算法。主要有三种类型的层，分别是卷积层、ReLU 层和最大池化层。我们将分别描述反向传播算法在这些层的通过情况。ReLU 相对容易反向传播，因为它与传统神经网络没有什么不同。对于池之间没有重叠的最大池化，只需要确定哪个单元是池中的最大值（有关系被任意断开或按比例分割）。损失相对于池化状态的偏导数流回具有最大值的单元。网格中除了最大条目之外的所有条目将被分配一个值 0。注意，通过最大化操作的反向传播也在表 3.1 中进行了描述。对于池重叠的池化，令$P_1 \cdots P_r$为单元h所涉及的池，在下一层有相应的激活$h_1 \cdots h_r$。如果h是池P_i中的最大值（因此$h_i=h$），那么损失相对于h_i的梯度流回h（有关系被任意断开或按比例分割）。添加不同的重叠池（来自下一层的$h_1 \cdots h_r$）的贡献，以计算相对于单元h的梯度。因此，通过最大化和 Relu 操作的反向传播与传统神经网络没有太大的不同。

8.3.1　通过卷积反向传播

通过卷积的反向传播与前馈网络中通过线性变换（即矩阵乘法）的反向传播也没有太大的不同。当我们把卷积作为矩阵乘法的一种形式时，这个观点将变得特别清楚。正如前馈网络中从第$i+1$层到第i层的反向传播是通过将关于第$i+1$层的误差导数乘以第i层和第$i+1$层之间正向传播矩阵的转置来实现的（参见表 3.1），卷积网络中的反向传播也可以看作转置卷积的一种形式。

首先，我们描述了一个简单的元素反向传播方法。假设第$i+1$层单元的损失梯度已经计算出来了。关于第$i+1$层中的单元的损失导数被定义为损失函数相对于该单元中隐藏变量的偏导数。卷积将第i层中的激活与滤波器元素相乘，以在下一层中创建元素。因此，第$i+1$层中的单元接收来自滤波器尺寸为$F_i \times F_i \times d_i$的前一层中元素的三维空间的聚合贡献。同时，第$i$层中的单元$c$在第$i+1$层贡献了多个元素（用集合$S_c$表示），而它贡献的元素数量取决于下一层的深度和步长。识别这个“前向集”是反向传播的关键。一个关键点是，在单元c的激活与一个滤波器元素相乘之后，单元c以一种相加的方式对S_c中的每一个元素做出贡献。因此，反向传播只需要将S_c中的每个元素的损失导数与相应的滤波器元素相乘，并在c的反向方向聚合。对于第i层中的任何特定单元c，下面的伪码可以用于将第$i+1$层中现有的导数反向传播到第i层中的单元c：

识别第$i+1$层中第i层单元c对其有贡献的所有单元S_c；

对于每个单元 $r\in S_c$，令δ_r表示其（已反向传播）相对于单元 r 的损失导数；

对于每个单元 $r\in S_c$，令 w_r 表示用于从单元 c 贡献到 r 的滤波器元素的权重；

$$\delta_c = \sum_{r\in S_c} \delta_r \cdot w_r$$

计算损失梯度后，将这些值与第 $i-1$ 层的隐藏单元的值相乘，以获得关于第 $i-1$ 层和第 i 层之间的权重的梯度。换言之，将权重一端的隐藏值与另一端的损失梯度相乘，以获得关于权重的偏导数。但是，此计算假定所有权重都是不同的，而滤波器中的权重在层的整个空间范围内是共享的。因此，我们必须小心地考虑共享权重，并将共享权重的所有副本的偏导数相加。换言之，我们首先假设在每个位置使用的滤波器是不同的，以便计算相对于共享权重的每个副本的偏导数，然后将相对于特定权重的所有副本的损失的偏导数相加。

注意，上面的方法使用简单的线性梯度累积，与传统的反向传播一样。然而，在跟踪影响下一层其他单元的单元时必须小心。可以利用张量乘法运算实现反向传播，它可以进一步简化为由这些张量导出的矩阵的简单乘法。这一观点将在下面两节讨论，因为它提供了关于前馈网络的多少方面可以泛化到卷积神经网络的见解。

8.3.2 通过反转/转置滤波器的卷积进行反向传播

在传统的神经网络中，通过将第 $q+1$ 层的梯度向量与第 q 层和第 $q+1$ 层之间的转置权重矩阵相乘来执行反向传播操作，以获得第 q 层的梯度向量（参见表 3.1）。在卷积神经网络中，反向传播的导数也与层中的空间位置相关。有没有类似的卷积，让我们可以将其应用到一个层中反向传播的导数的空间占用，以获得前一层的反向传播导数？事实证明，这确实是可能的。

让我们考虑这样一种情况：第 q 层中的激活被一个滤波器卷积以创建第 $q+1$ 层中的激活。为简单起见，考虑输入层的深度 d_q 和输出层的深度 d_{q+1} 均为 1 的情况。此外，我们使用步长为 1 的卷积。在这种情况下，卷积滤波器被水平和垂直地反转以进行反向传播。如图 8.7 所示。这种反转的直观原因是，滤波器“绕”输入的空间区域来执行点积，而反向传播的导数是相对于输入空间的，其相对于滤波器的相对运动与卷积期间的滤波器运动正好相反。请注意，卷积滤波器左上角的条目可能不会对输出左上角的条目产生影响（因为填充），但它几乎总是会对输出的右下角条目产生影响。这与滤波器的反转是一致的。将第 $q+1$ 层的反向传播导数集用该反转的滤波器进行卷积，得到第 q 层的反向传播导数集。前向卷积的填充和反向卷积的填充有什么关系？对于步长 1，前向传播和反向传播期间的填充之和是F_q-1，其中F_q是第 q 层的滤波器的边长。

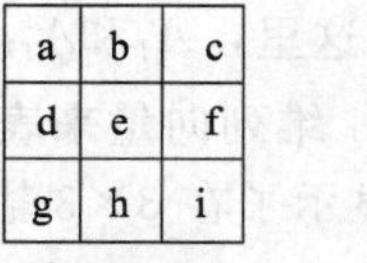

卷积过程中的滤波器

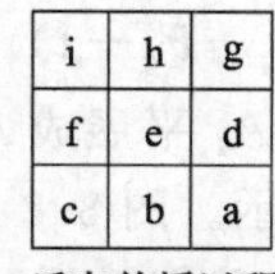

反向传播过程中的滤波器

图 8.7 反向传播过程中的核反转

现在考虑深度 d_q 和 d_{q+1}不再是 1 而是任意值的情况。在这种情况下，需要进行额外的张量转置。第 q 层的第 p 个滤波器在第 (i,j,k) 个位置的权重为 $\mathcal{W}=[w_{ijk}^{(p,q)}]$。注意，$i$ 和 j 表示空间位置，k 表示权重的以深度为中心的位置。用 $\mathcal{U}=[u_{ijk}^{(p,q+1)}]$表示与来自第 $q+1$ 层到第 q 层的反向传播滤波器相对应的 5 维张量。那么，这个张量的条目如下：

$$u_{rsp}^{(k,q+1)} = w_{ijk}^{(p,q)} \tag{8.3}$$

这里，$r=F_q-i+1$，$s=F_q-j+1$。注意，在公式 8.3 中，滤波器标识符的索引 p 和滤波器内的深度 k 已经在 $\mathcal{W}$ 和 $\mathcal{U}$ 之间互换。这就是以张量为中心的转置。

为了理解上面的转置，考虑这样一种情况：在三通道 RGB 上使用 20 个滤波器，以创建深度为 20 的输出。在反向传播时，需要取深度为 20 的梯度并转换为深度为 3 的梯度。因此，我们需要为反向传播创建 3 个滤波器，分别用于红色、绿色和蓝色。从应用于红色的 20 个滤波器中取出 20 个空间切片，使用图 8.7 所示的方法反转它们，然后创建一个深度为 20 的滤波器，用于相对于红色切片反向传播梯度。类似的方法也适用于绿色和蓝色切片。公式 8.3 中的转置和反转对应于这些操作。

8.3.3　通过矩阵乘法进行卷积/反向传播

把卷积看作矩阵乘法是有帮助的，因为它有助于定义各种相关的概念，如*转置卷积*、*反卷积*和*分数卷积*。这些概念不仅有助于理解反向传播，而且有助于开发卷积自编码器所必需的机制。在传统的前馈网络中，用于在前向阶段转换隐藏状态的矩阵在反向阶段进行转置（参见表 3.1），以便在各层之间反向传播偏导数。类似地，在传统设定中使用自编码器时，编码器中使用的矩阵通常在解码器中转置。尽管卷积神经网络的空间结构确实掩盖了底层矩阵乘法的本质，但可以“平展”该空间结构以执行乘法，并使用平展矩阵元素的已知空间位置重塑回空间结构。这种间接的方法有助于理解卷积操作在非常基本的层次上类似于前馈网络中的矩阵乘法的事实。此外，实际的卷积实现通常是通过矩阵乘法来完成的。

为了简单起见，让我们首先考虑第 q 层和用于卷积的相应滤波器都具有单位深度的情况。此外，假设我们使用的步长为 1，填充为零。因此，输入尺寸为 $L_q \times B_q \times 1$，输出尺寸为 $(L_q-F_q+1)\times(B_q-F_q+1)\times 1$。在空间维度为正方形（即 $L_q=B_q$）的常用设定中，可以假设输入的空间维度为$A_I=L_q\times L_q$，而输出的空间维度为$A_O=(L_q-F_q+1)\times(L_q-F_q+1)$。这里，$A_I$和$A_O$分别是输入矩阵和输出矩阵的空间区域。输入可以通过将区域 A_I 平展成 A_I 维列向量来表示，其中空间区域的行从上到下连接在一起。这个向量用 $\overline{f}$ 表示。图 8.8 显示了在 3×3 输入上使用 2×2 滤波器的一个例子。因此，输出大小为 2×2，我们得到$A_I=3\times 3=9$，$A_O=2\times 2=4$。3×3 输入的 9 维列向量如图 8.8 所示。定义一个稀疏矩阵 C 来代替滤波器，它是将卷积表示为矩阵乘法的关键。定义大小为$A_O\times A_I$的矩阵，其中每一行对应于A_O个卷积位置之一处的卷积。这些行与从中导出它们的输入矩阵中卷积区域左上角的空间位置相关联。行中每个条目的值对应于输入矩阵中的A_I个位置之一，但如果该输入位置没有包含在该行的卷积中，则该值为 0。否则，将该值设为用于相乘的滤波器的相应值。行中条目的排序基于输入矩阵位置的相同空间敏感排序，该排序也用于将输入矩阵平展为A_I维向量。由于滤波器的大小通常比输入的大小小得多，因此矩阵 C 中的大多数条目都是 0，并且滤波器的每个条目都出现在 C 的每一行中。因此，滤波器中的每个条目都在 C 中重复A_O次，因为它被用于A_O次相乘。

一个 4×9 矩阵 C 的例子如图 8.8 所示。C 与$\overline{f}$的后续相乘得到一个维向量。对应的四维向量如图 8.8 所示。由于 C 的每个 A_O 行都与一个空间位置相关，因此这些位置被 $C\overline{f}$ 继承。这些空间位置被用来将 $C\overline{f}$重塑为空间矩阵。将四维向量重塑为 2×2 矩阵的过程如图 8.8 所示。

这个特殊的阐述使用了深度为 1 的简化案例。如果深度大于 1，则对每个二维切片应

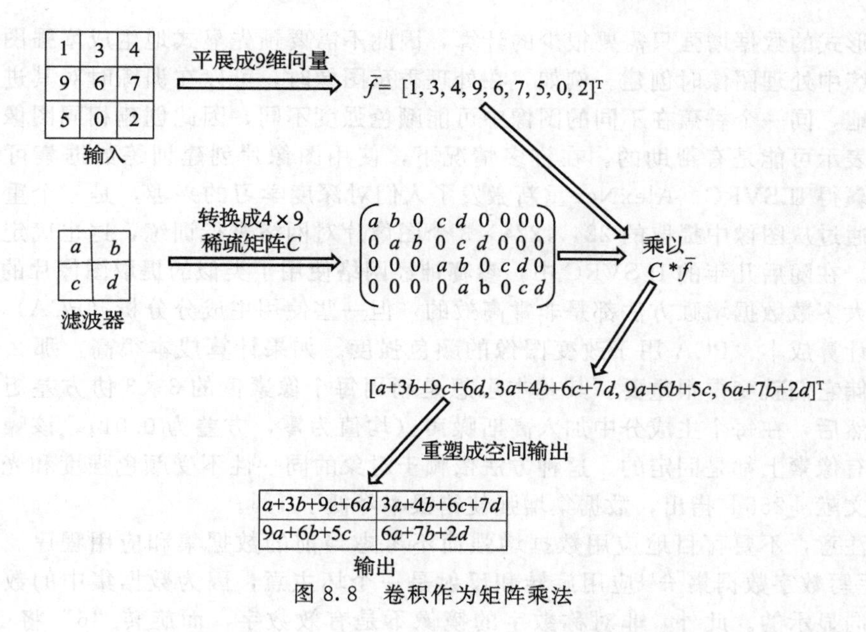

图 8.8 卷积作为矩阵乘法

用相同的方法，并将结果相加。换句话说，我们在不同的切片指数 p 上聚合 $\sum_p C_p \overline{f}_p$，然后将结果重塑为一个二维矩阵。这种方法相当于张量乘法，它是矩阵乘法的直接泛化。张量乘法是卷积在实际应用中的一种实现方法。通常，将使用多个滤波器，对应于多个输出图。在这种情况下，第 k 个滤波器将被转换成稀疏化的矩阵$C_{p,k}$，并且输出的第 k 个特征图将是 $\sum_p C_{p,k} \overline{f}_p$。

以矩阵为中心的方法对于执行反向传播非常有用，因为除了转置矩阵C^{T} 被用于与输出梯度的二维切片的平展向量版本相乘外，也可以使用相同的方法反向传播梯度。请注意，相对于空间图的梯度的平展可以通过类似于在前向阶段创建平展向量 $\overline{f}$ 的方式来完成。考虑一个简单的例子，其中输入和输出的深度都为 1。如果 $\overline{g}$ 是损失相对于输出空间图的平展的向量梯度，则相对于输入空间图的平展梯度为$C^{\mathrm{T}}\ \overline{g}$。这种方法与前向网络中使用的方法是一致的，前向矩阵的转置用于反向传播。上述结果适用于输入和输出深度均为 1 的简单情况。一般情况下会发生什么？当输出的深度 $d>1$ 时，相对于输出图的梯度用 $\overline{g}_1 \cdots \overline{g}_d$ 表示。相对于输入的第 p 个空间切片中的特征对应的梯度为 $\sum_{k=1}^{d} C_{p,k}^{\mathrm{T}}\ \overline{g}_k$。这里，矩阵$C_{p,k}$是通过将第 k 个滤波器的第 p 个空间切片转换为如上所述的稀疏矩阵而获得的。该方法是公式 8.3 的结果。这种转置卷积对于卷积自编码器中的反卷积操作也很有用，将在本章后面讨论（参见 8.5 节）。

8.3.4 数据增强

在卷积神经网络中，减少过拟合的一个常用技巧是**数据增强**。在数据增强中，通过对原始训练样本的转换生成新的训练样本。第 4 章简要讨论了这个想法，数据增强非常适合图像处理领域，因为许多变换（如平移、旋转、图像片提取和反射）不会从根本上更改图像中对象的属性。然而，当使用增强后的数据集进行训练后，确实提高了泛化能力。例如，如果用所有香蕉的镜像和反射版本进行训练，那么该模型能够更好地识别不同方向的香蕉。

许多形式的数据增强只需要很少的计算，因此不需要预先显式地生成增强图像，而是可以在训练中处理图像时创建。例如，在处理香蕉图像时，可以在训练时对其进行反射处理。类似地，同一个香蕉在不同的图像中可能颜色强度不同，因此创建相同图像的不同颜色强度的表示可能是有帮助的。在许多情况下，使用图像片创建训练数据集可能会有帮助。通过赢得 ILSVRC，AlexNet 重新激发了人们对深度学习的兴趣，是一个重要的神经网络。它通过从图像中提取的 224×224×3 个图像片对网络进行训练，这也确定了网络的输入尺寸。在随后几年的 ILSVRC 中，参赛神经网络使用了类似的提取图像片的方法。

尽管大多数数据增强方法都是非常高效的，但一些使用主成分分析（PCA）的转换形式可能会计算成本。PCA 用于改变图像的颜色强度。如果计算成本很高，那么提前提取图像并存储它们就变得很重要。其基本思想是利用每个像素值的 3×3 协方差矩阵并计算主成分。然后，在每个主成分中加入高斯噪声（均值为零，方差为 0.01）。该噪声在特定图像的所有像素上都是固定的。这种方法依赖于对象的同一性不受颜色强度和光照影响这一事实。文献［255］指出，数据集增强使错误率降低了 1%。

必须注意，不要盲目地应用数据增强而不考虑当前的数据集和应用程序。例如，对 MNIST 手写数字数据集[281]应用旋转和反射是一个坏主意，因为数据集中的数字都是以相同的方向显示的。此外，非对称数字的镜像不是有效数字，而旋转“6”将得到“9”。决定哪种类型的数据增强更合理的关键是要考虑图像在整个数据集中的自然分布，以及特定类型的数据集增强对类别标签的影响。

8.4 卷积架构的案例研究

下面，我们将提供卷积架构的一些案例研究。这些案例研究来源于近年来 ILSVRC 的成功参赛作品，都是有指导意义的，因为它们能帮助理解神经网络设计中的重要因素，这些因素可以使网络良好地运行。尽管近年来架构设计发生了一些变化（如 ReLU 激活），但令人吃惊的是，现代架构与 LeNet-5 的基本设计非常相似。从 LeNet-5 到现代架构的主要变化在于深度的爆炸、ReLU 激活的使用以及现代硬件/优化增强带来的训练效率的提升。现代架构更深，它们使用各种计算、架构和硬件技巧来利用大量数据高效地训练网络。不应低估硬件的进步：基于 GPU 的现代平台比 LeNet-5 提出时可用的（价格类似的）系统快 10 000 倍。即使在这些现代平台上，训练一个准确度足以在 ILSVRC 中具有竞争力的卷积神经网络也往往需要一周的时间。硬件、以数据为中心和算法增强在某种程度上是相互关联的。如果没有足够的数据和计算能力来在合理的时间内对复杂/较深的模型进行试验，就很难尝试新的算法技巧。因此，如果没有大量的数据和更高的计算能力，就没有如今的深度卷积网络革命。

下面我们将概述一些常用于设计图像分类训练算法的著名模型。值得一提的是，可以获得部分这些模型在 ImageNet 上的预训练版本，所得到的特征可用于分类以外的应用。这种方法是迁移学习的一种形式，这将在本节后面讨论。

8.4.1 AlexNet

AlexNet 是 2012 年 ILSVRC 的冠军，其架构如图 8.9a 所示。值得一提的是，原始架构中有两条并行的处理管道，图 8.9a 中没有显示。这两条管道是为了让两个 GPU 协同工作，从而以更快的计算速度和内存共享来构建训练模型。该网络最初是在一个内存为 3GB 的 GTX 580 GPU 上训练的，在这样大的空间里不可能进行中间计算。因此，网络完整架构如图 8.9b 所示，其中工作被划分至两个 GPU。图 8.9a 展示的是未受 GPU 划分影响的架构，以便与本章讨论的其他卷积神经网络架构进行比较。值得注意的是，在图 8.9b 中，GPU 仅在部分层中相互连接，这导致了图 8.9a 和图 8.9b 在模型的实际构建方面存在差异。具体地说，按 GPU 划分的架构具有较少的权重，因为并非所有层都互连。减少一些互连可以缩短处理器之间的通信时间，因此有助于提高效率。

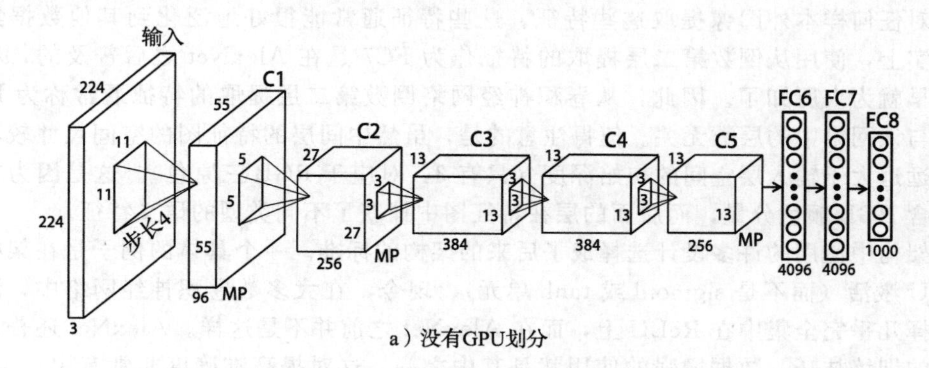

a）没有GPU划分

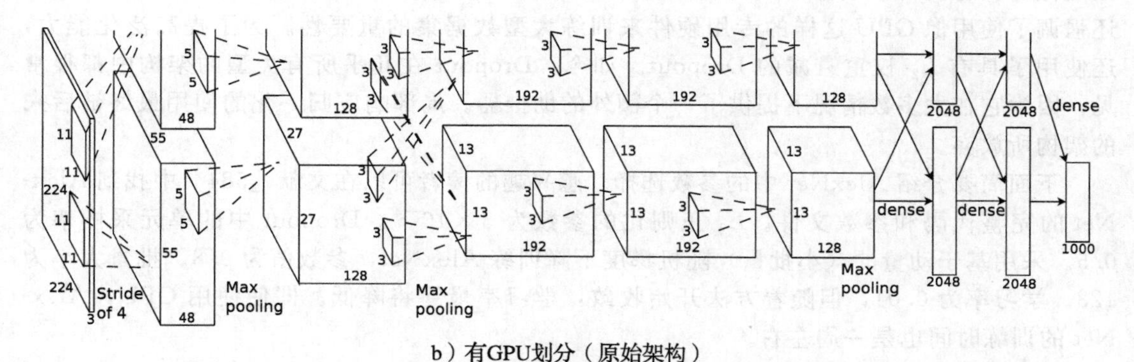

b）有GPU划分（原始架构）

图 8.9 AlexNet 架构。ReLU 激活位于每个卷积层之后，没有显式显示。注意，最大池化层被标记为 MP，位于部分卷积-ReLU 层组合之后。b 中的架构来自［A. Krizhevsky, I. Sutskever, and G. Hinton. Imagenet classification with deep convolutional neural networks. *NIPS Conference*, pp. 1097—1105. 2012.］© 2012 A. Krizhevsky, I. Sutskever, and G. Hinton.

AlexNet 接收 224×224×3 的图像，在第一层使用 96 个大小为 11×11×3 的滤波器，步长为 4。这导致第一层尺寸为 55×55×96。计算完第一层后，使用最大池化层。该层在图 8.9a 中用“MP”表示。注意，图 8.9a 所示架构是图 8.9b 所示架构的简化版本，它显式地显示了两个并行管道。例如，图 8.9b 所示的第一个卷积层的深度仅为 48，因为 96 个特征图被划分到两个 GPU 中进行并行化。图 8.9a 没有假定使用 GPU，因此宽度显式地显示为 96。在每个卷积层之后应用 ReLU 激活函数，然后进行响应归一化和最大池化。尽管图中已经注释了最大池化，但并未在架构中给它分配一个块。此外，图中没有显式地显示 ReLU 和响应归一化层。这种简洁的表达方式在神经架构的图形描述中很常见。

第二卷积层使用第一卷积层的响应归一化并池化后的输出，并使用大小为 5×5×96 的 256 个滤波器对其进行滤波。在第三、第四和第五卷积层中间没有插入池化层或归一化层。第三、第四和第五卷积层的滤波器大小分别为 3×3×256（384 个滤波器）、3×3×

384（384 个滤波器）和 3×3×384（256 个滤波器）。所有最大池化层均使用 3×3 的滤波器，步长为 2。因此，池之间有一些重叠。全连接层有 4096 个神经元。最终的 4096 个激活的集合可以视为图像的 4096 维表示。AlexNet 的最后一层使用 1000 条路径的 softmax 来执行分类。值得注意的是，具有 4096 个激活的最后一层（图 8.9a 中由 FC7 标记）通常用于创建图像的平展 4096 维表示，适用于分类之外的应用。只需通过训练好的神经网络，就可以对任何样本外图像提取这些特征。这些特征通常能很好地泛化到其他数据集和任务。事实上，使用从倒数第二层提取的特征作为 FC7 是在 AlexNet 之后普及的，尽管这种方法早就为人所知了。因此，从卷积神经网络倒数第二层提取的特征通常称为 FC7 特征，而与该网络中的层数无关。值得注意的是，虽然中间层的特征图的空间尺寸较小，但其数量远远大于输入层空间的初始深度（只有 3，对应于 RGB 三原色）。这是因为初始深度仅包含 RGB 颜色分量，而后面的层在特征图中捕获了不同类型的语义特征。

该架构中使用的许多设计选择成了后来的架构的标准。一个具体的例子是在架构中使用 ReLU 激活（而不是 sigmoid 或 tanh 单元）。现今，在大多数卷积神经网络中，激活函数的选择几乎完全集中在 ReLU 上，而在 AlexNet 之前并不是这样。AlexNet 还普及了一些其他的训练技巧。数据增强的使用就是其中之一，这对提高准确度非常有用。AlexNet 还强调了使用像 GPU 这样的专用硬件来训练大型数据集的重要性。为了提高泛化能力，还使用了具有 L_2 权重衰减的 Dropout。如今，Dropout 在几乎所有类型的架构中都很常见，因为它在大多数情况下提供了一个额外的助推器。局部响应归一化的使用最终被后来的架构所放弃。

下面简要介绍 AlexNet 中的参数选择。感兴趣的读者可以在文献［584］中找到 AlexNet 的完整代码和参数文件。L_2 正则化的参数为 5×10^{-4}。Dropout 中的单元采样率为 0.5。采用基于动量的（小批量）随机梯度下降训练 AlexNet，参数值为 0.8。批量大小为 128。学习率为 0.01，但随着方法开始收敛，学习率最终将降低。即使使用 GPU，AlexNet 的训练时间也是一周左右。

最终的 top-5 错误率（定义为前 5 位图像中未包含正确图像的情况）约为 15.4%。这个错误率[⊖]与之前的获胜者的错误率（超过 25%）形成了鲜明对比，与同一竞赛中第二名的差距也很大。使用单卷积网络的 top-5 错误率为 18.2%，使用 7 个模型的集成的错误率（获胜）为 15.4%。注意，这种基于集成的技巧在大多数架构中可以提供 2%～3%的稳定改进。此外，由于大多数集成方法的执行是可并行的，因此只要有足够的硬件资源，就相对容易执行它们。由于 AlexNet 在 ILSVRC 中的巨大优势，它被认为是计算机视觉领域的一个根本性进步。这一成功重新激发了人们对深度学习的兴趣，尤其是对卷积神经网络的兴趣。

8.4.2　ZFNet

ZFNet[556] 的一个变体是 2013 年 ILSVRC 的获胜者，它的架构在很大程度上基于 AlexNet，只是为了进一步提高准确性做了一些修改。这些变化大多与超参数选择的差异有关，因此 ZFNet 与 AlexNet 在基本层面上没有太大的区别。从 AlexNet 到 ZFNet 的变化是，初始滤波器的尺寸由 11×11×3 改为 7×7×3，步长从 4 变为 2。ZFNet 的第二层也使

⊖ top-5 错误率在图像数据中更有意义，因为单个图像可能包含多个类别的对象。在本章中，我们使用“错误率”一词来指代 top-5 错误率。

用了步长为 2 的 5×5 滤波器。和 AlexNet 一样，ZFNet 有三个最大池化层，并且使用了相同大小的最大池化滤波器。然而，ZFNet 在第一和第二卷积层（而不是第二和第三卷积层）之后执行第一对最大池化层。结果，第三层的空间占用变为 13×13，而不是 27×27，而所有其他空间占用与 AlexNet 相同。表 8.1 列出了 AlexNet 和 ZFNet 中各层的尺寸。

表 8.1 AlexNet 与 ZFNet 的比较

	AlexNet	ZFNet
空间：	224×224×3	224×224×3
操作：	卷积 11×11（步长 4）	卷积 7×7（步长 2），最大池化
空间：	55×55×96	55×55×96
操作：	卷积 5×5，最大池化	卷积 5×5（步长 2），最大池化
空间：	27×27×256	13×13×256
操作：	卷积 3×3，最大池化	卷积 3×3
空间：	13×13×384	13×13×512
操作：	卷积 3×3	卷积 3×3
空间：	13×13×384	13×13×1024
操作：	卷积 3×3	卷积 3×3
空间：	13×13×256	13×13×512
操作：	最大池化，全连接	最大池化，全连接
FC6：	4096	4096
操作：	全连接	全连接
FC7：	4096	4096
操作：	全连接	全连接
FC8：	1000	1000
操作：	softmax	softmax

与 AlexNet 相比，ZFNet 中的第三、第四和第五卷积层使用更多的滤波器。这些层中的滤波器数量从（384，384，256）更改为（512，1024，512）。因此，AlexNet 和 ZFNet 在大部分层的空间占用是相同的，最后三个卷积层的深度不同，但是空间占用相似。从整体上看，ZFNet 使用了与 AlexNet 类似的原理，主要的不同来自 AlexNet 架构参数的改变。ZFNet 将 top-5 错误率从 15.4%降低到 14.8%，进一步增加宽度/深度后，top-5 错误率降低到了 11.1%。由于 AlexNet 和 ZFNet 之间的大多数区别是那些较小的设计选择，这强调了这样一个事实：在使用深度学习算法时，小细节是很重要的。因此，为了获得最佳性能，对神经架构进行广泛的实验有时是很重要的。ZFNet 的架构变得更加广泛和深入，对其的研究结果在 2013 年以 Clarifai 的名称提交给了 ILSVRC，它获得了竞赛的冠军。Clarifai 是一家由文献［556］的第一作者创立的公司㊀。Clarifai 和 ZFNet 之间的区别㊁在于网络的宽度/深度，但没有关于这些区别的详细资料。该架构的细节和图片说明参见文献[556]。

8.4.3 VGG

VGG[454]进一步体现了网络深度增加的发展趋势。测试网络被设计成 11～19 层，性能最好的版本超过 16 层。VGG 是 2014 年 ISLVRC 中表现最好的一个项目，但它并不是

㊀ http://www.clarifai.com

㊁ Matthew Zeiler 的个人观点。

获胜者。获胜者是 GoogLeNet，它的 top-5 错误率为 6.7%，而 VGG 的 top-5 错误率为 7.3%。然而，VGG 很重要，因为它说明了几个重要的设计原则，这些原则最终成为未来架构的标准。

VGG 的一个重要创新是减小了滤波器的尺寸，但增加了深度。*减小滤波器尺寸需要增加深度*，理解这一点很重要。这是因为除非网络很深，否则一个小的滤波器只能捕捉到图像的一个小区域。例如，在 7×7 的输入中，由 3 个 3×3 的连续卷积捕获的单个特征将形成一个新的区域。注意，直接在输入数据上使用单个 7×7 滤波器也将捕获 7×7 输入区域的视觉特性。在第一种情况下，我们使用 3×3×3=27 个参数，而在第二种情况下，我们使用 7×7×1=49 个参数。因此，在使用 3 个连续卷积的情况下，参数占用的空间更小。然而，3 次连续卷积通常能比一次卷积捕捉到更有趣、更复杂的特征，并且用一次卷积得到的激活将看起来像原始边缘特征。因此，使用 7×7 滤波器的网络将无法在较小的区域捕获复杂的形状。

一般来说，深度越大，非线性越强，正则化越强。由于存在更多的 ReLU 层，较深的网络将具有更大的非线性，并且由于增加的深度通过使用重复的卷积组合将结构强加于层而具有更大的正则化。如上所述，具有更大深度和更小滤波器尺寸的架构需要更少的参数。这在一定程度上是因为每一层中的参数数量是由滤波器尺寸的平方给出的，而参数数量则与深度呈线性关系。因此，可以通过使用较小的滤波器尺寸来大幅减少参数的数量，而通过增加深度来“增加”这些参数的数量。增加深度还允许使用更多的非线性激活，这增强了模型的辨别能力。因此 VGG 总是使用空间占用为 3×3、池大小为 2×2 的滤波器。卷积操作步长为 1，填充为 1。池化操作的步长为 2。尽管池化操作会始终压缩空间占用，但是使用填充为 1 的 3×3 滤波器可以保持输出空间的空间占用。因此，池化操作是在不重叠的空间区域（不同于前两种架构）上完成的，并且总是将空间占用（即高度和宽度）减小为原来的 1/2。VGG 的另一个有趣的设计是，在每个最大池化层之后，滤波器的数量通常会增加到原来的 2 倍。这个想法是，每当空间占用减少到原来的 1/2 时，总是将深度增加到原来的 2 倍。这种设计导致了跨层计算某种程度上的平衡，并被一些后来的架构（如 ResNet）所继承。

使用深度配置的一个问题是，深度的增加导致初始化更敏感，这是已知的导致不稳定的原因。这个问题是通过使用预训练解决的，在预训练中先训练较浅的架构，然后再添加更多的层。然而，预训练并不是逐层进行的。相反，架构的 11 层子集首先被训练。这些经过训练的层用于初始化较深架构中的层的子集。在 ISLVRC 中，VGG 仅获得 7.3% 的 top-5 错误率，它是表现最好的项目之一，但不是获胜者。VGG 的不同配置如表 8.2 所示。其中，D 列表示的架构是获胜架构。注意，每个最大池化层之后，滤波器的数量增加了 1 倍。因此，最大池化会导致空间高度和宽度各减小至原来的 1/2，但这可以通过增加 1 倍深度来补偿。使用 3×3 滤波器和填充 1 执行卷积不会改变空间占用。因此，表 8.2 的 D 列中不同最大池化层之间区域的每个空间维度（即高度和宽度）的大小分别为 224、112、56、28 和 14。在创建全连接层之前执行最终的最大池化，这将使空间占用进一步减少到 7。因此，第一全连接层有 4096 个神经元与 7×7×512 的空间之间的密集连接。我们在后面会看到，大部分神经网络的参数都隐藏在这些连接中。

表 8.2　VGG 中使用的配置。C3D64 是指使用 64 个空间大小为 3×3（偶尔为 1×1）的滤波器进行卷积的情况。滤波器的深度与相应的层匹配。选择每个滤波器的填充以保持层的空间占用。所有卷积层后面都跟着 ReLU 层。最大池化层用 M 表示，局部响应归一化用 LRN 表示。softmax 层用 S 表示，FC4096 表示具有 4096 个单元的全连接层。除了最后一组层之外，每次最大池化之后，滤波器的数量都会增加。因此，空间占用的减少往往伴随着深度的增加

名称 层数	A 11	A-LRN 11	B 13	C 16	D 16	E 19
	C3D64	C3D64 LRN	C3D64 C3D64	C3D64 C3D64	C3D64 C3D64	C3D64 C3D64
	M C3D128	M C3D128	M C3D128 C3D128	M C3D128 C3D128	M C3D128 C3D128	M C3D128 C3D128
	M C3D256 C3D256	M C3D256 C3D256	M C3D256 C3D256	M C3D256 C3D256 C1D256	M C3D256 C3D256 C3D256	M C3D256 C3D256 C3D256 C3D256
	M C3D512 C3D512	M C3D512 C3D512	M C3D512 C3D512	M C3D512 C3D512 C1D512	M C3D512 C3D512 C3D512	M C3D512 C3D512 C3D512 C3D512
	M C3D512 C3D512	M C3D512 C3D512	M C3D512 C3D512	M C3D512 C3D512 C1D512	M C3D512 C3D512 C3D512	M C3D512 C3D512 C3D512 C3D512
	M	M	M	M	M	M
	FC4096	FC4096	FC4096	FC4096	FC4096	FC4096
	FC4096	FC4096	FC4096	FC4096	FC4096	FC4096
	FC1000	FC1000	FC1000	FC1000	FC1000	FC1000
	S	S	S	S	S	S

文献［236］中展示了一个有趣的练习，关于激活的大多数参数和记忆的位置。特别是，存储前向阶段和反向阶段的激活和梯度所需的绝大多数内存，是卷积神经网络早期空间占用最大的部分。这一点很重要，因为小批量所需的内存是按小批量的大小缩放的。例如，文献［236］已经证明，每个图像需要大约 93MB。因此，对于 128 的最小批处理大小，总内存需求约为 12GB。虽然早期的层因空间占用很大而需要最多的内存，但由于稀疏的连接和权重共享，它们没有很大的参数空间占用。事实上，大多数参数都是由末端的全连接层所要求的。最后的 7×7×512 空间层（参见表 8.2 的 D 列）与 4096 个神经元的连接需要 7×7×512×4096＝102 760 448 个参数。所有层的参数总数约为 13 800 万。因此，近 75％的参数位于单层连接中。此外，剩余的大多数参数都在最后两个全连接层中。总之，在神经网络中，密集连接占了参数空间占用的 90％。这一点很重要，因为 GoogLeNet 使用了一些创新的方法来减少最终层中的参数空间占用。

值得注意的是，有些架构允许 1×1 卷积层。尽管 1×1 卷积层不结合空间相邻特征的

激活，但当空间的深度大于1时，它确实结合了不同通道的特征值。使用1×1卷积层也是一种将额外的非线性纳入架构而不必在空间层次上进行根本性改变的方法。额外的非线性通过附加到每一层的ReLU激活被合并。详见文献［454］。

8.4.4 GoogLeNet

GoogLeNet提出了一个新的概念，称为*初始架构*。初始架构是*网络中的一个网络*。架构的初始部分非常类似于传统的卷积网络，被称为*茎*。网络的关键部分是中间层，称为*初始模块*。初始模块的示例如图8.10a所示。初始模块的基本思想是，图像中的关键信息可以在不同的细节层次上获得。如果使用大的滤波器，就可以在包含有限变化的较大区域中捕获信息；如果使用较小的滤波器，就可以在较小区域中捕获详细信息。虽然一种解决方案是将许多小滤波器连接在一起，但这将浪费参数和深度，因为在更大的区域中使用更广泛的模式就足够了。问题是，我们不知道什么细节水平适合图像的每个区域。为什么让神经网络在不同的粒度级别灵活地建模图像？这可以通过一个初始模块实现，该模块与3个不同尺寸（1×1、3×3和5×5）的滤波器并行卷积。当面对不同图像中尺度不同的物体时，使用相同大小的连续滤波器是低效的。由于初始层上的所有滤波器都是可学习的，所以神经网络可以决定哪些滤波器对输出影响最大。通过沿着不同的路径选择不同尺寸的滤波器，不同的区域以不同的粒度级别表示。GoogLeNet由9个按顺序排列的初始模块组成。因此，可以选择多条通过架构的替代路径，而得到的特征将代表非常不同的空间区域。例如，通过4个3×3的滤波器和1个1×1的滤波器将捕获一个相对较小的空间区域，而通过许多5×5的滤波器将得到更大的空间占用。换句话说，在不同的隐藏特征中捕捉到的形状的尺度差异将在后面的层中被放大。近年来，批归一化已与初始架构结合使用，简化了[⊖]网络架构。

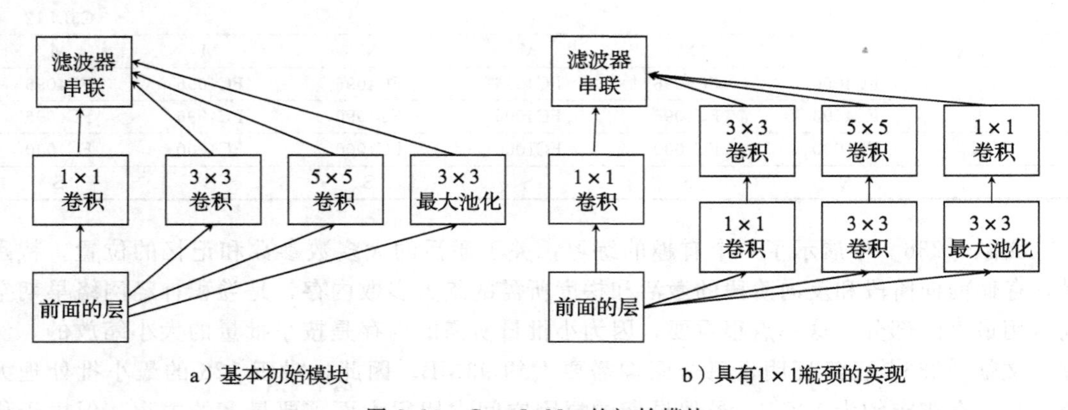

图8.10 GoogLeNet的初始模块

一种观点是，初始模块由于大量不同大小的卷积而导致计算效率低下。因此，图8.10b显示了一种有效的实现方法，其中使用1×1卷积来首先降低特征图的深度。这是因为1×1卷积滤波器的数目是小于输入空间深度的适度参数。例如，可以首先使用64个不同的1×1滤波器将输入深度从256减小到64。这些额外的1×1卷积被称为初始模块的

⊖ 原始架构中还包含辅助分类器，它们在近几年被忽略了。

瓶颈操作。在应用瓶颈卷积后，由于减少了层的深度，最初减少特征图的深度（使用廉价的 1×1 卷积）可以节省较大卷积的计算效率。在应用较大的空间滤波器之前，可以将 1×1 卷积看作一种监督降维。由于瓶颈滤波器中的参数是在反向传播过程中学习的，因此降维是有监督的。瓶颈也有助于减少池化层之后的深度。其他一些架构中也使用了瓶颈层的技巧，这有助于提高效率和增加输出深度。

GoogLeNet 的输出层也说明了一些有趣的设计原则。通常在输出端附近使用全连接层。然而，GoogLeNet 通过最终激活图集的整个空间区域的平均池化来创建单个值。因此，在最终层中创建的特征数将完全等于滤波器数。一个重要的观察结果是，绝大多数的参数都花费在连接最终卷积层和第一个全连接层上。对于只需要预测类标签的应用程序，不需要这种详细的连接。因此，还要使用平均池化方法。然而，平均池化表示完全丢失了所有空间信息，必须注意应用程序类型。GoogLeNet 的一个重要特性是，与 VGG 相比，它的参数数量非常紧凑，比后者的参数数量要少一个数量级。这主要是因为使用了平均池化，平均池化最终成为许多后来的架构中的标准。另一方面，GoogLeNet 的整体架构在计算上开销更大。

GoogLeNet 的灵活性是在 22 层初始架构中固有的，其中不同尺度的对象用适当尺寸的滤波器来处理。这种多粒度分解的灵活性是由初始模块实现的，是其性能的关键之一。此外，用平均池化层替换全连接层，大大减少了参数占用。该架构是 2014 年 ILSVRC 的获胜者，VGG 略逊一筹。尽管 GoogLeNet 的性能优于 VGG，但后者确实更简洁，这一点得到了从业者的赞赏。这两种架构都说明了卷积神经网络的重要设计原则。从那时起，初始架构就一直是重要研究的焦点[486,487]，人们提出了许多改进建议以提高性能。在后来的几年中，这个架构的一个版本，称为 Inception-v4[487]，与 ResNet（见下一节）中的一些思想相结合，创建了一个 75 层的架构，达到了低至 3.08%的错误率。

8.4.5 ResNet

ResNet[184]使用了 152 层，这几乎比以前其他架构多了一个数量级。该架构在 2015 年的 ILSVRC 中获胜，并达到了 3.6%的 top-5 错误率，从而产生了第一个具有人类水平性能的分类器。这种准确度是通过 ResNet 网络的集成实现的（即使是单个模型也能达到 4.5%的准确度）。除非包含一些重要的创新，否则通常不可能训练具有 152 层的架构。

训练这种深度网络的主要问题是，深度网络中的大量操作会增加或减小梯度的大小，从而阻碍了层间的梯度流。如第 3 章所讨论的，梯度消失和梯度爆炸等问题是由深度增加引起的。然而，文献 [184] 中的工作表明，这种深度网络中的主要训练问题不一定是由这些问题引起的，特别是使用批归一化时。主要问题是学习过程难以在合理的时间内正确收敛。这种收敛问题在具有复杂损失面的网络中很常见。尽管一些深度网络在训练和测试误差之间存在较大的差距，但在许多深度网络中，训练数据和测试数据的误差都很高。这意味着优化过程没有取得足够的进展。

尽管层次特征工程是神经网络学习的圣杯，但它的分层实现迫使图像中的所有概念都需要相同的抽象级别。一些概念可以通过使用浅层网络来学习，而另一些则需要细粒度的连接。例如，假设一头马戏团大象站在一个正方形的架子上。大象的一些复杂特征可能需要大量的层来设计，而正方形架子的特征可能需要很少的层。当使用一个非常深的网络，在所有路径上都有一个固定的深度来学习概念时，收敛过程将非常缓慢，其中许多概念也可以使用浅层架构来学习。为什么不让神经网络决定用多少层来学习每个特征呢？

ResNet 使用层间的*跳跃连接*，以便在层间进行复制，并引入特征工程的*迭代视图*（与层次视图相反）。长短期记忆网络和门控循环单元通过允许使用可调门将部分状态从一个层复制到下一个层，利用序列数据中的类似原理。以 ResNet 为例，假定不存在的“门”总是全开的。大多数前馈网络只包含第 i 层和第 $i+1$ 层之间的连接，而 ResNet 包含第 i 层和第 $i+r$ 层（$r>1$）之间的连接。构成 ResNet 基本单元的这种跳跃连接的示例如图 8.11a 所示，其中 $r=2$。这个跳跃连接只是复制第 i 层的输入，并将它添加到第 $i+r$ 层的输出。这种方法可以实现有效的梯度流，因为反向传播算法现在有一个超级高速公路，可以使用跳跃连接反向传播梯度。这个基本单元被称为*残差模块*，整个网络是通过将这些基本模块放在一起来创建的。在大多数层中，使用一个适当填充的滤波器[⊖]，步长为 1，这样输入的空间大小和深度不会随层而变化。在这种情况下，很容易将第 i 层的输入添加到第 $i+r$ 层。然而，有些层确实使用了跨步卷积来将每个空间维度缩小至原来的 1/2。同时，通过使用更多的滤波器，深度增加到了 2 倍。在这种情况下，不能在跳跃连接上使用恒等函数。因此，可能需要在跳跃连接上应用线性投影矩阵来调整维度。该投影矩阵定义了一组步长为 2 的 1×1 卷积运算，将空间范围缩小至原来的 1/2。在反向传播过程中需要学习投影矩阵的参数。

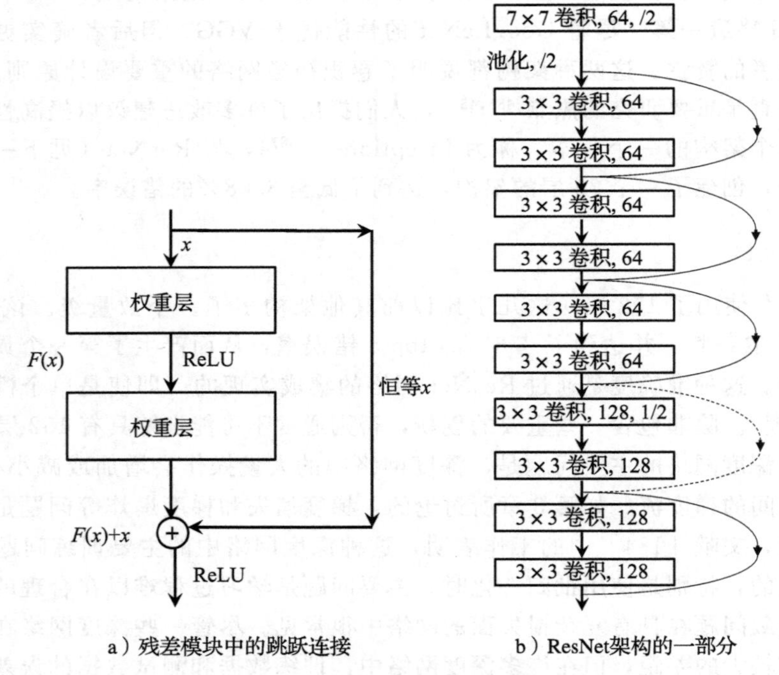

a）残差模块中的跳跃连接　　b）ResNet架构的一部分

图 8.11　ResNet 的残差模块和前几层

在 ResNet 的原始思想中，只在第 i 层和第 $i+r$ 层之间添加连接。例如，如果设 $r=2$，则只使用连续奇数层之间的跳跃连接。后来的增强架构（如 DenseNet）通过在所有层对之间添加连接提高了性能。ResNet 中重复使用了图 8.11a 的基本单元，因此可以重复

⊖ 通常，使用 3×3 滤波器的步长/填充为 1。这一趋势始于 VGG 中的原则，并被 ResNet 采用。

遍历跳跃连接，以便在执行很少的前向计算之后将输入传播到输出。图 8.11b 显示了架构的前几层，它基于 34 层架构的前几层。图 8.11b 以实线展示了大多数跳跃连接，对应于使用具有固定滤波器空间的恒等函数。但是，在某些层中，使用的步长为 2，这会导致空间占用和深度发生变化。在这些层中，需要使用投影矩阵，该矩阵由虚线跳跃连接表示。原始论文[184]中测试了 4 种不同的结构，它们分别包含 34 层、50 层、101 层和 152 层。152 层架构的性能最好，但即使是 34 层架构的性能也比 2014 年表现最好的 ILSVRC 参赛架构要好。

跳跃连接的使用提供了不受阻碍的梯度流的路径，因此对反向传播算法的行为具有重要的影响。跳跃连接在启用梯度流的过程中承担了超级高速公路的功能，创造了从输入到输出存在多个可变长度路径的情况。在这种情况下，最短路径可以实现最大限度的学习，而较长的路径可以看作剩余贡献。这给学习算法提供了为特定输入选择合适的非线性的灵活性。可以通过少量非线性分类的输入将跳过许多连接。具有更复杂结构的其他输入可能会遍历更多的连接以提取相关特征。因此，该方法也被称为残差学习，其中沿较长路径的学习是沿较短路径的更容易的学习的一种微调。换言之，该方法非常适合图像的不同方面具有不同程度的复杂性的情况。文献［184］中的研究表明，来自较深层的残差响应通常相对较小，这证实了固定深度是正确学习的障碍。在这种情况下，收敛通常不是问题，因为较短的路径可以通过不受阻碍的梯度流实现大部分学习。文献［505］中的一个有趣的见解是，ResNet 的行为类似于浅层网络的集合，因为许多较短长度的替代路径都是由这种类型的架构实现的。只有一小部分的学习是通过更深的路径实现的，而且只在绝对必要的时候是这样。文献［505］中的工作实际上提供了 ResNet 的一个未展开的架构的图形描述，其中并行地显示不同的路径。这个未阐明的观点解释了为什么 ResNet 与以集成为中心的设计原则有一些相似之处。这种观点的一个结论是，在预测时从训练的 ResNet 中删除一些层并不像 VGG 这样的网络那样显著地降低准确度。

通过阅读针对*宽残差网络*[549]的研究，可以获得更多的见解。这项工作表明，增加残差网络的深度并不总是有帮助的，因为大多数非常深的路径都没有得到使用。跳跃连接确实会产生替代路径并有效地增加网络的宽度。文献［549］中的工作表明，通过一定程度地限制总层数（例如，50 层而不是 150 层），并在每层中使用更多的滤波器，可以获得更好的结果。请注意，深度为 50 与 ResNet 前的标准相比仍然相当大，但与最近使用残差网络进行的实验相比深度较低。这种方法也有助于并行化操作。

跳跃架构的变体

为了进一步提高性能，提出了 ResNet 架构的几个变体。例如，独立提出的*高速公路网络*[161]引入了门控跳跃连接的概念，可以认为是一种更通用的架构。在高速公路网络中，使用门来代替恒等映射，但是关闭的门不会传递很多信息。在这种情况下，门控网络的行为与残差网络不同。然而，残差网络可以被认为是门控网络的特殊情况，其中门总是完全打开的。高速公路网络与 LSTM 和 ResNet 都有着密切的关系，但 ResNet 在图像识别中的表现似乎仍然更好，因为它专注于实现多路径的梯度流。原始的 ResNet 架构在跳跃连接之间使用一个简单的层块。然而，ResNet 架构在跳跃连接之间使用初始模块，它根据这一原理有所不同[537]。

不用跳跃连接，可以在每一对层之间使用卷积变换[211]。因此，不使用具有 L 层的前馈网络中的 L 变换，而是使用 $L(L-1)/2$ 变换。换句话说，第 l 层使用先前 $l-1$ 层的所有特征图的连接。这种架构称为DenseNet。请注意，这种架构的目标与跳跃连接的目标类似，它允许每个层从任何有用的抽象级别学习。

有一个似乎表现很好的有趣变体，它使用了随机深度[210]，其中跳跃连接之间的一些块在训练期间被随机删除，但是在测试期间使用整个网络。注意，这种方法类似于Dropout，通过删除节点使网络更薄而不是更浅。然而，Dropout与分层节点删除的动机有所不同，因为后者更关注改善梯度流，而不是防止特征协同适应。

8.4.6 深度的影响

近年来，ILSVRC在性能上取得了显著的进步，这主要是由于计算能力的提高、数据可用性的增强以及架构设计的改变，这些变化使得具有更高深度的神经网络得到有效训练。这三个方面也相互支持，因为只有在具有足够的数据和计算效率提高的情况下，才能使用更好的架构进行实验。这也是直到最近才对针对已知问题的相对较旧的架构（如循环神经网络）进行微调和调整的原因之一。

各网络的层数和错误率见表8.3。在2012～2015年之间，准确度的快速提高是相当显著的，而且对于大多数机器学习应用来说都是不寻常的，这些应用和图像识别一起都得到了很好的研究。另一个重要的发现是，神经网络深度的增加与错误率的提高密切相关。因此，近年来研究的一个重要焦点是使算法的修改能够支持更深的神经架构。值得注意的是，卷积神经网络是各类神经网络中最深的一类。有趣的是，对于大多数应用程序（如分类），其他领域的传统前馈网络不需要太深。事实上，“深度学习”一词的出现在很大程度上要归功于卷积神经网络令人印象深刻的性能以及随着深度的增加而观察到的具体改进。

表8.3 表现最好的ILSVRC参赛架构的层数

名称	年份	层数	top-5误差
—	2012年之前	≤5	>25%
AlexNet	2012	8	15.4%
ZfNet/Clarifai	2013	8/>8	14.8%/11.1%
VGG	2014	19	7.3%
GoogLeNet	2014	22	6.7%
ResNet	2015	152	3.6%

8.4.7 预训练模型

图像领域的分析人员面临的挑战之一是，标记的训练数据甚至可能无法用于特定的应用程序。考虑这样的情况：有一组图像需要用于图像检索。在检索应用中，标签是不可用的，但重要的是要使特征语义一致。在其他一些情况下，人们可能希望对具有特定标签集的数据集执行分类，这些标签集的可用性可能受到限制，并且不同于像ImageNet这样的大型资源。这种设置会导致问题，因为神经网络需要从零开始构建大量的训练数据。

然而，有关图像数据的一个关键点是，从特定数据集中提取的特征在数据源之间具有高度的可重用性。例如，如果在不同的数据源中使用相同数量的像素和颜色通道，则表示一只猫的方式不会有太大变化。在这种情况下，包含广泛图像的通用数据源是有用的。例如，ImageNet数据集[581]包含从日常生活的1000个类别中提取的100多万张图像。所选择的 1000 个类别和数据集中的大量图像的多样性足够有代表性和详尽，可以使用它们来提取用于通用设置的图像特征。例如，从 ImageNet 数据中提取的特征可以用于表示完全不同的图像数据集，方法是将其输入预训练卷积神经网络（如 AlexNet）并从全连接层中提取多维特征。这种新的表示可以用于完全不同的应用程序，如聚类或检索。这种方法非常普遍，以至于*很少有人从头开始训练卷积神经网络*。从倒数第二层提取的特征通常称为 FC7 特征，这是对 AlexNet 中层名称的继承。当然，任意卷积网络的层数可能与 AlexNet 不同。但是，FC7 这个名称已经被保留了下来。

这种现成的特征提取方法[390]可以看作一种*迁移学习*，因为我们使用像 ImageNet 这样的公共资源来提取特征，以便在没有足够训练数据的情况下解决不同的问题。这种方法已经成为许多图像识别任务的标准实践，许多软件框架（如 Caffe）提供了对这些特征的现成访问[585,586]。事实上，Caffe 提供了这样的预训练模型集合“zoo”，可以下载和使用[586]。如果有一些额外的训练数据可用，则可以使用它来只微调较深的层（即更接近输出层的层）。前面层（接近输入）的权重是固定的。之所以只训练较深的层，同时保持前面层固定，是因为前面层只捕获边缘等基本特征，而较深的层捕获更复杂的特征。基本特征不会随着具体的应用程序发生太大的变化，而较深层的特征可能对具体的应用程序敏感。例如，所有类型的图像都需要不同方向的边缘来表示它们（在前面层中捕获），但是与卡车车轮对应的特征与包含卡车图像的数据集相关。换句话说，前面层倾向于捕获高度通用的特征（跨不同的计算机视觉数据集），而后面层倾向于捕获特定于数据的特征。文献［361］讨论了卷积神经网络的特征在数据集和任务之间的可传递性。

8.5 可视化与无监督学习

卷积神经网络的一个有趣的特性是，在可以学习的特征类型方面，它们具有很高的可解释性。然而，要真正解释这些特征需要付出一些努力。首先想到的方法是简单地可视化滤波器的二维（空间）组件。尽管这种类型的可视化可以提供在神经网络的第一层学习到的基本边和线的一些有趣的可视化效果，但它对以后的层不是很有用。在第一层中，可以将这些滤波器可视化，因为它们直接操作输入图像，并且通常会寻找图像的基本部分（如边缘）。但是，在后面的层中可视化这些滤波器并不是很简单，因为它们操作的输入空间已经被卷积操作扰乱了。为了获得任何类型的可解释性，必须找到一种方法将所有操作的影响映射回输入层。因此，可视化的目标通常是识别和突出显示特定隐藏特征响应的输入图像部分。例如，一个隐藏特征的值可能对图像中与卡车轮子相对应的部分的变化敏感，而另一个隐藏特征可能对其引擎盖敏感。这自然是通过计算相对于输入图像的每个像素的隐藏特征的灵敏度（即梯度）来实现的。正如我们将看到的，这些可视化类型与反向传播、无监督学习和转置卷积操作（用于创建自编码器的解码器部分）密切相关。因此，本章将对这些密切相关的话题进行综合论述。

有两种主要设置可以用于对图像进行编码和解码。在第一个设置中，通过使用前面讨论的任何监督模型来学习压缩的特征图。一旦网络以有监督的方式进行训练，就可以尝试重建最能激活给定特征的图像部分。此外，识别图像中最有可能激活特定隐藏特征或类别的部分。正如我们稍后将看到的，这个目标可以通过各种类型的反向传播和优化公式来实现。第二种设置是完全无监督的，其中卷积网络（编码器）连接到反卷积网络（解码器）。正如我们稍后将看到的，后者也是转置卷积的一种形式，类似于反向传播。然而，在这种情况下，编码器和解码器的权重被联合学习以最小化重建误差。第一个设置显然更简单，因为编码器是以有监督的方式训练的，只需学习输入字段的不同部分对各种隐藏特征的影响。在第二种情况下，整个网络权重的训练和学习都必须从头开始。

8.5.1 可视化训练网络的特征

假设一个神经网络已经使用像 ImageNet 这样的大数据集进行了训练。目标是可视化和理解输入图像的不同部分（即感受野）对隐藏层和输出层（例如，AlexNet 中的 1000 个 softmax 输出）中的各种特征的影响。我们想回答以下问题：

1. 给定特定输入图像的神经网络中任何一个特征的激活，可视化该特征对其响应最大的输入部分。注意，该特征可以是空间排列层、全连接隐藏层（例如 FC7）中的隐藏特征之一，或者甚至是 softmax 输出之一。在最后一种情况下，我们可以了解特定输入图像与类别的特定关系。例如，如果输入图像正在激活“香蕉”的标签，那么我们希望看到特定输入图像中最像香蕉的部分。

2. 给定神经网络中的某个特定特征，找到一个最有可能激活该特征的虚幻的图像。与前一种情况一样，该特征可能是 softmax 输出中的一个隐藏特征，甚至是其中一个特征。例如，人们可能想知道训练好的网络最有可能将什么样的虚幻的图像归类为“香蕉”。

在这两种情况下，可视化特定特征影响的最简单方法是使用基于梯度的方法。上述目标中的第二个是相当困难的，如果没有仔细的正则化，通常无法获得令人满意的可视化效果。

基于梯度的激活特征可视化

用于训练神经网络的反向传播算法也有助于基于梯度的可视化。值得注意的是，基于反向传播的梯度计算是转置卷积的一种形式。在传统的自编码器中，解码器通常使用转置的权重矩阵（在编码器层中使用的权重矩阵）。因此，反向传播和特征重建之间联系很深，并且适用于所有类型的神经网络。与传统的反向传播设置的主要区别在于，我们的最终目标是确定隐藏/输出特征相对于输入图像的不同像素的灵敏度，而不是相对于权重的灵敏度。然而，即使是传统的反向传播也作为中间步骤计算输出对不同层的灵敏度，因此在这两种情况下几乎可以使用完全相同的方法。

当针对输入像素计算输出 o 的灵敏度时，该灵敏度在对应像素上的可视化称为显著图[456]。例如，输出 o 可能是类别“香蕉”的 softmax 概率（或在应用 softmax 之前的未归一化分数）。然后，对于图像中的每个像素 x_i，我们要确定 $\frac{\partial o}{\partial x_i}$ 的值。这个值可以通过直接反向传播到输入层[⊖]来计算。“香蕉”的 softmax 概率对图像中那些与识别香蕉无关的部分的微小变化相对不敏感。因此，对于这些不相关的区域，$\frac{\partial o}{\partial x_i}$ 的值将接近于 0，而对于定义香蕉的图像部分，该值将较大。例如，在 AlexNet 的情况下，由 $\frac{\partial o}{\partial x_i}$ 定义的反向传播梯度的整个 $224\times224\times3$ 空间将具有与图中香蕉对应的大量级部分。为了可视化这个空间，我们首先将它转换成灰度，通过在三个 RGB 通道上取梯度的绝对幅值的最大值来创

⊖ 在正常情况下，只向隐藏层反向传播，作为计算关于该隐藏层中传入权重的梯度的中间步骤。因此，在传统的训练中，从未真正需要向输入层进行反向传播。然而，向输入层的反向传播与向隐藏层的反向传播是相同的。

建仅具有非负值的 224×224×1 映射。这种灰度可视化的明亮部分将告诉我们输入图像的哪个部分与香蕉相关。激发相关类别的图像部分的灰度可视化的一个例子是图 8.12。例如，图 8.12a 中图像的明亮部分激活了图像中的动物部分，这也代表了其类别标签。如 2.4 节所述，这种方法也可用于传统神经网络的可解释性和特征选择（而不仅仅是卷积方法）。

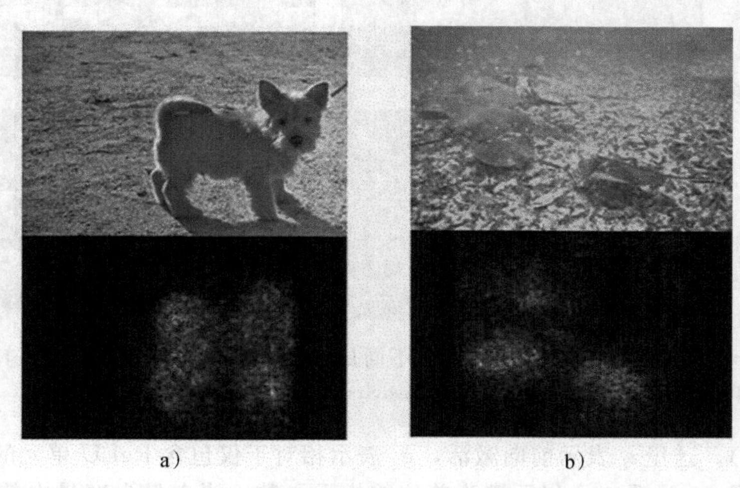

图 8.12　由特定类别标签激活的特定图像部分的示例。这些图像来自 Simonyan、Vedaldi 和 Zisserman 的论文[456]。经许可复制（© 2014 Simonyan，Vedaldi，and Zisserman）

这种通用方法也被用于可视化特定隐藏特征的激活。考虑特定输入图像的隐藏变量的值 h。这个变量在其当前激活级别如何响应输入图像？其思想是，稍微增加或减少某些像素的颜色强度与增加或减少其他像素的颜色强度相比，h 的值将受到更大的影响。首先，隐藏变量 h 将受到图像的小矩形部分（即感受野）的影响，当 h 存在于前面层中时，该矩形部分非常小，但在后面层中则大得多。例如，在 VGG 的情况下，当 h 的感受野从第一隐藏层中选择时，其大小可能只有 3×3。与隐藏层中的特定神经元高度激活的特定图像对应的图像裁剪的示例显示在图 8.13 的右侧的每一行中。请注意，每一行都包含一个有点相似的图像。这不是巧合，因为该行对应于特定的隐藏特征，而该行中的变化是由图像的不同选择引起的。请注意，行的图像选择也不是随机的，因为我们选择的是最能激活该特征的图像。因此，所有的图像将包含相同的视觉特性，导致这个隐藏的特征被激活。可视化的灰度部分对应于特征对相应图像裁剪中像素特定值的敏感度。

在 h 的高激活水平下，该感受野中的一些像素将比其他像素对 h 更敏感。通过分离隐藏变量 h 对其具有最大敏感度的像素并可视化相应的矩形区域，可以知道输入图的哪一部分对特定隐藏特征影响最大。因此，对于任何特定的像素 x_i，我们想要计算 $\frac{\partial o}{\partial x_i}$，然后将这些具有较大梯度的像素可视化。然而，代替反向传播，有时使用"反卷积"[556]和引导反向传播[466]的概念。卷积自编码器中也使用了"反卷积"的概念。主要区别在于 ReLU 非线性的梯度是如何反向传播的。如表 3.1 中所讨论的，如果 ReLU 的输入为正，则 ReLU 单元的偏导数在反向传播期间被向后复制，否则被设置为 0。然而，在"反卷积"中，如果 ReLU 单元的偏导数本身大于 0，则向后复制该偏导数。这类似于在反向过程中对传播的梯度使用 ReLU。换句话说，我们用 $\overline{g}_i = \overline{g}_{i+1} \odot I(\overline{g}_{i+1} > 0)$ 替换了表 3.1 中的 $\overline{g}_i =$

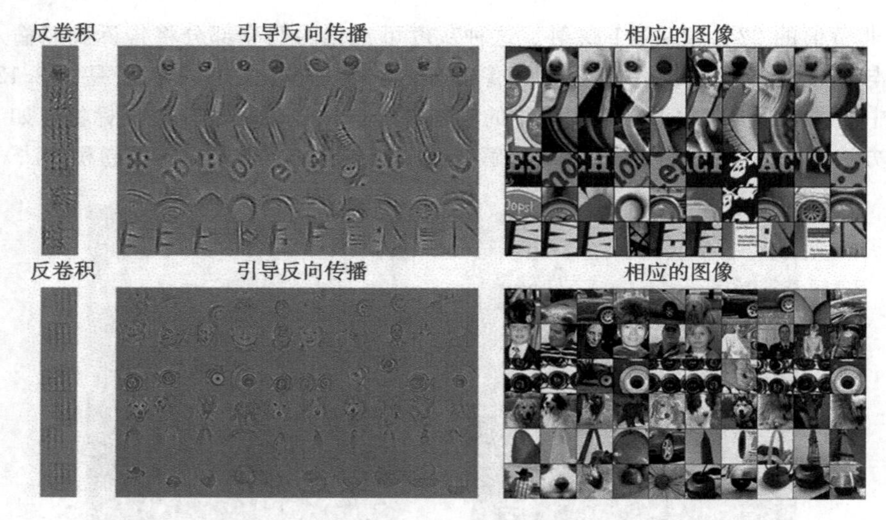

图 8.13　Springenberg 等人的工作[466]中不同层的激活可视化示例。经许可转载自文献［466］（© 2015 Springenberg，Dosovitskiy，Brox，Riedmiller）

$\overline{g}_{i+1} \odot I(\overline{z}_i > 0)$。这里$\overline{z}_i$ 表示前向激活，$\overline{g}_i$ 表示相对于仅包含 ReLU 单元的第 i 层的反向传播梯度。函数 $I(\cdot)$ 是一个以元素为单位的指示函数，当向量自变量中的元素上条件为真时，该函数在该元素上的值为 1。在引导反向传播中，通过使用$\overline{g}_i = \overline{g}_{i+1} \odot I(\overline{z}_i > 0) \odot I(\overline{g}_{i+1} > 0)$，我们结合了传统反向传播和 ReLU 中使用的条件，图 8.14 展示了反向传播的三种变体的图解。文献［466］提出，引导反向传播比“反卷积”提供了更好的可视化效果，这反过来又比传统的反向传播提供了更好的结果。

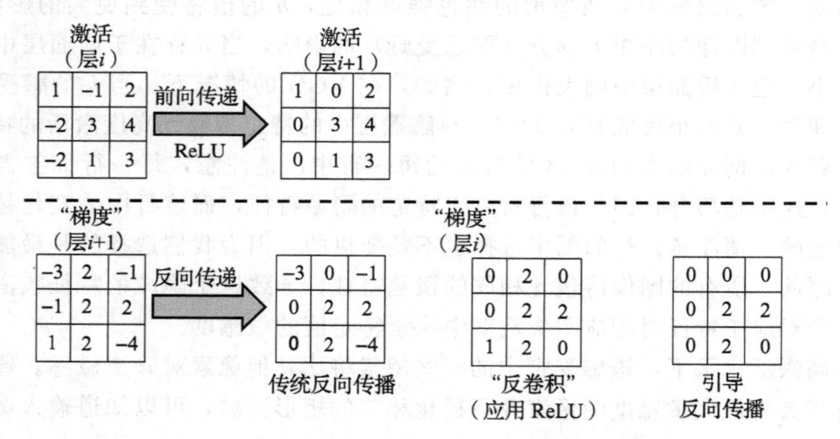

图 8.14　可视化 ReLU 的反向传播的不同变体

一种解释传统反向传播和“反卷积”之间的差异的方式是通过将梯度的反向传播解释为具有相对于编码器的转置卷积的解码器的操作[456]。但是，在此解码器中，我们再次使用 ReLU 函数，而不是 ReLU 所隐含的基于梯度的变换。毕竟，所有形式的解码器都使用与编码器相同的激活特征。文献［466］中的可视化方法的另一个特征是完全利用卷积神经网络中的池化层，而不是依靠跨步卷积。文献［466］中的工作确定了与特定输入图像相对应的特定层中的几个高度激活的神经元，并提供了这些图像的矩形区域与这些隐藏神经元的感受野相对应的可视化图像。我们早些时候已经讨论过，图 8.13 的右侧包含对应于隐藏层中特定神经元的输入区域。图 8.13 的左侧还显示了激活特定神经元的每个图像的特定特征。左边的可视化是通过引导反向传播获得的。注意，上层图像集合对应于第 6 层，而下层图像集合对应于卷积网络的第 9 层。结果，较低层集合中的图像通常对应于包含更复杂形状的输入图像的较大区域。

图 8.15 显示了来自文献[556]的另一组出色的可视化效果。不同之处在于，文献[556] 中的工作也使用最大池化层，并且基于反卷积而不是引导反向传播。选择的特定隐藏变量是每个特征图中最大的 9 个激活。在每种情况下，图像的相关正方形区域与相应的可视化一起显示。很明显，前面层中的隐藏特征对应于基础线，而基础线在后面层中变得越来越复杂。这是卷积神经网络被视为创建层次特征的方法的原因之一。前面层中的特征往往更通用，并且可以在更广泛的数据集上使用。后面层中的特征往往更特定于单个数据集。这是在迁移学习应用中利用的一个关键特性，在迁移学习应用中，预先训练的网络被广泛使用，并且仅以特定于数据集和应用的方式微调后面的层。

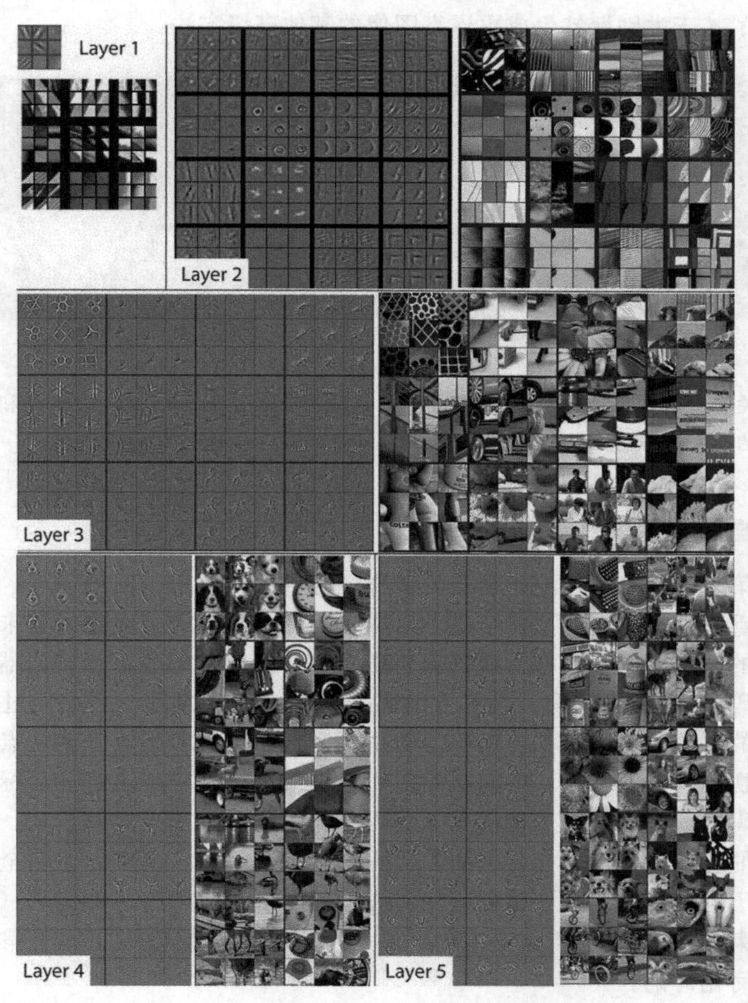

图 8.15 基于 Zeiler 和 Fergus 的工作[556]的不同层中的激活可视化示例。经许可从文献[556] 转载（© Springer International Publishing Switzerland，2014）

激活特征的合成图像

上面的例子告诉我们特定图像中对特定神经元影响最大的部分。一个更普遍的问题是什么样的图像片可以最大限度地激活特定的神经元。为便于讨论，我们将讨论神经元是特定类别的输出值 o 的情况（即在应用 softmax 之前的未归一化输出）。例如，o 的值可能是“香蕉”的未归一化分数。请注意，我们也可以将类似的方法应用于中间神经元，而不是类别分数。我们想要学习使输出 o 最大化的输入图像 $\overline{x}$，同时对 $\overline{x}$ 应用正则化：

$$\text{Maximize}_{\overline{x}} J(\overline{x}) = (o - \lambda \|\overline{x}\|^2)$$

这里，λ 是正则化参数，并且对于提取语义上可解释的图像很重要。可以结合反向传播使用梯度上升，以便学习最大化上述目标函数的输入图像 $\overline{x}$。因此，我们从零图像 $\overline{x}$ 开始，并结合关于上述目标函数的反向传播使用梯度上升来更新 $\overline{x}$。换句话说，使用以下更新：

$$\overline{x} \Leftarrow \overline{x} + \alpha \nabla_{\overline{x}} J(\overline{x}) \tag{8.4}$$

这里，α 是学习率。关键的一点是，反向传播以一种不寻常的方式被利用来更新图像像素，同时保持（已经学习到的）权重不变。三个类别的合成图像示例如图 8.16 所示。文献[358] 中讨论了基于类别标签生成更逼真图像的其他高级方法。

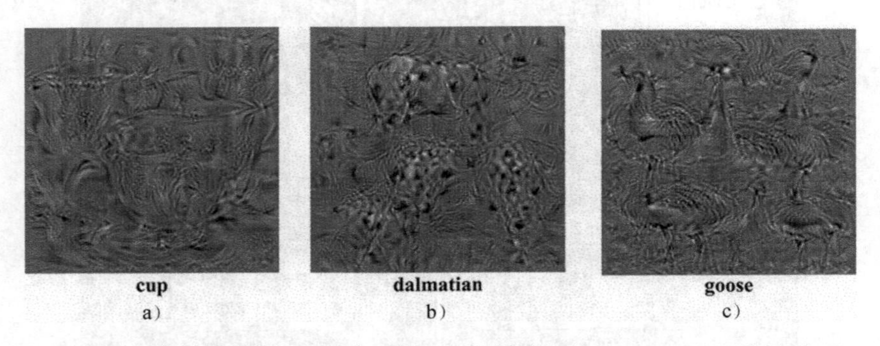

图 8.16　关于特定类别标签的合成图像示例。这些例子来自 Simonyan、Vedaldi 和 Zisserman 的论文[456]。经许可复制（© 2014 Simonyan，Vedaldi，Zisserman）

8.5.2　卷积自编码器

第 2 章和第 4 章讨论了自编码器在传统神经网络中的使用。回想一下，自编码器在经过压缩阶段后重建数据点。在某些情况下，尽管表示是稀疏的，但数据并未压缩。架构的压缩程度最高的层之前的部分称为编码器，压缩部分之后的部分称为解码器。图 8.17a 展示了传统的编码器-解码器架构。卷积自编码器具有类似的原理，它在经过压缩阶段后重建图像。传统的自编码器和卷积自编码器的主要区别在于后者侧重于使用点之间的空间关系来提取具有视觉解释的特征。中间层的空间卷积运算正好实现了这一目标。图 8.17b 展示了卷积自编码器。请注意第二种情况下编码器和解码器的三维空间形状。但是，可以设想此基本架构的几种变体。例如，中间的代码可以是空间的，也可以使用全连接层进行展平，具体取决于应用程序。要创建可与任意应用程序一起使用的多维代码（无须担心特征之间的空间约束），全连接层将是必需的。在下面，我们将假设中间的压缩代码本质上是空间的，从而简化讨论。

正如编码器的压缩部分使用卷积操作一样，解压操作使用*反卷积*操作。类似地，池化与反池化操作匹配。反卷积也称为*转置卷积*。有趣的是，转置卷积运算与用于反向传播的

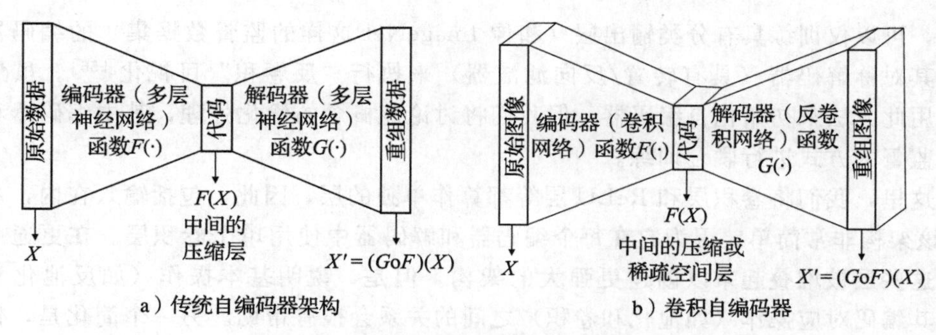

a）传统自编码器架构　　b）卷积自编码器

图 8.17　传统的自编码器和卷积自编码器

运算相同。术语“反卷积”可能有点误导，因为每个反卷积实际上都是具有滤波器的卷积，该滤波器是通过转置和反转表示原始卷积滤波器的张量而得到的（参见图 8.7 和公式 8.3）。我们已经可以看到，反卷积使用与反向传播相似的原理。主要区别在于如何处理 ReLU 函数，这使得反卷积更类似于引导反向传播。事实上，卷积自编码器中的解码器执行与基于梯度的可视化的反向传播阶段类似的操作。一些架构取消了池化和反池化操作，只使用卷积操作（与激活函数一起）。一个值得注意的例子是完全卷积网络[449,466]。

事实上，反卷积操作与卷积操作真的没有太大不同，这并不令人惊讶。即使在传统的前馈网络中，除了使用转置的权重矩阵之外，网络的解码器部分执行与编码器部分相同类型的矩阵乘法。表 8.4 总结了传统自编码器和卷积自编码器之间的对比。注意，在传统神经网络和卷积神经网络中，在执行相应的矩阵运算时，前向传播和反向传播之间的关系是相似的。关于编码器和解码器之间关系的性质也有类似的观察。

表 8.4　传统自编码器与卷积自编码器之间的关系

线性操作	传统神经网络	卷积神经网络
前向传播	矩阵乘法	卷积
反向传播	转置矩阵乘法	转置卷积
解码器	转置矩阵乘法（与反向传播相同）	转置卷积（与反向传播相同）

存在与卷积、最大池化和 ReLU 非线性相对应的三种操作。目标是在解码器层中执行已在编码层中执行的操作的反转。没有简单的方法可以准确地反转某些操作（例如最大池化和 ReLU）。然而，只要选择合适的设计方案，仍然可以实现良好的图像重建。首先，我们描述具有卷积、ReLU 和最大池化的单层自编码器的情况，然后讨论如何将其推广到多层的情况。

虽然人们通常希望在解码器中使用编码器操作的逆操作，但是 ReLU 不是可逆函数，因为值 0 具有许多可能的逆。因此，解码器层中的 ReLU 被另一个 ReLU 替换（尽管其他选项也是可能的）。因此，这个简单的自编码器的架构如下：

$$\underbrace{\text{卷积}\Rightarrow\text{ReLU}\Rightarrow\text{最大池化}}_{\text{编码器}}\Rightarrow\text{代码}\Rightarrow\underbrace{\text{反池化}\Rightarrow\text{ReLU}\Rightarrow\text{反卷积}}_{\text{编码器}}$$

注意，根据解码器中的匹配层如何取消编码器中的对应层的效果，层是对称布置的。然而，这个基本主题有许多变体。例如，ReLU 可以放置在反卷积之后。此外，在某些变体[310]中，建议使用比非对称架构的解码器更深的编码器。然而，利用上述对称架构的堆叠变体，可以仅训练具有分类输出层（和像 ImageNet 这样的监督数据集）的编码器，然后使用其对称解码器（具有转置/反向滤波器）来执行“反卷积”可视化[556]。虽然可以始终使用此方法来初始化自编码器，但我们将讨论此概念的优化处理，其中编码器和解码器以无监督的方式进行联合训练。

在这里，我们将卷积层和 ReLU 层等都算作单独的层，因此，包括输入在内，总共有 7 层。该架构非常简单，因为它在每个编码器和解码器中使用单个卷积层。在更通用的架构中，这些层被堆叠起来以创建更强大的架构。但是，说明基本操作（如反池化和反卷积）与其编码对应操作（如池化和卷积）之间的关系会很有帮助。另一个简化是，代码包含在空间层中，可以在中间插入全连接层。虽然本例（和图 8.17b）使用的是空间代码，但是在中间使用全连接层对于实际应用更有用。另一方面，中间的空间层可以用于可视化。

考虑编码器在第一层中使用大小为$F_1 \times F_1 \times d_1$ 的 d_2 方形滤波器的情况。假设第一层是大小为 $L_1 \times L_1 \times d_1$ 的正方形空间。第一层中的第 p 个滤波器的第 (i,j,k) 个条目具有权重 $w_{ijk}^{(p,1)}$。这些符号与 8.2 节中使用的符号一致，在该节中定义了卷积运算。通常使用卷积层中所需的精确的填充级别，以便第二层中的特征图的大小也是 L_1。此填充级别为 F_1-1，称为*半填充*。然而，如果在相应的反卷积层中使用全填充，则在卷积层中也可以不使用填充。通常，为了保持卷积-反卷积对中的层的空间大小，卷积层与其对应的反卷积层之间的填充之和必须等于F_1-1。

这里，重要的是要理解，虽然每个 $W^{(p,1)}=[w_{ijk}^{(p,1)}]$是三维张量，但是可以通过将索引 p 包括在张量中来创建四维张量。反卷积操作使用该张量的转置，这类似于反向传播中使用的方法（参见 8.3.3 节）。对应部分反卷积操作在第 6 层和第 7 层进行（通过计数中间的 ReLU/池化/反池化层）。因此，我们将定义 $W^{(p,1)}$ 中的（反卷积）张量$U^{(s,6)}=[u_{ijk}^{(s,6)}]$。第 5 层包含从第 1 层中的卷积操作继承的 d_2 特征图（并且通过池化/反池化/ReLU 操作保持不变）。这些 d_2 特征图需要映射到 d_1 层，其中对于 RGB 颜色通道，d_1 值为 3。因此，反卷积层中的滤波器数目等于卷积层中滤波器的深度，反之亦然。这种形状的变化是由滤波器产生的四维张量的移位和空间反转的结果。此外，两个四维张量的条目之间的关系如下：

$$u_{ijk}^{(s,6)} = w_{rms}^{(k,1)} \quad \forall s \in \{1 \cdots d_1\}, \forall k \in \{1 \cdots d_2\} \tag{8.5}$$

这里，$r=n-i+1$ 和 $m=n-j+1$，其中第 1 层的空间占用量是 $n \times n$。请注意上述关系中索引 s 和 k 的换位。这个关系等同于公式 8.3。不需要将编码器和解码器中的权重捆绑在一起，甚至不需要在编码器和解码器之间使用对称架构[310]。

第 6 层中的滤波器$U^{(s,6)}$就像任何其他卷积操作一样用于根据第 6 层中的激活来重建图像的 RGB 颜色通道。因此，反卷积操作实际上是卷积操作，但它是通过转置和空间反转的滤波器来完成的。正如 8.3.2 节中讨论的，这种类型的反卷积操作也用于反向传播。卷积/反卷积操作也可以使用矩阵乘法来执行。

然而，池化操作不可逆转地丢失了一些信息，因此不可能准确地反转。这是因为层中的非最大值将通过池化永久丢失。最大反池化操作是在开关的帮助下实现的。当执行池化时，存储最大值的精确位置。例如，考虑以步长 2 执行 2×2 池化的常见情况。在这种情况下，池化将两个空间维度减少至原来的 1/2，并且它从每个（非重叠）池化区域的 2×

2=4 个值中选取最大值。存储（最大）值的确切坐标，并将其称为开关。执行反池化时，尺寸将增加至原来的 2 倍，开关位置处的值将从上一个层复制得到，其他值设置为 0。因此，在执行最大反池化之后，在不重叠的 2×2 池化的情况下，层中恰好 75%的条目将具有未复制值 0。

与传统的自编码器一样，损失函数由所有 $L_1 \times L_1 \times d_1$ 像素上的重建误差定义。因此，如果 $h_{ijk}^{(1)}$ 表示第 1（输入）层中的像素值，并且 $h_{ijk}^{(7)}$ 表示第 7（输出）层中的像素值，则重建损失 E 定义如下：

$$E = \sum_{i=1}^{L_1} \sum_{j=1}^{L_1} \sum_{k=1}^{d_1} (h_{ijk}^{(1)} - h_{ijk}^{(7)})^2 \tag{8.6}$$

也可以使用其他类型的误差函数（例如 L_1 损失和负对数似然）。

可以对自编码器使用传统的反向传播。通过反卷积或 ReLU 的反向传播与卷积的情况没有什么不同。在最大反池化的情况下，梯度仅以不变的方式流过开关。由于编码器和解码器的参数是捆绑在一起的，所以在梯度下降过程中需要对两层匹配参数的梯度求和。另一个有趣的点是，通过反卷积反向传播使用几乎相同的操作来通过卷积前向传播。这是因为反向传播和反卷积都会导致用于变换的四维张量的连续换位。

这种基本的自编码器可以容易地扩展到使用多卷积、池化和 ReLU 的情况。文献［554］中的工作讨论了多层自编码器的困难，并提出了提高性能的几个技巧。还有其他几种经常用于提高性能的架构设计选择。一个关键点是，通常使用跨步卷积（代替最大池化）来减少编码器中的空间占用，这必须在解码器中用分数跨距卷积来平衡。考虑这样一种情况，其中编码器使用一些填充和步长 S 来减小空间占用。在解码器中，可以通过使用以下技巧将空间占用的大小增加相同的倍数。执行卷积时，在应用滤波器之前，我们通过在每对行之间放置 $S-1$ 行 0[⊖]和在每对列之间放置 $S-1$ 列 0 来拉伸输入空间。结果，输入空间在每个空间维度中已经伸展了大约 S 倍。在执行与转置滤波器的卷积之前，可以沿边界应用附加填充。这种方法具有在解码器中提供分数步长和扩展输出大小的效果。拉伸卷积的输入体积的另一种方法是在输入体积的原始条目之间插入插值（而不是零）。使用最接近的 4 个值的凸组合来进行内插，并且使用到这些值中的每一个的距离的递减函数作为内插的比例因子[449]。有时还通过在滤波器内插入 0 来将拉伸输入的方法与拉伸滤波器的方法相结合[449]。拉伸滤波器会导致一种称为*扩张卷积*的方法，但是它在分数跨步卷积中的使用并不普遍。文献［109］提供了卷积算法（包括分数跨步卷积）的详细讨论。与传统的自编码器相比，卷积自编码器的实现稍微复杂一些，有许多不同的变体以获得更好的性能。参见 8.8 节。

无监督方法也可以应用于改进监督学习。其中最明显的方法是*预训练*，这在 4.7 节进行了讨论。在卷积神经网络中，预训练的方法与传统神经网络中使用的方法在原则上没有太大的不同。预处理也可以通过从训练好的*深度信念卷积网络*[285]中获得权重来进行。这类似于传统神经网络中的方法，在传统神经网络中，堆叠式玻尔兹曼机是最早用于预训练的模型之一。

⊖ 示例详见 http://deeplearning.net/software/theano/tutorial/conv_arithmetic.html。

8.6 卷积网络的应用

卷积神经网络在对象检测、定位、视频和文本处理中有多种应用。这些应用中的许多都基于使用卷积神经网络来提供工程特征的基本原理，在此基础上可以构建多维应用。卷积神经网络的成功仍然是几乎任何一类神经网络都无法比拟的。近年来，甚至提出了序列到序列学习的竞争性方法，这在传统上一直是循环网络的领域。

8.6.1 基于内容的图像检索

在基于内容的图像检索中，首先使用像 AlexNet 这样的预先训练好的分类器将每幅图像工程化为一组多维特征。预训练通常是使用像 ImageNet 这样的大型数据集预先完成的。文献［586］提供了大量这样的预训练分类器。来自分类器的全连接层的特征可用于创建图像的多维表示。图像的多维表示可以与任何多维检索系统结合使用以提供高质量的结果。文献［16］讨论了神经代码在图像检索中的使用。这种方法有效的原因是，从 AlexNet 提取的特征对数据中存在的不同类型的形状具有语义意义。因此，使用这些特征时，检索的质量通常相当高。

8.6.2 对象定位

在对象定位中，图像中有一组固定的对象，我们想要识别对象所在的矩形区域。在下面，我们将考虑图像中存在单个对象的简单情况。图像定位通常与分类问题相结合，在分类问题中，我们首先希望对图像中的对象进行分类，并在其周围绘制一个边界框。为简单起见，我们考虑图像中只有一个对象的情况。图 8.18 展示了一个图像分类和定位的例子，其中类别“鱼”得到了标识，并且在该类别对象周围绘制了一个边界框。

图 8.18　图像分类/定位示例，其中类别“fish”与其边界框一起定义（该图像仅供说明）

图像的边界框可以用 4 个数字唯一标识。一种常见的选择是标识边界框的左上角坐标，以及边界框的两个维度。因此，可以用 4 个唯一的数字来标识一个边界框。这是一个多目标的回归问题。这里，关键是要理解，可以为分类和回归训练几乎相同的模型，这两个模型只在最后两个全连接层方面有所不同。这是因为从卷积网络中提取的特征的语义性质在各种任务中通常是高度可概括的。因此，可以使用以下方法：

1. 训练一个像 AlexNet 这样的神经网络分类器，或者使用这个分类器的预先训练的版本。在第一阶段，仅用图像-类别对训练分类器就足够了。甚至可以使用现成的在 ImageNet 上预先训练好的分类器版本。

2. 最后两个全连接层和 softmax 层被删除。这组被删除的层称为*分类头*。附加一组新的两个全连接层和一个线性回归层。然后使用包含图像及其边界框的训练数据对这些层进行训练。这组新的层称为*回归头*。注意，卷积层的权重是固定的，不会改变。分类和回归头如图 8.19 所示。由于分类头和回归头之间没有任何联系，所以这两层可以单独训练。卷积层的作用是为分类和回归创建视觉特征。

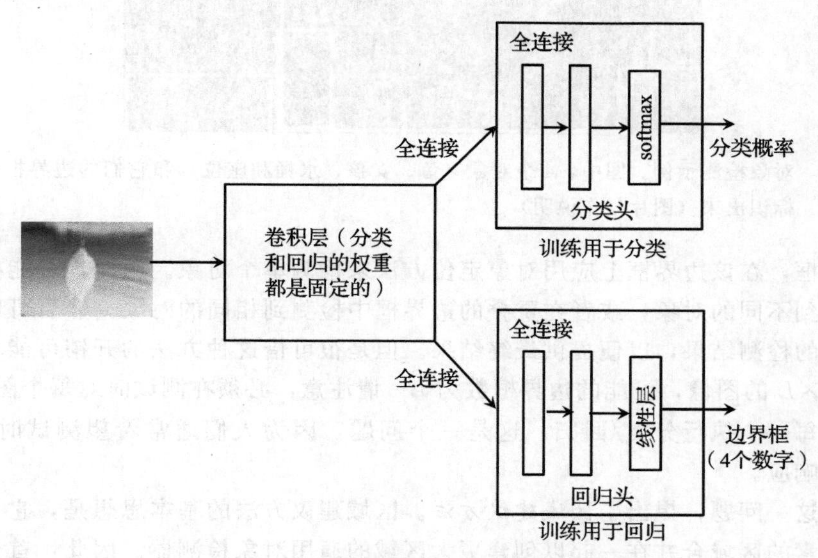

图 8.19　分类和定位的大致架构

3. 可以选择性地微调卷积层，使其对分类和回归都敏感（因为它们最初只被训练用于分类）。在这种情况下，分类头和回归头都被附加，并且图像、它们的类别和边界框的训练数据被显示给网络。反向传播用于微调所有层。这个完整的架构如图 8.19 所示。

4. 在测试图像上使用整个网络（连接了分类头和回归头）。分类头的输出提供类别概率，而回归头的输出提供边界框。

使用滑动窗口方法可以获得高质量的结果。滑动窗口方法的基本思想是利用滑动窗口在图像中的多个位置进行定位，然后综合不同运行的结果。这种方法的一个例子是 Overfeat 方法[441]。其他定位方法参见 8.8 节。

8.6.3　对象检测

对象检测与对象定位非常相似，不同之处在于图像中存在数量可变的不同类别的对象。在这种情况下，人们希望识别图像中的所有对象及其类别。我们在图 8.20 中展示了一个对象检测示例，其中有 4 个对象分别对应于类别“鱼”“女孩”“水桶”和“座位”。图中还显示了这些类别的边界框。由于输出数目可变，目标检测通常比定位更困难。事实上，人们甚至不知道图像中有多少对象。例如，不能使用上一节的架构，其中不清楚可以将多少分类头或回归头附加到卷积层。

解决此问题的最简单方法是使用滑动窗口方法。在滑动窗口方法中，尝试图像中所有

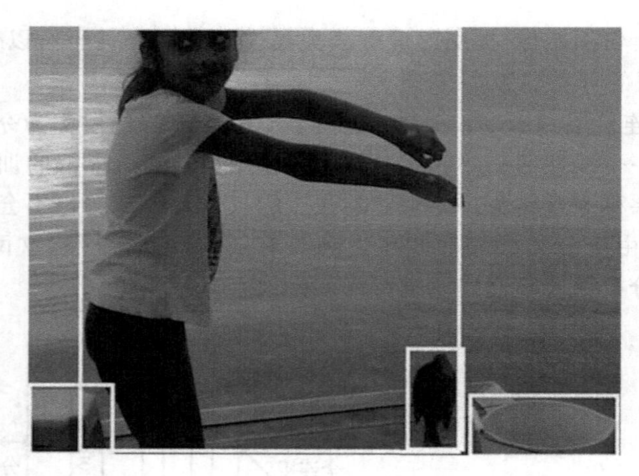

图 8.20 对象检测示例。图中，4 个对象（鱼、女孩、水桶和座位）和它们的边界框一起被标识出来（图片仅作说明）

可能的边界框，在该边界框上应用对象定位方法来检测单个对象。因此，可能在不同的边界框中检测到不同的对象，或者在重叠的边界框中检测到相同的对象。然后可以集成来自不同边界框的检测结果，以便提供最终结果。但是很可惜这种方法的开销可能相当高。对于大小为 $L \times L$ 的图像，可能的边界框数为 L^4. 请注意，必须在测试时对每个图像的 L^4 种可能性中的每一个执行分类/回归。这是一个问题，因为人们通常希望测试时间足够短，以提供实时响应。

为解决这一问题，提出了*区域建议方法*。区域建议方法的基本思想是，它可以用作将具有相似像素的区域合并在一起以创建更大区域的通用对象检测器。因此，首先使用区域建议方法创建一组候选边界框，然后在每个候选边界框中运行对象分类/定位方法。请注意，某些候选区域可能没有有效的对象，而其他候选区域可能具有重叠的对象。然后，这些被用来整合和识别图像中的所有对象。这种更广泛的方法已经在各种技术中使用，如 MCG[172]、EdgeBoxes[568] 和 SelectiveSearch[501]。

8.6.4 自然语言和序列学习

虽然文本序列机器学习的首选方法是循环神经网络，但卷积神经网络的使用在最近几年已经变得越来越流行。乍一看，卷积神经网络似乎不太适合文本挖掘任务。首先，无论图像形状位于图像中的什么位置，都会以相同的方式解释它们。对于文本来说情况并非如此，因为单词在句子中的位置似乎相当重要。其次，在文本数据中不能以相同的方式处理位置平移和移位等问题。图像中的相邻像素通常非常相似，而文本中的相邻单词几乎从不相同。尽管有这些不同之处，基于卷积网络的系统在最近几年依然表现出了更好的性能。

正如图像被表示为具有由颜色通道的数量定义的附加深度维度的二维对象一样，文本序列被表示为具有由其表示的维度定义的深度的一维对象。在独热编码的情况下，文本句子的表示维度等于词典大小。因此，与具有空间范围和深度（颜色通道/特征图）的三维框不同，文本数据的滤波器是具有用于沿句子滑动的窗口（序列）长度和由词典定义的深度的二维框。在卷积网络的后续层中，深度由特征图的数量而不是词典大小来定义。此外，给定层中的滤波器数量定义了下一层中的特征的数量（如在图像数据中）。对于图像数据，在所有二维位置上执行卷积，对于文本数据，使用相同的滤波器在句子中的所有一维点上执行卷积。这种方法的一个挑战是，使用独热编码会增加通道的数量，因此会破坏第一层滤波器中的参数数量。一个典型语料库的词汇量通常在10^6左右。因此，使用各种预先训练好的词嵌入，如 word2vec 或 GLoVe[371]（参见第 2 章），以代替单个词的单一编码。这样的词编码在语义上是丰富的，并且表示的维数可以（从 10 万）减少到几千。这种方法除了提供丰富的语义表示之外，还可以在第一层中减少一个数量级的参数。文本数据中的所有其他操作（比如最大池或卷积）都与图像数据中的操作类似。

8.6.5 视频分类

视频可以被认为是图像数据的泛化，其中时间分量是图像序列固有的。这类数据可以被认为是时空数据，这就要求我们将二维空间卷积推广到三维时空卷积。视频中的每一帧都可以被认为是一幅图像，因此可以在时间上接收一系列图像。考虑这样的情况，其中每个图像的大小为 224×224×3，并且总共接收到 10 帧。因此，视频片段的大小为 224×224×10×3。我们不使用二维空间滤波器（具有捕获 3 个颜色通道的附加深度维度）来执行空间卷积，而是使用三维时空滤波器（以及捕获颜色通道的深度维度）来执行时空卷积。这里，值得注意的是，滤波器的性质取决于当前的数据集。纯顺序数据集（例如文本）需要与窗口的一维卷积，图像数据集需要二维卷积，而视频数据集需要三维卷积。参见 8.8 节以获取使用三维卷积进行视频分类的论文。

一个有趣的发现是，通过图像分类器平均单个帧的分类，三维卷积只增加了有限的量。一部分问题是运动仅将有限的信息添加到了用于分类目的的各个帧中的可用信息中。此外，很难获得足够大的视频数据集。例如，即使包含 100 万个视频的数据集通常也是不够的，因为三维卷积所需的数据量远远大于二维卷积所需的数据量。最后，三维卷积神经网络对于相对较短（例如 0.5 秒）的视频片段是很好的，但对于较长的视频可能就不那么好了。

对于较长视频的情况，将循环神经网络（或 LSTM）与卷积神经网络相结合是有意义的。例如，可以在单个帧上使用二维卷积，但使用循环网络将状态从一个帧传递到下一个帧。还可以在短小的视频片段上使用三维卷积神经网络，然后将它们与循环单元连接起来。这种方法有助于识别更长时间范围内的动作。有关结合卷积神经网络和循环神经网络的方法，请参阅 8.8 节。

8.7 总结

本章讨论卷积神经网络的使用，主要关注图像处理。这些网络受到生物学的启发，是最早证明神经网络力量的成功故事之一。本章的一个重要焦点是分类问题，这些方法还可以用于其他应用，如无监督特征学习、对象检测和对象定位。卷积神经网络通常学习不同层中的分层特征，其中较前的层学习基本形状，而较后的层学习复杂的形状。卷积神经网络的反向传播方法与反卷积和可视化问题密切相关。最近，卷积神经网络也被用于文本处理，表现出与循环神经网络相当的性能。

8.8 参考资料说明

卷积神经网络的最早灵感来自 Hubel 和 Wiesel 关于猫视觉皮层的实验[212]。基于许多这些原则，早期工作中提出了神经认知机的概念。这些想法随后被推广到第一个卷积网络，称为 LeNet-5[279]。关于卷积神经网络的最佳实践和原理的早期讨论可以在文献［452］中找到。卷积神经网络的优秀概述可以在文献［236］中找到。有关卷积运算的教程可在文献［109］中找到。有关应用的简要讨论可在文献［283］中找到。

最早被广泛用于训练卷积神经网络的数据集是 MNIST 手写数字数据集[281]。后来，像 ImageNet[581] 这样的大型数据集变得更加流行。像 ImageNet 竞赛（ILSVRC)[582] 这样的比赛在过去五年已经成为一些最好算法的来源。在各种比赛中表现出色的神经网络包括 AlexNet[255]、ZFNet[556]、VGG[454]、GoogLeNet[485] 和 ResNet[184]。ResNet 与高速公路网络[505] 密切相关，它提供了特征工程的迭代视图。GoogLeNet 的一个有用的先驱是网络中网络（NiN）架构[297]，它说明了初始模块的一些有用的设计原则（例如使用瓶颈操作)。文献［185,505］中对 ResNet 工作良好的原因提供了几个解释。文献［537］中建议在跳跃连接之间使用初始模块。文献［210］中讨论了随机深度与残差网络相结合的使用。文献［549］提出了宽残差网络。名为 FractalNet[268] 的相关架构在网络中同时使用短路径和长路径，但不使用跳跃连接。训练是通过删除网络中的子路径来完成的，预测是在整个网络上进行的。

文献［223,390,585］中讨论了使用预训练模型的现成特征提取方法。在应用程序的性质与 ImageNet 数据非常不同的情况下，仅从预先训练的模型的较低层提取特征可能是有意义的。这是因为较低的层通常编码更多的通用/基础特征，如边缘和基本形状，它们往往在一系列设置中工作。局部响应归一化方法与文献［221］中讨论的对比度归一化密切相关。

文献［466］提出了将最大池化层替换为增加步长的卷积层是有意义的。不使用最大池化层是构建自编码器的一个优势，因为可以在解码器中使用具有分数步长的卷积层[384]。当需要增加卷积操作的空间占用时，分数步长会在输入空间的行和列中放置 0。有时也使用扩张卷积[544] 的概念，其中在滤波器（而不是输入空间）的行/列中放置 0。反卷积网络和基于梯度的可视化之间的联系在文献［456,466］中进行了讨论。文献［104］中讨论了反转卷积神经网络创建的特征的简单方法。文献［308］讨论了如何从给定的特征表示最优地重建图像。最早使用卷积自编码器是在文献［387］中。文献［318,554,555］中提出了几种基本的自编码器架构的变体。还可以从受限玻尔兹曼机中借鉴灵感来进行无监督特征学习。最早使用深度信念网络（DBN）的思想之一是在文献［285］中讨论的。文献［130,554,555,556］中讨论了不同类型的反卷积、可视化和重建的使用。文献［270］介绍了一项大规模的图像无监督特征提取研究。

有一些方法可以在无监督的情况下学习特征表示，这些方法似乎工作得很好。文献［76］中的工作使用 k-means 算法对小图像块进行聚类，以生成特征。可以使用簇的质心来提取特征。另一种方法是使用随机权重作为滤波器，以便提取特征[85,221,425]。文献［425］中提供了关于这个问题的一些见解，它表明卷积和池化的组合具有频率选择性和平移不变性，即使在具有随机权重的情况下也是如此。

文献［16］讨论了神经特征工程在图像检索中的应用。近年来，已经提出了许多图像定位的方法。在这方面一个特别突出的系统是 Overfeat[441]，它是 2013 年 ImageNet 竞赛的获胜者。该方法采用滑动窗口的方法，以获得高质量的结果。AlexNet、VGG 和 ResNet 的变体在 ImageNet 竞赛中也表现出色。文献［87,117］中提出了一些最早的对象检测方法。后者也称为可变形部件模型[117]。这些方法没有使用神经网络或深度学习，尽管在可变形部件模型和卷积神经网络之间已经得出了一些联系[163]。在深度学习时代，已经提出了许多方法，如 MCG[172]、EdgeBoxes[568]和 SelectiveSearch[501]。这些方法的主要问题是它们有点慢。最近，文献［391］提出了一种新的快速对象检测方法——Yolo 方法。然而，一些速度的提高是以准确度为代价的。尽管如此，该方法的总体效果仍然相当好。文献［180］中讨论了卷积神经网络在图像分割中的应用。文献［131,132,226］提出了基于卷积神经网络的纹理合成和风格转换方法。近年来，神经网络在人脸识别方面取得了巨大的进展。早期的工作[269,407]展示了卷积网络如何用于人脸识别。深度变体在文献［367,474,475］中讨论。

文献［78,79,102,227,240,517］中讨论了用于自然语言处理的卷积神经网络。这些方法通常利用 word2vec 或 GloVe 方法从一组更丰富的特征开始[325,371]。循环神经网络和卷积神经网络的概念也被结合起来用于文本分类[260]。文献［561］中讨论了字符级卷积网络用于文本分类。文献［225,509］中讨论了结合卷积神经网络和循环神经网络的图像描述方法。文献［92,188,243］中讨论了使用卷积神经网络来处理图结构数据。文献［276］讨论了卷积神经网络在时间序列和语音中的使用。

从卷积网络的角度来看，视频数据可以被认为是图像数据的时空泛化[488]。文献［17,222,234,500］讨论了三维卷积神经网络在大规模视频分类中的应用，文献［17,222］中提出了最早的三维卷积神经网络用于视频分类的方法。所有用于图像分类的神经网络都具有自然的三维对应性。例如，文献［500］中讨论了将 VGG 推广到具有三维卷积网络的视频领域。令人惊讶的是，三维卷积网络的结果仅略好于单帧方法，单帧方法对视频的各个帧执行分类。一个重要的观察是，单帧包含了用于分类的大量信息，并且除非运动特征对于分类是必要的，否则添加运动通常无助于分类。另一个问题是，与构建大规模系统的实际需要相比，用于视频分类的数据集在规模上往往是有限的。尽管文献［234］中的工作收集了超过 100 万个 YouTube 视频，建立了相对较大规模的数据集，但在视频处理的背景下，这个规模似乎是不够的。毕竟，视频处理需要比图像处理中的二维卷积复杂得多的三维卷积。因此，将手工制作的特征与卷积神经网络相结合通常是有益的[514]。最近几年发现适用的另一个有用的特征是光流的概念[53]。三维卷积神经网络的使用有助于较短时间尺度上的视频分类。视频分类的另一个常见想法是将卷积神经网络与循环神经网络相结合[17,100,356,455]。文献［17］中的工作是将循环神经网络和卷积神经网络相结合的最早方法。当必须在较长的时间尺度上执行分类时，使用循环神经网络是很有帮助的。最近的一种方法[21]以均匀的方式结合了循环神经网络和卷积神经网络，其基本思想是使卷积神经网络中的每个神经元都是循环的。可以将这种方法视为卷积神经网络的直接循环扩展。

软件资源和数据集

有许多软件包（如 Caffe[571]、Torch[572]、Theano[573]和 TensorFlow[574]）可用于通过卷积神经网络进行深度学习。可以使用 Caffe 对 Python 和 MATLAB 的扩展。关于 Caffe 中提取的特征的讨论可以在文献［585］中找到。在文献［586］中可以找到来自 Caffe 的预先训练好的模型的“模型 zoo”。Theano 是基于 Python 的，它提供像 Kera[575]和 Lasagne[576]接口的高级包。卷积神经网络在 MATLAB 中的开源实现称为 MatConvNet，可以在文献［503］中找到。AlexNet 的代码和参数文件位于文献［584］。

用于测试卷积神经网络的两个最流行的数据集是MNIST和ImageNet。这两个数据集都已在第一章中进行了详细描述。MNIST数据集的表现相当好，因为它的图像经过了居中和归一化处理。因此，即使使用传统的机器学习方法，也可以对MNIST准确分类，因此不需要卷积神经网络。另一方面，ImageNet中的图像包含来自不同角度的图像，因此需要卷积神经网络才能分类。然而，ImageNet的1000个类别设置，再加上它的大小，使得它很难以计算高效的方式进行测试。一个规模较小的数据集是CIFAR-10[583]。该数据集仅包含分为10个类别的60 000个实例，并包含6 000个彩色图像。数据集中每个图像的大小为32×32×3。值得注意的是，CIFAR-10数据集是微小图像数据集[642]（它最初包含8000万个图像）的一个小子集。在使用ImageNet进行更大规模的训练之前，CIFAR-10数据集通常用于较小规模的测试。CIFAR-100数据集与CIFAR-10数据集一样，只是它有100个类别，每个类别包含600个实例。这100个类别被分成10个超级类别。

8.9　练习

1. 考虑一个一维时间序列2,1,3,4,7。用一维滤波器1,0,1和零填充进行卷积。
2. 对于长度为L的一维时间序列和大小为F的滤波器，输出的长度是多少？需要多少填充才能使输出大小保持恒定值？
3. 考虑13×13×64的激活空间和3×3×64的滤波器。讨论是否可以用步长2、3、4和5进行卷积，并证明。
4. 计算表8.2中每一列的空间卷积层的大小。在每种情况下，都从224×224×3的输入图像空间开始。
5. 计算表8.2中D列的每个空间层中的参数数量。
6. 从你选择的神经网络库下载AlexNet架构的实现。根据ImageNet数据中不同大小的子集训练网络，绘制top-5误差与数据大小的关系。
7. 用图8.1b的水平边缘检测滤波器计算图8.2左上角的输入空间的卷积。不带填充，步长为1。
8. 以步长1对图8.4左上角的输入空间执行4×4池化。
9. 讨论在7.7.1节中的图像描述应用程序中可以使用的各种类型的预训练。
10. 假设有大量数据，其中包含用户对不同图像的评分。展示如何将卷积神经网络与第6章中讨论的协同过滤思想相结合，以创建协同和以内容为中心的推荐系统。

深度强化学习

经验是对痛苦的回报。

——哈里·S. 杜鲁门

9.1 简介

人类不是从训练数据的具体概念中学习的。人类的学习是一种持久的靠经验驱使的过程，我们在这个过程中做出决策，从环境中获得的奖励或惩罚被用来对未来决策的学习过程做指导。换句话说，智慧生物的学习靠的是由奖励引导的试错。此外，人类大部分的智力和本能都被基因编码，经历了另一种环境驱使的上百万年的进程，我们称之为进化。因此，几乎所有生物智慧，就像我们所知道的，都起源于某种经历了环境中尝试与出错的交互过程的形式。赫伯特·西蒙（Herbert Simon）在人工智能相关的书[453]中提出了蚂蚁假设：

人类，被视为行为系统，其实是非常简单的。随着时间的流逝，我们行为的复杂性在很大程度上反映了我们所处的环境的复杂性。

人类被认为是简单的，因为他们是单维的、自私的由奖励驱动的实体（从整体上看），并且所有生物智能都可归因于这一简单的事实。由于人工智能的目标是模拟生物智能，因此自然而然地会从生物贪婪特性获得的成功中汲取灵感，以简化高度复杂的学习算法的设计。

一个系统从奖励驱动的试错过程中学习与复杂的环境交互来获取奖励结果，这个过程在机器学习中被称为强化学习。在强化学习试错的过程中，需要最大化这段时间内的奖励总和。强化学习可以成为寻求创建真正智能的智能体（例如玩游戏的算法、自动驾驶汽车，甚至是与环境交互的智能机器人）的手段。简而言之，它是通向人工智能一般形式的道路。我们离实现人工智能的一般形式还很远。但是，近年来我们取得了巨大进步和令人兴奋的成果：

1. 训练好的深度学习器可以通过仅使用视频控制台的原始像素作为反馈来玩电子游戏。这种设置的经典示例是 Atari 2600 控制台，它是一个支持多种游戏的平台。Atari 平台向深度学习器提供的输入是游戏当前状态的像素显示。强化学习算法根据像素显示预测动作，并将其输入 Atari 控制台中。最初，计算机算法会犯很多错误，这些错误会被反映在控制台提供的虚拟奖励中。随着学习器从错误中逐渐获得经验，它会做出更好的决策。这正是人类学习玩电子游戏的方式。在大量的游戏对决中，Atari 平台上最新算法的性能已超过人类水平[165,335,336,432]。电子游戏是强化学习算法的绝佳测试平台，因为它们可以看作人们在各种以决策为中心的设置中所做选择的高度简单表示。简而言之，电子游戏代表了现实生活中的玩具缩影。

2. DeepMind 训练了一种深度学习算法 AlphaGo[445]，该技术通过利用从人类和计算机的自我博弈中的走子的奖励结果来下围棋。围棋是一个复杂的游戏，需要很多人类直觉，而且走法之多（与国际象棋之类的其他游戏相比）使得对围棋构建游戏算法极其困难。AlphaGo不仅令人信服地击败了与之对抗的所有排名最高的围棋选手[602,603]，而且通过使用非人类传统的策略击败这些选手，为人类比赛模式的创新做出了贡献。这些创新是AlphaGo通过不断下围棋而获得的奖励驱动的经验结果。最近，该方法也推广到了国际象棋，并且令人信服地击败了顶级传统人类选手之一[447]。

3. 近年来，通过利用汽车周围各种传感器的反馈来进行决策，在自动驾驶汽车中应用了深度强化学习。尽管在无人驾驶汽车中使用监督学习（或模仿学习）更为普遍，但使用强化学习一直被认为是一种可行的方法[604]。现在，这些汽车在驾驶过程中所犯的错误始终少于人类。

4. 创建能自主学习的机器人是强化学习中的一项任务[286,296,432]。例如，在灵活的配置中，机器人运动出奇地困难。当我们不向机器人展示走路的样子时，教机器人走路就是一项强化学习任务。在强化学习范式中，我们仅激励机器人使用可用的肢体和电机尽可能高效地从A点到达B点[432]。通过奖励引导的试错，机器人学会了滚动、爬行，最终学会了行走。

强化学习适用于*易于评估但难以指明的任务*。例如，国际象棋这样的复杂游戏结束时很容易评估玩家的表现，但是在每种状态下都很难指出确切的动作。与生物智能体一样，强化学习通过仅定义奖励并让算法学习最大化奖励的行为，为*简化复杂行为的学习*提供了一条途径。这些行为的复杂性自动从环境复杂性继承。这是本章开始时赫伯特·西蒙的蚂蚁假设[453]的本质。强化学习系统本质上是*端到端系统*，其中复杂的任务不会分解成较小的任务，而是从简单奖励的角度去对待。

强化学习设置最简单的例子是*多臂老虎机问题*，它解决了赌徒如何从众多老虎机中选择一个以最大化其收益的问题。赌徒怀疑每台老虎机的（期望）奖励是不同的，因此选择具有最大期望奖励的老虎机很重要。由于事先不知道老虎机的期望收益，因此赌徒必须探索不同的老虎机，还必须*利用*所学的知识来最大化奖励。尽管对特定老虎机的探索可能会获得有关其奖励的更多线索，但这也会带来游戏开销的风险（可能分文未得）。多臂老虎机算法可提供精心设计的策略，以优化探索与利用之间的权衡。但是，在这种简化的设置中，选择老虎机的每个决策都与前一个决策相同。在诸如电子游戏和带有原始感觉输入（例如，电子游戏屏幕或交通状况）的电子游戏和自动驾驶汽车等设置中，情况并非如此，它们定义了系统的状态。深度学习器擅长通过将学习过程包装在探索/利用框架中，将这些感觉输入提炼成*状态敏感*的动作。

章节组织

本章安排如下。9.2节将介绍多臂老虎机，这是强化学习中最简单的无状态设置之一。9.3节将介绍状态的概念。9.4节将介绍Q-学习方法。9.5节将讨论策略梯度方法。9.6节将讨论了蒙特卡洛树搜索策略的使用。9.7节将讨论一些案例研究。9.8节将讨论与深度强化学习方法相关的安全性问题。9.9节将进行总结。

9.2 无状态算法：多臂老虎机

我们根据以前的经验重新研究赌徒重复玩老虎机的问题。赌徒怀疑其中一台老虎机比其他老虎机具有更好的期望奖励，并试图探索和利用这台老虎机以获得经验。随机尝试一台老虎机可能是一种浪费，但有助于获得经验。经过短短几次尝试就总是选择最好的老虎机可能导致糟糕的解决方案。如何在探索和利用之间进行权衡呢？请注意，对于给定的动作，每个尝试都提供与以前的尝试具有相同概率分布的奖励，因此在这种系统中没有状态的概念。这是传统强化学习的简化案例，在传统强化学习中状态的概念很重要。在一次电子游戏中，向特定方向移动鼠标会得到一个完全取决于游戏状态的奖励。

赌徒可以使用多种策略来调节对搜索空间的探索和利用之间的权衡。下面我们将简要描述多臂老虎机系统中使用一些常见的策略。所有这些方法都具有指导意义，因为它们提供了用于强化学习的一般设置的基本思想和框架。实际上，这些无状态算法中的一些也被用作强化学习的一般形式的子程序。因此，重要的是探索这种简化的设置。

9.2.1 朴素算法

在这种方法中，赌徒在探索阶段对每台老虎机进行固定次数的试验。随后，在利用阶段将一直使用探索阶段收益最高的机器。尽管这种方法乍看之下似乎是合理的，但它存在很多问题。首先，很难确定试验多少次可以准确地预测某台老虎机是否比另一台老虎机更好。估算收益的过程可能需要很长时间，特别是在收益事件比非收益事件少的情况下。使用许多探索性试验将浪费大量精力在次优策略上。此外，如果最后选择了错误的策略，则赌徒将一直使用错误的老虎机。因此，在现实生活中，一直使用特定策略的方法是不现实的。

9.2.2 ϵ-贪婪算法

ϵ-贪婪算法旨在尽快使用最佳策略，避免浪费大量试验次数。基本思想是为试验的一小部分选择一个随机老虎机。这一小部分探索性试验也从所有试验中随机选择（概率为 ϵ），因此与利用试验完全交错。在其余的 $1-\epsilon$ 次试验中，使用到目前为止平均收益最高的老虎机。这种方法的一个优点是可以确保不会一直使用错误的策略。此外，由于利用阶段较早开始，因此通常可能会在很大一部分时间内使用最佳策略。

ϵ 的值是算法参数。例如，在实际设置中，可以设 $\epsilon=0.1$，但 ϵ 的最佳选择将随实际的应用而变化。通常在特定设置中很难得知 ϵ 的最佳值。然而，为了从该算法的利用部分中获得显著优势，ϵ 的值必须设置得合理地小。但是，在较小的 ϵ 值下，识别正确的老虎机可能需要很长时间。一种常见的方法是使用*退火法*，其中初始 ϵ 值设置得较大一些，但会随着时间下降。

9.2.3 上界方法

尽管在动态设置中 ϵ-贪婪算法比朴素算法好，但它在学习新老虎机收益方面的效率仍然很低。在上界方法中，赌徒不使用老虎机的平均收益，而是对尚未得到充分尝试的老虎机持更乐观的看法。因此，他们使用在收益方面具有最佳统计上限的老虎机。因此，我们可以将测试老虎机 i 的上限 U_i 看作期望奖励 Q_i 和单边置信区间长度 C_i 的和：

$$U_i = Q_i + C_i \tag{9.1}$$

C_i 的值就像是赌徒心中对该老虎机增加的不确定性的额外奖励。C_i 的值与目前为止所有尝试的平均奖励的标准差成比例。根据中心极限定理，此标准差与尝试老虎机 i 的次数的平方根成反比（在独立同分布假设下）。可以估计第 i 个老虎机收益的平均值 μ_i 和标准差

σ_i，由此计算C_i 的值为$K \cdot \sigma_i / \sqrt{n_i}$，其中 n_i 是第 i 个老虎机的尝试次数。在此，K 决定置信区间的级别。因此，测试次数少的老虎机可能具有较大的上界（由于置信区间C_i 较大），因此将更频繁地进行尝试。

与 ε-贪婪算法不同，试验不再分为探索和利用两个阶段。选择上界最大的老虎机的过程具有双重效果：在每次试验中都对探索和利用阶段进行编码。可以通过使用特定级别的统计置信度来约束探索与利用之间的权衡。设 $K=3$ 使得在高斯假设下，上界的置信区间为 99.99%。通常，增大 K 值将为不确定性提供较大的额外奖励C_i，因此与具有较小 K 值的算法相比，探索阶段将在试验过程中占更大的比例。

9.3 强化学习的基本框架

上一节中的老虎机算法是无状态的。换句话说，在每个时间戳上做出的决策具有相同的环境，并且过去的动作仅影响智能体获取的知识（而不影响环境本身）。在具有状态概念的普通强化学习设置（例如电子游戏或自动驾驶汽车）中，情况并非如此。

在普通强化学习设置中，每个动作都独立地与奖励相关。在玩电子游戏时，不会仅仅因为执行了特定动作而获得奖励。动作的奖励取决于过去进行的所有动作，这些动作都包含在环境的状态中。在电子游戏或自动驾驶汽车中，我们需要在特定系统状态下执行信用分配的另一种方法。例如，在自动驾驶汽车中，正常状态下急转的汽车的奖励和在预警发生碰撞危险的状态下执行相同动作的奖励是不同的。换句话说，我们需要一种以基于系统状态的特定方式来量化每个动作的奖励的方法。

在强化学习中，我们有一个通过动作与环境交互的智能体。例如，玩家是电子游戏中的智能体，而在视频游戏中沿特定方向移动操纵杆则是一种动作。环境是电子游戏本身的整体设置。这些动作改变了环境并产生新的状态。在电子游戏中，状态代表描述特定时间玩家当前的位置的所有变量。环境根据学习程序的目标的达成程度对智能体进行奖励。例如，在电子游戏中得分是一种奖励。请注意，有时奖励可能并不直接与特定动作相关，而是与一段时间后采取的多种动作组合相关。例如，玩家可能已经在几次移动之后将光标巧妙定位在十分方便的位置，并且此后的动作可能与奖励无关。此外，动作的奖励本身在特定状态下可能不确定（例如，拉动老虎机控制杆）。强化学习的主要目标之一是识别行为在不同状态下的内在价值，而与奖励的时刻和随机性无关。

学习过程有助于智能体根据不同状态下行为的固有价值来选择行为。此一般原则适用于生物智能体中的所有形式的强化学习，例如老鼠学习穿过迷宫的路径以获得奖励。老鼠所获得的奖励取决于整个动作序列，而不仅仅取决于最后的动作。获得奖励后，老鼠大脑中的突触权重会进行调整，以反映应如何使用感觉输入来决定未来在迷宫中要采取的动作。这正是深度强化学习中使用的方法，其中神经网络用于根据感觉输入（例如电子游戏的像素）来预测动作。智能体与环境之间的这种关系如图 9.1 所示。

将状态、动作和规则的集合从一个状态转换到另一状态称为马尔可夫决策过程。马尔可夫决策过程的主要特性是状态在任何特定的时间戳上都会编码环境所需的所有信息，以进行状态转换，并根据智能体的动作分配奖励。有限马尔可夫决策过程（例如井字棋游戏）以有限数量的步骤终止，这被称为事件（episode）。此过程的一个特定事件是动作、状态和奖励的有限序列。长度为 $n+1$ 的马尔可夫决策过程示例如下：

$$s_0 a_0 r_0 s_1 a_1 r_1 \cdots s_t a_t r_t \cdots s_n a_n r_n$$

注意，s_t 是执行动作 a_t 之前的状态，执行动作 a_t 会导致奖励 r_t 并转换到状态 s_{t+1}。这是本章（以及其他一些资料）中使用的时间戳的惯例，而 Sutton 和 Barto 的书[483]中的惯例是输出 r_{t+1} 来响应处于状态 s_t 的动作 a_t（这会稍微改变结果中的下标）。无限马尔可夫决策过程（例如，连续工作的机器人）没有有限长度的事件，因此被认为是非偶发的。

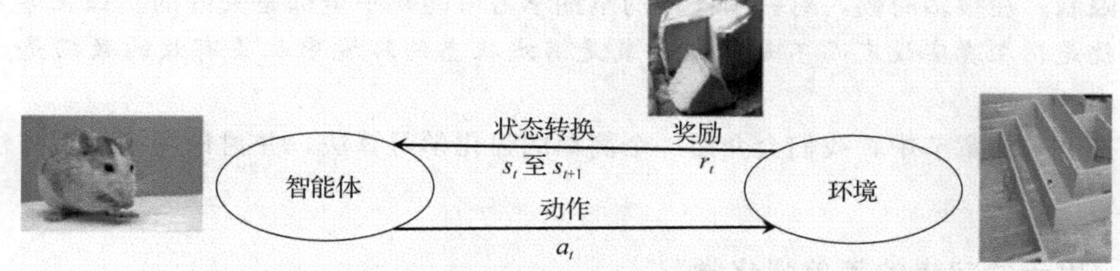

1.智能体（老鼠）在状态（位置）s_t 下采取动作 a_t（在迷宫中左转）。
2.环境给老鼠一个奖励 r_t（芝士/没有芝士）。
3.智能体的状态转换到 s_{t+1}。
4.老鼠的神经元根据这个动作是否有芝士作为奖励来更新突触的权重。
总结：智能体通过一段时间的学习来采取能获得奖励的状态敏感动作。

图 9.1 强化学习的总体框架

举例

尽管系统的状态参考了环境的完整描述，但还是会有很多实践性的近似值。例如在 Atari 的电子游戏中，系统的状态由长度固定的游戏快照窗口来定义。下面是一些例子：

1. *井字棋、国际象棋和围棋游戏*：状态是棋盘上任何点的位置，动作与智能体的走子相对应。奖励是+1、0 或−1（对应于获胜、平局或败北），*在游戏结束时会得到奖励*。请注意，在采取了有策略性的明智动作后，通常不会立即获得奖励。

2. *机器人运动*：状态对应于机器人各活动关节的当前结构及其位置。这些动作对应于施加到机器人活动关节的力矩。每个时间戳的奖励取决于机器人是否保持直立状态以及从 A 点到 B 点的正向移动。

3. *自动驾驶汽车*：状态与来自汽车的传感器输入有关，动作与驾驶、加速以及刹车的选择有关。奖励是人工设计的一个关于汽车行进和安全性的函数。

通常需要花费一些精力来定义状态表示形式和相应的奖励。但是，一旦做出了这些选择，强化学习框架就是一个端到端系统。

9.3.1 强化学习中的挑战

因为以下几个原因，强化学习比传统形式的监督学习更为困难：

1. 当得到奖励（比如赢得一局国际象棋）时，我们并不清楚每一个动作对于这一次奖励贡献了多少。这个问题是强化学习的核心问题，我们称之为*信用分配问题*。更进一步来说，奖励可能是概率的（比如拉动老虎机的杠杆），我们只能通过数据驱动的方法估计奖励。

2. 强化学习系统可能有非常多的状态（例如在棋盘游戏中棋子的可能位置的数量），并且要求系统能在其未知的状态中做出明智的决定。解决这一模型泛化的问题是深度学习的主要功能。

3. 特定的动作选择会影响收集到的数据，从而影响未来的动作。如同在多臂老虎机问题中一样，探索与利用之间存在着此消彼长的关系。如果仅为了获得奖励而做出某一动作，则可能给玩家带来损失。另一方面，坚持已见的动作可能会导致不理想的决策。

4. 强化学习将数据的获取过程与学习过程合并在一起。大型物理系统（比如机器人以及自动驾驶汽车）的实际模拟受到需要实际完成任务和收集那些可能导致失败的动作的响应的限制。在很多时候，对一项任务的早期学习可能几乎全部是失败的。强化学习最大的挑战就是，在真实设定而不是模拟中或是游戏状态的环境中收集有效的数据是十分困难的。

在接下来的章节中，我们会介绍一个简单的强化学习算法，并讨论深度学习方法在其中的作用。

9.3.2 用于井字棋的简单强化学习

我们在之前章节归纳出的无状态 ϵ-贪婪算法可以用来学习下井字棋。在这个案例中，棋盘上的每一个位置是一个状态，在有效的位置下“X”或“O”是动作。3×3 棋盘的有效状态数量的上界是 $3^9=19\ 683$，相当于 9 个位置中的每一个都有 3 种可能（“X”，“O”，空白）。现在，我们基于状态 s 下在与特定对手对弈时的某一动作 a 的历史表现，估算每个状态-动作对（s,a）的价值，而不是估算多臂老虎机中每个（无状态）动作的价值。在折扣系数 $\gamma<1$ 时，首选采取较少动作就获胜的策略，因此，对于状态 s 下的动作 a，如果 r 步（包括当前动作）后获胜，则该动作的未归一化价值增加至原来的$1+\gamma^{r-1}$，如果 r 步（包括当前动作）后失败，则减少至原来的 $1-\gamma^{r-1}$。平局记为 0。折扣还反映了以下事实：在实际环境中，动作的重要性会随着时间而衰减。在这种情况下，只有在游戏中完成所有动作之后才可以更新状态-动作对的记录表格（本章中的后续方法允许在每次动作之后进行在线更新）。表中动作的归一化值是通过将未归一化值除以状态-动作对的更新次数（分别保持）而获得的。该表中的状态-动作对以较小的随机值开始，状态 s 下的动作 a 以 $1-\epsilon$ 的概率被贪婪地选择为归一化值最高的动作，其余情况被选择为随机动作。每次游戏结束后，游戏中的所有动作都被记录。随着时间的推移，将了解所有状态-动作对的值，并且所产生的动作也将适应对弈特定对手的比赛。此外，甚至可以通过自己与自己对弈来最优化地生成这些表格。当使用自我博弈策略时，根据从采取动作的玩家角度的获胜/平局/失败，从 $\{-\gamma^r,0,\gamma^r\}$ 中选择值来更新状态-动作对表。在推断时，从玩家的角度采取具有最高归一化值的动作。

9.3.3 深度学习的作用和稻草人算法

前面提到的井字棋游戏算法没有使用神经网络或深度学习，在许多传统的强化学习算法中也是如此[483]。井字棋游戏的 ϵ-贪婪算法的总体目标是学习每个状态-动作对固有的长期价值，因为在执行有价值的动作后很长时间才能获得奖励。训练过程的目标是执行价值发现任务，以识别在特定状态下真正长期有益的动作。例如，井字棋游戏中的明智的动作可能是为对方设置陷阱，最终获胜。图 9.2a 中展示了这种情况的两个例子（右侧的陷阱不太明显）。因此，需要在状态-动作对的表格中将战略上好的动作归为有利，而不仅仅将最终的获胜动作归为有利。基于 9.3.2 节中的 ϵ-贪婪方法的试错法确实会为明智的陷阱分配较高的价值。该表格中价值的典型例子如图 9.2b 所示。注意，图 9.2a 中不太明显的陷阱的价值略低，因为在较长的时间段内确保获胜的动作会受到折扣因子 γ 的影响，而 ε-贪婪的试错法在设置陷阱后可能很难找到获胜的方法。

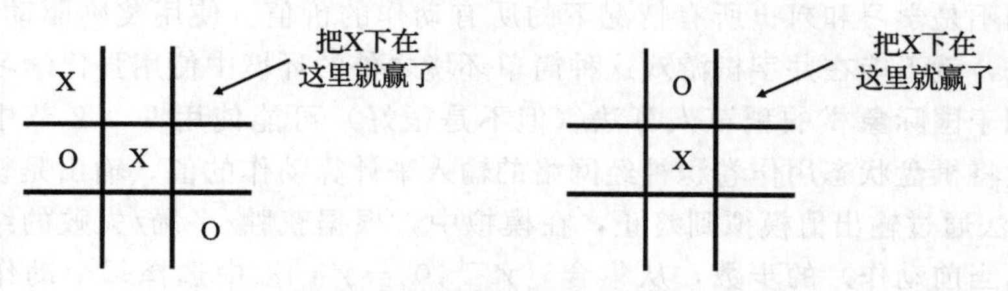

a）井字棋中确保最终胜利的两个中间过程

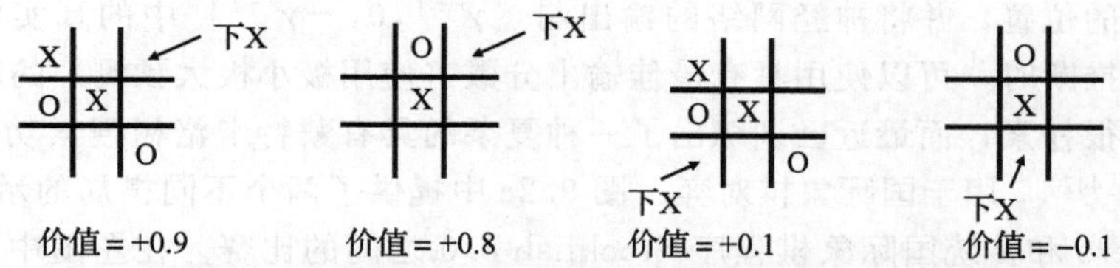

b）井字棋的状态–动作表的4条记录。试错法学习出确保最终胜利的中间过程有更高的价值

c）Alpha Zero（白方）和Stockfish（黑方）在两次游戏中对弈的走位[447]：左图，白方牺牲了一兵，并让了对方的一个兵，以便将黑方的象困在黑方自己的兵后面。使用这种策略，白方在进行很多次走子之后最终取得了胜利，超出了传统国际象棋程序（如Stockfish）的计算范围。在右图的第二局比赛中，白方牺牲了自己的棋子，以逐渐牵制黑方，使其无路可走。逐步提高位置优势是最明智的玩法，而像Stockfish这样的软件的手工评估有时无法准确地捕捉到位置上的细微差异。强化学习中的神经网络使用初始棋盘的状态作为输入，不需要任何先决条件即可用集成方式评估位置。通过试错生成的数据为训练非常复杂的评估函数提供了唯一的经验，该评估函数被间接编码在神经网络的参数内。因此，训练好的网络可以将这些学习的经验泛化到新的位置。这类似于人类从以前的对局中学习以更好地评估棋局走法的方式

图 9.2　状态空间大的情况（例如 c）需要深度学习器

这种方法的主要问题是，许多强化学习中设置的状态数量太大，无法一一清晰地列出。例如，一盘国际象棋中可能的状态数量如此之大，以至于人类已知的所有位置的集合仅仅是有效位置的一小部分。实际上，9.3.2 节的算法是机械式学习的一种改进形式，其中使用蒙特卡洛模拟来改进和记住可见状态的长期值。学到井字棋游戏中陷阱的价值只是因为先前的蒙特卡洛模拟已经从那个确切的棋盘状态获得了很多次胜利。在国际象棋这样具有挑战性的环境中，必须把从先前的经验中学到的知识泛化到学习器从未见过的状态。所有形式的学习（包括强化学习）都可以用于将已知经验泛化到未知情况时。在这种情况

下，以状态-动作对表为中心的强化学习形式有很多不足。深度学习模型充当函数逼近器。基于已训练的模型，它使用先前状态的输出，学习每个动作的价值并将其作为输入状态的一个函数，而不是学习和列出所有情况下的所有动作的价值（使用奖励驱动的试错）。不使用这种方法，就不能在井字棋游戏这种简单环境之外的环境中使用强化学习。

例如，用于国际象棋的稻草人算法（但不是很好）可能使用 9.3.2 节中的 ε-贪婪算法，但会通过将棋盘状态用作卷积神经网络的输入来计算动作的值。输出是棋盘布局的评估。ε-贪婪算法通过输出值模拟到终止，在模拟中，根据获胜/平局/失败的结果以及到游戏结束（包括当前动作）的步数，从集合 $\{\gamma^{r-1}, 0, -\gamma^{r-1}\}$ 中选择每个动作的折扣真实值。通过将每个动作视为训练点来更新神经网络的参数，而不是更新状态-动作对表。输入棋盘上棋子的位置，并将神经网络的输出与 $\{\gamma^{r-1}, 0, -\gamma^{r-1}\}$ 中的真实值进行比较以更新参数。在推断时，可以使用具有最佳输出分数（使用极小极大预测）的动作。

上述方法很朴素，而最近已训练出了一种复杂的具有蒙特卡洛树搜索功能的系统，称为 Alpha Zero[447]，用于国际象棋对弈。图 9.2c 中提供了两个不同棋局的示例[447]，它们来自 Alpha Zero 和传统国际象棋程序 Stockfish-8.0 之间的比赛。在左图中，强化学习系统采取了策略性的明智动作，以牺牲棋子为代价来限制对方的象，这是大多数手工计算机评估所不期望的。在右图中，Alpha Zero 牺牲了两个兵和一个可以交换棋子的位置，以逐步将黑方牵制到无路可走的地步。即使 Alpha Zero（可能）在训练期间从未遇到过这些特定棋局，但其深度学习器仍能从以前在其他棋局上的试错经验中提取相关特征和模式。在这种特殊情况下，神经网络似乎认识到代表细微的位置因素而不是表面棋子因素的空间模式的重要性（类似于人类的神经网络）。

在现实生活中，通常使用感觉输入来描述状态。深度学习器使用这种状态输入表示代替状态-动作对表来学习特定动作（例如走子）的价值。即使状态的输入表示形式（例如像素）非常基础，神经网络依然能得出相关见解。这类似于人类用来处理基础感觉输入以定义世界的状态，并使用我们的生物神经网络做出有关动作的决策的方法。对于每种可能的现实情况，我们没有预先存储的状态-动作对表。深度学习范式将大规模的状态一动作对表转换为将状态一动作对映射为价值的参数化模型，可以通过反向传播轻松地对其进行训练。

9.4 用于学习价值函数的自举算法

ε-贪婪算法到井字棋游戏的简单泛化（参见 9.3.2 节）是一种非常朴素的方法，不适用于非独立事件环境。在井字棋游戏等独立事件环境中，最多可以使用 9 个动作的固定长度序列来表征完整的最终奖励。在机器人等非独立事件环境中，马尔可夫决策过程可能不是有限的，或者可能会很长。通过蒙特卡洛采样创建真实的奖励样本变得困难，并且可能需要在线更新。这是通过自举（bootstrapping）方法实现的。

直觉 9.4.1（自举算法） 考虑一个马尔可夫决策过程，在该过程中我们在每个时间戳上预测值（例如长期奖励）。只要我们可以使用将来的部分模拟来改进当前时间戳的预测，就不需要每个时间戳的真实标签。这种改进的预测可以用作模型当前时间戳的真实标签，而无须了解未来的知识。

例如，Samuel 的跳棋程序[421]使用了当前位置的估计差异和通过预估几步并应用与“预测误差”相同的函数得到的极小极大值估计来更新评估函数。其中，从预估几步得到的极小极大值估计比没有预估的极大极小值估计更强，因此可以用作计算误差的“真实值”。

考虑具有以下状态、动作和奖励序列的马尔可夫决策过程：

$$s_0 a_0 r_0 s_1 a_1 r_1 \cdots s_t a_t r_t \cdots$$

例如，在电子游戏中，每个状态 s_t 可能代表具有特征表示 $\overline{X_t}$ 的像素的历史窗口[335]。为了解决动作的（可能）奖励延迟，在时间 t 的累积奖励 R_t 由所有未来时间戳上的立即奖励 r_t，r_{t+1}，r_{t+2}，…，r_∞ 的折扣总和给出：

$$R_t = r_t + \gamma \cdot r_{t+1} + \gamma^2 \cdot r_{t+2} + \gamma^3 \cdot r_{t+3} + \cdots = \sum_{i=0}^{\infty} \gamma^i r_{t+i} \tag{9.2}$$

折扣系数 $\gamma \in (0,1)$ 调整我们希望在分配奖励时预估到多远。γ 的值小于 1，因为未来奖励的价值小于立即奖励的价值。设置 $\gamma=0$ 会目光短浅地将全部奖励R_t 设置为r_t，而没有其他设置。因此，不可能在井字棋游戏中学习长期的陷阱。太接近 1 的 γ 值将使得很长的马尔可夫决策过程的建模不稳定。

状态-动作对 (s_t, a_t) 的 Q 函数（或 Q 值）由 $Q(s_t, a_t)$ 表示，它是在状态 s_t 下执行动作 a_t 的固有（即长期）值的量度。Q 函数 $Q(s_t, a_t)$ 表示在状态 s_t 处执行动作 a_t 之前直到游戏结束所获得的最佳可能奖励。换句话说，$Q(s_t, a_t)$ 等于 $\max\{E[R_{t+1} | a_t]\}$。因此，如果 A 是所有可能动作的集合，则时间 t 处的选定动作由使 $Q(s_t, a_t)$ 最大化的动作 a_t^* 给出。换句话说，我们有：

$$a_t^* = \underset{a_t \in A}{\operatorname{argmax}} Q(s_t, a_t) \tag{9.3}$$

该预测动作是下一步的一个好选择，尽管为了提高长期训练的输出，该预测动作经常结合探索部件（例如 ε-贪婪策略）。

9.4.1 深度学习模型：函数逼近器

为了便于讨论，我们将使用 Atari 的设置[335]，其中最后几个游戏快照的固定窗口提供状态 s_t。假设 s_t 的特征表示为$\overline{X_t}$。神经网络使用$\overline{X_t}$ 作为输入，并从集合 A 表示的动作范围中为每个可能的合法动作 a 输出 $Q(s_t, a)$。

假设神经网络由权重向量 $\overline{W}$ 进行参数化，并且具有 $|A|$ 维度的输出包含与 A 中的各个动作相对应的 Q 值。换句话说，对于每个动作 $a \in A$，神经网络都能够计算函数 $F(\overline{X_t}, \overline{W}, a)$，该函数定义为 $Q(s_t, a)$ 的学习到的估计：

$$F(\overline{X_t}, \overline{W}, a) = \hat{Q}(s_t, a) \tag{9.4}$$

请注意，$\hat{Q}$ 函数是使用学习到的参数 $\overline{W}$ 表示的预测值。学习 $\overline{W}$ 是使用模型来确定在特定时间戳下采取哪种动作的关键。例如，考虑一个电子游戏，其中可能的动作是向上、向下、向左和向右。在这种情况下，神经网络将具有 4 个输出，如图 9.3 所示。在 Atari 2600 游戏的特定情况下，输入包含 $m=4$ 个灰度空间像素图，代表最后 m 个动作的窗口[335,336]。卷积神经网络用于将像素转换为 Q 值。该网络称为 Q-网络。稍后，我们将提供有关架构细节的更多详细信息。

图 9.3 Atari 电子游戏设置的 Q-网络

Q-学习算法

神经网络的权重 $\overline{W}$ 需要通过训练来学习。在这里，我们遇到一个有趣的问题：只有观测到 Q 函数的值，才能学习权重向量。借助 Q 函数的观测值，我们可以轻松设置 $Q(s_t,a)-\hat{Q}(s_t,a)$ 的损失，以便在每个动作之后执行学习。问题在于，Q 函数代表未来所有动作组合的最大折扣奖励，并且目前无法观测到它。

在这里，有一个有趣的技巧可以设置神经网络损失函数。根据 9.4.1 节，我们真的不需要用观测到的 Q 值来建立损失函数，只需用将来的部分知识来改进 Q 值的估计即可。然后，我们可以使用此改进的估计值来创建替代的"观测"值。这个"观测"值由 Bellman 方程[26]定义，它是 Q 函数满足的动态编程关系，部分知识是在当前时间戳下对每个动作观测到的奖励。根据 Bellman 方程，我们预估一步并预测 s_{t+1} 来设置"真实值"：

$$Q(s_t,a_t)=r_t+\gamma\max_a\hat{Q}(s_{t+1},a) \tag{9.5}$$

这种关系的正确性源于以下事实：Q 函数旨在最大化折扣未来收益。本质上，我们在采取所有动作前都预估一步，以便创建更好的 $Q(s_t,a_t)$ 估算值。重要的是将 $\hat{Q}(s_{t+1},a)$ 设置为 0，以防该过程在针对独立事件序列执行 a_t 之后终止。我们还可以根据神经网络预测来写出这种关系：

$$F(\overline{X}_t,\overline{W},a_t)=r_t+\gamma\max_a F(\overline{X}_{t+1},\overline{W},a) \tag{9.6}$$

请注意，在可以在上述公式右侧的时间戳 t 处计算"观测"值之前，必须首先等待观测状态 $\overline{X}_{t+1}$ 并通过执行动作 a_t 来获得奖励 r_t。通过比较（替代）观测值与时间戳 t 的预测值，提供了一种自然的方式来表达时间戳 t 处的神经网络的损失 L_t：

$$L_t=\{\underbrace{[r_t+\gamma\max_a F(\overline{X}_{t+1},\overline{W},a)]}_{\text{当作常数真实值}}-F(\overline{X}_t,\overline{W},a_t)\}^2 \tag{9.7}$$

因此，我们现在可以对该损失函数使用反向传播来更新权重向量 $\overline{W}$。重要的是，我们将反向传播算法中使用时间戳 $t+1$ 处的输入估计的目标值视为常数真实值。因此，即使从带有输入 $\overline{X}_{t+1}$ 的参数化神经网络中获得了估计值，损失函数的导数也将这些估计值视为常数。不将 $F(\overline{X}_{t+1},\overline{W},a)$ 视为常数会导致较差的效果。这是因为我们将时间戳 $t+1$ 处的预测值作为对真实值的改进估计（基于自举原理）。因此，反向传播算法将计算以下内容：

$$\overline{W}\Leftarrow\overline{W}+\alpha\{\underbrace{[r_t+\gamma\max_a F(\overline{X}_{t+1},\overline{W},a)]}_{\text{当作常数真实值}}-F(\overline{X}_t,\overline{W},a_t)\}\frac{\partial F(\overline{X}_t,\overline{W},a_t)}{\partial\overline{W}} \tag{9.8}$$

在矩阵运算符号中，函数 $F()$ 相对于向量 $\overline{W}$ 的偏导数本质上是梯度 $\nabla_{\overline{W}}F$。在过程开始时，神经网络估计的 Q 值是随机的，因为权重向量 $\overline{W}$ 被随机初始化。但是，因为权重不断变化以最大化奖励，估计值会随着时间变化逐渐变得更加准确。

因此，在观测到奖励 r_t 的任何给定时间戳 t 处，用于更新权重 $\overline{W}$ 的训练过程如下：

1. 使用输入 $\overline{X}_{t+1}$ 通过网络执行前向传递，以计算 $\hat{Q}_{t+1}=\max_a F(\overline{X}_{t+1},\overline{W},a)$。在执行 a_t 后终止的情况下，该值为 0。特别对待终止状态很重要。根据 Bellman 方程，对于在时间 t 处观测到的动作，在前一个时间戳 t 处的 Q 值应为 $r_t+\gamma\hat{Q}_{t+1}$。因此，我们没有使用目标的观测值，而是在时间 t 创建了目标值的替代，并且假设该替代是提供给我们的观测值。

2. 使用输入$\overline{X}_t$通过网络执行前向传递，以计算$F(\overline{X}_t,\overline{W},a_t)$。

3. 建立损失函数$L_t=(r_t+\gamma Q_{t+1}-F(\overline{X}_t,\overline{W},a_t))^2$，并使用输入$\overline{X}_t$在网络中反向传播。请注意，此损失与对应于此处的动作a_t的神经网络输出节点相关联，所有其他动作的损失为0。

4. 现在可以在此损失函数上使用反向传播以更新权重向量$\overline{W}$。即使损失函数中的$r_t+\gamma Q_{t+1}$项也作为从输入$\overline{X}_{t+1}$到神经网络的预测而获得，也可以将其视为反向传播算法在梯度计算过程中的（常数）观测值。

因为动作的价值用于更新权重并选择下一个动作，所以训练和预测是同时进行的。倾向于选择具有最大Q值的动作作为相关预测。但是，这种方法可能无法对搜索空间进行足够的探索。因此，为了选择下一个动作，将最优性预测与诸如ε-贪婪算法之类的策略相结合。选择具有最大预测收益的动作的可能性为$1-\varepsilon$，将选择一个随机动作。可以通过从较大的值开始并随时间减小它们来对ε的值进行退火。因此，使用Bellman方程中的最佳可能动作来计算神经网络的*目标预测值*（最终可能会与基于ε-贪婪策略在动作a_{t+1}处观察到的动作不同）。这就是Q-学习被称为*异步策略算法*的原因，使用可能与将来实际观测到的动作不同的动作来计算神经网络更新的目标预测值。

为了使学习更加稳定，对该基本方法进行了多种修改。其中许多是在Atari电子游戏设置的背景下呈现的[335]。首先，由于训练实例之间的强相似性，准确地按照训练实例出现的顺序展示训练实例可能会导致局部极小值。因此，将动作/奖励的固定历史记录当作池，我们可以将其视为经验的历史。从该池中采样多个经验，以执行小批量梯度下降。通常，可以对同一动作进行多次采样，从而提高学习数据的利用效率。请注意，该池会随着旧动作退出池并添加新动作，从时间上进行更新。因此，训练在大致意义上仍是暂时的，但并非严格如此。这种方法称为*经验回放*，因为以与原始动作稍有不同的顺序多次回放了经验。

另一个修改是用于通过Bellman方程估计目标Q值的网络（上述步骤1）与用于预测Q值的网络（上述步骤2）不同。为了增强稳定性，用于估计目标Q值的网络更新速度较慢。最后，这些系统的一个问题是奖励的稀疏性，尤其是在学习的初始阶段，即动作是随机的。对于此类情况，可以使用各种技巧，例如*优先经验回放*[428]，其基本思想是通过优先考虑可以从中学习更多信息的动作来更有效地利用强化学习过程中收集的训练数据。

9.4.2 实例：用于Atari设置的神经网络

对于卷积神经网络[335-336]，屏幕尺寸设置为84×84像素，这也定义了卷积网络中第一层的空间面积。输入是灰度值，因此每个屏幕仅需要一个空间特征图，尽管在输入层中需要设置深度4来表示前面的4个像素窗口。3个卷积层分别使用大小为8×8、4×4和3×3的滤波器。在第一卷积层中总共使用了32个滤波器，在其他两个卷积层中分别使用了64个滤波器，用于卷积的步长分别为4、2和1。卷积层之后是两个全连接层。倒数第二层的神经元数量等于512，最后一层的神经元数量等于输出（可能的动作）的数量。输出层的数量在4～18之间变化，并且是特定于游戏的。卷积网络的整体架构如图9.4所示。

所有隐藏层都使用ReLU激活，输出使用线性激活以预测实际Q值。没有使用池化，

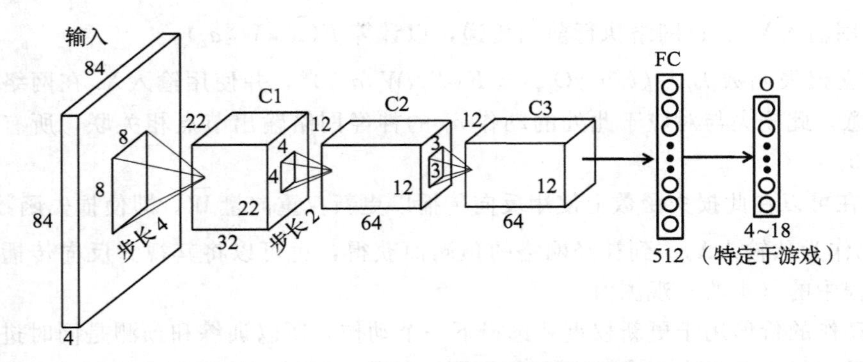

图 9.4 用于 Atari 设置的卷积神经网络

卷积的步长提供了空间压缩。Atari 平台支持许多游戏，并且为了展示其通用性，在不同游戏中使用了相同的更广泛的架构。尽管在许多情况下，人类的表现都被超越，但不同游戏之间的表现还是存在差异的。在需要长期策略的游戏中，该算法面临巨大的挑战。尽管如此，与许多同类框架相比，其强大的性能还是令人振奋的。

9.4.3 同步策略与异步策略方法：SARSA

Q-学习方法论属于方法类别，被称为*时序差分学习*。在 Q-学习中，根据 ϵ-贪婪策略选择动作。但是，神经网络的参数是根据 Bellman 方程在每个步骤的最佳可能动作来更新的。每个步骤中可能采取的最佳动作与用于执行模拟的 ϵ-贪婪策略并不完全相同。因此，Q-学习是一种*异步策略的强化学习方法*。选择与执行更新操作不同的执行动作的策略，不会降低寻找作为更新目标的最佳解决方案的能力。实际上，由于使用随机策略执行了更多探索，因此避免了局部最优。

在*同步策略方法*中，动作与更新一致，因此可以将更新视为策略评估而不是优化。为了理解这一点，我们将描述 SARSA（状态-动作-奖励-状态-动作）算法的更新，其中下一步动作中的最优奖励不用于计算更新，而是使用相同的 ϵ-贪婪策略更新下一步，以获取用于计算目标值的动作 a_{t+1}。然后，下一步的损失函数定义如下：

$$L_t = \{r_t + \gamma F(\overline{X}_{t+1}, \overline{W}, a_{t+1}) - F(\overline{X}_t, \overline{W}, a_t)\}^2 \tag{9.9}$$

函数 $F(\cdot,\cdot,\cdot)$ 的定义与上一节相同。权重向量将基于此损失进行更新，然后执行 a_{t+1} 的动作：

$$\overline{W} \Leftarrow \overline{W} + \alpha\{\underbrace{[r_t + \gamma F(\overline{X}_{t+1}, \overline{W}, a_{t+1})]}_{\text{当作常数真实值}} - F(\overline{X}_t, \overline{W}, a_t)\} \frac{\partial F(\overline{X}_t, \overline{W}, a_t)}{\partial \overline{W}} \tag{9.10}$$

这里，将此更新与 Q-学习中使用的更新（见公式 9.8）进行比较很有启发性。在 Q-学习中，即使实际执行的策略可能是贪婪的（鼓励探索），也要在每个状态下使用最佳动作来更新参数。在 SARSA 中，我们使用 ϵ-贪婪方法实际选择的动作来执行更新。因此，该方法是一种*同步策略方法*。诸如 Q-学习之类的异步策略方法能够使探索与利用脱钩，而同步策略方法则不能。请注意，如果将 ϵ-贪婪策略中的 ϵ 值设置为 0（即朴素贪婪），则 Q-学习和 SARSA 都将专用于同一算法。但是，由于没有探索，这种方法不能很好地工作。当学习不能与预测分开进行时，SARSA 非常有用。当学习可以离线进行时，Q-学习非常有用，随后可以通过 $\epsilon=0$ 的朴素贪婪方法来利用学习的策略（不需要进一步的模型更新）。在Q-学习中，在推理时使用ε-贪婪会很危险，因为该策略永远不会为其探索性组成部分支付开销，因此不会学习如何确保探索安全。例如，基于Q-学习的机器人即使沿着悬崖边缘走，也将采用最短的路径从A点到达B点，而经过SARSA训练的机器人则不会。

没有函数逼近器的学习

在状态空间很小的情况下，也可以不使用函数逼近器而学习Q值。例如，在像井字棋游戏这样的游戏中，可以通过与强者进行反复对局（试错）来学习$Q(s_t,a_t)$。在这种情况下，每一步都使用Bellman方程（参考公式9.5）来更新包含显式值$Q(s_t,a_t)$的数组。直接使用公式9.5过于激进。更普遍地，对于学习率$\alpha<1$进行平缓的更新：

$$Q(s_t,a_t) \Leftarrow Q(s_t,a_t)(1-\alpha)+\alpha(r_t+\gamma \max_a Q(s_{t+1},a)) \tag{9.11}$$

令$\alpha=1$将得出公式9.5。不断更新数组将产生一个包含每个动作的正确策略价值的表格。例如，参见图9.2a以了解策略价值的概念。图9.2b包含该表中的4个示例。

通过使用基于ε-贪婪策略的a_{t+1}动作，我们也可以使用没有函数逼近器的SARSA算法。我们在$Q^p(\cdot,\cdot)$中使用上标p表示它是策略p（在这种情况下为ε-贪婪算法）的策略评估运算符：

$$Q^p(s_t,a_t) \Leftarrow Q^p(s_t,a_t)(1-\alpha)+\alpha(r_t+\gamma Q(s_{t+1},a_{t+1})) \tag{9.12}$$

这种方法是9.3.2节中讨论的ε-贪婪方法的更复杂的替代方法。注意，如果在状态s_t处的动作导致终止（对于独立事件过程），则$Q^p(s_t,a_t)$只需设置为r_t。

9.4.4 模型状态与状态-动作对

上一节的算法的一个较小变体是学习特定状态（而不是状态-动作对）的价值。可以通过维护状态价值而不是状态-动作对来实现前面讨论的所有方法。例如，可以通过评估每个可能动作产生的所有状态价值并基于诸如ε-贪婪之类的预定义策略选择一个好的状态来实施SARSA。实际上，最早的时序差分学习（TD学习）方法保持状态价值，而不是状态-动作对。从效率的角度来看，一次输出所有动作的价值（而不是重复评估每个前向状态）来进行基于价值的决策更加方便。使用状态价值而不是状态-动作对仅在无法以状态-动作对来表达策略时才有用。例如，我们可能评估国际象棋中有利的走子的前瞻树，并输出一些平均价值用于自举。在这种情况下，需要评估状态而不是状态-动作对。因此，本节将讨论时序差分学习的一种变体，并且直接评估状态。

令状态s_t的值为$V(s_t)$。现在假设有一个参数化的神经网络，它使用状态s_t的观测属性$\overline{X}_t$（例如Atari游戏中最后4个屏幕的像素值）来估计$V(s_t)$。这种神经网络的一个例子如图9.5所示。然后，如果神经网络计算的函数是带有参数向量$\overline{W}$的$G(\overline{X}_t,\overline{W})$，则：

图9.5　用时序差分学习来估算一个状态的价值

$$G(\overline{X}_t,\overline{W})=\hat{V}(s_t) \tag{9.13}$$

请注意，决定动作所遵循的策略可能会使用对前瞻状态的任意评估来决定动作。现在，我们将假定拥有一些合理的启发式策略，用于选择以某种方式使用前向状态值的动作。例如，如果我们评估某个动作导致的每个前向状态，然后根据预定义的策略（例如ε-贪婪）

选择其中一个动作，则以下讨论的方法与 SARSA 相同。

如果用奖励r_t执行a_t的动作，则结果状态为s_{t+1}，其价值为$V(s_{t+1})$。因此，可以借助以下前瞻来获得$V(s_t)$的自举真实值估计：

$$V(s_t)=r_t+\gamma V(s_{t+1}) \tag{9.14}$$

该估计值也可以用神经网络参数表示：

$$G(\overline{X}_t,\overline{W})=r_t+\gamma G(\overline{X}_{t+1},\overline{W}) \tag{9.15}$$

在训练阶段，需要转移权重，来让$G(\overline{X}_t,\overline{W})$逼近增加的真实值$r_t+\gamma G(\overline{X}_{t+1},\overline{W})$。与 Q-学习的情况一样，我们使用自举的预应力，即$r_t+\gamma G(\overline{X}_{t+1},\overline{W})$作为给我们的观测值。因此，我们希望最小化以下 TD 误差：

$$\delta_t=\underbrace{r_t+\gamma G(\overline{X}_{t+1},\overline{W})}_{\text{“观测”值}}-G(\overline{X}_t,\overline{W}) \tag{9.16}$$

因此，损失函数L_t定义如下：

$$L_t=\delta_t^2=\{\underbrace{r_t+\gamma G(\overline{X}_{t+1},\overline{W})}_{\text{“观测”值}}-G(\overline{X}_t,\overline{W})\}^2 \tag{9.17}$$

如同在 Q-学习中一样，首先使用神经网络的输入$\overline{X}_{t+1}$计算时间戳t处状态的“观测”值，再计算$r_t+\gamma G(\overline{X}_{t+1},\overline{W})$。因此，必须等到观测到动作$a_t$时，才能使用状态$s_{t+1}$的观测特征$\overline{X}_{t+1}$。当使用输入$\overline{X}_t$预测状态$s_t$的价值时，状态$s_t$的“观测”值（由$r_t+\gamma G(\overline{X}_{t+1},\overline{W})$定义）被用作更新神经网络权重的（常数）目标。因此，需要根据以下损失函数的梯度来移动神经网络的权重：

$$\begin{aligned}\overline{W}&\Leftarrow\overline{W}-\alpha\frac{\partial L_t}{\partial\overline{W}}\\&=\overline{W}+\alpha\{\underbrace{[r_t+\gamma G(\overline{X}_{t+1},\overline{W})]}_{\text{“观测”值}}-G(\overline{X}_t,\overline{W})\}\frac{\partial G(\overline{X}_t,\overline{W})}{\partial\overline{W}}\\&=\overline{W}+\alpha\delta_t(\nabla G(\overline{X}_t,\overline{W}))\end{aligned}$$

此算法是 TD(λ)算法的特例，其中λ设置为0。此特例仅通过基于对下次时间戳的评估为当前时间戳创建自举的真实值来更新神经网络。这种类型的真实值本质上是固有的逼近。例如，在国际象棋游戏中，强化学习系统可能在许多步骤之前无意中犯了一些错误，并且突然在自举的预测中显示高误差，而没有更早显示。自举预测中的误差表明我们已经收到有关每个过去状态$\overline{X}_k$的新信息这一事实，我们可以使用它来更改其预测。一种可能性是通过前瞻多个步骤来进行自举（请参考练习7）。另一个解决方案是使用 TD(λ)，它探索了完美的蒙特卡洛真实值和具有平滑衰减的单步逼近之间的连续性。较早预测的调整以$\lambda<1$的速度逐渐折损。在这种情况下，更新如下所示[482]：

$$\overline{W}\Leftarrow\overline{W}+\alpha\delta_t\sum_{k=0}^{t}\underbrace{(\lambda\gamma)^{t-k}(\nabla G(\overline{X}_k,\overline{W}))}_{\overline{X}_k\text{的更改预测}} \tag{9.18}$$

在$\lambda=1$时，该方法可以等效为使用蒙特卡洛评估（即将独立事件过程进行到最后）计算真实值的方法[482]。这是因为此时我们一直在使用有关误差的新信息来完全纠正过去的错误，而没有折扣，从而有了无偏估计。注意，λ仅用于步骤的折扣，而γ用于根据公式 9.16 计算 TD 误差δ_t。参数λ是算法特定的，而γ是环境特定的。使用$\lambda=1$或蒙特卡洛采样会导致较低的偏差和较高的方差。例如，考虑一个国际象棋游戏，其中 Alice 和 Bob 在一次游戏中均犯了三个错误，但 Alice 最终获胜。单次蒙特卡洛推导将无法区分每个特定错误的影响，并将为最终比赛结果分配折扣后的积分到每个棋盘上的位置。另一方面，n 步时序差分方法（即 n 层棋盘评估）可能会看到选手犯错并通过 n 步超前检测到的每个棋盘位置的时间差异。只有有足够的数据（即更多的游戏），蒙特卡洛方法才能区分不同类型的错误。但是，选择很小的λ值将很难学习开局（即更大的偏差），因为不会检测到具有长期后果的错误。此类开局问题已得到充分证明[22,496]。

时序差分学习被用于 Samuel 著名的跳棋程序[421]中，并且激发了 Tesauro[492]开发用于西洋双陆棋的 TD-Gammon 算法。使用神经网络进行状态价值估计，并使用时序差分自举法在连续动作中更新其参数。最终推断是在最小深度（例如 2 或 3）上使用改进的评估函数的极小极大评估进行的。TD-Gammon 能够击败数名专业玩家。它还展示了一些不寻常的游戏策略，这些策略最终被顶级玩家采用。

9.5 策略梯度方法

基于价值的方法（例如 Q-学习）尝试通过神经网络预测动作的价值，并将其与通用策略（如 ϵ-贪婪）耦合。另一方面，策略梯度方法估计每个动作的概率，目的是使总体奖励最大化。因此，该策略本身是参数化的，而不是将价值估算用作选择动作的中间步骤。

用于估计策略的神经网络称为*策略网络*，其中输入是系统的当前状态，输出是与电子游戏中各种动作（例如，向上、向下、向左或向右移动）相关的一组概率。与 Q-网络一样，输入可以是智能体状态的观测表示。例如，在 Atari 电子游戏设置中，观测到的状态可以是最后 4 个屏幕。图 9.6 显示了一个策略网络示例，该示例网络与 Atari 设置有关。将此策略网络与图 9.3 的 Q-网络进行比较很有启发性。给定各种动作的概率输出，我们投掷一个每面带有这些概率的偏置骰子（作者的比喻），并依次选择这些动作之一。因此，对于每个动作 a、观测到的状态表示X_t和当前参数 W，神经网络都能计算函数 $P(X_t, W, a)$，这是应该执行动作 a 的概率。采样其中一项动作，并观测该动作的奖励。如果策略不完备，那么动作将很可能是错误的，获得的奖励也很少。基于从执行动作获得的奖励，权重向量 $\overline{W}$ 被更新用于下一次迭代。权重向量的更新基于相对于权重向量 $\overline{W}$ 的策略梯度的概念。估计策略梯度的一个挑战是动作的奖励通常不会立即被观测到，而是结合到未来的动作序列中的奖励中。通常，在神经网络用于遵循特定策略的情况下必须使用蒙特卡洛策略走子，以估计较长期限内的折扣奖励。

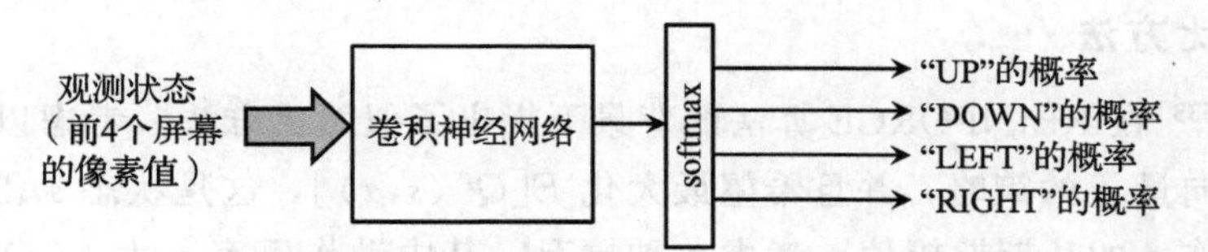

图 9.6 Atari 电子游戏策略网络的设定。将其与图 9.3 的 Q-网络的设置进行比较很有启发性

我们要沿着奖励增加的梯度更新神经网络的权重向量。与 Q-学习一样，在给定范围 H 上的预期折扣奖励计算如下：

$$J = E[r_0 + \gamma \cdot r_1 + \gamma^2 \cdot r_2 + \cdots + \gamma^H \cdot r_H] = \sum_{i=0}^{H} E[\gamma^i r_i] \tag{9.19}$$

因此，我们的目标是用以下公式更新权重向量：

$$\overline{W} \Leftarrow \overline{W} + \alpha \nabla J \tag{9.20}$$

估计梯度∇J的主要问题是神经网络仅输出概率。观测到的奖励只是这些输出的蒙特卡洛采样，而我们要计算期望奖励的梯度（参考公式9.19）。常见的策略梯度方法包括有限差分方法、似然比方法和自然策略梯度。我们将仅讨论前两种方法。

9.5.1 有限差分方法

有限差分方法通过提供梯度估计值的经验模拟来回避随机性问题。有限差分方法使用权重扰动来估计奖励的梯度，即使用神经网络权重的不同扰动，并检查奖励中的预期变化ΔJ。请注意，这将要求我们对H个动作执行受干扰的策略，以便估算奖励的变化。这样的一系列H个动作称为一个*走子*。例如，在Atari游戏的情况下，我们将需要为每一个不同的扰动权重集合中的H个步骤进行测试（游戏），以便估算更改后的奖励。在无法训练有足够实力的对手进行比赛的游戏中，可以与基于几次迭代后学到的参数的对手进行比赛。

通常，H的值可能足够大，以至于我们可能到达游戏结尾，因此使用的分数将是游戏结尾时的分数。在围棋之类的游戏中，分数只有在游戏结束时才可用：获胜＋1，失败－1。在这种情况下，选择足够大的H以便玩到游戏结束变得更加重要。结果，我们将得到不同的权重（变化）向量$\Delta\overline{W}_1\cdots\Delta\overline{W}_s$，以及相应的总奖励中的变化$\Delta J_1\cdots\Delta J_s$。这些下标对应的值中的每对大致满足以下关系：

$$(\Delta\overline{W}_r)\nabla J^{\mathrm{T}} \approx \Delta J_r \quad \forall r \in \{1\cdots s\} \tag{9.21}$$

我们可以创建一个目标函数变化的s维列向量$\overline{y} = [\Delta J_1 \cdots \Delta J_s]^{\mathrm{T}}$，并通过将行$\Delta\overline{W}_r$彼此堆叠来创建一个$N\times s$维矩阵$D$，其中$N$是神经网络中参数的数量，因此有：

$$D[\nabla J]^{\mathrm{T}} \approx \overline{y} \tag{9.22}$$

然后，通过对关于权重向量变化的目标函数的变化进行简单的线性回归来获得策略梯度。通过使用线性回归公式（参见2.2.2.2节），我们可以获得以下梯度：

$$\nabla J^{\mathrm{T}} = (D^{\mathrm{T}}D)^{-1} D^{\mathrm{T}}\overline{y} \tag{9.23}$$

该梯度用于公式9.20中的更新。需要对s个样本中的每一个执行一系列H步移动的策略来估计梯度。该过程有时可能很慢。

9.5.2 似然比方法

Williams[533]在REINFORCE算法的背景下提出了似然比方法。考虑以下情况：我们遵循带有概率向量$\overline{p}$的策略，并且希望最大化$E[Q^p(s,a)]$，这是状态s和来自神经网络的每个采样动作a的长期期望值。考虑一种情况，其中动作概率a为$p(a)$（由神经网络输出）。在这种情况下，我们想要找到$E[Q^p(s,a)]$相对于神经网络的权重向量$\overline{W}$的梯度，以进行随机梯度上升。从采样事件中找到期望的梯度并不明显。但是，对数概率技巧使我们可以将其转换为对梯度的期望，该期望与状态-动作对的样本相加：

$$\nabla E[Q^p(s,a)] = E[Q^p(s,a)\nabla \log(p(a))] \tag{9.24}$$

假设 a 是一个离散变量，并根据相对于单个神经网络权重 w 的偏导数显示了以上结果的证明：

$$\frac{\partial E[Q^p(s,a)]}{\partial w}=\frac{\partial[\sum_a Q^p(s,a)p(a)]}{\partial w}=\sum_a Q^p(s,a)\frac{\partial p(a)}{\partial w}$$

$$=\sum_a Q^p(s,a)\left[\frac{1}{p(a)}\frac{\partial p(a)}{\partial w}\right]p(a)$$

$$=\sum_a Q^p(s,a)\left[\frac{\partial \log(p(a))}{\partial w}\right]p(a)=E\left[Q^p(s,a)\frac{\partial \log(p(a))}{\partial w}\right]$$

对于 a 是连续变量的情况，也可以显示上述结果（参考练习 1）。连续动作在机器人技术中经常发生（例如，移动手臂的距离）。

使用该技巧进行神经网络参数估计很容易。模拟所采样的每个动作都与长期奖励 $Q^p(s,a)$ 相关联，后者是通过蒙特卡洛模拟获得的。根据上述关系，期望优势的梯度是通过将该动作的对数概率 $\log(p(a))$（使用反向传播从图 9.6 中的神经网络计算）与长期奖励 $Q^p(s,a)$（通过蒙特卡洛模拟获得）进行乘积获得的。

考虑一个简单的国际象棋游戏，其结局可能为获胜/失败/平局，折扣系数为 γ。在这种情况下，每个动作的长期奖励可以在当 r 步后终止时简单地从 $\{+\gamma^{r-1},0,-\gamma^{r-1}\}$ 获得。奖励的价值取决于游戏的最终结果以及剩余步数（由于奖励折扣）。考虑一个最多包含 H 个动作的游戏。由于使用了多次走子，因此我们获得了很多针对神经网络中各种输入状态和相应输出的训练样本。例如，如果对 100 个走子进行了模拟，则最多可获得 $100\times H$ 个不同的样本。这些样本中的每一个都将从 $\{+\gamma^{r-1},0,-\gamma^{r-1}\}$ 中获得长期奖励。对于这些样本中的每一个，奖励都将作为采样动作的对数概率的梯度上升的更新过程中的权重。

$$\overline{W}\Leftarrow\overline{W}+Q^p(s,a)\nabla\log(p(a)) \tag{9.25}$$

这里，$p(a)$ 是神经网络对采样动作的输出概率。梯度是使用反向传播计算的，这些更新与公式 9.20 中的更新类似。采样和更新的过程一直进行直到收敛。

请注意，真实值类别的对数概率的梯度通常用于更新具有交叉熵损失的 softmax 分类器，以增加正确类别的概率（直觉上类似于这里的更新）。其区别在于，我们要使用 Q 值对更新进行加权，因为我们想朝着高奖励的动作方向更积极地推动参数。还可以对采样走子中的动作使用小批量梯度上升。来自不同走子的随机采样有助于避免由相关性引起的局部极小值，因为来自每个走子的连续采样彼此之间密切相关。

降低基线方差　尽管我们使用长期奖励 $Q^p(s,a)$ 作为要优化的数量，但更常见的是从该数量中减去基线值以获得其优势（即超出预期动作的差分影响）。基线在理想情况下是基于特定状态的，但也可以是不变的。在 REINFORCE 的原始工作中，使用了恒定的基线（通常是对所有状态的平均长期奖励的某种度量）。这种简单的措施也可以帮助加快学习速度，因为它降低了平均水平之下的执行者的概率，并且增加了平均水平之上的执行者的概率（而不是两个都以不同的比率增加）。恒定的基线不会影响过程的偏差，但是会减少方差。基线的状态特定选择是紧接在采样动作 a 之前的状态 s 的值 $V^p(s)$。这样的选择导致优势 $Q^p(s,a)-V^p(s)$ 变得与时序差分误差相同。这种选择具有直观上的意义，因为时序差分误差额外包含有关动作差异奖励的其他信息，超出了选择动作之前我们所知道的范围。关于基线选择的讨论可以在文献［374,433］中找到。

考虑一个Atari游戏玩家智能体的示例，其中走子采样了UP（向上）的移动，UP的输出概率为0.2。假设（常数）基线为0.17，并且该动作的长期奖励为+1，因为游戏最终会获胜（并且没有奖励折扣）。因此，该走子中每个动作的得分为0.83（减去基线之后）。然后，在时间戳上与除UP以外的所有动作（神经网络的输出节点）相关联的增益将为0，并且与UP对应的输出节点相关联的增益将为0.83×log（0.2）。然后可以反向传播该增益，以便更新神经网络的参数。

使用特定于状态的基线进行调整很容易直观地说明。考虑一下Alice和Bob之间下棋的例子。如果我们使用0作为基线，那么每个动作将只获得与最终结果相对应的奖励，而好的动作和不好的动作之间的区别将不明显。换句话说，我们需要模拟更多的对局来区分位置。另一方面，如果我们将（执行动作之前的）状态价值用作基线，则将（更精确的）时序差分误差用作动作的优势。在这种情况下，具有更多特定状态影响的动作将具有更高的优势（在一次游戏中）。因此学习所需的对局更少。

9.5.3 策略梯度与监督学习的结合

监督学习对于在应用强化学习之前的策略网络权重的初始化很有用。例如，在国际象棋游戏中，可能会有先前的棋手策略范例。在这种情况下，我们仅使用相同的策略网络执行梯度上升，不同之处在于，根据公式9.24，为每个棋手策略动作分配固定的分值1来评估梯度。这与softmax分类的问题相同，后者的策略网络旨在预测与棋手策略相同的动作。可以用一些较差动作的样本来提高训练数据的质量，这些具有负评分的较差动作的样本是从计算机评估中获得的。这种方法被视为监督学习，而不是强化学习，因为它只使用先验数据，而不是生成/模拟从中学习的数据（强化学习中很常见）。该一般思想可以泛化到任何强化学习的设置中，其中可以获得一些以前的动作和相关奖励的样本。在初始化的这些设置中，监督学习非常普遍，因为在此过程的早期阶段很难获得高质量的数据。许多已发表的著作还结合了监督学习和强化学习，以实现更高的数据效率[286]。

9.5.4 行动者-评价者方法

到目前为止，我们已经从以下几个方面讨论了由评价者或行动者主导的方法：

1. Q-学习和TD(λ)方法使用优化的价值函数的概念。该价值函数是一个评价者，并且行动者的策略（例如ε-贪婪）直接从该评价者派生出来。因此，行动者是从属于评价者的，这样的方法被认为是*评价者独有*的方法。

2. 策略梯度方法不使用价值函数，它们直接学习策略动作的概率。这些值通常使用蒙特卡洛采样进行估计。因此，这些方法被视为*仅限行动者*的方法。

请注意，策略梯度方法确实需要评估中间动作的优势，并且到目前为止，这种估计是通过使用蒙特卡洛模拟进行的。蒙特卡洛模拟的主要问题在于它的高度复杂性以及无法在线使用。

但是，事实证明，可以使用价值函数方法来学习中间动作的优势。与前面一样，当使用策略 p 和策略网络时，我们使用符号 $Q^p(s_t,a)$ 表示动作 a 的价值。因此，我们现在将得到两个耦合的神经网络——策略网络和Q-网络。策略网络学习动作的概率，而Q-网络学习各种动作的价值 $Q^p(s_t,a)$，以便为策略网络提供优势的估计值。因此，策略网络使用 $Q^p(s_t,a)$（有基线调整）为其梯度上升更新加权。使用SARSA中的更新策略来更新Q-网络，其中策略由策略网络（而非ε-贪婪）控制。但是，Q-网络不会像Q-学习那样直接决定动作，因为策略选择超出了其控制范围（超出了其作为评价者的作用）。因此，策略网络是行动者，价值网络是评价者。为了区分策略网络和Q-网络，我们将用$\overline{\Theta}$表示策略网络的参数向量，用$\overline{W}$表示Q-网络的参数向量。

设时间戳t处的状态由s_t表示，输入到神经网络状态的可观测特征由$\overline{X}_t$表示。因此，我们将在下面交替使用s_t和$\overline{X}_t$。考虑第t个时间戳的情况，其中在状态s_t奖励r_t之后观测到a_t的动作。然后，将以下步骤序列应用于第$t+1$步：

1. 使用策略网络中参数的当前状态对动作a_{t+1}进行采样。请注意，当前状态为s_{t+1}，因为已经观测到动作a_{t+1}。

2. 令$F(\overline{X}_t,\overline{W},a_t)=\hat{Q}^p(s_t,a_t)$表示Q-网络使用状态的观测表示$\overline{X}_t$和参数$\overline{W}$估算的$Q^p=(s_t,a_t)$。估计$Q^p=(s_t,a_t)$和$Q^p=(s_{t+1},a_{t+1})$。TD误差$\delta_t$计算如下：

$$\begin{aligned}\delta_t&=r_t+\gamma\hat{Q}^p(s_{t+1},a_{t+1})-\hat{Q}^p(s_t,a_t)\\&=r_t+\gamma F(\overline{X}_{t+1},\overline{W},a_{t+1})-F(\overline{X}_t,\overline{W},a_t)\end{aligned}$$

3. **[更新策略网络参数]** 令$P(\overline{X}_t,\overline{\Theta},a_t)$为策略网络预测动作的概率。用以下公式更新策略网络参数：

$$\overline{\Theta}\leftarrow\overline{\Theta}+\alpha\hat{Q}^p(s_t,a_t)\nabla_\Theta\log(P(\overline{X}_t,\overline{\Theta},a_t))$$

4. **[更新Q-网络参数]** 用以下公式更新Q-网络参数：

$$\overline{W}\Leftarrow\overline{W}+\beta\delta_t\nabla_W F(\overline{X}_t,\overline{W},a_t)$$

这里，β是Q-网络的学习率。需要注意的是，Q-网络的学习率通常高于策略网络的学习率。

然后，执行动作a_{t+1}以便观测状态s_{t+2}，并且使t的值增加。该方法的下一次迭代在此递增的值t处执行（通过重复上述步骤）。重复迭代，执行该方法至收敛。$\hat{Q}^p(s_t,a_t)$的值与$\hat{V}^p(s_{t+1})$的值相同。

如果使用$\hat{V}^p(s_t)$作为基线，则优势$\hat{A}^p(s_t,a_t)$由以下公式定义：

$$\hat{A}^p(s_t,a_t)=\hat{Q}^p(s_t,a_t)-\hat{V}^p(s_t)$$

变化后的更新公式如下：

$$\overline{\Theta}\leftarrow\overline{\Theta}+\alpha\hat{A}^p(s_t,a_t)\nabla_\Theta\log(P(\overline{X}_t,\overline{\Theta},a_t))$$

请注意，将原始算法描述中的$\hat{Q}(s_t,a_t)$替换为$\hat{A}(s_t,a_t)$。为了估计值$\hat{V}^p(s_t)$，一种可能的做法是维持表征价值网络的另一组参数（与Q-网络不同）。TD算法可用于更新价值网络的参数。但事实证明，单一的价值网络就足够了。这是因为可以使用$r_t+\gamma\hat{V}^p(s_{t+1})$代替$\hat{Q}(s_t,a_t)$。这将产生一个优势函数，该函数与TD误差相同：

$$\hat{A}^p(s_t,a_t)=r_t+\gamma\hat{V}^p(s_{t+1})-\hat{V}^p(s_t)$$

换句话说，我们需要一个单一的价值网络（参见图9.5），它可以作为评价者。也可以将上述方法推广为在任何λ值下使用TD(λ)算法。

9.5.5 连续动作空间

至此讨论的方法都与离散动作空间相关联。例如，在电子游戏中可能会有一组离散的选择，例如向上、向下、向左和向右移动光标。但是，在机器人应用程序中，可能会有连续动作空间，我们希望在其中将机器人的手臂移动一定距离。一种可能的做法是将动作离散化为一组间隔极小的动作，并使用间隔的中点作为表征值。然后可以将问题视为离散的。但是，这种设计不能满足人的需求。首先，通过将固有排序（按数字排序）值视为分类值，将丢失不同选择之间的顺序。其次，它毁坏了可能采取的动作的空间，尤其是在多维动作空间的情况下（例如，针对机器人手臂和腿部移动距离的单独维度）。这种方法可能导致过拟合，并极大地增加了学习所需的数据量。

一种常用的方法是允许神经网络输出连续分布的参数（例如，高斯的均值和标准差），然后从该分布的参数中进行采样，以便计算下一步的动作价值。因此，神经网络将输出机械臂移动的距离的平均值 μ 和标准差 σ，并且实际动作 a 将使用以下参数从高斯分布 $\mathcal{N}(\mu,\sigma)$ 中进行采样：

$$a \sim \mathcal{N}(\mu,\sigma) \tag{9.26}$$

在这种情况下，动作 a 表示机器人手臂移动的距离。可以使用反向传播来学习 μ 和 σ 的值。在某些变体中，σ 作为超参数被预先固定，仅需要学习平均值 μ。似然比的方法也适用于这种情况，但在使用动作 a 处密度的对数而非离散概率的情况下并不适用。

9.5.6 策略梯度的优缺点

策略梯度方法代表了具有连续状态和动作序列的机器人应用程序中最自然的选择。对于存在多维和连续动作空间的情况，动作的可能组合数量会非常大。由于 Q-学习方法要求计算所有此类动作的最大 Q 值，因此这一步骤在计算上可能是难以实现的。此外，策略梯度方法趋于稳定并且具有良好的收敛性。但是，策略梯度方法容易受到局部极小值的影响。虽然 Q-学习方法在收敛方面不如策略梯度方法稳定，并且有时可能围绕特定解振荡，但它在得到全局最优解上有更高的能力。

策略梯度方法的确具有另一个优势，因为它们可以学习随机策略，从而在认定能被对手利用的确定性策略为次优（例如猜测游戏）的情况下有更好的性能。Q-学习提供了确定性策略，因此在这些设置中策略梯度是可取的，因为它们提供了对可能的动作进行抽样的概率分布。

9.6 蒙特卡洛树搜索

蒙特卡洛树搜索是一种通过将推断时学习到的策略和价值与基于先验的探索相结合来提高推断能力的方法。这个改进还为基于前瞻性的自举算法（例如时序差分学习）提供了基础。它也被用作传统游戏软件中使用的确定性极小极大树的概率替代（尽管其适用性不限于游戏）。树中的每个节点对应一个状态，每个分支对应一个可能的动作。在搜索过程中，随着新状态的出现，该树逐渐生长。树搜索的目的是选择最佳分支，从而推荐智能体预测的动作。每个分支都与基于该分支之前在树搜索中得到的值以及随着探索的增加而减少的“奖励”相关。该值用于设置探索期间分支的优先级。每次探索后都会调整分支学习的好坏，这样在后面的探索中会更偏向于有正向结果的分支。

下面，我们将蒙特卡洛树搜索的研究在 AlphaGo 中的应用作为案例探究来描述。假设在状态（棋盘位置）s 时每次动作（走子）a 的概率 $P(s,a)$ 可以用一个策略网络来估计。同时，对于每次走子，我们还有一个质量 $Q(s,a)$，用于记录状态 s 下动作 a 的质量。例如，$Q(s,a)$ 的值跟随模拟中由状态 s 引发的动作 a，随着获胜次数的增加而增加。

AlphaGo 系统使用了一种更复杂的算法，该算法还可以在几步之后就对该棋盘位置进行一些神经评估（参见 9.7.1 节）。然后，在每次迭代中，状态 s 下的动作 a 的质量上界 $u(s,a)$ 可以由以下公式给出：

$$u(s,a)=Q(s,a)+K\cdot\frac{P(s,a)\sqrt{\sum_{b}N(s,b)}}{N(s,a)+1} \tag{9.27}$$

这里，$N(s,a)$ 是蒙特卡洛树搜索过程中从状态 s 开始执行动作 a 的次数。换句话说，可以通过质量 $Q(s,a)$ 开始并向其添加取决于 $P(s,a)$ 和遵循分支次数的“奖励”来获得上限。按照访问次数放缩 $P(s,a)$ 的出发点是为了阻止访问经常被访问的分支，并鼓励更优的探索。蒙特卡洛方法是基于选择上限最大的分支的策略，例如多臂老虎机方法（参见 9.2.3 节）。在此，公式 9.27 右侧的第二项起着提供用于计算上限的置信区间的作用。随着某分支生长得越来越多，该分支的探索“奖励”减少了，因为其置信区间的宽度减小了。超参数 K 控制着探索程度。

在任何给定状态下，具有最大 $u(s,a)$ 值的动作 a 将被执行。递归地使用此方法，直到继续遵循最佳动作不会导致到达现有的节点为止。此时新状态 s 作为叶节点添加到树中，并且每个 $N(s',a)$ 和 $Q(s',a)$ 初始值都设为 0。注意，到叶节点的模拟都是完全确定的，并且不涉及随机性，因为 $P(s,a)$ 和 $Q(s,a)$ 都是可确定计算的。蒙特卡洛模拟被用于估计新添加的叶节点 s' 的值。具体地，根据赢或输，策略网络（例如，利用 $P(s,a)$ 采样动作）中的蒙特卡洛走子将会返回 $+1$ 或 -1。在 9.7.1 节中，我们还将讨论使用价值网络的叶节点估计的一些替代方法。在估计叶节点之后，从当前状态 s 到叶节点 s' 的路径上所有边 (s'',a'') 上的 $Q(s'',a'')$ 和 $N(s'',a'')$ 值都会被更新。$Q(s'',a'')$ 的值保持为在蒙特卡洛树搜索过程中从该分支所到的叶节点处所有估计的平均值。从 s 执行多次搜索后，最经常被访问的边被选为相关边，并记为所需要的动作。

自举算法的使用

传统上，蒙特卡洛树搜索已经被用于推理而非训练过程。然而，由于蒙特卡洛树搜索提供了状态-动作对的价值（作为先验结果）的改进估计 $Q(s,a)$，因此它也可以用于自举（直觉 9.4.1）。蒙特卡洛树搜索为 n 步时序差分方法提供了很好的替代方法。关于同步策略 n 步时序差分方法的一个要点是，它们使用 ϵ-贪婪策略探索 n 动作的单序列，因此容易太弱（随着深度的增加而不是随着探索宽度的增加）。一种增强的办法是检查所有可能的 n 序列，并使用异步策略技术（即推广的 Bellman 的 1 步方法）选择最优的 n 序列。实际上，这就是 Samuel 的跳棋程序[421]使用的方法，该程序使用极小极大树中的最佳选择进行自举（后来称为 TD-Leaf[22]）。这导致了探索所有可能的 n 序列的复杂性增加。蒙特卡洛树搜索可以提供一种自举的鲁棒的替代方案，因为它可以探索节点的多个分支以生成平均目标值。例如，基于先验真实值可以使用从给定节点开始的所有探索的平均性能。

AlphaGo Zero[447]引导策略而并非状态价值，这是非常少见的。AlphaGo Zero 使用每个节点处分支的相对访问概率作为该状态下动作的后验概率。由于访问策略使用了一些未来的知识（即在蒙特卡洛树的更深节点进行估计），这些后验概率相对策略网络的概率输出得到了改善。因此，后验概率相对于策略网络概率引导了真实值，并用于更新权重参数（参见 9.7.1 节）。

9.7 案例研究

下面我们将提供来自实际领域的案例研究，以展示不同的强化学习设置。我们将提供围棋、机器人、会话系统、自动驾驶汽车和神经网络超参数学习中的强化学习示例。

9.7.1 AlphaGo：冠军级别的围棋选手

围棋（Go）是像国际象棋一样的双人棋盘游戏。双人棋盘游戏的复杂性在很大程度上取决于棋盘的大小以及每个位置的有效移动次数。棋盘游戏最简单的例子是3×3棋盘的井字棋游戏，大多数人不需要计算机即可用最优的方法获胜。国际象棋则是一种使用8×8棋盘的复杂得多的游戏，尽管有选择性地探索走子的极小极大树到一定深度的蛮力办法的灵活变体可能比当今最优秀的人类表现得更好。围棋是最复杂的，因为它的棋盘大小是19×19。

玩家使用放在围棋旁边碗里的白色或者黑色的棋子来下棋。围棋棋盘示例如图9.7所示。游戏从一个空的棋盘开始，然后随着玩家在棋盘上放黑白棋子而逐渐填满。黑方先出手，碗中起初放着181个棋子，而白方起初碗中则放着180个棋子。棋盘交叉点的总数等于两方碗中棋子数的总和。玩家每步将自己的棋子放在棋盘的特定位置上，并且一旦放入则不可移动。玩家可以通过圈住对手的棋子来捕获对手的棋子。玩家的目的是让自己的棋子控制的棋盘范围比对手更大。

图9.7　围棋棋盘示例

在国际象棋中特定位置的平均可能走子数约为35（即树分支因子），在围棋中为250，几乎大了一个数量级。此外，围棋的连续移动平均次数（即树的深度）约为150，大约是国际象棋的两倍。从自动化游戏的角度来看，所有这些方面使围棋成为更难的棋盘游戏。国际象棋游戏软件的典型策略是用玩家可以进行的所有动作组合来构造一个极小极大树，直至达到一定深度，然后利用国际象棋特定的启发式方法（例如剩余棋子的数量和各种棋子的安全程度）估计最后的棋盘位置。树的次优部分以启发式方法修剪。这种方法只是蛮力策略的改进版本，在该策略中，所有可能的位置都将探索到给定深度。围棋的极小极大树种的节点数大于可观测到的宇宙中的原子数，即使在适当的分析深度下（每个玩家20步）。由于在这些环境中空间直觉的重要性，在围棋中，人类总是比蛮力策略表现得更好。围棋中强化学习的使用与人类尝试做的事情非常接近。我们很少尝试探索所有可能的动作组合，相反，我们直观地学习可以预测有利位置的模式，并尝试朝着有利的方向发展。

利用卷积神经网络可以实现对空间模式的自动学习，并取得不错的预测效果。系统的状态被编码在特定时间的棋盘位置中，而 AlphaGo 中对棋盘的表示还包括一些交叉点处的状态或者已下某棋子后的可能走子数量等额外特征。为了提供状态的完整知识，需要多个这种空间图。例如，一个特征图代表每个交叉点的状态，而另一个特征图编码了一个棋子从被下之后的回合数，等等。整数特征图被编码到多个独热平面中。总之，棋盘可以使用 48 个 19×19 像素的二进制平面表示。

AlphaGo 利用其重复地玩游戏（既和专业玩家对战，又和自己对战）的输赢经验，通过策略网络学习针对不同位置的适合的动作策略。此外，通过价值网络可以对围棋棋盘上的每个位置进行估计。然后，将蒙特卡洛树搜索用于最终的推断。因此，AlphaGo 是一个多阶段模型，下面讨论它的各个阶段。

策略网络

策略网络将前面提到的棋盘视觉表示作为输入，并输出状态为 s 时的动作 a 的概率，记为 $p(s,a)$。注意，围棋游戏中的动作对应于每个有效位置放置棋子的可能性。因此，输出层使用 softmax 作为激活函数。然后使用不同的方法训练两个单独的策略网络。这两个网络的结构相同，包含 ReLU 非线性卷积层。每个网络包含 13 层。除第一个和最后一个卷积层外，大多数卷积层都利用 3×3 卷积核进行卷积。第一个和最后一个卷积层分别与 5×5 和 1×1 卷积核卷积。为了保持其大小，卷积层用 0 填充，并使用 192 个卷积核。为了保持空间上的追踪，使用 ReLU 非线性激活，而并不使用最大池化。

通过以下两种方式来训练网络：

- 监督学习：从专业玩家中随机选择样本用作训练数据。输入是网络状态，而输出是专业玩家执行的动作。这种动作的得分（奖励）始终为＋1，因为目标是训练网络来模仿专家执行动作，这也称为*模仿学习*。神经网络将所选动作的概率的对数似然作为其增益进行反向传播。该网络称为 SL-策略网络。值得注意的是，这些监督形式的模仿学习在强化学习中通常是很常见的，它可以避免冷启动问题。然而，之后的工作[446]表明，放弃这一部分的学习是更好的选择。
- 强化学习：在这种情况下，强化学习用于训练网络。问题在于围棋需要两个玩家，因此网络要与自己对战来产生移动。当前的网络总是与经过几次迭代后随机选择的网络对战，因此强化学习可以有一群随机的对手。这场比赛一直进行到最后，然后根据获胜或失败，来获得每步棋导致的＋1 或－1 的优势。然后，这些数据用于训练策略网络。该网络称为 RL-策略网络。

注意，与最先进的软件相比，这些网络已经是强大的围棋玩家，并且它们还与蒙特卡洛树搜索相结合来增强玩游戏的能力。

价值网络

该网络也是一个卷积神经网络，它使用网络状态作为输入，并以［－1,＋1］之间的预测分数作为输出，其中＋1 表示概率 1。输出是下一玩家的预测分数，无论黑方还是白方，因此输入也按照“玩家”或“对手”而并非黑或白来编码棋子。价值网络的架构与策略网络非常相似，不同之处在于输入和输出上存在一些差异。输入包含一个额外特征，该特征对应下一个走子的玩家是黑方还是白方。分数是在最后使用一个 tanh 单元计算的，因此该值位于［－1,＋1］范围内。价值网络的前面的卷积层与策略网络中的卷积层相同，只是在第12层中多了一个额外的卷积层。最终卷积层之后是具有256个单元和ReLU激活的全连接层。为了训练网络，一种可能是使用围棋游戏的数据集[606]中的位置。但是，最好的选择是使用SL-策略网络和RL-策略网络的自我博弈过程一直生成数据集，直到结束，从而生成最终结果。状态-结果对用于训练卷积神经网络。由于一局游戏中的位置是相关的，因此在训练中顺序使用它们会导致过拟合。从不同的棋局中抽取位置是很重要的，这样可以防止因紧密相关的训练样本而导致的过拟合。因此，每个训练样本都是从不同的自我博弈游戏中获得的。

蒙特卡洛树搜索

公式9.27的简化形式用于探索，等价于在每个节点 s 处设置 $K=1/\sqrt{\sum_b N(s,b)}$。9.6节介绍了一种蒙特卡洛树搜索方法，其中仅将RL-策略网络用于估计叶节点。AlphaGo是将两种方法结合到一起。首先，从叶节点开始使用快速蒙特卡洛走子来创建估计 e_1。虽然可以为走子使用策略网络，但AlphaGo训练了简化的softmax分类器，该分类器具有人类游戏数据库和一些手工特征，可以加快走子的速度。其次，价值网络创建了叶节点的单独估计 e_2。最终估计 e 是这两个估计的凸组合，即 $e=\beta e_1+(1-\beta)e_2$。$\beta=0.5$ 时可以达到最优效果，尽管仅仅使用价值网络也可以提供紧密匹配的效果（以及可行的替代方案）。蒙特卡洛树搜索中访问量最大的分支就是预测的走子。

Alpha Zero：零人类知识的增强

后来的一个增强想法称为AlphaGo Zero[446]，消除了对人类专家走子（或SL-网络）的需求。代替单独的策略和价值网络，单个网络输出某位置的策略（即动作概率）$p(s,a)$ 和价值 $v(s)$。将输出策略概率的交叉熵损失和价值输出的平方差损失相加，得到单个损失。原始版本的AlphaGo仅使用蒙特卡洛树搜索来从经过训练的网络中进行推断，而零知识版本也使用蒙特卡洛树搜索中的访问计数来进行训练。通过基于先验的探索，可以将树搜索中的每个分支的访问计数视为 $p(s,a)$ 上的策略改进操作。这为创建用于神经网络学习的自举真实值（直觉9.4.1）提供了基础。当时序差分学习自举状态值时，此方法自举访问次数来学习策略。在棋盘状态 s 中对动作 a 进行蒙特卡洛树搜索的预测概率为 $\pi(s,a)\propto N(s,a)^{1/\tau}$，其中 τ 是温度参数。$N(s,a)$ 的值是使用与AlphaGo相似的蒙特卡洛树搜索算法计算的，其中神经网络输出的先验概率 $p(s,a)$ 用于计算公式9.27。将公式9.27中的 $Q(s,a)$ 的值设置为从状态 s 到达的新创建叶节点 s' 的神经网络平均价值输出 $v(s')$。

AlphaGo Zero通过将 $\pi(s,a)$ 自举为真实值来更新神经网络，而真实的状态值是通过蒙特卡洛模拟生成的。在每个状态 s 处，概率 $\pi(s,a)$、价值 $Q(s,a)$ 和访问计数 $N(s,a)$ 通过从状态 s 开始（反复）运行蒙特卡洛树搜索过程来更新。来自先前迭代的神经网络用于根据公式9.27选择分支，直到达到树中不存在的状态或达到最终状态为止。对于每个不存在的状态，将新叶子及其 Q 值添加到树中，并将访问值初始化为零。从 s 到叶节点的路径上所有边的 Q 值和访问计数都基于神经网络（或终止状态的游戏规则）的叶子估计而更新。从节点 s 开始进行多次搜索后，后验概率 $\pi(s,a)$ 用于采样自我博弈并达到下一个节点 s'。在节点 s 重复这整个过程，递归地获得下一个位置 s''。递归地玩游戏直到结束，并将 $\{-1,+1\}$ 范围内的最终值作为游戏路径上均匀采样状态 s 的真实值 $z(s)$ 返回。注意，$z(s)$ 是从玩家在状态 s 的角度定义的。对于 a 的任意价值，概率的真实值已经可以在 $\pi(s,a)$ 中得到。因此，可以为神经网络创建一个训练实例，其中包括状态 s 的输入表示、

$\pi(s,a)$ 中的自举真实值概率和蒙特卡洛真实值 $z(s)$。该训练实例用于更新神经网络参数。因此，如果神经网络的概率和价值输出分别为 $p(s,a)$ 和 $v(s)$，则带有权重向量 $\overline{W}$ 的神经网络损失表达式如下：

$$L=[v(s)-z(s)]^2-\sum_a \pi(s,a)\log[p(s,a)]+\lambda\|\overline{W}\|^2 \tag{9.28}$$

其中，$\lambda>0$ 是正则项参数。

进一步的发展是以 Alpha Zero[447] 的形式提出的，它可以玩很多种游戏，例如围棋、将棋和国际象棋。Alpha Zero 轻而易举地击败了最好的国际象棋游戏软件 Stockfish，也击败了最好的将棋软件 Elmo。对于大多数顶级玩家而言，其在国际象棋中的胜利尤其出乎意料，因为人们一直认为，国际象棋需要太多的领域知识才能使强化学习系统胜过手工估计的系统。

性能评价

AlphaGo 在对抗各种计算机和人类对手方面有着非凡的表现。面对各种各样的计算机对手，它赢得了 495 场比赛中的 494 场[445]。即使在让了四个棋子的劣势下，AlphaGo 也分别在与 Crazy Stone、Zen 和 Pachi（软件程序名）的对弈中分别赢得了 77%、86%和99%的棋局。它还击败了著名的人类对手，例如欧洲冠军、世界冠军和排名最高的玩家。

它的性能表现的另一个显著方面是其取得胜利的方式。在一些棋局中，AlphaGo 做出了许多非常规且十分出色的走子，有时只有在胜利之后才能发现这些有意义的走子[607,608]。在某些情况下，AlphaGo 的走子与传统观点相反，但最终还是体现了 AlphaGo 在自我博弈过程中获得的创新见解。这些比赛过后，一些顶级围棋选手重新考虑了他们在整场比赛中使用的方法。

Alpha Zero 在国际象棋中的表现相似，它经常牺牲子力来逐步改善位置并控制其对手。这种行为是人类游戏的标志，与传统的国际象棋软件（已经比人类好得多）有很大不同。与手工估计方法不同，似乎没有关于棋子的子力值或者国王在棋盘中央是安全的之类的预先设想的概念。此外，它通过自我博弈方法自行发现了最著名的国际象棋开局，并且似乎对哪个“更好”有自己的看法。换句话说，它具有自动发现知识的能力。强化学习与监督学习的主要区别在于，*它能够通过奖励引导的试错来学习，从而突破已知知识进行创新*，这种行为在其他应用程序中具有一定的应用前景。

9.7.2 自主学习机器人

自主学习机器人代表了人工智能的一个重要前沿领域，在该领域中，可以使用奖励驱动的方法对机器人进行训练，从而使它执行各种任务，例如运动、机器维修或目标检索。考虑一种情况，即人们构造了一个具有运动能力（就其构造方式和可用的运动选择而言）的机器人，但它必须学习精确的运动选择才能保持自身平衡并从 A 点移动到 B 点。作为双足动物，我们甚至无须考虑就可以自然行走并保持平衡，但是对于双足机器人来说，这不是一件简单的事情，因为在这种机器人中，关节运动的选择不正确就很容易导致它翻倒。当不确定的地形和障碍物挡在机器人面前时，这种问题就变得更加棘手了。

强化学习很自然地适用于这种类型的问题，因为它可以很容易地判断机器人是否正确行走，但是它很难为机器人在各种可能情况下的操作规定精确的规则。在奖励驱动的强化学习方法中，在从 A 点到 B 点的运动过程中，每当取得进展，机器人都会获得（虚拟）

奖励。另外，机器人可以自由地采取行动，并且没有经过预训练以了解有关特定动作选择将有助于其保持动作平衡和行走的知识。换句话说，机器人不会获得任何关于行走信息的知识（除了它会因使用其可用的动作来实现从A点到B点的移动而得到奖励之外）。这是强化学习的经典例子，因为机器人现在需要学习要采取哪种特定动作顺序才能获得目标驱动的奖励。尽管在这种情况下，我们使用运动作为例子来说明，但该原理是通用的，适用于机器人中的任何类型的学习。例如，第二个问题是教机器人操纵的任务，例如抓住物体或拧瓶盖。下面我们将对这两种情况进行简单讨论。

9.7.2.1 运动技能的深度学习

在这种情况下，虚拟机器人将被教授运动技能[433]，该机器人是通过MuJoCo（多关节接触动力学）物理引擎[609]进行模拟的。这是一个物理引擎，旨在促进机器人技术、生物力学、图形和动画的研究与开发，这些领域需要快速而准确的模拟而不是实际构造机器人。人形机器人和四足机器人皆被使用。图9.8展示了双足机器人模型的一个示例。这种类型的模拟优势在于其成本更加低廉，并且避免了由物理损坏引起的安全问题和成本问题。另一方面，物理模型可以提供更真实的结果。通常，在构建物理模型之前，模拟经常可用于较小规模的测试。

图9.8 虚拟人形机器人示例（原始图片来自文献［609］）

人形机器人模型具有33个状态维度和10个激活的自由度，而四足动物机器人模型具有29个状态维度和8个激活的自由度。虽然当机器人的质心在降到特定点以下时会终止进程，但模型还是会因前进而得到奖励。机器人的动作由关节扭矩控制。机器人还拥有许多特征，例如提供障碍物位置、关节位置、角度等信息的传感器。这些特征被输入神经网络中，其中使用两个神经网络，一个用于价值估计，一个用于策略估计。因此其使用一种策略梯度的方法，其中价值网络起到了估计优势的作用，这种方法是行动者-评价者方法的一个实例。

前馈神经网络使用了三个隐藏层，分别包含了100、50和25个tanh单元。文献［433］中的方法需要对策略函数和价值函数进行估计，并且在两种情况下对隐藏层都使用相同的架构。但是，价值估计器仅需要一个输出，而策略估计器则需要和动作数一样多的输出。因此两种架构之间的主要区别在于如何设计输出层和损失函数。泛化优势估计（GAE）与基于信任的策略优化器（TRPO）结合使用。这些方法的细节参见9.10节中的参考文献。在通过强化学习训练神经网络进行1000次迭代后，机器人学会了以令人视觉愉悦的步态走路。文献［610］中提供了机器人行走最终结果的视频。Google DeepMind 随后也发布了类似的结果，其具有更广泛的避障等能力[187]。

9.7.2.2 视觉运动技能的深度学习

文献［286］提供了第二种有趣的强化学习例子，其中对机器人进行了一些家庭任务的培训，例如将衣架挂在架子上，将木块插入具有形状分类的立方体中，用不同抓握力在钉子下安装玩具锤子的钳，把瓶盖拧到瓶子上等。这些任务的示例以及机器人的图片如图 9.9a 所示。这些动作是 7 维关节电动机扭矩的命令，并且每个动作都需要一系列命令，从而可以最优地执行任务。这样，将机器人的实际物理模型用于训练。机器人使用摄像机图像来定位对象并对其进行操作。我们可以将摄像机的图像视为机器人的眼睛，并且该机器人使用的卷积神经网络的工作原理与视觉皮层相同（基于 Hubel 和 Wiesel 的实验）。尽管乍一看这种设置和 Atari 电子游戏有很大不同，但在图像帧如何帮助映射到策略动作上这一方面仍存在很大的相似之处。例如，Atari 设置还可以在原始像素上使用卷积神经网络。但是，此处还有一些其他输入，分别对应于机器人和目标位置。这些任务需要在视觉感知、协调和接触动力学方面进行高水平的学习，所有这些内容都需要自动地学习。

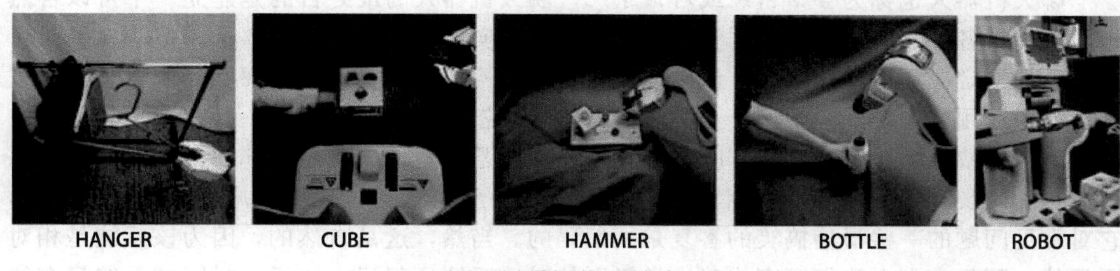

a）机器人的视觉运动任务

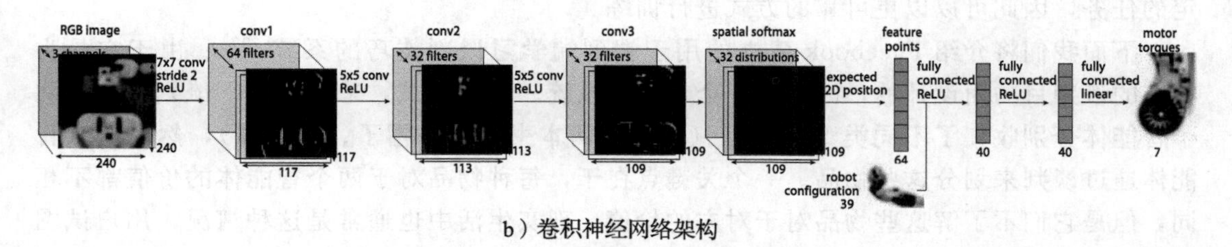

b）卷积神经网络架构

图 9.9 视觉运动技能的深度学习

图片来自文献［286］（© 2016 Sergey Levine, Chelsea Finn, Trevor Darrell, and Pieter Abbeel）

一种自然的方法是使用卷积神经网络将图像帧映射为动作。和 Atari 游戏的情况一样，需要在卷积神经网络的各层中以任务敏感的方式学习有利于获得相关奖励的空间特征。卷积神经网络具有 7 层和 92 000 个参数。前三层是卷积层，第四层是空间 softmax 层，第五层是从空间特征图到两个坐标的简单集合的固定转换。这种想法是为了将 softmax 函数应用于整个空间特征图上的响应。这提供了特征图中每个位置的概率。使用此概率分布的预期位置提供了二维坐标，该坐标称为*特征点*。注意，卷积层中的每个空间特征图都会创建一个特征点。特征点可以看作空间概率分布上的一种软 argmax。第五层与在卷积神经网络中通常看到的完全不同，其设计是为了构建适合反馈控制的视觉场景的精确表示。空间特征点与机器人的配置相连接，这是仅在卷积层之后才出现的额外输入。此些连接特征的集合被馈入两个全连接层，每个层具有40个整流单元，然后线性连接到扭矩。注意，只有与摄像机相对应的观察结果才被馈入卷积神经网络的第一层，而与机器人状态相对应的观察结果则被馈入第一个全连接层。这是因为卷积层不能充分利用机器人的状态，在视觉输入被卷积层处理之后，将以状态为中心的输入进行连接才是合理的。整个网络包含了约92 000个参数，其中有86 000个位于卷积层中。卷积神经网络的架构如图9.9b所示。所观察到的结果由RGB摄像机图像、关节编码读取、速度和末端执行器姿势组成。

完整的机器人状态包含14～32个维度，例如关节角度、末端执行器姿势、物体位置及其速度。这提供了一种可行的状态概念。与所有基于策略的方法一样，输出对应于各种动作（电动机转矩）。文献［286］中讨论的方法有趣的一点是它将强化学习问题转化为监督学习，其使用了*指导性策略搜索*方法。这种方法将强化学习问题的某些部分转化为监督学习。感兴趣的读者可以参考文献［286］，其中还可以找到有关机器人性能的视频（使用该系统进行训练）。

9.7.3 建立会话系统：面向聊天机器人的深度学习

聊天机器人也称为*会话系统*或*对话系统*。聊天机器人的最终目的是建立一个可以自然地与人类就各种主题进行交流的智能体，我们距离实现这一目标还很遥远。但是在针对特定场景和特定应用程序（例如，谈判或购物助手）构建聊天机器人方面已经取得了重大进展。相对通用的系统的一个例子是Apple的Siri，它是一种数字私人助手。我们可以将Siri视为开放域系统，因为人们可以与它进行各种主题的对话。使用Siri的任何用户都可以很清楚地发现，它有时无法对相对棘手的问题提供令人满意的答复，并且在某些情况下，它对常见问题的一些滑稽搞笑的答复是硬编码的。当然，这是自然的，因为该系统是相对通用的，而且实际上我们距离构建人类级别的对话系统还很远。相反，封闭域系统具有特定的任务，因此可以以更可靠的方式进行训练。

下面我们将介绍Facebook建立的用于端到端学习谈判技巧的系统[290]。由于它是为特定的谈判目的而设计的，因此是一个封闭域系统。为了测试，采用了以下谈判任务：两个智能体分别收集了不同类型的物品（例如，两本书、一顶帽子、三个球），然后指示智能体通过谈判来划分这些物品。一个关键点在于，每种物品对于两个智能体的价值都不相同，但是它们不了解这些物品对于对方的价值。现实生活中也通常是这种情况，用户试图通过谈判获得对他们有价值的物品，最终达到双方都满意的结果。

现假定物品的价值始终是非负的，并且在满足某些约束的条件下在测试中随机生成。首先，一个用户的所有物品的总价值为10。其次，每个物品对至少一个用户来说价值不为零，因此忽略某个物品是不合理的。最后，存在某些物品对两个用户来说价值都不为零。由于这些限制，两个用户同时获得最高的10分是不可能的，这确保了谈判过程中的竞争性。经过10个回合之后，智能体可以自行选择完成谈判，此时两个用户的得分均为0。这里使用了三种类型的物品——书籍、帽子、球，总共5～7件物品。两个用户的物品价值都不相同（不了解彼此分配的价值）这一点很关键；否则它们之间的物品总价值将大于10。但是，更好的谈判者能够通过对具有更高价值的物品进行最佳谈判来获得更大的价值。

这种强化学习设置的奖励函数是最终用户获得的物品价值。人们可以在以前的对话系统中使用监督学习，从而使得对话语言的可能性最大化。直接使用循环网络来最大化对话语言的可能性会导致智能体太趋向于折中妥协。因此，该方法将监督学习和强化学习相结合，强化学习结合监督学习有助于确保模型不会偏离人类的语言。所以，引入了一种对话系统的计划形式，称为*对话走子*。该方法使用编码器-解码器循环架构，其中解码器最大化奖励函数而非对话语言的可能性。正如 7.7.2 节所述，这种编码器-解码器架构是基于序列到序列模型学习的。

为了促进监督学习，对话可从 Amazon Mechanical Turk 收集得到。总共在 2236 个独立的场景中收集 5808 段对话，其中场景是通过将特定的一组价值分配给物品来定义的。在这些情况下，可以给出对应于 526 个对话的 252 个场景。每个场景都产生两个训练实例，这些实例是从每个智能体的角度得到的。一个具体的训练实例可以是将其中两个智能体之间的物品（即三本书、两顶帽子和一个球）进行划分。这些是智能体输入的一部分。第二个输入可以是智能体的每个物品的价值，它们分别是：智能体 A——书 1，帽子 3，球 1；智能体 B——书 2，帽子 1，球 2。注意，智能体 A 应该在谈判中争取更多的帽子，而智能体 B 则更应该专注于书和球。训练数据中一个对话的例子展示如下[290]：

智能体 A：我想要书和帽子，你可以获得球。

智能体 B：你给我一本书，我们就成交。

智能体 A：可以，成交。

智能体 B：〈选择书〉。

最终智能体输出是两本书和两顶帽子，而智能体 B 的最终输出是一本书和一个球。因此，每个智能体都有自己的一组输入和输出，并且根据读取部分和写入部分，每个智能体的对话也可以从自己的角度来看到。因此，每个场景都会生成两个训练实例，并且共享相同的循环网络从而生成每个智能体的写入和最终输出。对话 x 是一系列标记 $x_0 \cdots x_T$，包含每个智能体的转变，用符号交错标记该转变是由哪个智能体写入的。末尾的特殊标记表示一个智能体已标记达成协议。

监督学习过程使用四个不同的门控循环单元（GRU）。第一个门控循环单元GRU_g对输入目标进行编码，第二个门控循环单元GRU_q生成对话中的项，还有一个前向输出门控循环单元$GRU_{\overrightarrow{o}}$和一个反向输出门控循环单元$GRU_{\overleftarrow{o}}$。输出本质上是由双向 GRU 产生的。这些 GRU 以端到端的方式连接在一起。在监督学习方法中，使用训练数据中可得到的输入、对话、输出来训练参数。监督模型损失是对话的标记预测损失和输出选择预测物品的损失的加权和。

但是，强化学习使用了对话走子。注意，监督模型中的 GRU 组本质上提供了概率输出。因此，只需简单更改损失函数，就可以使用同一模型进行强化学习。换句话说，GRU 组合可以视为一种策略网络。可以使用此策略网络来生成各种对话的蒙特卡洛走子以及最终的奖励。每个采样的动作都将成为训练数据的一部分，并且该动作与走子的最终奖励相关联。换句话说，该方法使用自我博弈算法，即智能体通过与自身谈判来学习更好的策略。走子最终获得的奖励将用于更新策略网络的参数。该奖励是根据对话结尾谈判得到的物品价值计算的。这种方法可以看作 REINFORCE 算法的一个实例[533]。自我博弈的一个问题是，智能体倾向于学习自己的语言，而当双方都使用强化学习的时候，它们就会逐渐偏离人类自然语言。因此，其中一个智能体应被约束为监督模型。

对于最终预测，一种可能是直接从 GRU 输出的概率采样。然而，这种方法在使用循环网络时通常不是最佳的。因此，采用两阶段方法。首先，使用采样创建 c 个候选话语。计算每种候选话语的期望奖励，并选择期望值最大的候选话语。为了计算期望奖励，可以通过对话的可能性来缩小输出范围，因为任何一个智能体都不太可能选择概率低的对话。

文献［290］中对该方法的性能进行了很多有趣的观察。首先，监督学习方法往往倾向于轻易放弃，而强化学习方法则会更坚持去尝试获得理想的目标。其次，强化学习方法通常会表现出类似人类的谈判策略。在某些情况下，它假装对并非真正有价值的物品有兴趣，以便获得更好的交易结果。

9.7.4　自动驾驶汽车

与执行机器人运动的任务情况一样，在不引起事故或意外的条件下，汽车从A点驶向B点，则给予奖励。该汽车配备了各种类型的视频、音频、距离和运动传感器，以便记录观察结果。强化学习系统的目标是使汽车不受道路条件的影响，安全地从A点行驶到B点。

驾驶汽车是一项艰难的任务，很难在每种情况下都确定适当的动作规则。另一方面，判断是否正确驾驶相对来说比较容易。因此，这正是非常适合强化学习的设置。尽管全自动驾驶汽车应具有与各种类型的输入和传感器相对应的大量组件，我们还是着眼于简化设置，使用单个摄像头[46,47]。该系统具有指导意义，因为它表明，当与强化学习搭配使用时，即使是单个前置摄像头也足以完成很多工作。有趣的是，这项工作的灵感来自1989年Pomerleau的工作[381]，他建立了神经网络自动驾驶陆地车（ALVINN）系统，与25年前所做的工作的主要区别在于增加的数据和计算能力。此外，这项工作还利用了卷积神经网络的一些建模方法。因此，这项工作展示了增加数据和计算能力在建立强化学习系统中的重要性。

训练数据是通过在各种道路和条件下驾驶汽车收集得到的。数据主要是从美国新泽西州中部收集的，高速公路数据也会从伊利诺伊州、密歇根州、宾夕法尼亚州和纽约州收集得到。尽管将驾驶员位置的单个前置摄像头当作决策的主要数据源，但训练阶段在前方其他位置也使用了两个附加的摄像头来收集旋转和移动的图像。这些未用于最终决策的辅助摄像头也可用于收集其他数据。附加摄像头的位置确保了它们的图像可以移动和旋转，因此可以用于训练网络从而识别出异常情况。简而言之，这些摄像头对于数据增强很有用。对神经网络进行训练，从而最大限度地减少网络输出的命令和驾驶员输出的命令之间的误差。注意，这种方法更接近监督学习而不是强化学习。这些类型的学习方法也称为模仿学习[427]。模仿学习通常被用作缓解强化学习系统固有的冷启动问题的第一步。

涉及模仿学习的场景通常与涉及强化学习的场景相似。在这种情况下使用强化设置相对比较容易，方法是在无人干预的情况下在汽车接近目标时给予奖励，在汽车没有接近目标或需要人工干预时给予惩罚。但是，这似乎不是训练自动驾驶系统[46,47]的方式。自动驾驶汽车等设置的一个问题是，在训练过程中始终必须考虑安全问题。尽管大多数可用自动驾驶汽车的公开细节很有限，但与这种设置下的强化学习相比，监督学习似乎是首选方法。然而，就更有用的神经网络架构而言，使用监督学习和强化学习之间的差异并不明显。文献［612］中有关于自动驾驶汽车的强化学习的更一般性讨论。

卷积神经网络架构如图9.10所示。该网络由9层组成，包括1个归一化层、5个卷积层和3个全连接层。第一个卷积层使用了步长为2的5×5滤波器。接下来的两个卷积层分别使用3×3滤波器的无跨步卷积。卷积层之后是三个全连接层。最终输出值为一个控制值，对应于反向转弯半径。该网络有2700万个连接和25万个参数。文献［47］中提供了深度神经网络如何执行控制的具体细节。

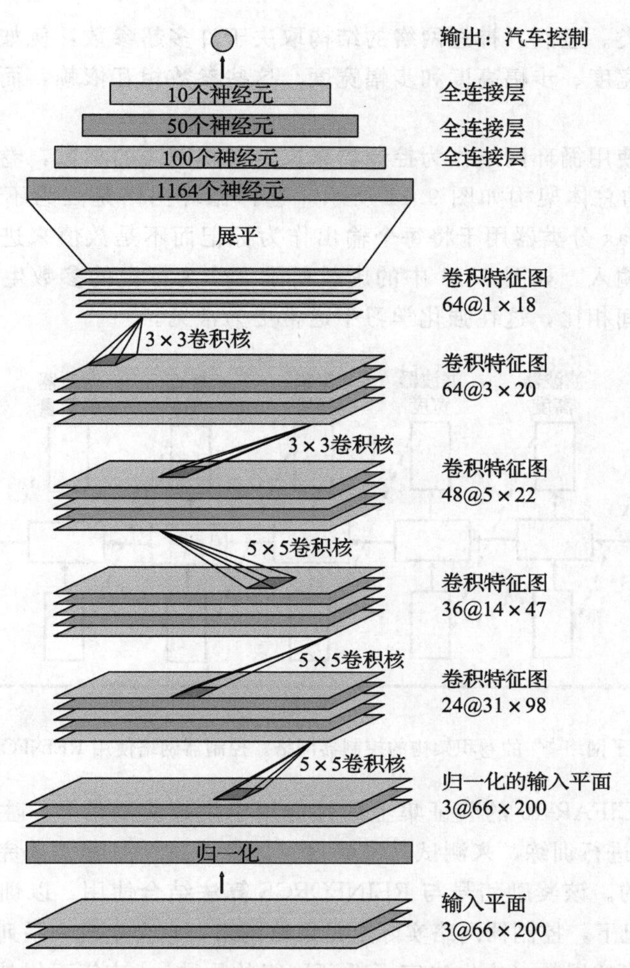

图 9.10 文献［46］中讨论的自动驾驶汽车控制系统的神经网络架构（由 NVIDIA 提供）

训练得到的汽车分别在模拟和实际道路条件下进行测试，全程有驾驶员陪同，必要时进行干预。在此基础上，根据需要人工干预的时间百分比来进行度量。结果表明该汽车98％的时间都是自动驾驶的。文献［611］中提供了这种自动驾驶的视频演示。将经过训练的卷积神经网络的激活图（基于第 8 章中讨论的方法）可视化，我们可以获得一些有趣的观察结果。特别地，可以观察到学到的特征严重偏向于学习对驾驶很重要的图像方面。在未铺设道路的情况下，特征激活图能够检测到道路轮廓。另一方面，如果汽车位于森林中，则特征激活图上充满了噪声。注意，在 ImageNet 上训练的卷积神经网络中则不会发生这种情况，因为特征激活图通常会包含树、落叶等有用特征。两种情况之间的这种差异是因为自动驾驶设置下的卷积网络是用目标驱动的方式训练的，其学会了检测与驾驶相关的特征，而森林中树的特定特征与驾驶无关。

9.7.5 利用强化学习推断神经架构

强化学习的一个有趣应用是学习用于完成特定任务的神经网络架构。出于讨论目的，让我们考虑一个设置，在该设置中我们希望确定卷积神经架构从而对像 CIFAR-10[583] 这样的数据集进行分类。显然，神经网络的结构取决于许多超参数，例如滤波器的数量、滤波器高度、滤波器宽度、步幅高度和步幅宽度。这些参数相互依赖，而后几层的参数则取决于前几层的参数。

强化学习方法使用循环网络作为控制器来决定卷积网络的参数，卷积网络也称为子网络[569]。循环网络的总体架构如图 9.11 所示。选择循环网络是因为不同架构参数之间的顺序依赖性。softmax 分类器用于将每个输出作为标记而不是数值来进行预测。然后将此标记用作下一层的输入，如图 9.11 中的虚线所示。作为标记的参数生成导致动作空间是离散的，与连续空间相比，这在强化学习中通常更为常见。

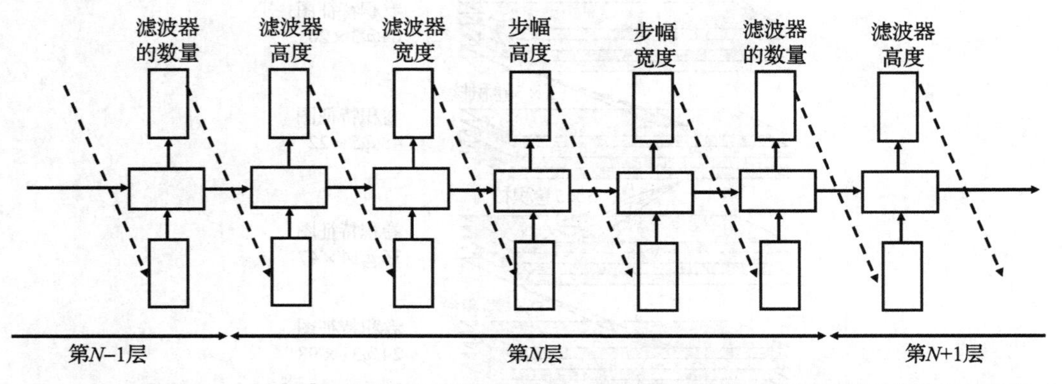

图 9.11 用于学习子网络[569]的卷积架构的控制器网络。控制器网络使用 REINFORCE 算法进行训练

子网络在来自 CIFAR-10 的验证集上的性能用于生成奖励信号。注意，子网络需要在 CIFAR-10 数据集上进行训练，来测试其准确度。因此，这个过程需要完整的子网络训练过程，这是非常昂贵的。该奖励信号与 REINFORCE 算法结合使用，以训练控制器网络的参数。因此在这种情况下，控制器网络实际上是策略网络，它会生成一系列相互依赖的参数。

关键在于子网络的层数（这也决定了循环网络的层数）。该值不保持恒定，而是随着训练的进行遵循一定的时间表而变化。在早期迭代中，层数较少，因此所学的卷积网络架构较浅。随着训练的进行，层数会随着时间的推移缓慢增加。策略梯度方法除了循环网络是用奖励信号而非前馈网络训练的之外，与本章前面讨论的方法没有太大不同。文献［569］中还讨论了各种类型的优化，例如具有并行性的有效实现以及对高级架构设计（如跳跃连接）的学习。

9.8 与安全相关的实际挑战

通过强化学习简化高度复杂的学习算法的设计有时会产生意想不到的效果。由于强化学习系统具有比其他学习系统更大的自由度，自然会引起一些与安全性有关的问题。虽然生物贪婪是人类智力的一个强大因素，但这也是人类许多不良行为的原因。其简单性作为奖励驱动型学习的最大优势，同时也是生物系统中最大的陷阱。因此，从人工智能的角度出发，对此类系统进行模拟会导致类似的缺陷。例如，由于系统学习其动作的探索方式，设计不当的奖励可能会导致无法预料的后果。强化学习系统经常可以在设计不完善的电子游戏中学习未知的“欺骗”和“黑客”，这警示我们一些在不那么完美的现实世界中可能发生的事情。机器人学会假装拧紧瓶盖即可更快获得奖励，只要人类或者自动评估员被这一行为所愚弄，就可以成功。换句话说，奖励函数的设计有时不是一件简单的事情。

此外，系统可能会尝试以“不道德”的方式获取虚拟奖励。例如，清洁工机器人可能会试着通过先制造脏乱然后再清洁来赚取奖励[10]。可以想象护士机器人的情况甚至可能更黑暗。有趣的是，人类有时也会表现出这种类型的行为。这些糟糕的相似之处都是通过利用生物以贪婪为中心的简单学习原则来简化机器学习过程导致的直接结果。追求简单性会导致将更多控制权交给机器，这可能会产生意想不到的效果。在某些情况下，甚至在设计奖励函数时也会存在道德困境。例如，如果事故不可避免，那么自动驾驶汽车应该优先保护其驾驶员还是两个行人？在这种情况下，大多数人会出于生物本能的自我保护意识选择保护自己。然而，让学习系统这样做是一件完全不同的事情。同时，很难说服人类操作员信任一辆不把他的安全摆在首位的汽车。强化学习系统还很容易受到人类操作员与其互动的影响，并操纵其基本奖励函数；在某些情况下，聊天机器人会被指导做出令人反感的事或者说出有关种族主义的言论。

学习系统很难将其经验泛化到新的情况。这种问题称为分布偏移。例如，在一个国家/地区训练得很好的自动驾驶汽车可能在另一个国家/地区表现不佳。同样，强化学习中的探索性动作有时可能很危险。想象一下，一个机器人试图在电子设备中焊接导线，而导线被易碎的电子元件包围。在这种情况下尝试执行探索性行为就充满了危险。这些问题告诉我们，在构建 AI 系统的时候必须考虑安全性问题。实际上，像 OpenAI[613] 这样的组织已经在保证安全性这一方面上处于领先地位。文献［10］中讨论了相关问题的可能解决方案的更广泛的框架。在许多情况下，为了确保安全性，人类似乎必须在某种程度上参与到循环中[424]。

9.9 总结

本章研究关于强化学习的问题，在强化学习中，智能体以奖励驱动的方式与环境互动，从而学习最佳动作。强化学习方法可以分为几类，其中最常见的是 Q-学习方法和策略驱动方法。近年来，策略驱动的方法越来越受欢迎。这些方法中许多都是端到端的系统，这些系统集成了深度神经网络，接受感觉输入并学习优化奖励的策略。强化学习算法可用于许多场合，例如播放视频或玩游戏、机器人和自动驾驶汽车。这些算法通过试验学习的能力通常会带来创新的解决方案，而其他形式的学习则无法实现。强化学习算法还由于奖励函数简化了学习过程，因此面临着与安全性相关的一些特有的挑战。

9.10 参考资料说明

Sutton 和 Barto 的著作[483]中有对强化学习很好的概述。文献［293］提供了关于强化学习的综述。David Silver 的强化学习讲座可以在 YouTube[619] 上免费观看。时序差分方法是 Samuel 在跳棋程序里提出的[421]，并由 Sutton 规范化[482]。Watkins 在文献［519］中提出了 Q-学习，并于文献［520］中提供了收敛性证明。文献［412］提出了 SARSA 算法。文献［296,349,492,493,494］提出了一些早期在强化学习中使用神经网络的方法。文献［492］的工作开发了一种双陆棋游戏程序 TD-Gammon。

文献［335,336］首次使用卷积神经网络构建带有原始像素的深度 Q-学习算法。文献［335］中提出，可以用其他众所周知的想法（例如优先扫描[343]）来改进其提出的方法。文献［337］中提出了使用多个智能体进行学习的异步方法。使用多个异步线程避免了线程内的相关性问题，从而提高了更高质量解决方案的收敛性。通常使用这种异步方法来代替回放技术。此外，同一工作中还提出了一种 n 步技术，该技术使用 n 步（不是 1 步）的

先验来预测 Q 值。

Q-学习的一个缺点是在某些特定情况下会高估动作的价值。文献［174］中提出了对 Q-学习的改进，称为*双 Q-学习*。在 Q-学习的原始版本中，用于选择和评估动作的值是相同的。在双 Q-学习中，这些值是解耦的，因此学习两个独立的值来进行选择和评估。这种变化往往会使方法对高估问题不敏感。文献［428］中则讨论了使用优先回放来改善稀疏数据下强化学习算法的性能。这种方法大大提高了 Atari 游戏系统的性能。

近年来，决策梯度已经比 Q-学习方法更受欢迎。文献［605］中提供了一种有趣的简化方法，用于名为 *Pong* 的 Atari 游戏中。文献［142，355］中讨论了如何使用有限差分方法进行策略梯度的早期方法，策略梯度的似然方法在 REINFORCE 算法[533]中提出。文献［484］中提供了有关此类算法的许多分析结果。策略梯度已经用于围棋游戏[445]中的学习，尽管整体方法结合了许多不同的元素。文献［230］中提出了自然策略梯度。一个这样的方法[432]已经被证明在学习机器人的运动方面表现良好。文献［433］中讨论了具有连续奖励的*生成优势估计*（GAE）的使用。文献［432，433］中的方法使用自然策略梯度进行优化，该方法称为*基于信任的策略优化器*（TRPO）。其基本思想是，在强化学习中（相比监督学习），学习中不好的步骤会受到更严厉的惩罚，因为所收集数据的质量会变差。因此，TRPO 方法更喜欢具有共轭梯度的二阶方法（请参考第 3 章），其中更新趋于保持在良好的信任域内。此外，还有一些针对特定类型强化学习方法（例如行动者-评价者方法[162]）的综述。

文献［246］提出了蒙特卡洛树搜索。随后，该方法被用于围棋游戏中[135,346,445,446]。关于这些方法的综述可以在文献［52］中找到。后来的 AlphaGo 版本取消了学习的监督部分，适用于国际象棋和将棋，并且在零初始知识[446,447]的情况下表现良好。AlphaGo 结合了多种思想，包括使用策略网络、蒙特卡洛树搜索和卷积神经网络。文献［73,307,481］中探究了如何使用卷积神经网络来下围棋。这些方法很多都使用监督学习来模仿人类专家下围棋。现在已有关于国际象棋的 TD-学习方法的研究，例如 NeuroChess[496]、KnightCap[22] 和 Giraffe[259]，但没有传统机器那么成功。将卷积神经网络和强化学习组合用于空间游戏似乎是一个新的（成功的）方法，将 Alpha Zero 和前面的方法区分了开来。文献［286,432,433］中介绍了几种训练自主学习机器人的方法。文献［291］中提供了用于对话生成的深度强化学习方法的概述。文献［440,508］讨论了仅在循环网络下使用监督学习的会话模型。本章讨论的谈判聊天机器人在文献［290］中有着更详细的描述。关于自动驾驶汽车的更多讨论参见文献［46,47］。文献［612］上有麻省理工学院关于自动驾驶汽车的课程。强化学习也已用于从自然语言中生成结构化查询[563]，或用于在各种任务中学习神经架构[19,569]。

强化学习还可以改善深度学习模型，这是通过*注意力*概念[338,540]实现的，其中，强化学习用于关注数据的选择性部分。这么做是因为，数据中的大部分是与学习无关的，而学习如何关注数据的选择性部分可以显著改善结果。数据相关部分的选择是通过强化学习来实现的。注意力机制将在 10.2 节进行讨论。从这个意义上讲，强化学习是机器学习中的一个重要主题，它与深度学习的结合比看起来更紧密。

软件资源和测试平台

尽管近年来在设计强化学习算法方面已经取得重大进展，但是使用这些方法的商业软件仍然相对有限。尽管如此，我们仍然可以使用许多软件测试平台来测试各种算法。也许，高质量的强化学习基准的最佳来源可以从 OpenAI[623] 获得。强化学习算法的 TensorFlow[624] 实现和 Keras[625] 实现也已经可用。

用于测试和开发强化学习算法的大多数框架都专门用于特定类型的强化学习场景。也有一些框架是轻量级的，可以用于快速测试。例如，Facebook 创建的 ELF 框架[498] 专门为实时策略游戏设计，它是一种开源且轻量级的强化学习框架。OpenAI Gym[620] 提供了 Atari 游戏和模拟机器人的强化学习算法的开发环境。OpenAI Universe[621] 可用于将强化学习程序转变为 Gym 环境。例如，自动驾驶汽车模拟也已添加到此环境中。文献［25］中描述了如何在 Atari 游戏下为智能体开发 Arcade 学习环境。MuJoCo 模拟器[609] 是一种物理引擎，专门为机器人模拟设计。本章还介绍了 MuJoCo 应用程序的使用。ParlAI[622] 是 Facebook 进行对话研究的开源框架，是用 Python 实现的。百度为其自动驾驶汽车项目创建了一个开源平台，称为 Apollo[626]。

9.11 练习

1. 本章针对动作 a 离散的情况提供了似然比技巧的证明（参见公式 9.24）。将此结果泛化到连续值的情况。
2. 本章使用神经网络（称为策略网络）来实现策略梯度。讨论在不同设置中选择网络架构的重要性。
3. 假设你有两台老虎机，每台老虎机都有 100 个灯的序列。玩每台机器产生的奖励的概率分布是当前点亮的灯的模式的未知函数（可能是机器特定的函数）。玩老虎机时会以某种定义明确但未知的方式改变灯光模式。讨论为什么这个问题比多臂老虎机问题更困难。设计一个深度学习解决方案，在每次试验中最优地选择机器，从而在稳定状态下最大化每次试验的平均奖励。
4. 考虑著名的剪刀石头布游戏。人类玩家经常试着使用之前的历史动作来猜测下一步动作。你会使用 Q-学习还是基于策略的方法来学习玩此游戏？为什么？

   现在考虑一种情况：人类玩家以某种概率采样三个动作之一，该概率是每边 10 个先前历史动作的未知函数。提出一种与这种对手比赛的深度学习方法。精心设计的深度学习方法是否比该人类玩家更具有优势？人类玩家应该使用什么策略来确保与深度学习对手的概率相等？
5. 考虑井字棋游戏，游戏结束时会给出 $\{-1,0,+1\}$ 中的奖励。假设学习所有状态的价值（假定双方都处于最优状态）。讨论为什么非终端位置的状态将具有非零价值。这表明了关于中间动作到最终获得的奖励值的信用分配的什么信息？
6. 编写一个 Q-学习实现，通过反复与人类对手比赛来学习井字棋游戏的每个状态-动作对的值。由于没有使用函数估计器，因此可以使用公式 9.5 了解整个状态-动作对表。假设可以将表中的每个 Q 值初始化为 0。
7. 两步 TD-误差定义如下：

$$\delta_t^{(2)} = r_t + \gamma r_{t+1} + \gamma^2 V(s_{t+2}) - V(s_t)$$

   (a) 针对两步法提出 TD-学习算法。
   (b) 提出一种类似 SARSA 的同步策略 n-步学习算法。证明在设置 $\lambda=1$ 后，更新公式是公式 9.16 的截断变体。当 $n=\infty$ 时会发生什么？
   (c) 提出像 Q-学习这样的异步策略 n-步学习算法，并讨论其相对于（b）的优缺点。

第 10 章

Neural Networks and Deep Learning: A Textbook

深度学习的前沿主题

与其试图编写程序来模拟成人的思维，为什么不尝试用程序去模拟儿童的思维呢？如果可以的话，让其进一步接受适当的培训，就能从中获得媲美成人大脑的程序。

——艾伦·图灵，“Computing Machinery and Intelligence”

10.1 简介

本书将涵盖深度学习中的几个前沿主题，这些主题并不是前几章的关注重点，并且较为复杂因而需要区别对待。本章讨论的主题包括：

1. *注意力模型*：人类无法在任意给定的时刻都积极地利用环境提供的所有信息。相反，他们会关注与当前任务相关的数据的特定部分，这一生物概念称为*注意力*。类似的原理也可以被应用于人工智能领域：带有注意力机制的模型使用强化学习（或其他方法）来关注与当前任务相关的更小的数据部分，这些方法一直以来都被用于改进性能。

2. *内存选择性访问模型*：这些模型与注意力模型密切相关，不同之处在于这里的注意力主要关注所存储数据的特定部分。以人类如何使用记忆来执行特定任务作类比：人类大脑的记忆细胞中储存着大量的数据，然而在某一特定场景下，只有少部分细胞被调动，这与当前任务相关。类似地，现代计算机也有大量的存储空间，但计算机程序的设计是通过使用变量的间接*寻址*机制来以一种可控制和可选择的方式访问内存的。所有的神经网络都在其隐藏状态中存储记忆，但数据访问过程与计算过程密切相关，很难分离。引入寻址机制的概念，从而更有选择地、更明确地控制对神经网络内存的读写，会使得该网络执行的计算能够更符合人类编程风格。通常对样本外数据进行预测时，这种网络通常比传统的神经网络具有更好的泛化能力。实际上也可以把内存选择性访问看作将某种形式的注意力应用到神经网络的存储上。由此产生的结构称为*记忆网络*或*神经图灵机*。

3. *生成对抗网络*：生成对抗网络旨在创建符合样本数据的生成式模型。这些网络可以通过使用两个对抗性网络从数据中创建具有真实感的样本。一个网络生成伪造样本，称为生成器；另一个网络从原始样本和生成样本混合的集合中判别出哪些是真实的、哪些是伪造的，这个网络称为判别器。这个对抗的结果会导致生成器不断进行改进，直到判别器不能够区分真实和虚假的样本。除此之外，通过设置特定类型的上下文内容（比如图像标题等），还可以指导创建特定类型的样本。

注意力机制常常不得不在关注数据哪一特定部分方面做出艰难的决定，可以通过类比强化学习的算法来看待这个选择。一些用来建立注意力模型的方法在很大程度上是基于强化学习的。因此，强烈建议在阅读本章之前阅读第 9 章的内容。

神经图灵机与记忆网络架构十分相关。最近，它们在建立问答系统的方面展现出了很大的前景，尽管现有的结果还很原始。构建神经图灵机已被认为是实现人工智能潜在能力的通道。正如神经网络的历史经验一样，更多的数据和计算能力将在实现这些愿景方面发挥突出作用。

这本书的大部分内容讨论了不同类型的前馈网络，这些前馈网络都建立在基于误差改变权重的基础上。另一种完全不同的学习方式是*竞争学习*，即神经元竞争对输入数据子集进行响应的权力，并且权重是根据这次竞争的获胜者来调节的。这种方法是第 6 章讨论的 Hebbian 学习的一种变体，适用于无监督学习应用，如聚类、降维、压缩等。本章也会继续讨论这个范式。

章节组织

本章按照如下结构进行组织。10.2 节将讨论深度学习中的注意力机制，其中一些方法与深度学习模型密切相关。10.3 节将讨论具有外部存储的神经网络的增强。10.4 节将讨论生成对抗网络。10.5 节将讨论竞争学习方法，10.6 节将介绍神经网络的局限性。10.7 节将进行总结。

10.2　注意力机制

人们很少使用所有可用的感觉输入来完成一个特定的任务。考虑一个问题，即在街道上寻找由特定的门牌号定义的地址。因此，这项任务的一个重要组成部分是识别写在门上或邮箱上的号码。在这个过程中，尽管人们关注的是一个局部的图像，但视网膜往往要获得由一个更广阔的场景组成的图像。视网膜有一块带有*中央凹*（fovea）的*黄斑*（macula），与眼睛的其余部分相比，它具有极高的分辨率。这个区域有一群高度集中的对颜色敏感的视锥细胞，而眼睛的其余非中心部分的分辨率相对较低，以颜色不敏感的视杆细胞为主。眼睛的不同区域的差异可以参见图 10.1。当阅读一个街道号码时，眼球的中心凹注视这个号码，它的图像落在视网膜上与黄斑相对应的部分。虽然我们可以意识到这个中心视野之外的其他对象，但实际上不可能使用外围区域的图像来执行细微的任务。例如，很难阅读投射在视网膜外围部分的字母。眼球的中央凹是整个视网膜的一小部分，直径只有 1.5 毫米。眼睛能有效传输的高分辨率图像的面积不到投影在整个视网膜上的图像表面积的 0.5%。这种方法在生物学上是有利的，因为只有精心挑选的图像部分以高分辨率传输，从而减少了特定任务所需的内部处理。虽然眼睛的结构使得它很容易进行有选择性的关注，但实际上这种选择性不仅限于人体的视觉方面。人类的大多数其他感觉（如听觉或嗅觉）在某些情况下往往也是高度集中的。相应地，我们将首先从计算机视觉入手讨论注意力的概念，进而讨论文本等其他领域。

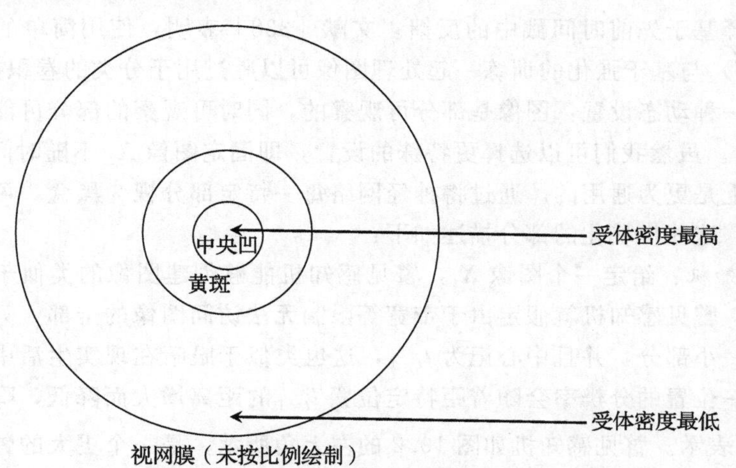

图 10.1　眼睛不同区域的分辨率，我们主要关注的是黄斑

注意力的一个有趣应用来自 Google Streetview 捕获的图像。这是一个由谷歌创建的系统，它支持基于互联网检索许多国家各种街道的图像。这种检索需要一种将房屋与其街道号码连接起来的方法，虽然在图像捕获期间可能会记录街道编号，但是需要从图像中提取这些信息。给出房子正面的完整图像，是否有办法系统地识别与街道地址对应的号码？关键是能够系统地聚焦在图像的小部分上，找到寻找的目标所在。这里的主要挑战是无法使用预先可知的信息来识别图像的相关部分，因此需要一种能够利用前面步骤迭代获得的知识来搜索图像特定部分的方法。而在这里，从生物体的工作方式中获得启发是十分有用的：生物体能够从它们所关注的事物中快速获得的视觉线索，以确定下一步去哪里寻找它们想要的东西。举例来说，如果我们首先偶然地将注意力放到门把手上，那么根据经验（即受训的神经元）我们可以向左上方或者右上方来查找街道号码。这种类型的迭代过程听起来很像上一章中讨论的强化学习方法，在这种方法中，迭代地从前面的步骤中获取线索，以便学习如何做才能获得奖励（即完成查找街道号码之类的任务）。正如我们接下来所见，注意力机制的许多应用与强化学习是同时出现的。

注意力的概念也非常适合自然语言处理，在这里我们寻找的信息隐藏在很长的一段文字中。这个问题经常出现在机器翻译和问答系统等应用中，其中将整个句子通过循环神经网络编码为固定长度的向量（参见 7.7.2 节）。然而，循环神经网络往往不能集中于源语句的某些适当部分来翻译成目标语句。在这种情况下，在翻译过程中将目标语句与源语句的适当部分对齐是有利的。这样，在生成目标语句的某一部分时，注意力机制能够将源语句的相关部分分割出来。值得注意的是，注意力机制并不一定总是处于强化学习的框架内，事实上，自然语言模型中的大多数注意力机制都没有使用强化学习，而是使用注意力来以更平滑的方式加权输入的特定部分。

10.2.1　视觉注意力循环模型

视觉注意力循环模型的工作[338]使用强化学习来关注图像的重要部分。这个想法是使用一个（相对简单的）神经网络，其中只有围绕特定位置的那部分图像的分辨率很高。随着对图像的相关部分了解的信息增多，该位置会随着时间变化。在给定时间戳中选择的特定位置称为瞥见（glimpse）。使用循环神经网络作为控制器，以识别每个时间戳中的精确位置，这一选择基于先前时间戳中的反馈。文献［338］表明，使用简单的神经网络（称为“瞥见网络”）与基于强化的训练一起处理图像可以胜过用于分类的卷积神经网络。

我们考虑一种动态设置：图像是部分可观察的，同时可观察的部分可能会随着时间戳 t 的变换而变化。虽然我们可以选择更特殊的设置，即固定图像 $\overline{X}_t$ 不随时间改变，但是这里的设置实际上是更为通用的。通过将神经网络每一特定部分视为黑盒，可以更模块化地描述整个架构。这些模块化的部分描述如下：

1. *瞥见感知机*：给定一个图像 $\overline{X}_t$，瞥见感知机能够创建图像的类似于经过视网膜的表示。概念上，瞥见感知机就假定由于带宽等限制无法访问图像的全部，只能够以高分辨率访问图像的一小部分，并且中心记为 l_{t-1}，这也类似于眼睛在现实生活中查看图像的方式。图像中某一位置的分辨率会随着距特定位置 l_{t-1} 的距离增大而降低，降低部分的表示由 $\rho(\overline{X}_t, l_{t-1})$ 表示。瞥见感知机如图 10.2 的左上角所示，是一个更大的瞥见网络中的一部分，瞥见网络将在下面进行讨论。

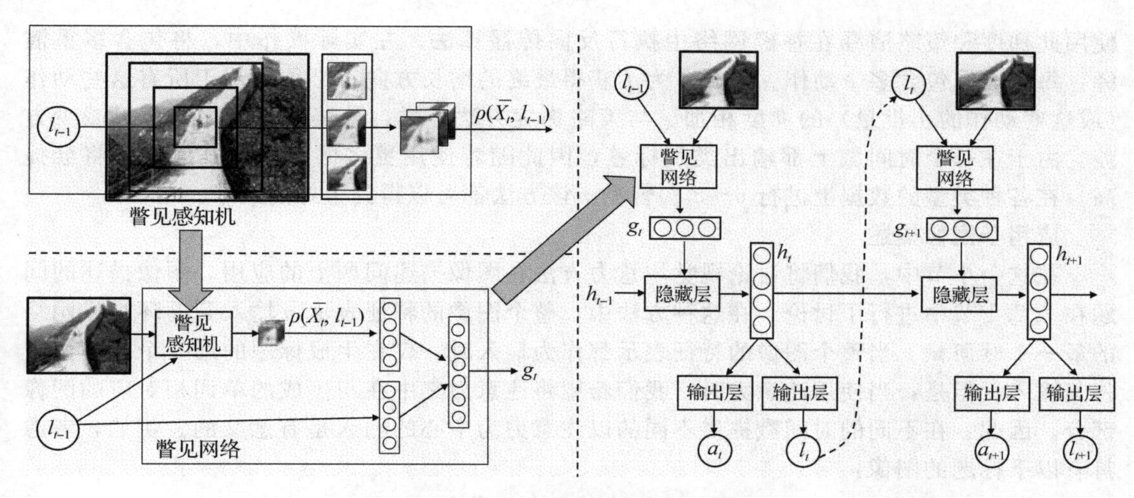

图 10.2 利用视觉注意力的循环架构

2. 瞥见网络：瞥见网络包括瞥见感知机，并使用线性层将瞥见位置 l_{t-1} 和瞥见表示 $\rho(\overline{X}_t, l_{t-1})$ 编码到隐藏空间。随后，使用另一个线性层将两者合并为一个隐藏表示。输出 g_t 是循环神经网络隐藏层中的第 t 个时间戳的输入。瞥见网络如图 10.2 的左下角所示。

3. 循环神经网络：循环神经网络是这个框架的主要网络，在每个时间戳（用于获得奖励）中创建动作驱动的输出。循环神经网络包括了瞥见网络，因此它也包括了瞥见感知机（因为瞥见感知机是瞥见网络的一部分）。网络在时间戳 t 的输出动作用 a_t 表示，并且奖励与该输出动作相关联。在最简单的情况下，奖励可能是 Google Streetview 实例中的对象的类别标签或数字。它还为下一次时间戳输出图像中的位置 l_t，以便瞥见网络对其进行聚焦。输出 $\pi(a_t)$ 为实现一个行动 a_t 的概率，这个概率是用 softmax 函数实现的，这在策略网络中很常见（参见第 9 章的图 9.6）。循环网络的训练利用强化学习框架的目标函数来实现期望奖励的最大化。通过将 $\log(\pi(a_t))$ 乘以该动作的优势来获得每个动作的增益（参见 9.5.2 节）。因此，整体方法是同时学习注意力位置和动作输出的强化学习方法。值得注意的是，该循环网络的动作历史是编码在隐藏状态 h_t 中的。完整的神经网络架构如图 10.2 右侧所示，注意，瞥见网络是整体架构的一部分，因为循环网络利用图像的瞥见（或场景的当前状态）来执行每个时间戳中的计算。

另外，在这些情况下，循环神经网络架构是有用的，但不是必需的。

强化学习

上述方法是在强化学习的框架内提出的，可以用于任何类型的视觉强化学习任务（例如，机器人选择动作来实现一个特定目标），而不是只有图像识别或分类。监督学习是这种方法的简单特殊情况。

动作 a_t 是通过 softmax 预测选择类别标签。如果在第 t 个时间戳之后的分类结果正确，则第 t 个时间戳的奖励 r_t 可能为 1，否则为 0。第 t 个时间戳的总反馈 R_t 由未来时间戳上所有折算后的奖励的总和得出。但是，此操作可能随着当前的应用变化而变化。例如，在图像描述应用中，该操作可能应用于选择标题中的下一个单词。

训练的设置与 9.5.2 节中讨论的方法类似，时间戳 t 处期望奖励的梯度由以下公式给出：

$$\nabla E[R_t] = R_t \nabla \log(\pi(a_t)) \tag{10.1}$$

使用此梯度和策略演绎在神经网络中执行反向传播算法。在实际操作中，将包含多重演绎，每个演绎包含多个动作。因此，为了获得最终的增长方向，必须把基于所有这些动作（或这些动作的小批量）的梯度相加。与策略梯度方法一样，从奖励中减去基线以减少方差。由于在每个时间戳上都输出类别标签，因此随着使用更多的瞥见，其准确度将会提高。在各种类型的数据上进行 6～8 次瞥见，该方法都可以得到很好的效果。

应用于图像描述

在这一小节中，我们将讨论视觉注意力方法在图像描述问题上的应用。图像描述的问题在 7.7.1 节中进行了讨论。在这种方法中，整个图像的特征表示 $\overline{v}$ 输入到循环神经网络的第一个时间戳。当整个图像的特征表示都作为输入时，仅在生成标题的第一个时间戳上将其输入。但是，当使用注意力时，我们希望将注意力集中在与生成的单词相对应的图像部分。因此，在不同的时间戳提供不同的以注意力为中心的输入是有意义的。例如，考虑具有以下标题的图像：

日落时鸟儿在飞翔。

在生成单词“飞翔”时，注意力应放在图像上与鸟的翅膀相对应的位置，而在生成单词“日落”时，注意力应放在落日上。在这种情况下，循环神经网络的每个时间戳都会接受位于注意力所在特殊位置的图像表示。此外，如前所述，这些位置的值也是由前一时间戳中的循环网络生成的。

值得注意的是，这种方法已经可以通过图 10.2 所示的架构来实现，方法是在每个时间戳预测标题的一个单词（作为动作）以及图像中的下一时刻所关注的位置 l_t。文献 [540] 的工作是对这一思想的延伸，但使用了几个改动来处理更复杂的问题。首先，瞥见网络确实使用了更复杂的卷积架构来创建一个 14×14 的特征图。图 10.3 展示了这种架构。在文献 [540] 的工作中，并没有使用瞥见感知机在每个时间戳中生成图像的更新版本，而是从图像的 L 个不同的预处理变体入手。这些预处理变体集中在图像中的不同位置，因此注意力机制被限制在从这些位置之一进行选择。然后，它也没有在第 $l-1$ 个时间戳产生位置 l_t，而是生成长度为 L 的概率向量 $\overline{a}_t$，该概率向量表示的是与卷积神经网络预处理的 L 个位置中每个位置的相关性。在硬注意力机制模型中，通过使用概率 $\overline{a}_t$ 从 L 个位置中采样出一个，并在下一个时间戳处将该位置的预处理表示作为循环网络隐藏状态 h_t 的输入。换句话说，分类应用的瞥见网络已被此采样机制取代。在软注意力模型中，所有 L 个位置的表示模型都以概率 $\overline{a}_t$ 向量作为权重进行平均，并将这个平均表示作为时间戳 t 隐藏状态的输入。对于软注意力模型，使用直接的反向传播进行训练，而对于硬注意力模型，则使用强化学习算法（参见 9.5.2 节）。有关详细信息，请参阅文献 [540]，其中讨论了这两种类型的方法。

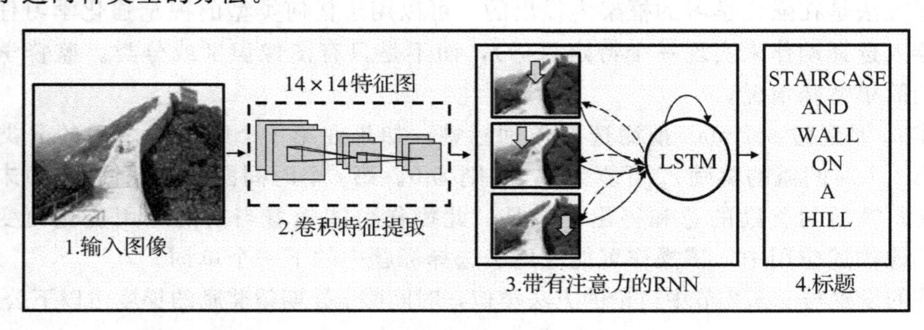

图 10.3　图像描述中的注意力机制

10.2.2 注意力机制用于机器翻译

正如 7.7.2 节所讨论的，循环神经网络（特别是它们的长短期记忆（LSTM）实现）经常用于机器翻译。下面，我们将使用与任何类型的循环神经网络都对应的通用符号，不过 LSTM 几乎始终是这些设置中首选的方法。为了简单起见，我们在阐述中使用了单层网络（以及所有神经架构的说明性图形）。在实践中通常使用多层结构，而将简化的结论推广到多层的情况相对容易些。有几种方法可以将注意力机制整合到神经机器翻译中，这里我们重点研究 Luong 等人在文献［302］中提出的方法，这是对 Bahdanau 等人提出的原始机制[82]的改进。

我们从 7.7.2 节中讨论的架构开始入手。为了便于讨论，我们在图 10.4a 中复制了该部分的神经网络架构。需要注意的是，有两个循环神经网络，其中一个负责将源语句编码

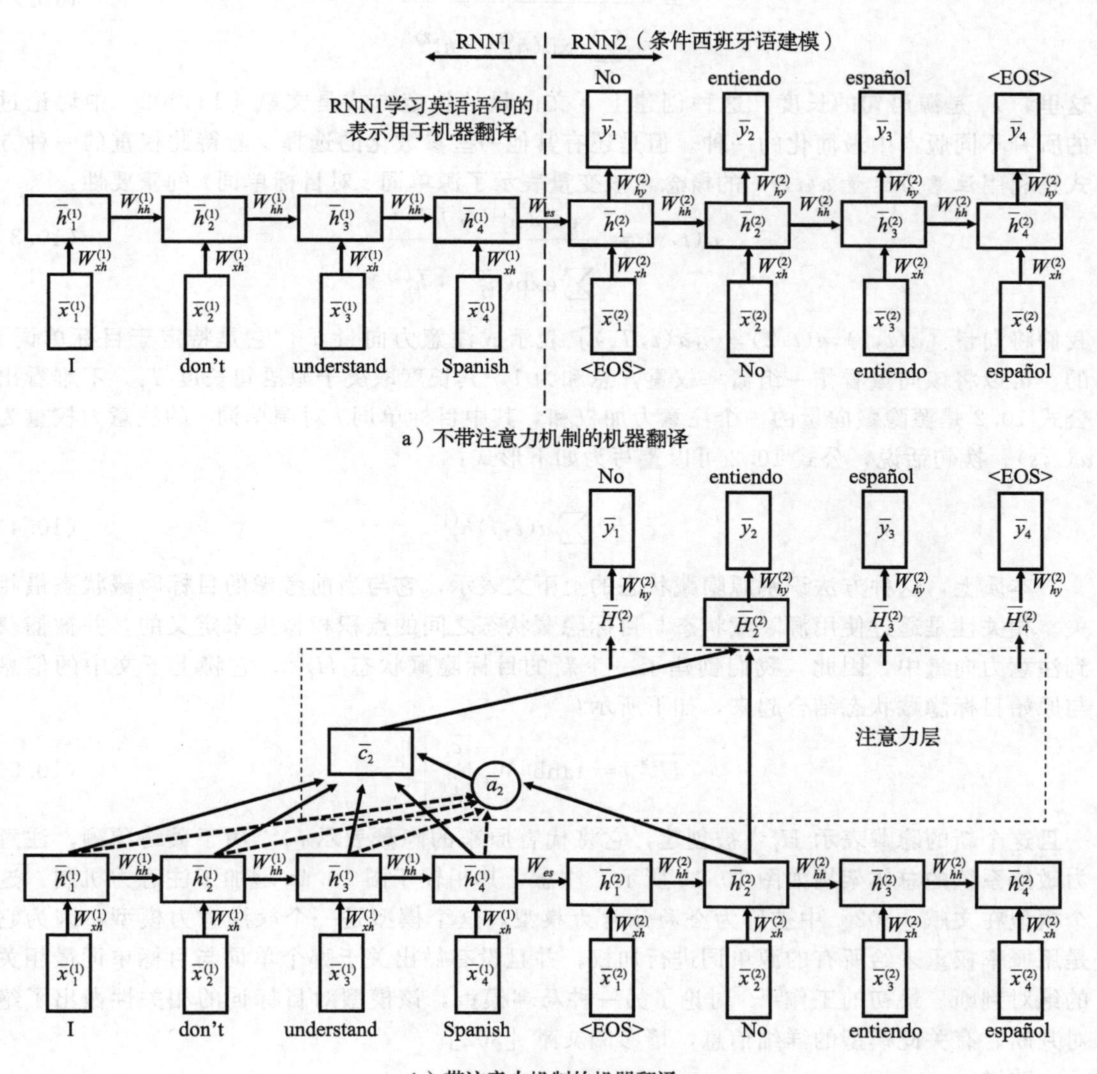

a）不带注意力机制的机器翻译

b）带注意力机制的机器翻译

图 10.4 图 a 中的神经架构与图 7.10 中展示的架构相同。额外的注意力层加入图 b 中

为固定长度的表示，另一个负责将该表示解码为目标语句。因此，这是一个简单的序列到序列学习的例子，用于神经机器翻译。源网络和目标网络的隐藏状态分别由 $h_t^{(1)}$ 和 $h_t^{(2)}$ 表示，其中 $h_t^{(1)}$ 对应于源语句中第 t 个单词的隐藏状态，$h_t^{(2)}$ 对应于目标语句中第 t 个单词的隐藏状态。这些符号是在 7.7.2 节中介绍的。

在基于注意力的方法中，隐藏状态 $h_t^{(2)}$ 通过*注意力层*的一些附加处理被转换成为增强状态 $H_t^{(2)}$。注意力层的目标是将上下文从源隐藏状态合并到目标隐藏状态中，以创建一组新的增强的目标隐藏状态集。

为了实现基于注意力的处理，需要找到与正在处理的当前目标隐藏状态 $h_t^{(2)}$ 接近的源表示。这个过程是通过使用源向量的相似性加权平均值来创建上下文向量 $\overline{c}_t$：

$$\overline{c}_t = \frac{\sum_{j=1}^{T_s} \exp(\overline{h}_j^{(1)} \cdot \overline{h}_t^{(2)}) \overline{h}_j^{(1)}}{\sum_{j=1}^{T_s} \exp(\overline{h}_j^{(1)} \cdot \overline{h}_t^{(2)})} \tag{10.2}$$

这里，T_s 是源语句的长度。这种创建上下文向量的特定方式是文献 [18,302] 中讨论过的所有不同版本中最简化的一种。但是还有其他一些参数化的选择。看待此权重的一种方式是利用*注意力变量* $a(t,s)$ 的概念，该变量表示了源单词 s 对目标单词 t 的重要性：

$$a(t,s) = \frac{\exp(\overline{h}_s^{(1)} \cdot \overline{h}_t^{(2)})}{\sum_{j=1}^{T_s} \exp(\overline{h}_j^{(1)} \cdot \overline{h}_t^{(2)})} \tag{10.3}$$

我们将向量 $[a(t,1), a(t,2), \cdots, a(t,T_s)]$ 表示成注意力向量 $\overline{a}_t$，它是特定于目标单词 t 的。可以将该向量看作一组概率权重，总和为 1，其长度取决于源语句长度 T_s。不难看出公式 10.2 是源隐藏向量的一个注意力加权和，其中目标单词 t 对源单词 s 的注意力权重为 $a(t,s)$。换句话说，公式 10.2 可以重写为如下形式：

$$\overline{c}_t = \sum_{j=1}^{T_s} a(t,j) \overline{h}_j^{(1)} \tag{10.4}$$

本质上，这种方法识别源隐藏状态的上下文表示，它与当前考虑的目标隐藏状态最相关。相关性是通过使用源隐藏状态与目标隐藏状态之间的点积相似度来定义的，并被捕获到注意力向量中。因此，我们创建了一个新的目标隐藏状态 $H_t^{(2)}$，它将上下文中的信息与原始目标隐藏状态结合起来，如下所示：

$$\overline{H}_t^{(2)} = \tanh\left(W_c \begin{bmatrix} \overline{c}_t \\ \overline{h}_t^2 \end{bmatrix}\right) \tag{10.5}$$

一旦这个新的隐藏表示 $H_t^{(2)}$ 被创建，它将代替原来的隐藏表示 $h_t^{(2)}$ 用于最终预测。注意力敏感系统的总体架构如图 10.4b 所示。注意，其相较于图 10.4a 增加了注意力机制。这个模型在文献 [302] 中被称为*全局注意力模型*。这个模型是一个*软*注意力模型，因为它是用概率权重来给所有的源单词进行加权，并且没有做出关于哪个单词与目标单词最相关的绝对判断。最初的工作[302]讨论了另一种*局部*模型，该模型对目标词的相关性做出了绝对判断。有关此模型的详细信息，请参阅文献 [302]。

改进

一些方法可以用于改进基本注意力模型。首先，如公式 10.3 所示，注意力向量 $\overline{a}_t$ 是

由给 $\overline{h}_t^{(1)}$ 和 $\overline{h}_s^{(2)}$ 之间原始点积求指数得到的。这些点积可以被看成得分。实际中，源语句和目标语句中相似的位置不应该有相似的隐藏状态，源循环网络和目标循环网络甚至不需要使用相同维度的隐藏表示（即使在实践中往往这么做）。然而，文献［302］显示，基于点积的相似度得分在全局注意力模型中往往表现最好，并且与参数化的替代方法相比是最佳的选择。这种简单方法性能良好的原因可能是其对模型的正则化作用的结果，用于计算相似度的参数化替代方法在局部模型中表现得更好，这里不再详细讨论。

用于计算相似度的替代模型大多使用参数来调节计算，这为源位置和目标位置之间的关联提供了一些额外的灵活性。计算得分的不同选择如下：

$$\text{Score}(t,s)=\begin{cases}\overline{h}_s^{(1)}\cdot\overline{h}_t^{(2)} & \text{点积}\\ (\overline{h}_t^{(2)})^{\mathrm{T}}W_a\overline{h}_s^{(1)} & \text{常规：参数矩阵 } W_a\\ \overline{v}_a^{\mathrm{T}}\tanh\left(W_a\begin{bmatrix}\overline{h}_s^{(1)}\\ \overline{h}_t^{2}\end{bmatrix}\right) & \text{拼接：参数矩阵 } W_a \text{ 和向量 } \overline{v}_a\end{cases} \tag{10.6}$$

根据公式 10.3，第一个选项与前面讨论的相同，其他的两个模型称为常规模型和拼接(concat)模型。这两个选项都使用了权重向量进行参数化（公式中对相应的参数进行了注释）。在计算了相似度得分后，可以用类似于点积相似度的方法来计算注意力值：

$$a(t,s)=\frac{\exp(\text{Score}(t,s))}{\sum_{j=1}^{T_s}\exp(\text{Score}(t,j))} \tag{10.7}$$

这些注意力值的使用方式与点积相似度的使用方法相同。参数矩阵 W_a 和 $\overline{v}_a$ 需要在训练中学习，拼接模型在更早的工作[18]中被提出，而常规模型在硬注意力的情况下似乎做得更好。

工作［302］与更早的工作［18］有几个不同之处。我们选择这个模型是因为它更简单，而且以一种直接的方式说明了基本概念。同时根据工作［302］的实验结果表示，它似乎提供了更好的性能。神经网络架构的选择也存在这一定的差异。Luong 等人的工作中使用了单向循环神经网络，而 Bahdanau 强调了双向神经网络的应用。

与前面的图像描述问题不同，机器翻译方法是一种软注意力机制。硬注意力机制似乎是专门为强化学习而设计的，软注意力机制是可微的，因此可以与反向传播一起使用。文献［302］的工作还提出了一个局部注意力机制，它关注一个小的上下文窗口。这种方法与注意力的硬机制有一些相似之处（比如前一节讨论的聚焦于图像的一个小区域）。然而，它也不是一种完全的硬方法，因为它更关注使用注意力机制产生重要性加权来集中于句子的某一小部分。这种方法能够在实现局部机制的同时不必面对强化学习的训练问题。

10.3 具有外部存储的神经网络

近年来，人们已经提出了几种用持续存储来增强神经网络的框架，它们将存储和计算的概念明显地分开，这样就可以控制计算如何有选择性地访问并更新特定的存储区域。尽管 LSTM 并没有很好地将存储从计算中分离出来，但是它同样拥有持续存储能力。这是因为神经网络的计算与隐藏状态的值密切相关，而这些隐藏状态用来存储计算的中间结果。

神经图灵机是一种拥有外部存储的神经网络，其核心可以向外部存储读取和写入数据，在指导计算的过程中扮演着一个控制器的作用。除了 LSTM 以外，大部分神经网络都没有长期持续存储的概念。事实上，在传统的神经网络（包括 LSTM）里，计算和存储并没有很清晰地区分开。当二者得到很好的区分时，拥有持续存储能力可以让网络成为一个可编程计算机，从而能够从输入和输出的实例中模拟其中的算法。依据这样的原则就可以引出许多相关的框架，例如神经图灵机[158]、可微神经网络[159]以及记忆网络[528]等。

为什么从输入输出样本中进行学习是有用的呢？事实上，几乎所有通用的 AI 都基于这样的假设：它能够模拟生物行为，而在模拟这些行为的过程中，我们仅能得到输入（例如，感觉输入）和对应的输出（例如，动作），却并没有告知我们能够精确反映这些行为的算法/公式。为了了解从样本中学习的困难，我们首先从一个排序应用的示例开始。尽管排序的定义以及相应算法都已经被精确阐述并熟知，但是在这里我们考虑这样一个假设，即我们不知道这些定义和算法。换句话说，这里考虑的算法从不知道什么是排序，仅知道输入以及相应排序好的输出结果。

10.3.1 一个假想的视频游戏：基于样本的排序

尽管利用已知的算法（例如，快速排序）来给一组数字进行排序很容易，但是当我们不知道所要做的事情是排序时，排序这些数字将变成一个难题。相反，仅仅知道任意的输入和对应的排序好的输出结果的样本对时，我们必须对于任何输入自动地学习一系列的动作，以便用输出来反映我们从样本中学得的东西。因此，我们的目标是通过学习这些样本，能够利用事先被定义好的动作来进行排序。这是机器学习的普遍观点，其中输入和输出几乎可以是任何格式（如像素、声音），最终该算法学会一系列能够将输入转化为输出的动作。这些动作是算法中允许的基本步骤。可以看出，这种动作驱动的方法和第 9 章讨论的强化学习紧密相关。

简单起见，考虑这种情况：我们仅仅想要排序 4 个数字，这时在我们的“电子游戏界面”上就会有 4 个位置来表示原始数字序列的当前状态。这个电子游戏的界面如图 10.5a 所示。游戏玩家可以选择 6 种可能的行为，每个行为表示为 SWAP(i,j)，即交换 i 和 j 位

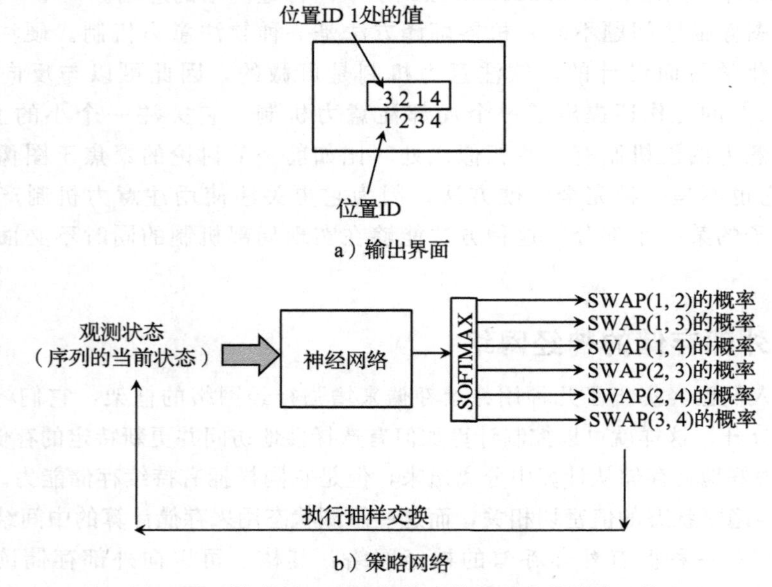

图 10.5 输出界面和用来学习排序游戏的策略网络

置的数字。由于对于每一个 i 和 j 都有 4 种可能的取值，因此可能的动作总共有 $\binom{4}{2}=6$ 个。这个游戏的目标是用尽可能少的交换次数来完成数字排序，因此我们想构建能够灵活选择交换动作来进行这个游戏的算法。更进一步，这个机器学习算法不知道输出的应该是排序好的结果，它仅能得到输入输出的样本，以此来构建一个能（完美地）学到将输入排序好这样一个策略的模型。再者，不向这个游戏的玩家展示输入输出对，而是仅当他们做出一些有利于得到最后结果的“好的交换”时，才会得到奖励。

这样的设置几乎等同于我们在第 9 章讨论过的 Atari 电子游戏的设置。例如，我们可以用当前的 4 个数字的序列作为输入，以 6 种可能动作的概率作为输出来构建一个策略网络，如图 10.5b 所示。很有启发的是将这个框架和图 9.6 中的策略网络进行比较，每个动作的优势函数都能用多种启发的方式进行建模。例如，一个朴素的方法就是让策略网络滚动 T 个交换动作，如果能够得到正确的输出就将奖励设为$+1$，否则设为-1。用更小的 T 将会注重速度甚于准确度。根据这些输出和已知的正确输出之间相近程度，可以定义更精确的奖励函数。

考虑这样的情况，动作 $a=\mathrm{SWAP}(i,j)$的概率是 $\pi(a)$（神经网络中 softmax 函数的输出），其优势函数是 $F(a)$。在策略梯度模型中，将目标函数设为 J_a，反映动作 a 的期望优势。正如 9.5 节讨论的那样，这个优势对于策略网络的参数的梯度如下所示：

$$\nabla J_a = F(a)\cdot\nabla\log\left(\pi(a)\right) \tag{10.8}$$

由不同的演绎可得到一小批量的动作，进而基于所有这些动作，将上述导数进行求和，用于更新神经网络的权重。这里值得注意的是强化学习帮助我们实现了能从样本中进行学习的策略。

利用存储操作实现交换

上述电子游戏可以用一个神经网络来实现，其允许的操作是存储器读写，此时我们想用尽可能少的存储器读写来完成排序。例如，这个问题的一个备选方案是用外部存储来保存序列的状态，并用一块额外的空间来保存用于交换的临时变量。如下所述，交换可以很容易地用存储器读写来实现。循环神经网络能够复制当前的状态到下一时刻。$\mathrm{SWAP}(i,j)$ 操作可以首先从存储器中读取 i 和 j 位置的数据并储存在临时的寄存器中。然后，i 所在的寄存器向 j 所在的存储器写入数据，同理，j 也会写入 i。因此，一系列存储器读写操作可以实现交换行为。换句话说，我们也可以训练一个“控制器”循环网络来决定哪些存储器被读取和写入，从而实现一个排序的策略。然而，如果我们构建一个一般性的基于存储操作的框架，那么除了能简单地实现交换功能，控制器会学到更有效率的策略。在这里，应该意识到拥有某种形式的持续存储来存储已排序序列的当前状态是很有用的。而包括（朴素的）循环神经网络在内的网络的隐藏状态都太短暂，不能用来存储这类信息。

更大的存储空间提高了整个框架的能力和复杂性。在更小的存储空间下，策略网络或许仅仅用交换学到一个简单的 $O(n^2)$ 的算法。而在更大的存储空间下，策略网络能够利用存储器读写来合成更多的操作，并且可能学到快得多的排序算法。毕竟，奖励函数鼓励在 T 步中得到正确排序结果的策略，并且该策略用的步数越少会越受青睐。

10.3.2 神经图灵机

很长时间以来，人们一直知道神经网络有一个缺点，即它们不能将内部变量（如，隐藏状态）和发生在网络内部的运算区分开来，这将导致这些状态存在的时间过于短暂（不像生物记忆或是计算机存储）。神经网络若是拥有外部存储，并能受控制地读取或写入任何存储器，那么这个网络是强大的，这就为我们模拟现代计算机上实现的一般类别的算法提供了途径。这样的框架就是神经图灵机或可微神经计算机。之所以被称为可微神经计算机，是因为它能够通过连续优化来模拟（离散地执行每一步的）算法。连续优化就有可微这个优点，从而能利用反向传播算法针对输入学习最优的算法步骤。

值得注意的是，传统的神经网络在它们的隐藏状态中同样存在存储器，在 LSTM 这种特殊的情况中，某些隐藏状态被设计为持续的。然而，神经图灵机可以很清晰地在神经网络中区分出外部存储和隐藏状态。其网络中的隐藏状态可以类比于 CPU 中用于临时计算的寄存器，而外部存储用于持续的计算。外部存储使得神经图灵机能像人类程序员在现代计算机上处理数据那样进行运算。相较于类似的模型（如 LSTM），这个性质通常给予了神经图灵机在学习过程中更好的泛化能力，同时使得持续的数据结构从神经运算中分离出来，而这种缺乏从运算操作中清晰地分离出程序变量的能力，很长时间以来被视为传统神经网络的一大弱点。

神经图灵机的大体框架如图 10.6 所示。神经图灵机的核心是控制器，它可以用循环神经网络来实现（尽管也可以使用其他的框架）。当神经图灵机实现任何算法或是策略时，这种循环的架构就会将一个时刻的状态带到下一时刻中。例如，在排序游戏中，数字序列的当前状态会从一个时刻被带到下一时刻。在每一个时间步中，神经图灵机都会接收来自环境的输入，并将输出写入环境中。更进一步，它拥有一个外部存储，并用读写探头（head）进行相应的读写操作。存储器被构造成 $N\times m$ 的矩阵，其中有 N 个存储单元，每个存储单元的长度是 m。在 t 时刻，存储器中第 i 行的 m 维向量表示为 $\overline{M}_t(i)$。

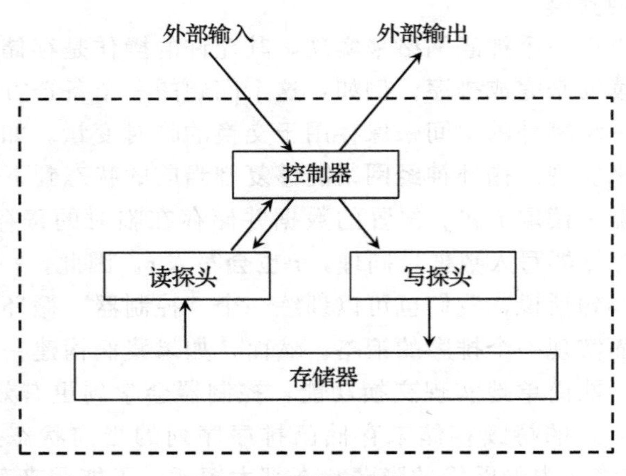

图 10.6 神经图灵机

在 t 时刻，探头对于每一行 i 都输出一个特别的权重 $w_t(i)\in(0,1)$，用于控制从相应位置读取和写入的程度。换句话说，如果读探头输出一个权重为 0.1，这可以被解释成从第 i 个存储单元读取信息后将它乘上 0.1，并与从不同的 i 处读取的加权信息进行求和。写探头的权重也类似地被定义，更多的细节稍后会给出。注意权重用时间戳 t 作为下标，因此在每一时刻 t 都会发出一组独立的权重。在之前交换的例子中，这个权重类似于在排序游戏中由 softmax 输出的某个交换动作的概率，这样一个离散的行为就转化成了一个连续的并且可微的值。然而，不同的地方在于神经图灵机不像之前所讲的策略网络那样进行随机抽样。换句话说，我们不是基于权重 $w_t(i)$ 去随机地抽样一个存储单元；相反，这个权重定义了我们要从对应的单元读取或是擦除多少内容。一种有益的观点是，将每一次更新的量看作随机策略网络本应该读取或更新的期望值。接下来，我们将给出一个更加正式的描述。

如果权重 $w_t(i)$ 已经被定义，则第 i 行的 m 维向量会被读取，并与其他行的向量进行加权融合：

$$r_t = \sum_{i=1}^{N} w_t(i)\overline{M}_t(i) \tag{10.9}$$

规定权重 w_t (i) 在所有的 N 个存储向量上的加和为 1（类似于概率）：

$$\sum_{i=1}^{N} w_t(i) = 1 \tag{10.10}$$

写操作基于这样的原则来改变存储单元：首先擦除一部分存储内容，然后再往里面添加。因此在 t 时刻，写探头发出一个权重向量 $w_t(i)$ 以及长度为 m 的擦除向量和添加向量，分别是 $\overline{e}_t$ 和 $\overline{a}_t$。然后，通过擦除和添加操作的结合来更新一个单元。首先，擦除操作如下：

$$\overline{M}'_t(i) \Leftarrow \underbrace{\overline{M}_{t-1}(i) \odot (1 - w_t(i)\overline{e}_t(i))}_{\text{部分擦除}} \tag{10.11}$$

这里，符号⊙表示在存储矩阵第 i 行的 m 个维度间逐元素的乘法。擦除向量 $\overline{e}_t$ 中的每一个元素都取自(0,1)。m 维的擦除向量会细粒度地控制第 i 行的向量中哪些被擦除。也可以同时用多个写探头，并且不同探头的使用顺序是任意的，因为乘法有交换律和结合律。之后，添加操作如下：

$$\overline{M}_t(i) = \underbrace{\overline{M}'_t(i) + w_t(i)\overline{a}_t}_{\text{部分添加}} \tag{10.12}$$

如果多个写探头同时存在，则添加操作的顺序同样是任意的。然而，所有的擦除操作都必须在所有的添加操作之前完成，这样无论添加的顺序如何，都能确保结果的一致性。

注意，由于权重的加和是 1，这样就导致对单元的改变极为缓慢。可将上述更新过程看作和这样做有相似的效果：随机选取 N 行存储单元中的任意一行（以概率 w_t (i)），然后抽取独立的元素（以概率 $\overline{e}_t$）去改变它们。然而，这样的做法是不可微的（除非使用强化学习中策略梯度的技巧来参数化这些操作）。这里，我们设定了一种软更新的方式，即所有的单元都被轻微地改变，因此更新的可微性得以保留。更进一步，如果多个写探头同时存在，这将会导致更加快速地更新。在 LSTM 中也有类似的过程，即如何选择性地在隐藏状态和存储状态间进行信息交换，在 LSTM 中利用 sigmoid 函数来调整在存储状态的每一个位置处读写的量（参考第 7 章）。

将加权视为寻址机制

可以从寻址机制的工作原理角度来考虑加权。例如，可以选择以概率 $w_t(i)$ 来抽取存储矩阵的某一行，再向其中读取或写入，这是一种硬机制。神经图灵机的软寻址机制会有所不同，因为我们向所有的单元读取和写入，但是改变的幅度很小。到现在为止，我们还没有讨论用来设置 $w_t(i)$ 的寻址机制是如何工作的。寻址可通过基于内容或是基于地址的方式来完成。

考虑基于内容的寻址，通过一个长度为 m 的向量 $\overline{v}_t$ 与不同地址处内容的点积相似度来给它们加权，这个向量被称为密钥向量。指数机制用于调节加权过程中点积相似度的重要性：

$$w_t^c(i) = \frac{\exp(\text{cosine}(\overline{v}_t, \overline{M}_t(i)))}{\sum_{j=1}^{N}\exp(\text{cosine}(\overline{v}_t \cdot \overline{M}_t, (j)))} \tag{10.13}$$

注意，我们已经为 $w_t^c(i)$ 加了上标来表明它是一个纯粹围绕内容的加权机制。通过在指数里使用一个温度参数来调整寻址的尖锐程度，可使得方法进一步灵活。例如，如果使用温度参数 β_t，则权重计算如下：

$$w_t^c(i) = \frac{\exp(\beta_t \text{cosine}(\overline{v}_t, \overline{M}_t(i)))}{\sum_{j=1}^{N}\exp(\beta_t \text{cosine}(\overline{v}_t \cdot \overline{M}_t, (j)))} \tag{10.14}$$

增大 β_t 会使得方法更像是硬寻址，而减小 β_t 会更像是软寻址。如果只想用基于内容的寻址，可以使用 $w_t(i)=w_t^c(i)$ 来实现。注意，纯粹基于内容的寻址几乎就是随机寻址。例如，如果一个存储单元 $\overline{M}_t(i)$ 的内容是它的地址，这样基于密钥的检索就像是对于存储器的软随机访问。

第二种寻址方式是相对于前一时刻的地址来进行连续寻址。这种方法称为基于地址的寻址。在这种方式中，当前回合的内容权重 $w_t^c(i)$ 和上一回合最后的权重 $w_{t-1}(i)$ 一起被用来作为起始点。首先利用插值在一定程度上将随机访问融合进上一回合访问到的地址（通过内容权重），然后移位操作会进行连续访问。最后，寻址的平滑性用一个类似温度的参数来进行锐化。基于地址的寻址方式整个过程用到了以下步骤：

$$\text{内容权重}(\overline{v}_t, \beta_t) \Rightarrow \text{插值}(g_t) \Rightarrow \text{移位}(\overline{s}_t) \Rightarrow \text{锐化}(\gamma_t)$$

每一个操作都用了控制器的输出作为输入参数，这一点可在上述相应操作的阐述中看出。由于内容权重 $w_t^c(i)$ 的建立过程已经讨论过了，因此我们就解释其他三个步骤：

1. 插值：此时，利用控制器输出的插值权重 $g_t \in (0,1)$，将前一回合的向量与在当前回合创建的内容权重 $w_t^c(i)$ 结合在一起。因此，我们得到：

$$w_t^g(i) = g_t \cdot w_t^c(i) + (1-g_t) \cdot w_{t-1}(i) \tag{10.15}$$

注意，如果 g_t 是0，将不会用到内容的信息。

2. 移位：此时，通过将整数移位上的可能性归一化，进行旋转移位。例如，考虑这样的情况，$s_t[-1]=0.2, s_t[0]=0.5$ 并且 $s_t[1]=0.3$。这就意味着上一步求得的权重将以门控权重0.2进行−1移位，以门控权重0.3进行1移位。因此，我们定义移位向量 $w_t^s(i)$ 如下：

$$w_t^s(i) = \sum_{i=1}^{N} w_t^g(i) \cdot s_t[i-j] \tag{10.16}$$

这里，$s_t[i-j]$ 的索引与模函数相结合将其调整回−1到1之间（或是其他 $s_t[i-j]$ 有定义的整数区间）。

3. 锐化：锐化的过程就是简单地让当前的权重更加偏向于0或1，而不改变它们的相对大小。用参数 $\gamma_t \geqslant 1$ 来进行锐化，更大的 γ_t 会产生更尖锐的值：

$$w_t(i) = \frac{[w_t^s(i)]^{\gamma_t}}{\sum_{j=1}^{N}[w_t^s(j)]^{\gamma_t}} \tag{10.17}$$

参数 γ_t 起到了和上面的 β_t 相似的作用。这种锐化是很重要的，因为移位机制会对权重引入一定程度的模糊。

这些步骤的目的如下。首先，可以设置门控权重 g_t 为 1，只使用纯粹的基于内容的机制。可将基于内容的机制视为一种利用密钥向量对存储进行随机访问的过程。在插值中，利用上一回合的权重向量 $w_{t-1}(i)$，实现以上一步为参考点进行连续访问的目的。移位向量定义了我们从插值向量提供的参考点移走的意愿大小。最后，锐化帮助我们控制了寻址的平滑度。

控制器的架构

一个重要的设计选择就是控制器中的神经架构。一个自然的选择是使用循环神经网络，因为其本身就已经有了时序状态的概念。此外，使用 LSTM 来给神经图灵机的外部存储配备附加的内存。神经网络中的隐藏状态就像是 CPU 的寄存器那样用来进行内部计算，但是它们不是持续存储的（不像外部存储）。值得注意的是，一旦我们有了外部存储的概念，那么选择循环网络就不是必要的了。因为存储器包含了状态的概念：在连续的时间戳上从同样的地址集合中读取和写入就实现了时序状态，就像循环神经网络那样。因此，控制器使用一个前向神经网络同样是可能的，与控制器中的隐藏状态相比能提供更高的透明度。前向框架的主要限制是读写探头的数量限制了每一个时间戳能够进行操作的次数。

与循环神经网络以及 LSTM 的比较

所有的循环神经网络都是图灵完备的[444]，意思是它们能够模拟任何算法。因此，神经图灵机理论上并没有增加其他任何循环神经网络固有的能力（包括 LSTM）。然而，尽管循环网络具有图灵完备性，但当数据集包含更长的序列时，它们的现实表现和泛化能力将受到严重的限制。例如，如果我们在一个固定大小的序列上训练一个循环网络，然后在一个不同大小分布的测试集上应用，其效果会非常差。

相比于将短暂的隐藏状态与计算过程紧密结合的循环神经网络，神经图灵机能够受控地访问外部存储，这会使得它更有实际优势。尽管 LSTM 拥有自己的能够减缓更新的内存，但是运算过程和访问存储器还是没有很好地分开（像现代计算机那样）。事实上，在循环神经网络中，计算量（例如，激活函数的数量）和存储量（例如，隐藏单元的数量）同样紧密相连。清晰地分开存储和计算可以允许以一种更可解释的方式来控制存储操作，这就在某种程度上和人类程序员访问并写入内存的方式很相似。例如，在一个问答系统中，我们想能够读一段话，并回答关于它的相关问题，这就需要更好地进行控制，从而能够将故事以某种方式读入存储器中。

文献 [158] 中的实验对比说明，神经图灵机在更长的序列上比 LSTM 表现得更好。其中的一个实验是给 LSTM 和神经图灵机都提供相同的输入输出对，目标是将输入拷贝到输出。在这种情况下，神经图灵机一般都会比 LSTM 表现得好，尤其是当输入很长的时候。与不可解释的 LSTM 不同，在记忆网络中进行的操作都是可以很好地解释的，并且由神经图灵机隐式学得的复制算法所执行的步骤和人类程序员在完成这个任务时执行的步骤相似。结果是，神经图灵机可以将复制算法泛化到比训练过程中所见的序列更长的序列上（但是 LSTM 就做得不好）。从某种意义上说，神经图灵机直观地处理从一个时间戳到下一个时间戳的存储更新，这是一种有用的正则化。例如，如果神经图灵机的复制算法模仿人类程序员，则在测试时候它会在较长的序列上做得更好。

另外，已经有实验验证了神经图灵机能够在联想回忆任务上做得很好，即输入是一系列样本以及一个从中随机选择出来的样本，而要求输出序列中的下一个样本。神经图灵机在这个任务上又一次战胜了LSTM。此外，文献[158]实现了一个排序方面的应用。尽管大部分的任务都相当简单，这个工作仍然值得关注，因为当使用更加精细调试过的框架时，它展示出了能够完成更加复杂任务的潜力。可微神经计算机[159]是对它的一个强化，该方法已经应用在图和自然语言的复杂推理任务中，而这些任务用传统的循环网络却很难完成。

10.3.3 可微神经计算机：简要概述

作为神经图灵机的增强版本，可微神经计算机利用了附加的结构去管理存储分配并能跟踪写入的顺序。这些增强的地方解决了神经图灵机的两个主要问题：

1. 即使神经图灵机能够基于内容或是地址来寻址，不可避免的是当使用基于移位的方式来访问连续地址块时将会在已被使用的块上进行写入。在现代计算机中，这个问题可通过在运行过程中恰当地进行存储分配来解决。可微神经计算机在其框架内融合了存储分配的机制。

2. 神经图灵机不能追踪被写入的存储地址的顺序。追踪这个顺序在很多情况下都是有用的，例如要跟踪指令序列。

接下来，我们仅简要地讨论如何实现这两种附加的机制。更多细节的探讨可以参考文献[159]。

可微神经计算机的存储分配机制基于如下概念：(i) 刚刚被写入但是还没有被读取的地址很有可能是有用的；(ii) 对一个地址的读取行为会降低它的有用性。存储分配机制会跟踪地址的使用程度。在每次写入完成后，该地址被使用的可能性会自动增加，而在每次读取完成后，被使用的可能性会有所减少。在写入存储器之前，控制器会从每一个读探头处发出一组释放门来决定最新被读取的地址是否要释放掉。这些门用于更新先前时刻的使用向量。关于如何利用这些使用值来确定要写入的地址，文献[159]讨论了许多相关算法。

可微神经计算机解决的第二个问题是如何跟踪每一次写入的存储地址的顺序。要意识到向存储地址写入这个操作是软的，因此不能定义一个严格的顺序。相反，在每一对地址中都存在一个软排序。因此，需要一个 $N\times N$ 的时序连接矩阵，其中的元素 $L_t[i,j]$ 总是在$(0,1)$区间内，表示 $N\times m$ 的存储矩阵的第 j 行被写入后，第 i 行被写入的概率。为了更新这个时序连接矩阵，给每一个存储地址都定义了优先权重。特别地，$p_t(i)$ 定义了在 t 时刻 i 地址是最后一个被写入地址的概率。在每一时刻，优先关系都被用来更新时序连接矩阵。尽管时序连接矩阵可能会需要 $O(N^2)$ 的空间，但它是十分稀疏的，因此可以用 $O(N\cdot\log(N))$ 的空间来存储。可以参考文献[159]来了解更多关于时序连接矩阵方面的信息。

值得注意的是，神经图灵机、记忆网络以及注意力机制中的很多概念是紧密相关的，前两个思想是大约在同一时期被独立提出的。这些话题的初始论文将它们在不同任务上进行了测试。例如，神经图灵机在一些像是复制或是排序这种简单的任务上被测试，而记忆网络在一些诸如问答任务上被测试。然而，后来的可微神经计算机在问答任务上也进行了测试。大体上，这些应用还仍然停留在初始阶段，还需要很多努力才能将它们商用化。

10.4 生成对抗网络

在介绍生成对抗网络之前，我们首先讨论生成模型和判别模型的概念。它们都是用来构成生成对抗网络的，简单介绍如下：

1. 判别模型：在给定特征值 $\overline{X}$ 时，判别模型直接估计标签 y 的条件概率 $P(y \mid \overline{X})$，例如逻辑回归。

2. 生成模型：生成模型评估联合概率 $P(\overline{X}, y)$，代表了一个数据实例的生成概率。这个联合概率可以用来估计在给定 $\overline{X}$ 时关于 y 的条件概率，其依据是贝叶斯理论：

$$P(y \mid \overline{X}) = \frac{P(\overline{X}, y)}{P(\overline{X})} = \frac{P(\overline{X}, y)}{\sum_z P(\overline{X}, z)} \tag{10.18}$$

朴素贝叶斯分类器就是这样的生成模型。

判别模型只能用在监督任务中，而生成模型在监督任务和无监督任务中均可使用。例如，在一个多分类任务中，可以事先对某一类定义一个合适的先验分布，然后从这个先验分布中采样得到这个类的生成样本，这样就可以构建一个只有一个类的生成模型。同样，可以用一个带有特定先验的概率模型来生成整个数据集的每一个点。在变分自编码器中使用了这种方法（请参阅 4.10.4 节），以便从高斯分布中采样（作为先验），然后将这些样本用作解码器的输入，以生成类似的数据。

生成对抗网络同时运用两个神经网络模型进行工作。第一个是生成模型，用于产生和资料库中的真实样本非常相似的人造样本。更进一步，希望能够生成足够真实的样本，以至于经过训练的观察者不能区分这个样本到底是属于原始数据集还是人工生成的。例如，如果我们有一个关于汽车的图片集合，那么生成网络就会利用生成模型来产生关于汽车的人工图片样本。因此，我们会得到真实的汽车图片以及虚假的汽车图片。第二个网络是一个判别网络，它已经在一个数据集上进行了训练，其中的图片已经被标注了是否为虚假的或合成的。判别模型把从原始数据中得到的真实样本或生成器中生成的人工样本当作输入，并努力区分样本的真伪。因此，可以将生成网络看成是一个试图制造假钞的“造假者”，将判别网络看成是“警察”来逮捕制造假钞的造假者。这样，这两个网络就是对抗的，并且训练会让两者性能更好直到两者间达到平衡。正如我们将会看到的，这样的对抗训练将会归结于一种极大极小问题。

当判别网络能够正确地将人工样本标记为假样本时，生成网络会更新它的权重，使得判别网络越来越难分辨出生成样本。在更新了权重之后，新的样本将从中产生，整个过程将会不断重复，生成网络在生成假样本方面会表现得越来越好。最终，判别器不能分辨出真实的样本和人工样本。事实上，这个极大极小值的纳什均衡是将（生成器）参数进行某种设置，使得生成数据的分布和原始数据的分布一致。为了使该方法有好的效果，判别器应该是一个强大的模型，并且能够接触到大量的数据。

在机器学习算法中，生成样本通常被用于产生大量人工数据，在数据增强方面起到很大的作用。更进一步，通过加入背景信息，就可利用这种方法生成具有不同特性的样本。例如，输入可能是一个文字标题，比如说“带项圈的斑点猫”，输出就是一张能够匹配这个描述的图片。生成样本有时也会用于艺术创作。最近，这些方法已经在图片到图片的翻译中得到了应用。在图片到图片的翻译中，图片缺失的特征会被逼真地完善。在讨论这些应用之前，我们首先讨论一下训练生成对抗网络的细节。

10.4.1 训练生成对抗网络

训练生成对抗网络的过程就是交替更新生成器和判别器的参数。生成器和判别器都是神经网络。判别器有 d 维输入，并有一个 (0,1) 间的输出，代表了 d 维输入的样本是真实样本的概率。1 表示样本是真实的，0 表示样本是人工的。在输入 $\overline{X}$ 时，判别器的输出记为 $D(\overline{X})$。

生成器从一个 p 维概率分布中采集噪声样本作为输入，并以此产生 d 维的数据样本。可以将生成器看作与变分自编码器的解码器部分相似（参见 4.10.4 节），即从一个高斯分布（也就是先验分布）中采样出 p 维点作为输入，解码器的输出是一个与真实样本的分布相似的 d 维数据。然而，二者的训练过程截然不同。判别器并不是用重构误差来训练，而是用判别误差来训练生成器，从而生成与输入数据分布相似的其他样本。

判别器的目标是正确地将真实样本分类为标签 1，将人工生成的样本分类为标签 0。生成器的目标是生成能够迷惑判别器的样本（例如，迷惑判别器将这样的样本分类为 1）。R_m 是从真实数据集中随机采样的 m 个样本，S_m 是用生成器生成的 m 个人工样本。为了生成人工样本，首先创建 p 维的噪声样本集合 $\{\overline{Z}_1 \cdots \overline{Z}_m\}$，记为 N_m。将这些采样到的噪声样本输入生成器中，创建数据样本 $S_m = \{G(\overline{Z}_1) \cdots G(\overline{Z}_m)\}$。因此对于判别器，最大化如下的目标函数 J_D：

$$\text{Maximize}_D J_D = \underbrace{\sum_{\overline{X} \in R_m} \log[D(\overline{X})]}_{m\text{个真实样本}} + \underbrace{\sum_{\overline{X} \in S_m} \log[1 - D(\overline{X})]}_{m\text{个人工样本}}$$

很容易证明，当真实数据被正确地分类为 1，并且人工数据被正确地分类为 0 时，这个目标函数将会达到最大值。

接下来我们定义生成器的目标函数，其目标是迷惑判别器。对于生成器来说，我们不关注真实样本，因为生成器只关心它生成的样本。生成器产生 m 个人工样本 S_m，最终想确保判别器将这些样本识别成真实样本。因此，生成器的目标函数 J_G 用来最小化这些样本被标记为人工的可能性，这就产生了如下的优化问题：

$$\begin{aligned}\text{Minimize}_G J_G &= \underbrace{\sum_{\overline{X} \in S_m} \log[1 - D(\overline{X})]}_{m\text{个人工样本}} \\ &= \sum_{\overline{Z} \in N_m} \log[1 - D(G(\overline{Z}))]\end{aligned}$$

当人工样本被错误地分类为 1 时，这个目标函数达到最小。通过最小化这个目标函数，我们能够有效地学得让生成器迷惑判别器的参数，从而使判别器错误地将人工样本分类为来自数据集的真实样本。生成器的另一种目标函数是对于每一个 $\overline{X} \in S_m$，最大化 $\log[D(\overline{X})]$ 而不是最小化 $\log[1 - D(\overline{X})]$。这种目标函数有时在优化的早期阶段效果更好。

因此上述优化问题被定义为在 J_D 上的极大极小博弈。在生成器 G 的不同参数选择中，最小化 J_G 和最大化 J_D 是一样的，因为 $J_D - J_G$ 不再包括生成器 G 的任何参数。因此，可将上述的优化问题写成如下形式（基于生成器和判别器）：

$$\text{Minimize}_G \text{Maximize}_D J_D \tag{10.19}$$

最终结果是达到这个优化问题的*鞍点*（saddle point）。鞍点在损失函数的拓扑空间中的外观如图 3.17 所示[⊖]。

使用随机梯度上升来学习判别器的参数，使用随机梯度下降来学习生成器的参数。梯度更新在生成器和判别器之间交替进行。然而实际上，判别器为单步更新，而生成器每 k 步更新一次。因此，可以将梯度更新步骤描述如下：

1.（重复 k 次）：大小为 $2 \cdot m$ 的小批量样本由同等数量的真实样本和人工样本组成。这些人工样本通过将从先验分布中采集到的噪声样本输入生成器中产生，而真实样本是从原始数据集中选择出来的。随机梯度上升用于判别器的参数优化，从而最大化判别器正确分类真实样本和人工样本的可能性。在每一步更新中，基于 $2 \cdot m$ 个真实/人工的小批量样本，在判别器网络上进行反向传播。

2.（进行一次）：如图 10.7 所示，将判别器接在生成器的末端。给生成器提供 m 个噪声输入，产生了 m 个人工样本（当前的小批量）。随机梯度下降用于生成器的参数优化，从而最小化判别器正确分类人工样本的可能性。最小化损失函数中的 $\log[1-D(\overline{X})]$ 显式地鼓励了这些假样本被预测为真实样本。

即使判别器接在了生成器的后面，（反向传播中的）梯度更新只在生成器网络的参数上进行。在这种情况下，反向传播会自动计算生成器和判别器网络参数的梯度，但是仅在生成器网络上进行更新。

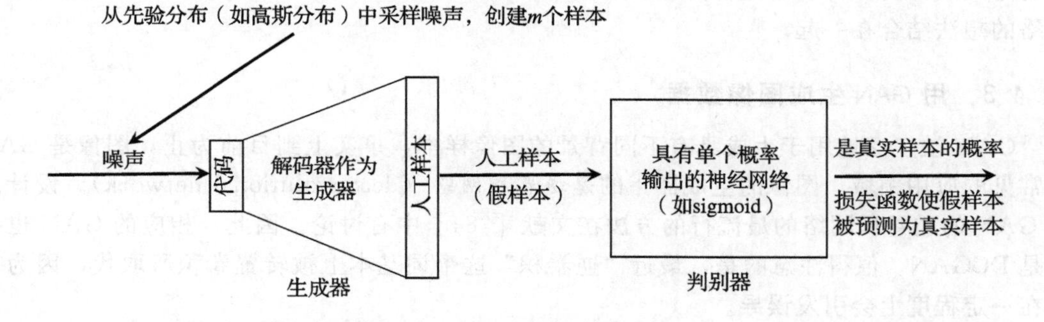

图 10.7 连接生成器和判别器，在生成器上进行梯度下降更新

k 的值一般较小（小于 5），$k=1$ 也是可能的。这个迭代过程会一直重复直到达到纳什平衡。这时，判别器就不能分辨出真实样本和人工样本了。

在训练的过程中需要注意一些问题。首先，如果生成器训练了很多次而没有更新判别器，这将导致生成器重复产生非常相似的样本。换句话说，生成器产生的样本缺乏多样性。这也就是生成器和判别器同时且交叉进行训练的原因。

其次，生成器在早期会产生质量很差的样本，此时 $D(\overline{X})$ 会接近于 0，损失函数也会接近于 0，使得梯度非常小。这种类型的饱和导致了生成器参数训练缓慢。这时就很有必要在训练早期最大化 $\log[D(\overline{X})]$ 而不是最小化 $\log[1-D(\overline{X})]$。尽管这种方法是启发式

⊖ 第 3 章中的例子是在不同的上下文中给出的。然而，如果我们假设图 3.17b 中的损失函数代表 J_D，那么图中带注释的鞍点在视觉上是有意义的。

的，而且不会写出像公式10.19那样的极大极小公式，但在实际中会表现得很好（尤其是在训练的早期阶段，此时判别器拒绝所有的样本）。

10.4.2 与变分自编码器比较

变分自编码器和生成对抗网络差不多是在同一时期独立发展起来的，在这两个模型之间有着很多有趣的相同点和不同点。这一节将对这两个模型做一个比较。

与变分自编码器不同的是，在生成对抗网络的训练过程中，只有解码器（即生成器）被学习，而编码器不被学习。因此，生成对抗网络不像变分自编码器那样设计用来重构特殊输入样本。然而，两个模型都能生成像基本数据那样的图像，因为用于节点采样的隐空间的结构已知（典型的如高斯）。一般地，生成对抗网络会比变分自编码器产生质量更好（如，较不模糊的图片）的样本。这是因为对抗的方法就是为了产生真实图片而设计的，而变分自编码器的正则化项实际上损害了生成样本的质量。更进一步，在变分自编码器中重构误差用于产生对应于某一个特定图像的输出，这会强制模型将所有看似合理的输出进行平均，使得输出之间有略微偏移，而这就是模糊的直接原因。另一方面，专门为迷惑判别器而设计的模型会生成一个各部分都互相协调的样本（因此更加真实）。

变分自编码器在方法上和生成对抗网络十分不同。变分自编码器用到的重参数化的方法对于训练具有随机特性的网络很有用。其他类型的神经网络如果含有类似的用于生成样本的隐藏层，同样可利用这种方法。近年来，变分自编码器中的一些想法已经和生成对抗网络的想法结合在一起。

10.4.3 用GAN生成图像数据

GAN被广泛地用于生成具有不同背景的图像样本，事实上到目前为止，图像是GAN最常见的应用领域。图像的生成器指的是*逆卷积网络*（deconvolutional network）。设计用于GAN的逆卷积网络的最流行的方法在文献[384]中有讨论。因此，相应的GAN也指的是DCGAN。值得注意的是，最近“逆卷积”这个词基本上被转置卷积所取代，因为前者在一定程度上会引发误导。

文献[384]中以100维的高斯噪声开始，这是解码器的起点。这100维的高斯噪声被重塑成大小为4×4的1024个特征图，这个操作可用输入为100维的全连接层的矩阵乘法实现，全连接的输出结果被重塑成张量。接下来，每一层的深度减小为原来的1/2，而宽度和长度增加1倍。例如，第二层包含512个特征图，而第三层包含256个特征图。

然而，通过卷积来增加长度和宽度看起来很奇怪，因为即使是步长为1的卷积都会减小图的空间大小（除非利用额外的0填充）。所以如何能利用卷积来使长度和宽度增加1倍？可以用小数0.5进行*小数步长卷积*（fractionally strided convolution）或*转置卷积*（transposed convolution）来达到目的。这些转置卷积已经在8.5.2节进行了描述。小数步长的情况和整数步长的情况区别不大，在概念上可以理解为先在行/列之间插入0值或是插入插值来对输入进行拉伸，然后再进行卷积操作。由于输入值已经被一个特定的参数进行过拉伸，所以在这样的输入上进行步长为1的卷积就相当于在原始的输入上使用小数步长。另一种方法是使用池化和反池化操作来改变空间大小。当使用了小数步长卷积后，就不需要使用池化和反池化了。DCGAN中的生成器的大概框架如图10.8a所示。文献[109]更详细地讨论带有小数步长卷积的卷积框架。

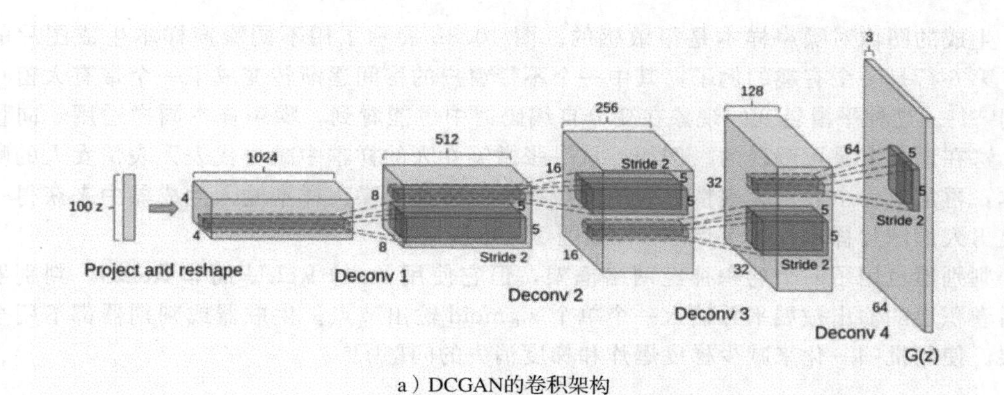

a）DCGAN的卷积架构

b）每一行展示通过改变输入噪声而导致图片的缓慢过渡

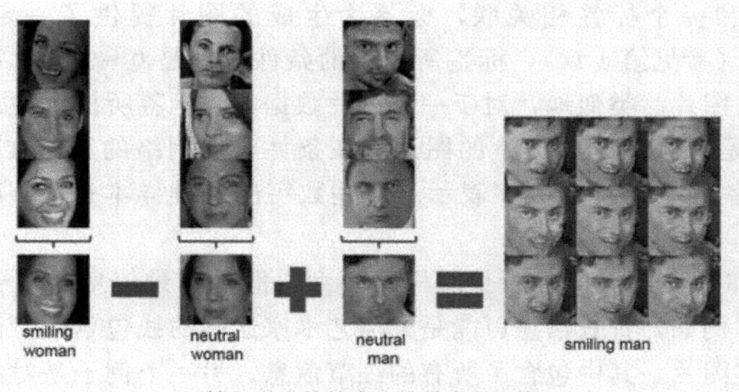

c）输入噪声的算术运算具有语义意义

图 10.8　DCGAN 的卷积架构和生成的图像（图片来源：A. Radford，L. Metz，and S. Chintala. Unsupervised representation learning with deep convolutional generative adversarial networks. *arXiv preprint arXiv*：**1511.06434**，2015. © 2015 Alec Radford. Used with permission.）

生成的图像对噪声样本是很敏感的。图 10.8b 展示了用不同噪声样本生成图片的例子。第 6 行是一个有趣的例子，其中一个不带窗户的房间逐渐转变成了一个带有大窗户的房间[384]。这种平滑转变的现象在变分自编码器中也能看到。噪声样本同样适用于向量运算，这在语义上是可解释的。例如，从一张微笑女人的样本中减去代表无表情女人的噪声样本，再加上一个表示无表情男人的噪声样本。将这个噪声样本输入生成器中来获得一张微笑男人的图片样本。这个例子[384]如图 10.8c 所示。

判别器也用了一个卷积神经网络框架，但它使用 leaky ReLU 而非 ReLU。判别器的最后卷积层的输出被展平并输入一个单个 sigmoid 输出节点。生成器或判别器都不用全连接层。使用批归一化来减少梯度爆炸和梯度消失的问题[214]。

10.4.4 条件生成对抗网络

在条件生成对抗网络（CGAN）中，生成器和判别器都是以附加的输入作为条件，它可能是标签、标题，甚至是同种类型的另一个对象。在这种情况下，输入通常是目标对象和背景信息对。背景信息通常与目标对象的关系和领域相关，这会通过模型来学习。例如，一个背景“微笑女孩”（smiling girl）或许提供了一个微笑着的女孩的图像。对于生成的微笑女孩图像，CGAN 会有很多可能的选择，具体取决于噪声输入的值。因此，CGAN 可以基于其想象力和创造力产生大量的目标对象的集合。一般地，如果背景信息比目标输出更加复杂，那么这个目标对象的集合就可能减小，甚至无论将什么样的噪声输入生成器中，输出都是固定的那些对象。因此，一般情况下输入的背景信息要比建模对象简单。例如，常见的是背景信息是标题而对象是一张图片，而不是反过来。然而，两种情况在技术上都是可能的。

条件 GAN 中不同类型的条件如图 10.9 所示。背景信息提供了与条件对应的额外输入。一般地，背景信息可以是任意类型的数据，生成器的输出是另一种类型的数据。使用 CGAN 的更加有趣的情况是，和生成的输出（如图像）相比，背景信息（如标题）简单得多。在这种情况下，CGAN 在填充缺失细节的方面显示了一定的创造力。这些细节具体取决于输入生成器的噪声。

几个对象-背景对例子如下所示：

1. 每个对象和一个标签相关联，标签为生成的图片提供了一定条件。例如，在 MNIST 数据集中（参见第 1 章），标签所提供的条件或许是 0～9 的数字，生成器根据这个数字生成相应的图片。类似地，对于一个图片数据集，标签所提供的条件或许是“胡萝卜”，则输出可能是一张关于胡萝卜的图片。在条件对抗网络的原论文[331]中，其实验生成了基于 0～9 标签的 784 维的数字表示。这些数字的基础样本是 MNIST 数据集提供的（参见 1.8.1 节）。

2. 目标对象和其背景信息可能是同样的类型，但是背景信息相较于目标对象在细节上有一定的缺失。例如，背景信息可能是人类艺术家绘制的钱包草图，而目标对象可能是同一个钱包的真实图片，其中包含了所有的细节信息。另一个例子是对犯罪嫌疑人的画像（作为背景信息），而目标对象（生成器的输出）是这个人的真实图片，利用给定的草图画像去生成包含细节信息的各种真实样本。这个例子在图 10.9 的顶部有所展示。当背景信息具有像图片或句子那样的复杂表示时，它们需要通过一个编码器转换成一个多维度表示，这样就能融入多维度高斯噪声中。当是图像背景时，这个编码器可以是卷积网络；当是文本背景时，可以是循环神经网络或 word2vec 模型。

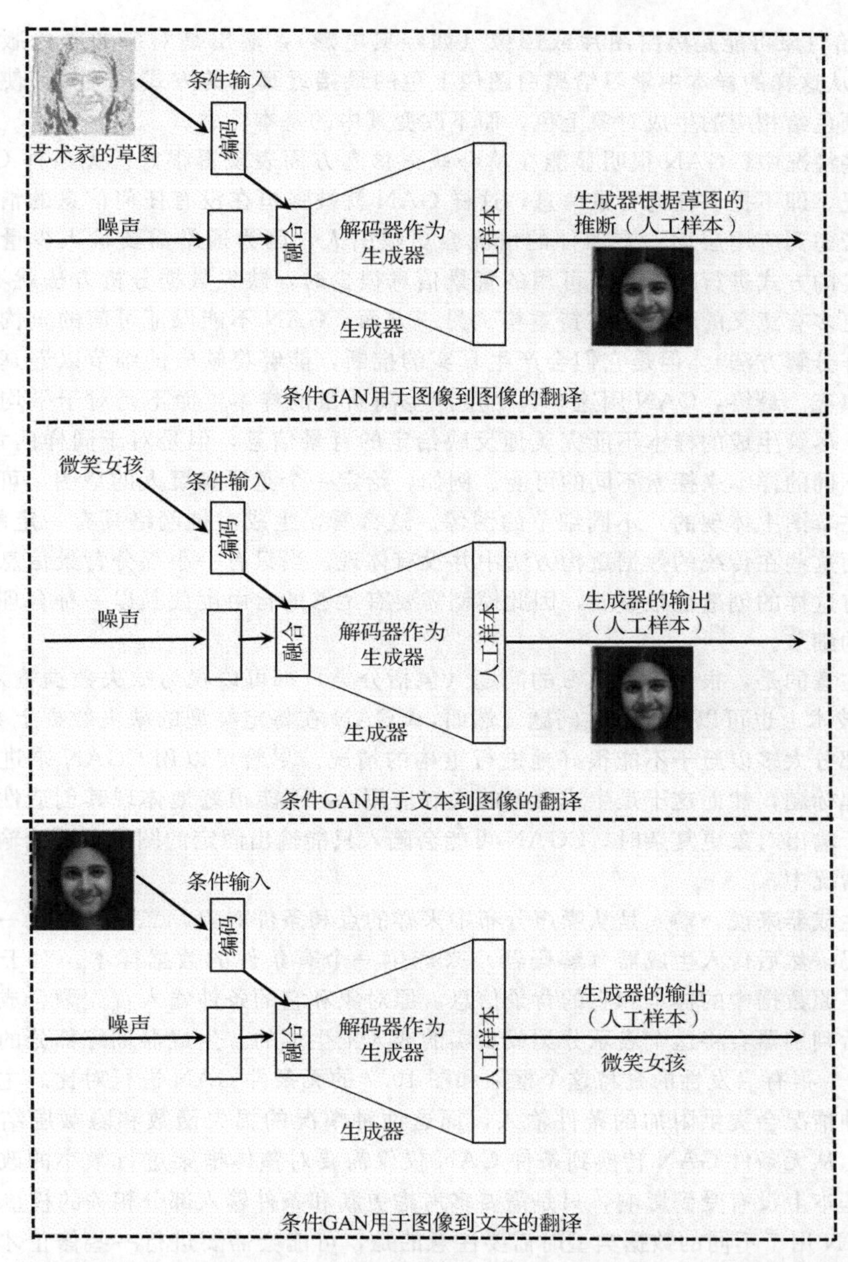

图 10.9　对抗网络中不同类型的条件生成器。这些例子只是简单示意，没有反映真实的 CGAN 输出

3. 每个对象和一个文本描述相关联（如带有标题的图片），后者提供了背景信息。标题为对象提供了一定的条件。通过提供一个诸如“长着利爪的蓝鸟”这样的背景，生成器会生成反映这个描述的图片。利用“微笑女孩”作为背景来生成图像的例子参见图 10.9。注意，用图像作为背景，然后利用 GAN 生成一个标题也是可能的，这在图 10.9 的底部有所展示。然而，更一般的情况是从更简单的背景（如标题）生成复杂的对象（如图像），而不是反过来。这是因为当想从复杂对象（如图像）生成简单对象（如标签或标题）时，有很多更加精准的监督学习方法可供选择。

4. 原始对象可能是黑白图片或影像（如经典电影），输出是对应的彩色版本。本质上，GAN 从这样的样本中学习给黑白图像上色的最接近真实的方式。例如，使用训练集中的树的颜色给相应的生成对象上色，而不改变其中的基本轮廓。

在这些情况中，GAN 很明显能在填补缺失信息方面表现得很好。无条件 GAN 是一种特殊情况，即不提供任何背景信息，这样 GAN 就被强迫在没有任何信息的情况下去生成图像。考虑到应用层面，有条件的情况会更吸引人，因为通常需要输入少量的部分信息，以现实的方式进行推断。当可用的背景信息很少时，缺失数据分析方法就不奏效了，因为需要更多有意义的信息来支持重构。另一方面，GAN 不能保证可信的重构（像自编码器或矩阵分解方法），但是它们会产生真实的推断，能够将缺失的细节以逼真且和谐的方式进行填充。最终，GAN 用这个自由度产生高质量的样本，而不是对于平均化重构的模糊估计。尽管生成的样本不能完美地反映给定的背景信息，但是对于同样的背景信息，它会产生不同的样本来探索不同的可能。例如，给定一个犯罪嫌疑人的草图，可以生成具有（没有在草图中体现的）不同细节的图像。这么看，生成对抗网络具有一定的艺术性/创造性，而这些在传统的数据重构方法中并没有体现。当只有一小部分背景信息作为起始点时，具有这样的创造性很重要，因此模型需要有足够的自由度使其以一种合理的方式来填补缺失的细节。

值得注意的是，很多机器学习的问题（包括分类）都可以视为缺失数据输入的问题。CGAN 在技术上也可以用于这种问题。然而，CGAN 在特定类型的缺失数据上会更有用，即缺失的部分太多以至于不能很好地进行重构的情况。尽管可以用 CGAN 来进行分类或者给图像起标题，然而这不是生成模型的最好应用㊀，不能很好地体现其创造性。当条件对象相较于输出对象更复杂时，CGAN 可能会陷入只能输出固定的图像而无论输入的噪声是什么的情况中。

对于生成器来说，输入是从噪声分布中采样的点和条件对象，二者结合在一起生成一个隐藏编码，然后传入生成器（解码器）来产生一个有条件的数据样本。对于判别器来说，输入是原数据中的样本和它的背景信息。原对象和它的条件输入首先融合成一个隐藏表示，然后判别器会将这个表示分类成真实的或人工生成的。生成器训练部分的框架如图 10.10 所示。很有启发性的是将这个框架和图 10.7 的无条件 GAN 进行对比。主要的区别是，第二种情况会提供附加的条件输入，而这两种情况的损失函数和隐藏层结构都很相似。因此，从无条件 GAN 转换到条件 GAN 仅仅需要对整体框架进行微小的改变。反向传播算法基本上没有受到影响，只是需要多考虑更新和条件输入部分相关的权重。

将 GAN 用于不同的数据类型时需要注意的是，可能会需要进行一些修正才能以一种数据敏感的方式进行编码和解码。虽然我们已经在进行上述讨论时给出了在图像和文本领域中的一些示例，但是大部分关于算法的描述都关注最基本的多维度数据（而不是图像或文本数据）。即使在用标签作为背景时，它也需要编码成一个多维度的表示（如独热表示）。因此，图 10.9 和图 10.10 都包含了特殊的组件用来编码背景。在早期的条件 GAN 论文[331]中，预训练的 AlexNet 卷积网络[255]用来编码图像背景（不用最后的标签预测层），它在 ImageNet 上进行预训练。文献［331］中甚至使用多模态设置，即将图像和一

㊀ 结果证明，通过将标识符修改为输出类（包括假类），可以获得最先进的半监督分类，但只有很少的标签[420]。但是，使用生成器输出标签并不是一个好的选择。

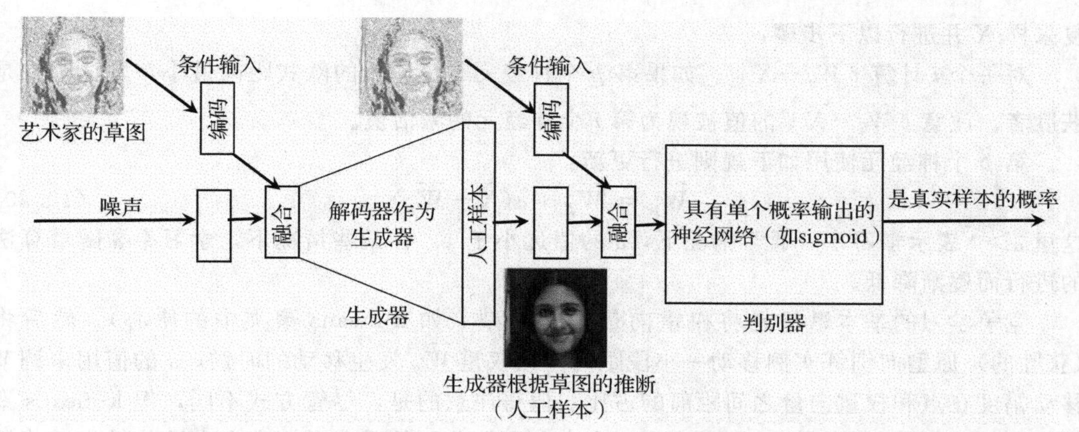

图 10.10 判别器接在后面的条件生成对抗网络：将这个框架和图 10.7 中的无条件生成对抗网络进行比较很有启发性

些文本注释一同输入。输出是另一组描述图像的文本标签。对于文本标签而言，预训练的 word2vec（skip-gram）模型用于编码器。值得注意的是，甚至有可能在更新生成器权重的过程中，对这些预训练的编码器网络的权重进行微调（从生成器到编码器进行反向传播）。如果用于 GAN 生成对象的数据集和用于编码器预训练的数据集很不同，那这将是很有帮助的。然而，文献［331］中将预训练过后的编码器固定而不进行微调，这样也能够产生高质量的结果。

尽管在上面的示例中用 word2vec 模型编码文本，但是也有其他的选择可供参考。一个选择就是用循环神经网络，其输入是一句话而不是一个单词。对于单词而言，也可以使用字母级别的循环神经网络。总之，可以以一个经过合适预训练的编码器作为起点，然后在 CGAN 的训练过程中进行微调。

10.5 竞争学习

本书讨论的大多数学习方法都是基于更新神经网络中的权重来使神经网络纠正错误。竞争学习是一种不同的方式，它的目标不是为了纠正错误而将输入映射到输出，相反，神经元之间竞争对一个相似的输入数据子集进行响应的权力，并促使它们的权重与一个或多个输入数据点相似。因此学习的过程也与神经网络中使用的反向传播算法有很大的不同。

训练过程的大体思路如下：输出神经元的激活程度随着神经元的权重向量和输入之间的相似度的增加而增加。假设神经元的权重向量与输入有相同的维度。一种常用的方法是使用输入和权重向量之间的欧氏距离来计算激活程度，较小的距离对应较大程度的激活。对给定输入具有最高的激活值的输出单元被认为是获胜者，并移动到更靠近输入的位置。

在胜者为王的策略中，只有在竞争中获胜的神经元（即激活值最大的神经元）被更新，其余的神经元保持不变。竞争学习方法的其他变体允许其他神经元基于预定义的邻域关系来参与更新。此外，一些机制也允许神经元之间相互抑制，这些机制表现为正则化的形式，可以用于学习具有特定类型的预定义结构的表示，在二维可视化等应用中有很大的作用。首先，我们讨论竞争学习算法的一种简单版本，其采用了胜者为王的方法。

令 $\overline{X}$ 表示为 d 维输入向量，$\overline{W}_i$ 表示第 i 个神经元的权重向量，其维度与输入向量相同。假设总共使用了 m 个神经元，其中 m 通常远小于数据集 n 的大小。从输入数据中反

复采样 $\overline{X}$ 并进行以下步骤：

对每个 i 计算 $\|\overline{W_i}-\overline{X}\|$。如果第 p 个神经元与该输入的欧式距离最小，则认为它是获胜者。注意 $\|\overline{W_i}-\overline{X}\|$ 的值被视为第 i 个神经元的激活值。

第 p 个神经元使用如下规则进行更新：

$$\overline{W_p} \Leftarrow \overline{W_p}+\alpha(\overline{X}-\overline{W_p}) \tag{10.20}$$

这里 $\alpha>0$ 表示学习率。通常情况下，α 的值远小于 1。在某些情况下，学习率 α 随着算法的进行而逐渐降低。

竞争学习的基本思想是将权重向量视为原型（如 k-means 聚类中的质心），然后将（获胜的）原型向训练实例移动一小段距离。当权重 $\overline{W_p}$ 发生移动的时候，α 的值用来调节移动幅度在点和权重向量之间距离的占比。值得注意的是，尽管方式不同，但 k-means 聚类也可以达到相似的目标。毕竟当将一个点分配给获胜的质心时，它会在迭代结束时将质心向训练实例移动一小段距离。竞争学习的框架是允许发生某些自然变化的，这些变化可以用于某些无监督任务，如聚类和降维等。

10.5.1　矢量量化

矢量量化是竞争学习的最简单应用。对基本的竞争学习方法做了一些改变，并引入了敏感度（sensitivity）的概念。每个节点都有一个与之相关的敏感度 $s_i\geqslant 0$，敏感度有助于平衡不同簇之间的点。除了由 s_i 更新和在计算中使用 s_i 的方式导致的差异以外，矢量量化的基本步骤与竞争学习算法中的步骤相似。对于每个点，s_i 的值都初始化为 0，在每次迭代中，对于非获胜者，s_i 的值增加 $\gamma>0$，而对于获胜者设置为 0。此外，使用 $\|\overline{W_i}-\overline{X}\|-s_i$ 的最小值来选择获胜者。这种方法使得即使不同区域的密度差异很大，簇也能向着更加平衡的状态发展。该方法保证了密集区域中的点通常非常接近权重向量之一，而稀疏区域内的点与权重向量的近似性很差。这种特性在降维和压缩等应用中很常见。γ 的值用来调节灵敏度的影响。将 γ 设置为 0 将恢复为如上所述的纯竞争学习。

矢量量化的最常见应用是压缩。在压缩中，每个点都由其最接近的权重向量 $\overline{W_i}$ 表示，其中 i 的取值范围为 $1,\cdots,m$。需要注意的是，m 的值远小于数据集中的点的数量 n。第一步是构建一个包含向量 $\overline{W_1}\cdots\overline{W_m}$ 的码书，对于维度为 d 的数据集，需要一个 $m\cdot d$ 的空间。每个点都根据其最接近的权重向量存储为从 1 到 m 的索引值。但是，只需要 $\log_2(m)$ 比特就可以存储每个数据点。因此，总的空间需求为 $m\cdot d+\log_2(m)$，通常比原始数据集的所需的 $n\cdot d$ 空间要小得多。例如，如果每个维度需要 4 个字节，则包含 100 亿个维度为 100 的点的数据集所需的空间约为 4 TB。另一方面，通过用 $m=10^6$ 进行量化，码书所需的空间不到千兆字节的一半，并且每个点需要 20 比特。因此，这些点（不算码书）所需的空间小于 3 GB。因此，包括码书在内的总空间要求小于 3.5 GB。注意，这种压缩是有损的，并且点 $\overline{X}$ 的近似误差为 $\|\overline{X}-\overline{W_i}\|$。稠密区域中的点近似效果很好，而稀疏区域中的离群点近似效果不好。

10.5.2　Kohonen 自组织映射

Kohonen 自组织映射是竞争学习方法中的一种变体。在这个变体中，神经元处于一维的弦状结构或二维的晶格状结构上。为了进行更一般的讨论，我们将考虑神经元处在二维

晶格状结构的情况。我们将看到，这种类型的晶格结构使所有点都可以映射到二维空间以进行可视化。图 10.11a 为 25 个神经元排列成 5×5 的矩阵网格的二维晶格结构。图 10.11b 为含有相同数目神经元的六边形晶格。晶格的形状会影响其聚类的簇映射成的二维形状，一维弦状结构的情况类似。晶格结构利用的思想是相邻晶格神经元的权重 $\overline{W}_i$ 趋于相似。这里定义不同的符号来区分距离 $\|\overline{W}_i-\overline{W}_j\|$ 以及晶格上的距离是很重要的。晶格上相邻神经元对之间的距离刚好是一个单位。例如，基于图 10.11a 中的晶格结构，神经元 i 和 j 之间的距离为 1 个单位，i 与 k 之间的距离为 $\sqrt{2^2+3^2}=\sqrt{13}$。原始输入空间的向量距离（例如 $\|\overline{X}-\overline{W}_i\|$ 或 $\|\overline{W}_i-\overline{W}_j\|$）由 $\mathrm{Dist}(\overline{W}_i,\overline{W}_j)$ 定义。另一方面，神经元 i 和 j 之间沿着晶格结构的距离用 $\mathrm{LDist}(i,j)$ 表示。注意，$\mathrm{LDist}(i,j)$ 的值仅取决于索引 (i,j)，并且与向量 $\overline{W}_i$ 和 $\overline{W}_j$ 的值无关。

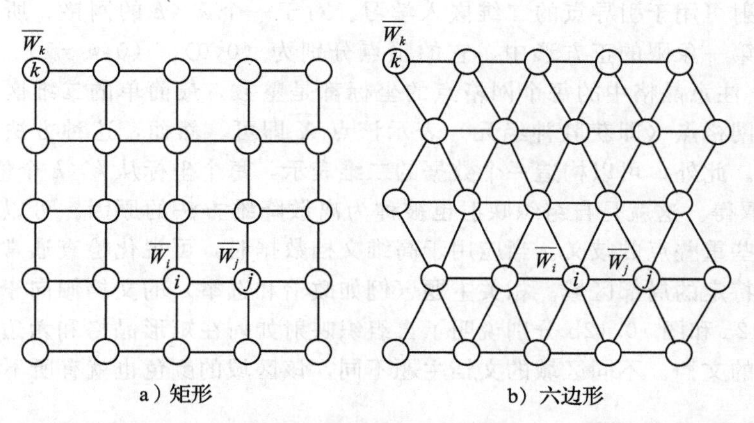

图 10.11　自组织图的 5×5 晶格结构的示例。由于神经元 i 和 j 在晶格中接近，因此学习过程会让 $\overline{W}_i$ 和 $\overline{W}_j$ 的值更加相似。在最终的二维表示下，矩形晶格将导致聚类区域呈矩形，而六边形晶格将导致聚类区域呈六边形

自组织映射的学习过程是这样调节的：神经元 i 和 j 的紧密度（基于晶格距离）将使它们的权重向量更加相似。也就是说，自组织图的晶格结构在学习过程中充当正则化项。我们将看到，将这种二维结构应用于所学习的权重有助于通过二维嵌入可视化原始数据点。

自组织映射算法以与竞争学习类似的方式进行，方法是从训练数据中采样 $\overline{X}$，然后根据欧氏距离找到获胜神经元。获胜神经元中的权重以类似于普通竞争学习算法的方式进行更新，主要区别在于获胜神经元的晶格邻居会受到阻尼作用。事实上，在这种方法的软变体中，可以将此更新应用于所有神经元，并且阻尼程度取决于该神经元到获胜神经元的晶格距离。取值为 [0,1] 的阻尼函数通常用高斯核定义：

$$\mathrm{Damp}(i,j)=\exp\left(-\frac{\mathrm{LDist}\,(i,j)^2}{2\,\sigma^2}\right) \tag{10.21}$$

这里，σ 表示高斯核函数的带宽。使用非常小的 σ 值时，将恢复到原来的胜者为王式学习模式，而使用非常大的 σ 值将导致更大的正则化力度，其中相邻晶格的权重更相似。对于较小的 σ 值，仅对于获胜神经元，阻尼函数为 1，而对于所有的其他神经元，阻尼函数为 0。因此，σ 的值是用户可调整的参数之一。需要注意的是，许多其他核函数也可以用于控

制正则化力度和阻尼程度。例如，可以使用阈值阶跃内核代替光滑的高斯阻尼函数，该阈值阶跃内核在 $\text{LDist}(i,j)<\sigma$ 时为 1，否则为 0。

训练算法从训练数据中反复采样 $\overline{X}$，计算 $\overline{X}$ 到每个权重 $\overline{W}_i$ 的距离。然后，计算获胜神经元的索引 p。与只对 $\overline{W}_p$ 进行更新（在胜者为王的情况下）不同，使用如下的公式对每个 $\overline{W}_i$ 进行更新：

$$\overline{W}_i \Leftarrow \overline{W}_i + \alpha \cdot \text{Damp}(i,p) \cdot (\overline{X} - \overline{W}_i) \quad \forall i \tag{10.22}$$

这里，$\alpha>0$ 是学习率，通常，学习率 α 会随着时间而降低。这些迭代将继续进行，直到收敛为止。请注意，晶格相邻的权重将受到相似的更新，因此，随着时间的推移，它们变得越来越相似。因此，训练过程迫使相邻晶格具有相似的点，这对于可视化很有用。

使用学到的映射进行二维嵌入学习

自组织映射可用于引导点的二维嵌入学习。对于一个 $k\times k$ 的网格。所有的二维晶格坐标都将位于第一象限的正方形中，它的顶点分别为 (0,0)、(0,$k-1$)、($k-1$,0) 和 ($k-1$,$k-1$)。注意晶格中的每个网格点的坐标都是整数。最简单的二维嵌入只需用与每个点最接近的网格点（即获胜神经元）表示该点 $\overline{X}$ 即可。然而，这种方法可能会导致点的表示有重复。此外，可以构造一个数据的二维表示，每个坐标从 $k\times k$ 个值 $\{0\cdots k-1\}\times\{0\cdots k-1\}$ 中取得。这就是自组织映射也被称为离散降维方法的原因。可以使用各种启发式方法消除这些重叠点的歧义。当应用于高维文档数据时，可视化检查通常会将特定主题的文档映射到特定的局部区域。相关主题（例如政治和选举）的文档倾向于被映射到相邻区域。图 10.12a 和图 10.12b 分别说明了自组织映射如何在矩形晶格和六边形晶格上排列总共四个主题的文档。不同区域的文档主题不同，该区域的颜色也就有所不同。

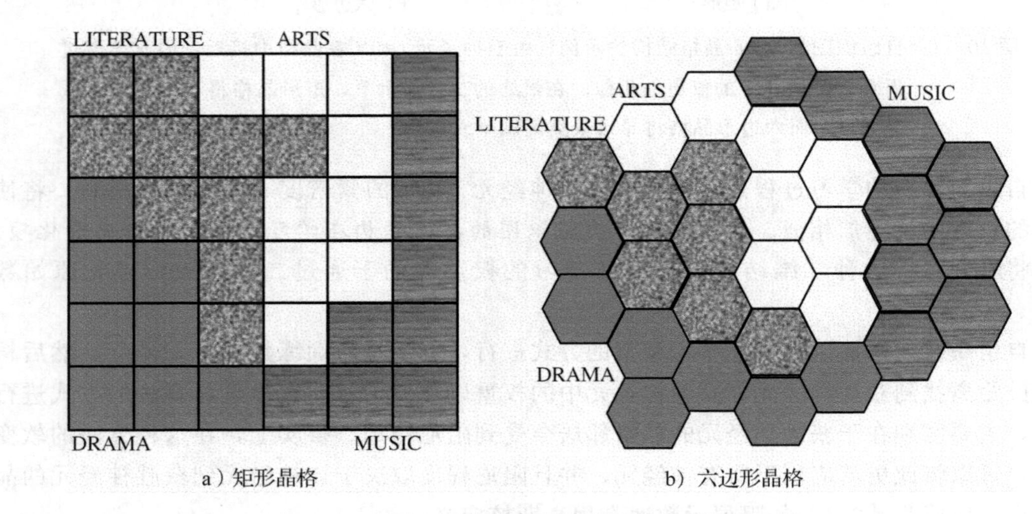

a）矩形晶格　　b）六边形晶格

图 10.12　属于四个主题的文档的二维可视化示例

自组织映射与哺乳动物大脑结构的关系有很强的神经生物学基础。在哺乳动物的大脑中，各种类型的感觉输入（如触感）被映射到许多折叠的细胞平面上，这些平面被称为薄片[129]。当彼此靠近的身体部分接收到输入信号（例如，触觉输入）时，大脑中物理上彼此靠近的细胞群也会同时被激活。因此，与自组织映射一样，（感觉）输入中的近邻性被映射到神经元中的近邻性。与卷积神经网络中的神经生物学灵感一样，这种见解总是用于某种形式的正则化。

尽管 Kohonen 网络在深度学习的现代时代使用较少，但是它们在无监督环境下具有巨大的潜力。此外，竞争的基本思想甚至可以整合到多层前馈神经网络中。许多竞争原则通常与更传统的前馈网络相结合。例如，r-稀疏和胜者为王的自编码器（具体参见 2.5.5 节）都是基于竞争原则的。类似地，局部响应标准化的概念（具体参见 8.2.8 节）是基于神经元之间的竞争。本章讨论的注意力概念也是用竞争原则来关注激活的那一部分子集。因此，即使近年来自组织映射的普及程度不高，竞争的基本原理也可以与传统的前馈网络结合使用。

10.6 神经网络的局限性

近年来，深度学习有了显著的进展，在很多方面（例如图像分类），其表现甚至超过了人类。同样，在一些需要连续布局的游戏中，强化学习也超越了人类表现。因此，我们很容易假设，人工智能最终可能会以一种更普遍的方式接近甚至超过人类。但是，在我们能够制造出像人类一样学习和思考的机器之前，有几个基本的技术障碍需要克服[261]。特别是，神经网络需要大量的训练数据才能提供高质量的结果，而这大大低于人类的能力。此外，神经网络完成各种任务所需的能量远远超过了人类完成类似任务所消耗的能量。这些观察结果对神经网络超越人类表现的能力产生了根本的限制。下面我们将讨论这些问题以及一些近期的研究方向。

10.6.1 一个理想的目标：单样本学习

尽管近年来深度学习因其在大规模学习任务上的成功而受到越来越多的关注（与之相比，早期它在较小的数据集上表现平平），但这也暴露了当前深度学习技术的一个突出弱点。对于像图像分类这样的任务，深度学习已经超出了人类的表现，然而它以一种样本效率低下的方式完成了任务。例如，ImageNet 数据库包含超过 100 万个图像，而神经网络通常需要一个类的数千个样本才能对其进行正确分类，然而人们不需要知道成千上万张卡车的图片，就能知道那是一辆卡车。如果给孩子看一辆卡车，即使它的型号、形状和颜色有些不同，他通常也能够识别出另一辆卡车。这表明与人工神经网络相比，人类具有更强的对新环境的泛化能力。能够从一个或几个例子中学习到一般性规律的方法称为单样本学习（one-shot learning）。

人类用较少的例子进行泛化的能力不足为奇，因为人类大脑中神经元的连接相对稀疏，并且经过自然界的精心设计。这种架构已经发展了数百万年，并已代代相传。从间接的意义来讲，人类神经连接结构已经编码了一种从数百万年的“进化经验”中获得的一种“知识”。此外，人类还可以在一生中学习各种任务来获取知识，从而帮助他们更快地学习特定任务。随后，学习特定任务（例如识别卡车）只是对一个人与生俱来的和学习中获得的经验的微调。换句话说，人类是世代相传的迁移学习的大师。

开发通用形式的迁移学习，这样用于特定任务的训练时间就不会被浪费掉，而是可以重复使用，这是未来研究的关键领域。在一定程度上，深度学习已经证明了迁移学习的好处。正如第 8 章所述，像 AlexNet[255] 这样的卷积神经网络通常在 ImageNet 等大型图像存储库上进行了预训练。随后，当需要将神经网络应用于新数据集时，可以使用新数据集对权重进行微调。这种微调通常需要更少的样本数量，因为在前面几层中学习的大多数基本功能不会随当前的数据集变化而变化。在许多情况下，还可以通过删除后面的层或在网络中添加适用于其他特定任务的层，来提高在各个任务中泛化学习的能力。该通用原理也可以用于文本挖掘。例如，即使在不同语料库上进行了预训练，许多文本特征学习模型（如word2vec）也可在不同文本挖掘任务中重新利用。通常，知识迁移可以考虑提取的特征、模型参数或其他上下文信息。

还有另一种形式的迁移学习，它基于跨任务学习的概念，基本思想是始终重复使用已全部完成或部分完成某个任务的训练模型，以提高其学习另一项任务的能力。该原理称为*学会学习*（learning-to-learn）。Thrun 和 Platt[497] 对学会学习的定义如下：给定一系列任务、每个任务的训练经验以及一系列评价指标（每个任务一个），如果一种算法在每个任务中的表现随着得到的经验和任务数量的增加而改善，则可以说这种算法是“学会学习”型的。学会学习的核心困难是：任务都会有些不同，因此在任务之间进行经验迁移具有挑战性。因此，快速学习发生在单个任务内，而这个学习则由在跨任务中逐渐获得的知识来指导，这些知识捕捉了任务结构在不同目标域之间变化的方式[416]。换句话说，学习任务有两层架构，这个概念也称为*元学习*（meta-learning），该术语已被反复提到并在机器学习的其他几个概念中使用。学会学习的能力是一种独特的生物学素质，在这种能力下，即使在相关程度较低的任务中，生物有机体也能有更好的表现，因为它们比其他任务获得了更多的经验。在较弱的层次上，就连网络的预训练也是学会学习的一个示例，因为我们可以将在一个特定数据集和任务上所用网络的权重用于另一环境，以便在新环境中迅速地学习。例如，在一个卷积神经网络中，前几层中的许多特征都是原始形状（例如边缘），并且无论应用何种任务和数据集，它们都是有用的。另外，最后一层可能是与任务高度相关的。但是，训练单个层所需的数据要比整个网络少得多。

单样本学习的早期工作[116]使用贝叶斯框架将所学知识从一种类别转移到另一种类别。元学习已经取得了一些成功，它使用了注意力、循环和记忆等架构。特别是，结合神经图灵机在跨类别学习的任务上已显示出良好的结果[416]。记忆增强型网络从有限的数据中学习的能力早已为人所知了。例如，即使是像 LSTM 这种具有内部存储的网络也已显示出令人印象深刻的性能，可以只用少量样本学习以前从未见过的二次函数。在这方面，神经图灵机是一个更好的架构，文献［416］中的工作表明了如何利用它进行元学习。神经图灵机也已被用来建立匹配网络以进行单样本学习[507]。尽管这些工作确实代表了单样本学习的前沿水平，但与人类相比，这些方法的能力仍然非常有限。因此，该主题仍然是未来研究的开放领域。

10.6.2 一个理想的目标：节能学习

与样本效率的概念密切相关的是*能源效率*。在高性能硬件上运行的深度学习系统的能源使用效率较低，并且需要大量的电力才能运行。例如，如果并行使用多个 GPU 单元以完成一个计算密集型任务，那么很容易使用超过 1000 瓦的功率。而人脑仅需要 20 瓦就能工作。另外，人脑通常不会做精确的计算，而只是简单地进行估计。在许多学习环境中，这已足够，有时甚至可以提高泛化能力。这表明有时在强调泛化性而非准确性的架构中会提高能源效率。

为了提高计算的功耗效率，人们最近开发了几种算法来权衡计算的准确度。由于低精度计算的噪声影响，其中一些方法也显示出增强的泛化效果。文献［83］中的工作提出了使用二进制权重来执行有效计算的方法。文献［289］中分析了使用不同表示代码对能源效率的影响。包含尖峰神经元的某些类型的神经网络具有更高的能源效率[60]。尖峰神经元的概念直接基于哺乳动物大脑的生物学模型。基本思想是神经元不会在每个传播周期触发，而是仅在膜电位 membrane potential 达到特定值时才会触发。膜电位是神经元的一种固有性质，与神经元的电荷有关。

当神经网络的规模较小且冗余连接被修剪时，通常可以实现能源效率的提升。删除冗余连接也有助于正则化。文献［169］中的工作建议通过修剪冗余连接来同时学习神经网络中的权重和连接。特别地，可以去除接近零的权重。如第 4 章所述，可以通过 L_1 正则化使网络的权重接近于零。然而，文献［169］中的工作表明，L_2 正则化具有更高的准确度。因此，文献［169］中的工作使用 L_2 正则化并删除低于特定阈值的权重。修剪以迭代方式进行，其中权重在修剪之后被重新训练，然后再次修剪低权重的边缘。在每次迭代中，将来自上一阶段的训练权重用于下一阶段。因此，可以将密集网络稀疏化为连接少得多的网络。此外，那些没有输入连接和输出连接的死亡神经元将被修剪掉。文献［168］将该方法与霍夫曼编码和量化相结合以进行压缩，效果得到进一步增强。量化的目标是减少代表每个连接所需要的比特数。这种方法将 AlexNet[255] 所需的存储量减少至原来的 1/35，即从大约 240MB 减少到 6.9MB，而不会损失准确度。因此，可以将模型装配到芯片内 SRAM 缓存中，而不是芯片外 DRAM 存储器中。这在速度、能源效率以及在嵌入式设备中执行移动计算的能力方面都具有优势。特别是，文献［168］中已使用硬件加速器来实现这些目标，并且可以通过将模型布置到 SRAM 缓存中来实现这种加速。

另一个方向是开发直接适合神经网络的硬件。值得注意的是，对于人类来说，软件和硬件之间没有区别，尽管从计算机维护的角度来看，这种区别是有帮助的，但它也是效率低下的原因，这是人脑不需面对的问题。简单地说，硬件和软件紧密地集成在大脑开发的计算模型中。近年来，在神经形态计算领域已取得进展[114]。这一概念基于一种新的芯片体系结构，该体系结构包含尖峰神经元、低精度突触和可扩展的通信网络。有关卷积神经网络架构（基于神经形态计算）的描述，请参考文献［114］，该架构提供了最先进的图像识别性能。

10.7 总结

在这一章中，我们讨论了深度学习中的几个高级主题。首先从注意力机制的讨论开始，探讨了注意力机制在图像和文本数据中的应用，在这些场景下，注意力的加入提高了底层神经网络的泛化性能。注意力机制也可以通过使用外部存储器来增强计算能力，就图灵机来说，记忆增强网络与循环神经网络具有相似的理论形式。然而，它倾向于以一种更具可解释性的方式执行计算，因此可以从训练集很好地泛化到略有不同的测试集上。例如，在进行分类时，可以精确地处理比训练数据集包含的序列更长的序列。记忆增强网络的最简单示例是神经图灵机，它后来也被推广成可微神经计算机的概念。

生成对抗网络是一种新技术，它利用生成网络与判别网络之间的对抗交互过程来生成类似于真实样本数据库的人工样本。此类网络可以用作生成模型，来创建用于测试机器学习算法的输入样本。此外，通过对生成过程施加约束，可以创建具有不同类型的背景的样本。这些思想已被用于各种类型的应用中，如文本到图像和图像到图像的翻译。

近年来还探索了大量的高级主题，比如单样本学习、节能学习等。这些代表了神经网络目前远远落后于人类能力的领域。虽然这些方面在近几年已经取得了重大进展，但是这些领域仍然有很大的研究空间。

10.8 参考资料说明

早期在神经网络中使用注意力机制的是文献［59,266］等。本章讨论的视觉注意力循环模型基于文献［338］的工作。使用注意力视觉对图像中多个目标的识别参见文献［15］。注意力神经机器翻译中两个最著名的模型参见文献［18,302］。注意力的概念也被扩展到图像描述中，例如文献［540］提出了基于软注意力模型和硬注意力模型的图像描述生成方法。文献［413］讨论了注意力模型在文本摘要中的使用。注意力的概念也有助于聚焦于图像的特定部分，以实现可视化的问答[395,539,542]。注意力中一种很有用的机制是空间迁移网络，它可以有选择地裁剪或聚焦于图像的某一部分。文献［299］讨论了注意力模型在视觉问答上的应用。

神经图灵机[158]和记忆网络[473,528]几乎是在同一时期提出的。随后使用更好的内存分配机制和跟踪写入顺序的机制将神经图灵机推广到可微神经计算机中，神经图灵机和可微神经计算机已应用于复制、联想回忆、排序、图形查询和语言查询等各种任务。另一方面，记忆网络[473,528]的主要关注点是语言理解和问题问答，这两种架构实际上非常相似，主要的区别在于文献［473］中的模型关注基于内容的寻址机制，而不是基于位置的寻址机制；这样做可以减少对削尖的需求。文献［257］针对问答问题进行了更为集中的研究。文献［393］提出了神经程序解释器的概念，它是一种循环的、组合的神经网络，可以学习表示和执行程序。图灵机的一个有趣版本也是通过使用强化学习来设计的[550,551]，它可以用于学习更广泛的复杂任务。文献［551］中的工作显示了如何从示例中学习简单的算法，并在文献［229］中讨论了这些方法与 GPU 的并行化。

生成对抗网络（GAN）在文献［149］中被提出，在文献［145］中可以找到关于这个话题的讨论。早期的一种方法提出了一种类似的结构，用于生成带有卷积网络的椅子[103]。文献［420］讨论了改进的训练算法。训练对抗网络的主要挑战在于不稳定问题和饱和问题。对于其中一些问题的理论理解，以及解决这些问题的一些原则方法在文献［11,12］中进行了讨论。基于能量的生成对抗网络在文献［562］中被提出，声称它们具有更好的稳定性。对抗性思想也被推广到自编码器的架构中[311]。生成对抗网络常用于图像领域，生成具有各种特性的逼真图像[95,384]。在这些情况下，在生成器中使用反卷积网络而产生的 GAN 被称为 DCGAN。条件生成网络的概念及其在生成带有环境信息的对象中的应用在文献［331,392］中进行了讨论。该方法最近也被用于图像到图像的翻译[215,370,518]。虽然生成对抗网络常用于图像领域，但它们最近也扩展到了序列领域[546]。使用 CGAN 在视频中预测下一帧文献［319］中有提到。

最早的关于竞争学习的著作可以在文献［410,411］中找到。Gersho 和 Gray[136]提出了一个很好的关于矢量量化的方法。矢量量化方法是稀疏编码技术[75]的替代品。Kohonen 的自组织特征图在文献［248］中被引入，并且同一个作者在文献［249,250］中进行了更为详细的讨论。许多基本结构的变体，如 neural gas 等，都被用于增量学习[126,317]。

关于学会学习问题的讨论可以在文献［497］中找到。该领域最早的方法使用贝叶斯模型[116]。后来的方法侧重于使用各种类型的神经图灵机[416,507]。单样本学习方法在文献［364,403,462］中被提出。演化方法也可以用于长期学习[543]。人们还提出了许多方法来提高深度学习的能效，比如使用二进制权重[83,389]、设计特殊的芯片[114]与压缩机制[213,168,169]。针对卷积神经网络，还开发了专门的方法[68]。

软件资源

视觉注意循环模型代码可以在文献［627］中找到。本章讨论的神经机器翻译注意力机制的MATLAB代码（来自原文作者）可在文献［628］中找到。神经图灵机在TensorFlow中的实现可以在文献［629，630］中找到，这两个实现是相关的，因为文献［630］中的方法采用了文献［629］中方法的一些部分，并且在原始实现中使用了LSTM控制器。Keras、Lasagne和Torch中的实现可以在文献［631,632,633］中找到。Facebook在记忆网络上的几个实现可以在文献［634］中找到。TensorFlow中的一种记忆网络实现可在文献［635］中找到。在Theano和Lasagne中动态记忆网络的实现可在文献［636］中获得。

DCGAN在TensorFlow中的实现可在文献［637］中找到。事实上，GAN的几个变体（以及本章讨论的其他主题）可以从文献［638］获得。GAN的Keras实现可以在文献［639］中找到。各种GAN的实现，包括Wasserstein GAN和变分自编码器可以在文献［640］中找到。这些实现是在PyTorch和TensorFlow环境中执行的。TensorFlow中文本到图像GAN的实现在文献［641］中可以找到，该实现建立在上述DCGAN实现的基础上[637]。

10.9 练习

1. 训练硬注意力模型和软注意力模型的方法的主要区别是什么？
2. 思考如何使用注意力模型来改进第7章中的标记级别的分类应用？
3. 讨论k-means算法与竞争学习的关系。
4. 分别使用（1）矩形晶格（2）六边形晶格来实现Kohonen自组织映射。
5. 考虑一个具有目标函数$f(x,y)$的类似GAN的问题，我们想要计算$\min_x \max_y f(x,y)$。讨论$\min_x \max_y f(x,y)$和$\max_y \min_x f(x,y)$什么时候是相等的。
6. 考虑函数$f(x,y)=\sin(x+y)$，我们想要使$f(x,y)$对x最小，对y最大。使用GAN来优化这个目标，并实现本书中所讨论的梯度下降和上升的交替过程，你能在不同的起点得到相同的解吗？

参 考 文 献

[1] D. Ackley, G. Hinton, and T. Sejnowski. A learning algorithm for Boltzmann machines. *Cognitive Science*, 9(1), pp. 147–169, 1985.

[2] C. Aggarwal. Data classification: Algorithms and applications, *CRC Press*, 2014.

[3] C. Aggarwal. Data mining: The textbook. *Springer*, 2015.

[4] C. Aggarwal. Recommender systems: The textbook. *Springer*, 2016.

[5] C. Aggarwal. Outlier analysis. *Springer*, 2017.

[6] C. Aggarwal. Machine learning for text. *Springer*, 2018.

[7] R. Ahuja, T. Magnanti, and J. Orlin. Network flows: Theory, algorithms, and applications. *Prentice Hall*, 1993.

[8] E. Aljalbout, V. Golkov, Y. Siddiqui, and D. Cremers. Clustering with deep learning: Taxonomy and new methods. *arXiv:1801.07648*, 2018.
https://arxiv.org/abs/1801.07648

[9] R. Al-Rfou, B. Perozzi, and S. Skiena. Polyglot: Distributed word representations for multilingual nlp. *arXiv:1307.1662*, 2013.
https://arxiv.org/abs/1307.1662

[10] D. Amodei *at al.* Concrete problems in AI safety. *arXiv:1606.06565*, 2016.
https://arxiv.org/abs/1606.06565

[11] M. Arjovsky and L. Bottou. Towards principled methods for training generative adversarial networks. *arXiv:1701.04862*, 2017.
https://arxiv.org/abs/1701.04862

[12] M. Arjovsky, S. Chintala, and L. Bottou. Wasserstein gan. *arXiv:1701.07875*, 2017.
https://arxiv.org/abs/1701.07875

[13] J. Ba and R. Caruana. Do deep nets really need to be deep? *NIPS Conference*, pp. 2654–2662, 2014.

[14] J. Ba, J. Kiros, and G. Hinton. Layer normalization. *arXiv:1607.06450*, 2016.
https://arxiv.org/abs/1607.06450

[15] J. Ba, V. Mnih, and K. Kavukcuoglu. Multiple object recognition with visual attention. *arXiv: 1412.7755*, 2014.
https://arxiv.org/abs/1412.7755

[16] A. Babenko, A. Slesarev, A. Chigorin, and V. Lempitsky. Neural codes for image retrieval. *arXiv:1404.1777*, 2014.
https://arxiv.org/abs/1404.1777

[17] M. Baccouche, F. Mamalet, C. Wolf, C. Garcia, and A. Baskurt. Sequential deep learning for human action recognition. *International Workshop on Human Behavior Understanding*, pp. 29–39, 2011.

[18] D. Bahdanau, K. Cho, and Y. Bengio. Neural machine translation by jointly learning to align and translate. *ICLR*, 2015. Also *arXiv:1409.0473*, 2014.
https://arxiv.org/abs/1409.0473

[19] B. Baker, O. Gupta, N. Naik, and R. Raskar. Designing neural network architectures using reinforcement learning. *arXiv:1611.02167*, 2016.
https://arxiv.org/abs/1611.02167

[20] P. Baldi, S. Brunak, P. Frasconi, G. Soda, and G. Pollastri. Exploiting the past and the future in protein secondary structure prediction. *Bioinformatics*, 15(11), pp. 937–946, 1999.

[21] N. Ballas, L. Yao, C. Pal, and A. Courville. Delving deeper into convolutional networks for learning video representations. *arXiv:1511.06432*, 2015.
https://arxiv.org/abs/1511.06432

[22] J. Baxter, A. Tridgell, and L. Weaver. Knightcap: a chess program that learns by combining td (lambda) with game-tree search. *arXiv cs/9901002*, 1999.

[23] M. Bazaraa, H. Sherali, and C. Shetty. Nonlinear programming: theory and algorithms. *John Wiley and Sons*, 2013.

[24] S. Becker, and Y. LeCun. Improving the convergence of back-propagation learning with second order methods. *Proceedings of the 1988 connectionist models summer school*, pp. 29–37, 1988.

[25] M. Bellemare, Y. Naddaf, J. Veness, and M. Bowling. The arcade learning environment: An evaluation platform for general agents. *Journal of Artificial Intelligence Research*, 47, pp. 253–279, 2013.

[26] R. E. Bellman. Dynamic Programming. *Princeton University Press*, 1957.

[27] Y. Bengio. Learning deep architectures for AI. *Foundations and Trends in Machine Learning*, 2(1), pp. 1–127, 2009.

[28] Y. Bengio, A. Courville, and P. Vincent. Representation learning: A review and new perspectives. *IEEE TPAMI*, 35(8), pp. 1798–1828, 2013.

[29] Y. Bengio and O. Delalleau. Justifying and generalizing contrastive divergence. *Neural Computation*, 21(6), pp. 1601–1621, 2009.

[30] Y. Bengio and O. Delalleau. On the expressive power of deep architectures. *Algorithmic Learning Theory*, pp. 18–36, 2011.

[31] Y. Bengio, P. Lamblin, D. Popovici, and H. Larochelle. Greedy layer-wise training of deep networks. *NIPS Conference*, 19, 153, 2007.

[32] Y. Bengio, N. Le Roux, P. Vincent, O. Delalleau, and P. Marcotte. Convex neural networks. *NIPS Conference*, pp. 123–130, 2005.

[33] Y. Bengio, J. Louradour, R. Collobert, and J. Weston. Curriculum learning. *ICML Conference*, 2009.

[34] Y. Bengio, L. Yao, G. Alain, and P. Vincent. Generalized denoising auto-encoders as generative models. *NIPS Conference*, pp. 899–907, 2013.

[35] J. Bergstra *et al.* Theano: A CPU and GPU math compiler in Python. *Python in Science Conference*, 2010.

[36] J. Bergstra, R. Bardenet, Y. Bengio, and B. Kegl. Algorithms for hyper-parameter optimization. *NIPS Conference*, pp. 2546–2554, 2011.

[37] J. Bergstra and Y. Bengio. Random search for hyper-parameter optimization. *Journal of Machine Learning Research*, 13, pp. 281–305, 2012.

[38] J. Bergstra, D. Yamins, and D. Cox. Making a science of model search: Hyperparameter optimization in hundreds of dimensions for vision architectures. *ICML Confererence*, pp. 115–123, 2013.

[39] D. Bertsekas. Nonlinear programming *Athena Scientific*, 1999.

[40] C. M. Bishop. Pattern recognition and machine learning. *Springer*, 2007.

[41] C. M. Bishop. Neural networks for pattern recognition. *Oxford University Press*, 1995.

[42] C. M. Bishop. Bayesian Techniques. Chapter 10 in "Neural Networks for Pattern Recognition," pp. 385–439, 1995.

[43] C. M Bishop. Improving the generalization properties of radial basis function neural networks. *Neural Computation*, 3(4), pp. 579–588, 1991.

[44] C. M. Bishop. Training with noise is equivalent to Tikhonov regularization. *Neural computation*, 7(1),pp. 108–116, 1995.

[45] C. M. Bishop, M. Svensen, and C. K. Williams. GTM: A principled alternative to the self-organizing map. *NIPS Conference*, pp. 354–360, 1997.

[46] M. Bojarski *et al.* End to end learning for self-driving cars. *arXiv:1604.07316*, 2016. https://arxiv.org/abs/1604.07316

[47] M. Bojarski *et al.* Explaining How a Deep Neural Network Trained with End-to-End Learning Steers a Car. *arXiv:1704.07911*, 2017. https://arxiv.org/abs/1704.07911

[48] H. Bourlard and Y. Kamp. Auto-association by multilayer perceptrons and singular value decomposition. *Biological Cybernetics*, 59(4), pp. 291–294, 1988.

[49] L. Breiman. Random forests. *Journal Machine Learning archive*, 45(1), pp. 5–32, 2001.

[50] L. Breiman. Bagging predictors. *Machine Learning*, 24(2), pp. 123–140, 1996.

[51] D. Broomhead and D. Lowe. Multivariable functional interpolation and adaptive networks. *Complex Systems*, 2, pp. 321–355, 1988.

[52] C. Browne *et al.* A survey of monte carlo tree search methods. *IEEE Transactions on Computational Intelligence and AI in Games*, 4(1), pp. 1–43, 2012.

[53] T. Brox and J. Malik. Large displacement optical flow: descriptor matching in variational motion estimation. *IEEE TPAMI*, 33(3), pp. 500–513, 2011.

[54] A. Bryson. A gradient method for optimizing multi-stage allocation processes. *Harvard University Symposium on Digital Computers and their Applications*, 1961.

[55] C. Bucilu, R. Caruana, and A. Niculescu-Mizil. Model compression. *ACM KDD Conference*, pp. 535–541, 2006.

[56] P. Bühlmann and B. Yu. Analyzing bagging. *Annals of Statistics*, pp. 927–961, 2002.

[57] M. Buhmann. Radial Basis Functions: Theory and implementations. *Cambridge University Press*, 2003.

[58] Y. Burda, R. Grosse, and R. Salakhutdinov. Importance weighted autoencoders. *arXiv:1509.00519*, 2015.
https://arxiv.org/abs/1509.00519

[59] N. Butko and J. Movellan. I-POMDP: An infomax model of eye movement. *IEEE International Conference on Development and Learning*, pp. 139–144, 2008.

[60] Y. Cao, Y. Chen, and D. Khosla. Spiking deep convolutional neural networks for energy-efficient object recognition. *International Journal of Computer Vision*, 113(1), 54–66, 2015.

[61] M. Carreira-Perpinan and G. Hinton. On Contrastive Divergence Learning. *AISTATS*, 10, pp. 33–40, 2005.

[62] S. Chang, W. Han, J. Tang, G. Qi, C. Aggarwal, and T. Huang. Heterogeneous network embedding via deep architectures. *ACM KDD Conference*, pp. 119–128, 2015.

[63] N. Chawla, K. Bowyer, L. Hall, and W. Kegelmeyer. SMOTE: synthetic minority oversampling technique. *Journal of Artificial Intelligence Research*, 16, pp. 321–357, 2002.

[64] J. Chen, S. Sathe, C. Aggarwal, and D. Turaga. Outlier detection with autoencoder ensembles. *SIAM Conference on Data Mining*, 2017.

[65] S. Chen, C. Cowan, and P. Grant. Orthogonal least-squares learning algorithm for radial basis function networks. *IEEE Transactions on Neural Networks*, 2(2), pp. 302–309, 1991.

[66] W. Chen, J. Wilson, S. Tyree, K. Weinberger, and Y. Chen. Compressing neural networks with the hashing trick. *ICML Confererence*, pp. 2285–2294, 2015.

[67] Y. Chen and M. Zaki. KATE: K-Competitive Autoencoder for Text. *ACM KDD Conference*, 2017.

[68] Y. Chen, T. Krishna, J. Emer, and V. Sze. Eyeriss: An energy-efficient reconfigurable accelerator for deep convolutional neural networks. *IEEE Journal of Solid-State Circuits*, 52(1), pp. 127–138, 2017.

[69] K. Cho, B. Merrienboer, C. Gulcehre, F. Bougares, H. Schwenk, and Y. Bengio. Learning phrase representations using RNN encoder-decoder for statistical machine translation. *EMNLP*, 2014.
https://arxiv.org/pdf/1406.1078.pdf

[70] J. Chorowski, D. Bahdanau, D. Serdyuk, K. Cho, and Y. Bengio. Attention-based models for speech recognition. *NIPS Conference*, pp. 577–585, 2015.

[71] J. Chung, C. Gulcehre, K. Cho, and Y. Bengio. Empirical evaluation of gated recurrent neural networks on sequence modeling. *arXiv:1412.3555*, 2014.
https://arxiv.org/abs/1412.3555

[72] D. Ciresan, U. Meier, L. Gambardella, and J. Schmidhuber. Deep, big, simple neural nets for handwritten digit recognition. *Neural Computation*, 22(12), pp. 3207–3220, 2010.

[73] C. Clark and A. Storkey. Training deep convolutional neural networks to play go. *ICML Confererence*, pp. 1766–1774, 2015.

[74] A. Coates, B. Huval, T. Wang, D. Wu, A. Ng, and B. Catanzaro. Deep learning with COTS HPC systems. *ICML Confererence*, pp. 1337–1345, 2013.

[75] A. Coates and A. Ng. The importance of encoding versus training with sparse coding and vector quantization. *ICML Confererence*, pp. 921–928, 2011.

[76] A. Coates and A. Ng. Learning feature representations with k-means. *Neural networks: Tricks of the Trade*, Springer, pp. 561–580, 2012.

[77] A. Coates, A. Ng, and H. Lee. An analysis of single-layer networks in unsupervised feature learning. *AAAI Conference*, pp. 215–223, 2011.

[78] R. Collobert, J. Weston, L. Bottou, M. Karlen, K. Kavukcuoglu, and P. Kuksa. Natural language processing (almost) from scratch. *Journal of Machine Learning Research*, 12, pp. 2493–2537, 2011.

[79] R. Collobert and J. Weston. A unified architecture for natural language processing: Deep neural networks with multitask learning. *ICML Conference*, pp. 160–167, 2008.

[80] J. Connor, R. Martin, and L. Atlas. Recurrent neural networks and robust time series prediction. *IEEE Transactions on Neural Networks*, 5(2), pp. 240–254, 1994.

[81] T. Cooijmans, N. Ballas, C. Laurent, C. Gulcehre, and A. Courville. Recurrent batch normalization. *arXiv:1603.09025*, 2016.
https://arxiv.org/abs/1603.09025

[82] C. Cortes and V. Vapnik. Support-vector networks. *Machine Learning*, 20(3), pp. 273–297, 1995.

[83] M. Courbariaux, Y. Bengio, and J.-P. David. BinaryConnect: Training deep neural networks with binary weights during propagations. *arXiv:1511.00363*, 2015.
https://arxiv.org/pdf/1511.00363.pdf

[84] T. Cover. Geometrical and statistical properties of systems of linear inequalities with applications to pattern recognition. *IEEE Transactions on Electronic Computers*, pp. 326–334, 1965.

[85] D. Cox and N. Pinto. Beyond simple features: A large-scale feature search approach to unconstrained face recognition. *IEEE International Conference on Automatic Face and Gesture Recognition and Workshops*, pp. 8–15, 2011.

[86] G. Dahl, R. Adams, and H. Larochelle. Training restricted Boltzmann machines on word observations. *arXiv:1202.5695*, 2012.
https://arxiv.org/abs/1202.5695

[87] N. Dalal and B. Triggs. Histograms of oriented gradients for human detection. *Computer Vision and Pattern Recognition*, pp. 886–893, 2005.

[88] Y. Dauphin, R. Pascanu, C. Gulcehre, K. Cho, S. Ganguli, and Y. Bengio. Identifying and attacking the saddle point problem in high-dimensional non-convex optimization. *NIPS Conference*, pp. 2933–2941, 2014.

[89] N. de Freitas. Machine Learning, University of Oxford (Course Video), 2013. https://www.youtube.com/watch?v=w2OtwL5T1ow&list=PLE6Wd9FREdyJ5lbFl8Uu-GjecvVw66F6

[90] N. de Freitas. Deep Learning, University of Oxford (Course Video), 2015. https://www.youtube.com/watch?v=PlhFWT7vAEw&list=PLjK8ddCbDMphIMSXn-1IjyYpHU3DaUYw

[91] J. Dean *et al.* Large scale distributed deep networks. *NIPS Conference*, 2012.

[92] M. Defferrard, X. Bresson, and P. Vandergheynst. Convolutional neural networks on graphs with fast localized spectral filtering. *NIPS Conference*, pp. 3844–3852, 2016.

[93] O. Delalleau and Y. Bengio. Shallow vs. deep sum-product networks. *NIPS Conference*, pp. 666–674, 2011.

[94] M. Denil, B. Shakibi, L. Dinh, M. A. Ranzato, and N. de Freitas. Predicting parameters in deep learning. *NIPS Conference*, pp. 2148–2156, 2013.

[95] E. Denton, S. Chintala, and R. Fergus. Deep Generative Image Models using a Laplacian Pyramid of Adversarial Networks. *NIPS Conference*, pp. 1466–1494, 2015.

[96] G. Desjardins, K. Simonyan, and R. Pascanu. Natural neural networks. *NIPS Congference*, pp. 2071–2079, 2015.

[97] F. Despagne and D. Massart. Neural networks in multivariate calibration. *Analyst*, 123(11), pp. 157R–178R, 1998.

[98] T. Dettmers. 8-bit approximations for parallelism in deep learning. *arXiv:1511.04561*, 2015. https://arxiv.org/abs/1511.04561

[99] C. Ding, T. Li, and W. Peng. On the equivalence between non-negative matrix factorization and probabilistic latent semantic indexing. *Computational Statistics and Data Analysis*, 52(8), pp. 3913–3927, 2008.

[100] J. Donahue, L. Anne Hendricks, S. Guadarrama, M. Rohrbach, S. Venugopalan, K. Saenko, and T. Darrell. Long-term recurrent convolutional networks for visual recognition and description. *IEEE conference on computer vision and pattern recognition*, pp. 2625–2634, 2015.

[101] G. Dorffner. Neural networks for time series processing. *Neural Network World*, 1996.

[102] C. Dos Santos and M. Gatti. Deep Convolutional Neural Networks for Sentiment Analysis of Short Texts. *COLING*, pp. 69–78, 2014.

[103] A. Dosovitskiy, J. Tobias Springenberg, and T. Brox. Learning to generate chairs with convolutional neural networks. *CVPR Conference*, pp. 1538–1546, 2015.

[104] A. Dosovitskiy and T. Brox. Inverting visual representations with convolutional networks. *CVPR Conference*, pp. 4829–4837, 2016.

[105] K. Doya. Bifurcations of recurrent neural networks in gradient descent learning. *IEEE Transactions on Neural Networks*, 1, pp. 75–80, 1993.

[106] C. Doersch. Tutorial on variational autoencoders. *arXiv:1606.05908*, 2016. https://arxiv.org/abs/1606.05908

[107] H. Drucker and Y. LeCun. Improving generalization performance using double backpropagation. *IEEE Transactions on Neural Networks*, 3(6), pp. 991–997, 1992.

[108] J. Duchi, E. Hazan, and Y. Singer. Adaptive subgradient methods for online learning and stochastic optimization. *Journal of Machine Learning Research*, 12, pp. 2121–2159, 2011.

[109] V. Dumoulin and F. Visin. A guide to convolution arithmetic for deep learning. *arXiv:1603.07285*, 2016.
https://arxiv.org/abs/1603.07285

[110] A. Elkahky, Y. Song, and X. He. A multi-view deep learning approach for cross domain user modeling in recommendation systems. *WWW Conference*, pp. 278–288, 2015.

[111] J. Elman. Finding structure in time. *Cognitive Science*, 14(2), pp. 179–211, 1990.

[112] J. Elman. Learning and development in neural networks: The importance of starting small. *Cognition*, 48, pp. 781–799, 1993.

[113] D. Erhan, Y. Bengio, A. Courville, P. Manzagol, P. Vincent, and S. Bengio. Why does unsupervised pre-training help deep learning?. *Journal of Machine Learning Research*, 11, pp. 625–660, 2010.

[114] S. Essar *et al.* Convolutional neural networks for fast, energy-efficient neuromorphic computing. *Proceedings of the National Academy of Science of the United States of America*, 113(41), pp. 11441–11446, 2016.

[115] A. Fader, L. Zettlemoyer, and O. Etzioni. Paraphrase-Driven Learning for Open Question Answering. *ACL*, pp. 1608–1618, 2013.

[116] L. Fei-Fei, R. Fergus, and P. Perona. One-shot learning of object categories. *IEEE TPAMI*, 28(4), pp. 594–611, 2006.

[117] P. Felzenszwalb, R. Girshick, D. McAllester, and D. Ramanan. Object detection with discriminatively trained part-based models. *IEEE TPAMI*, 32(9), pp. 1627–1645, 2010.

[118] A. Fader, L. Zettlemoyer, and O. Etzioni. Open question answering over curated and extracted knowledge bases. *ACM KDD Conference*, 2014.

[119] A. Fischer and C. Igel. An introduction to restricted Boltzmann machines. *Progress in Pattern Recognition, Image Analysis, Computer Vision, and Applications*, pp. 14–36, 2012.

[120] R. Fisher. The use of multiple measurements in taxonomic problems. *Annals of Eugenics*, 7: pp. 179–188, 1936.

[121] P. Frasconi, M. Gori, and A. Sperduti. A general framework for adaptive processing of data structures. *IEEE Transactions on Neural Networks*, 9(5), pp. 768–786, 1998.

[122] Y. Freund and R. Schapire. A decision-theoretic generalization of online learning and application to boosting. *Computational Learning Theory*, pp. 23–37, 1995.

[123] Y. Freund and R. Schapire. Large margin classification using the perceptron algorithm. *Machine Learning*, 37(3), pp. 277–296, 1999.

[124] Y. Freund and D. Haussler. Unsupervised learning of distributions on binary vectors using two layer networks. *Technical report*, Santa Cruz, CA, USA, 1994

[125] B. Fritzke. Fast learning with incremental RBF networks. *Neural Processing Letters*, 1(1), pp. 2–5, 1994.

[126] B. Fritzke. A growing neural gas network learns topologies. *NIPS Conference*, pp. 625–632, 1995.

[127] K. Fukushima. Neocognitron: A self-organizing neural network model for a mechanism of pattern recognition unaffected by shift in position. *Biological Cybernetics*, 36(4), pp. 193–202, 1980.

[128] S. Gallant. Perceptron-based learning algorithms. *IEEE Transactions on Neural Networks*, 1(2), pp. 179–191, 1990.

[129] S. Gallant. Neural network learning and expert systems. *MIT Press*, 1993.

[130] H. Gao, H. Yuan, Z. Wang, and S. Ji. Pixel Deconvolutional Networks. *arXiv:1705.06820*, 2017.
https://arxiv.org/abs/1705.06820

[131] L. Gatys, A. S. Ecker, and M. Bethge. Texture synthesis using convolutional neural networks. *NIPS Conference*, pp. 262–270, 2015.

[132] L. Gatys, A. Ecker, and M. Bethge. Image style transfer using convolutional neural networks. *IEEE Conference on Computer Vision and Pattern Recognition*, pp. 2414–2423, 2015.

[133] H. Gavin. The Levenberg-Marquardt method for nonlinear least squares curve-fitting problems, 2011.
http://people.duke.edu/~hpgavin/ce281/lm.pdf

[134] P. Gehler, A. Holub, and M. Welling. The Rate Adapting Poisson (RAP) model for information retrieval and object recognition. *ICML Confererence*, 2006.

[135] S. Gelly *et al.* The grand challenge of computer Go: Monte Carlo tree search and extensions. *Communcations of the ACM*, 55, pp. 106–113, 2012.

[136] A. Gersho and R. M. Gray. Vector quantization and signal compression. *Springer Science and Business Media*, 2012.

[137] A. Ghodsi. STAT 946: Topics in Probability and Statistics: Deep Learning, *University of Waterloo*, Fall 2015.
https://www.youtube.com/watch?v=fyAZszlPphs&list=PLehuLRPyt1Hyi78UOkMP-WCGRxGcA9NVOE

[138] W. Gilks, S. Richardson, and D. Spiegelhalter. Markov chain Monte Carlo in practice. *CRC Press*, 1995.

[139] F. Girosi and T. Poggio. Networks and the best approximation property. *Biological Cybernetics*, 63(3), pp. 169–176, 1990.

[140] X. Glorot and Y. Bengio. Understanding the difficulty of training deep feedforward neural networks. *AISTATS*, pp. 249–256, 2010.

[141] X. Glorot, A. Bordes, and Y. Bengio. Deep Sparse Rectifier Neural Networks. *AISTATS*, 15(106), 2011.

[142] P. Glynn. Likelihood ratio gradient estimation: an overview, *Proceedings of the 1987 Winter Simulation Conference*, pp. 366–375, 1987.

[143] Y. Goldberg. A primer on neural network models for natural language processing. *Journal of Artificial Intelligence Research (JAIR)*, 57, pp. 345–420, 2016.

[144] C. Goller and A. Küchler. Learning task-dependent distributed representations by backpropagation through structure. *Neural Networks*, 1, pp. 347–352, 1996.

[145] I. Goodfellow. NIPS 2016 tutorial: Generative adversarial networks. *arXiv:1701.00160*, 2016. https://arxiv.org/abs/1701.00160

[146] I. Goodfellow, O. Vinyals, and A. Saxe. Qualitatively characterizing neural network optimization problems. *arXiv:1412.6544*, 2014. [Also appears in *International Conference in Learning Representations*, 2015]
https://arxiv.org/abs/1412.6544

[147] I. Goodfellow, Y. Bengio, and A. Courville. Deep learning. *MIT Press*, 2016.

[148] I. Goodfellow, D. Warde-Farley, M. Mirza, A. Courville, and Y. Bengio. Maxout networks. *arXiv:1302.4389*, 2013.

[149] I. Goodfellow *et al.* Generative adversarial nets. *NIPS Conference*, 2014.

[150] A. Graves, A. Mohamed, and G. Hinton. Speech recognition with deep recurrent neural networks. *Acoustics, Speech and Signal Processing (ICASSP)*, pp. 6645–6649, 2013.

[151] A. Graves. Generating sequences with recurrent neural networks. *arXiv:1308.0850*, 2013. https://arxiv.org/abs/1308.0850

[152] A. Graves. Supervised sequence labelling with recurrent neural networks *Springer*, 2012. http://rd.springer.com/book/10.1007%2F978-3-642-24797-2

[153] A. Graves, S. Fernandez, F. Gomez, and J. Schmidhuber. Connectionist temporal classification: labelling unsegmented sequence data with recurrent neural networks. *ICML Confererence*, pp. 369–376, 2006.

[154] A. Graves, M. Liwicki, S. Fernandez, R. Bertolami, H. Bunke, and J. Schmidhuber. A novel connectionist system for unconstrained handwriting recognition. *IEEE TPAMI*, 31(5), pp. 855–868, 2009.

[155] A. Graves and J. Schmidhuber. Framewise Phoneme Classification with Bidirectional LSTM and Other Neural Network Architectures. *Neural Networks*, 18(5–6), pp. 602–610, 2005.

[156] A. Graves and J. Schmidhuber. Offline handwriting recognition with multidimensional recurrent neural networks. *NIPS Conference*, pp. 545–552, 2009.

[157] A. Graves and N. Jaitly. Towards End-To-End Speech Recognition with Recurrent Neural Networks. *ICML Conference*, pp. 1764–1772, 2014.

[158] A. Graves, G. Wayne, and I. Danihelka. Neural turing machines. *arXiv:1410.5401*, 2014. https://arxiv.org/abs/1410.5401

[159] A. Graves *et al.* Hybrid computing using a neural network with dynamic external memory. *Nature*, 538.7626, pp. 471–476, 2016.

[160] K. Greff, R. K. Srivastava, J. Koutnik, B. Steunebrink, and J. Schmidhuber. LSTM: A search space odyssey. *IEEE Transactions on Neural Networks and Learning Systems*, 2016. http://ieeexplore.ieee.org/abstract/document/7508408/

[161] K. Greff, R. K. Srivastava, and J. Schmidhuber. Highway and residual networks learn unrolled iterative estimation. *arXiv:1612.07771*, 2016.
https://arxiv.org/abs/1612.07771

[162] I. Grondman, L. Busoniu, G. A. Lopes, and R. Babuska. A survey of actor-critic reinforcement learning: Standard and natural policy gradients. *IEEE Transactions on Systems, Man, and Cybernetics*, 42(6), pp. 1291–1307, 2012.

[163] R. Girshick, F. Iandola, T. Darrell, and J. Malik. Deformable part models are convolutional neural networks. *IEEE Conference on Computer Vision and Pattern Recognition*, pp. 437–446, 2015.

[164] A. Grover and J. Leskovec. node2vec: Scalable feature learning for networks. *ACM KDD Conference*, pp. 855–864, 2016.

[165] X. Guo, S. Singh, H. Lee, R. Lewis, and X. Wang. Deep learning for real-time Atari game play using offline Monte-Carlo tree search planning. *Advances in NIPS Conference*, pp. 3338–3346, 2014.

[166] M. Gutmann and A. Hyvarinen. Noise-contrastive estimation: A new estimation principle for unnormalized statistical models. *AISTATS*, 1(2), pp. 6, 2010.

[167] R. Hahnloser and H. S. Seung. Permitted and forbidden sets in symmetric threshold-linear networks. *NIPS Conference*, pp. 217–223, 2001.

[168] S. Han, X. Liu, H. Mao, J. Pu, A. Pedram, M. Horowitz, and W. Dally. EIE: Efficient Inference Engine for Compressed Neural Network. *ACM SIGARCH Computer Architecture News*, 44(3), pp. 243–254, 2016.

[169] S. Han, J. Pool, J. Tran, and W. Dally. Learning both weights and connections for efficient neural networks. *NIPS Conference*, pp. 1135–1143, 2015.

[170] L. K. Hansen and P. Salamon. Neural network ensembles. *IEEE TPAMI*, 12(10), pp. 993–1001, 1990.

[171] M. Hardt, B. Recht, and Y. Singer. Train faster, generalize better: Stability of stochastic gradient descent. *ICML Confererence*, pp. 1225–1234, 2006.

[172] B. Hariharan, P. Arbelaez, R. Girshick, and J. Malik. Simultaneous detection and segmentation. *arXiv:1407.1808*, 2014.
https://arxiv.org/abs/1407.1808

[173] E. Hartman, J. Keeler, and J. Kowalski. Layered neural networks with Gaussian hidden units as universal approximations. *Neural Computation*, 2(2), pp. 210–215, 1990.

[174] H. van Hasselt, A. Guez, and D. Silver. Deep Reinforcement Learning with Double Q-Learning. *AAAI Conference*, 2016.

[175] B. Hassibi and D. Stork. Second order derivatives for network pruning: Optimal brain surgeon. *NIPS Conference*, 1993.

[176] D. Hassabis, D. Kumaran, C. Summerfield, and M. Botvinick. Neuroscience-inspired artificial intelligence. *Neuron*, 95(2), pp. 245–258, 2017.

[177] T. Hastie, R. Tibshirani, and J. Friedman. The elements of statistical learning. *Springer*, 2009.

[178] T. Hastie and R. Tibshirani. Generalized additive models. *CRC Press*, 1990.

[179] T. Hastie, R. Tibshirani, and M. Wainwright. Statistical learning with sparsity: the lasso and generalizations. *CRC Press*, 2015.

[180] M. Havaei *et al.* Brain tumor segmentation with deep neural networks. *Medical Image Analysis*, 35, pp. 18–31, 2017.

[181] S. Hawkins, H. He, G. Williams, and R. Baxter. Outlier detection using replicator neural networks. *International Conference on Data Warehousing and Knowledge Discovery*, pp. 170–180, 2002.

[182] S. Haykin. Neural networks and learning machines. *Pearson*, 2008.

[183] K. He, X. Zhang, S. Ren, and J. Sun. Delving deep into rectifiers: Surpassing human-level performance on imagenet classification. *IEEE International Conference on Computer Vision*, pp. 1026–1034, 2015.

[184] K. He, X. Zhang, S. Ren, and J. Sun. Deep residual learning for image recognition. *IEEE Conference on Computer Vision and Pattern Recognition*, pp. 770–778, 2016.

[185] K. He, X. Zhang, S. Ren, and J. Sun. Identity mappings in deep residual networks. *European Conference on Computer Vision*, pp. 630–645, 2016.

[186] X. He, L. Liao, H. Zhang, L. Nie, X. Hu, and T. S. Chua. Neural collaborative filtering. *WWW Conference*, pp. 173–182, 2017.

[187] N. Heess *et al.* Emergence of Locomotion Behaviours in Rich Environments. *arXiv:1707.02286*, 2017.
https://arxiv.org/abs/1707.02286
Video 1 at: https://www.youtube.com/watch?v=hx_bgoTF7bs
Video 2 at: https://www.youtube.com/watch?v=gn4nRCC9TwQ&feature=youtu.be

[188] M. Henaff, J. Bruna, and Y. LeCun. Deep convolutional networks on graph-structured data. *arXiv:1506.05163*, 2015.
https://arxiv.org/abs/1506.05163

[189] M. Hestenes and E. Stiefel. Methods of conjugate gradients for solving linear systems. *Journal of Research of the National Bureau of Standards*, 49(6), 1952.

[190] G. Hinton. Connectionist learning procedures. *Artificial Intelligence*, 40(1–3), pp. 185–234, 1989.

[191] G. Hinton. Training products of experts by minimizing contrastive divergence. *Neural Computation*, 14(8), pp. 1771–1800, 2002.

[192] G. Hinton. To recognize shapes, first learn to generate images. *Progress in Brain Research*, 165, pp. 535–547, 2007.

[193] G. Hinton. A practical guide to training restricted Boltzmann machines. *Momentum*, 9(1), 926, 2010.

[194] G. Hinton. Neural networks for machine learning, *Coursera Video*, 2012.

[195] G. Hinton, P. Dayan, B. Frey, and R. Neal. The wake–sleep algorithm for unsupervised neural networks. *Science*, 268(5214), pp. 1158–1162, 1995.

[196] G. Hinton, S. Osindero, and Y. Teh. A fast learning algorithm for deep belief nets. *Neural Computation*, 18(7), pp. 1527–1554, 2006.

[197] G. Hinton and T. Sejnowski. Learning and relearning in Boltzmann machines. *Parallel Distributed Processing: Explorations in the Microstructure of Cognition*, MIT Press, 1986.

[198] G. Hinton and R. Salakhutdinov. Reducing the dimensionality of data with neural networks. *Science*, 313, (5766), pp. 504–507, 2006.

[199] G. Hinton and R. Salakhutdinov. Replicated softmax: an undirected topic model. *NIPS Conference*, pp. 1607–1614, 2009.

[200] G. Hinton and R. Salakhutdinov. A better way to pretrain deep Boltzmann machines. *NIPS Conference*, pp. 2447–2455, 2012.

[201] G. Hinton, N. Srivastava, A. Krizhevsky, I. Sutskever, and R. Salakhutdinov. Improving neural networks by preventing co-adaptation of feature detectors. *arXiv:1207.0580*, 2012.
https://arxiv.org/abs/1207.0580

[202] G. Hinton, O. Vinyals, and J. Dean. Distilling the knowledge in a neural network. *NIPS Workshop*, 2014.

[203] R. Hochberg. Matrix Multiplication with CUDA: A basic introduction to the CUDA programming model. *Unpublished manuscript*, 2012.
http://www.shodor.org/media/content/petascale/materials/UPModules/matrixMultiplication/moduleDocument.pdf

[204] S. Hochreiter and J. Schmidhuber. Long short-term memory. *Neural Computation*, 9(8), pp. 1735–1785, 1997.

[205] S. Hochreiter, Y. Bengio, P. Frasconi, and J. Schmidhuber. Gradient flow in recurrent nets: the difficulty of learning long-term dependencies, *A Field Guide to Dynamical Recurrent Neural Networks*, IEEE Press, 2001.

[206] T. Hofmann. Probabilistic latent semantic indexing. *ACM SIGIR Conference*, pp. 50–57, 1999.

[207] J. J. Hopfield. Neural networks and physical systems with emergent collective computational abilities. *National Academy of Sciences of the USA*, 79(8), pp. 2554–2558, 1982.

[208] K. Hornik, M. Stinchcombe, and H. White. Multilayer feedforward networks are universal approximators. *Neural Networks*, 2(5), pp. 359–366, 1989.

[209] Y. Hu, Y. Koren, and C. Volinsky. Collaborative filtering for implicit feedback datasets. *IEEE International Conference on Data Mining*, pp. 263–272, 2008.

[210] G. Huang, Y. Sun, Z. Liu, D. Sedra, and K. Weinberger. Deep networks with stochastic depth. *European Conference on Computer Vision*, pp. 646–661, 2016.

[211] G. Huang, Z. Liu, K. Weinberger, and L. van der Maaten. Densely connected convolutional networks. *arXiv:1608.06993*, 2016.
https://arxiv.org/abs/1608.06993

[212] D. Hubel and T. Wiesel. Receptive fields of single neurones in the cat's striate cortex. *The Journal of Physiology*, 124(3), pp. 574–591, 1959.

[213] F. Iandola, S. Han, M. Moskewicz, K. Ashraf, W. Dally, and K. Keutzer. SqueezeNet: AlexNet-level accuracy with 50x fewer parameters and$<$ 0.5 MB model size. *arXiv:1602.07360*, 2016.
https://arxiv.org/abs/1602.07360

[214] S. Ioffe and C. Szegedy. Batch normalization: Accelerating deep network training by reducing internal covariate shift. *arXiv:1502.03167*, 2015.

[215] P. Isola, J. Zhu, T. Zhou, and A. Efros. Image-to-image translation with conditional adversarial networks. *arXiv:1611.07004*, 2016.
https://arxiv.org/abs/1611.07004

[216] M. Iyyer, J. Boyd-Graber, L. Claudino, R. Socher, and H. Daume III. A Neural Network for Factoid Question Answering over Paragraphs. *EMNLP*, 2014.

[217] R. Jacobs. Increased rates of convergence through learning rate adaptation. *Neural Networks*, 1(4), pp. 295–307, 1988.

[218] M. Jaderberg, K. Simonyan, and A. Zisserman. Spatial transformer networks. *NIPS Conference*, pp. 2017–2025, 2015.

[219] H. Jaeger. The "echo state" approach to analysing and training recurrent neural networks – with an erratum note. *German National Research Center for Information Technology GMD Technical Report*, 148(34), 13, 2001.

[220] H. Jaeger and H. Haas. Harnessing nonlinearity: Predicting chaotic systems and saving energy in wireless communication. *Science*, 304, pp. 78–80, 2004.

[221] K. Jarrett, K. Kavukcuoglu, M. Ranzato, and Y. LeCun. What is the best multi-stage architecture for object recognition? *International Conference on Computer Vision (ICCV)*, 2009.

[222] S. Ji, W. Xu, M. Yang, and K. Yu. 3D convolutional neural networks for human action recognition. *IEEE TPAMI*, 35(1), pp. 221–231, 2013.

[223] Y. Jia *et al.* Caffe: Convolutional architecture for fast feature embedding. *ACM International Conference on Multimedia*, 2014.

[224] C. Johnson. Logistic matrix factorization for implicit feedback data. *NIPS Conference*, 2014.

[225] J. Johnson, A. Karpathy, and L. Fei-Fei. Densecap: Fully convolutional localization networks for dense captioning. *IEEE Conference on Computer Vision and Pattern Recognition*, pp. 4565–4574, 2015.

[226] J. Johnson, A. Alahi, and L. Fei-Fei. Perceptual losses for real-time style transfer and super-resolution. *European Conference on Computer Vision*, pp. 694–711, 2015.

[227] R. Johnson and T. Zhang. Effective use of word order for text categorization with convolutional neural networks. *arXiv:1412.1058*, 2014.
https://arxiv.org/abs/1412.1058

[228] R. Jozefowicz, W. Zaremba, and I. Sutskever. An empirical exploration of recurrent network architectures. *ICML Confererence*, pp. 2342–2350, 2015.

[229] L. Kaiser and I. Sutskever. Neural GPUs learn algorithms. *arXiv:1511.08228*, 2015.
https://arxiv.org/abs/1511.08228

[230] S. Kakade. A natural policy gradient. *NIPS Conference*, pp. 1057–1063, 2002.

[231] N. Kalchbrenner and P. Blunsom. Recurrent continuous translation models. *EMNLP*, 3, 39, pp. 413, 2013.

[232] H. Kandel, J. Schwartz, T. Jessell, S. Siegelbaum, and A. Hudspeth. Principles of neural science. *McGraw Hill*, 2012.

[233] A. Karpathy, J. Johnson, and L. Fei-Fei. Visualizing and understanding recurrent networks. *arXiv:1506.02078*, 2015.
https://arxiv.org/abs/1506.02078

[234] A. Karpathy, G. Toderici, S. Shetty, T. Leung, R. Sukthankar, and L. Fei-Fei. Large-scale video classification with convolutional neural networks. *IEEE Conference on Computer Vision and Pattern Recognition*, pp. 725–1732, 2014.

[235] A. Karpathy. The unreasonable effectiveness of recurrent neural networks, *Blog post*, 2015.
http://karpathy.github.io/2015/05/21/rnn-effectiveness/

[236] A. Karpathy, J. Johnson, and L. Fei-Fei. Stanford University Class CS321n: Convolutional neural networks for visual recognition, 2016.
http://cs231n.github.io/

[237] H. J. Kelley. Gradient theory of optimal flight paths. *Ars Journal*, 30(10), pp. 947–954, 1960.

[238] F. Khan, B. Mutlu, and X. Zhu. How do humans teach: On curriculum learning and teaching dimension. *NIPS Conference*, pp. 1449–1457, 2011.

[239] T. Kietzmann, P. McClure, and N. Kriegeskorte. Deep Neural Networks In Computational Neuroscience. *bioRxiv, 133504*, 2017.
https://www.biorxiv.org/content/early/2017/05/04/133504

[240] Y. Kim. Convolutional neural networks for sentence classification. *arXiv:1408.5882*, 2014.

[241] D. Kingma and J. Ba. Adam: A method for stochastic optimization. *arXiv:1412.6980*, 2014.
https://arxiv.org/abs/1412.6980

[242] D. Kingma and M. Welling. Auto-encoding variational bayes. *arXiv:1312.6114*, 2013.
https://arxiv.org/abs/1312.6114

[243] T. Kipf and M. Welling. Semi-supervised classification with graph convolutional networks. *arXiv:1609.02907*, 2016.
https://arxiv.org/pdf/1609.02907.pdf

[244] S. Kirkpatrick, C. Gelatt, and M. Vecchi. Optimization by simulated annealing. *Science*, 220, pp. 671–680, 1983.

[245] J. Kivinen and M. Warmuth. The perceptron algorithm vs. winnow: linear vs. logarithmic mistake bounds when few input variables are relevant. *Computational Learning Theory*, pp. 289–296, 1995.

[246] L. Kocsis and C. Szepesvari. Bandit based monte-carlo planning. *ECML Conference*, pp. 282–293, 2006.

[247] R. Kohavi and D. Wolpert. Bias plus variance decomposition for zero-one loss functions. *ICML Conference*, 1996.

[248] T. Kohonen. The self-organizing map. Neurocomputing, 21(1), pp. 1–6, 1998.

[249] T. Kohonen. Self-organization and associative memory. *Springer*, 2012.

[250] T. Kohonen. Self-organizing maps, *Springer*, 2001.

[251] D. Koller and N. Friedman. Probabilistic graphical models: principles and techniques. *MIT Press*, 2009.

[252] E. Kong and T. Dietterich. Error-correcting output coding corrects bias and variance. *ICML Conference*, pp. 313–321, 1995.

[253] Y. Koren. Factor in the neighbors: Scalable and accurate collaborative filtering. *ACM Transactions on Knowledge Discovery from Data (TKDD)*, 4(1), 1, 2010.

[254] A. Krizhevsky. One weird trick for parallelizing convolutional neural networks. *arXiv:1404.5997*, 2014.
https://arxiv.org/abs/1404.5997

[255] A. Krizhevsky, I. Sutskever, and G. Hinton. Imagenet classification with deep convolutional neural networks. *NIPS Conference*, pp. 1097–1105. 2012.

[256] M. Kubat. Decision trees can initialize radial-basis function networks. *IEEE Transactions on Neural Networks*, 9(5), pp. 813–821, 1998.

[257] A. Kumar *et al.* Ask me anything: Dynamic memory networks for natural language processing. *ICML Confererence*, 2016.

[258] Y. Koren. Collaborative filtering with temporal dynamics. *ACM KDD Conference*, pp. 447–455, 2009.

[259] M. Lai. Giraffe: Using deep reinforcement learning to play chess. *arXiv:1509.01549*, 2015.

[260] S. Lai, L. Xu, K. Liu, and J. Zhao. Recurrent Convolutional Neural Networks for Text Classification. *AAAI*, pp. 2267–2273, 2015.

[261] B. Lake, T. Ullman, J. Tenenbaum, and S. Gershman. Building machines that learn and think like people. *Behavioral and Brain Sciences*, pp. 1–101, 2016.

[262] H. Larochelle. Neural Networks (Course). Universite de Sherbrooke, 2013.
https://www.youtube.com/watch?v=SGZ6BttHMPw&list=PL6Xpj9I5qXYEcOhn7–TqghAJ6NAPrNmUBH

[263] H. Larochelle and Y. Bengio. Classification using discriminative restricted Boltzmann machines. *ICML Conference*, pp. 536–543, 2008.

[264] H. Larochelle, M. Mandel, R. Pascanu, and Y. Bengio. Learning algorithms for the classification restricted Boltzmann machine. *Journal of Machine Learning Research*, 13, pp. 643–669, 2012.

[265] H. Larochelle and I. Murray. The neural autoregressive distribution estimator. *International Conference on Artificial Intelligence and Statistics*, pp. 29–37, 2011.

[266] H. Larochelle and G. E. Hinton. Learning to combine foveal glimpses with a third-order Boltzmann machine. *NIPS Conference*, 2010.

[267] H. Larochelle, D. Erhan, A. Courville, J. Bergstra, and Y. Bengio. An empirical evaluation of deep architectures on problems with many factors of variation. *ICML Confererence*, pp. 473–480, 2007.

[268] G. Larsson, M. Maire, and G. Shakhnarovich. Fractalnet: Ultra-deep neural networks without residuals. *arXiv:1605.07648*, 2016.
https://arxiv.org/abs/1605.07648

[269] S. Lawrence, C. L. Giles, A. C. Tsoi, and A. D. Back. Face recognition: A convolutional neural-network approach. *IEEE Transactions on Neural Networks*, 8(1), pp. 98–113, 1997.

[270] Q. Le *et al.* Building high-level features using large scale unsupervised learning. *ICASSP*, 2013.

[271] Q. Le, N. Jaitly, and G. Hinton. A simple way to initialize recurrent networks of rectified linear units. *arXiv:1504.00941*, 2015.
https://arxiv.org/abs/1504.00941

[272] Q. Le and T. Mikolov. Distributed representations of sentences and documents. *ICML Conference*, pp. 1188–196, 2014.

[273] Q. Le, J. Ngiam, A. Coates, A. Lahiri, B. Prochnow, and A. Ng, On optimization methods for deep learning. *ICML Conference*, pp. 265–272, 2011.

[274] Q. Le, W. Zou, S. Yeung, and A. Ng. Learning hierarchical spatio-temporal features for action recognition with independent subspace analysis. *CVPR Conference*, 2011.

[275] Y. LeCun. Modeles connexionnistes de l'apprentissage. *Doctoral Dissertation*, Universite Paris, 1987.

[276] Y. LeCun and Y. Bengio. Convolutional networks for images, speech, and time series. *The Handbook of Brain Theory and Neural Networks*, 3361(10), 1995.

[277] Y. LeCun, Y. Bengio, and G. Hinton. Deep learning. *Nature*, 521(7553), pp. 436–444, 2015.

[278] Y. LeCun, L. Bottou, G. Orr, and K. Muller. Efficient backprop. in G. Orr and K. Muller (eds.) *Neural Networks: Tricks of the Trade*, Springer, 1998.

[279] Y. LeCun, L. Bottou, Y. Bengio, and P. Haffner. Gradient-based learning applied to document recognition. *Proceedings of the IEEE*, 86(11), pp. 2278–2324, 1998.

[280] Y. LeCun, S. Chopra, R. M. Hadsell, M. A. Ranzato, and F.-J. Huang. A tutorial on energy-based learning. *Predicting Structured Data*, MIT Press, pp. 191–246,, 2006.

[281] Y. LeCun, C. Cortes, and C. Burges. The MNIST database of handwritten digits, 1998.
http://yann.lecun.com/exdb/mnist/

[282] Y. LeCun, J. Denker, and S. Solla. Optimal brain damage. *NIPS Conference*, pp. 598–605, 1990.

[283] Y. LeCun, K. Kavukcuoglu, and C. Farabet. Convolutional networks and applications in vision. *IEEE International Symposium on Circuits and Systems*, pp. 253–256, 2010.

[284] H. Lee, C. Ekanadham, and A. Ng. Sparse deep belief net model for visual area V2. *NIPS Conference*, 2008.

[285] H. Lee, R. Grosse, B. Ranganath, and A. Y. Ng. Convolutional deep belief networks for scalable unsupervised learning of hierarchical representations. *ICML Conference*, pp. 609–616, 2009.

[286] S. Levine, C. Finn, T. Darrell, and P. Abbeel. End-to-end training of deep visuomotor policies. *Journal of Machine Learning Research*, 17(39), pp. 1–40, 2016.
Video at: https://sites.google.com/site/visuomotorpolicy/

[287] O. Levy and Y. Goldberg. Neural word embedding as implicit matrix factorization. *NIPS Conference*, pp. 2177–2185, 2014.

[288] O. Levy, Y. Goldberg, and I. Dagan. Improving distributional similarity with lessons learned from word embeddings. *Transactions of the Association for Computational Linguistics*, 3, pp. 211–225, 2015.

[289] W. Levy and R. Baxter. Energy efficient neural codes. *Neural Computation*, 8(3), pp. 531–543, 1996.

[290] M. Lewis, D. Yarats, Y. Dauphin, D. Parikh, and D. Batra. Deal or No Deal? End-to-End Learning for Negotiation Dialogues. *arXiv:1706.05125*, 2017.
https://arxiv.org/abs/1706.05125

[291] J. Li, W. Monroe, A. Ritter, M. Galley,, J. Gao, and D. Jurafsky. Deep reinforcement learning for dialogue generation. *arXiv:1606.01541*, 2016.
https://arxiv.org/abs/1606.01541

[292] L. Li, W. Chu, J. Langford, and R. Schapire. A contextual-bandit approach to personalized news article recommendation. *WWW Conference*, pp. 661–670, 2010.

[293] Y. Li. Deep reinforcement learning: An overview. *arXiv:1701.07274*, 2017.
https://arxiv.org/abs/1701.07274

[294] Q. Liao, K. Kawaguchi, and T. Poggio. Streaming normalization: Towards simpler and more biologically-plausible normalizations for online and recurrent learning. *arXiv:1610.06160*, 2016.
https://arxiv.org/abs/1610.06160

[295] D. Liben-Nowell, and J. Kleinberg. The link-prediction problem for social networks. *Journal of the American Society for Information Science and Technology*, 58(7), pp. 1019–1031, 2007.

[296] L.-J. Lin. Reinforcement learning for robots using neural networks. *Technical Report*, DTIC Document, 1993.

[297] M. Lin, Q. Chen, and S. Yan. Network in network. *arXiv:1312.4400*, 2013.
https://arxiv.org/abs/1312.4400

[298] Z. Lipton, J. Berkowitz, and C. Elkan. A critical review of recurrent neural networks for sequence learning. *arXiv:1506.00019*, 2015.
https://arxiv.org/abs/1506.00019

[299] J. Lu, J. Yang, D. Batra, and D. Parikh. Hierarchical question-image co-attention for visual question answering. *NIPS Conference*, pp. 289–297, 2016.

[300] D. Luenberger and Y. Ye. Linear and nonlinear programming, *Addison-Wesley*, 1984.

[301] M. Lukosevicius and H. Jaeger. Reservoir computing approaches to recurrent neural network training. *Computer Science Review*, 3(3), pp. 127–149, 2009.

[302] M. Luong, H. Pham, and C. Manning. Effective approaches to attention-based neural machine translation. *arXiv:1508.04025*, 2015.
https://arxiv.org/abs/1508.04025

[303] J. Ma, R. P. Sheridan, A. Liaw, G. E. Dahl, and V. Svetnik. Deep neural nets as a method for quantitative structure-activity relationships. *Journal of Chemical Information and Modeling*, 55(2), pp. 263–274, 2015.

[304] W. Maass, T. Natschlager, and H. Markram. Real-time computing without stable states: A new framework for neural computation based on perturbations. *Neural Computation*, 14(11), pp. 2351–2560, 2002.

[305] L. Maaten and G. E. Hinton. Visualizing data using t-SNE. *Journal of Machine Learning Research*, 9, pp. 2579–2605, 2008.

[306] D. J. MacKay. A practical Bayesian framework for backpropagation networks. *Neural Computation*, 4(3), pp. 448–472, 1992.

[307] C. Maddison, A. Huang, I. Sutskever, and D. Silver. Move evaluation in Go using deep convolutional neural networks. *International Conference on Learning Representations*, 2015.

[308] A. Mahendran and A. Vedaldi. Understanding deep image representations by inverting them. *IEEE Conference on Computer Vision and Pattern Recognition*, pp. 5188–5196, 2015.

[309] A. Makhzani and B. Frey. K-sparse autoencoders. *arXiv:1312.5663*, 2013.
https://arxiv.org/abs/1312.5663

[310] A. Makhzani and B. Frey. Winner-take-all autoencoders. *NIPS Conference*, pp. 2791–2799, 2015.

[311] A. Makhzani, J. Shlens, N. Jaitly, I. Goodfellow, and B. Frey. Adversarial autoencoders. *arXiv:1511.05644*, 2015.
https://arxiv.org/abs/1511.05644

[312] C. Manning and R. Socher. CS224N: Natural language processing with deep learning. *Stanford University School of Engineering*, 2017.
https://www.youtube.com/watch?v=OQQ-W_63UgQ

[313] J. Martens. Deep learning via Hessian-free optimization. *ICML Conference*, pp. 735–742, 2010.

[314] J. Martens and I. Sutskever. Learning recurrent neural networks with hessian-free optimization. *ICML Conference*, pp. 1033–1040, 2011.

[315] J. Martens, I. Sutskever, and K. Swersky. Estimating the hessian by back-propagating curvature. *arXiv:1206.6464*, 2016.
https://arxiv.org/abs/1206.6464

[316] J. Martens and R. Grosse. Optimizing Neural Networks with Kronecker-factored Approximate Curvature. *ICML Conference*, 2015.

[317] T. Martinetz, S. Berkovich, and K. Schulten. 'Neural-gas' network for vector quantization and its application to time-series prediction. *IEEE Transactions on Neural Network*, 4(4), pp. 558–569, 1993.

[318] J. Masci, U. Meier, D. Ciresan, and J. Schmidhuber. Stacked convolutional auto-encoders for hierarchical feature extraction. *Artificial Neural Networks and Machine Learning*, pp. 52–59, 2011.

[319] M. Mathieu, C. Couprie, and Y. LeCun. Deep multi-scale video prediction beyond mean square error. *arXiv:1511.054*, 2015.
https://arxiv.org/abs/1511.05440

[320] P. McCullagh and J. Nelder. Generalized linear models *CRC Press*, 1989.

[321] W. S. McCulloch and W. H. Pitts. A logical calculus of the ideas immanent in nervous activity. *The Bulletin of Mathematical Biophysics*, 5(4), pp. 115–133, 1943.

[322] G. McLachlan. Discriminant analysis and statistical pattern recognition *John Wiley & Sons*, 2004.

[323] C. Micchelli. Interpolation of scattered data: distance matrices and conditionally positive definite functions. *Constructive Approximations*, 2, pp. 11–22, 1986.

[324] T. Mikolov. Statistical language models based on neural networks. *Ph.D. thesis, Brno University of Technology*, 2012.

[325] T. Mikolov, K. Chen, G. Corrado, and J. Dean. Efficient estimation of word representations in vector space. *arXiv:1301.3781*, 2013.
https://arxiv.org/abs/1301.3781

[326] T. Mikolov, A. Joulin, S. Chopra, M. Mathieu, and M. Ranzato. Learning longer memory in recurrent neural networks. *arXiv:1412.7753*, 2014.
https://arxiv.org/abs/1412.7753

[327] T. Mikolov, I. Sutskever, K. Chen, G. Corrado, and J. Dean. Distributed representations of words and phrases and their compositionality. *NIPS Conference*, pp. 3111–3119, 2013.

[328] T. Mikolov, M. Karafiat, L. Burget, J. Cernocky, and S. Khudanpur. Recurrent neural network based language model. *Interspeech*, Vol 2, 2010.

[329] G. Miller, R. Beckwith, C. Fellbaum, D. Gross, and K. J. Miller. Introduction to WordNet: An on-line lexical database. *International Journal of Lexicography*, 3(4), pp. 235–312, 1990.
https://wordnet.princeton.edu/

[330] M. Minsky and S. Papert. Perceptrons. An Introduction to Computational Geometry, *MIT Press*, 1969.

[331] M. Mirza and S. Osindero. Conditional generative adversarial nets. *arXiv:1411.1784*, 2014.
https://arxiv.org/abs/1411.1784

[332] A. Mnih and G. Hinton. A scalable hierarchical distributed language model. *NIPS Conference*, pp. 1081–1088, 2009.

[333] A. Mnih and K. Kavukcuoglu. Learning word embeddings efficiently with noise-contrastive estimation. *NIPS Conference*, pp. 2265–2273, 2013.

[334] A. Mnih and Y. Teh. A fast and simple algorithm for training neural probabilistic language models. *arXiv:1206.6426*, 2012.
https://arxiv.org/abs/1206.6426

[335] V. Mnih *et al.* Human-level control through deep reinforcement learning. *Nature*, 518 (7540), pp. 529–533, 2015.

[336] V. Mnih, K. Kavukcuoglu, D. Silver, A. Graves, I. Antonoglou, D. Wierstra, and M. Riedmiller. Playing atari with deep reinforcement learning. *arXiv:1312.5602.*, 2013.
https://arxiv.org/abs/1312.5602

[337] V. Mnih *et al.* Asynchronous methods for deep reinforcement learning. *ICML Confererence*, pp. 1928–1937, 2016.

[338] V. Mnih, N. Heess, and A. Graves. Recurrent models of visual attention. *NIPS Conference*, pp. 2204–2212, 2014.

[339] H. Mobahi and J. Fisher. A theoretical analysis of optimization by Gaussian continuation. *AAAI Conference*, 2015.

[340] G. Montufar. Universal approximation depth and errors of narrow belief networks with discrete units. *Neural Computation*, 26(7), pp. 1386–1407, 2014.

[341] G. Montufar and N. Ay. Refinements of universal approximation results for deep belief networks and restricted Boltzmann machines. *Neural Computation*, 23(5), pp. 1306–1319, 2011.

[342] J. Moody and C. Darken. Fast learning in networks of locally-tuned processing units. *Neural Computation*, 1(2), pp. 281–294, 1989.

[343] A. Moore and C. Atkeson. Prioritized sweeping: Reinforcement learning with less data and less time. *Machine Learning*, 13(1), pp. 103–130, 1993.

[344] F. Morin and Y. Bengio. Hierarchical Probabilistic Neural Network Language Model. *AISTATS*, pp. 246–252, 2005.

[345] R. Miotto, F. Wang, S. Wang, X. Jiang, and J. T. Dudley. Deep learning for healthcare: review, opportunities and challenges. *Briefings in Bioinformatics*, pp. 1–11, 2017.

[346] M. Müller, M. Enzenberger, B. Arneson, and R. Segal. Fuego - an open-source framework for board games and Go engine based on Monte-Carlo tree search. *IEEE Transactions on Computational Intelligence and AI in Games*, 2, pp. 259–270, 2010.

[347] M. Musavi, W. Ahmed, K. Chan, K. Faris, and D. Hummels. On the training of radial basis function classifiers. *Neural Networks*, 5(4), pp. 595–603, 1992.

[348] V. Nair and G. Hinton. Rectified linear units improve restricted Boltzmann machines. *ICML Conference*, pp. 807–814, 2010.

[349] K. S. Narendra and K. Parthasarathy. Identification and control of dynamical systems using neural networks. *IEEE Transactions on Neural Networks*, 1(1), pp. 4–27, 1990.

[350] R. M. Neal. Connectionist learning of belief networks. *Artificial intelligence*, 1992.

[351] R. M. Neal. Probabilistic inference using Markov chain Monte Carlo methods. *Technical Report CRG-TR-93-1*, 1993.

[352] R. M. Neal. Annealed importance sampling. *Statistics and Computing*, 11(2), pp. 125–139, 2001.

[353] Y. Nesterov. A method of solving a convex programming problem with convergence rate $O(1/k^2)$. *Soviet Mathematics Doklady*, 27, pp. 372–376, 1983.

[354] A. Ng. Sparse autoencoder. *CS294A Lecture notes*, 2011.
https://nlp.stanford.edu/~socherr/sparseAutoencoder_2011new.pdf
https://web.stanford.edu/class/cs294a/sparseAutoencoder_2011new.pdf

[355] A. Ng and M. Jordan. PEGASUS: A policy search method for large MDPs and POMDPs. *Uncertainity in Artificial Intelligence*, pp. 406–415, 2000.

[356] J. Y.-H. Ng, M. Hausknecht, S. Vijayanarasimhan, O. Vinyals, R. Monga, and G. Toderici. Beyond short snippets: Deep networks for video classification. *IEEE Conference on Computer Vision and Pattern Recognition*, pp. 4694–4702, 2015.

[357] J. Ngiam, A. Khosla, M. Kim, J. Nam, H. Lee, and A. Ng. Multimodal deep learning. *ICML Conference*, pp. 689–696, 2011.

[358] A. Nguyen, A. Dosovitskiy, J. Yosinski, T., Brox, and J. Clune. Synthesizing the preferred inputs for neurons in neural networks via deep generator networks. *NIPS Conference*, pp. 3387–3395, 2016.

[359] J. Nocedal and S. Wright. Numerical optimization. *Springer*, 2006.

[360] S. Nowlan and G. Hinton. Simplifying neural networks by soft weight-sharing. *Neural Computation*, 4(4), pp. 473–493, 1992.

[361] M. Oquab, L. Bottou, I. Laptev, and J. Sivic. Learning and transferring mid-level image representations using convolutional neural networks. *IEEE Conference on Computer Vision and Pattern Recognition*, pp. 1717–1724, 2014.

[362] G. Orr and K.-R. Müller (editors). Neural Networks: Tricks of the Trade, *Springer*, 1998.

[363] M. J. L. Orr. Introduction to radial basis function networks, *University of Edinburgh Technical Report, Centre of Cognitive Science*, 1996.
ftp://ftp.cogsci.ed.ac.uk/pub/mjo/intro.ps.Z

[364] M. Palatucci, D. Pomerleau, G. Hinton, and T. Mitchell. Zero-shot learning with semantic output codes. *NIPS Conference*, pp. 1410–1418, 2009.

[365] J. Park and I. Sandberg. Universal approximation using radial-basis-function networks. *Neural Computation*, 3(1), pp. 246–257, 1991.

[366] J. Park and I. Sandberg. Approximation and radial-basis-function networks. *Neural Computation*, 5(2), pp. 305–316, 1993.

[367] O. Parkhi, A. Vedaldi, and A. Zisserman. Deep Face Recognition. *BMVC*, 1(3), pp. 6, 2015.

[368] R. Pascanu, T. Mikolov, and Y. Bengio. On the difficulty of training recurrent neural networks. *ICML Conference*, 28, pp. 1310–1318, 2013.

[369] R. Pascanu, T. Mikolov, and Y. Bengio. Understanding the exploding gradient problem. *CoRR, abs/1211.5063*, 2012.

[370] D. Pathak, P. Krahenbuhl, J. Donahue, T. Darrell, and A. A. Efros. Context encoders: Feature learning by inpainting. *CVPR Conference*, 2016.

[371] J. Pennington, R. Socher, and C. Manning. Glove: Global Vectors for Word Representation. *EMNLP*, pp. 1532–1543, 2014.

[372] B. Perozzi, R. Al-Rfou, and S. Skiena. Deepwalk: Online learning of social representations. *ACM KDD Conference*, pp. 701–710.

[373] C. Peterson and J. Anderson. A mean field theory learning algorithm for neural networks. *Complex Systems*, 1(5), pp. 995–1019, 1987.

[374] J. Peters and S. Schaal. Reinforcement learning of motor skills with policy gradients. *Neural Networks*, 21(4), pp. 682–697, 2008.

[375] F. Pineda. Generalization of back-propagation to recurrent neural networks. *Physical Review Letters*, 59(19), 2229, 1987.

[376] E. Polak. Computational methods in optimization: a unified approach. *Academic Press*, 1971.

[377] L. Polanyi and A. Zaenen. Contextual valence shifters. *Computing Attitude and Affect in Text: Theory and Applications*, pp. 1–10, Springer, 2006.

[378] G. Pollastri, D. Przybylski, B. Rost, and P. Baldi. Improving the prediction of protein secondary structure in three and eight classes using recurrent neural networks and profiles. *Proteins: Structure, Function, and Bioinformatics*, 47(2), pp. 228–235, 2002.

[379] J. Pollack. Recursive distributed representations. *Artificial Intelligence*, 46(1), pp. 77–105, 1990.

[380] B. Polyak and A. Juditsky. Acceleration of stochastic approximation by averaging. *SIAM Journal on Control and Optimization*, 30(4), pp. 838–855, 1992.

[381] D. Pomerleau. ALVINN, an autonomous land vehicle in a neural network. *Technical Report*, Carnegie Mellon University, 1989.

[382] B. Poole, J. Sohl-Dickstein, and S. Ganguli. Analyzing noise in autoencoders and deep networks. *arXiv:1406.1831*, 2014.
https://arxiv.org/abs/1406.1831

[383] H. Poon and P. Domingos. Sum-product networks: A new deep architecture. *Computer Vision Workshops (ICCV Workshops)*, pp. 689–690, 2011.

[384] A. Radford, L. Metz, and S. Chintala. Unsupervised representation learning with deep convolutional generative adversarial networks. *arXiv:1511.06434*, 2015.
https://arxiv.org/abs/1511.06434

[385] A. Rahimi and B. Recht. Random features for large-scale kernel machines. *NIPS Conference*, pp. 1177–1184, 2008.

[386] M.' A. Ranzato, Y-L. Boureau, and Y. LeCun. Sparse feature learning for deep belief networks. *NIPS Conference*, pp. 1185–1192, 2008.

[387] M.' A. Ranzato, F. J. Huang, Y-L. Boureau, and Y. LeCun. Unsupervised learning of invariant feature hierarchies with applications to object recognition. *Computer Vision and Pattern Recognition*, pp. 1–8, 2007.

[388] A. Rasmus, M. Berglund, M. Honkala, H. Valpola, and T. Raiko. Semi-supervised learning with ladder networks. *NIPS Conference*, pp. 3546–3554, 2015.

[389] M. Rastegari, V. Ordonez, J. Redmon, and A. Farhadi. Xnor-net: Imagenet classification using binary convolutional neural networks. *European Conference on Computer Vision*, pp. 525–542, 2016.

[390] A. Razavian, H. Azizpour, J. Sullivan, and S. Carlsson. CNN features off-the-shelf: an astounding baseline for recognition. *IEEE Conference on Computer Vision and Pattern Recognition Workshops*, pp. 806–813, 2014.

[391] J. Redmon, S. Divvala, R. Girshick, and A. Farhadi. You only look once: Unified, real-time object detection. *IEEE Conference on Computer Vision and Pattern Recognition*, pp. 779–788, 2016.

[392] S. Reed, Z. Akata, X. Yan, L. Logeswaran, B. Schiele, and H. Lee. Generative adversarial text to image synthesis. *ICML Conference*, pp. 1060–1069, 2016.

[393] S. Reed and N. de Freitas. Neural programmer-interpreters. *arXiv:1511.06279*, 2015.

[394] R. Rehurek and P. Sojka. Software framework for topic modelling with large corpora. *LREC 2010 Workshop on New Challenges for NLP Frameworks*, pp. 45–50, 2010.
https://radimrehurek.com/gensim/index.html

[395] M. Ren, R. Kiros, and R. Zemel. Exploring models and data for image question answering. *NIPS Conference*, pp. 2953–2961, 2015.

[396] S. Rendle. Factorization machines. *IEEE ICDM Conference*, pp. 995–100, 2010.

[397] S. Rifai, P. Vincent, X. Muller, X. Glorot, and Y. Bengio. Contractive auto-encoders: Explicit invariance during feature extraction. *ICML Conference*, pp. 833–840, 2011.

[398] S. Rifai, Y. Dauphin, P. Vincent, Y. Bengio, and X. Muller. The manifold tangent classifier. *NIPS Conference*, pp. 2294–2302, 2011.

[399] D. Rezende, S. Mohamed, and D. Wierstra. Stochastic backpropagation and approximate inference in deep generative models. *arXiv:1401.4082*, 2014.
https://arxiv.org/abs/1401.4082

[400] R. Rifkin. Everything old is new again: a fresh look at historical approaches in machine learning. *Ph.D. Thesis*, Massachusetts Institute of Technology, 2002.

[401] R. Rifkin and A. Klautau. In defense of one-vs-all classification. *Journal of Machine Learning Research*, 5, pp. 101–141, 2004.

[402] V. Romanuke. Parallel Computing Center (Khmelnitskiy, Ukraine) represents an ensemble of 5 convolutional neural networks which performs on MNIST at 0.21 percent error rate. Retrieved 24 November 2016.

[403] B. Romera-Paredes and P. Torr. An embarrassingly simple approach to zero-shot learning. *ICML Confererence*, pp. 2152–2161, 2015.

[404] X. Rong. word2vec parameter learning explained. *arXiv:1411.2738*, 2014.
https://arxiv.org/abs/1411.2738

[405] F. Rosenblatt. The perceptron: A probabilistic model for information storage and organization in the brain. *Psychological Review*, 65(6), 386, 1958.

[406] D. Ruck, S. Rogers, and M. Kabrisky. Feature selection using a multilayer perceptron. *Journal of Neural Network Computing*, 2(2), pp. 40–88, 1990.

[407] H. A. Rowley, S. Baluja, and T. Kanade. Neural network-based face detection. *IEEE TPAMI*, 20(1), pp. 23–38, 1998.

[408] D. Rumelhart, G. Hinton, and R. Williams. Learning representations by back-propagating errors. *Nature*, 323 (6088), pp. 533–536, 1986.

[409] D. Rumelhart, G. Hinton, and R. Williams. Learning internal representations by back-propagating errors. In *Parallel Distributed Processing: Explorations in the Microstructure of Cognition*, pp. 318–362, 1986.

[410] D. Rumelhart, D. Zipser, and J. McClelland. Parallel Distributed Processing, *MIT Press*, pp. 151–193, 1986.

[411] D. Rumelhart and D. Zipser. Feature discovery by competitive learning. *Cognitive science*, 9(1), pp. 75–112, 1985.

[412] G. Rummery and M. Niranjan. Online Q-learning using connectionist systems (Vol. 37). *University of Cambridge, Department of Engineering*, 1994.

[413] A. M. Rush, S. Chopra, and J. Weston. A Neural Attention Model for Abstractive Sentence Summarization. *arXiv:1509.00685*, 2015.
https://arxiv.org/abs/1509.00685

[414] R. Salakhutdinov, A. Mnih, and G. Hinton. Restricted Boltzmann machines for collaborative filtering. *ICML Confererence*, pp. 791–798, 2007.

[415] R. Salakhutdinov and G. Hinton. Semantic Hashing. *SIGIR workshop on Information Retrieval and applications of Graphical Models*, 2007.

[416] A. Santoro, S. Bartunov, M. Botvinick, D. Wierstra, and T. Lillicrap. One shot learning with memory-augmented neural networks. *arXiv: 1605:06065*, 2016.
https://www.arxiv.org/pdf/1605.06065.pdf

[417] R. Salakhutdinov and G. Hinton. Deep Boltzmann machines. *Artificial Intelligence and Statistics*, pp. 448–455, 2009.

[418] R. Salakhutdinov and H. Larochelle. Efficient Learning of Deep Boltzmann Machines. *AISTATs*, pp. 693–700, 2010.

[419] T. Salimans and D. Kingma. Weight normalization: A simple reparameterization to accelerate training of deep neural networks. *NIPS Conference*, pp. 901–909, 2016.

[420] T. Salimans, I. Goodfellow, W. Zaremba, V. Cheung, A. Radford, and X. Chen. Improved techniques for training gans. *NIPS Conference*, pp. 2234–2242, 2016.

[421] A. Samuel. Some studies in machine learning using the game of checkers. *IBM Journal of Research and Development*, 3, pp. 210–229, 1959.

[422] T Sanger. Neural network learning control of robot manipulators using gradually increasing task difficulty. *IEEE Transactions on Robotics and Automation*, 10(3), 1994.

[423] H. Sarimveis, A. Alexandridis, and G. Bafas. A fast training algorithm for RBF networks based on subtractive clustering. *Neurocomputing*, 51, pp. 501–505, 2003.

[424] W. Saunders, G. Sastry, A. Stuhlmueller, and O. Evans. Trial without Error: Towards Safe Reinforcement Learning via Human Intervention. *arXiv:1707.05173*, 2017.
https://arxiv.org/abs/1707.05173

[425] A. Saxe, P. Koh, Z. Chen, M. Bhand, B. Suresh, and A. Ng. On random weights and unsupervised feature learning. *ICML Confererence*, pp. 1089–1096, 2011.

[426] A. Saxe, J. McClelland, and S. Ganguli. Exact solutions to the nonlinear dynamics of learning in deep linear neural networks. *arXiv:1312.6120*, 2013.

[427] S. Schaal. Is imitation learning the route to humanoid robots? *Trends in Cognitive Sciences*, 3(6), pp. 233–242, 1999.

[428] T. Schaul, J. Quan, I. Antonoglou, and D. Silver. Prioritized experience replay. *arXiv:1511.05952*, 2015.
https://arxiv.org/abs/1511.05952

[429] T. Schaul, S. Zhang, and Y. LeCun. No more pesky learning rates. *ICML Confererence*, pp. 343–351, 2013.

[430] B. Schölkopf, K. Sung, C. Burges, F. Girosi, P. Niyogi, T. Poggio, and V. Vapnik. Comparing support vector machines with Gaussian kernels to radial basis function classifiers. *IEEE Transactions on Signal Processing*, 45(11), pp. 2758–2765, 1997.

[431] J. Schmidhuber. Deep learning in neural networks: An overview. *Neural Networks*, 61, pp. 85–117, 2015.

[432] J. Schulman, S. Levine, P. Abbeel, M. Jordan, and P. Moritz. Trust region policy optimization. *ICML Conference*, 2015.

[433] J. Schulman, P. Moritz, S. Levine, M. Jordan, and P. Abbeel. High-dimensional continuous control using generalized advantage estimation. *ICLR Conference*, 2016.

[434] M. Schuster and K. Paliwal. Bidirectional recurrent neural networks. *IEEE Transactions on Signal Processing*, 45(11), pp. 2673–2681, 1997.

[435] H. Schwenk and Y. Bengio. Boosting neural networks. *Neural Computation*, 12(8), pp. 1869–1887, 2000.

[436] S. Sedhain, A. K. Menon, S. Sanner, and L. Xie. Autorec: Autoencoders meet collaborative filtering. *WWW Conference*, pp. 111–112, 2015.

[437] T. J. Sejnowski. Higher-order Boltzmann machines. *AIP Conference Proceedings*, 15(1), pp. 298–403, 1986.

[438] G. Seni and J. Elder. Ensemble methods in data mining: Improving accuracy through combining predictions. *Morgan and Claypool*, 2010.

[439] I. Serban, A. Sordoni, R. Lowe, L. Charlin, J. Pineau, A. Courville, and Y. Bengio. A hierarchical latent variable encoder-decoder model for generating dialogues. *AAAI*, pp. 3295–3301, 2017.

[440] I. Serban, A. Sordoni, Y. Bengio, A. Courville, and J. Pineau. Building end-to-end dialogue systems using generative hierarchical neural network models. *AAAI Conference*, pp. 3776–3784, 2016.

[441] P. Sermanet, D. Eigen, X. Zhang, M. Mathieu, R. Fergus, and Y. LeCun. Overfeat: Integrated recognition, localization and detection using convolutional networks. *arXiv:1312.6229*, 2013. https://arxiv.org/abs/1312.6229

[442] A. Shashua. On the equivalence between the support vector machine for classification and sparsified Fisher's linear discriminant. *Neural Processing Letters*, 9(2), pp. 129–139, 1999.

[443] J. Shewchuk. An introduction to the conjugate gradient method without the agonizing pain. *Technical Report, CMU-CS-94-125*, Carnegie-Mellon University, 1994.

[444] H. Siegelmann and E. Sontag. On the computational power of neural nets. *Journal of Computer and System Sciences*, 50(1), pp. 132–150, 1995.

[445] D. Silver *et al.* Mastering the game of Go with deep neural networks and tree search. *Nature*, 529.7587, pp. 484–489, 2016.

[446] D. Silver *et al.* Mastering the game of go without human knowledge. *Nature*, 550.7676, pp. 354–359, 2017.

[447] D. Silver *et al.* Mastering chess and shogi by self-play with a general reinforcement learning algorithm. *arXiv*, 2017.
https://arxiv.org/abs/1712.01815

[448] S. Shalev-Shwartz, Y. Singer, N. Srebro, and A. Cotter. Pegasos: Primal estimated subgradient solver for SVM. *Mathematical Programming*, 127(1), pp. 3–30, 2011.

[449] E. Shelhamer, J., Long, and T. Darrell. Fully convolutional networks for semantic segmentation. *IEEE TPAMI*, 39(4), pp. 640–651, 2017.

[450] J. Sietsma and R. Dow. Creating artificial neural networks that generalize. *Neural Networks*, 4(1), pp. 67–79, 1991.

[451] B. W. Silverman. Density Estimation for Statistics and Data Analysis. *Chapman and Hall*, 1986.

[452] P. Simard, D. Steinkraus, and J. C. Platt. Best practices for convolutional neural networks applied to visual document analysis. *ICDAR*, pp. 958–962, 2003.

[453] H. Simon. The Sciences of the Artificial. *MIT Press*, 1996.

[454] K. Simonyan and A. Zisserman. Very deep convolutional networks for large-scale image recognition. *arXiv:1409.1556*, 2014.
https://arxiv.org/abs/1409.1556

[455] K. Simonyan and A. Zisserman. Two-stream convolutional networks for action recognition in videos. *NIPS Conference*, pp. 568–584, 2014.

[456] K. Simonyan, A. Vedaldi, and A. Zisserman. Deep inside convolutional networks: Visualising image classification models and saliency maps. *arXiv:1312.6034*, 2013.

[457] P. Smolensky. Information processing in dynamical systems: Foundations of harmony theory. *Parallel Distributed Processing: Explorations in the Microstructure of Cognition*, Volume 1: Foundations. pp. 194–281, 1986.

[458] J. Snoek, H. Larochelle, and R. Adams. Practical bayesian optimization of machine learning algorithms. *NIPS Conference*, pp. 2951–2959, 2013.

[459] R. Socher, C. Lin, C. Manning, and A. Ng. Parsing natural scenes and natural language with recursive neural networks. *ICML Confererence*, pp. 129–136, 2011.

[460] R. Socher, J. Pennington, E. Huang, A. Ng, and C. Manning. Semi-supervised recursive autoencoders for predicting sentiment distributions. *Empirical Methods in Natural Language Processing (EMNLP)*, pp. 151–161, 2011.

[461] R. Socher, A. Perelygin, J. Wu, J. Chuang, C. Manning, A. Ng, and C. Potts. Recursive deep models for semantic compositionality over a sentiment treebank. *Empirical Methods in Natural Language Processing (EMNLP)*, p. 1642, 2013.

[462] Socher, Richard, Milind Ganjoo, Christopher D. Manning, and Andrew Ng. Zero-shot learning through cross-modal transfer. *NIPS Conference*, pp. 935–943, 2013.

[463] K. Sohn, H. Lee, and X. Yan. Learning structured output representation using deep conditional generative models. *NIPS Conference*, 2015.

[464] R. Solomonoff. A system for incremental learning based on algorithmic probability. *Sixth Israeli Conference on Artificial Intelligence, Computer Vision and Pattern Recognition*, pp. 515–527, 1994.

[465] Y. Song, A. Elkahky, and X. He. Multi-rate deep learning for temporal recommendation. *ACM SIGIR Conference on Research and Development in Information Retrieval*, pp. 909–912, 2016.

[466] J. Springenberg, A. Dosovitskiy, T. Brox, and M. Riedmiller. Striving for simplicity: The all convolutional net. *arXiv:1412.6806*, 2014.
https://arxiv.org/abs/1412.6806

[467] N. Srivastava, G. Hinton, A. Krizhevsky, I. Sutskever, and R. Salakhutdinov. Dropout: A simple way to prevent neural networks from overfitting. *The Journal of Machine Learning Research*, 15(1), pp. 1929–1958, 2014.

[468] N. Srivastava and R. Salakhutdinov. Multimodal learning with deep Boltzmann machines. *NIPS Conference*, pp. 2222–2230, 2012.

[469] N. Srivastava, R. Salakhutdinov, and G. Hinton. Modeling documents with deep Boltzmann machines. *Uncertainty in Artificial Intelligence*, 2013.

[470] R. K. Srivastava, K. Greff, and J. Schmidhuber. Highway networks. *arXiv:1505.00387*, 2015.
https://arxiv.org/abs/1505.00387

[471] A. Storkey. Increasing the capacity of a Hopfield network without sacrificing functionality. *Artificial Neural Networks*, pp. 451–456, 1997.

[472] F. Strub and J. Mary. Collaborative filtering with stacked denoising autoencoders and sparse inputs. *NIPS Workshop on Machine Learning for eCommerce*, 2015.

[473] S. Sukhbaatar, J. Weston, and R. Fergus. End-to-end memory networks. *NIPS Conference*, pp. 2440–2448, 2015.

[474] Y. Sun, D. Liang, X. Wang, and X. Tang. Deepid3: Face recognition with very deep neural networks. *arXiv:1502.00873*, 2013.
https://arxiv.org/abs/1502.00873

[475] Y. Sun, X. Wang, and X. Tang. Deep learning face representation from predicting 10,000 classes. *IEEE Conference on Computer Vision and Pattern Recognition*, pp. 1891–1898, 2014.

[476] M. Sundermeyer, R. Schluter, and H. Ney. LSTM neural networks for language modeling. *Interspeech*, 2010.

[477] M. Sundermeyer, T. Alkhouli, J. Wuebker, and H. Ney. Translation modeling with bidirectional recurrent neural networks. *EMNLP*, pp. 14–25, 2014.

[478] I. Sutskever, J. Martens, G. Dahl, and G. Hinton. On the importance of initialization and momentum in deep learning. *ICML Confererence*, pp. 1139–1147, 2013.

[479] I. Sutskever and T. Tieleman. On the convergence properties of contrastive divergence. *International Conference on Artificial Intelligence and Statistics*, pp. 789–795, 2010.

[480] I. Sutskever, O. Vinyals, and Q. V. Le. Sequence to sequence learning with neural networks. *NIPS Conference*, pp. 3104–3112, 2014.

[481] I. Sutskever and V. Nair. Mimicking Go experts with convolutional neural networks. *International Conference on Artificial Neural Networks*, pp. 101–110, 2008.

[482] R. Sutton. Learning to Predict by the Method of Temporal Differences, *Machine Learning*, 3, pp. 9–44, 1988.

[483] R. Sutton and A. Barto. Reinforcement Learning: An Introduction. *MIT Press*, 1998.

[484] R. Sutton, D. McAllester, S. Singh, and Y. Mansour. Policy gradient methods for reinforcement learning with function approximation. *NIPS Conference*, pp. 1057–1063, 2000.

[485] C. Szegedy, W. Liu, Y. Jia, P. Sermanet, S. Reed, D. Anguelov, D. Erhan, V. Vanhoucke, and A. Rabinovich. Going deeper with convolutions. *IEEE Conference on Computer Vision and Pattern Recognition*, pp. 1–9, 2015.

[486] C. Szegedy, V. Vanhoucke, S. Ioffe, J. Shlens, and Z. Wojna. Rethinking the inception architecture for computer vision. *IEEE Conference on Computer Vision and Pattern Recognition*, pp. 2818–2826, 2016.

[487] C. Szegedy, S. Ioffe, V. Vanhoucke, and A. Alemi. Inception-v4, Inception-ResNet and the Impact of Residual Connections on Learning. *AAAI Conference*, pp. 4278–4284, 2017.

[488] G. Taylor, R. Fergus, Y. LeCun, and C. Bregler. Convolutional learning of spatio-temporal features. *European Conference on Computer Vision*, pp. 140–153, 2010.

[489] G. Taylor, G. Hinton, and S. Roweis. Modeling human motion using binary latent variables. *NIPS Conference*, 2006.

[490] C. Thornton, F. Hutter, H. H. Hoos, and K. Leyton-Brown. Auto-WEKA: Combined selection and hyperparameter optimization of classification algorithms. *ACM KDD Conference*, pp. 847–855, 2013.

[491] T. Tieleman. Training restricted Boltzmann machines using approximations to the likelihood gradient. *ICML Conference*, pp. 1064–1071, 2008.

[492] G. Tesauro. Practical issues in temporal difference learning. *Advances in NIPS Conference*, pp. 259–266, 1992.

[493] G. Tesauro. Td-gammon: A self-teaching backgammon program. *Applications of Neural Networks*, Springer, pp. 267–285, 1992.

[494] G. Tesauro. Temporal difference learning and TD-Gammon. *Communications of the ACM*, 38(3), pp. 58–68, 1995.

[495] Y. Teh and G. Hinton. Rate-coded restricted Boltzmann machines for face recognition. *NIPS Conference*, 2001.

[496] S. Thrun. Learning to play the game of chess *NIPS Conference*, pp. 1069–1076, 1995.

[497] S. Thrun and L. Platt. Learning to learn. *Springer*, 2012.

[498] Y. Tian, Q. Gong, W. Shang, Y. Wu, and L. Zitnick. ELF: An extensive, lightweight and flexible research platform for real-time strategy games. *arXiv:1707.01067*, 2017. https://arxiv.org/abs/1707.01067

[499] A. Tikhonov and V. Arsenin. Solution of ill-posed problems. *Winston and Sons*, 1977.

[500] D. Tran *et al.* Learning spatiotemporal features with 3d convolutional networks. *IEEE International Conference on Computer Vision*, 2015.

[501] R. Uijlings, A. van de Sande, T. Gevers, and M. Smeulders. Selective search for object recognition. *International Journal of Computer Vision*, 104(2), 2013.

[502] H. Valpola. From neural PCA to deep unsupervised learning. *Advances in Independent Component Analysis and Learning Machines*, pp. 143–171, Elsevier, 2015.

[503] A. Vedaldi and K. Lenc. Matconvnet: Convolutional neural networks for matlab. *ACM International Conference on Multimedia*, pp. 689–692, 2005. http://www.vlfeat.org/matconvnet/

[504] V. Veeriah, N. Zhuang, and G. Qi. Differential recurrent neural networks for action recognition. *IEEE International Conference on Computer Vision*, pp. 4041–4049, 2015.

[505] A. Veit, M. Wilber, and S. Belongie. Residual networks behave like ensembles of relatively shallow networks. *NIPS Conference*, pp. 550–558, 2016.

[506] P. Vincent, H. Larochelle, Y. Bengio, and P. Manzagol. Extracting and composing robust features with denoising autoencoders. ICML Confererence, pp. 1096–1103, 2008.

[507] O. Vinyals, C. Blundell, T. Lillicrap, and D. Wierstra. Matching networks for one-shot learning. *NIPS Conference*, pp. 3530–3638, 2016.

[508] O. Vinyals and Q. Le. A Neural Conversational Model. *arXiv:1506.05869*, 2015. https://arxiv.org/abs/1506.05869

[509] O. Vinyals, A. Toshev, S. Bengio, and D. Erhan. Show and tell: A neural image caption generator. *CVPR Conference*, pp. 3156–3164, 2015.

[510] J. Walker, C. Doersch, A. Gupta, and M. Hebert. An uncertain future: Forecasting from static images using variational autoencoders. *European Conference on Computer Vision*, pp. 835–851, 2016.

[511] L. Wan, M. Zeiler, S. Zhang, Y. LeCun, and R. Fergus. Regularization of neural networks using dropconnect. *ICML Conference*, pp. 1058–1066, 2013.

[512] D. Wang, P. Cui, and W. Zhu. Structural deep network embedding. *ACM KDD Conference*, pp. 1225–1234, 2016.

[513] H. Wang, N. Wang, and D. Yeung. Collaborative deep learning for recommender systems. *ACM KDD Conference*, pp. 1235–1244, 2015.

[514] L. Wang, Y. Qiao, and X. Tang. Action recognition with trajectory-pooled deep-convolutional descriptors. *IEEE Conference on Computer Vision and Pattern Recognition*, pp. 4305–4314, 2015.

[515] S. Wang, C. Aggarwal, and H. Liu. Using a random forest to inspire a neural network and improving on it. *SIAM Conference on Data Mining*, 2017.

[516] S. Wang, C. Aggarwal, and H. Liu. Randomized feature engineering as a fast and accurate alternative to kernel methods. *ACM KDD Conference*, 2017.

[517] T. Wang, D. Wu, A. Coates, and A. Ng. End-to-end text recognition with convolutional neural networks. *International Conference on Pattern Recognition*, pp. 3304–3308, 2012.

[518] X. Wang and A. Gupta. Generative image modeling using style and structure adversarial networks. *ECCV*, 2016.

[519] C. J. H. Watkins. Learning from delayed rewards. *PhD Thesis*, King's College, Cambridge, 1989.

[520] C. J. H. Watkins and P. Dayan. Q-learning. *Machine Learning*, 8(3–4), pp. 279–292, 1992.

[521] K. Weinberger, B. Packer, and L. Saul. Nonlinear Dimensionality Reduction by Semidefinite Programming and Kernel Matrix Factorization. *AISTATS*, 2005.

[522] M. Welling, M. Rosen-Zvi, and G. Hinton. Exponential family harmoniums with an application to information retrieval. *NIPS Conference*, pp. 1481–1488, 2005.

[523] A. Wendemuth. Learning the unlearnable. *Journal of Physics A: Math. Gen.*, 28, pp. 5423–5436, 1995.

[524] P. Werbos. Beyond Regression: New Tools for Prediction and Analysis in the Behavioral Sciences. *PhD thesis, Harvard University*, 1974.

[525] P. Werbos. The roots of backpropagation: from ordered derivatives to neural networks and political forecasting (Vol. 1). *John Wiley and Sons*, 1994.

[526] P. Werbos. Backpropagation through time: what it does and how to do it. *Proceedings of the IEEE*, 78(10), pp. 1550–1560, 1990.

[527] J. Weston, A. Bordes, S. Chopra, A. Rush, B. van Merrienboer, A. Joulin, and T. Mikolov. Towards ai-complete question answering: A set of pre-requisite toy tasks. *arXiv:1502.05698*, 2015.
https://arxiv.org/abs/1502.05698

[528] J. Weston, S. Chopra, and A. Bordes. Memory networks. *ICLR*, 2015.

[529] J. Weston and C. Watkins. Multi-class support vector machines. *Technical Report CSD-TR-98-04*, Department of Computer Science, Royal Holloway, University of London, May, 1998.

[530] D. Wettschereck and T. Dietterich. Improving the performance of radial basis function networks by learning center locations. *NIPS Conference*, pp. 1133–1140, 1992.

[531] B. Widrow and M. Hoff. Adaptive switching circuits. *IRE WESCON Convention Record*, 4(1), pp. 96–104, 1960.

[532] S. Wieseler and H. Ney. A convergence analysis of log-linear training. *NIPS Conference*, pp. 657–665, 2011.

[533] R. J. Williams. Simple statistical gradient-following algorithms for connectionist reinforcement learning. *Machine Learning*, 8(3–4), pp. 229–256, 1992.

[534] C. Wu, A. Ahmed, A. Beutel, A. Smola, and H. Jing. Recurrent recommender networks. *ACM International Conference on Web Search and Data Mining*, pp. 495–503, 2017.

[535] Y. Wu, C. DuBois, A. Zheng, and M. Ester. Collaborative denoising auto-encoders for top-n recommender systems. *Web Search and Data Mining*, pp. 153–162, 2016.

[536] Z. Wu. Global continuation for distance geometry problems. *SIAM Journal of Optimization*, 7, pp. 814–836, 1997.

[537] S. Xie, R. Girshick, P. Dollar, Z. Tu, and K. He. Aggregated residual transformations for deep neural networks. *arXiv:1611.05431*, 2016.
https://arxiv.org/abs/1611.05431

[538] E. Xing, R. Yan, and A. Hauptmann. Mining associated text and images with dual-wing harmoniums. *Uncertainty in Artificial Intelligence*, 2005.

[539] C. Xiong, S. Merity, and R. Socher. Dynamic memory networks for visual and textual question answering. *ICML Confererence*, pp. 2397–2406, 2016.

[540] K. Xu *et al.* Show, attend, and tell: Neural image caption generation with visual attention. *ICML Confererence*, 2015.

[541] O. Yadan, K. Adams, Y. Taigman, and M. Ranzato. Multi-gpu training of convnets. *arXiv:1312.5853*, 2013.
https://arxiv.org/abs/1312.5853

[542] Z. Yang, X. He, J. Gao, L. Deng, and A. Smola. Stacked attention networks for image question answering. *IEEE Conference on Computer Vision and Pattern Recognition*, pp. 21–29, 2016.

[543] X. Yao. Evolving artificial neural networks. *Proceedings of the IEEE*, 87(9), pp. 1423–1447, 1999.

[544] F. Yu and V. Koltun. Multi-scale context aggregation by dilated convolutions. *arXiv:1511.07122*, 2015.
https://arxiv.org/abs/1511.07122

[545] H. Yu and B. Wilamowski. Levenberg–Marquardt training. *Industrial Electronics Handbook*, 5(12), 1, 2011.

[546] L. Yu, W. Zhang, J. Wang, and Y. Yu. SeqGAN: Sequence Generative Adversarial Nets with Policy Gradient. *AAAI Conference*, pp. 2852–2858, 2017.

[547] W. Yu, W. Cheng, C. Aggarwal, K. Zhang, H. Chen, and Wei Wang. NetWalk: A flexible deep embedding approach for anomaly Detection in dynamic networks, *ACM KDD Conference*, 2018.

[548] W. Yu, C. Zheng, W. Cheng, C. Aggarwal, D. Song, B. Zong, H. Chen, and W. Wang. Learning deep network representations with adversarially regularized autoencoders. *ACM KDD Conference*, 2018.

[549] S. Zagoruyko and N. Komodakis. Wide residual networks. *arXiv:1605.07146*, 2016. https://arxiv.org/abs/1605.07146

[550] W. Zaremba and I. Sutskever. Reinforcement learning neural turing machines. *arXiv:1505.00521*, 2015.

[551] W. Zaremba, T. Mikolov, A. Joulin, and R. Fergus. Learning simple algorithms from examples. *ICML Confererence*, pp. 421–429, 2016.

[552] W. Zaremba, I. Sutskever, and O. Vinyals. Recurrent neural network regularization. *arXiv:1409.2329*, 2014.

[553] M. Zeiler. ADADELTA: an adaptive learning rate method. *arXiv:1212.5701*, 2012. https://arxiv.org/abs/1212.5701

[554] M. Zeiler, D. Krishnan, G. Taylor, and R. Fergus. Deconvolutional networks. *Computer Vision and Pattern Recognition (CVPR)*, pp. 2528–2535, 2010.

[555] M. Zeiler, G. Taylor, and R. Fergus. Adaptive deconvolutional networks for mid and high level feature learning. *IEEE International Conference on Computer Vision (ICCV)—*, pp. 2018–2025, 2011.

[556] M. Zeiler and R. Fergus. Visualizing and understanding convolutional networks. *European Conference on Computer Vision*, Springer, pp. 818–833, 2013.

[557] C. Zhang, S. Bengio, M. Hardt, B. Recht, and O. Vinyals. Understanding deep learning requires rethinking generalization. *arXiv:1611.03530.* https://arxiv.org/abs/1611.03530

[558] D. Zhang, Z.-H. Zhou, and S. Chen. Non-negative matrix factorization on kernels. *Trends in Artificial Intelligence*, pp. 404–412, 2006.

[559] L. Zhang, C. Aggarwal, and G.-J. Qi. Stock Price Prediction via Discovering Multi-Frequency Trading Patterns. *ACM KDD Conference*, 2017.

[560] S. Zhang, L. Yao, and A. Sun. Deep learning based recommender system: A survey and new perspectives. *arXiv:1707.07435*, 2017. https://arxiv.org/abs/1707.07435

[561] X. Zhang, J. Zhao, and Y. LeCun. Character-level convolutional networks for text classification. *NIPS Conference*, pp. 649–657, 2015.

[562] J. Zhao, M. Mathieu, and Y. LeCun. Energy-based generative adversarial network. *arXiv:1609.03126*, 2016. https://arxiv.org/abs/1609.03126

[563] V. Zhong, C. Xiong, and R. Socher. Seq2SQL: Generating structured queries from natural language using reinforcement learning. *arXiv:1709.00103*, 2017. https://arxiv.org/abs/1709.00103

[564] C. Zhou and R. Paffenroth. Anomaly detection with robust deep autoencoders. *ACM KDD Conference*, pp. 665–674, 2017.

[565] M. Zhou, Z. Ding, J. Tang, and D. Yin. Micro Behaviors: A new perspective in e-commerce recommender systems. *WSDM Conference*, 2018.

[566] Z.-H. Zhou. Ensemble methods: Foundations and algorithms. *CRC Press*, 2012.

[567] Z.-H. Zhou, J. Wu, and W. Tang. Ensembling neural networks: many could be better than all. *Artificial Intelligence*, 137(1–2), pp. 239–263, 2002.

[568] C. Zitnick and P. Dollar. Edge Boxes: Locating object proposals from edges. *ECCV*, pp. 391–405, 2014.

[569] B. Zoph and Q. V. Le. Neural architecture search with reinforcement learning. *arXiv:1611.01578*, 2016.
https://arxiv.org/abs/1611.01578

[570] https://deeplearning4j.org/

[571] http://caffe.berkeleyvision.org/

[572] http://torch.ch/

[573] http://deeplearning.net/software/theano/

[574] https://www.tensorflow.org/

[575] https://keras.io/

[576] https://lasagne.readthedocs.io/en/latest/

[577] http://www.netflixprize.com/community/topic_1537.html

[578] http://deeplearning.net/tutorial/lstm.html

[579] https://arxiv.org/abs/1609.08144

[580] https://github.com/karpathy/char-rnn

[581] http://www.image-net.org/

[582] http://www.image-net.org/challenges/LSVRC/

[583] https://www.cs.toronto.edu/~kriz/cifar.html

[584] http://code.google.com/p/cuda-convnet/

[585] http://caffe.berkeleyvision.org/gathered/examples/feature_extraction.html

[586] https://github.com/caffe2/caffe2/wiki/Model-Zoo

[587] http://scikit-learn.org/

[588] http://clic.cimec.unitn.it/composes/toolkit/

[589] https://github.com/stanfordnlp/GloVe

[590] https://deeplearning4j.org/

[591] https://code.google.com/archive/p/word2vec/

[592] https://www.tensorflow.org/tutorials/word2vec/

[593] https://github.com/aditya-grover/node2vec

[594] https://www.wikipedia.org/

[595] https://github.com/caglar/autoencoders

[596] https://github.com/y0ast

[597] https://github.com/fastforwardlabs/vae-tf/tree/master

[598] https://science.education.nih.gov/supplements/webversions/BrainAddiction/guide/lesson2-1.html

[599] https://www.ibm.com/us-en/marketplace/deep-learning-platform

[600] https://www.coursera.org/learn/neural-networks

[601] https://archive.ics.uci.edu/ml/datasets.html

[602] http://www.bbc.com/news/technology-35785875

[603] https://deepmind.com/blog/exploring-mysteries-alphago/

[604] http://selfdrivingcars.mit.edu/

[605] http://karpathy.github.io/2016/05/31/rl/

[606] https://github.com/hughperkins/kgsgo-dataset-preprocessor

[607] https://www.wired.com/2016/03/two-moves-alphago-lee-sedol-redefined-future/

[608] https://qz.com/639952/googles-ai-won-the-game-go-by-defying-millennia-of-basic-human-instinct/

[609] http://www.mujoco.org/

[610] https://sites.google.com/site/gaepapersupp/home

[611] https://drive.google.com/file/d/0B9raQzOpizn1TkRIa241ZnBEcjQ/view

[612] https://www.youtube.com/watch?v=1L0TKZQcUtA&list=PLrAXtmErZgOeiKm4sgNOkn-GvNjby9efdf

[613] https://openai.com/

[614] http://jaberg.github.io/hyperopt/

[615] http://www.cs.ubc.ca/labs/beta/Projects/SMAC/

[616] https://github.com/JasperSnoek/spearmint

[617] https://deeplearning4j.org/lstm

[618] http://colah.github.io/posts/2015-08-Understanding-LSTMs/

[619] https://www.youtube.com/watch?v=2pWv7GOvuf0

[620] https://gym.openai.com

[621] https://universe.openai.com

[622] https://github.com/facebookresearch/ParlAI

[623] https://github.com/openai/baselines

[624] https://github.com/carpedm20/deep-rl-tensorflow

[625] https://github.com/matthiasplappert/keras-rl

[626] http://apollo.auto/

[627] https://github.com/Element-Research/rnn/blob/master/examples/

[628] https://github.com/lmthang/nmt.matlab

[629] https://github.com/carpedm20/NTM-tensorflow

[630] https://github.com/camigord/Neural-Turing-Machine

[631] https://github.com/SigmaQuan/NTM-Keras

[632] https://github.com/snipsco/ntm-lasagne

[633] https://github.com/kaishengtai/torch-ntm

[634] https://github.com/facebook/MemNN

[635] https://github.com/carpedm20/MemN2N-tensorflow

[636] https://github.com/YerevaNN/Dynamic-memory-networks-in-Theano

[637] https://github.com/carpedm20/DCGAN-tensorflow

[638] https://github.com/carpedm20

[639] https://github.com/jacobgil/keras-dcgan

[640] https://github.com/wiseodd/generative-models

[641] https://github.com/paarthneekhara/text-to-image

[642] http://horatio.cs.nyu.edu/mit/tiny/data/

[643] https://developer.nvidia.com/cudnn

[644] http://www.nvidia.com/object/machine-learning.html

[645] https://developer.nvidia.com/deep-learning-frameworks

术 语 表

英 文 全 称	英文缩写	中　　文
activation function		激活函数
actor-critic method		行动者-评价者方法
adaptive learning rate		自适应学习速率
annealed importance sampling		退火重要性抽样
Artificial Neural Network	ANN	人工神经网络
associative memory		联想记忆
associative recall		联想回忆
attention layer		注意力层
attention variable		注意力变量
AutoEncoder	AE	自编码器
automatic differentiation		自动微分
autoregressive model		自回归模型
backpropagation		反向传播
bagging		装袋法
bag-of-words		词袋模型
bandwidth		带宽
batch normalization		批归一化
Bayesian optimization		贝叶斯优化
bias		偏差/偏置
bias-variance trade-off		偏置-方差权衡
binary response		二元响应
Boltzmann machine		玻尔兹曼机
bootstrapping		自举
chain rule		链式法则
closed form solution		闭式解

（续）

英文全称	英文缩写	中文
competitive learning		竞争性学习
composition function		组合函数
computational graph		计算图
Conditional Generative Adversarial Network	CGAN	条件生成对抗网络
Conditional Variational AutoEncoder	CVAE	条件变分自编码器
conjugate gradient method		共轭梯度法
content-addressable memory		内容寻址存储器
continuation learning		持续学习
Continuous Bag-Of-Words	CBOW	连续词袋模型
Contractive AutoEncoder	CAE	收缩自编码器
contrastive divergence		对比发散
contrastive divergence algorithm		对比发散算法
Convolutional Neural Network	CNN	卷积神经网络
covariate shift		协方差偏移
cross-entropy		交叉熵
cross-validation		交叉验证
curvature		曲率
data augmentation		数据增强
data parallelism		数据并行化
data perturbation		数据扰动
deconvent		反卷积
deep belief network		深度信念网络
deep Boltzmann machine		深度玻尔兹曼机
Deep Convolutional Generative Adversarial Network	DCGAN	深度卷积生成对抗网络
deep-belief convolutional network		深度信念卷积网络
De-noising AutoEncoder	DAE	去噪自编码器
Differentiable Neural Computer	DNC	可微神经网络
dilated convolution		空洞卷积
dimensionality		维数
dimensionality reduction		降维
discriminative model		判别模型
distributional shift		分布偏移
divergence		散度
early stopping		早停
Echo State Network	ESN	回声状态网络
eigenvalue		特征值
eigenvector		特征向量
empirical risk minimization		经验风险最小化
energy efficiency		能源效率

（续）

英文全称	英文缩写	中 文
energy gap		能隙
experience replay		经验回放
exploding gradient		梯度爆炸
exploding gradient problem		梯度爆炸问题
external memory		外部存储器
feature map		特征图
feed-forward network		前馈网络
finte difference method		有限差分方法
Fisher discriminant		Fisher 判别器
forgetting factor		遗忘因子
fractionally strided convolution		分数跨步卷积
full-padding		完全填充
Gated Recurrent Unit	GRU	门控循环单元
gating network		门控网络
generalization error		泛化误差
Generalized Advantage Estimator	GAE	泛化优势估计
generalized iterative scaling		通用迭代尺度法
Generative Adversarial Network	GAN	生成对抗网络
generative model		生成模型
Gibbs sampling		吉布斯采样
glimpse		瞥见
glimpse network		瞥见网络
glimpse sensor		瞥见感知器
global attention model		全局注意模型
Glorot initialization		Glorot 初始化
gradient		梯度
gradient clipping		梯度截断
gradient-descent		梯度下降
Graphics Processor Unit	GPU	图形处理单元
grid search		网格搜索
half-padding		半填充
Hebbian learning rule		Hebbian 学习规则
Helmholtz machine		Helmholtz 机
Hessian-free optimization		无 Hessian 优化
hierarchical feature engineering		分层特征工程
hierarchical feature extraction		分层特征提取
highway network		高速网络
hinge		铰链
hinge loss		铰链损失

(续)

英文全称	英文缩写	中 文
hold-out		留出法
Hopfield network		Hopfield 网络
hybrid parallelism		混合并行
hyperparameter parallelism		超参数并行
identity activation function		恒等激活函数
ill-conditioning		病态
ImageNet Large Scale Visual Recognition Challenge	ILSVRC	ImageNet 大规模视觉识别挑战赛
implicit feedback		隐式反馈
indicator function		指示器函数
iteratively reweighted least-squares		迭代加权最小二乘法
Jacobian matrix		雅可比矩阵
key vector		密钥向量
Kohonen self-organizing map		Kohonen 自组织映射
ladder network		阶梯网络
language modeling		语言模型
layer normalization		层标准化
leaky ReLU		带泄露的 ReLU
learning rate decay		学习率衰减
Least Mean-Squares algorithm	LMS	最小均方算法
least-squares regression		最小二乘回归
Levenberg-Marquardt algorithm		Levenberg-Marquardt 算法
likelihood ratio method		似然比方法
linear conjugate gradient method		线性共轭梯度法
linear hyperplane		线性超平面
linear model		线性模型
link prediction method		链接预测方法
local gradient		局部导数
local response normalization		局部响应归一化
logistic regression		逻辑回归
Long-Short Term Memory	LSTM	长短期记忆网络
loss function		损失函数
machine learning		机器学习
Markov Chain Monte Carlo	MCMC	马尔可夫链蒙特卡洛
Markov decision process		马尔可夫决策过程
Markov random field		马尔可夫随机场
Maxout network		Maxout 网络
max-pooling		最大池化
Mean Squared Error	MSE	均方误差
mean-centering		平均中心化

（续）

英文全称	英文缩写	中　　文
mean-field Boltzmann machine		均场玻尔兹曼机
membrane potential		膜电位
memory network		记忆网络
mimic model		模拟模型
model compression		模型压缩
model generalization		模型泛化
model parallelism		模型并行
model variance		模型方差
momentum-based learning		基于动量的学习
Monte Carlo sampling		蒙特卡洛抽样
Monte Carlo tree search		蒙特卡洛树搜索
Monte-Carlo evaluation		蒙特卡洛评估
multiclass model		多分类模型
multilayer neural network		多层神经网络
multimodal learning		多模态学习
multinomial matrix factorization		多项式矩阵分解
multivariable chain rule		多变量链式法则
multiway variant		多分类变体
mutual conjugacy		相互共轭
Nash equilibrium		纳什均衡
natural policy gradient		自然策略梯度
negative sampling		负采样
neocognitron		神经认知机
Nesterov momentum		Nesterov 动量
neural network		神经网络
Neural Turing Machine	NTM	神经图灵机
nonlinear conjugate gradient method		非线性共轭梯度法
normal distribution		正态分布
n-step temporal difference method		*n* 步时序差分方法
objective function		目标函数
off-policy algorithm		异步策略算法
one-hot		独热
one-shot learning		单样本学习
on-policy algorithm		同步策略算法
orthogonal least-squares algorithm		正交最小二乘算法
overfit		过拟合
overshooting		过冲
partition function		配分函数
perceptron		感知机

（续）

英文全称	英文缩写	中文
perceptron criterion		感知机准则
persistent contrastive divergence		持续对比发散
pocket algorithm		口袋算法
policy network		策略网络
Polyak averaging		Polyak 平均
pretraining		预训练
Principal Component Analysis	PCA	主成分分析
Probabilistic Latent Semantic Analysis	PLSA	概率潜在语义分析
prototype vector		原型向量
pseudo-inverse		伪逆
quadratic loss		二次损失
quasi-Newton method		拟牛顿法
Question Answering	QA	问答系统
Radial Basis Function	RBF	径向基函数
read/write head		读/写探头
receptive field		感受野
recommender system		推荐系统
Recurrent Neural Network	RNN	循环神经网络
recursive neural network		递归神经网络
regularization		正则化
reinforcement learning		强化学习
replicator neural network		复制器神经网络
representation learning		表示学习
residual matrix		残差矩阵
Residual Network	ResNet	残差网络
Restricted Boltzmann Machine	RBM	受限玻尔兹曼机
RMSProp with Nesterov momentum		带 Nesterov 动量的 RMSProp
roll out		走子
saddle point		鞍点
Sayre's paradox		Sayre 悖论
semantic hashing		语义哈希
Semi-Supervised Learning	SSL	半监督学习
shared weight		共享权重
sigmoid belief net		sigmoid 信念网络
sign activation		符号激活
simulated annealing		模拟退火
Singular Value Decomposition	SVD	奇异值分解
SkipGram with Negative Sampling	SGNS	负采样跳字模型
sliding-window		滑动窗口

（续）

英文全称	英文缩写	中　　文
Sparse AutoEncoder	SAE	稀疏自编码器
sparse feature learning		稀疏特征学习
spatial alignment		空间对齐
spiking neuron		峰值神经元
squashing function		挤压函数
standardization		标准化
state-action pair		状态-动作对
State-Action-Reward-State-Action	SARSA	状态-动作-奖励-状态-动作
stochastic curriculum		随机课程
stochastic gradient descent		随机梯度下降
Storkey learning rule		Storkey 学习规则
subgradient		次梯度
subsampling		下采样
Support Vector Machine	SVM	支持向量机
Taylor expansion		泰勒展开
TD-Gammon algorithm		TD-Gammon 算法
t-distributed Stochastic Neighbor Embedding	*t*-SNE	*t*-分布领域嵌入算法
Temporal Difference learning	TD-learning	时序差分学习
temporary register		临时寄存器
topic model		主题模型
transfer learning		迁移学习
translation invariance		平移不变性
truncated singular value decomposition		截断奇异值分解
TRust-based Policy Optimization	TRPO	基于信任的策略优化器
Turing complete		图灵完备
tying the weights		权重绑定
underfit		欠拟合
universal function approximator		通用函数逼近器
value network		估值网络
vanishing gradient		梯度消失
Variational AutoEncoder	VAE	变分自编码器
vector		向量
weight sharing		权重共享
weight		权重
whitening		白化
word-context co-occurrence matrix		词-上下文共现矩阵
Xavier initialization		Xavier 初始化
ε-Greedy Algorithm		ε-贪婪算法

推荐阅读

人工智能：原理与实践

作者：（美）查鲁·C. 阿加沃尔 译者：杜博 刘友发 ISBN：978-7-111-71067-7

本书特色

本书介绍了经典人工智能（逻辑或演绎推理）和现代人工智能（归纳学习和神经网络），分别阐述了三类方法：

基于演绎推理的方法，从预先定义的假设开始，用其进行推理，以得出合乎逻辑的结论。底层方法包括搜索和基于逻辑的方法。

基于归纳学习的方法，从示例开始，并使用统计方法得出假设。主要内容包括回归建模、支持向量机、神经网络、强化学习、无监督学习和概率图模型。

基于演绎推理与归纳学习的方法，包括知识图谱和神经符号人工智能的使用。

神经网络与深度学习

作者：邱锡鹏 ISBN：978-7-111-64968-7

本书是深度学习领域的入门教材，系统地整理了深度学习的知识体系，并由浅入深地阐述了深度学习的原理、模型以及方法，使得读者能全面地掌握深度学习的相关知识，并提高以深度学习技术来解决实际问题的能力。本书可作为高等院校人工智能、计算机、自动化、电子和通信等相关专业的研究生或本科生教材，也可供相关领域的研究人员和工程技术人员参考。

推荐阅读

机器学习实战：模型构建与应用

作者：Laurence Moroney 书号：978-7-111-70563-5 定价：129.00元

本书是一本面向程序员的基础教程，涉及目前人工智能领域的几个热门方向，包括计算机视觉、自然语言处理和序列数据建模。本书充分展示了如何利用TensorFlow在不同的场景下部署模型，包括网页端、移动端（iOS和Android）和云端。书中提供的很多用于部署模型的代码范例稍加修改就可以用于不同的场景。本书遵循最新的TensorFlow 2.0编程规范，易于阅读和理解，不需要你有大量的机器学习背景。

MLOps实战：机器学习模型的开发、部署与应用

作者：Mark Treveil,the Dataiku Team 书号：978-7-111-71009-7 定价：79.00元

本书介绍了MLOps的关键概念，以帮助数据科学家和应用工程师操作ML模型来驱动真正的业务变革，并随着时间的推移维护和改进这些模型。以全球众多MLOps应用课程为基础，9位机器学习专家深入探讨了模型生命周期的五个阶段——开发、预生产、部署、监控和治理，揭示了如何将强大的MLOps流程贯穿始终。